44428

1862

ALBUM

DE

L'EXPOSITION UNIVERSELLE

DÉDIÉ

A MM. MICHEL CHEVALIER ET RICHARD COBDEN

PAR

M. LE BARON L. BRISSE

POUR FAIRE SUITE

A L'ALBUM DE L'EXPOSITION UNIVERSELLE DE 1855

PUBLIÉ PAR LE MÊME AUTEUR

Avec le concours

de MM. DUMAS et MICHEL CHEVALIER, Sénateurs; ARLÈS-DUFOUR, Secrétaire général de la Commission Impériale
LE PLAY, Commissaire général de l'Exposition universelle;
F. DE MERCEY, Commissaire spécial de l'Exposition des Beaux-Arts.

EXTRAIT DE LA REVUE DES OBJETS EXPOSÉS DANS LA TROISIÈME CLASSE.

A. BERGIER

PROPRIÉTAIRE A TAIN (DROME). — FRANCE.

PARIS

AUX BUREAUX DE L'ALBUM DE L'EXPOSITION DE LONDRES

23, QUAI VOLTAIRE, 23

PARIS — IMPRIMERIE SIMON RAÇON ET COMP., RUE D'ERFURTH, 1.

ALBUM

DE

L'EXPOSITION UNIVERSELLE DE LONDRES EN 1862

EXTRAIT DE LA REVUE DES OBJETS EXPOSÉS DANS LA TROISIÈME CLASSE

M. A. BERGIER

PROPRIÉTAIRE A TAIN (DROME). — FRANCE.

VINS DE L'HERMITAGE

Lorsqu'on va de Lyon à Marseille en descendant le Rhône, quand le Rhône a eu soin de garder assez d'eau pour porter les bateaux, ou en suivant la ligne de fer, moins gaie, mais plus rapide, le voyageur aperçoit à sa gauche, entre Vienne et Valence, la ville de Tain, derrière laquelle s'élève une petite montagne travaillée et cultivée jusqu'à son sommet, et qui, s'abaissant dans la direction de l'est, se ramifie au loin en une série de petites collines.

C'est le coteau de l'Hermitage, situé par 2° 28' 42" de longitude Est de Paris et 45° 4' 39" de latitude septentrionale. La hauteur du coteau, mesuré sur l'emplacement des ruines de l'antique chapelle qui lui donne son nom, est de 275 mètres au-dessus de la mer et de 162 mètres au-dessus du niveau du Rhône. Le torrent de Greffieux, divise en deux vignobles le coteau proprement dit ; l'un et l'autre sont exposés au sud-ouest, parfaitement abrités des vents du nord, et reçoivent le soleil pendant toute la durée de son cours. Leur température moyenne est d'environ 14° centigrades. Les pentes de ces collines sont roides et la terre végétale, dont la profondeur n'excède pas 1 mètre 70 centimètres, est retenue par des murs en pierres sèches, construits sur une ligne horizontale et à peu de distance les uns des autres.

Les coteaux de l'Hermitage sont plantés en vignes, de cette espèce particulière que l'on nomme *Syrac*, un nom qui vient probablement de *Schiraz*, capitale d'une province de Perse, le Farsistan. Les vignes du Cap de Bonne-Espérance, qui donnent le vin fameux connu sous le nom de vin de Constance, ont, s'il faut en croire le capitaine Cook, la même provenance que les vignes de l'Hermitage.

On lit, dans un vieux livre intitulé : *La Minéralogie du Dauphiné*, par Guettard, de l'Académie des Sciences, (in-fol., imprimerie royale, 1782) : « De Romans à Tain c'est, à n'en pas douter, un terrain également de sables et de galets, excepté l'endroit où les granites commencent du côté de Tain. Cette ville est précisément sur le bord du Rhône, d'où, selon M. Bullet, lui vient son nom de *Tain* ou *Tin*. Ce mot celtique signifiant rivière, il pourrait encore, selon le même auteur, lui avoir été donné à cause de ses excellents vins. Dans la langue celtique, *ta* signifie bon, *wyn* ou *onyn*, vin, d'où *Taouyn*, *Tain*, bon vin. Quoi qu'il en soit de cette étymologie, on sait que le vin de l'Hermitage, qui est aux environs de Tain, est mis au nombre des vins dont on fait un cas particulier. »

Depuis le moment où Guettard s'exprimait ainsi, les vins de l'Hermitage ont fait un rapide chemin dans le monde; on les trouve aujourd'hui sur toutes les tables élégantes; une cave n'est pas classée, si elle n'a pas su faire une large place au vin de l'Hermitage.

Au dix-septième siècle déjà nos pères l'appréciaient comme il le mérite, et Boileau, on le sait, a parlé de cet auvernat fumeux

> Qu'on vendait chez Crenet pour vin de l'Hermitage.

Le cru de l'Hermitage est divisé en trois catégories, désignées par le nom des *mas*, ou closeries, auxquels elles appartiennent. Ces catégories se distinguent par les diverses proportions de leurs éléments chimiques dont voici l'analyse exacte :

	BESSARD.	MÉAL.	GREFF.EUX.
Oxyde de fer.	10,161	3,530	4,045
Alumine.	3,032	1,100	4,622
Magnésie.	0,122	0,220	0,673
Silice soluble.	0,612	0,900	0,294
Sels alcalins.	0,363	0,730	1,009
Acide phosphorique.	0,298	0,160	0,387
Carbonate de chaux.	2,654	35,520	5,568
Matières organiques.	3,097	3,240	7,007
Résidu insoluble.	79,661	54,600	76,395
	100,000	100,000	100,000

On récolte à l'Hermitage des vins blancs et des vins rouges. Les vins blancs, cultivés malheureusement en trop petite quantité, sont de qualité égale, peut-être même supérieure, aux vins rouges.

Les vins de l'Hermitage ont d'éminentes qualités. Classés parmi les vins les plus généreux que l'on récolte en France, ils se distinguent par un bouquet des plus fins et ont la faculté de se conserver pendant de longues années.

D'une étendue médiocre, le coteau de l'Hermitage appartient à un petit nombre de propriétaires. Ils se sont réunis et ont chacun envoyé au concours un ou deux échantillons de leurs produits, pour y former une exposition collective. Un seul, M. Bergier, avocat et propriétaire à Tain, a voulu exposer

Vue de la ville de Tain et du coteau de l'Hermitage.

Coteau de l'Hermitage, cuvée Bergier.

isolément, l'importance et la diversité de sa production en vins rouges et blancs lui permettant de trouver chez lui tous les types du clos célèbre.

Dans le palais de Cromwell Road, au milieu des produits du sol de la Drôme, s'élève une charmante petite pyramide sur laquelle sont disposées douze bouteilles de vins rouges et blancs de l'Hermitage, et dont l'une porte le millésime de 1822. Ce sont les échantillons des vins BERGIER, qui, pour la première fois, sont soumis à l'appréciation d'un jury international.

Le *mas* de Méal, sur lequel se récoltent les vins de M. BERGIER, est situé au centre du coteau de l'Hermitage. Des poteaux peints en rouge et en blanc, et une inscription gigantesque portant : HERMITAGE, CUVÉE BERGIER, permettent, de fort loin, d'en apercevoir l'excellente position.

C'est avec passion que M. BERGIER se livre, depuis de longues années, à la culture de ses vignes et donne à ses vins les soins minutieux sans lesquels le développement complet de toutes leurs qualités ne s'obtient jamais.

Avocat et artiste dans sa première jeunesse, M. BERGIER a déposé la toge pour se faire vigneron, mais sans jamais pour cela cesser d'être artiste ; il en a donné la preuve en élevant au centre de son vignoble, sur le plan d'une des plus jolies villas de Pompéi, un pavillon à six fenêtres, qui domine la ville de Taïn et le cours fuyant du grand fleuve, et d'où il surveille facilement tous ses travailleurs.

Les échantillons présentés par M. BERGIER sont, pour les vins rouges, ceux des années 1830, 1832, 1834, 1847, 1849 et 1861.

Pour les vins blancs, ceux des années 1822, 1834, 1848, 1849, 1850 et 1859.

Le vin rouge de 1830 est remarquable par sa belle conservation, sa finesse, son arome et sa couleur.

Celui de 1832 est le vrai type des Hermitages, dont il réunit toutes les qualités spéciales.

Le 1834, exceptionnellement parfumé, est de couleur légère, ressemblant plus à un vin étranger qu'à un vin de l'Hermitage, dont il a cependant l'amertume.

Le 1847 a les qualités des vins de 1832.

Le 1849 est un bon vin (récolté antérieurement à la maladie de la vigne) et dont le prix n'est que de 5 francs la bouteille ainsi que les 1850 rouges, non exposés.

Le 1861 est encore en fût, mais on y trouve déjà une réminiscence des vins de 1834. Le prix de la pièce de deux hectolitres est de 800 francs.

Le vin blanc de 1822 est en liqueur, mais corsé. Le vin est délicieux ; son prix est de 25 francs.

Le 1834 est présenté par M. BERGIER comme le premier vin du monde ; ce vin, qui a conservé son goût de raisin, est en liqueur et très-corsé ; c'est le type du plus excellent vin blanc de l'Hermitage.

Le 1849 est un vin sec, amer et supérieur au Madère et au Xérès.

Le 1848 est délicat et commence à tomber en liqueur.

Le 1850 est d'une grande finesse, remarquable par un excès de goût de noisette qui est un goût naturel, spécial aux vins BERGIER.

Le 1859 enfin est un vin jeune encore, mais d'excellente qualité — goût de noisette et un peu d'amertume. — Le prix est de 800 francs la pièce de 200 litres.

Les 1849 et 1850 (années antérieures à la maladie) se vendent 5 fr., et toutes les suivantes, de 1851 à 1861, 3 et 4 francs.

Tous les vins en bouteilles de M. BERGIER portent une étiquette, reproduite ci-après, sur laquelle sont gravées les armes de sa famille ; elles se retrouvent également sur le cachet. C'est une double garantie contre la contrefaçon.

La pièce suivante, remise au jury, constate l'excellente situation des vignobles Bergier :

VIGNES A L'HERMITAGE COMPOSANT LA CUVÉE BERGIER.

Extrait de la matrice cadastrale pour les propriétés portées au folio 40, sous le nom de M. BERGIER.

SECTION.	NUMÉRO DU PLAN.	NOMS DES PARCELLES.	NATURE de la PROPRIÉTÉ.	CONTENANCES.			IMPOSITION POUR 1859.
				HECT.	ARES.	CENT.	
A	247	Grandes Baumes. . .	Vigne. . .	1	1	10	105f 48c
	257	Le Petit Méaux. . . .	Do. . .	»	21	60	29 98
	285!	Le Grand Méaux. . .	Do. . .	1	57	40	190 58
	292 **	Le Petit Greffieu. . .	Do. . .	r	21	30	34 36
	203	Le Grand Greffieu. .	Do. . .	»	94	40	117 27
C	105	Les-Murets.	Do. . .	»	50	50	33 41
	106	Do.	Do. . .	2	29	50	140 87
	195	La Croix de Jamonet.	Do. . .	1	2	70	58 14
D	118	Berge.	Do. . .	»	35	60	12 36
				8	14	10	717f 25c

Certifié conforme par le directeur des Contributions directes. — Valence, 24 février 1859.

Signé : GARNIER.

* Vigne où est bâti le pavillon.
** Vigne où sont les oliviers.
Le tout vis-à-vis la gare.

Une police d'assurance contre l'incendie à la société l'*Union*, en date du 4 avril 1862, remise

également au Jury par M. BERGIER, constate qu'il a dans dix caves de bouteilles, 40,000 bouteilles, de 1811 à 1854, et dans cinq caves de tonneaux, des vins de 1856 à 1862, le tout estimé et assuré

300,945 fr. Ces vins sont tous de son cru, car il est propriétaire et non commerçant. *On n'obtient de ses vins qu'en s'adressant à lui directement.*

Pavillon Bergier, coteau de l'Hermitage.

Le Jury international a décerné une médaille à l'Exposition collective des vins de l'Hermitage, et il a décerné une MÉDAILLE SPÉCIALE à M. BERGIER pour la remarquable exposition particulière de ses vins, où se trouvent réunis toutes les qualités et tous les mérites des divers vins de l'Hermitage.

EXPOSITION UNIVERSELLE

DE LONDRES

PARIS. — IMP. SIMON RAÇON ET COMP., RUE D'ERFURTH, 1.

1862

ALBUM

DE

L'EXPOSITION UNIVERSELLE

DÉDIÉ

A MM. MICHEL CHEVALIER ET RICHARD COBDEN

PAR

M. LE BARON L. BRISSE

POUR FAIRE SUITE

A L'ALBUM DE L'EXPOSITION UNIVERSELLE DE 1855

PUBLIÉ PAR LE MÊME AUTEUR

Avec le concours

de MM. DUMAS et MICHEL CHEVALIER, Sénateurs; ARLÈS-DUFOUR, Secrétaire général de la Commission Impériale;
LE PLAY, Commissaire général de l'Exposition universelle;
F. DE MERCEY, Commissaire spécial de l'Exposition des Beaux-Arts.

TOME PREMIER

DIEU ET MON DROIT

PARIS

AUX BUREAUX DE L'ABEILLE IMPÉRIALE

23, QUAI VOLTAIRE, 23

LONDRES, 10, ELM PLACE, ELM BROMPTON

1862

A MESSIEURS

MICHEL CHEVALIER ET RICHARD COBDEN

Messieurs,

Permettez-moi de placer sous les auspices de vos deux noms illustres, fraternellement unis, l'ALBUM DE L'EXPOSITION UNIVERSELLE DE LONDRES EN 1862.

J'entreprends aujourd'hui la publication de cet Album, avec le même zèle, avec le même dévouement, avec la même confiance, qui m'inspiraien et me soutenaient naguère, quand j'ai entrepris l'ALBUM DE L'EXPOSITION UNIVERSELLE DE PARIS EN 1855, dédié à Son Altesse Impériale le prince Napoléon, et publié avec le concours de MM. Dumas, A. Le Play, Arlès-Dufour, de Mercey, et Michel Chevalier, qui eurent l'honneur de présider, pour ainsi dire, au succès de cette Exposition.

Vous venez, messieurs, de renouveler, en quelque sorte, les sources de l'activité industrielle de la France et de l'Angleterre. Depuis longtemps, vous défendiez simultanément, avec autant d'opiniâtreté que de conviction, avec autant d'éloquence que d'énergie, la cause de la liberté des échanges; vous aviez osé prendre, au nom de la science économique moderne, l'initiative d'un acte international, qu'il appartenait aux gouvernements d'accomplir dans l'intérêt des masses, pour obéir à l'inévitable loi du progrès. C'est donc à vous, messieurs, que doit être dédié le vaste tableau synoptique de toutes les forces industrielles et commerciales des peuples du monde, au moment où l'Exposition universelle de Londres va mettre en face l'une de l'autre deux grandes nations, éternellement rivales, que vous avez arrachées enfin à leur hostilité traditionnelle et malfaisante, en leur ouvrant un champ-clos de luttes pacifiques, dans lequel on ne combattra plus désormais qu'avec les seules armes de l'intelligence et de la civilisation.

Préparateurs énergiques et ingénieux de ce nouvel ordre de choses économique, ardents négociateurs du pacte qui renverse les barrières de la prohibition et détruit les derniers vestiges de l'ancien régime du commerce et de l'industrie, vous accueillerez avec bienveillance, j'ose l'espérer, la dédicace d'un livre qui a pour objet de présenter sous leur véritable jour, comme dans un immense panorama, les ressources industrielles et commerciales de toutes les nations de l'univers.

Ce ne sont plus seulement l'Angleterre et la France qui participent à ce mouvement de réforme radicale. Le traité conclu entre ces deux pays n'aura été, en effet, que le signal de la transformation complète des traités de commerce existants chez tous les peuples. La Belgique est entrée la première dans la sainte-alliance de la liberté commerciale; demain l'Allemagne et l'Italie s'empresseront de suivre les mêmes errements, et l'Europe entière ne tardera pas à fonder sa prospérité sur les bases de votre système d'économie politique. Voilà pourquoi l'Exposition universelle de 1862 doit avoir une importance tout exceptionnelle, un éclat vraiment extraordinaire, qui frappera les yeux les plus obstinés à ne pas voir. C'est une enquête grandiose et décisive, dont les Expositions précédentes n'auront été que les préliminaires et les essais. Il semble que les inventeurs et les travailleurs entraînés à votre suite, pour ainsi dire, sur le seuil d'une ère nouvelle, vont regarder derrière eux le chemin parcouru, et devant eux le chemin qui leur reste à parcourir encore jusqu'à l'horizon lointain, rayonnant de splendeurs inconnues : appelés de tous les points du globe, ils se compteront, ils se connaîtront, ils s'apprécieront, ils s'aideront, ils se fortifieront mutuellement dans cette solennelle épreuve; ils ne formeront bientôt plus qu'une seule famille, la famille de la paix, du travail, de l'ordre, du progrès universel.

Ému et passionné par le spectacle d'un si grand événement, je tiens à honneur d'être l'historien de cette magnifique cour plénière de l'industrie, et si je me sens obligé à plus de soins, à plus d'efforts, en inscrivant les noms de Michel Chevalier et de Richard Cobden en tête de mon œuvre, ce haut patronage élèvera et ennoblira davantage la mission difficile que je me suis imposée et que j'ai l'espoir de remplir dignement sous vos yeux.

Daignez agréer, messieurs, comme un témoignage spécial de la reconnaissance publique, le respectueux hommage du livre que je suis fier de vous offrir.

Baron L. BRISSE.

Paris, 15 février 1862.

EXPOSITION UNIVERSELLE

DE LONDRES EN 1862

PARIS. — IMPRIMERIE SIMON RAÇON ET COMP., RUE D'ERFURTH. 1.

ALBUM

DE

L'EXPOSITION UNIVERSELLE

DE LONDRES EN 1862

DÉDIÉ

A MM. MICHEL CHEVALIER ET RICHARD COBDEN

PAR

M. LE BARON L. BRISSE

FAISANT SUITE

A L'ALBUM DE L'EXPOSITION UNIVERSELLE DE 1855

PUBLIÉ PAR LE MÊME AUTEUR

Avec le concours

de MM. DUMAS et MICHEL CHEVALIER, Sénateurs; ARLÈS-DUFOUR, Secrétaire général de la Commission Impérial
F. DE MERCEY, Commissaire spécial de l'Exposition des Beaux-Arts.

PARIS

AUX BUREAUX DE L'ALBUM DE L'EXPOSITION DE LONDRES

23, QUAI VOLTAIRE, 23

1864

A MESSIEURS

MICHEL CHEVALIER ET RICHARD COBDEN

Messieurs,

Permettez-moi de placer sous les auspices de vos deux noms illustres, fraternellement unis, l'ALBUM DE L'EXPOSITION UNIVERSELLE DE LONDRES EN 1862.

J'entreprends aujourd'hui la publication de cet Album, avec le même zèle, avec le même dévouement, avec la même confiance qui m'inspiraient et me soutenaient, quand j'ai entrepris l'ALBUM DE L'EXPOSITION UNIVERSELLE DE PARIS EN 1855, dédié à Son Altesse Impériale le prince Napoléon, et publié avec le concours de MM. Dumas, Michel Chevalier, Arlès-Dufour, Le Play et de Mercey.

Vous avez, messieurs, renouvelé, en quelque sorte, les sources de l'activité industrielle de la France et de l'Angleterre. Depuis longtemps vous défendiez simultanément, avec autant d'opiniâtreté que de conviction, avec autant d'éloquence que d'énergie, la cause de la liberté des échanges; vous aviez osé prendre, au nom de la science économique moderne, l'initiative d'un acte international,

1

qu'il appartenait aux gouvernements d'accomplir dans l'intérêt des masses, pour obéir à l'inévitable loi du progrès. C'est donc à vous, messieurs, que doit être dédié le vaste tableau synoptique de toutes les forces industrielles et commerciales des peuples du monde, au moment où l'Exposition universelle de Londres met en face l'une de l'autre deux grandes nations, éternellement rivales, que vous avez arrachées enfin à leur hostilité traditionnelle, en leur ouvrant un champ clos de luttes pacifiques, dans lequel on ne combattra plus désormais qu'avec les seules armes de l'intelligence et de la civilisation.

Préparateurs énergiques et ingénieux de ce nouvel ordre de choses économique, ardents négociateurs du pacte qui renverse les barrières de la prohibition et détruira les derniers vestiges de l'ancien régime du commerce et de l'industrie, vous accueillerez avec bienveillance, j'ose l'espérer, la dédicace d'un livre qui a pour objet de présenter sous leur véritable jour, comme dans un immense panorama, les ressources et les œuvres de toutes les nations de l'univers.

Ce ne sont plus seulement l'Angleterre et la France qui participent à ce mouvement de réforme radicale. Le traité conclu entre ces deux pays n'aura été, en effet, que le signal de la transformation complète des traités de commerce existants chez tous les peuples. La Belgique est entrée la première dans la sainte-alliance de la liberté commerciale; demain l'Allemagne et l'Italie s'empresseront de suivre les mêmes principes, et l'Europe entière ne tardera pas à fonder sa prospérité sur les bases de votre système d'économie politique. Voilà pourquoi l'Exposition universelle de 1862 devait avoir une importance tout exceptionnelle, un éclat vraiment extraordinaire, qui a frappé les yeux les plus obstinés à ne pas voir. C'est une enquête grandiose et décisive, dont les Expositions précédentes n'auront été que les préliminaires et les essais. Il semble que les inventeurs et les travailleurs entraînés à votre suite, et par votre exemple, sur le seuil d'une ère nouvelle, vont regarder derrière eux le chemin parcouru, et devant eux le chemin qui leur reste à parcourir encore jusqu'à l'horizon lointain, rayonnant de splendeurs inconnues. Appelés de tous les points du globe, ils se compteront, ils se connaîtront, ils s'apprécieront, ils s'aideront, ils se fortifieront mutuellement dans cette solennelle épreuve; ils ne formeront bientôt plus qu'une seule famille, la famille de la paix, du travail, de l'ordre, du progrès universel.

Ému et passionné par le spectacle d'un si grand événement, je tiens à honneur d'être l'historien de cette magnifique cour plénière de l'industrie, et si je me sens obligé à plus de soins, à plus d'efforts, en inscrivant les noms de Michel Chevalier et de Richard Cobden en tête de mon œuvre, ce haut patronage élèvera et ennoblira davantage la mission difficile que je me suis imposée et que je remplirai sous vos yeux.

Daignez agréer, messieurs, comme un témoignage spécial de la reconnaissance publique, le respectueux hommage du livre que je suis fier de vous offrir.

BARON L. BRISSE.

Paris, 15 février 1862.

PRÉFACE

Nous voulons dire au public, dès la première page, ce que doit être le livre que nous publions sous le patronage de MM. Michel Chevalier et Richard Cobden. Ce livre, destiné à conserver et à consacrer les souvenirs de l'Exposition universelle de 1862, nous ne l'avons pas entrepris sans quelque courage; nous ne l'achèverons pas sans quelque fierté.

De tels ouvrages sont les véritables archives des peuples. En détruisant en France la féodalité et les idées féodales, la Révolution de 1789 a préparé sur toute la terre l'avénement de la paix, de la concorde, du travail, du bien-être. L'homme s'est appliqué dès lors à créer des inventions et des perfectionnements dans les instruments comme dans les produits de l'industrie. Des génies d'une nature nouvelle ont surgi du sein de la foule. Une gloire, inconnue du passé, a récompensé leurs tentatives. L'humanité entière en a récolté les fruits. C'en est fait maintenant des destinées de l'antiquité et du moyen âge. Il n'y a de conquêtes à faire que dans le champ des arts; il n'y a de victoires à remporter que contre les ignorants et les aveugles qui essaient de retarder la marche de la civilisation régénérée. Nous sommes heureux d'être de ceux qui écrivent les annales de ces victoires et de ces conquêtes glorieuses. C'est dans les

Expositions universelles que se jugent et se couronnent les vainqueurs. Aussi, avons-nous mis notre honneur à retracer dignement la physionomie de ces magnifiques concours des arts et de l'industrie modernes.

Notre livre est la suite naturelle de l'*Album de l'Exposition universelle de Paris en* 1855, ouvrage qui nous a mérité l'estime des juges compétents et l'approbation de Sa Majesté l'empereur Napoléon III.

En 1855, nous avions à vaincre bien des difficultés qui, heureusement, n'existent plus aujourd'hui pour nous. Il fallait d'abord combattre cette opinion universellement répandue, qu'aucune publication relative aux Expositions de l'industrie ne pouvait réussir, qu'aucune ne pouvait même être achevée, et que, s'achevât-elle par hasard, ce ne serait qu'en perdant le caractère de dignité et d'indépendance, qui distingue des petits écrits de circonstance les livres solides et durables. Notre Album s'est achevé; il a formé trois beaux volumes, du format grand in-4°, et il a réussi, en dépit de l'opinion ou du préjugé qui menaçait de nous arrêter au milieu de nos premiers efforts.

Il est vrai que d'autres tentatives furent moins heureuses que la nôtre, et que l'on vit échouer et disparaître, presque à leur début, des publications splendides, patronnées par des maisons de librairie considérables, dirigées par des hommes d'une habileté reconnue. Nous seuls, plus faibles en apparence que nos rivaux, nous avons lutté opiniâtrément jusqu'au bout, et enfin nous sommes arrivés au terme de notre audacieuse entreprise. Ce n'était pas un des moindres obstacles à vaincre, que la défiance des exposants eux-mêmes, et ce que nous appellerions leur mauvais vouloir, si ce mauvais vouloir n'avait pas été précédemment justifié par tant de déceptions imprévues, par tant de spéculations avortées, par tant de promesses illusoires. Il nous fallut, pendant de bien longs mois, recueillir des notes, pour établir sur des bases fixes nos comparaisons et nos jugements, et, tantôt profitant de la bienveillance de nos souscripteurs, tantôt ayant recours aux travaux préliminaires des jurys qui n'avaient pas encore publié leurs rapports, nous parvînmes à tracer le vaste tableau d'ensemble où devaient se fondre et s'harmoniser les couleurs diverses et multiples de l'Exposition universelle de 1855.

Ce n'est pas à nous qu'il faut indiquer, dans notre première œuvre, les endroits où la critique peut trouver quelque chose à reprendre. Nous les connaissons mieux que personne; mais, il nous est permis de le déclarer ici, on ne saurait nous reprocher de n'avoir pas donné une égale perfection à toutes les parties de l'Album de 1855; car, si nous avions eu moins de luttes personnelles à soutenir, si plus d'encouragements nous avaient été offerts dès le principe, nous aurions partout réalisé l'idéal qui était le but de notre entreprise.

Les suffrages des juges compétents, il est vrai, nous furent bientôt acquis; mais, malgré nous et en dépit de ces encouragements tardifs, il ne nous était déjà plus possible de remédier complétement aux hésitations et aux lacunes qu'on remarque dans les préludes de notre travail.

Aujourd'hui, il nous est plus facile de réaliser cet idéal d'un beau livre, que quelques personnes indulgentes persistent à reconnaître dans notre Album de 1855, tout imparfait qu'il est. Les difficultés ont disparu. On sait à présent qu'il est possible d'entreprendre loyalement et d'achever une œuvre écrite, consacrée à la description et à l'histoire d'une Exposition universelle. Nous avons prouvé qu'il est possible même d'y réussir. La plupart de MM. les Commissaires Généraux des gouvernements étrangers, les grands inventeurs, les maîtres de l'industrie, les chefs des ateliers les plus importants sont venus à nous, nous ont témoigné leur sympathie et leur estime; et même la plupart, dès le commencement de nos travaux, se sont empressés de nous assurer leur précieux concours. Enfin, l'expérience de notre première entreprise nous a éclairés.

Nous nous trouvions donc dans les conditions les plus favorables pour exécuter l'*Album de l'Exposition universelle de Londres en* 1862; néanmoins, nous n'avons pas cru devoir nous écarter beaucoup du plan primitif de l'*Album de* 1855, et nous ne l'avons retouché que pour l'améliorer.

Ce qui distingue surtout notre second livre du premier, c'est le caractère plus rigoureusement scientifique de nos descriptions de détail, et l'énumération plus complète de toutes les forces éparses dont se compose le faisceau de la civilisation matérielle du monde.

Il nous a semblé qu'un monument comme celui que nous ambitionnons de construire devait offrir quelque chose de plus que le tableau des récompenses distribuées et qu'une collection des rapports du Jury sur les progrès accomplis dans l'industrie depuis le dernier grand concours. Les récompenses et les éloges officiels, dont il est loin de notre pensée de vouloir affaiblir la valeur, ne viennent guère en effet que consacrer les vérités acquises et couronner des efforts accomplis. On y voit quels sont les hommes qui en ce moment tiennent la tête du mouvement et guident le progrès; mais il n'y est pas tenu compte des résultats obtenus par les industriels moins en évidence, ni des tentatives dignes d'estime aussi, dignes d'encouragement, qui, dans les lieux les plus divers, sont commencées ou poursuivies pour doter une contrée des arts qui lui manquent, et en attendant de plus complets résultats, pour utiliser les ressources que la nature des choses a mises à la disposition de l'homme.

Le souvenir de ces essais doit, selon nous, être gardé aussi bien que celui des plus grandes victoires industrielles, et partout où s'exerce honorablement l'activité humaine, nous mettrons notre honneur à enregistrer les luttes qu'elle soutient, et à signaler les difficultés dont elle triomphe. Ne faut-il donc pas autant de peine, autant d'énergie, autant d'intelligence, pour semer les arts chez un peuple que pour en développer la floraison? Et quand, par exemple, on veut que la Sardaigne devienne digne des destinées que l'Italie a aujourd'hui le droit d'attendre, devons-nous ne pas parler des plans, des instruments, des produits de l'industrie sarde, parce que c'est d'hier qu'elle a commencé de renaître?

Notre livre sera complet, impartial, au milieu des généreux combats que se livrent dans les deux mondes des athlètes rompus à toutes les épreuves; il sera partial, peut-être, pour ceux qu'on a négligés trop souvent, pour les peuples et les particuliers qui, loin du centre de la science et sans presque aucun des secours dont elle arme le bras de l'homme, ébauchent çà et là les œuvres de la civilisation internationale.

Il faut le dire aussi, à peine avons-nous fait connaître à MM. les Commissaires Généraux des États, sur les produits desquels on passe d'usage assez légèrement, le désir que nous avions d'étudier avec un soin particulier les instructives expositions dont ils avaient réuni les richesses, que, tout aussitôt, leur bonne grâce et leur zèle à les faire connaître nous ont mis en mesure d'enrichir notre ouvrage des renseignements les plus précieux.

Les principaux exposants nous sont venus en aide en nous fournissant une foule de détails intéressants que n'admettent guère les publications officielles, mais qui font en quelque sorte du compte rendu de leur exposition un tableau de couleurs variées, esquissé et peint par ceux-là mêmes qui ont le plus d'intérêt à ce que les objets qu'ils exposent y soient bien représentés.

Il est vrai que l'unité du plan général peut subir ainsi quelques atteintes, et qu'il en peut résulter des disparates entre le compte rendu d'une exposition particulière et celui d'une autre exposition non moins remarquable, dont le propriétaire n'aura pas coopéré à l'œuvre, en nous fournissant directement des matériaux. En 1855, ce défaut n'a pas non plus été évité; — mais faire autrement serait bien difficile, et demanderait plus de forces matérielles que nous n'en avons à notre disposition. Il en est de même pour les gravures; elles n'accompagnent que certains textes. Quelles seraient les limites de la reproduction de toutes les merveilles entassées à l'Exposition?

Notre projet avait d'abord été de diviser notre ouvrage en deux parties, et de faire paraître la première, qui eût été une simple description, en livraisons mises en vente successivement pendant la durée de l'Exposition. Nous avions même commencé à suivre ce mode de publication; mais, sentant chaque jour se multiplier sous notre main les documents utiles, nous n'avons pas voulu qu'il y eût entre le commencement et la fin de l'œuvre une sorte d'inégalité d'informations, et nous avons cru qu'il était mieux d'attendre la fin du concours pour connaître les jugements rendus soit par les Jurys, soit par la presse européenne, soit par l'opinion publique, afin de ne rien ignorer et de ne rien négliger.

Aussi pouvons-nous affirmer que c'est dans notre ALBUM que sera le mieux figurée, dans la variété et l'unité des efforts qui l'ont produite, cette admirable fête de la troisième Exposition universelle, et qu'il sera le seul livre complet écrit sur ce grand concours.

Le succès de notre nouvelle entreprise ne nous surprend pas; nous en étions certains lorsque, avant l'ouverture de l'Exposition, nous nous préparions à accomplir notre tâche; c'est que nous sommes de ceux qui n'ont jamais eu la moindre inquiétude sur le succès général de l'Exposition de 1862, et que n'avaient pas découragés un instant les nuages dont la scène du monde a été assombrie dans ces derniers temps.

Ne savons-nous pas que les Expositions elles-mêmes, depuis qu'elles sont universelles, ont pris place parmi les pouvoirs pacificateurs, et qu'elles jouent dans la politique des gouvernements un rôle aussi considérable que les flottes et que les armées?

En 1851, la première Exposition universelle ne fut point inaugurée, il est bon le rappeler, sous d'heureux auspices. La société européenne tremblait encore de

la secousse de 1848. La grande querelle des peuples et des rois menaçait de ne plus
s'apaiser, et de toutes parts venait s'ajouter à ces craintes la crainte plus redoutable
encore d'une révolution sociale, annoncée pour l'année suivante, et qui, presque à jour
fixe, devait déchaîner ses orages.

L'Exposition s'ouvrit, et la confiance, le calme et l'espoir revinrent. En présence
des merveilles du travail de l'homme, on eut moins peur des troubles de sa pensée,
on augura mieux des ressources de son génie. Elle fut rapide et féconde, l'influence
de ce premier concours international des arts et des industries. Tous les cœurs se
ranimèrent; partout, chez les peuples et les individus, se réveilla le désir de la lutte
et du progrès pacifiques, et l'on vit enfin succéder à un état d'incertitude et d'atonie
générales une ère de prospérité bientôt miraculeuse.

L'histoire tiendra compte de cette bienfaisante influence de la première Exposition
universelle, influence si imprévue et cependant si marquée. Qu'on se rappelle
encore au milieu de quels événements eut lieu l'ouverture de l'Exposition universelle
de Paris en 1855 et par quelles nobles paroles prophétiques, défiant les tempêtes
et rassurant les esprits, l'Empereur des Français, du milieu même de la guerre la
plus sombre et la plus menaçante, indiquait les sereines clartés d'un horizon de paix
et de repos. Nous subissions à cette époque tous les maux qu'aujourd'hui nous
craignons seulement de subir. Nous étions profondément troublés dans nos études
et dans nos travaux par le bruit lointain des batailles. Nous étions aux prises avec
une disette des substances alimentaires, qui n'avait pas été conjurée comme vient de
l'être avec tant de prévoyance et de bonheur celle qui aurait pu, cette année, nous
plonger encore dans la désolation.

La seconde Exposition universelle, plus brillante que la première, plus abondamment pleine de promesses de concorde et de prospérité, fit en un moment
tourner l'opinion publique des deux mondes contre les idées de la guerre, et, au bout
de quelques mois, fut signé ce traité mémorable de Paris, qui a proclamé non la victoire d'un peuple sur un autre peuple, mais le triomphe de la plus sainte des
causes, la cause de la paix éternelle de l'avenir, sur la cause perdue des luttes san-
glantes du passé.

Dès lors, il n'y eut plus de bornes à l'activité de l'industrie européenne. Pendant
trois longues années, tous les grands travaux se multiplièrent, toutes les grandes

entreprises furent tentées. Qu'est-il donc arrivé depuis, que ce mouvement général et prospère semble s'être ralenti et arrêté tout à coup? La France a, en trois mois, commencé et achevé en Italie, la plus libérale des expéditions. L'Angleterre et la France, unies, sont allées aux extrémités de l'Orient ouvrir les portes de la Chine au commerce du monde. Enfin, dans l'Amérique du Nord, s'est posé le problème terrible de l'émancipation des travailleurs noirs. Est-ce que ce n'est point la liberté, le travail, l'intelligence des hommes, qui recueilleront les bénéfices de ces guerres utiles et fécondes? Est-ce que ce n'est point pour faire avancer d'un pas de plus la civilisation universelle, que Dieu a permis que l'humanité passât par ces dernières épreuves, qui ont coûté, qui coûteront peut-être encore tant d'or, tant de sang et tant de larmes?

Rassurons-nous donc, rassurons-nous, et faisons des efforts dignes de l'avenir qui nous attend, nous tous à qui incombe la charge d'inventer ou de perfectionner dans les arts industriels, nous tous qui avons à cœur de tirer de la matière inépuisable tout ce qu'elle recèle de secrets, et qui n'oublions pas que la mission de l'industrie est d'enrichir les hommes en les nourrissant, en les vêtissant, en leur donnant à bon marché toutes les jouissances utiles et tous les plaisirs convenables au développement complet de leurs forces et de leurs facultés.

Comprise ainsi, l'industrie aura toujours raison des craintes pusillanimes. Il a suffi de deux Expositions universelles pour calmer les agitations de l'univers. Les conséquences de la troisième suffiront, pour que tous les peuples renoncent une fois encore à ces terreurs périodiques, à ces menaces de révolutions et de guerre, qui, chaque année désormais, deviendront plus rares et plus fugitives.

Cette fois, d'ailleurs, il y a de nouveaux motifs pour compter sur la solidité des alliances entre les grands peuples. Les traités de commerce que l'on a inaugurés, ceux qu'on prépare encore doivent avoir pour effet de rendre les nations solidaires les unes des autres. On peut méconnaître, dans le premier moment de trouble, et en présence de leurs premiers résultats, les services éclatants que ces nouveaux traités rendront aux peuples; mais, si ce n'est quelques esprits chagrins, qui donc s'obstinera demain à nier l'évidence; à ne pas voir que c'est encore une loi de Dieu qui s'accomplit, lorsque les peuples s'unissent pour échanger entre eux les produits qu'ils récoltent ou fabriquent le mieux, lorsque cette réciprocité des échanges force l'industrie à de plus grands efforts, et lorsque, en définitive, quelle que soit la souffrance momentanée par laquelle

2*

doivent passer quelques industries plus ou moins défaillantes, ce sont les intérêts de la vie et du bien-être à bon marché, que servent et défendent les hommes éminents qui élaborent ces admirables codes de liberté et d'entente commerciales?

On veut parfois que le même but soit atteint par de simples modifications des tarifs de douanes; mais il est évident que la réciprocité ne peut s'obtenir que par des traités. Laissons donc ces hardis et heureux négociateurs multiplier les conventions internationales. Un jour, sans doute, il n'y aura plus ni traités, ni tarifs, et l'industrie sera libre dans le monde entier. Quel splendide avenir on entrevoit déjà! Quelle rénovation grandiose de l'industrie et du commerce! Et qui donc assiste sans émotion au spectacle de ces Expositions universelles si consolantes et si instructives?

Nous avons encore une remarque à faire, avant de terminer ces réflexions préliminaires.

On ne peut le nier, ce qu'il y avait de plus important pour l'industrie, dans l'organisation de la troisième Exposition universelle, après les nécessités de comparaison et de lutte loyale qui découlent des traités de commerce, c'était le nouveau mode de récompense. Sans ressembler au système de 1851 ni à celui de 1855, il nous ramènait radicalement au temps de ces premiers concours de l'industrie, dont il était si beau de sortir avec une simple marque de distinction, parce que cette marque de distinction était alors un honneur accordé à peu de concurrents, et qu'on ne pouvait l'obtenir sans en être réellement digne.

Quand la Commission Royale décida qu'un prix uniforme remplacerait cette fois les diverses catégories de médailles et de mentions, elle prit l'initiative d'une mesure dont tous les chefs de l'industrie européenne apprécièrent sur-le-champ la justice et la convenance.

Pourquoi n'a-t-elle pas entièrement persisté dans cette voie? Pourquoi a-t-elle prodigué les médailles et accordé de nouveau des mentions honorables?

Était-il donc nécessaire de revenir à ce système de récompenses graduées avec plus ou moins de raison, et de risquer par là de mécontenter des intérêts respectables, lorsqu'il n'y a pas de motifs toujours bien évidents pour établir des degrés de classification? Fallait-il, en proclamant des milliers de lauréats humilier d'autres exposants que nulle distinction ne désigne et ne recommande à l'estime publique, en encourageant leurs efforts et en constatant leur succès?

Le moindre des inconvénients attachés à cette profusion des signes de l'honneur industriel, c'est d'avilir la récompense en la prodiguant.

Entre autres reproches adressés à l'ancien système de récompenses, on l'accusait de fausser parfois la sincérité du concours et de manquer le but d'utilité générale que l'on veut atteindre. En effet, que de fois n'a-t-on pas décerné les médailles les plus éminentes à des tours de force stériles ou à des pièces d'industrie produites uniquement pour la parade et pour la gloriole, avec une grande dépense de temps et d'argent, au lieu d'encourager et de signaler à l'attention du public, avant toute autre chose, les caractères certains d'une production régulièrement excellente et toujours égale à elle-même, soit qu'il s'agît d'un concours entre des producteurs rivaux, soit qu'il s'agît de la vente ordinaire, dans le magasin et la boutique, en présence du véritable acheteur de tous les jours !

Nous ne parlons pas ici des luttes d'influence et des ingénieux ressorts que savent mettre en mouvement quelques individus, qui sont comme possédés de la fièvre des honneurs et des distinctions, et qui ont eu trop souvent la chance de réussir, et, même à l'insu des jurés, d'agir sur les déterminations du jury au détriment d'autres concurrents également dignes des mêmes récompenses, mais auxquels répugne l'emploi de l'adresse, et qui ne savent que travailler de toutes leurs forces dans leur atelier, sans se soucier de jouer encore le rôle de diplomate pour soutenir par des démarches et des intrigues la cause égoïste de leur propre mérite. Aussi, est-il arrivé quelquefois qu'entre une œuvre à laquelle était décernée une médaille d'or, et une autre œuvre qui n'avait obtenu qu'une médaille d'argent, le jugement du public ne saisissait point de différence réelle. Ces hésitations de l'opinion ont eu pour résultat de discréditer peu à peu les récompenses et de faire mettre en doute jusqu'à l'utilité des jurys.

Un juge excellent, Son Altesse Impériale le Prince Napoléon, en a fait la remarque avec l'autorité qui s'attache à toutes ses paroles. Il propose même, non pas de supprimer tout à fait les récompenses, mais d'en transformer complétement le système.

Mais il est inutile de récriminer sur des faits accomplis, on a cru devoir honorer des milliers de laborieux producteurs, eh bien, soit ! nous les jugeons dignes de l'honneur qui leur a été fait, mais il nous est matériellement impossible de parler de tous ; nous nous attacherons cependant à ne rien omettre de remarquable, parmi les produits de la phalange dont nous écrivons l'histoire.

Un livre qui contiendra les noms et parlera des travaux de tous ces industriels d'élite, ne serait-il pas véritablement le livre d'or des arts et métiers au milieu du dix-neuvième siècle?

Nous avons la ferme confiance que notre Album, conçu comme il est, exécuté comme il doit l'être, prendra rang parmi les livres les plus curieux et les plus utiles dans la bibliothèque des personnes éclairées qui jouent un rôle quelconque dans l'industrie, la science ou la politique des deux mondes.

DOCUMENTS OFFICIELS

Sous l'inspiration de feu Son Altesse Royale le prince Albert, la *Société des Arts* s'était occupée, dès 1853, d'organiser une seconde Exposition internationale à Londres. Retardée par la guerre d'Italie, cette idée fut reprise aussitôt après la paix de Villafranca, et, au mois de février 1861, Sa Majesté la reine d'Angleterre octroya une charte d'incorporation aux Commissaires de la troisième Exposition universelle.

COMMISSAIRES DE SA MAJESTÉ

Le comte GRANVILLE, chevalier de la Jarretière, président du Conseil.
Le duc DE BUCKINGHAM ET CHANDOS.
Sir C. WENTWORTH DILKE, baronnet.
Thomas BARING, Esq., membre du Parlement.
Thomas FAIRBAIN, Esq.
F. S. SANDFORD, secrétaire.

RÉGLEMENT OFFICIEL

PUBLIÉ LE 15 AOUT 1861

PAR LES COMMISSAIRES DE SA MAJESTÉ BRITANNIQUE.

Les Commissaires de Sa Majesté ont fixé au jeudi 1er mai l'ouverture de l'Exposition.

Le bâtiment de l'Exposition sera construit sur un terrain attenant aux jardins de la Société royale d'horticulture, et dans le voisinage immédiat de l'emplacement occupé en 1851 par la première Exposition universelle.

La partie du bâtiment consacrée à l'Exposition de peinture sera construite en briques et occupera toute la façade qui regarde *Cromwell road*; la partie réservée aux machines s'étendra le long de *Prince Albert's road*, au côté ouest des jardins.

Tous les produits industriels qui seront exposés devront avoir été fabriqués depuis 1850. Les Commissaires de Sa Majesté se réservent dans tous les cas, le droit de statuer en dernier ressort sur l'admission des produits proposés.

Autant que l'espace le permettra, tout dessinateur, inventeur, manufacturier ou fabricant sera admis à exposer; mais il devra indiquer celui de ces titres auquel il expose.

Les Commissaires de Sa Majesté ne communiqueront avec les Exposants étrangers ou coloniaux que par l'intermédiaire de la Commission nommée à cet effet par le gouvernement de chaque pays ou de chaque colonie, et aucun objet ne sera reçu d'un pays étranger ou d'une colonie sans la sanction de cette Commission.

Les exposants n'auront à payer aucun loyer.

Tout article produit ou obtenu par l'industrie humaine appartenant aux quatre sections:

> Matières premières,
> Machines et instruments de travail,
> Produits manufacturiers,
> Œuvres d'art,

sera admis à l'Exposition, excepté toutefois:

1° Les animaux et les plantes à l'état vivant;

2° Les substances végétales et animales à l'état frais et susceptibles de se corrompre;

3° Les substances dangereuses ou détonantes.

Les capsules et autres articles de même nature peuvent être exposés, pourvu que la poudre fulminante n'y soit pas introduite; on admettra aussi les allumettes chimiques, avec têtes en imitation.

Les esprits ou alcools, les huiles, les acides, les sels corrosifs et toutes les substances d'une nature essentiellement inflammable ne seront reçus que sur une permission spéciale écrite, et dans des vases de verre solides et hermétiquement fermés.

Les objets exposés seront répartis dans les classes suivantes:

SECTION I.

1re Classe. Produits minéraux extraits des mines et carrières; métallurgie.

2e — Substances et produits chimiques; préparations pharmaceutiques.

3e — Substances employées pour l'alimentation, y compris les vins.

4e — Matières animales et végétales employées dans les manufactures.

SECTION II.

5e Classe. Matériel des chemins de fer, y compris les locomotives et les vagons.

6e — Voitures autres que celles destinées aux chemins et autres voies analogues.

7e — Machines et outils employés dans les manufactures.

8e — Machines et instruments en général.

9e — Machines et instruments d'agriculture et d'horticulture.

10e — Génie civil, architecture et appareils de construction.

11e — Génie militaire, armement et équipement, artillerie et armes diverses.

12e — Architecture navale, objets servant à l'armement des navires.

13e — Instruments scientifiques, et objets se rattachant à leur usage.

14e — Appareils photographiques et photographie.

15e — Instruments d'horlogerie.

16e — Instruments de musique.

17e — Instruments et appareils de chirurgie.

SECTION III.

18e Classe. Cotons.

19e — Lin et chanvre.

20e — Soie et velours.

21e — Laines, laines filées, tissus de laine pure ou mélangés.

22ᵉ Classe. Tapis.
23ᵉ — Tissus, fils et feutres, présentés comme spécimens d'impression et de teinture.
24ᵉ — Tapisseries, dentelles et broderies.
25ᵉ — Peaux, fourrures, plumes, cheveux, poils et crins.
26ᵉ — Cuirs, y compris la sellerie et les harnais.
27ᵉ — Articles d'habillement.
28ᵉ — Papiers, articles de papeterie, imprimerie et reliure.
29ᵉ — Livres et matériel destiné à l'éducation.
30ᵉ — Meubles et ameublements, y compris les papiers peints et les objets en papier mâché.
31ᵉ — Fer et quincaillerie en général.
32ᵉ — Acier et coutellerie.
33ᵉ — Ouvrages et métaux précieux et en imitation, joaillerie.
34ᵉ — Verreries.
35ᵉ — Poteries.
36ᵉ — Produits non compris dans les classes précédentes.

SECTION IV. — Beaux-Arts.

37ᵉ Classe. Architecture.
38ᵉ — Peintures à l'huile et à l'aquarelle; dessins.
39ᵉ — Sculpture, modèles, gravures en relief et en creux.
40ᵉ — Gravures à l'eau-forte et en taille douce.

Des récompenses, sous formes de médailles, seront accordées au mérite dans les trois premières sections.

On pourra afficher les prix de vente sur les objets exposés dans les sections I, II et III.

Les commissaires de Sa Majesté seront prêts à recevoir tous les articles qu'on leur enverra à partir du et après le mercredi 12 février, et continueront à recevoir les colis jusqu'au lundi 13 mars 1862 inclusivement.

Les articles d'un volume ou d'un poids considérable dont le placement nécessitera beaucoup de peine, devront être envoyés avant le samedi 1ᵉʳ mars 1862, et les manufacturiers qui désireront exposer des machines ou autres objets qui exigeront des fondations ou des constructions spéciales, devront faire une déclaration à cet effet dans leurs demandes d'emplacement.

Tout exposant dont les articles pourront être convenablement placés ensemble sera libre de les disposer comme il l'entendra, pourvu que l'arrangement qu'il fera s'accorde avec le plan général de l'exposition et la convenance des autres exposants.

Dans les cas où l'on désirera exposer des procédés de fabrication, on admettra dans le but de faire connaître le procédé un nombre suffisant d'articles, quelque différents qu'ils soient; mais ces articles ne devront pas dépasser le nombre actuellement fixé (17-25).

Les exposants seront tenus de faire remettre leurs colis dans la partie du bâtiment qui leur sera indiquée, toutes dépenses de frêt, de voiture, de factage et toutes charges quelconques y attachées acquittées.

I.

Les voitures seront déchargées et les articles et les ballots portés aux endroits désignés dans le bâtiment par les employés des commissaires de Sa Majesté.

Au reçu de l'avis des commissaires de Sa Majesté que les articles sont déposés dans le bâtiment, les exposants, leurs représentants ou leurs agents devront eux-mêmes déballer, réunir et arranger leurs marchandises.

Les caisses d'emballage devront être enlevées aux frais des exposants ou de leurs représentants, aussitôt que les produits auront été examinés et livrés aux Commissaires. Si elles n'étaient pas enlevées dans les trois jours qui suivront l'avis donné à ce sujet, il en serait disposé, et le produit de la vente serait appliqué aux fonds de l'Exposition.

Les Commissaires de Sa Majesté ne fourniront ni comptoirs, ni décorations intérieures. Il sera permis aux exposants, en se soumettant toutefois aux règlements généraux, d'élever, selon leur convenance, les installations telles que comptoirs, vitrines, étagères, consoles, tentures, ou de faire toutes les autres dispositions qu'ils jugeront les plus avantageuses pour l'exposition de leurs produits.

Les exposants ou leurs représentants devront se procurer toutes les couvertures qui seraient momentanément nécessaires (telles que morceaux de toile cirée) garantir leurs marchandises contre la poussière, et, s'il s'agit de machines ou de pièces polies, ils devront prendre toutes les précautions voulues pour les préserver de la rouille pendant toute la durée de l'Exposition.

Les exposants devront assurer leurs produits à leurs frais s'ils désirent ce gage de sécurité. Toutes les précautions seront prises contre l'incendie, le vol ou toute autre cause de perte; les Commissaires de Sa Majesté favoriseront de tout leur pouvoir la poursuite légale des personnes qui se rendraient coupables de détournements ou de tout autre dommage volontaire; mais ils n'entendent nullement être responsables des pertes ou des avaries de tout genre occasionnées par le feu, le vol ou toute autre cause.

Les exposants peuvent employer des agents de l'un ou de l'autre sexe pour tenir en ordre les objets exposés et donner aux visiteurs les explications nécessaires; mais ils devront en obtenir l'autorisation écrite des Commissaires de Sa Majesté. Ces employés s'abstiendront d'engager les visiteurs à faire des achats.

Les objets, une fois déposés dans le bâtiment, ne pourront en être retirés sans une permission écrite des Commissaires de Sa Majesté.

Les Commissaires de Sa Majesté fourniront l'arbre de couche, la vapeur (qui n'excèdera pas 30 livres par pouce carré, mesures anglaises), et l'eau, à haute pression, pour les machines en mouvement.

Les personnes qui désireraient exposer des machines ou des appareils mécaniques en mouvement seront autorisées à les faire fonctionner, autant que cela sera possible, sous leur propre surveillance et à l'aide de leurs propres ouvriers.

Aucuns articles de fabrication étrangère, quelle que soit la personne à qui ils appartiennent, ou la place où ils puissent être, ne pourront être admis à figurer à l'exposition, qu'avec la sanction de l'autorité centrale du pays dont ils sont les produits. Les Commissaires de Sa Majesté feront

3

connaître à cette autorité centrale la quantité d'espace qui pourra être accordée aux productions du pays qu'elle représente, et lui annoncera les conditions et les limitations ultérieures qui pourront être de temps en temps adoptées relativement à l'admission des articles. Tous les articles transmis par cette autorité centrale seront admis pourvu qu'ils n'exigent pas pour leur placement une quantité collective d'espace plus grande que celle assignée au pays d'où ils viennent, et pourvu aussi qu'ils ne violent pas les conditions et limitations générales. Ce sera à l'autorité centrale dans chaque pays à décider du mérite des divers articles destinés à l'exposition, et à avoir soin que ceux qui seront envoyés, soient ceux qui représentent le mieux l'industrie de leurs concitoyens.

Il sera accordé, à chaque pays étranger, un emplacement séparé où les commissaires de ce pays seront libres d'arranger, de la manière qu'ils jugeront la plus convenable, les produits qui leur auront été confiés, à la condition, toutefois, que toutes les machines soient exposées dans la partie du bâtiment spécialement affectée à ce but, et en se conformant aux règles générales qui pourront être établies par les commissaires de Sa Majesté, dans l'intérêt du public.

Conformément aux arrangements pris avec le gouvernement de Sa Majesté, tous les colis venant de l'étranger ou des colonies, et destinés à l'Exposition, seront admis en Angleterre et pourront être transportés dans le bâtiment de l'Exposition sans avoir été préalablement ouverts et sans payer aucun droit, pourvu qu'ils soient envoyés et adressés conformément aux règlements qui seront ultérieurement publiés. Mais tous les objets qui ne seront pas réexportés à la fin de l'Exposition devront acquitter, à la fin de l'Exposition, les droits fixés par les règlements ordinaires de la douane.

Les Commissaires de Sa Majesté ne comptent adopter aucune mesure pour protéger par brevet ou enregistrement les dessins ou inventions, les conditions matérielles, que la loi impose à cet égard ayant été simplifiées depuis 1851.

L'exposition particulière des arts britanniques comprendra les artistes vivants et leurs prédécesseurs morts depuis 1762.

Des prix ne seront pas accordés aux œuvres d'art exposées dans cette section.

La moitié de l'espace réservé à la section IV sera distribuée entre les nations étrangères; l'autre moitié sera accordée aux artistes de l'Angleterre et de ses colonies.

La subdivision de l'espace réservé aux étrangers sera faite d'après les demandes transmises par la commission ou par les autorités centrales de chaque pays étranger. Il est, par conséquent, nécessaire que ces demandes soient portées à la connaissance des commissaires de Sa Majesté le plus tôt possible.

L'arrangement des œuvres d'art dans l'emplacement réservé à chaque pays étranger sera entièrement remis au contrôle des représentants accrédités de ce pays, sous la réserve du règlement général de l'Exposition.

Quant au catalogue, il est nécessaire que les autorités de chaque pays étranger en transmettent les éléments aux commissaires de Sa Majesté avant le 1er janvier 1862, avec la description de chaque œuvre d'art qui sera envoyée à l'Exposition; spécifiant dans chaque cas le nom de l'artiste, le titre de l'œuvre; et, quand il sera possible, la date de la production.

Comme l'espace à la disposition des commissaires de Sa Majesté pour les arts britanniques est limité et qu'il est désirable d'obtenir une Exposition aussi remarquable que possible il sera indispensable de faire un choix parmi les œuvres présentées à l'Exposition.

Le choix des juges, la détermination de l'espace et du nombre d'œuvres attribués à chaque artiste, ainsi que leur arrangement, seront confiés à des commissions nommées par les commissaires de Sa Majesté.

Quand il s'agit d'artistes vivants, les commissaires désirent avoir l'avis des artistes eux-mêmes sur les œuvres qu'ils désirent plus particulièrement voir admettre à l'Exposition. L'indication donnée ainsi par les artistes ne sera pas suivie forcément par les commissaires; mais, dans aucun cas, une œuvre ne sera exposée contre le désir de l'artiste, si ce désir est exprimé par écrit et remis aux commissaires avant le 31 mars 1862.

Les commissaires de Sa Majesté se serviront des huit associations artistiques de ce pays pour communiquer avec les artistes qui en sont membres, à savoir :

L'Académie royale,
L'Académie royale écossaise,
L'Académie royale irlandaise,
La Société des peintres à l'aquarelle,
La Société des artistes anglais,
La nouvelle Société des peintres à l'aquarelle,
L'Institut des artistes anglais,
L'Institut des architectes anglais.

Les artistes anglais qui désirent exposer dans la section IV et qui ne sont membres d'aucune des Sociétés précédentes, recevront communication des formalités à remplir en s'adressant au secrétaire de la commission. Les formules devront être remplies et envoyées avant le 1er juin 1861.

F. R. SANDFORD, secrétaire,
Bureau des Commissaires de Sa Majesté.

Le Palais de l'Exposition de 1862 a été construit à environ 500 mètres du lieu où s'élevait le *Cristal Palace*, sur un terrain acheté avec l'excédant des souscriptions de 1851.

La construction principale couvre plus de six hectares et demi. Les annexes en occupent plus de douze. Commencés en mai 1861, les gros travaux ont été menés assez rapidement pour que le bâtiment fût livré aux commissaires royaux le 12 février 1862. Ce bâtiment se développe sur un pallélogramme rectangulaire d'environ 350 mètres de longueur et de 173 mètres de large. Il a trois façades et, sur chacune, une grande porte d'entrée d'un style hardi. La galerie supérieure des trois façades forme l'emplacement de l'exposition des beaux-arts, et l'une de ces trois galeries, divisée du reste en plusieurs salles, est presque aussi longue que la grande galerie française du Louvre. La solidité de la construction est remarquable. Vers la porte centrale, sur Cromwell road, les murs sont formés de quatre contre-forts de 17 pieds anglais de largeur sur 10 de profondeur, bâtis en briques jusqu'à une hauteur de 60 pieds.

L'intérieur du Palais est formé par une grande nef de 244 mètres de long et par deux transepts latéraux de 194 mètres. A l'intersection de la nef et des transepts ont été bâtis, en fer et en verre, deux dômes gigantesques, de structure duodécagonale, et hauts de 80 mètres sur un diamètre de 50. Ce sont les plus grandes machines de ce genre que l'architecture ait élevées dans les airs. Il est entré 600 tonnes de fer dans l'armature de chacun de ces dômes.

Les deux annexes ont été placées à l'ouest et à l'est du Palais, en arrière des transepts. La plus grande est celle de l'ouest, qui a près d'un mille de long et offre une façade extérieure de 397 mètres.

Les dépenses ont été faites au moyen de souscriptions particulières, les fonds étant fournis par la banque d'Angleterre, avec un intérêt de 4 pour 100, sur la garantie de personnes qui se sont engagées à supporter entre elles les pertes de l'entreprise. La somme garantie s'est élevée à 11,125,000 fr. Les constructeurs, suivant les termes du contrat, devaient recevoir 5 millions de francs, en tout état de chose, et, s'ils ne recevaient que cette somme, tous les matériaux du Palais devenaient leur propriété. Si les recettes montent à 10,000,000 de francs, leur contrat leur assigne encore 2,500,000 fr. et une partie seulement des matériaux. En recevant 3,250,000 fr. de plus, ils abandonnent leurs droits sur le Palais tout entier.

OUVERTURE DE L'EXPOSITION

C'était S. M. la Reine d'Angleterre et S. A. R. le Prince Époux qui devaient, en 1862 comme en 1851, présider à la cérémonie d'ouverture de l'Exposition. La mort imprévue et si profondément regrettable du Prince Albert a privé de cet honneur la troisième Exposition universelle; et S. M. la Reine a désigné pour le remplacer, dans la fête du 1er mai 1862, une commission composée de S. A. R. le duc de Cambridge, de l'archevêque de Cantorbéry, primat du Royaume, du lord haut chancelier, du chef de parti tory, du lord chambellan, du chef du parti whig et du président de la Chambre des Communes.

La fête a eu lieu le jour annoncé, avec un grand éclat.

Voici l'ordre dans lequel ont défilé, le 1er mai, les personnages officiels :

1° Les trompettes des life-guards.

2° Les surintendants *contractors* (entrepreneurs) : MM. Clémence, Masson, Asthon, Taylor, Wallis, Stevens.

3° Le décorateur, J. G. Crace; le dessinateur, H. Mecson ; l'inspecteur, H. F. Gritten.

4° Les surintendants de l'installation : MM. Bent, Boosé, Clark, Creswick, Cundall, Fitch, Gibbs, Hunt, Leighton, Moffatt, Oldfield, Quin, Redgrave, Sherson, Simmonds, Smith, Thompson, Traer, Wallis, Waring, Watson, Weld, Whiting, Wright.

5° Les surintendants de la construction : MM. Phillpotts, Brooke.

6° Les *contractors* et l'architecte : MM. John Kelk, Charles Lucas, Thomas Lucas, Fowke.

7° Le conseil de la Société d'horticulture et son secrétaire : MM. Blandy, le duc de Buccleugh, Cooper, Clutton, Dilke, le comte de Ducie, Fleming, Godson, Lee, Pownall, Saunders, comte de Somers, Weitch, le lord évêque de Winchester et le docteur Lindley.

8° Le conseil de la Société des Arts et son secrétaire : MM. Alger, Bodkin, Cole, Graham, Hope, Hunt, Mackrell, Philipps, Simpson, Tooke, Wilson, Winkworth et Page Wood.

9° Une députation de 10 des *quarantors* (souscripteurs) de l'Exposition : MM. Balderson, Bates, Chambers, Colman, Fowler, Gurney, Hollins, Pakington, Peel, Rose.

10° Le secrétaire adjoint des Commissaires de Sa Majesté : M. Louis Lindon ; le secrétaire du comité des finances, lord Frederik Cavendish ; l'officier de finance : M. J. J. Mayo.

11° Les membres du Comité de construction et son secrétaire : comte de Shelburne. MM. William Baker, William Fairbain et B. Portman.

12° Le Commissaire spécial auprès des jurys et leur secrétaire : MM. le docteur Lyon Playfair et M. Iselin.

13° Les présidents des jurys :

1re classe. Sir Roderick Murchison.	13°. Professor Dove.
2°. Balard.	14°. Baron Gros.
3°. Boussingault.	15°. Vicomte de Villa Mayor.
4°. Chev. de Schwarz.	16°. Sir George Clerk.
5°. Duc de Sutherland.	17°. Syme.
6°. Général Morin.	18°. Bazley.
7°. W. Fairbain.	19°. Mevissen.
8°. Michel Chevalier.	20°. Arles Dufour.
9°. Marquis de Pérales.	21°. Ch. Offermann.
10°. Marquis de Salisbury.	22°. Van de Weyer.
11°. Général sir J. Burgoyne.	23°. Bolley.
12° Robert Napier.	24°. Fortamps.
	25°. Kamensky.

26°. Comte de Bessborough.
27°. Gunkel.
28°. Comte Stanhope.
29°. Marquis G. de Cavour.
30°. Dr Beeg.
31°. Von Steinbeis.
32°. Lord Wharncliffe.
33°. Lord Stratfort de Redcliffe.
34°. Pelouze.
35°. W. E. Gladstone.
36°. Thos. Philipps et lord Taunton, président du conseil des présidents des jurys.

14° Les Commissaires des colonies et dépendances :

Australie de l'Ouest.	Andrews.
Australie du Sud.	Dutton.
Bahamas (îles).	Harris.
Barbades (îles).	Cave.
Bermudes.	Fabia Tuker.
Colombie anglaise.	Capitaine Mayne.
Guyane anglaise.	Helms.
Canada.	Logan.
Ceylan.	Rawdon Power.
Grenade.	Hankey.
Hong Kong.	Campbell.
La Jamaïque.	Son Excellence C. E. Darling.
Liberia.	Gérard Ralston.
Malte.	Inglott.
Haïti.	Stiffel.
Maurice.,	Morris.
Natal.	Sargeaunt.
Nouveau-Brunswick.	Daniel,
Terre-Neuve.	Gisborne.
Nouvelle-Galles du Sud.	Hamilton et Cooper.
Nouvelle-Zélande.	J. Morrison.
Nouvelle-Écosse.	Uniacke.
Ile du Prince Édouard.	Haszard.
Terre de la Reine.	Marsh.
Saint-Vincent.	Dr Stacpoole.
Tasmanie.	Fox Young.
Trinité.	W. Rennie.
Ile Vancouver.	A. Langley.
Victoria.	Sir Redmond Barry.
Iles Ioniennes.	Drummond Wolff.

15° Les Commissaires des puissances étrangères, ayant à leur tête M. P. C. Oven, surintendant de la division de l'étranger à l'Exposition.

République Argentine.	J. Fair.
Autriche.	Comte Szechenyi.
—	Baron de Rothschild.
—	Chevalier de Schwarz.
—	Comte Waldstein.
Bade.	Dr Dietz.

Bavière..	D' Charles Beeg.	Suisse.	J. Rapp.
Belgique.	Charles de Grelle.	Turquie..	Nazim Bey.
—	Octave Delepierre.	États-Unis.	Colonel Johnstone.
Brésil.	Clark.	Uruguay	E. B. Niell.
Costa-Rica.	Ewen.	Zollverein..	R. Hoene.
Danemark.	A. Westenholz.		
Equateur.			
Egypte.	M. Mariette.		

19° Les commissaires de Sa Majesté pour l'Exposition de 1851 :

—	L. Loria.
France.	M. Le Play.
Grèce.	A. C. Ionides.
Guatemala.	John Samuel.
Hanovre.	D' Charles Karmasch.
Villes anséatiques.	M. Goeschen.
—	M. A. L. F. Meier.
Hesse-Darmstadt.	M. F. Fink.
Italie..	E. Grabau.
	Chevalier G. De Vincenzi.
Néerlande.	Baron Von Brienen.
—	S. A. Van Eyk.
Nicaragua.	E. Figueroa.
Norvége.	Emel Tidemand.
Portugal.	Vicomte de Villa Maior.
Prusse.	Auguste Altgelt.
	Charles Heidman.
Rome..	Henry Doyle.
Russie.	George Peterson.
	Gabriel de Kamensky.
Saxe.	M. L. Weissner.
Espagne.	Estaban Balleras.
Suède.	C. F. Waern.
Suisse.	Gustave Vogt.
	Franz Fuchser.
Turquie.	Colonel Messow.
	Paul Gadman.
Mecklembourgs (les deux).	D' Dippe.
—	Baron de Maltzahn de Vol- rathsche.
—	J. E. Holmes.
États-Unis.	J. E. Holmes.
Uruguay	Graham Gilmour.
Venezuela.	F. Hemmings.
Wurtemberg.	D' von Steinbeis.

16° Le lord prévôt de Glasgow; le lord maire de Dublin; le lord maire d'York, le lord maire prévôt d'Édimbourg.

17° Le porte-masse et le porte-épée de la cité de Londres, précédant le très-honorable William Cubitt, lord maire de Londres, accompagné de G. J. Cockerell et W. H. Twentymen, shériffs de Londres et Middlesex.

18° Les présidents des Commissions étrangères :

Belgique.	Fortamps.
Villes hanséatiques.	Rucker.
Néerlande.	J. W. L. van Oordt.
Russie.	Alexis Levshin.

Sa Grâce le duc de Buccleuch.	Sir C. L. Eastlake.
Le très-honorable comte de Rosse.	Sir C. Lyell.
	Thos. Bazley.
Lord Portman.	T. F. Gibson.
Lord Overstone.	John Gott.
Lord Taunton.	J. Hawkshaw.
W. Cooper.	A. Ramsay.
B. Disraeli.	H. Tring.
R. Lowe.	E. A. Bowring, secrétaire.
Sir A. Spearman.	

20° Les commissaires de Sa Majesté pour l'Exposition de 1862 :

Le comte Granville.	Thomas Baring.
Le duc de Buckingham et Chandos.	Thomas Fairbairn.
	F. R. Sandford.
Sir C. Wentworth Dilke.	

21° Le lord évêque de Londres accompagné de John Sinclair, archidoyen de Middlesex, et de W. J. Irons, bénéficier de la paroisse de l'Exposition.

22° Les ministres de Sa Majesté, non nommés parmi les commissaires de 1862 ni parmi les commissaires royaux pour la cérémonie d'ouverture :

M. C. P Williers, président du bureau de la loi des pauvres.
E. Cardwell, chancelier du duché de Lancastre.
Lord Stanley d'Alderley, maître général des postes.
M. Milner Gibson, président du bureau du commerce.
M. W. E. Gladstone, chancelier de l'Échiquier.
Le duc de Somerset, premier lord de l'Amirauté.
Sir C. Wood, secrétaire de l'Inde.
Sir G. Cornewall Lewis, secrétaire d'État de la guerre.
Le duc de Newcastle, secrétaire d'État des colonies.
Le comte Russell, secrétaire d'État des affaires étrangères.
Sir Grey, secrétaire d'État de l'Intérieur.

23° Les Commissaires spéciaux de Sa Majesté pour l'ouverture de l'Exposition :

S. A. R. le duc de Cambridge.
Sa Grâce l'archevêque de Cantorbéry.
Lord Westbury, lord haut chancelier.
Le comte de Derby.
Le vicomte Sidney, lord chambellan.
Le vicomte Palmerston.
Le président de la Chambre des Communes.

S. A. R. le prince Oscar de Suède et S. A. R. le prince royal de Prusse étaient dans l'intérieur du

Palais, avec leurs escortes et les personnes invitées à la cérémonie. Le cortége des commissaires, parti du palais de Buckingham, est entré dans le Palais à une heure, par la porte des galeries de peinture, sur Cromwell road. Les ministres, les commissaires étrangers et le reste des personnes devant figurer au défilé l'attendaient dans la cour centrale du sud. Partant alors du centre de la nef, où il s'est définitivement formé, et longeant le côté méridional, le cortége a suivi la nef et gagné le dôme de l'ouest, où était le trône vide de la Reine. On a entonné alors le chant national *God save our gracious Queen*, puis le comte Granville, président des commissaires royaux de l'Exposition, s'est avancé et a lu, devant les commissaires de la Reine, l'adresse suivante que nous traduisons le plus textuellement possible.

ADRESSE

« Plaise à Votre Altesse Royale et à Messeigneurs les Commissaires permettre aux Commissaires de l'Exposition de 1862 de s'approcher de Sa Majesté, représentée par vos illustres personnes, avec l'assurance de notre dévouement pour le trône de Sa Majesté et pour sa Royale personne.

« C'est le premier de nos devoirs que d'offrir à Sa Majesté l'expression affligée de notre profonde sympathie pour Elle dans l'affliction inconsolable dont il a plu au Tout-Puissant de frapper Sa Majesté et le peuple entier de ce royaume, par la mort de son Royal Époux. Nous ne pouvons pas oublier, en effet, que c'est aujourd'hui le jour anniversaire de l'ouverture de la première grande Exposition internationale, faite il y a onze ans par Sa Majesté, et qu'alors Son Altesse Royale, Président des Commissaires de cette Exposition, s'adressait à Sa Majesté dans un langage digne d'un long souvenir. Après avoir exposé ce qu'avait fait la Commission pour s'acquitter de ses devoirs, il ajoutait avec une prière, qu'une entreprise « qui a pour but le développement de toutes les branches de l'industrie « humaine et le resserrement des liens de la paix et de l'amitié entre toutes les nations de la terre, « doit, par la bénédiction de la divine Providence, conduire à la prospérité du peuple de Sa Majesté, « et être à jamais rappelée parmi les plus brillants événements du règne pacifique et heureux de Sa « Majesté la Reine. »

« Quand nous avons commencé notre charge, et jusqu'à ces derniers temps, nous ne cessions de songer à l'époque, au jour, aujourd'hui venu, où nous devions avoir l'honneur privilégié de nous adresser à Sa Majesté en personne, et de montrer à Sa Majesté, entre ces murailles mêmes, l'évidence avec laquelle cette Exposition confirme la valeur de l'opinion exprimée pour la première fois par Son Altesse Royale, évidence bien prouvé par l'extension si grande de l'Exposition elle-même, par l'empressement avec lequel toutes les classes de la nation y ont voulu prendre part, et par les larges dépenses faites par des particuliers pour donner la meilleure physionomie à leurs produits industriels ou à leurs machines. Telle était notre espérance, et il ne nous est permis que d'assurer une fois encore de notre sympathie Sa Majesté, dans les funestes circonstances qui privent de sa royale présence cette cérémonie inaugurale; et en même temps que nous exprimons nos regrets douloureux de la perte de cette inappréciable assistance que Son Altesse Royale était si empressée en tout temps de nous accorder, nous avons à offrir à la Reine nos remercîments pleins d'obéissance de l'intérêt marqué par Sa Majesté pour cette entreprise, lorsqu'Elle a commandé de La représenter en cette occasion à Votre Altesse Royale et à Vos Seigneuries.

« Nos respectueux remercîments sont aussi dus à Leurs Altesses Royales le prince héréditaire de Prusse et le prince Oscar de Suède, Présidents des Commissions de ces États, pour l'honneur que Leurs Altesses Royales nous ont fait de venir en Angleterre assister à cette cérémonie. Dans la démarche de Son Altesse Royale le prince royal de Prusse nous reconnaissons une déférence de cœur aux désirs de notre Souveraine et un tribut d'affection à la mémoire de son illustre et bien-aimé Beau-Père.

« Il est maintenant de notre devoir de soumettre à Sa Majesté un rapide exposé des circonstances dans lesquelles s'est réalisé le plan d'organisation d'une seconde grande Exposition internationale en ce pays, les pouvoirs nécessaires pour conduire l'entreprise nous ayant été conférés par la Charte d'Incorporation que nous a gracieusement accordée Sa Majesté au mois de février 1861.

« Dans les années 1858 et 1859 la *Société des Arts*, société dont les efforts ont en grande partie fait naître l'Exposition de 1851, avait pris les mesures préliminaires à l'effet de s'assurer s'il existait un sentiment public suffisamment prononcé en faveur de la répétition décennale de cette grande expérience pour justifier la mise à exécution d'un plan d'organisation. Quoique le résultat des études de la *Société des Arts* fût satisfaisant, la violence des hostilités dont le Continent était alors le théâtre dut nécessairement suspendre les démarches ultérieures.

« Le retour de la paix dans l'été de 1859 permit de reprendre la question où on l'avait laissée, mais il était devenu nécessaire d'étendre un peu la période décennale et de reporter l'Exposition à la présente année. La *Société des Arts* obtint de la façon la plus nette la preuve du désir général que l'on ressentait d'une seconde grande Exposition de Londres, et cela particulièrement, quand on vit plus de onze cents personnes s'engager formellement pour des sommes variant de 100 à 10,000 livres sterling et dont le total ne s'est pas élevé à moins de 450,000 livres, pour garantir la dépense nécessitée par l'entreprise de l'Exposition.

« Les Commissaires pour l'Exposition de 1851, pleins de l'esprit qui les avait constitués en corporation, et suivant l'une de leurs dernières décisions qui porte que « les profits réalisés à la fin de cette « première Exposition seraient appliqués à des dépenses tout à fait en rapport avec le but de l'Exposition, « ou pour l'établissement de semblables Expositions dans l'avenir, » sans hésitation, mirent à notre disposition, libre de toute charge, un espace de près de dix-sept acres sur leur Établissement de Kensington, espace qui d'abord fut considéré comme suffisant pour les besoins de l'Exposition, mais auquel fut ajoutée par nos soins une autre étendue de plus de huit acres (c'est le terrain qui pouvait être employé utilement de cette manière), lorsqu'il fut prouvé que le premier espace ne suffisait pas. Pour cette concession de l'emplacement de notre Exposition, nous avons à leur exprimer nos remercîments.

« Notre reconnaissance est justement due aux Gouvernements des États étrangers et aux colonies de Sa Majesté, pour la manière avec laquelle, avec une plus grande unanimité qu'en 1851, ils ont répondu à la prière que nous leur avons adressée de nous seconder dans cette entreprise. Dans cette coopération cordiale nous avons trouvé une autre preuve de l'opportunité d'une répétition de l'Exposition de 1851 dans l'intérêt commun de tous les peuples.

« Un tribut semblable est dû par nous à ceux des sujets de Sa Majesté qui se sont présentés comme

exposants ou qui ont mis à notre disposition tant de précieux ouvrages destinés à donner un si grand
éclat aux diverses branches de l'art britannique, et, à cet égard, nos remercîments de reconnaissance
sont dus spécialement à Sa Majesté.

« Le nombre total des exposants s'est élevé à 28,500, dont 9,350 sujets de Sa Majesté, et 19,150 des
États étrangers. La disposition et le plan du bâtiment ont permis d'exposer les articles en les répartis-
sant en trois grandes divisions générales.

« La première a embrassé les Beaux-Arts, placés dans des Galeries spécialement établies pour leurs
œuvres.

« La seconde, les matières premières, les œuvres des manufactures et les produits agricoles, dans le
Bâtiment principal et l'Annexe de l'Est.

« La troisième, les produits requérant le pouvoir de la vapeur ou de l'eau, dans l'Annexe de l'Ouest.

« Dans ces trois divisions la classification adoptée est sur presque tous les points semblable à celle
qui fut employée en 1851, les articles anglais et ceux des colonies étant séparés des articles envoyés par
les nations étrangères, et chaque contrée ayant son emplacement particulier dans l'espace réservé à
l'étranger. Les catalogues que nous aurons l'honneur d'offrir respectueusement à Sa Très-Gracieuse
Majesté contiendront tous les détails nécessaires sur les articles exposés.

« Dans le choix et l'arrangement de la plupart des branches les plus importantes de l'Exposition, nous
avons été matériellement secondés par la coopération cordiale et les avis de personnes de tous les rangs
dans les divers Comités du Local, du Classement, du Commerce et d'autres encore, dont les services ont
acquis notre gratitude.

« Suivant le principe adopté lors de l'Exposition de 1851, nous avons décidé que des Prix, sous forme
de Médailles, seront accordés dans toutes les classes de l'Exposition, excepté dans la section des Beaux-
Arts; de telles Médailles, néanmoins, n'étant que d'une seule espèce, et purement des Récompenses du
Mérite, sans aucune distinction de degré. Ces Médailles seront décernées par les Juges attribués à chaque
classe et composés de membres choisis, par moitié, parmi les étrangers et les nationaux.

« Nous sommes heureux de pouvoir dire à Sa Majesté que les nations étrangères ont désigné des personnes d'une haute distinction dans la science et dans l'industrie pour agir comme Jurés; et nous avons
à vous attester l'empressement cordial avec lequel d'éminents manufacturiers de ce pays et d'autres personnes distinguées de cet État, aussi bien dans les sciences que dans les arts, ont consenti à remplir
ce rôle de Jurés, et ont accepté la responsabilité et le travail que cette charge leur impose. Nous pouvons
assurer que la supériorité des Jurés ainsi choisis, tant chez nous qu'au dehors, satisfera les exposants
dont les produits seront examinés par des juges aussi compétents qu'impartiaux. Il est certain que l'assemblée d'hommes si éminents, venus de toutes les parties du monde pour remplir de telles fonctions,
doit exercer une influence favorable sur l'agriculture, les manufactures et le commerce, par la dissé-
mination qu'ils feront de notions exactes et pratiques sur l'état de la science et de l'industrie dans
leurs diverses contrées aussi bien que par la connaissance répandue par eux de tout ce dont ces nations
ont besoin et de tout ce qu'elles peuvent fournir.

« Les articles présentement exposés montreront que la période qui s'est écoulée depuis 1851, quoique interrompue deux fois par des guerres européennes, a été signalée par un progrès sans exemple
dans les sciences, les arts et l'industrie.

« C'est notre prière ardente que l'Exposition de 1862, qui va être inaugurée à l'instant, et dont nous aurons eu l'honneur d'avoir la direction, puisse former l'un des anneaux les moins indignes dans la chaîne de ces Expositions internationales auxquelles restera toujours attaché le nom honoré de l'illustre Époux de Sa Majesté. »

S. A. R. le duc de Cambridge a répondu au nom de la Reine.

La procession, suivant alors le côté septentrional de la nef, s'est rendue au dôme de l'est, où était installé un orchestre de 2,000 chanteurs et de 400 instrumentistes, dirigé par M. Costa. Cette musique superbe a exécuté une grande ouverture de Meyerbeer, composée de trois marches, et ensuite des chants, composés par le D' Sterndale Bennett sur une ode du poëte lauréat de l'Angleterre, Alfred Tennyson. On a joué en dernier lieu une grande marche d'Auber.

Quand l'orchestre s'est tu, l'évêque de Londres a prononcé une prière solennelle, accompagnée par des chœurs et suivie du chant national.

Puis le duc de Cambridge a déclaré ouverte l'exposition de 1862.

Les trompettes et un feu allumé sur l'emplacement du palais de 1851 ont annoncé au peuple la déclaration d'ouverture.

Le cortège s'est rendu alors dans les salons de peinture et toutes les barrières se sont ouvertes.

LISTE DU JURY INTERNATIONAL

PREMIÈRE CLASSE

1. SAMUEL BLACKWEL, — *Angleterre*, — ingénieur des mines.
2. J. A. G. DAS NEVES CABRAL, — *Portugal*, — inspecteur des mines.
3. COMBES, — *France*, — membre de l'Institut, inspecteur général et directeur de l'École des Mines.
4. DEVAUX, — *Belgique*, — membre de la classe des Sciences à l'Académie Royale; inspecteur général des mines.
5. LIEUTENANT GÉNÉRAL ALEX. GERNGROSS, — *Russie*, — directeur du département des Mines.
6. SIR W. LOGAN, — *Canada*, — directeur de l'Inspection géologique du Canada.
7. FRANCISCO LUXAN, — *Espagne*, — sénateur.
8. SIR RODERICK MURCHISON, président de la classe, — *Angleterre*, — directeur général de l'Inspection géologique et de l'École des Mines du gouvernement.
9. C. OVERWEG, — *Zollverein*, — propriétaire.
10. J. PERCY, — *Angleterre*, — professeur de métallurgie à l'École des Mines du gouvernement.
11. ARCANGELO SCACCHI, — *Italie*, — sénateur, professeur de minéralogie.

12. WARINGTON W. SMITH, — *Angleterre*, — professeur du cours de mines à l'École des Mines du gouvernement.
13. THOMAS SOPWITH, — *Angleterre*, — ingénieur des mines.
14. K. STYFFE, — *Suède*, — directeur de l'École polytechnique à Stockholm.
15. PETER TUNNER, — *Autriche*, — directeur de l'École impériale des Mines de Léoben.
16. H. HUSSEY VIVIAN, — *Angleterre*, — propriétaire de mines.
17. NICHOLAS WOOD, — *Angleterre*, — ingénieur des mines.

DEUXIÈME CLASSE

SECTION A. — Produits chimiques.

1. FRÉD. ANTHON, — *Autriche*, — professeur de chimie à Prague.
2. BALARD, président de la classe, — *France*, — professeur au Collège de France, et à la Faculté des sciences de Paris.
3. E. H. VON BAUMHAUER, — *Hollande*, — professeur de

chime à l'Université d'Amsterdam, et membre de l'Académie.

4. A. Bernays, — Inde, — professeur de chimie à l'hôpital de Saint-Thomas.

5. Chandelon, — Belgique, — professeur de chimie à l'Université de Liége, membre de l'Académie royale de médecine.

6. E. Frankland, — Angleterre, — secrétaire pour l'étranger de la Société chimique.

7. Le professeur G. Forchammer, — Danemark, — secrétaire de la Société royale des Sciences de Copenhague.

8. Wm. Gossage, — Angleterre, — fabricant de produits chimiques.

9. T. Graham, — Angleterre, — maître de la Monnaie, vice-président de la Société chimique.

10. A. W. Hofmann, — Angleterre, — président de la Société de Chimie; professeur de chimie à l'École des Mines du gouvernement.

11. N. Kunheim. — Zollverein, — manufacturier à Berlin.

12. A. V. Lourenço, — Portugal, — professeur de chimie à l'École polytechnique de Lisbonne.

13. Dr A. Muller. — Suède, — professeur de chimie à l'Académie royale d'agriculture de Stockholm.

14. Raffaele Piria, — Italie, — membre du parlement italien, ancien ministre de l'Instruction publique à Naples, professeur de chimie.

15. Jas. Young, — Angleterre, — fabricant de produits chimiques.

SECTION B. — Produits et Procédés de médecine et de pharmacie.

1. Dr Wurtz, — France, — professeur à la Faculté de médecine de Paris.

2. Von Fehling, — Zollverein, — professeur de chimie à Stuttgart.

3. Daniel Hanbury, — Angleterre, — chimiste en pharmacie.

4. Salvatore de Luca, — Italie, — professeur de chimie.

5. T. N. R. Morson, — Angleterre, — chimiste en pharmacie.

6. J. M. Neligan, — Angleterre.

7. Theos. Redwood, — Angleterre, — secrétaire de la Société de Chimie et professeur de pharmacie à la Société de Pharmacie.

8. Schroetter, — Autriche, — secrétaire général de l'Académie impériale des Sciences, professeur de chimie à Vienne.

9. Robert Warington, — Angleterre, — vice-président de la Société de Chimie.

TROISIÈME CLASSE

SECTION A. — Produits agricoles.

1. Constantin Ardanaz, — Espagne.

2. Jas. Buckman, — Angleterre, — professeur au Collége royal d'agriculture de Cirencester.

3. Buffet, — France, — ancien ministre.

4. J. D'Andrade Corvo, — Portugal, — professeur à l'Institut agricole et à l'École polytechnique de Lisbonne, membre de l'Académie des Sciences.

5. Elsner von Gronow, — Zollverein, — membre du bureau d'Agriculture à Kalinowitz.

6. C. Wren Hoskyns, — Angleterre, — membre du conseil de la Société royale d'Agriculture.

7. Stefano Jacini, — Italie, — membre du parlement italien, ancien ministre des Travaux publics.

8. Jacquemyns, — Belgique, — membre de la Chambre des représentants et de la Chambre du commerce de Gand.

9. J. W. Larking, — Turquie.

10. Chas. Lawson, — Angleterre, — grainetier.

11. Moeller, — Suède.

12. Lord Portman, — Angleterre, — président de la Société royale d'Agriculture d'Angleterre.

13. M. E. Rodocanachi, — Grèce, — négociant.

14. Nicholas Tchernaiev, — Russie, — membre du Comité scientifique des terres impériales.

15. E. W. Thomson, — Canada, — président du Bureau du Canada pour l'agriculture.

16. Ch. Woolloton, — Angleterre, — négociant en houblon.

17. Comte H. de Zichy, — Autriche, — propriétaire de terres et de mines.

SECTION B. — Salaisons, Épiceries et Préparations diverses des substances alimentaires.

1. Boussingault, président de la classe, — France, — membre de l'Institut, professeur au Conservatoire des Arts et Métiers.

2. A. Campbell, — Inde, — surintendant à Darjeeling.

3. James Carey, — Amérique du Sud, — commissionnaire en denrées coloniales.

4. E. T. Foord, — Iles-Ioniennes, — négociant.

5. F. Hicks, — Angleterre, — raffineur de sucre.

6. Jacob. — Zollverein, — conseiller de commerce à Halle-sur-Saale.

7. Henry L. Keeling, — Angleterre, — marchand de fruits et d'épiceries.

8. E. Lankester, — Angleterre, — surintendant des substances alimentaires à South-Kensington.

9. H. Letheby, — Angleterre, — officier de santé de la Cité de Londres.

10. S. Mavrojani, — Grèce.

11. Baron Reise, Stallburg, — Autriche, — membre du parlement autrichien, propriétaire.

12. Adolfo Targioni Tozzetti, — Italie, — professeur de zoologie au Muséum royal d'histoire naturelle à Florence.

13. C. Woodhouse, — Ile Maurice, — commissionnaire en denrées coloniales.

SECTION C. — Vins, Esprits, Bières, autres Liqueurs et Tabacs.

1. J. S. Bowerbance, — Angleterre, — distillateur.
2. Ch. Buxton, — Angleterre, — brasseur.
3. Gordon Wm Clark, — Angleterre, — négociant en vins.
4. J. A. van Eyck, — Hollande, — directeur du Palais de l'Industrie à Amsterdam.
5. E. C. Ionides, — Grèce, — négociant.
6. D. Leiden, — Zollverein, — conseiller de commerce à Cologne.
7. Monny de Mornay, — France, — directeur de l'agriculture au ministère de l'Agriculture, du Commerce et des Travaux publics.
8. Noetzlin-Langmesser, — Suisse, — marchand de vin à Bâle.
9. A. H. Novelli, — Angleterre.
10. A. Odelberg, — Suède.
11. Arthur Otway, — Iles Ioniennes.
12. G. Philips, — Angleterre, — chef de laboratoire à l'Office de l'accise.
13. Jos. Prestwich, — Angleterre, — marchand de vins.
14. Général marquis Emilio Bertone di Sambuy, — Italie.
15 Robt Schlumberger, — Autriche, — membre de la Chambre de commerce de Vienne.

QUATRIÈME CLASSE

SECTION A. — Huiles, Graisses, Cires, et leurs Produits.

1. J. Ben. Heath, — Italie, — consul général italien.
2. P. J. Kerckhoff, — Hollande, — professeur de chimie à l'Université de Groningue.
3. S. Mancoran, — Iles Ioniennes.
4. Emmanuel Mavrocordato, — Grèce, — négociant.
5. T. J. Miller, — Angleterre, — fabricant de blanc de baleine.
6. W. A. Miller, — Angleterre, — professeur de chimie au Collège du Roi, à Londres.
7. A. Payen, — France, — membre de l'Institut, professeur au Conservatoire des Arts et Métiers et professeur à l'Ecole centrale des Arts et Manufactures.
8. Emil. Seybel, — Autriche, — membre de la Chambre de commerce à Vienne.
9. Stas, — Belgique, — membre de la classe des sciences à l'Académie royale.
10. Dr Stein, — Zollverein, — professeur à Dresde.
11. T. Thompson, — Inde, — surintendant des jardins botaniques à Calcutta.
12. W. W. Williams, — Angleterre, — fabricant de savon.
13. Geo Wilson, — Angleterre, — directeur de l'office des chandeliers.

SECTION B. — Autres Substances animales employées dans l'industrie.

1. Capt. C. Bagot, — Australie du Sud.
2. Bella, — France, — directeur de l'École d'agriculture de Grignon.
3. Sam. Birchall, — Nouvelle-Galles du Sud, — marchand de laines.
4. Geo. Buss, — Angleterre, — secrétaire de la Société linnéenne.
5. Robt. Czilchert, — Autriche, — propriétaire.
6. Sir Fréd. J. Halliday, — Inde, — ancien lieutenant-gouverneur du Bengale.
7. J. G. Homère, — Grèce, — négociant.
8. J. Jowitt, — Terre de la Reine, — marchand de laines.
9. Antonio Marchetti, — Italie, — membre du parlement italien.
10. J. J. Mechi, — Angleterre, — alderman.
11. P. L. Sclater, — Angleterre, — secrétaire de la Société zoologique.
12. L. Schoeller, — Zollverein, — conseiller privé du commerce à Duren.
13. J. Stebut, — Russie, — professeur d'agriculture au collège agricole de Gorigoretsk.

SECTION C. — Substances végétales employées dans l'industrie.

1. Archer, — Angleterre, — directeur du Musée industriel à Edimbourg.
2. Barral, — France, — membre de la Société impériale d'Agriculture.
3. Robt. Fauntleroy, — Angleterre, — marchand de bois à ouvrer.
4. J. D. Hooker, — Angleterre, — directeur des jardins royaux de botanique.
5. J. B. Hurlbert, — Canada.
6. Sir Robt Kane, — Angleterre, — directeur du Musée de l'industrie irlandaise.
7. J. Miers, — Brésil.
8. Felippo Parlatore, — Italie, — professeur de botanique au Musée royal d'histoire naturelle de Florence.
9. W. Hy. Peat, — Amérique du Sud, — négociant en denrées coloniales.
10. Geo. Peterson, — Russie, — membre du Comité scientifique des terres de la couronne et du conseil des manufactures.
11. R. Riddell, — Inde, — ancien chef du service médical à l'armée du Nizam, à Deccam.
12. W. W. Saunders, — Tasmanie, — vice-président de la Société linnéenne.
13. Chev. de Schwarz, président de la classe, — Autriche, — conseiller impérial, directeur du consulat général d'Autriche à Paris.

14. M. A. Sevastopoulo, — Grèce, — négociant.
15. Dr Thul, — Zollverein.

SECTION D. — Parfumerie.

1. E. Moll, — France, — professeur au Conservatoire des Arts et Métiers.
2. W. Odling, — Angleterre, — professeur de chimie pratique à l'hôpital Guy.
3. Sept. Piesse, — Angleterre, — distillateur de parfums.
4. Eugène Rimmel, — Angleterre, — parfumeur.

CINQUIÈME CLASSE

1. W. Baker, — Angleterre, — ingénieur à la compagnie du chemin de fer du Nord-Ouest.
2. S. P. Bidder, — Angleterre, — président de l'Institution des ingénieurs civils.
3. Crampton, — Angleterre, — ingénieur des chemins de fer.
4. Flachat, — France, — ingénieur, membre du Conseil des chemins de fer.
5. Jas. Kitson, — Angleterre, — maire de Leeds, fabricant de locomotives.
6. Kruger, — Zollverein, — directeur de la fabrique royale de machines à Dirscham.
7. J. E. Mc Connell, — Angleterre, — ancien surintendant des locomotives au chemin de fer du Nord-Ouest.
8. F. Spitaels, — Belgique.
9. Arch. Starrock, — Angleterre, — ingénieur des locomotives au grand chemin de fer du Nord.
10. Duke de Sutherland, président de la classe, — Angleterre.
11. Col. Yolland, — Angleterre, — inspecteur des chemins de fer.

SIXIÈME CLASSE

1. Jos. Holland, — Angleterre, — fabricant de grosses voitures.
2. H. Holmes, — Angleterre, — carrossier.
3. Geo. Hooper, — Angleterre, — idem.
4. Général Morin, président de la classe, — France, — membre de l'Institut, directeur du Conservatoire des Arts et Métiers.
5. J. N. Peters, — Angleterre, — carrossier.
6. Vicomte Torrington, — Angleterre.

SEPTIÈME CLASSE

SECTION A. — Machines pour la filature et le tissage.

1. Boettger, — Zollverein, — professeur à l'École industrielle de Chemnitz.

2. Callon, — France, — ingénieur en chef au corps des Mines.
3. J. Cheetham, — Angleterre, — filateur de coton.
4. M. Curtis, — Angleterre, — fabricant de machines.
5. Ben. Fothergill, — Angleterre, — ingénieur consultant.
6. Kindt, — Belgique, — inspecteur de l'industrie au ministère de l'intérieur.
7. J. G. Marshall, — Angleterre, — filateur de lin.

SECTION B. — Machines et Outils employés dans l'industrie des bois et métaux.

1. J. G. Anderson, — Angleterre, — surintendant-adjoint de la fabrique de canons.
2. W. Fairbairn, président de la classe, — Angleterre. — ingénieur.
3. Rob. Mallet, — Angleterre, — vice-président de l'institution irlandaise des ingénieurs civils.
4. Rev. H. Moseley, — Angleterre, — chanoine de Bristol.
5. Dr Ruhlmann, — Zollverein, — professeur de mécanique à Hanovre.
6. Séguier, — France, — membre de l'Institut.
7. J. Withworth, — Angleterre, — ingénieur.

HUITIÈME CLASSE

1. L. R. Bodmer, — Suisse, — ingénieur consultant.
2. Chevalier de Burg, — Autriche, — conseiller impérial, président de la Société des Arts et Manufactures à Vienne.
3. Comte de Caithness, — Angleterre.
4. Michel Chevalier, président de la classe, — France, — sénateur, membre de l'Institut.
5. J. Hawkshaw, — Angleterre, — président de l'Institution des ingénieurs civils.
6. J. Hick, — Angleterre, — ingénieur civil.
7. J. M. da Ponte Horta, — Portugal, — professeur de mathématiques à l'École polytechnique de Lisbonne.
8. W. M. Neilson, — Angleterre, — ingénieur civil.
9. John Penn, — Angleterre, — ingénieur mécanicien.
10. O. Pihl, — Norvége, — ingénieur civil.
11. Dupré, — Belgique, — inspecteur en chef honoraire des Ponts et Chaussées.
12. W. Macquorn Rankine, — Angleterre, — professeur de mécanique à l'université de Glasgow.
13. F. B. Taylor, — États-Unis, — ingénieur et dessinateur mécanicien.
14. H. Thomas, — Zollverein, — manufacturier à Berlin.

NEUVIÈME CLASSE

1. C. E. Amos, — Angleterre, — ingénieur consultant de la Société royale d'Agriculture.
2. Col. Challoner, — Angleterre.
3. C. J. Dannfelt, — Suède, — inspecteur de l'Académie royale d'Agriculture.

4. G. Devincenzi, — *Italie*, — membre du parlement italien, ancien ministre de l'Agriculture à Naples.

5. E. Egan, — *Autriche*, — membre de la Société impériale d'Agriculture.

6. Vicomte Eversley, — *Angleterre*.

7. J. Gibson, — *Angleterre*.

8. B. S. Jorgensen, — *Danemark*, — président de la Société royale d'Agriculture du Danemark.

9. Wellington Lee, — *États-Unis*, — ingénieur civil.

10. Lord Talbot de Malahide, — *Angleterre*.

11. Hervé Mangon, — *France*, — ingénieur au corps impérial des Ponts et Chaussées, professeur à l'École des Ponts et Chaussées.

12. De Mathelin, — *Belgique*, — membre du Conseil supérieur de l'agriculture.

13. J. Milter, — *Angleterre*.

14. J. C. Morton, — *Angleterre*, — éditeur de la *Gazette d'Agriculture*.

15. Sir Jos. Paxton, — *Angleterre*, — ingénieur et architecte.

16. Marquis de Perales (président de la classe), — *Espagne*.

17. Pintus, — *Zollverein*, — manufacture à Berlin.

18. Sir John Villiers Shelley, — *Angleterre*.

DIXIÈME CLASSE

SECTION A. — Génie civil et Bâtiment.

1. Delesse, — *France*, — ingénieur au corps impérial des Mines, professeur à l'École normale, président de la Société géologique.

2. J. Kelk, — *Angleterre*, — Contractor.

3. Koch, — *Zollverein*, — membre du Conseil d'architecture du gouvernement à Berlin.

4. Leclerc, — *Belgique*, — inspecteur d'agriculture et ingénieur des Ponts et Chaussées.

5. Maurice Loehr, — *Autriche*, — conseiller impérial au ministère du Commerce et des Travaux publics.

6. C. Manby, — *Angleterre*, — secrétaire honoraire de l'Institut des ingénieurs civils.

7. Thos Page, — *Angleterre*, — ingénieur civil.

8. Sir J. Rennie, — *Angleterre*, — ingénieur civil.

9. Marquis de Salisbury, président de la classe, — *Angleterre*.

10. Cesare Valerio, — *Italie*, — membre du Parlement italien.

SECTION B. — Perfectionnements et Constructions sanitaires.

1. Neil Arnott, — *Angleterre*, — auteur d'ouvrages sur le chauffage et la ventilation, etc.

2. J. W. Bazalgette, — *Angleterre*, — ingénieur au bureau des Travaux métropolitains.

3. Bommart, — *France*, — inspecteur général au corps impérial des Ponts et Chaussées.

4. Sir J. Olliffe, — *Angleterre*, — médecin de l'ambassade anglaise à Paris.

5. R. Angus Smith, — *Angleterre*, — secrétaire de la Société littéraire et philosophique de Manchester.

6. J. Sutherland, — *Angleterre*, — inspecteur des sépultures.

SECTION C. — Objets d'architecture artistique.

1. Stavros Dilberoglue, — *Grèce*.

2. S. L. Donaldson, — *Angleterre*, — professeur d'architecture au collège de l'Université.

3. Theo. Jordan, — *Russie*, — membre de l'Académie impériale des Beaux-Arts.

4. A. L. J. Meier, — *Allemagne du Nord*, — architecte.

5. Gilbert Scott, — *Angleterre*, — architecte.

6. Syd. Smirke, — *Angleterre*, — architecte.

7. W. Tite, — *Angleterre*, — président de la Société royale des architectes anglais.

8. E. Trélat, — *France*, — professeur au Conservatoire des Arts et Métiers.

ONZIÈME CLASSE

SECTION A. — Vêtements et Équipements.

1. Major général Sir Fred. Abbott, — *Angleterre*.

2. Colonel Jos. Budson, — *Angleterre*, — surintendant de l'Établissement royal des vêtements militaires.

3. Moisez, — *France*, — intendant militaire.

4. Vicomte Ranelagh, — *Londres*, — colonel des volontaires du sud de Middlesex.

5. Major Russell, — *Égypte*.

6. Général Paolo Solaroli, — *Italie*, — aide de camp de Sa Majesté.

SECTION B. — Tentes, Campements, Équipages et Génie militaire.

1. Treuille de Beaulieu, — *France*, — colonel d'artillerie, directeur du Dépôt central d'artillerie.

2. Général Sir J. Burgoyne (président de la classe), — *Angleterre*, — inspecteur général des fortifications.

3. Capitaine Douglas Galton, — *Angleterre*, — inspecteur général adjoint des Fortifications.

4. Major général J. Lindsay, — *Angleterre*.

5. Colonel Henry Owen, — *Angleterre*, — commandant du génie royal à Plymouth.

SECTION C. — Armement.

1. Sir William Armstrong, — *Angleterre*, — surintendant des fonderies royales de canons.

2. Lieutenant général Giovanni Cavelli, — *Italie*.

3. Général Guiod, — *France*, — commandant de l'artillerie de la 1re division militaire.

4. Général A. Gordon, — *Angleterre*, — général commandant le camp de Curragh.

5. Major général Hay, — *Angleterre*, — inspecteur d'armes à Hythe.

6. Colonel Messoud-Bey, — *Turquie*.

7. Micheels, — Belgique, — lieutenant-colonel d'artillerie, sous-inspecteur de la Manufacture d'armes.

8. Nich. Novitzky, — Russie, — colonel de la garde impériale russe.

9. Westley Richards, — Angleterre, — fabricant de rifles.

10. Colonel Saint-George, — Angleterre, — président du Comité d'armement.

11. Lord Vernon, — Angleterre.

12. Weyersberg, — Zollverein, — manufacturier à Solingen.

DOUZIÈME CLASSE

SECTION A. — Vaisseaux de guerre et de commerce.

1. Contre-amiral Fitzroy, — Angleterre, — chef du département météorologique au Ministère du Commerce.

2. Contre-amiral Lisiansky, — Russie, — de la marine impériale.

3. Robert Napier, président de la classe, — Angleterre, — constructeur de vaisseaux en fer.

4. Paris, — France, — contre-amiral.

5. J. D'A. Samuda, — Angleterre, — constructeur.

6. Isaac Watts, — Angleterre, — chef constructeur de navires.

SECTION B. — Bateaux, Canots et Navires d'agrément.

1. Milner Gibson, — Angleterre, — Ministre du Commerce

2. Sir W. Snow Harris, — Angleterre.

3. Perdonnet, — France, — directeur de chemin de fer, professeur à l'École centrale des arts et manufactures.

4. Contre-amiral Washington, — Angleterre, — hydrographe de l'Amirauté.

SECTION C. — Palans et Agrès.

1. Clapeyron, — France, — membre de l'Institut, ingénieur en chef du corps des Mines, professeur à l'École des Ponts et Chaussées.

2. H. D. Cunningham, — Angleterre.

3. W. S. Lindsay, — Angleterre, — Armateur.

4. Contre-amiral S. Robinson, — Angleterre, — contrôleur des vaisseaux.

TREIZIÈME CLASSE

1. Sir David Brewster, — Angleterre, — principal de l'Université d'Édimbourg.

2. Chas. Brooke, — Angleterre, — chirurgien de l'hôpital de Westminster.

3. Dr. Dove, président de la classe, — Zollverein, — professeur de philosophie naturelle et directeur de l'Académie des sciences de Berlin.

4. J. P. Gassiot, — Angleterre, — marchand de vin.

5. J. Glashier, — Angleterre, — surintendant du département météorologique et magnétique à l'Observatoire de Greenwich.

6. Colonel Sir H. James, — Angleterre, — surintendant de l'inspection d'ordonnance.

7. G. Karsten, — Danemark, — professeur à Kiel.

8. Édouard Kraft, — Autriche, — membre du Conseil des ingénieurs civils à Vienne.

9. Mathieu, — France, — membre de l'Institut et du Bureau des longitudes, examinateur à l'École polytechnique.

10. Carlo Matteucci, — Italie, — sénateur.

11. Major général Sabine, — Angleterre, — président de la Société royale.

12. Wm. Thomson, — Angleterre, — professeur de philosophie naturelle à l'Université de Glasgow.

13. C. Wheatstone, — Angleterre, — professeur de philosophie expérimentale (physique) au collège du roi.

QUATORZIÈME CLASSE

1. H. Diamond, — Angleterre.

2. A. F. J. Claudet, — Angleterre, — photographe.

3. Baron Gros (président de la classe), — France, — sénateur.

4. Lord Hy. Lennox, — Angleterre.

5. C. T. Thompson, — Angleterre, — photographe officiel au département des Sciences et Arts.

6. J. Tyndall, — Angleterre, — professeur de physique à l'Institution royale.

QUINZIÈME CLASSE

1. Dr. Frick, — Zollverein, — professeur de physique à Fribourg.

2. Ch. Frodsham, — Angleterre, — fabricant de chronomètres.

3. R. Haswell, — Angleterre, — fabricant d'outils d'horlogerie.

4. E. D. Johnson, — Angleterre, — fabricant de chronomètres.

5. Laugier, — France, — membre de l'Institut et du Bureau des longitudes.

6. Sylvain Mairet, — Suisse, — horloger au Locle.

7. Contre-amiral Manners, — Angleterre.

8. Vicomte de Villa Maior, président de la classe, — Portugal, — directeur général de l'Institut agricole, professeur de chimie à l'École polytechnique de Lisbonne et membre de l'Académie des sciences.

9. Lord Wrottesley, — Angleterre, — ancien président de la Société royale.

SEIZIÈME CLASSE

1. W. Sterndale Bennett, — Angleterre, professeur de musique à l'Université de Cambridge.

2. J. R. Black, — États-Unis.

3, Schiedmayer, — *Zollverein*, — fabricant d'instruments de musique.

4. Sir Geo Clerck, président de la classe, — *Angleterre*, — président de l'Académie royale de musique.

5. Fétis, — *Belgique*, — membre de la classe des beaux-arts à l'Académie royale de Belgique, directeur du Conservatoire royal de musique.

6. Lissajous, — *France*, — professeur de physique au Lycée Saint-Louis.

7. Sir F. Gore Ouseley, — *Angleterre*, — professeur de musique à l'Université d'Oxford.

8. Ernst Pauer, — *Autriche*, — professeur de musique.

9. W. Pole, — *Angleterre*, — professeur de génie civil à l'Université de Londres.

10. Comte de Wilton, — *Angleterre*.

11. Henry Wilde, — *Angleterre*, — professeur à l'Académie royale de musique.

DIX-SEPTIÈME CLASSE

1. Thos. Bell, — *Angleterre*, — vice-président de la Société royale.

2. W. Bowmann, — *Angleterre*, — chirurgien à l'hôpital du Collège du Roi.

3. Arthur Farre, — *Angleterre*, — médecin pour les maladies de femmes et d'enfants à l'hôpital du Collège du Roi.

4. F. Seymour Haden, — *Angleterre*, — chirurgien.

5. Jos. Luke, — *Angleterre*, — chirurgien consultant à l'hôpital de Londres.

6. Nélaton, — *France*, — professeur à la Faculté de médecine de Paris.

7. Jos. Syme, président de la classe, — *Angleterre*, — professeur de chirurgie clinique à l'Université d'Edimbourg.

DIX-HUITIÈME CLASSE

1. Henry Ashworth, — *Angleterre*, — président de la Chambre de commerce de Manchester.

2. Thos. Basley, président de la classe, — *Angleterre*, — imprimeur sur calicot.

3. Sir James Campbell, — *Angleterre*, — marchand.

4. Dulfus, — *France*, — manufacturier.

5. Max. Dormitzer, — *Autriche*, — président de la Chambre de commerce de Prague.

6. Duhayon-Brunfaut, — *Belgique*, — manufacturier et juge de la Chambre de commerce de Bruxelles.

7. E. Knapp, — *Zollverein*, — manufacturier à Betzingen.

8. J. Murray, — *Angleterre*, — filateur.

9. E. Loria, — *Egypte*, — négociant.

10. Vetter Muller, — *Suisse*, — banquier à Saint-Gall.

11. Alex. Scherer, — *Russie*, — membre du Conseil des manufactures.

12. L. Cobianchi, — *Italie*.

DIX-NEUVIÈME CLASSE

1. M. Alcan, — *France*, — professeur au Conservatoire des Arts et Métiers.

2. Erskine Beveridge, — *Angleterre*, — manufacturier.

3. Marquis Luigi Cusani, — *Italie*.

4. Wm. Charley, — *Angleterre*, — négociant en toiles.

5. Ch. de Brouckère, — *Belgique*, — président de la chambre de commerce de Roulers, membre du Conseil supérieur de l'industrie.

6. S. Mevissen, président de la classe, — *Zollverein*, conseiller privé du commerce à Cologne.

7. J. Moir, — *Angleterre*, — filateur.

8. C. Oberleithner, — *Autriche*, — manufacturier.

9. Fred. Smith, — *Etats-Unis*, — ancien sénateur du New-Hampshire.

VINGTIÈME CLASSE

1. Henry Brocklehurst, — *Angleterre*, — fabricant de velours.

2. Ch. Diggelmann, — *Suisse*, — négociant en soie.

3. Arlès Dufour, président de la classe, — *France*, — membre de la Chambre de commerce de Lyon.

4. H. W. Freeland, — *Turquie*.

5. Anton. Harper, — *Autriche*, — membre de la Chambre de commerce de Vienne.

6. W. S. Leaf, — *Angleterre*, — négociant en soieries.

7. S. W. Lewis, — *Angleterre*, — marchand d'articles de soie.

8. José Reig, — *Espagne*.

9. Filippo Sessa, — *Italie*, — fabricant.

10. Baron von Diergardt, — *Zollverein*, conseiller privé de commerce à Vierssen.

11. Thos. Winkworth, — *Angleterre*, — ancien fabricant.

VINGT ET UNIÈME CLASSE

1. R. Atkinson, — *Angleterre*, — ancien lord maire de Dublin, fabricant de popeline.

2. Alex. Boutovsky, — *Russie*, — directeur du département des manufactures et du commerce intérieur.

3. Wm. Clabburn, — *Angleterre*, — fabricant de châles.

4. H. Hudson, — *Angleterre*, — marchand de lainages.

5. E. Huth, — *Angleterre*, — négociant pour l'exportation.

6. Larsonnier, — *France*, — manufacturier, membre de la Chambre de commerce de Paris.

7. Laoureux, — *Belgique*, — membre du Sénat.

8. F. Marbach, — *Saxe*, — fabricant à Chemnitz.

9. Chs. Offermann, président de la classe, — *Autriche*, — fabricant à Brünn.

10. C. Palmstedt, — *Suède*, — professeur de technologie.

11. E. Bretorius, — *Russie*, — conseiller de commerce à Berlin.

12. J. W. REDHOUSE, — *Turquie.*

13. H. W. RIPLEY, — *Angleterre,* — président de la Chambre de commerce de Bradfort.

14. GREGORIO SELLA, — *Italie.*

15. E. E. VREEDE, — *Hollande,* — fabricant.

16. H. S. WAY, — *Angleterre,* — négociant.

VINGT-DEUXIÈME CLASSE

1. BADIN, — *France,* — directeur des manufactures impériales des Gobelins et de Beauvais.

2. J. BRINTON, — *Angleterre,* — fabricant.

3. P. GRAHAM, — *Angleterre,* — tapissier.

4. H. L. LAPWORTH, — *Angleterre,* — fabricant.

5. SYLVAN VAN DE VEYER, président de la classe, — *Belgique,* — envoyé extraordinaire et ministre plénipotentiaire.

6. W. WHITWELL, — *Angleterre,* — fabricant.

VINGT-TROISIÈME CLASSE

1. POMPEJUS-BOLLEY, président de la classe, — *Suisse,* — professeur de chimie à Zurich.

2. CRACE CALVERT, — *Angleterre,* — professeur honoraire à l'Institution royale de Manchester.

3. R. DALGLISH, — *Angleterre,* — imprimeur sur étoffes.

4. ALEX. HARVEY, — *Angleterre,* — teinturier.

5. F. LEITENBERGER, — *Autriche,* — fabricant.

6. J. MERCER, — *Angleterre,* — imprimeur sur étoffes.

7. A. NEILD, — *Angleterre,* — id.

8. PERSOZ, — *France,* — professeur au Conservatoire des Arts et Métiers.

9. M. REICHENHEIN, — *Zollverein,* — manufacturier à Berlin.

10. J. S. STERN, — *Angleterre,* — négociant.

VINGT-QUATRIÈME CLASSE

1. AUBRY, — *France,* — négociant, ancien membre du Tribunal de commerce.

2. DAN. BIDDLE, — *Angleterre,* — fabricant de broderies.

3. RICHD. BIRKIN, — *Angleterre,* — id.

4. J. FISHER, — *Angleterre,* — ancien fabricant de broderies.

5. F. FORTAMPS, président de la classe, — *Belgique,* — sénateur.

6. RUDOLPH LAPORTA, — *Autriche,* — fabricant.

7. PRINCE S. GIUSEPPE DI PANDOLFINA, — *Italie,* — sénateur.

8. MAJ. GÉN. SIR H. RAWLINSON, — *Turquie.*

9. RICHTER, — *Zollverein,* — inspecteur des écoles industrielles à Schneeberg.

10. E. STADLER, — *Suisse,* — commissionnaire en marchandises.

11. COL. SYKES, — *Inde,* — président de la Compagnie des Indes Orientales.

VINGT-CINQUIÈME CLASSE

SECTION A. — Peaux et Fourrures.

1. DUC DE CASIGLIANO, — *Italie.*

2. E. ELLICE, — *Angleterre,* — gouverneur adjoint de la baie d'Hudson.

3. GABR. KAMENSKY, président de la classe, — *Russie,* — commissionnaire russe à Londres.

4. J. A. NICHOLAY, — *Angleterre,* — fourreur.

5. GUILL. PETIT, — *France,* — fabricant.

6. E. B. ROBERTS, — *Angleterre,* fourreur de la Compagnie de la baie d'Hudson.

SECTION B. — Plumes et Ouvrages de poil.

1. AUGUSTUS ALTGELT, — *Zollverein,* — conseiller du gouvernement pour l'architecture à Berlin.

2. CHAS DUNCUM, — *Angleterre,* — fleuriste.

3. HENRI GILLET, — *France,* — fabricant, président de la Chambre de commerce de Bar-le-Duc.

4. G. B. KENT, — *Angleterre,* — fabricant de brosses.

5. C. NIGHTINGALE, — *Angleterre,* — marchand de plumes et de poils.

VINGT-SIXIÈME CLASSE

SECTION A. — Cuirs et Objets de cuir.

1. M. BLACKMORE, — *Angleterre,* — ancien corroyeur.

2. FAULER, — *France,* — ancien fabricant, membre de la Chambre de commerce de Paris.

3. J. GEORGE, — *Angleterre,* — marchand de cuirs en gros.

4. LANG-GORES, — *Zollverein,* — manufacturier à Malmedy.

5. WM. LINLEY, — *Angleterre,* — tanneur.

6. MAJ. GÉN. COMTE E. MARTINI DI CIGALA, — *Italie,* — aide de camp de Sa Majesté.

7. PIRET-PAUCHET, — *Belgique.*

8. MORITZ POLLAK, — *Autriche,* — fabricant et négociant.

9. JEAN REYMOND, — *Suisse,* — ancien corroyeur à Morges.

SECTION B. — Sellerie et Harnais.

1. COMTE DE PRESBOROUGH, président de la classe, — *Angleterre,* — maître des chasses et haras.

2. HY. BRAGG, — *Angleterre,* — marchand de sellerie en gros.

3. C. JOYCE, — *Egypte,* — négociant.

4. LEBLANC, — *France,* — ancien officier de marine.

5. BEN-LONG, — *Angleterre,* — sellier.

6. J. A. OWEN, — *Angleterre,* — sellier.

VINGT-SEPTIÈME CLASSE

SECTION A. — Chapellerie.

1. CAVARÉ. — *France,* — ancien négociant.

2. GEO. CHRISTY, — *Angleterre,* — chapelier.

3. S B. Eveleigh, — *Angleterre*, — fabricant.

4. Aloys Isler, — *Suisse*, — fabricant de chapeaux de paille.

5. Wm. Swinscow, — *Angleterre*, — fourreur.

SECTION B. — Chapeaux de femmes et Modes en général.

1. Thos. Brown, — *Angleterre*, — marchand de modes.

2. Henry Gregory, — *Angleterre*, — fabricant de chapeaux de paille.

3. Alphonse Payen, — *France*, — négociant, membre de la Chambre de commerce de Paris.

4. Samuel Sugden, — *Angleterre*, — négociant.

5. Comte Pannilini, — *Italie*.

SECTION C. — Bonneterie, Gants, et Objets de toilette en général.

1. J. D. Allcroft, — *Angleterre*, — gantier.

2. J. R. Allen, — *Angleterre*, — bonnetier.

3. T. Esche, — *Zollverein*, — manufacturier.

4. Gaussen, — *France*, — ancien fabricant.

5. Joseph Gunkel (président de la classe), — *Autriche*, — membre de la Chambre de commerce de Vienne.

6. J. Hunter, — *Angleterre*, — tailleur de S. M. la Reine.

7. Luigi Scalia, — *Italie*, — membre du Parlement.

8. Vanderborght, — *Belgique*, — fabricant.

SECTION D. — Chaussures.

1. K. T. Bowley, — *Angleterre*, — bottier.

2. R. D. Box, — *Angleterre*, — cordonnier.

3. Gervais (de Caen), — *France*, — directeur de l'École Supérieure du commerce.

4. Huber, — *Zollverein*, — directeur de la chambre de commerce de Stuttgart.

5. Jos. Medwin, — *Angleterre*, — bottier.

6. Fred. Suess, — *Autriche*, — fabricant.

VINGT-HUITIÈME CLASSE

SECTION A. — Papier, Cartes, etc.

1. Bart. Cini, — *Italie*, — membre du Parlement.

2. Charles Cowan, — *Angleterre*, — fabricant de papier.

3. E. Hoesch, — *Zollverein*.

4. Wyndham S. Portal, — *Angleterre*, — fabricant de papiers.

5. Sainte-Claire Deville, — *France*, — membre de l'Institut, professeur à l'École normale.

6. W. R. Spicer, — *Angleterre*, — papetier en gros.

SECTION B. — Librairie.

1. Warren de la Rue, — *Angleterre*, — fabricant de papiers de fantaisie.

2. Doctor, — *Zollverein*, — journaliste, *Francfort-sur-Mein*.

2. Victor Masson, — *France*, — libraire éditeur, juge au tribunal de commerce de la Seine.

4. Comte Stanhope (président de la classe). — *Angleterre*.

5. H. Stevens, — *États-Unis*, — agent littéraire.

6. C. Venables, — ancien papetier.

SECTION C. — Typographie et impressions diverses.

1. Adam Black, — *Angleterre*.

2. Geo. Clowes, — *Angleterre*, imprimeur.

3. A. Gallenga, — *Italie*.

4. Ch. Girardet, — *Autriche*, — manufacturier.

5. Jamar, — *Belgique*, — membre de la Chambre des représentants.

6. H. Korn, — *Zollverein*, — libraire et imprimeur.

7. Laboulaye, — *France*, — ancien fondeur en caractères.

8. W. Spottiswoode, — *Angleterre*, — imprimeur de S. M. la Reine.

SECTION D. — Reliure.

1. J. Gibson Craig, — *Angleterre*.

2. Ch. Reed, — *Angleterre*, — fondeur de caractères.

3. Jos. Toovey, — *Angleterre*, — imprimeur et éditeur.

4. L. Wolowski, — *France*, — membre de l'Institut, professeur au Conservatoire des Arts et Métiers.

VINGT-NEUVIÈME CLASSE

SECTION A. — Livres et Cartes pour l'enseignement.

1. Rev. S. Best, — *Angleterre*.

2. Rob. Chambers, — *Angleterre*, — éditeur.

3. Gotfried Muller, — *Autriche*, — professeur à Hermanstadt.

4. C. Bianchi, — *Italie*.

5. Robert, — *France*, — maître des requêtes au Conseil d'État.

6. Nassau Senior, — *Angleterre*.

SECTION B. — Matériel des classes.

1. C. B. Adderley, — *Angleterre*.

2. Marq. Gustave Benso de Cavour (président de la classe), — *Italie*, — membre du Parlement.

3. Hy. Chester, — *Londres*, — ancien secrétaire du Conseil d'éducation.

4. Rev. M. Mitchell, — *Angleterre*, — inspecteur des écoles de Sa Majesté.

5. Léon Say, — *France*.

6. Sir J. K. Shuttleworth, — *Angleterre*.

SECTION C.—Méthodes de développement physique, y compris les jeux.

1. E. Chadwick, — *Angleterre*.
2. Vicomte Esfield, — *Angleterre*.
3. Flandin, — *France*, — conseiller d'État.
4. Rév. Monckton-Milnes, — *Angleterre*.
5. Dr Rud. Wagner, — *Zollverein*, — professeur à Wurtzbourg.

SECTION D. — Échantillons d'Histoire naturelle et de Physique.

1. Cloquet, — *France*, — membre de l'Institut, et de l'Académie de médecine.
2. Rev. B. M. Cowie, — *Angleterre*, — inspecteur des écoles.
3. J. E. Gray, — *Angleterre*, — garde de la collection zoologique.
4. N. S. Maskelyne, —*Angleterre*, — garde de minéralogie.

TRENTIÈME CLASSE

SECTION A. — Ameublement et Tapisserie.

1. Dr Beeg (président de la classe), — *Zollverein*, — principal de l'École d'industrie et de commerce à Fürtt.
2. Lord de l'Isle, — *Angleterre*.
3. Demanet, —*Belgique*, — membre de la classe des Beaux-Arts à l'Académie royale.
4. Conte Demetrio Finocchietti, — *Italie*, — vice gouverneur des palais royaux de Florence.
5. Wm. Holland, — *Angleterre*, — tapissier.
6. John Jackson, — *Angleterre*, fabricant de carton-pierre.
7. M. Markert, — *Autriche*, — fabricant à Vienne.
8. L. Piglhein, — *Allemagne du Nord*, — ébéniste.
9. J. A. Pollen, — *Rome*.
10. Du Sommerard, — *France*, — directeur du musée de Cluny.
11. Sir C. Trevelyan, — *Inde*.
12. Digby Wyatt, — *Angleterre*, — vice-président de l'Institution royale des architectes anglais.

SECTION B. — Papier de tenture et Décoration.

1. Lord Ashburton, — *Angleterre*, — président de la Société royale de géographie.
2. Marq. F. A. Gattinara de Brene, — *Italie*, — maître des cérémonies, directeur général de l'Académie Albertine, sénateur, etc.
3. J. G. Crace, — *Angleterre*, — décorateur.
4. Jos. Forguignon, — *Allemagne du Nord*, — tapissier.
5. A. J. Beresford Hope, — *Angleterre*.
6. Owen Jones, — *Angleterre*, — architecte.
7. Prosper Mérimée, — *France*, — sénateur, membre de l'Institut.

TRENTE ET UNIÈME CLASSE

SECTION A. — Ouvrages en fer.

1. J. G. Appold, — *Angleterre*, — teinturier en peaux.
2. Wm. Bird, — *Angleterre*, — marchand de fer et d'étain.
3. Giulio Curioni, — *Italie*, — secrétaire de l'Institut royal des sciences de Lombardie.
4. Daubrée, — *France*, — ingénieur en chef au corps des Mines, professeur au Muséum d'histoire naturelle.
5. Chev. de Fridau, — *Autriche*, — propriétaire d'usine à fer et acier en Styrie.
6. A. Grill, — *Suède*, — directeur des mines.
7. H. E. Hoole, — *Angleterre*, — fabricant de grilles et de poêles.
8. J. Oakes, — *Angleterre*, — maître de forges.
9. Dr D. S. Price, — *Angleterre*.
10. L. Ravene jeune, — *Zollverein*, — fabricant.
11. Geo. Shaw, — *Angleterre*, — agent.
12. Trasenster, — *Belgique*, — professeur à l'Université de Liége.

SECTION B. — Ouvrages en laiton et en cuivre.

1. S. Buckley, — *Angleterre*, — négociant.
2. E. Gem, — *Angleterre*, — négociant.
3. P. C. Hardwick, — *Angleterre*, — architecte.
4. Paillard, — *France*, — fabricant de bronzes artistiques.
5. Ferdinand Stamm, — *Autriche*, — membre du Parlement.
6. Dr Von Stembeis (président de la classe), — *Zollverein*, — directeur du bureau central de l'Industrie et du Commerce à Stuttgart.
7. A. Tylor, — *Angleterre*, — fondeur de laiton.

SECTION C. — Ouvrages en plomb, étain, zinc, et autres métaux.

1. Rob. Fletcher, — *Angleterre*, — négociant.
2. Goldemberg, — *France*, — fabricant.
3. W. A. Rose, — *Angleterre*, — alderman, marchand de plomb.
4. G. Stobwasser, — *Zollverein*, — fabricant à Berlin.
5. I. S. Wyon, — *Angleterre*, — graveur en chef des sceaux de Sa Majesté.

TRENTE-DEUXIÈME CLASSE

SECTION A. — Ouvrages en acier.

1. J. Brown, — *Angleterre*, — maire de Sheffield.
2. Frémy, — *France*, — professeur au Muséum d'histoire naturelle et à l'École polytechnique.
3. Robert Jackson, — *Angleterre*, — fabricant d'acier.
4. Th. Jessop, — *Angleterre*, — fabricant d'acier.
5. Dr Karmarsch, — *Zollverein*, — directeur de l'École polytechnique du Hanovre.

SECTION B. — Coutellerie et Outils tranchants.

1. HENRY ATKIN, — *Angleterre*, — négociant, ancien coutelier.
2. DE HENNEZEL, — *France*, — ingénieur au corps des Mines.
3. M. HUNTER jeune, — *Angleterre*, — coutelier.
4. WM. MATTHEWS, — *Angleterre*, — ancien coutelier.
5. BASIL ROSHKOF, — *Russie*, — colonel.
6. P. WERTHEIM, — *Autriche*, — vice-président de la Chambre de commerce de Vienne.
7. LORD WHARNCLIFFE (président de la classe), — *Angleterre*.
8. SOBERO (Baron), — *Italie*.

TRENTE-TROISIÈME CLASSE

1. TOMMASO CORSI, *Italie*, — membre du Parlement, ancien ministre de l'Agriculture, de l'Industrie et du Commerce.
2. C. W. S. DEAKIN, — *Angleterre*, — négociant.
3. A. M. DOWLEANS, — *Inde*, — secrétaire du Comité central du Bengale pour l'Exposition.
4. FRED. ELKINGTON, — *Angleterre*, — argenteur.
5. FOSSIN, — *France*, — ancien juge au Tribunal de commerce.
6. FERD. FRIEDLAND, — *Autriche*, — membre de la Chambre de commerce de Prague.
7. J. HUNT, — *Angleterre*, orfévre.
8. A. KAISER, — *Zollverein*, — fabricant.
9. H. J. LIAS, — *Angleterre*, — garde en chef de la compagnie des orfévres.
10. W. MASKELL, — *Angleterre*.
11. LORD STRAFFORD DE REDCLIFFE (président de la classe), — *Turquie*.
12. REV. MONTAGUE TAYLOR, — *Angleterre*.

TRENTE-QUATRIÈME CLASSE

SECTION A. — Glaces étamées et Glaces d'ornement.

1. J. R. CLAYTON, — *Angleterre*, — étameur.
2. W. DYCE, — *Angleterre*.
3. SIR PHILIPPE DE M. GREY EGERTON, — *Angleterre*.
4. J. R. HERBERT, — *Angleterre*.
5. E. PÉLIGOT, — *France*, — membre de l'Institut, professeur au Conservatoire des Arts et Métiers et à l'École centrale des Arts et Manufactures.

SECTION B. — Verres de tous genres.

1. R. L. CHANCE, — *Angleterre*, — fabricant.
2. ALF. COPELAND, — *Angleterre*, — id.
3. JOS. HARTLEY, — *Angleterre*, — id.
4. JONET, — *Belgique*, — membre de la Chambre de commerce de Charleroi.
5. APSLEY PELLATT, — *Angleterre*, — ancien manufacturier.
6. PELOUZE (président de la classe), — *France*.
7. FRED. SCHMITT, — *Autriche*, — secrétaire du département de Statistique au ministère du Commerce.
8. F. WISTHOFF, — *Zollverein*, — manufacturier à Kœnigstelle.

TRENTE-CINQUIÈME CLASSE

1. MARQUIS D'AZEGLIO, — *Italie*. — envoyé extraordinaire et ministre plénipotentiaire.
2. THOMAS BATTAM, — *Angleterre*.
3. W. E. GLADSTONE (président de la classe), — *Angleterre*. — chancelier de l'Échiquier.
4. SIR TH. GRESLEY, — *Angleterre*.
5. J. MARRYAT, — *Angleterre*. — banquier.
6. REGNAULT, — *France*, — membre de l'Institut, professeur au collége de France, ingénieur en chef au corps des Mines, directeur de la manufacture de Sèvres.
7. J. C. ROBINSON, — *Angleterre*, — surintendant de la Collection des Arts au département des Sciences et Arts.
8. CHR. FISCHER, — *Zollverein*, — fabricant de porcelaine.
9. J. WEBB, — *Angleterre*.

TRENTE-SIXIÈME CLASSE

1. CHAS. BAZIN, — *Angleterre*, — fabricant de tabletterie.
2. BERIAH. BOTFIELD, — *Angleterre*.
3. FINK, — *Zollverein*, — conseiller de commerce à Darmstadt.
4. LORD HARRIS, — *Angleterre*, — ancien gouverneur de Madras.
5. SIR TH. PHILIPPS (président de la classe). — *Angleterre* — vice-président de la Société des Arts.
6. N. RONDOT, — *France*, — délégué de la Chambre de commerce de Lyon.
7. F. WEST, — *Angleterre*, — coutelier.

PRÉSIDENT GÉNÉRAL DU JURY : LORD TAUNTON. — VICE-PRÉSIDENT : MICHEL CHEVALIER.

ADMINISTRATION ANGLAISE DE L'EXPOSITION

DIVISION GÉNÉRALE DU SERVICE :

Secrétaire général adjoint : *Louis Lindon.*
Correspondance : *C. W. Franks, Hon. Edwin B. Portman,*
capitaine *Herbert Sandford.* — Adjoints : *Kinsey* et
R. J. S. Smith.
Surintendant du Catalogue illustré : *Joseph Cundall.* — Adjoint : *W. F. Westley.*
Surintendant du Catalogue officiel : *Sydney Whiting.* —
Adjoint : *J. W. Mac-Gauley.*
Écrivain et sténographe : *H. S. Kewley.*
Teneur des livres : *C. Martyn.* — Adjoints : *H. J. Giffs,*
E. Tompson, C. Nugent.
Garde des magasins : *J. Lincoln.*
Clercs de la poste : *W. H. Foster.* — Adjoint : *T. W. Church.*
Clercs : *C. H. G. Pease, C. R. Bigland, J. Evans.*
Garde de l'Office de l'administration : *S. Millie.*
Chef du bureau de la comptabilité : *J. J. Mayo.*
Adjoints : *D. C. Maunsell, S. J. Nicolle.*
Clercs : *Percy Jackson, W. G. Lawrence.*

BATIMENT :

Ingénieur et architecte du palais : capitaine *Francis Fowke.*
Adjoint : *Phillpotts.*
Surintendant de la décoration : *J. G. Crace.*
Inspecteur : *H. F. Gritten.*

SERVICE D'ACTIVITÉ :

Surintendant de la division anglaise : *A. N. Sherson.*
Surintendant du département étranger : *P. C. Owen.* —
Adjoints : lieutenant *Brooke,* lieutenant *Harrisson,*
J. W. Appell, F. Wakeford, G. R. Redgrave, Cole.
Surintendant général de l'arrangement : *R. A. Thompson.* —
Adjoints : *J. C. Fox, W. E. Streatfield, H. Slater,*
W. H. Russell, W. Raper.
Surintendant du département colonial : docteur *Lindley.*
Surintendant adjoint : *P. L. Simmonds.*
Surintendant du département de l'Inde anglaise : docteur
Forbes Watson.
Surintendant du service du feu : capitaine *Bent.*

Surintendants des classes :

1ʳᵉ classe : *R. Hunt.* — Adjoint : *E. V. Lindon.*

2ᵉ, 3ᵉ et 4ᵉ classes : *C. W. Quin.* — Adjoint : *F. E. Thomas.* — Clerc : *H. A. Kinloch.*
5ᵉ, 7ᵉ, 8ᵉ et 10ᵉ classes : *D. K. Clark.* — Adjoints : *Nathl.*
Grew, John Cundy, Rob. Harwood, Edwin S. Rose.
— Clerc : *W. Green.*
6ᵉ, 31ᵉ, 32ᵉ et 36ᵉ classes : *T. A. Wright.* — Adjoints :
J. Boult, F. A. Rainbow.
11ᵉ et 12ᵉ classes : major *Moffatt.*
13ᵉ, 25ᵉ et 26ᵉ classes : *C. R. Weld.* — Adjoint : *W.*
Hensman Jordan.
14ᵉ classe : *P. L. Neve Foster.* — Adjoint : *C. A. O.*
Baumgartner.
15ᵉ, 28ᵉ et 38ᵉ classes : *J. Leighton* — Adjoint : *R.*
Pigot.
16ᵉ classe : *C. Boose.*
17ᵉ classe : *J. R. Traer.*
18ᵉ, 19ᵉ, 20ᵉ, 21ᵉ, 22ᵉ, 23ᵉ 24ᵉ et 27ᵉ classes : *G. Wallis :*
J. Taylor, E. J. Albo, J. Lidford.
29ᵉ classe : *J. G. Fitch.* — Adjoint : *Baumgartner.*
30ᵉ, 33ᵉ, 34ᵉ, 35ᵉ et 37ᵉ classes : *J. B. Waring* — Adjoints :
J. C. Gapper, J. A. Stewart.
39ᵉ classe : *Edmond Oldfield.*

SERVICE DU JURY

Commissaire spécial auprès du jury : docteur *Lyon Playfair.*
Secrétaire : *J. F. Iselin;* Clerc : *J. O. Playfair.*
Députés commissaires : lieutenant *Brooke,* pour les 12ᵉ et 13ᵉ
classes; — docteur *Dalzell,* pour les 28ᵉ, 20ᵉ et 35ᵉ
classes; — *R. Hunt,* pour les 1ʳᵉ, 2ᵉ et 31ᵉ classes; —
O. Jones, pour les 22ᵉ, 30ᵉ, 33ᵉ et 34ᵉ classes; — cap.
Phillpots, pour les 8ᵉ et 10ᵉ classes; — *J. O. Playfair,*
pour les 25ᵉ, 26ᵉ et 27ᵉ classes; — hon. *E. Portman,*
pour les 15ᵉ, 16ᵉ, 32ᵉ et 36ᵉ classes; — *H. Sandham,*
pour les 5ᵉ, 6ᵉ et 7ᵉ classes; — *G. Wallis,* pour les 18ᵉ,
19ᵉ, 20ᵉ, 21ᵉ, 23ᵉ et 24ᵉ classes; — professeur, *J. Wilson,* pour les 3ᵉ, 4ᵉ et 9ᵉ classes.
Députés commissaires honoraires : lord *Fred. Cavendish,*
pour la 11ᵉ classe, et docteur *W. S. Playfair,* de l'armée de l'Inde, pour les 14ᵉ et 17ᵉ classes.
Secrétaire des jurys : *J. F. Iselin.*
Clercs : 1ᵉ pour les assignations et les décisions du jury :
W. A. Welsh; 2ᵉ pour la correspondance : *W. J.*
Ramel.
Attaché au service : sergent *Bernard.*

EXPOSITION UNIVERSELLE DE LONDRES EN 1862

PRODUITS DE L'INDUSTRIE

PREMIÈRE CLASSE

PRODUITS DES CARRIÈRES, DES MINES ET DES USINES MÉTALLURGIQUES

À mesure que l'industrie minérale voit se développer la série de ses travaux, elle a besoin, pour se guider, du secours des cartes géologiques. Il n'y a donc pas seulement un intérêt d'étude théorique et de cabinet dans le perfectionnement et dans la multiplication de ces cartes. Leur excellence influe directement sur la rapidité et la sûreté des travaux de recherche des ingénieurs. C'est pourquoi les gens compétents accueillent favorablement des études de ce genre.

Les cartes géologiques, quoique moins nombreuses à l'Exposition de Londres qu'à celle de Paris de 1855, y occupaient cependant une place importante. L'Angleterre en exposait plusieurs remarquables par la beauté des détails et les proportions de l'exécution.

Le *Geological Survey*, dirigé par sir Roderick Murchison, a notamment fait exécuter au $\frac{1}{63360}$ une carte de la Grande-Bretagne et de l'Irlande, où sont clairement représentés tous les faits qui intéressent l'industrie et l'agriculture. Il en a été publié déjà soixante et une feuilles complètes, dont on ne saurait trop louer le mérite, sans compter une collection de soixante grandes feuilles de coupes au $\frac{1}{10560}$, dont aucun pays ne possède l'analogue.

Les colonies anglaises les plus reculées, poussées par le même esprit de recherches utiles, explorent leur sol avec le même zèle, le même faste et la même science que la mère patrie. Ainsi le Nouveau-Brunswick, la Nouvelle-Écosse, Terre-Neuve, la Trinité, la Jamaïque, la Nouvelle-Zélande. Mais il faut signaler spécialement le Canada qui, en 1855, a obtenu la médaille d'honneur pour les premières feuilles de sa carte, due à sir William Logan, où l'on voit figurer des schistes cristallins, antérieurs aux couches fossilifères les plus anciennement connues et d'une puissance qui dépasse la hauteur de 15,000ᵐ. L'Inde a, comme la Grande-Bretagne, son *Geological Survey*, qui, réorganisé en 1856, a étendu ses travaux à la présidence de Madras, sous la direction de M. Thomas Oldham. L'Australie est également dotée d'un bel atlas qui compte déjà vingt-trois cartes topographiques, sur lesquelles il y en a dix-sept qui portent les couleurs des terrains. C'est par de telles entreprises que les peuples témoignent de leur vitalité. Mais aussi quelles colonies que ces lointaines succursales de la métropole anglaise, et quels peuples, en moins d'un siècle, y naissent et grandissent, issus d'un premier essaim de colons intrépides !

Dans la section française on remarque la carte géologique du département de la Loire, de M. l'ingénieur Gruner; la carte géologique du département du Puy-de-Dôme, de M. le professeur Lecoq, carte exécutée au $\frac{1}{100000}$, et qui contient 8000 cotes de hauteurs; la carte du département de la Meurthe, de M. l'inspecteur général Levallois; celle du département de la Haute-Marne, commencée par M. Duhamel, achevée par MM. Elie de Beaumont et de Chancourtois, et enfin la carte hydrologique et souterraine de la ville de Paris, exécutée avec tant de science par M. Delesse, à l'échelle de $\frac{15}{100000}$.

La France, qui depuis longtemps s'est fait remarquer par des travaux de ce genre, aurait pu exposer à Londres de plus nombreuses cartes départementales, exécutées depuis 1855.

Dans les autres sections nous devons citer, comme des morceaux dignes d'estime, les cartes de l'administration royale des mines de Prusse, celle de l'Institut impérial géologique d'Autriche, la carte des Alpes bavaroises et du plateau voisin, de M. Gumbel; la carte des Pays-Bas, la carte de Suède, de M. Axel Erdmann, et, nous voudrions la mentionner aussi, quoiqu'elle ne figurât pas à l'Exposition, la belle carte du grand-duché de Hesse et des contrées voisines, faite pour le *Mittelrheinischen-Verein* de Darmstadt, par MM. Becker, Ludwig, Tasche et leurs associés.

Ce qui ajoute singulièrement à l'intérêt et à l'utilité des cartes géologiques, ce sont les collections d'articles de géologie locale. Le plus ignorant y trouve à s'instruire sans peine, et bientôt il s'y attache, par le profit qu'il en tire; mais il faut pour cela que ces collections soient bien choisies, qu'il y ait tout ce qu'il faut et rien de plus. Rien n'est ensuite aisé comme de former le musée général de la géologie d'un pays. L'Angleterre a le sien à Londres et sait l'apprécier. Il manque à Paris un musée de la géologie générale de la France.

Nous figurions assez médiocrement, sous ce rapport, à l'Exposition, tandis que des contrées lointaines, comme le Brésil, avaient envoyé des séries intéressantes de minéraux. L'Autriche et la Hollande s'étaient également signalées, et particulièrement la Hollande, qui étalait une collection de diamants bruts, pour faire ressortir le mérite de ses lapidaires. Parmi les articles isolés on remarquait un cristal de spath d'Islande, envoyé de Copenhague, du malachite d'Australie et de l'Afrique portugaise, des pierres dures de l'Oural, un bloc de jade gigantesque exposé par M. Kmbert, de la cryolithe, et un morceau de fer météorique du poids de 1200 kilogrammes, récemment découvert en Australie.

Nous ne parlons pas des modèles et collections cristallographiques qui ne servent qu'à la démonstration des lois de la science, mais nous ne pouvons négliger de dire avec quel empressement et quel art l'Italie a su recueillir et classer ses marbres, ses roches et ses laves. On trouvera dans la description détaillée des produits de la classe de très-intéressants renseignements que nous a fournis le commissariat même de l'exposition italienne. On peut louer encore le Danemark et la Belgique, et, pour ces envois comme pour leurs cartes, la presque totalité des colonies anglaises.

L'ancien mode de sondage était pratiqué par un battage et un rodage successif. M. Kind lui a substitué la percussion opérée par des instruments à chute libre que ne ralentit pas dans leur action la masse de leurs tiges. C'est ainsi qu'il a creusé à Passy un puits artésien du diamètre d'un mètre qui débite par jour, en moyenne, douze millions de litres d'une eau jaillissant d'un fond de 586 mètres. Ce système sert à forer tous les genres de puits, et on en a pu creuser de très-profonds dans des charbonnages sur un diamètre de 2 à 4 mètres.

Il n'y a pas que le forage des puits qui soit difficile à opérer dans les mines : l'extraction même des produits minéraux offre toujours de nombreux problèmes à résoudre. La tendance actuelle est de réduire les frais du transport qui s'effectue sous le sol, en employant des vagons d'un facile graissage ou qui portent sur les essieux à l'aide de galets de frictions et en remorquant les vagons à l'aide de câbles sans fin que meuvent des machines fixes. Dans l'intérieur des puits on a de plus en plus généralement recours à des cages pour recevoir et enlever les vagons.

On voyait à Londres plusieurs modèles de parachutes destinés à protéger la descente des ouvriers, opérée par la machine. La plupart agissent sur les faces latérales des guides, au moyen de pièces qu'un ressort fait agir et s'étendre, dès que se relâche la corde. Celui de M. Jordan paraît le plus simple, et, dans ce genre d'appareils, « le plus simple » désigne assez souvent le plus sûr. On a remarqué aussi les dispositions ingénieuses du parachute de M. Calow. On aurait voulu pouvoir étudier de plus nombreuses machines d'extraction, car il n'y en avait guère qu'une d'intéressante, venue d'Anzin. Pour les divers détails du travail, il serait beaucoup trop long d'en parler ici. A peine dirons-nous un mot des systèmes de ventilation qu'il est si intéressant d'améliorer sans cesse. Les Anglais préfèrent à tout autre mode les fourneaux d'aérage établis en bas de la fosse de retour d'air, tandis que presque partout ailleurs on emploie les ventilateurs véritables qui paraissent offrir des avantages réels, non-seulement en déprimant moins l'air, mais en s'appliquant presque seuls avec utilité à des puits humides.

On cherche toujours à perfectionner la lampe de sûreté du mineur; et s'il n'y a rien à changer au principe de la construction, qui, du premier coup, a donné une lampe excellente, il est utile de trouver un système de fermeture qui empêche absolument l'ouvrier de commettre l'une de ces cruelles imprudences qui trop souvent ont coûté la vie à de nombreuses victimes.

Le pain quotidien du travail industriel, c'est la houille. L'Angleterre le sait depuis longtemps, car c'est à la houille qu'elle doit sa prééminence dans la grande fabrication; mais la France, à son tour, se préoccupe de la question sérieuse du combustible. Il y va de son intérêt, depuis que les nouveaux traités de commerce lui ont imposé d'avoir aussi des armées de machines à vapeur pour la servir.

L'exposition des houillères anglaises était infiniment curieuse, soit pour l'étude des gisements, soit pour la comparaison des procédés d'exploitation, soit encore pour l'examen de la qualité des produits, au point de vue du chauffage, de la vapeur ou du gaz. Le sol anglais est véritablement privilégié. Naguère encore, à Leeswood, dans le Flintshire, on découvrait une mine qui, à 36 mètres du jour, a une puissance de 1 mètre à 1 mètre 80, et qui donne par mois environ 3,000 tonnes d'un cannel-coal d'où l'on tire de 280 à 400 mètres de gaz par tonne. Les cokes anglais sont de très-belle qualité. L'heureuse invention des agglomérés, qui utilise en les comprimant dans des moules tous les poussiers et déchets de houille, ne pouvait manquer de prendre en Angleterre des proportions considérables : on y fabrique annuellement 120,000 tonnes de briquettes qui, vu la facilité d'emmagasinage et l'absence du danger de combustion instantanée, s'exportent aux trois quarts. Mais si elle exporte en grande quantité ses briquettes, l'Angleterre consomme presque tout son charbon de terre. On a calculé qu'en 1860, sur 80 millions de tonnes extraites de ses mines, elle en a laissé sortir de ses ports seulement 7,400,000.

La même bonne fortune qui l'a si richement dotée sous ce rapport a encore favorisé ses colonies. Une des mines de l'Australie, près de Sidney, fournit par semaine 20,000 tonnes de bonne houille, qui vaut 17 fr. 50 c. la tonne au port d'embarquement. Il en est de même dans l'Inde, où un seul gisement, en 1861, a donné 674,000 tonnes, et dans la Nouvelle-Écosse, qui a envoyé au palais de Cromwell Road un échantillon de mine de 11 mètres de puissance.

Dans cette même colonie, comme au Canada et aux États-Unis, on a découvert récemment des sources d'huile minérale qui donnent jusqu'à 45,500 litres par jour pour le graissage et l'éclairage.

La fabrication des agglomérés est très-active dans les charbonnages de la Belgique, qui, en 1859, ont produit 9 millions de tonnes de houille. Durant la même année, la France en a consommé 13,063,000 tonnes, dont 7,482,000 de nos mines. C'est un grand progrès accompli en dix ans, car la consommation a doublé. Nous avons quatre de nos houillères représentées à Londres par des dessins, des charbons, des cokes, des goudrons. Les agglomérés se fabriquent aussi en France avec activité; c'est même une machine française, celle de M. Évrard, de la Chazotte, qui est la principale de celles qu'on emploie en Europe. Un des échantillons exposés pesait 450 kilogrammes et présentait un cube de 4 hectolitres.

L'Autriche développe avec une grande ardeur le travail de ses mines. Sa production, qui a triplé en peu de temps, s'élève aujourd'hui à 3,500,000 tonnes. La Prusse, mieux partagée que l'Autriche et même que la France, a produit, en 1860, 10,657,000 tonnes de houille et 3,153,000 tonnes de lignites. Une tonne de lignite, à Düren, donne 374 kilogrammes de coke, 45 de goudron, 355 d'eau ammoniacale, et 201 kilogrammes (ou 251 mètres cubes à 0.8) de gaz. Raffiné, le goudron donne, pour 100 parties, 17,5 d'huile d'éclairage à 0.820; 26.6 d'huile de graissage à 0.800; 3.3 de paraffine et 52.6 de brai.

Enfin on voyait à Londres quelques échantillons de la houille et du coke d'Espagne.

On a commencé, en Californie, par suivre la vieille méthode des orpailleurs des vallées de l'Europe; mais on est arrivé à laver avec avantage des alluvions dont le rendement n'est que d'un quatre-millionième d'or. Le mineur ne remue plus le sol et ne touche pas la terre de sa main ou de sa pioche; il n'a plus à se préoccuper du transport de ses instruments de lavage. D'ingénieux moyens de travail, empruntés à l'hydraulique et à la mécanique, ont entièrement fait oublier le temps où, pour laver un mètre cube de terre choisie, il fallait dépenser 75 francs, en comptant la journée de l'ouvrier à 20 fr. C'est à présent à moins de trois centimes, c'est-à-dire à 2,500 fois moins que revient les frais de production, ou plutôt de découverte du précieux métal renfermé dans le même cube de terre.

Il y aurait trop à dire si nous voulions, même en raccourci, donner une esquisse des différentes opérations de la métallurgie de la fonte et du fer dans les grands pays producteurs de l'Europe. On trouvera, d'ailleurs, dans le texte des notices qui vont suivre, tous les détails nécessaires à l'intelligence de ce qui se fait actuellement dans les usines principales. Les progrès de la sidérurgie sont continuels, et l'émulation les a rendus depuis quelques années plus remarquables en Angleterre et en France. Le temps est si favorable au développement de cette grande industrie! Est-il, en effet, une époque où les peuples aient construit davantage et mis plus de fer dans leurs constructions, au lieu de la pierre et du bois? En est-il une où plus de grands édifices soient sortis du sol, et non pas seulement des palais ou des tables, mais des monuments d'un génie nouveau, les gares, les voies, les ponts de nos chemins de fer, les écluses, les barrages de nos canaux et de nos rivières et les ponts gigantesques que l'on jette à présent d'une rive à l'autre sur les fleuves les plus larges, et jusque sur les æstuaires des fleuves et des golfes? C'est le fer qui est le bois, la pierre et le ciment de presque toutes ces constructions superbes. C'est lui encore qui est le bois de la marine qu'on voit se former, se transformer, se cuirasser dans les ports de l'univers. On peut maintenant fondre et forger à Paris tout un pont qui traversera la Gironde, à Bordeaux, ou la frégate qui, à coups de canon, détruira le granit des forteresses du Nord. Hier encore a été fabriqué, pièce à pièce, dans une usine de La Villette, un phare de fer haut comme la tour Saint-Jacques, qui éclairera les mers de la Nouvelle-Calédonie. Mais l'emploi de la fonte et du fer par grandes masses et dans des travaux si divers, ce n'est pas encore là la plus éclatante merveille que nous ayons à signaler. C'est l'usage de l'acier qui surtout nous réserve des surprises. En effet, l'on va bientôt sans doute se procurer de l'acier à un prix qui ne dépassera pas celui du bon fer, et alors quelle extension prendra l'application du métal dans nos constructions de terre et de mer! Quelle solidité, quelle résistance, quelle légèreté comparative! L'acier fondu de M. Krupp nous avait déjà depuis dix ans tenus en éveil; son petit canon de 1851 était curieux; son lingot de 5,500 kilogrammes de 1855 frappait d'étonnement; cette fois il exposait un lingot de vingt tonnes (20,000 kilogrammes) et un arbre coudé fabriqué dans un lingot de vingt-cinq tonnes. Tout cela eût paru incroyable; mais ce qui eût paru, ce qui est bien plus incroyable encore, c'est qu'il soit possible de transformer directement la fonte de fer en acier, par la simple insufflation d'un courant d'air. Le procédé Bessemer, qui produit cette métamorphose féerique, laissera dans l'histoire de l'industrie la trace de sa découverte mémorable.

L'acier se produisait, jusqu'à cette heure, soit naturellement, par le traitement de certains minerais déjà aciérés, qui sont très-rares, soit par la cémentation, qui est une cuisson des fers de haute qualité dans des caisses de poussier de charbon, soit par le puddlage, qui, jusqu'à la concurrence de 200 kilogrammes, transforme la fonte, dans le fourneau à réverbère, par une méthode analogue à celle qui sert à faire du fer à la houille, et enfin par la fonte, qui est la mise en fusion dans des creusets des aciers inférieurs obtenus par les autres procédés. A Sheffield on emploie pour faire l'acier fondu de l'acier cémenté fabriqué sur place avec des fers de Suède, et en Allemagne on se sert de l'acier puddlé, avec cette différence que les Anglais ne mettent pas plus de 20 kilogrammes d'acier dans leur creuset, ce qui coûte cher de cuisson, et que les Allemands fondent par grande masse, avec une économie notable.

Mais le procédé Bessemer supprime presque la houille. C'est au sortir même du haut fourneau qu'il prend la fonte liquide, qu'il la fait traverser par un courant d'air, et qu'en un quart d'heure il produit ainsi 2,000 kilogrammes d'acier. Presque toutes les fontes, si elles ne sont trop phosphoreuses ou trop sulfureuses, sont propres à la transformation. Que l'on juge de la révolution que cette découverte prépare! Dès à présent les administrations des chemins de fer disposent d'un acier économique pour l'employer aux endroits fatigués de leurs voies et pour bander leurs roues, en attendant qu'on mette l'acier partout où est employée la fonte ou le fer. La marine y trouvera des secours bien plus importants encore.

On ne sait pas juste à quel prix l'acier Bessemer pourra être livré au commerce; mais voici déjà ce que coûtent les aciers fondus de M. Krupp : 1,125 francs pour les aciers laminés ordinaires, 1,800 francs pour les essieux droits et les bandages; 2,800 pour les roues de wagon, et 3,750 francs la tonne pour les arbres de machines.

Il avait été bien établi en 1851 par M. Le Play qu'aucun acier, traité par la méthode du Yorkshire, ne pouvait produire un bon acier de cémentation s'il ne possédait naturellement une sorte de propension aciéreuse, comme les fers de Suède ou de Russie; et, à propos de la méthode du puddlage, M. Michel Chevalier, en 1855, faisait ressortir tous les avantages présentés par cet acier puddlé, si bien fabriqué en Prusse, qui peut presque lutter avec l'acier de cémentation et avec l'acier naturel. En 1862, la découverte de M. Bessemer, bien autrement importante que les précédentes, aura été dignement mise en relief par M. Frémy, l'un des hommes qui ont le plus heureusement étudié la question jusqu'alors si obscure de l'aciération, et qui, théoriquement, avait deviné le prodige imprévu que nous avons pu admirer à Londres. Il n'admettait pas, en effet, que l'acier fût seulement un carbure de fer plus carburé que le fer et moins carburé que la fonte; il avait dit que, pour faire de l'acier, il ne suffisait pas de donner du carbone au fer par la cémentation ou d'en ôter à la fonte par le puddlage; il avait fait jouer un rôle primordial et constitutif dans l'aciération à certains métalloïdes, tels que l'azote, le phosphore et le carbone, et annonçait qu'on pouvait faire de très-bons aciers avec nos fers français non aciéreux, en les purifiant avec soin et en leur donnant la substance aciéreuse, soit par la cémentation avec certains corps, soit par l'union de ces fers à des fontes aciéreuses. C'est bien en effet ce que réalise le procédé Bessemer, qui, par le courant d'air, ne refroidit pas la fonte, mais au contraire y détermine une nouvelle source de chaleur chimique au milieu de laquelle se produisent les épurations et les combinaisons indiquées par M. Frémy.

Cette fabrication si facile et si simple semble destinée à servir particulièrement les intérêts de la France, où le combustible est cher, dont les fers n'auraient jamais donné de bons aciers de cémentation, et qui, désormais, fourniront de l'acier Bessemer en aussi grande quantité qu'on le désirera.

Ces aciers sont propres à tous les usages de la marine et de la guerre comme à ceux de l'industrie; ils s'affinent avec la plus grande facilité et peuvent s'obtenir par blocs de 10,000 comme de 1,000 kilogrammes.

L'avenir de cette fabrication nouvelle n'a donc, pour ainsi dire, pas de limites; et, nous le répétons, de tous les pays producteurs de fer, c'est la France qui doit y gagner le plus.

Après avoir insisté sur une découverte de cet ordre, il n'y a pas grand'chose à dire sur les autres objets du travail métallurgique. On a cependant bien perfectionné en ces derniers temps les instruments de la préparation mécanique de divers minerais, surtout en Belgique, en Bohême et en Hongrie, pour le zinc et le plomb.

Le cuivre s'extrait en quantités plus considérables qu'autrefois. Le Royaume-Uni de la Grande-Bretagne, en 1860, en a produit 29,600 tonnes. Les minerais du Canada et de l'Australie sont les plus riches du monde. C'est cette même Australie qui, du 1ᵉʳ octobre 1851 au 30 septembre 1860, a exporté 813,743 kilogrammes d'or, d'une valeur totale de 2 milliards 616 millions. Rien absolument ne lui manque, ni le bétail, ni la laine, ni la houille, ni le cuivre, ni l'or. Mais nous ne pouvons aborder ici les mille détails que comporterait une étude de la production minière des différents pays de la terre. Nous avons, dans l'analyse qui suit cette vue d'ensemble, donné tous ceux qui offrent de l'intérêt.

Une exception cependant pour la fabrication industrielle de l'aluminium, qui est toute française et qui a fait distinguer le nom de M. Henri Sainte-Claire Deville. C'est à l'Exposition de 1855 que le nouveau métal a fait son apparition. Tirés du chlorure d'aluminium et du sodium, on en avait alors produit quelques kilogrammes au prix de 2,000 francs le kilog. Il en existe à présent deux fabriques régulières en France et une en Angleterre. Le métal est d'une pureté parfaite, et il coûte, depuis quelque temps déjà, moins de 200 francs le kilogramme. L'industrie s'est emparée de ce métal si favorablement doué et en a tiré mille articles divers. L'un des plus curieux, c'est l'aigle des drapeaux de notre armée, qui pèse maintenant 2 kilog. de moins qu'autrefois. Le placage de l'aluminium est un problème résolu. Quant aux alliages, on en a découvert de très-précieux, et les bronzes d'aluminium sont une richesse de plus dans les matières dont l'art dispose. On a même employé ce bronze pour en fondre le plus léger des canons. Désormais ce métal est un produit industriel, et l'un de ceux dont on tirera parti avec le plus d'avantage.

Nous terminons en signalant les efforts qui ont été récemment faits pour accroître et simplifier la production du platine, et sur lesquels nous nous étendrons plus loin.

REVUE DES PRINCIPAUX OBJETS

EXPOSÉS DANS LA PREMIÈRE CLASSE

SECTION I — PRODUITS DES CARRIÈRES

ROYAUME-UNI. — M. A. MACDONALD, à ABERDEEN. — Nous commençons cette revue par l'examen de l'exploitation du granite.

Le granite tire son nom de la contexture fine et résistante de sa pâte, composée de feldspath, de quartz, de mica, et quelquefois de pinite et d'amphibole. Il doit à sa dureté, au poli qu'il prend et à son aspect sévère, l'honneur de figurer dans les monuments du caractère le plus grave que l'homme bâtisse pour consacrer et conserver ses souvenirs. L'antique Égypte a taillé des blocs énormes de granite en colonnes, en sphinx, en pyramides, que les siècles respectent encore. En Écosse se trouve, près de Peterhead, le granite rouge à gros grain, formé d'orthose, de feldspath, de mica noir, de quartz gris et d'oxyde de fer. En Écosse encore, à Mongruy, près d'Aberdeen, sont les gisements d'un granite gris, à grain menu, qui résiste à toutes les intempéries de l'air et prend un poli parfait. On rencontre encore du granite à Cheswring, dans la Cornouaille. La France a également de beaux granites : dans les Vosges, en Bretagne, en Normandie. Il y en a aussi en Suède, en Allemagne et en Italie.

M. MACDONALD, dont les produits figuraient à l'Exposition de Paris en 1855, possède, en Écosse, de vastes ateliers, dans lesquels cent cinquante ouvriers sont régulièrement employés à la taille du granite; une machine à vapeur vient en aide aux bras des travailleurs; cette opération est longue et difficile à exécuter, la dureté de la roche et son grain pailleté émoussant les outils les mieux trempés; aussi n'obtiendrait-on que des surfaces rugueuses si le polissage ne complétait l'œuvre de la taille.

Les spécimens exposés par M. MACDONALD sont de deux sortes : les uns proviennent de Peterhead : c'est le granite rouge à gros grains; les autres sortent des carrières de Mongruy, ils sont gris et à petits grains.

M. MACDONALD s'applique spécialement à la taille du granite employé pour les constructions monumentales. L'Angleterre lui doit des fûts de colonne, des obélisques, des statues, des mausolées, qui ornent tous ses grands monuments.

Son exposition se compose : d'une colonne dorique en granite rouge, d'un poli qui permet d'admirer la pureté de la pâte; de piédestaux en granite rouge pour bustes et vases; d'une tombe gothique en granite gris, où le contraste qui existe entre une surface taillée et une surface polie peut être parfaitement apprécié; d'une pierre baptismale gothique en granite bleu et rouge; d'une tombe en granite bleu poli, faite du même granite que celle exécutée pour S. A. R. la duchesse de Kent à Frogmore, d'une cheminée en granite rouge; de tables, vases et tuyaux en granite rouge et bleu; et enfin d'une fontaine publique en granite rouge poli.

Le jury a décerné la *Médaille* à M. MACDONALD.

MM. W. ET J. FREEMAN, A LONDRES (ROYAUME-UNI). — Ces exposants présentent de très-beaux spécimens de granite provenant des carrières de Cornwall : ce sont des vases mathématiquement taillés, qui ont peut-être le défaut d'être un peu lourds, sans rappeler le caractère de la gravité artistique à laquelle les Égyptiens, nos premiers maîtres en ce genre, étaient arrivés, mais qui n'en ont pas moins le mérite d'être consciencieusement exécutés.

Outre leurs granites, MM. FREEMAN exposent différentes espèces de pierres pour les constructions. Ce sont des pierres à bâtir de Portland, des pierres des carrières de Bath et de Painswick, des calcaires magnésiens de l'Hudleston, des grès de Hare-Hill et autres carrières du Yorkshire. — *Médaille*.

LIZARD SERPENTINE COMPANY, A LONDRES (ROYAUME-UNI). — Les magnifiques spécimens exposés par la COMPAGNIE DE LA SERPENTINE DE LIZARD proviennent du cap Lizard, près Penzance, dans la Cornouaille.

La serpentine (ou ophite, roche à base d'hydrosilicate de magnésie) du cap Lizard est la plus belle que l'on connaisse. Sa couleur est vert olive, plus ou moins foncée; parfois elle présente différentes nuances brunes et rouges ou bien quelques veinules blanches d'hydrosilicate de magnésie, comme on peut le remarquer dans l'obélisque exposé à Londres.

Cette roche, qu'on rencontre au-dessus des granites et des porphyres, est tendre et se travaille facilement, aussi se prête-t-elle beaucoup mieux que le granite et le porphyre aux difficiles et longues opérations de la taille et du polissage. Elle est d'ailleurs réfractaire au feu, et, en Suisse, sous le nom de *pierre ollaire*, on en fait des vases de cuisine.

Le prix de la serpentine est à Londres à peu près le même que celui du marbre blanc (de 10 à 15 fr. le pied carré poli).

Parmi les objets exposés par la COMPAGNIE DE LA SERPENTINE DE LIZARD, nous mentionnerons un obélisque, des fûts de colonne, des cheminées d'un effet magistral, et surtout un baptistère aux angles duquel se trouvent quelques sculptures assez habilement fouillées.

L'exploitation de cette Compagnie est considérable, et l'on extrait des carrières en service des blocs qui ont jusqu'à 3 mètres de longueur, ce qui ne se rencontre nulle autre part. La France, l'Italie et la Suisse ont de la serpentine, mais point de pareille.

L'usine occupe 50 à 60 ouvriers, qui ont pour auxiliaire deux machines à vapeur de la force de dix-sept chevaux; ces moteurs mettent en œuvre les scies, les tours, et les machines à creuser, à percer et à polir. — *Médaille*.

LLANGOLLEN SLAB ET SLATE Cⁱᵉ, A LONDRES (ROYAUME-UNI). — Les objets en pierres dures taillées, exposés par la compagnie DE LLANGOLLEN captivent d'autant plus l'attention qu'ils sont d'un emploi usuel. Ce n'est plus de la fantaisie ou de pâles reproductions de l'art antique, mais bien de la bonne marchandise courante. On remarque surtout des cheminées en porphyre et en malachite d'un style sévère et des *florentines mosaïques*, d'un fort bel effet. — *Médaille*.

WELSH SLATE Cⁱᵉ, A PORT-MADOC CARNARVON (ROYAUME-UNI). — La grande industrie des ardoises est dignement représentée par la Compagnie DES ARDOISES DE WELSH, non-seulement au point de vue de la qualité de la matière première, mais encore au point de vue de la perfection du travail.

On remarque dans cette exposition des tables de schiste ardoisier, longues de 5 mètres sur 2 mètres 8 centimètres de largeur, épaisses de 5 centimètres, et défiant le niveau le plus parfait; des lames d'ardoises longues de 1 mètre 55 centimètres et n'ayant qu'un millimètre d'épaisseur; et des faîtières en ardoises d'une légèreté et d'une élégance extrême. Ces faîtières sont composées d'un bourrelet supérieur, aux deux côtés duquel on a fixé deux fortes lames d'ardoises; la longueur de chaque faîtière varie de 80 centimètres à 1 mètre. — *Médaille*.

CHAMBRE DE COMMERCE DES SELS, a Northwich (Royaume-Uni). — La Chambre de Commerce de Northwich, qui expose des produits de sel gemme à l'état brut, en a voulu faire une exposition artistique : elle a dressé un fût de colonne de 2 mètres 50 cent. de hauteur sur un piédestal qui supporte également des vitrines renfermant des échantillons très-variés de sel.

Il existe en Allemagne, et en France, à Saint-Nicolas-de-Varangeville, par exemple, des sels bruts d'une pureté beaucoup plus grande et qui doivent être plus facilement purifiés, avec un travail moins considérable. — *Médaille*.

M. MAC CAW (Canada), Possessions anglaises. — Parmi les nombreux échantillons minéralogiques présentés par M. Mac Caw, la serpentine occupe une place importante.

Les spécimens exposés viennent du sud de Saint-Laurent, entre Polton et Crambonne, où la roche occupe un espace de 140 milles. On trouve également de la serpentine à 250 milles au N. E.; au mont Albert, dans les montagnes de Shichshock, et à 70 milles plus loin, près de la baie de Gaspé.

La serpentine du Canada contient un peu de chrome et de nickel; on la rencontre dans un sol composé de talc, d'argile, de dolomie et de magnésie, et les terrains qui lui servent de gangue renferment du fer, du plomb, du zinc, du nickel, de l'argent et de l'or. Dans les roches aurifères, on trouve du platine, de l'iridium, de l'osmium et des traces de mercure.

D'après les observations de la Société géologique du Canada, la serpentine appartiendrait à une précipitation sédimenteuse.

Les serpentines et les marbres du Canada n'ont jamais été exploités. Les échantillons qui figurent à l'Exposition proviennent donc de strates ou couches exposées à l'air depuis longtemps, et par conséquent inférieures aux couches, encore vierges, qu'elles recouvrent. — *Médaille*.

FRANCE. — M. GILQUIN fils, a la Ferté-sous-Jouarre (Seine-et-Marne). S'il est une industrie particulière à la France qui ait à se plaindre du manque d'espace accordé à l'installation de ses produits, c'est incontestablement l'industrie meulière. Serrées les unes contre les autres, les meules exposées ne peuvent être facilement examinées; de plus, chaque industriel n'ayant été autorisé à envoyer qu'une seule meule, les expositions sont incomplètes, car un jeu de meules se compose d'une meule gisante et d'une meule courante.

M. Gilquin a eu l'heureuse idée de tourner la difficulté; il a accolé deux meules différentes, mais dont l'épaisseur est de moitié de celles en usage; il a pu ainsi, en se maintenant dans les limites de l'espace qui lui a été accordé, présenter des spécimens complets de sa fabrication.

Depuis deux ans M. Gilquin a pris la suite des affaires de la maison de son père, fondée en 1825. C'est à M. Gilquin père que l'industrie meulière doit les premières meules rayonnées, mode de fabrication généralement adopté aujourd'hui et qui lui a valu en 1834 une mention honorable, en 1839 une médaille de bronze, et en 1855, lors de l'Exposition universelle, une médaille de première classe, la plus haute distinction accordée à cette industrie.

La double meule exposée par M. Gilquin fils a un diamètre de 1 mètre 30 centimètres. Elle présente sur l'une de ses faces un spécimen des meules courantes, et sur l'autre, un spécimen des meules gisantes.

Dans la meule courante (*fig.* 1) les carreaux composant le boîtard et son entourage, proviennent des carrières de la Ferté-sous-Jouarre. La pierre est pleine, à petites porosités régulières, et d'une nuance bleu ciel clair. L'entourage est formé de quarante morceaux, et le boîtard de quatre. Ce spécimen est le type des meules généralement livrées par le fabricant aux minoteries françaises.

Dans la meule gisante (*fig.* 2), tous les carreaux proviennent des carrières de Nogent-le-Rotrou

(Eure-et-Loir), carrières exclusivement exploitées par M. Gilquin fils. La pierre est pleine, très-vive; sa nuance est gris de sel. L'entourage est composé de vingt-deux morceaux et le boitard de trois. Cette meule est le type parfait de celles dont se servent les minoteries anglaises.

L'assemblage des meules de M. Gilquin offre ceci de particulier : c'est que tous les joints partent de la circonférence et se dirigent vers le centre sans qu'aucun d'eux se rencontre, disposition qui ne permet pas au grain de passer d'un compartiment à un autre sans être saisi dans un sens nouveau, (*fig.* 3.)

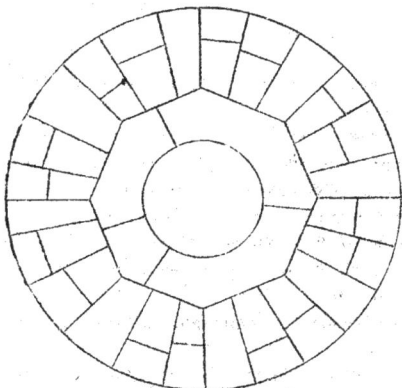 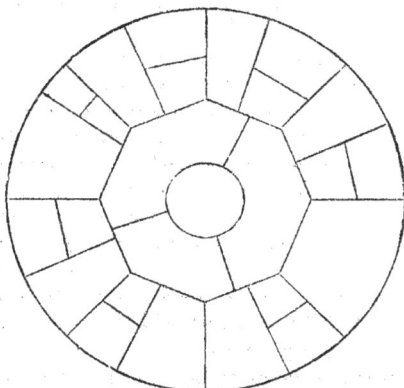

Fig. 1.   Fig. 2.

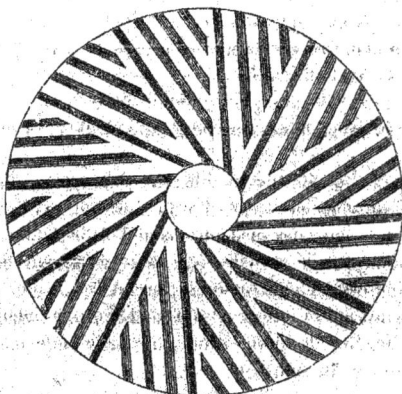

Fig. 3.

Outre ses meules, M. Gilquin expose deux échantillons de panneaux pour l'exportation. L'un est en pierre des carrières de la Ferté-sous-Jouarre, l'autre en pierre de Nogent-le-Rotrou. Il expose encore quatre carreaux : deux en pierre blanche, destinés à l'exportation irlandaise, et les deux autres à l'exportation allemande; ces carreaux proviennent tous les quatre des carrières de la Ferté-sous-Jouarre.

L'établissement de M. Guiquin à la Ferté se compose de trois grands chantiers, dans lesquels travaillent journellement une centaine d'ouvriers. — *Mention honorable.*

MM. DUPETY, THEUREY-GUÉUVIN, BOUCHON et Cⁱᵉ, A LA FERTÉ-SOUS-JOUARRE. — La meule, les carreaux et les panneaux exposés par MM. DUPETY, THEUREY-GUÉUVIN, BOUCHON ET Cⁱᵉ leur ont mérité de justes éloges. Ils avaient, en 1855, obtenu une médaille de première classe. Le jury international, en 1862, leur a accordé la *Médaille.*

MM. GAILLARD AÎNÉ, PETIT ET HALBOU, A LA FERTÉ-SOUS-JOUARRE (FRANCE). — Cette maison, qui, en 1855, a obtenu aussi une médaille de première classe, expose une meule composée de pierres de choix et consciencieusement travaillée. Les assemblages, cependant, laissent parfois à désirer. — *Médaille.*

M. ALLARD FILS ET Cⁱᵉ, A SARLAT, DORDOGNE (FRANCE), exploitent sur une grande échelle les carrières de pierres meulières de la Dordogne. Quoique inférieures à celles de la Ferté-sous-Jouarre, les meules de Sarlat n'en sont pas moins très-recherchées. — *Médaille.*

MM. ROGER FILS ET Cⁱᵉ, A LA FERTÉ-SOUS-JOUARRE (FRANCE). — MM. ROGER et Cⁱᵉ présentent une meule courante, des panneaux et des carreaux. Le chiffre des affaires de cette Société est important; mais sa fabrication n'a pas encore pu atteindre au degré de perfection de ses concurrents.

En 1855, MM. ROGER et Cⁱᵉ ont obtenu la médaille de deuxième classe. — *Mention honorable.*

M. LEVEAU-BAUDRY, A VILLAINE-LA-GONAIS, PRÈS LA FERTÉ-BERNARD, SARTHE (FRANCE). — On trouve aussi des pierres meulières dans la Sarthe. Les meules qui en proviennent sont en grande partie exportées en Angleterre, où elles jouissent d'une certaine réputation. — *Médaille.*

M. DEPLAYE, JULLIEN et Cⁱᵉ, A PARIS (FRANCE). — Les pierres lithographiques exposées par cette maison sont fort belles; la plus grande mesure 2 mètres 35 de hauteur sur 1 mètre 35 de largeur, et provient d'Avèze (Gard).

Le calcaire compacte schistoïde est assez rare, et tous les terrains qui en contiennent ne produisent pas toujours des qualités supérieures. Pour qu'une pierre soit bonne, le grain doit en être fin, homogène et sans défauts. C'est pourquoi la pierre lithographique de Bavière, qui présente ces qualités naturelles, a toujours joui d'une grande réputation.

Les carrières d'Avèze, si l'on en juge par le spécimen exposé, paraissent cependant pouvoir rivaliser avec les carrières bavaroises. — *Médaille.*

AUTRICHE. — MM. THROR et Cⁱᵉ, A EPERIES (HONGRIE). — Ce n'est que dans le cours des dernières années que l'on a réussi à découvrir en Hongrie des dépôts de quartz analogues à ceux qui servent en France à la confection des meules. M. Haszlinszky, professeur de sciences naturelles au collège d'Eperies, auquel les exposants avaient confié la mission de rechercher des gîtes de cette nature, réussit, en septembre 1857, après beaucoup de dépenses et de fatigues, à découvrir un gîte de quartz d'eau douce, situé au-dessus du village de Fony, comitat d'Abaujvar, à trois milles du débarcadère de Forro-Encs, et à six milles de Tokay. Les échantillons de ces quartz envoyés en France et en Allemagne ayant été reconnus de bonne qualité, on soumit à l'épreuve des meules entières accouplées, et ces expériences donnèrent des résultats satisfaisants. Les exposants se décidèrent alors à établir une fabrique de meules dans le genre de celles qui existent en France. Cet établissement, entré en activité au printemps de 1856, avait livré, en 1862, 500 paires de meules qui, dans plusieurs moulins à eau et à vapeur de l'empire d'Autriche, ont remplacé les meules d'origine française. Ces meules hongroises sont connues sous la dénomination de meules de Fony. Le jury, sur l'examen des échantillons présentés, a décerné la *Médaille* à MM. THROR ET Cⁱᵉ.

LE MINISTÈRE DES FINANCES, A VIENNE (AUTRICHE). — Une des belles expositions de la section autrichienne est celle du Ministère des finances; elle est d'autant plus remarquable qu'elle embrasse avec un ordre parfait toute une spécialité importante, celle des salines qui couvrent le sol de l'Autriche.

Les échantillons sont de toutes sortes et de toutes provenances : ce sont des roches brutes, des blocs

I.

7

translucides, cristallisés en cubes, des sels pulvérisés et des spécimens de sels de couleur : blancs, gris, bleus et rouges.

Une belle carte des gîtes salifères de l'Empire est jointe à cette collection.

La *Médaille* a été accordée au MINISTÈRE DES FINANCES DE L'AUTRICHE.

BAVIÈRE. — COMPAGNIE DE SOLEN.. . EN, A SOLENHOFEN. — La grande pierre lithographique exposée par cette compagnie mesure 2 mètres de large sur 2 mètres de haut; quoique brute, son grain est d'une grande pureté; le ponçage ne peut manquer de lui donner cette homogénéité si recherchée par les lithographes, et qui distingue les pierres lithographiques de la Bavière. — *Médaille.*

ESPAGNE [1]. — M. BOIVIN ET Cⁱᵉ, A ALAVA. — La Compagnie des Asphaltes de Maestu, province d'Alava, expose sous le nom de M. BOIVIN, son sous-directeur, des échantillons de roches asphaltiques obtenues et travaillées dans cette province.

Le Jury international a décerné la *Médaille* à cette compagnie non-seulement pour la valeur des spécimens présentés, mais plus particulièrement pour l'introduction de cette industrie dans la localité.

M. FRANCO, à Soria, a également présenté des asphaltes et des goudrons asphaltiques provenant de la mine de Maceda (Soria); et M. SIMON, DE BALLESTEROS, province des Asturies, un schiste ardoisier bitumineux, duquel il extrait un principe huileux qui paraît avoir quelque analogie avec l'huile de pétrole naturelle.

SOCIÉTÉ PROTECTRICE, A MADRID (ESPAGNE). — Parmi les richesses minérales nouvellement découvertes en Espagne, le sulfate de soude naturel occupe une large place et paraît appelé à un grand avenir industriel.

Longtemps après la découverte des dépôts de sel d'Esparteros, près d'Aranjuez, on trouva dans les environs de Madrid d'immenses bancs de sulfate de soude, mêlé à du gypse et à de l'argile, occupant une superficie de plusieurs lieues carrées et ayant en moyenne une épaisseur de deux mètres.

Ce gîte énorme de sulfate de soude est composé, dans certaines parties, de glaubérite (sulfate de soude hydraté) et de thénardite (sulfate de soude anhydre), deux sels qui ne se trouvent habituellement qu'en cristaux disséminés dans les strates du même genre.

Cette masse affecte une ligne horizontale et est recouverte par un banc de gypse.

Plusieurs sociétés exploitent cette mine de richesses. Parmi elles, LA SOCIÉTÉ PROTECTRICE de Ciempozuelos a spécialement été remarquée, et le Jury lui a décerné la *Mention honorable.* Nous citerons aussi, comme marchant dans la même voie : la SOCIÉTÉ MINIÈRE, EL CONSUELO, à Chinchon, M. UNZUETA, de Tolède, et M. MORENTIN, de la province de Navarre.

L'ALCALDE D'OVIEDO, A OVIEDO (ESPAGNE). — On doit à M. L'ALCALDE D'OVIEDO la réunion d'une collection de minéraux de la province des Asturies.

Parmi ces échantillons, les plus intéressants sont ceux qui forment le groupe des marbres.

Les marbres sont, en Espagne, une des richesses du sol. On en emploie dans les constructions civiles, surtout pour les décorations intérieures; les marbres d'un blanc pur sont relativement peu communs; les marbres colorés, au contraire, se rencontrent en abondance dans plusieurs districts. Parmi les exposants à l'aide du concours desquels M. L'ALCALDE D'OVIEDO a pu former sa collection, il faut citer M. l'Alcalde de Cabra, l'Ayuntamiento de Colunga, Asturies, auquel on doit de belles brèches, l'Ayuntamiento de Moron, M. Blanco, de Séville; le District de Murcie, M. Miguel, de Soria, M. Mora, d'Alicante, M. Rodriguez, de Valence, et M. Vrie, de Cangas de Tineo, Asturies, dont les marbres blancs sont fort remarquables. Le Jury a décerné à M. L'ALCALDE D'OVIEDO la *Mention honorable.*

---

[1] Grâce à l'obligeance de M. G. ESTÉBA:: BALLERAS, Commissaire-général du gouvernement espagnol, et aux excellents renseignements qui nous ont été communiqués par M. LASALA, il nous est permis de donner sur les grandes usines de l'Espagne des documents complets. Nous témoignons à ces messieurs toute notre gratitude.

M. CASTILLO, a Séville (Espagne).— M. Castillo est à la tête d'un établissement important, de beaux échantillons de marbres lui ont mérité la *Mention honorable*.

SOCIÉTÉ MINIÈRE DE LA FRATERNITÉ, a Saragosse (Espagne). — L'exposition espagnole est riche en échantillons de sel marin. Ce sel donne lieu, dans la Péninsule, à des transactions considérables, surtout aux environs de Cadix, où se trouvent la plupart des marais salants. En 1855, la province en fournissait 160,000 tonnes, et l'année précédente, l'exportation seule avait produit 1,387,000 francs.

Les échantillons les plus beaux appartiennent à la société minière de la fraternité, à Saragosse, à la société Candido conde et Cⁱᵉ, à M. Picazo, de Saragosse, à M. Astorga, de Madrid, à la société des salines de Añana, à Aleva, et à la fabrique de sel de Forrerieja.

L'Inspecteur de Barcelone, a en outre envoyé des échantillons de sel gemme provenant de Cardona et extrait d'un banc qui ne compte pas moins de cinq kilomètres de circonférence sur 150 mètres d'épaisseur.

GRÈCE. — COMITÉ CENTRAL D'ATHÈNES. — La Grèce, outre ses marbres, possède la pierre d'émeri, qui rend de si grands services, des chromates de fer, des trachytes terreux et des pierres meulières. Les meules exposées par le Comité d'Athènes laissent beaucoup à désirer; elles sont trop poreuses et trop tendres; la preuve en est dans l'échantillon de brique en meulière qui fait partie de cette exposition; son ensemble a toutefois valu la *Médaille* au Comité central d'Athènes.

GRAND-DUCHÉ DE HESSE. — M. TASCHÉ, a Salzhausen. — Le grand-duché de Hesse, outre ses mines bien connues de manganèse, possède des carrières dont M. Tasché a réuni de beaux échantillons, tels que du sand-stone ou grès à polir; un autre grès à gros grains pour les meules; de la pierre calcaire; du basalte noir, communément employé au pavage; du basalte bleu; du trachydolérite, qui sert dans la construction des ponts, les encaissements de rivière, et dont on fait aussi des pierres à repasser; de la roche basaltique à l'usage des constructions rurales; enfin du basalte décomposé pour les constructions des forts et des places de guerre.

Cette très-intéressante collection a mérité à M. Tasché la *Médaille*.

ITALIE. — MUSÉE DE FLORENCE, Cabinet de géologie. — Le Musée de Florence expose une collection de minéraux lithoïdes.

Marbres et Brèches. — On réserve exclusivement le nom de *marbres* à des calcaires à structure saccharoïde ou céroïde suffisamment compacte pour recevoir un beau poli. Les marbres blancs des Alpes Apuanes (Lunigiana, Carrara, Massa, Serravezza, etc.), les Bardigli de ces mêmes localités, ceux de Valdieri en Piémont, et certaines qualités de marbres de la Vénétie, du Trentin et de la province de Brescia sont éminemment *saccharoïdes*.

Si la cristallisation y est plus prononcée, la structure devient lamellaire, comme dans le marbre blanc de Pallanza, et dans les marbres statuaires de Monte Rombolo, de Monte Calvi (Campiglia) et de l'île d'Elbe, qui soutiennent parfaitement la comparaison avec ceux de Paros.

On appelle *céroïdes* les marbres blancs des monts Pisans, le jaune de Sienne (giallo di Siena), la plupart des marbres exposés par les provinces napolitaines et par les provinces du Nord; et l'on désigne simplement sous le nom de *calcaire compacte à grain très-fin* les calcaires noirs de la Spezia et de Brescia, etc., et certaines variétés d'Alberese, ainsi que celles des belles tables provenant de Pérouse qu'expose M. le comte Orini.

Ces calcaires marquent la limite entre ceux qui peuvent servir à l'ornementation et ceux qui ne doivent être employés qu'à titre de matériaux de construction; le prix en est d'autant plus considérable, qu'ils prennent et conservent mieux le poli.

Les *brèches*, ou marbres sublamellaires, formées de roches reliées ensemble par des substances calcaires, sont en Italie d'une immense variété et d'une beauté supérieure. On distingue les brèches de la

Terra di Lavoro, aux teintes vives et harmonieuses, la superbe brèche africaine de Serravezza, celle de Rondone (Serravezza), celle de Finocchioso (Carrara), les magnifiques Mischi de Serravezza et de Massa, le Mandornato et l'Africano du Vicentin.

Ce qui donne aux brèches leur plus grand prix, c'est la vivacité des teintes, la délicatesse des pana-chures, la variété de leur dessin, la résistance et la dureté des fragments, et l'homogénéité de la masse entière. Au point de vue industriel, les brèches rentrent dans la catégorie des marbres tachetés, qu'elles forment presque exclusivement.

En Italie, les marbres se subdivisent : en marbres blancs; en marbres blancs veinés, céroïdes, colorés; en marbres noirs; en bardigli rouges, jaunes, bariolés, bardigli bleus et fleuris et en brèches.

La Toscane est la province italienne qui fournit les marbres les plus abondants et les qualités les plus estimées.

Les marbres blancs à structure saccharoïde sont incontestablement ceux que préfèrent aujourd'hui les artistes. Ils sont tirés exclusivement des Alpes Apuanes et plus spécialement des montagnes qui s'élèvent au-dessus de Carrare, de Massa et de Serravezza. La renommée du marbre statuaire de Carrare est répandue dans le monde entier. Léon X, Come Ier et François Ier de Médicis, portèrent leur attention sur les marbres de Serravezza; Michel-Ange lui-même a constaté l'excellence de leur qualité, et la trop grande difficulté de les avoir, — jusqu'à ce que, dit-il, « les montagnes soient domptées et les hommes maîtrisés, » Mais il a fallu arriver jusqu'à nos jours pour voir l'époque désirée par ce grand génie. L'extraction des marbres de Serravezza a été reprise avec tant d'avantage, que la Russie s'en est pro-curé à elle seule pour un million de roubles, afin d'orner la cathédrale Saint-Isaac à Saint-Pétersbourg; et que la population du district de Pietra-Santa s'est élevée, en une trentaine d'années (de 1819 à 1850), de 15,495 à 28,200 habitants.

De Serravezza, on exporte des marbres bruts, des tables, des dalles pour les pavages et divers pro-duits de ses grandes scieries; le travail et le commerce de Carrare ont, dans ces derniers temps, dû à l'Académie locale des Beaux-Arts une grande partie de leur accroissement; et depuis peu, à Massa, on voit s'établir dans les meilleures conditions un commerce auquel le plus brillant avenir est promis. Un grand nombre des marbres de Massa se rapportent au type du marbre statuaire de l'Altissimo, et ses marbres architectoniques rivalisent avec les meilleurs de Serravezza pour l'homogénéité de la pâte, la dureté et la facilité à se prêter au travail le plus délicat du ciseau.

On ne peut donner trop de soins au choix des marbres livrés par le commerce. A Paris, par exemple, l'opinion assez répandue que les marbres de Carrare ne résistent pas au climat de cette ville est due au fréquent emploi qu'on y a fait des mauvais marbres de Saloni, des Ravaccioni de médiocre qualité, des marbres peu cohérents de Betogli, et d'autres produits des localités inférieures du Car-rarais.

La Montagnola de Sienne fournit des brocatelli et des marbres jaunes unis, qu'on ne rencontre que fort rarement ailleurs en blocs considérables.

Le Portoro, extrait de la chaîne occidentale du golfe de la Spezia, est encore très-rare, si on le demande à veines d'un bel effet et d'une couleur d'or éclatante; mais on pourrait en ouvrir de nou-velles carrières à l'autre versant de la chaîne, à l'endroit où la formation qui les contient passe à celle des calcaires ammonitifères du lias et des roches paléozoïques.

Les mélangés (mischi) et les brèches abondent dans ces parages; ils pourraient se substituer avan-tageusement en France et en Angleterre à des marbres du pays, de mauvais effet et de prix su-périeur.

Voici du reste les noms des différents marbres que l'on trouve sur la place commerciale de Florence.

Marbre statuaire du mont Altissimo et de Car-rare.	Marbre portoro de Portovenere.
— de la Polla.	— rouge uni de Caldana.
	— — tacheté de Marenne.

Marbre statuaire tacheté ou veiné pour archi-
—   tecture et meuble.
—   blanc clair.
—   ravaccione de Carrare et de Serravezza.
—   bardiglio uni ou veiné de Serravezza.
—   —   fleuri de Retignano.

Marbre jaune et brocatello de Sienne.
—   porta-Santa de Maremme.
—   mélangés (mischi) de Serravezza.
—   brèche de Rondone et Stazzema.
—   — dite africaine de Serravezza.

Pour que l'on puisse se rendre compte de la différence qui existe entre les prix de ces différents marbres sur le lieu de production, avec ceux qu'on en demande sur certains marchés, nous allons indiquer les prix auxquels on vend à Florence les plus importantes qualités des marbres et ceux de leur cote aux embarcadères les plus proches des carrières.

PRIX DES MARBRES DANS LA VILLE DE FLORENCE.

Statuaire, première qualité, mont Altissimo.	1,400 fr. le mètre cube.
— — Carrara.	1,200 —
Marbre de la Polla, première qualité.	600 —
Statuaire tacheté ou veiné pour architecture, meubles, etc. .	600 —
Blanc clair, de bonne qualité.	400 —
Ravaccione de Carrara ou de Serravezza.	300 —
Bardiglio uni ou veiné, de Serravezza.	400 —
— fleuri, de Retignano (Serravezza).	650 —
Portoro, de Portovenere (Spezia).	500 —
Rouge uni, de Caldana.	380 —
— tacheté, de Maremme.	200 —
Jaune et brocatello, de Sienne.	600 —
Porta-Santa, de Maremme.	500 —
Mélangés (Mischi), de Serravezza.	1,000 —
Brèche du Rondone, de Stazzema (Serravezza).	6,000 —
— dite Africaine, de Serravezza.	1,500 —

PRIX DES MARBRES DE SERRAVEZZA A L'EMBARCADÈRE DE FORTE DEI MARMI.

Blanc ordinaire de la côte de Ceragiola, Solaio, etc., de	100 à	150 fr. le mètre cube.
Ravaccione, de Trambiserra.	125	150 —
Bardiglio uni, la meilleure qualité.	150	250 —
— fleuri.	450	560 —
Blanc clair, de la Polla.	400	500 —
— ordinaire.	140	160 —
Ordinaire, de Falcovaja.	230	256 —
Statuaire, première qualité, de Falcovaja, pour des morceaux cubant 1 mètre.	1,280	—
Statuaire, première qualité, de Falcovaja, pour des morceaux de 5 mètres cubes et plus.	1,200	2,000 —

PRIX DES MARBRES DE CARRARA ET DE MASSA AUX EMBARCADÈRES D'AVENZA ET SAN GIUSEPPE.

Violet (Paonazzo), du Finocchioso, etc., de	300 à	390 fr. le mètre cube.
Bardiglio.	155	200 —
Blanc clair, Ravaccione.	155	210 —
Statuaire veiné.	190	260 —

Statuaire, première qualité, jusqu'à 1 mètre cube. . 400 760 fr. le mètre cube.
—   — pour 2 mètres cubes. . . 700 1,000 —
—   — pour 3 mètres cubes.. . 900 1,200 —

PRIX DES MARBRES DE LA SPEZIA.

Noir. . . . . 200 fr. le mètre cube.
Portoro, première qualité. . . . . 450 —
— deuxième qualité. . . . . 350 —
Rouge, de Biassa.. . . . . 300 —
Brèche de Coregna.. . . . . 600 —

PRIX DES MISCHI ET DES BRÈCHES DE SERRAVEZZA.

Pallidone. . . . . 720 fr. le mètre cube.
Mélangé clair (Mischio chiaro).. . . . . 510 —
Granitello (calcaire ostrélytique).. . . . . 670 —
Brèche du Rondone. . . . . 510 —
Violet (Paonazzo).. . . . . 390 —
Jaune (Giallino). . . . . 560 —
Rosé. . . . . 560 fr. le mètre cube.
Africain. . . . . 1,120 —
Campanèse. . . . . 1,120 —
Brillant. . . . . 1,120 —
Mélangé foncé (Mischio cupo). . . . . 840 —
Doratello. . . . . 1,120 —
Brocatello. . . . . 2,200 —

On ne peut donner des prix fxes particulièrement pour les marbres statuaires et les colorés ou bariolés supérieurs. On ne les estime que par l'inspection de chaque bloc et d'après leurs dimensions.

L'exportation annuelle des marbres de Carrare, de Massa et de Serravezza, d'après le relevé des registres de la douane ou des registres des envois des entrepreneurs, a été de 1855 à 1859 :

QUALITÉ DES MARBRES.	CARRARE.		MASSA.		SERRAVEZZA.
	Tonnes.	Mètres cubes.	Tonnes.	Mètres cubes.	Mètres cubes.
Ambrogette (carré pour dalles).	904	18,080	652	13,040	»
Grandes tables (Lastroni).	163	1,954	1,011	12,652	»
Tables.	1,090	939,800	804	16,080	»
Ravaccione.	Bardiglio et autres marbres colorés.	12,400	Bardiglio et autres marbres colorés.	1,200	Marbre tigré. } 5,000
Blanc clair.					
Blanc veiné.					
Statuaire 1re qualité.	. . . .	480	. . . .	55	 20
— 2e qualité.					100
Bardiglio uni.					
— veiné.	. . . .		. . . .		2,500
— fleuri.					
Brèches et mélangés.	. . . .		. . . .		70

De cette quantité de marbre livrée au commerce, un tiers environ a été demandé par l'Amérique du Nord, un autre tiers par la France et par l'Angleterre, et le reste a été expédié pour la Belgique, la

Hollande, la Russie, la Turquie, l'Amérique du Sud et pour l'intérieur de l'Italie. La plus forte exportation des Ambrogette (carré pour dalles) se fait pour le Levant. Le prix va de 3 fr. 25 à 4 fr. 50 le mètre carré pour celles qui ont 25 centimètres de côté.

A partir de 1859, les marbres ayant été affranchis des droits de douane, il devient presque impossible de donner des relevés de chiffres d'exportation.

Après les marbres viennent les pierres lithographiques, les albâtres, les pierres dures, les serpentines et les roches ophiolithiques, les granits et les roches feldspathiques massives, les roches schisteuses, les roches calcaires pour la construction, les roches arénacées et les pierres à meules et à aiguiser.

Pierres lithographiques. — On fait un commerce assez restreint des calcaires lithographiques de Bassano. On trouve cependant que le *Biancone*, d'Arco, près du lac de Garda, offre une compacité et une homogénéité de grain semblable à celles des pierres bavaroises. Il y a d'ailleurs des variétés d'Alberèse, de Pérouse, qui paraissent excellentes aussi. On a réuni dans la collection du MUSÉE ROYAL DE FLORENCE les calcaires lithographiques dont les noms suivent :

1. Biancone, province de Trento.
2. Alberèse — de Toscane.
3. Pierre blanche, province d'Urbino.
4. Macutriata — —

5. Pierre lithographique, province de Bassano, 1re qualité.
6. Idem, 2e qualité.

Albâtres. — Le sulfate de chaux peut devenir en quelques circonstances une roche d'ornementation, dont l'industrie profite aussi bien qu'elle profite du plâtre ordinaire stratifié pour faire des ciments excellents. L'Anhydrite silicifère ou Vulpinite, qu'on appelle aussi Bardiglione du Bergamasque, est travaillée sur une grande échelle et destinée, en Lombardie, à divers usages, en remplacement du marbre. Le sulfate de chaux, hydraté par une action spéciale de métamorphisme, reproduit souvent quelques conditions du marbre. Épuré des matières étrangères, il prend une structure saccharoïde, et il est très-blanc, ou présente de belles teintes d'une translucidité charmante. Tels sont les albâtres célèbres de Volterra en Toscane. Le prix de l'albâtre d'un beau blanc, à Florence, est de 700 francs le mètre cube. Il est très-difficile de trouver des morceaux de cette dimension, puisqu'on l'extrait en forme de gros sphéroïdes ou de rognons arrondis, qui varient d'un demi-mètre à un mètre de diamètre. L'usage est donc de les vendre à la palme, ou, mieux encore, au poids.

Le plus bel albâtre blanc vient de la vallée du Mormolaio, près de la Castellina; on l'extrait d'un gros banc de plus de trois mètres, composé de marnes grisâtres, de cristaux de gypse, et de sphéroïdes alabastrins. Suivant l'ordre du mérite et de l'importance, après les albâtres blancs viennent les albâtres agatisés, très-remarquables par leurs belles teintes tournées au rougeâtre et par leur translucidité extraordinaire.

On ne peut pas colorer artificiellement les albâtres agatisés, tandis que dans les autres on obtient des couleurs d'effet, et particulièrement des couleurs jaunes et foncées, par l'action du feu, avec des procédés depuis longtemps en pratique. Il faut modérer la température à laquelle on les expose pour avoir les couleurs foncées; mais la coloration en jaune exige que l'opération soit prolongée.

L'industrie des albâtres est une branche de commerce très-productive. On en fait une grande exportation à l'état brut, et l'on en travaille beaucoup dans le pays, particulièrement pour des modèles de statues et de monuments nationaux, qui sont presque tous expédiés à l'étranger. Le travail de l'albâtre n'est pas difficile; il exige pourtant de la pratique, si on veut lui donner le poli et la transparence, en lui enlevant le *morto*, comme disent les albâtriers, laissé par le fer. On obtient ce fini en plongeant convenablement le travail terminé dans l'eau bouillante.

Roches granitiques et autres. — Le granite est travaillé dans la haute Italie et en plusieurs endroits de l'Italie méridionale. On l'emploie en grand à Pallanza, sous forme de granit commun, et à Baveno, sous forme de syénite; des centaines d'ouvriers y sont occupés, et plusieurs milliers de mètres cubes, représentant une valeur d'environ 400,000 francs, y sont annuellement livrés au commerce. Dans la collection disposée par les soins du Musée de Florence se trouvent deux échantillons remarquables, l'un extrait des carrières de M. Fedele de Giuli, et l'autre, de Baveno, provenant de l'exploitation de M. Luigi Adami. Ces granits, en raison de leur haut prix et de leur bel effet, servent pour l'ornementation proprement dite. Les quatre-vingt-deux colonnes et les huit pilastres qui ont été employés dans la construction de l'église Saint-Paul, à Rome, sortent des carrières de Monte-Orsano, ainsi que la grande colonne du monument de la Vierge de la Paix, à Naples. Les granits exploités en Sardaigne sont représentés par quelques échantillons de la collection; ils ont été envoyés par la Commission de Tempio.

Dans les îles d'Elbe, de Giglio, de Monte-Cristo se trouve un granit tertiaire tourmalinifère, qu'on rencontre aussi en Toscane.

On en peut avoir des blocs et des colonnes de toute dimension, qui sont du plus bel effet, mais malheureusement encore fort peu employés. Les échantillons exposés proviennent de la collection de l'île d'Elbe, envoyée par Madame la marquise de Boissy, et du Musée royal de Florence.

Les roches d'éruptions, ainsi que d'autres roches métamorphiques ou sédimentaires, sont employées pour les usages ordinaires des bâtiments, partout où elles sont abondantes et d'une facile extraction. C'est ainsi que, dans les diverses provinces italiennes, on voit en usage le trachyte, le basalte, les laves, les tufs volcaniques, les péperines.

On profite, en quelques districts de l'Italie du Nord, de la propriété que possède une espèce de phonolyte, de pouvoir se diviser en plaques minces, pour l'employer à la couverture des toits, à la manière des ardoises, auxquelles on la préfère, parce qu'elle résiste mieux à l'eau et à la gelée, et parce qu'elle coûte moins cher.

Toutes ces roches sont représentées par les échantillons de diverses provinces.

Pierres à meules et à aiguiser. — Quelques anagénites, l'euphotide à gros grains, une espèce de grès éocène aussi à gros grains, quelques brèches serpentineuses, sont les roches qu'on emploie principalement pour les meules. En plusieurs endroits, l'on trouve de bonnes pierres à aiguiser : les plus connues sont celles que fournissent les schistes bigarrés des Alpes Apuanes; elles alimentent à la Spezia une industrie assez importante. Dans la collection exposée par l'Italie, on peut voir six pierres à rasoir en différents états de préparation. Elles se vendent, au lieu de production, 50 centimes et au delà, en raison de leurs dimensions et de leur qualité.

La *Médaille* a été décernée au Musée royal de Florence.

M. COCCHI, professeur de géologie a Florence (Italie). — L'exposition de M. le professeur Cocchi consiste en un tableau du profil des chaînes orientales et occidentales du golfe de la Spezia, et en une collection géologique pour servir à l'étude des différentes couches qui la composent.

Le but de ces travaux, entrepris depuis l'année 1858 et encore inachevés, est d'éclairer quelques points importants et controversés de la constitution du sol de ces contrées, et de jeter un jour nouveau sur une grande partie de l'histoire géologique de la Toscane.

Les deux chaînes dont il s'agit ici sont comme deux ondulations extrêmes de l'ellipsoïde des Alpes Apuanes, et appartiennent à la chaîne dite métallifère de la Toscane.

Le professeur G. Cappellini, qui depuis sept ans s'occupe de l'étude de la Spezia, a publié, dans le *Recueil de l'Académie des sciences de Bologne*, plusieurs Mémoires très-intéressants qui ont opéré un changement radical dans la classification des terrains attribués jadis au crétacé inférieur. (Voir le *Bulletin de la Société géologique de France*, série 2, vol. XIII, chap. IV.)

54 échantillons représentent la série des roches composant les terrains secondaires qui constituent surtout la chaîne occidentale, dans leur ordre de superposition et suivant une section du golfe à la mer. Parmi eux on remarque le célèbre marbre *Portoro* ou *Porto-Venere*, et des dolomies très-caractéristiques.

MONTE-ALTISSIMO (Société anonyme du), a Florence (Italie). — Les envois de la Société du Monte-Altissimo comprennent les objets suivants :

Marbre statuaire de Falcovaia (Serravezza,
    1ᵉ qualité).
Bloc de marbre, 2ᵉ qualité.
Bloc de marbre ordinaire.
Marbre blanc clair de la Polla, 1ʳᵉ qualité.

Marbre blanc clair de la Polla, 2ᵉ qualité.
Marbre blanc clair ordinaire de la Polla.
Marbre rouge de Terrarossa en Garfagnana
    (Castelnuovo).

Les marbres de la Société du Monte-Altissimo sont tous d'une grande valeur. Le statuaire de Falcovaia, selon l'opinion générale, n'a pas son pareil. Les carrières du Monte-Altissimo ont été mises en activité par Michel-Ange, auquel elles ont fourni les marbres pour quelques-unes de ses œuvres. De nos jours leurs produits sont employés par MM. Pampaloni, Dupré, Fedi, Fantacchiotti, Bartolini, Powers, Fuller et bien d'autres artistes pour les sculptures. Elles ont, nous l'avons dit, fourni des marbres pour l'église de Saint-Isaac à Saint-Pétersbourg, et actuellement on en exploite pour la façade du Panthéon italien et l'église Santa-Croce à Florence. Ces carrières donnent de 5,000 à 6,000 tonnes chaque année, en blocs de toute dimension, qui, arrivés au fond de la pente, qu'ils parcourent en roulant de la carrière au pied de la montagne, sont divisés pour en faciliter le transport. Le plus grand commerce de ces marbres se fait avec Londres et New-York. On y emploie de cent à cent cinquante ouvriers. — *Médaille.*

M. MAFFEI (Nicolas), a Volterre (Italie). — Cette exposition consiste en cheminées et en tables de brèche calcaire.

La factorerie de Monte-Rufoli, de M. Maffei, est célèbre par l'importance et l'abondance de ses produits minéraux, et particulièrement des calcédoines, qui sont très-belles. Les objets exposés à Londres donnent une idée de la beauté des brèches calcaires. On trouve à Livourne des blocs de ces brèches calcaires à des prix très-modérés. — *Médaille.*

MM. GUERRA Frères, a Massa-Carrare (Italie), présentent des articles en marbre dont ils indiquent le prix, ce sont :

Une grande colonne.	265 fr.	Une grande fontaine à trois vasques.	1,200 fr.
Petites colonnes pour balustrades.	12	*Id.* plus petite.	650
Id. avec ornements.	14	Une cheminée de marbre blanc.	1,280
Deux vasques pour jardins.	80	Une table de Brescia persichino.	450
Un piédestal.	120	Une table de marbre mischio sanguigno dei Zucchi Rossi.	750
Deux tubes.	160		
Deux vasques plus petites.	90	*Id.* avec pied de marbre de Nido al Corvo.	1,150
Id. de marbre mélangé (mischio), chacune.	225		

Cette exposition est une nouvelle preuve de la beauté des marbres des carrières de MM. Guerra et de l'importance de leurs usines. L'application de la scie circulaire est due entièrement au comte Paul-Pierre Guerra, très-expert dans la production et le travail des marbres.

La pièce la plus saillante de l'exposition de MM. Guerra est sans contredit la table de marbre mischio sanguigno dei Zucchi Rossi. Malgré son épaisseur, elle est transparente comme de l'onyx; les arborisations les plus originales, les plus extraordinaires, s'y croisent en guirlandes, en rosaces, en arabesques merveilleuses. La calcédoine, le manganèse, et toutes les curiosités minéralogiques semblent s'être réunies pour faire de ce bloc un chef-d'œuvre de la nature et de l'art. — *Médaille.*

M. A. J. SANTINI, a Serravezza, Lucques (Italie). — Du marbre statuaire de 1ʳᵉ et de 2ᵉ qualité, du marbre blanc clair et du calcaire ostrélithique ont été exposés par M. Santini de Serravezza, qu'il faut compter parmi les plus intelligents et les plus actifs entrepreneurs de l'exploitation des carrières de marbre. Les siennes, placées dans la partie la plus profonde des montagnes de Serravezza, donnent

I.

8

d'excellents produits en marbres statuaires de 1re qualité, et pourront offrir une grande ressource au commerce, si l'on construit de bons chemins sur les lieux. — *Médaille.*

LE PRINCE ALBANI, A PESARO (ITALIE). — L'exposition du prince ALBANI se compose de beaux minerais de soufre.

La quantité de soufre livrée aujourd'hui au commerce par les mines de l'Italie est de 300,000 tonnes par an, dont la valeur à l'état brut atteint 30 millions de francs. En 1830, la production du soufre n'atteignait pas le dixième de ce produit. La plus grande partie vient de Sicile; les Romagnes en fournissent environ 8,000 tonnes.

Une amélioration très-importante dans la séparation du soufre d'avec le calcaire qui l'accompagne a été introduite en Sicile depuis plus de dix ans.

Le soufre est toujours séparé de sa gangue par une liquéfaction produite par la chaleur que développe la combustion d'une partie du minerai; mais cette opération, au lieu de se faire, comme auparavant, dans de petits fourneaux cylindriques ouverts (*calcarelle*), se fait maintenant dans des appareils (*calcaroni*) qui ont un volume quatre cents fois plus considérable; ils sont semblables aux charbonnières, et entièrement revêtus, comme celles-ci, d'une couche de terre.

Cette innovation a de beaucoup diminué la perte de l'acide sulfureux et élevé sa production d'un cinquième. Les nouveaux tas peuvent être allumés à quelques mètres des habitations et des terrains cultivés, tandis que les anciens fourneaux ouverts devaient en être éloignés de plusieurs kilomètres; ils peuvent être allumés impunément en toute saison, et il n'est plus nécessaire de tenir en réserve de grandes quantités de minerai pour le purifier à certaines époques de l'année; enfin cette industrie, de meurtrière qu'elle était pour ceux qui s'en occupaient, est devenue aujourd'hui à peu près sans danger.

Le soufre brut est un important objet de commerce avec l'étranger, où il sert de base à des industries considérables, qui, il faut l'espérer, se développeront en Italie avec le temps. — *Médaille.*

SOCIÉTÉ DES MINES DE SOUFRE DES ROMAGNES, A BOLOGNE (ITALIE). — Du soufre brut obtenu par la fusion du minerai, du soufre raffiné obtenu du soufre brut, du soufre en canons et du soufre sublimé (fleurs de soufre pour usages médicinaux), tels sont les objets de cet envoi.

Les mines de la Société sont au nombre de huit, savoir : cinq dans le pays de Césena (province de Forli, dans les Romagnes), et trois au mont Feltre (provinces d'Urbino et de Pesaro, dans les Marches).

Les premières sont celles de Firmignano, Luzzena, Fosso, Busca, Montemauro; les secondes, celles de Perticara, Marazzana, Montecchio. Les plus importantes sont Perticara, Marazzana et Firmignano.

Le soufre raffiné s'exporte principalement de Rimini, où il existe un établissement de raffinage, dans les principaux centres de consommation, comme Venise, Trieste, Ancône, et en Lombardie, en Toscane, à Rome. Le soufre raffiné est employé surtout pour les manufactures, la fabrication des acides, et depuis quelques années pour le soufrage de la vigne.

La société produit en moyenne, chaque année, huit millions de kilogrammes de soufre raffiné.

Les avantages principaux du soufre exposé (qui est identique à celui qu'on met dans le commerce) sont : sa qualité chimique jugée supérieure à celle du soufre de Sicile, et sa parfaite propreté, résultant d'un raffinage opéré d'après les meilleurs systèmes connus. Le prix commercial du soufre est en voie d'augmentation progressive; voici son prix actuel, soit à bord des navires dans les ports de Rimini et de Cesenatico, soit à la gare des chemins de fer de Rimini et de Cesena : Soufre raffiné en pains, 21 francs le quintal métrique; soufre raffiné en bâtons, 25 francs le quintal métrique. — *Médaille.*

PORTUGAL. — M. J. B. DEJEANT, A LISBONNE. — Le Portugal renferme de nombreux gisements de marbre, les Romains les ont longtemps exploités, et l'on en retrouve encore des restes dans les monuments de Rome. Cependant, cette industrie avait fini par se perdre en Portugal, et dans les premières années de ce siècle, on n'y comptait qu'un très-petit nombre de carrières en exploitation.

M. J. B. DEJEANT est un Français, qui, à la suite des événements de 1815, s'expatria et fut se fixer à Lisbonne, où il créa une usine importante pour le sciage des bois et des marbres; c'est à lui que l'on doit le nouvel essor donné à l'exploitation des marbres en Portugal.

Par leur beauté, et généralement par la modicité de leur prix, les marbres de Portugal méritent une étude toute particulière. Grâce aux excellents renseignements qu'a bien voulu nous fournir M. J. A. C. Das neves Cabral, membre de la Commission portugaise, nous la ferons aussi complète que possible.

Les échantillons de marbres envoyés par divers exposants et provenant de localités diverses sont au nombre de 84.

Des marbres blancs, tigrés, blancs à taches jaunes, et violet foncé, provenant du district d'Evora, sont envoyés par M. João Ferreira Braga.

La province d'Alemtejo, à laquelle appartient le district d'Evora, contient de très-importantes carrières de marbres, qui sont comprises dans le terrain silurien inférieur. Les plus connues sont celles de Villa-Viçoza, Borba, Estremôz, de la serra de Vianna ; celles comprises entre Portel et Pedrogão, près de la rivière Guadiana, dans lesquelles on rencontre des échantillons magnifiques de marbre blanc semblable à celui de Carrare, puis celles de la serra de Ficalhio, et enfin la carrière du mont du Saint-Louis, près de Montemôr. L'exploitation de ces carrières n'est ni régulière ni active : la grande distance de la plupart au port de Lisbonne ou au Tage, et, en général, le mauvais état des routes en sont les causes. Mais ces conditions commencent à changer et changeront entièrement, lorsque les chemins de fer de l'Est et du Sud qui traversent cette province seront finis. L'exploitation de quelques-unes de ces carrières deviendra dès lors très-facile.

M. Alexandre D. José Botelho présente un marbre blanc à grain fin, provenant de Monte de San-Luiz, commune de Montemôr o Novo. On trouve dans ces carrières des échantillons de même qualité, mais jamais de grande dimension.

De la même commune de Montemôr o Novo vient aussi un marbre blanc à gros grains, envoyé par M. Germano Jose de Salles. Ce marbre est très-commun dans les carrières de Montemôr, et l'on peut en obtenir des pièces de dimensions considérables. Le mètre cube livré à Lisbonne coûte 209 fr. 75 c.

M. l'Inspecteur des mines du deuxième district a fourni du marbre blanc, vert, blanc à veines bleues, cendré et rougeâtre, provenant des environs d'Estremôz et de divers autres points de la zone qui comprend Villa-Viçoza, Borba, Estremôz et Serra de Souzel. Les prix sont encore très-élevés, par suite de la difficulté des transports. Ils valent de 200 à 350 fr. le mètre cube, rendu au port de Lisbonne.

La commission du district de Coimbre expose plusieurs échantillons : 1° un marbre rose provenant de la mine d'Arneiro, commune de Maiorca, district de Coïmbre, qui appartient au oolithe moyen. La carrière est très-abondante, et l'on en extrait des blocs de 3 mètres de longueur sur 1 mètre de large. Le prix à la carrière est de 31 fr. 65 c. le mètre cube, et la distance au point d'embarquement, qui est Figueira, est de 8 kilomètres ; 2° un marbre gris tacheté, de la carrière de Sazes, même district, qui fait partie de la formation moyenne du terrain silurien. On peut obtenir des blocs de 5 mètres de longueur et 1 mètre de largeur. La distance au port de Figueira est de 55 kilomètres. Prix du mètre cube à la carrière : 55 fr. 65 c.; 3° un autre, tacheté violet et jaune, de la carrière de Sangradão, dont on peut obtenir des morceaux considérables, qui vaut à la carrière 47 fr. 50 c. La distance de Mondego est de 11 kilomètres. Enfin, un marbre rubané, provenant de Lagarteira, carrière très-abondante d'où les gros blocs sont faciles à extraire. Le prix sur place est de 27 fr. 50 c. le mètre cube.

Un échantillon de marbre violet foncé, qui appartient à M. Joaquim Urbano Peres, vient également de Lagarteira.

Un marbre rose d'Opea, commune et district de Leiria, exposé par la commission du district, vaut sur place 44 fr. le mètre cube. La distance au point d'embarquement (San-Martinho) est de 40 kilomètres.

M. João Pereira, de Peniche, même district, présente un marbre ordinaire dont le prix de revient, vu le peu de distance du point d'embarquement, est des plus minimes.

Les carrières de Santa-Cruz de Tojal, commune d'Olivaes, district de Lisboa, sont très-abondantes, et on en extrait des blocs énormes du marbre coquillier dont M. Germano Jose de Salles a fourni l'échantillon. La distance au point d'embarquement (port de Lisbonne) est de 15 kilomètres. Sur place, le prix du mètre cube est de 125 fr.

Comme provenance du district de Lisbonne, on doit également à M. DE SALLES un marbre rose de la carrière de Currasqueira, où l'on peut se procurer des blocs considérables. Prix : 156 fr. 65 c., rendu à Lisbonne.

Un autre, gris bleuâtre, de Cintra. Mêmes conditions d'extraction, même prix.

Un marbre noir, encore au même prix.

Enfin, un marbre des carrières de Serra, brèche d'Arrabida, commune de Cesimbra, qui s'extrait aussi en grosses pièces, mais dont le prix, vu le mauvais état des chemins, est à Lisbonne de 206 fr. 80 c.

LA COMMISSION DU DISTRICT DE PORTALEGRE a un marbre rubané, extrait à Varginha, commune de Campo-Maior. Les carrières de ce marbre, qui appartient au silurien inférieur, ne sont pas très-éloignées du chemin de fer de l'Est. Cette circonstance en rend l'exploitation avantageuse, bien qu'il ne soit pas de très-bonne qualité, et surtout ne puisse pas recevoir un beau poli. LA COMMISSION DU DISTRICT DE PORTALEGRE a aussi un marbre à veines noires, de Malessa, commune d'Elvas, et un gris d'Agodinha, commune de Campo-Maior, dont les prix ne sont pas indiqués.

Cette magnifique collection de marbres est complétée par 42 échantillons, envoyés par M. DEJEANT. Il suffit d'en énumérer les couleurs pour en faire apprécier toute la richesse :

Blanc et rose.	Jaune lilas.
Violet clair.	Lilas jaune.
Jaune vif et pourpre.	Bleu à veine blanche.
Noir veiné blanc.	Jaune lilas foncé.
Jaune violet.	Brèche fond chocolat.
Violet taché de jaune.	Bleu et blanc à grandes veines.
Racine de bois.	Jaune veiné.
Brèche jaunâtre.	Blanc, taches jaunes orangées.
Brèche foncée.	Rouge, taches blanches.
Blanc à grandes veines bleues.	Rose à petites taches.
Tigre violet.	Veiné.
Blanc à veines bleues.	Bleu cendré.
Jaune orange, veiné bleu.	Rouge, à taches jaunes.
Rose rubané vert.	Jaunâtre veiné.
Rouge mélangé.	Jaunâtre coquillier.
Jaune clair, veiné rouge.	Rouge foncé, taches jaunes (transparent).
Jaune, veiné rose.	Jaune pâle, taches rouges (transparent).
Jaune orange veiné.	Blanc (transparent).
Jaune uni.	Bleu tigré.
Blanc, veiné jaune.	

Les carrières d'où proviennent ces échantillons sont situées aux environs de Lisbonne, à Cintra, à Serra d'Arrabida (au sud du Tage), dans les provinces d'Alemtejo et les Algarves.

Les carrières de marbres que l'on exploite le plus activement sont celles de Tojal, à deux lieues de Lisbonne, de Cintra et d'Arrabida. L'exportation de ces marbres bruts ou façonnés se fait surtout pour le Brésil, pour l'Amérique du Nord et pour l'Angleterre.

Les carrières de la province d'Alemtejo peuvent donner une quantité énorme de marbres infiniment variés, et quelques-uns d'une grande beauté; mais le développement de son exploitation dépend entièrement des voies de communication qu'on tâche maintenant d'accomplir.

Quoi qu'il en soit, la plupart des marbres de l'Estramadure et d'Alemtejo se livrent à Paris à des conditions bien plus avantageuses que ceux que l'on tire de la Belgique.

Quant à l'importante usine de M. DEJEANT, à Lisbonne, elle produit annuellement pour une valeur considérable de marbres, dont le travail ne laisse rien à désirer. — *Médaille*.

M. J. A. DOS SANTOS, A LISBONNE (PORTUGAL), expose également des marbres gris et bleuâtres, de Cintra; des roses de Carrasqueira; des noirs de Mem-Martins; des marbres bruns d'Arrabida, commune de Cezimbra, et grisâtres de Cintra, qui tous s'obtiennent en blocs de grande dimension, et reviennent à Lisbonne à 156 fr. 65 c. — *Mention honorable*.

LA COMMISSION DU DISTRICT DE COIMBRE (PORTUGAL), M. l'INSPECTEUR DES MINES DU DEUXIÈME DISTRICT, M. JOSE DE SALLES et M. DEJEANT, présentent des pierres lithographiques.

Celles de la COMMISSION DU DISTRICT DE COÏMBRE proviennent des carrières de Povoa, commune de Coudeixa, situées à 3 kilomètres de Mondego. Celles de M. JOSE DE SALLES sont extraites des carrières de Serra d'Arrabida, commune de Cezimbra, district de Lisbonne. Cette carrière appartient au terrain oolithique moyen, et les pierres de grande dimension sont difficiles à trouver. Le mètre cube vaut à Lisbonne 208 fr. 85 c. Enfin, celles de M. l'INSPECTEUR DES MINES DU DEUXIÈME DISTRICT sont extraites des carrières de Santa-Clara, commune de Coïmbre. M. DEJEANT n'a pas désigné non plus la situation du gîte d'où proviennent ses échantillons de pierres lithographiques. Il en a seulement indiqué le prix qui est de 32 fr. 80 c.

LA COMMISSION DU DISTRICT DE COIMBRE expose aussi 10 échantillons de calcaire. Le premier provient des carrières de Condeixa, à Velha, commune de Condeixa, district de Coïmbre. Cette carrière est très-importante, et on y trouve des blocs de grandes dimensions. La distance à Mondego (rive gauche) est de 12 kilomètres; et le prix du mètre cube, 26 fr. 40 cent.

Le second échantillon vient de la carrière d'Ançan, commune de Cantanhede.

Le troisième, de celle de Boiça, même commune. Ces carrières appartiennent au terrain oolithique moyen; elles sont très-riches et ont une grande étendue. On peut en extraire des blocs considérables.

La taille de ce calcaire est très-facile. Il sert à l'ornementation, mais il s'altère au dehors. Le mètre cube vaut 25 fr. 75 c., et la distance à Figueira (port de mer) est de 29 kilomètres.

Le quatrième provient de Cova do Zambjaal, commune de Coïmbre, mais n'a pas d'application comme pierre de taille.

Le cinquième vient de Pena, commune de Cantanhede. La carrière appartient au terrain oolithique moyen. Elle peut donner des blocs de trois mètres de longueur sur 1^m.05 de largeur et 0^m.85 d'épaisseur. Ce calcaire résiste bien à l'action des agents atmosphériques. Prix du mètre cube : 24 fr. 75 c. Distance au port de mer (Figueira), 30 kilomètres.

Le sixième provient de la Serra d'Ilhastro, commune de Coïmbre. Ce calcaire est employé dans toutes les constructions comme pierre de taille. Il donne un bon résultat, parce qu'il résiste bien à l'action du temps. On peut obtenir des blocs de trois mètres de long sur 1^m.10 de large et 0^m.44 d'épaisseur. Le prix du mètre cube sur place est de 25 fr. 75 c., et la distance au port de mer (Figueira) de 47 kilomètres.

Le septième est extrait de Monte-Bordalo, même commune. Il présente des qualités analogues à celles du précédent. Mais on peut dans cette carrière obtenir des pierres d'une longueur de quatre mètres sur un mètre de largeur et 0^m.05 d'épaisseur. Prix du mètre cube : 23 fr. 65 c. Distance au point d'embarquement (à Figueira), 42 kilomètres.

Le huitième vient de Condeixa; il s'emploie pour l'empierrement des routes macadamisées, et comme moellon dans les ouvrages d'art, surtout lorsqu'ils sont construits sur des terrains humides. Sa distance de Mondego est de 10 kilomètres. Le prix du mètre cube sur place est de 10 fr. 50 c. Ce calcaire est de formation quaternaire lacustre.

Le neuvième et le dixième échantillon sont de la meulière. Avec le numéro neuf on fait des meules pour moudre le blé, dont le prix, pour la paire, est de 32 fr. 25 c. Avec le numéro dix on ne fait que des meules pour moudre le maïs. Le prix en est le même.

M. Constantino d'Almeida et Souza, expose également des grès provenant de la Serra d'Atalhada, commune de Penacova. Ils appartiennent au terrain néocomien et sont employés comme pierres de taille dans les constructions, quand ils sont plus tendres. On les emploie également avec avantage pour faire des meules de moulin, et c'est la principale application qu'on leur donne. Les carrières sont à peu de distance de Mondego, et l'on vend 33 fr. la paire de meules d'un mètre de diamètre. La Commission du district de Coïmbre a aussi des ardoises extraites à Pampilhosa, où l'on en obtient d'une dimension considérable; mais le transport en est difficile et fort cher. — *Médaille.*

MM. JOÃO PEREIRA, de Peniche, et FIDIÉ (A. M. d'A. G.), de Carapito (Portugal), exposent du calcaire (pierre de taille). L'échantillon de M. Pereira provient de Peniche, district de Leiria, et son prix est de 5 fr. 50 c. Ceux de M. Fida proviennent : l'un, de Carapito, commune de Tavira, district de Faro, valant, au point d'embarquement, 50 fr.; l'autre, venant de Poço do Pereiro, et valant, dans les mêmes conditions, 37 fr. 50 c.

M. G. J. DE SALLES, a Lisbonne (Portugal). — La pierre calcaire est également une des richesses minéralogiques du Portugal. M. G. J. de Salles en a envoyé à Londres divers spécimens d'emploi, dont chacun est accompagné de l'indication de son prix rendu à Lisbonne. Les échantillons sont au nombre de 15. En voici la désignation.

		Prix à Lisbonne.		
1°	Un bloc à calcaire taillé.	5 fr.	50 c.	le mètre courant.
2°	Arc.	5	50	—
3°	Marche d'escalier.	12	80	—
4°	Entablement.	12	80	—
5°	Frise.	9	55	—
6°	Corniche.	65	50	—
7°	Taillé.	15	70	—
8°	Balustre.	16	65	—
9°	Petite corniche.	13	85	—
10°	Dalle.	15	60	le mètre carré.
11°	Calcaire taillé.	3	10	le mètre courant.
12°	Dalle.	8	30	—
13°	Calcaire (lias).	105	50	le mètre cube.
14°	Calcaire mortier.	23	30	—
15°	Pierre de taille.	6	25	—

Les dix premiers échantillons proviennent de Pero Pinheiro, commune de Cintra, district de Lisbonne. Ils appartiennent à la formation des calcaires à Rodistes, qui constituent à Pero Penheiro et à Carrasqueira des carrières très-importantes et en exploitation active. Les numéros 11 et 12 proviennent des carrières de Villa Verde e Cabris, du district de Lisbonne. Le numéro 13 est extrait des carrières de Carrasqueira, dont la pierre est ordinairement employée dans la statuaire, et a un grand débouché dans le pays même et une exportation considérable au Brésil. Le numéro 14 provient de Pero Penheiro, et le numéro 15 des carrières de Paredes, commune d'Oeiras. Cette dernière pierre, vu son bas prix et son extrême dureté, s'emploie comme parement dans les murs des quais, et comme pierre de taille dans toutes les constructions. Le prix du mètre courant pour parement de quais et taillé est de 9 fr. 45 c., et celui du mètre cube brut de 36 fr. 25 c. Cette intéressante exposition contient aussi des marbres et des pierres lithographiques dont nous avons parlé plus haut. — *Médaille.*

M. LE VICOMTE DE VILLA MAIOR, a Lisbonne (Portugal). — M. le vicomte de Villa Maior, Commissaire général du gouvernement portugais à l'Exposition, a envoyé un beau spécimen de sulfate de baryte, provenant de Morena, district de Deja. Ce sulfate de baryte est la gangue de plusieurs filons de plomb, mais on trouve parfois ce minéral dans la province d'Alemtejo, sous la forme de filons qui ont quelquefois un mètre de puissance.

M. L'INSPECTEUR DES TRAVAUX PUBLICS DES AÇORES, a Lisbonne (Portugal). — La pouzzolane, dont M. Blanc, l'inspecteur des travaux publics des Açores a envoyé un fort bel échantillon, est en Portugal désignée sous le nom de massapez. Cet échantillon provient de l'île de San-Miguel.

Cette pouzzolane est le meilleur et le plus abondant de tous les produits volcaniques qu'on trouve dans l'Archipel des Açores et qu'on emploie dans les travaux hydrauliques. Les bonnes qualités qui la rendent recommandable ont été démontrées par les excellents résultats de son emploi dans les travaux hydrauliques de l'Archipel et du continent du Portugal, et par des expériences faites, en 1859, à l'École impériale des ponts et chaussées de Paris, où elle a été jugée comparable aux meilleures pouzzolanes.

Dernièrement M. l'inspecteur des travaux publics des îles des Açores a fait des expériences sur plusieurs qualités de pouzzolanes, et il a aussi conclu que le *massapez* est la meilleure de toutes les pouzzolanes de l'Archipel.

Le dosage, pour les mortiers, est de trois de pouzzolane et un de chaux de Lisbonne.

PRUSSE. — M. LANDAU, a Coblentz. — A défaut de pierre meulière, on fait usage dans certaines parties de l'Allemagne de roches volcaniques poreuses, dont quelques-unes ont des qualités requises pour la meunerie courante.

Les meules exposées par la maison Landau, de Coblentz, sont en lave et d'une seule pièce ; la taille en est irréprochable.

M. Landau, lors de l'Exposition de 1855, a reçu une médaille de première classe. — *Médaille.*

ZOLLVEREIN. — INSPECTION DES MINES ET SALINES DE STASSFURTH, près Magdebourg. — Les couches de sel trouvées récemment à Magdebourg promettent de donner bientôt des résultats considérables.

La masse en exploitation est aujourd'hui d'environ 30 mètres d'épaisseur. Au-dessus de la couche de sel gemme on rencontre d'excellents sels de potasse (carnallite). En 1858, une couche salifère du même ordre a été trouvée dans le duché d'Anhalt-Coethen.

La saline de Stassfurth occupe en moyenne 180 ouvriers ; elle a produit en 1860 :

> 661,511 cwt.[1] de sel commun.
> 10,464 — de cristal de sel.
> 6,543 — de sel de potasse.

L'exposition de l'Inspection des mines de Stassfurth se compose d'un spécimen de sel en roche, d'une pyramide de sel cristallisé, de fins grains de sel également en cristaux, de moyens grains de sel cristallisé, de gros grains de sel cristallisé, de sel préparé pour la salaison du hareng, de sel pour les travaux chimiques, de sel mélangé avec des oxydes de fer et enfin de carnallite, de kiéserite et de boracite. — *Médaille.*

RUSSIE. — CABINET DE SA MAJESTÉ IMPÉRIALE L'EMPEREUR DE RUSSIE. — Les carrières de l'Altaï, de l'Oural, de Ruscol et de Tivdine fournissent à la Russie les marbres les plus beaux et les plus divers.

175 échantillons sont présentés au nom du Cabinet de Sa Majesté. Tous sont polis, uniformes de grandeur et disposés de manière à ce que d'un seul coup d'œil on puisse saisir les trois grandes divisions

[1] Le *cwentum* équivaut à 50 kilogr. 802 gr.

de ce beau groupe de carbonates de chaux. Ce sont d'abord les calcaires lamellaires, tels que le marbre de Paros; les calcaires saccharoïdes, comme les marbres de Carrare; et enfin les calcaires sublamellaires qui comprennent toute la série des marbres veinés.

Au milieu de cette belle collection on rencontre des spécimens de jaspe, de quartz et de porphyre remarquables par leur teinte, leurs veines et leur pictage, et auxquels le polissage a donné le plus admirable aspect.

On doit savoir gré au DIRECTEUR DU CABINET DE SA MAJESTÉ IMPÉRIALE d'une collection qui résume une des plus grandes parties de la minéralogie industrielle de la Russie.

La *Médaille*, bien justement méritée, a été accordée à cette riche collection.

M. J. P. ALIBERT, A IRKOUTSK, SIBÉRIE ORIENTALE (RUSSIE). — Dans l'immense galerie qui relie les deux dômes, le public s'arrête avec étonnement devant des trophées composés de graphite brut, de graphite ouvré et sculpté, de néphrite ou jade, et d'une riche collection de martres zibelines remarquables surtout par la beauté et la rareté des teintes de leur fourrure. C'est l'exposition de M. Alibert.

Afin de ne pas sortir du cadre de la première classe, nous ne parlerons ici que du graphite et du néphrite, nous réservant de revenir sur les autres objets exposés, lors du compte rendu de la vingt-cinquième et de la vingt-huitième classe, dans lesquelles M. Alibert a reçu deux médailles; l'une « pour sa précieuse et intéressante collection de martres zibelines russes, » l'autre « pour l'excellence des crayons faits avec le graphite naturel de Sibérie. »

Les échantillons de graphite sont réunis en deux trophées : le premier est composé de quatre groupes qui sont destinés par M. Alibert à sa gracieuse Majesté la Reine d'Angleterre, à Sa Majesté Napoléon III, au Conservatoire des Arts et Métiers de Paris et au British Museum. Le second, surmonté de trois beaux groupes offerts à la Russie, est formé de magnifiques collections destinées aux autres souve-rains de l'Europe. Rien de plus parfaitement conçu que cette exposition, qui n'est pas seulement inté-ressante au point de vue de la beauté des échantillons, mais bien aussi au point de vue de l'art avec lequel certaines pièces sont taillées : c'est le buste de l'empereur Alexandre II; des mains en graphite délicieusement sculptées, dont les doigts soutiennent des crayons; le buste du Cosaque Yermack et les armes du célèbre conquérant de la Sibérie ; puis des coupes, des cachets et mille riens admirablement disposés.

Et cependant qu'on ne s'imagine pas qu'un artiste habile a mis la main à ces différents objets; c'est tout simplement le résultat du travail d'ouvriers russes exilés, qui, sous la direction de M. Alibert, sont parvenus à produire de véritables petits chefs-d'œuvre.

L'exposition est accompagnée d'aquarelles représentant les vues de la mine et les travaux qui y sont effectués; de plans de ces travaux; de la coupe géologique de la montagne Batougol, à laquelle les géologues ont donné le nom de montagne Alibert, et enfin de la carte des contrées environnantes, sur laquelle sont indiqués les différents points dont l'exposant a exploré les mines.

Le graphite avec lequel on confectionne les crayons est encore désigné sous les noms de plombagine, de carbure de fer, et improprement sous celui de mine de plomb; c'est une substance d'un éclat mé-tallique gris de fer, douce au toucher, tachant les doigts, pouvant facilement se rayer et se couper à l'aide d'un instrument tranchant.

On le rencontre dans la nature à l'état écailleux, schistoïde, compacte et terreux.

Le graphite est appliqué, dans l'industrie, à une foule d'usages : on en fabrique des creusets qui résistent aux feux les plus intenses ; il entre dans la composition des éléments des piles électriques, et l'industrie des crayons, à elle seule, en consomme des masses considérables.

Les spécimens présentés par M. Alibert appartiennent à la série des graphites compactes; ils provien-nent de la mine de Batougol (Sibérie), dont il est le propriétaire.

M. Alibert est Français. A un âge où peu d'hommes songent aux choses sérieuses, il s'expatria afin de s'occuper d'affaires commerciales et avec la pensée d'étudier les hautes questions métallurgiques, vers lesquelles son esprit était plus particulièrement entraîné. Grâce à d'incessantes recherches et à l'aide de ses connaissances géologiques, il trouva un jour, en 1846, dans ses explorations, l'affleurement d'un graphite amorphe d'une grande pureté.

Pour M. Alibert, cette découverte fut un trait de lumière; l'examen du minerai lui indiquait qu'il avait rencontré une veine de graphite vierge; il savait de plus que la mine de graphite de Borrowdale, dans le Cumberland (Angleterre), était épuisée; et, avec le courage d'un homme convaincu, sans considérer les immenses difficultés qui allaient se présenter pour arriver à un résultat fructueux, il se mit bravement à l'œuvre.

Les travaux exécutés consistent en un puits, qui n'a pas moins de 70 mètres de profondeur et au fond duquel on a pratiqué des galeries d'exploitation; ce puits, taillé en plein granit, a coûté des sommes énormes et un travail opiniâtre de quinze années.

Le filon a, selon l'appréciation des ingénieurs, une durée d'exploitation de plusieurs siècles. La mine est située sur le sommet du rocher Batougol, près des frontières de la Chine, à 400 kilomètres à l'ouest de la ville d'Irkoutsk, et à environ 2,500 mètres au-dessus du niveau de la mer; là où cesse pour ainsi dire toute végétation, même celle des lichens.

Rien de plus attachant que la lecture des rapports officiels, qui ont été rédigés par les ingénieurs russes sur l'exploitation de la mine de M. Alibert.

Les ouvriers sont payés et entretenus par l'exploitant; ils reçoivent chaque jour pour nourriture une livre et demie de viande, du pain à discrétion, du gruau, et, à sept heures du matin, du thé au lait. Chaque soir, les ouvriers de jour, qui sont remplacés par les travailleurs de nuit, remontent et regagnent leur habitation, située à proximité de la mine. A côté se trouve une chapelle dans laquelle, à de certaines époques, le prieur de Saint-Nill vient officier. Ce genre d'existence a réagi d'une manière heureuse sur la population de ces contrées sauvages; et à ce sujet voici comment s'exprime M. Raddé dans son ouvrage intitulé : *Notices contribuant à la connaissance de l'empire de Russie.*

« Les Soïotes (indigènes travailleurs) ont pour le propriétaire une vénération qui va jusqu'à l'ado-
« ration; ils voient en lui un de leurs esprits puissants, et croient avant toute chose que la prise de pos-
« session de ce point est cause que le gibier s'est éloigné, parce que le dieu de la chasse s'est irrité de
« la puissance du nouvel arrivé. »

Au milieu de ce désert, dont la température moyenne est en hiver de 13 degrés 55 au-dessous de zéro, au printemps de 1 degré 58 au-dessous de zéro, en été de 7 degrés 11 au-dessus de zéro, et en automne de 7 degrés 87 au-dessous, ce qui donne en moyenne pour l'année 3 degrés 97 Réaumur au-dessous de zéro, M. Alibert a créé des pâturages et un jardin potager. Mais, avant d'y arriver, il a fallu surmonter bien des difficultés, et surtout s'abriter des vents d'ouest, qui sont les plus pernicieux, aussi bien que des neiges.

Le travail exécuté à cet effet par M. Alibert est une des merveilles de son exploitation. Utilisant les granits et les rochers extraits de la mine, il a élevé, à l'ouest des travaux et des habitations, une muraille en pierre sèche, haute de 6 mètres 42 centimètres et épaisse de 5 mètres 35 centimètres, qui s'étend sur un espace de 50 sagènes (107 mètres). Cette muraille est destinée à protéger la mine contre les vents continuels d'automne, qui pourraient, sans une telle précaution, ensevelir dans la neige le propriétaire et ses constructions. Devant la muraille on a construit deux coupe-vent de 10 mètres 70 centimètres de hauteur sur 32 mètres 10 centimètres de longueur, sur l'angle aigu desquels les vents sont divisés et renvoyés le long du mur, en emportant les neiges, qui suivent alors la direction donnée, et vont se jeter dans les ravins voisins; par cette disposition ingénieuse, les habitants de la mine sont à l'abri des intempéries de l'atmosphère et au milieu de la tempête jouissent d'un calme parfait sur la cime même du rocher Batougol.

Le graphite, une fois extrait, est emballé dans des caisses de bois de cèdre, contenant chacune environ 100 kilogrammes.

Le transport ne peut se faire qu'en hiver, au moment où les rivières sont gelées. Le voyage est immense; car seulement de la mine au port Nikolaewski on ne compte pas moins de 4,000 kilomètres.

I.

De là le minerai continue sa route entre le Pacifique et l'Océan, et pour arriver chez M. Faber, à Nuremberg, où il est manufacturé, il franchit un espace qui, pour être parcouru, réclame deux années de voyage, de transbordements et de stations.

Il nous reste à parler du néphrite exposé.

Le néphrite ou jade est une substance minéralogique des plus remarquables, qui jusqu'ici n'avait été trouvée qu'en Chine. Cette roche est aussi précieuse au Chinois que la myrrhe et l'encens le sont à d'autres peuples; elle passe même pour avoir des vertus médicinales : de là le nom de néphrite, nom d'une maladie des reins, que quelques peuplades prétendent guérir à l'aide du minéral. Le néphrite, comme pierre précieuse, faisait partie autrefois des douze joyaux représentant les douze tribus d'Israël dans les colliers des grands rabbins israélites.

Le spécimen exposé par M. Alibert pèse 1,290 livres. Ce bloc merveilleux, qui n'a pas de pareil, a été trouvé près de la mine de graphite; autour de lui sont rangés des spécimens de ce même néphrite de différentes couleurs, dont plusieurs sont montés sur or et d'un excellent effet.

Les travaux de M. Alibert et les difficultés qu'il a dû surmonter pour arriver aux résultats obtenus ont attiré l'attention du gouvernement russe, et voici à ce sujet la lettre officielle qui lui a été adressée par le gouverneur général de la Sibérie orientale :

A M. J. P. Alibert, négociant de première classe de Tawasthus, de la part du Gouverneur général de la Sibérie orientale.

« Monsieur,

« L'exposition des beaux ouvrages exécutés avec le graphite de votre mine, exposition que j'ai examinée ces jours-ci avec beaucoup d'intérêt et une bien vive satisfaction, dans les salles de la Société impériale géographique, section de Sibérie, m'a rappelé toutes les circonstances de vos quinze années de pénibles travaux dans ce pays, ainsi que la fougueuse énergie que vous avez déployée pour atteindre à des résultats fructueux dans votre vaste entreprise de l'exploitation du graphite.

« Je me rappelle la série de difficultés et d'entraves qui semblaient devoir paralyser cette entreprise; mais votre noble persévérance, l'énergie admirable, l'ardente foi dans un meilleur avenir et la fermeté avec laquelle, combattant tous les obstacles, vous êtes parvenu aux résultats désirés, sont, en vérité, dignes d'estime et vous font grand honneur. Je vous félicite du fond du cœur, et je me réjouis sincèrement du succès de votre activité éclairée, qui, à cette heure, récompense si justement vos longs travaux.

« Je ne puis, en outre, m'empêcher de vous rendre pleine justice de ce que, pendant les quinze années de vos travaux dans la Sibérie orientale, vous avez toujours été signalé comme un bon citoyen utile au pays. — Tout en multipliant vos efforts tendant au développement de l'industrie, pour laquelle, avec une noble abnégation, vous avez sacrifié de longues années et supporté de pénibles labeurs, vous n'avez pas négligé de participer au soulagement de l'humanité dans la mesure de vos moyens.

« Je n'ignore pas le don que vous avez fait de 12,000 roubles assignats au profit des habitants de la ville de Troïtskosawk, ruinés par l'incendie de 1845; votre don à la salle d'asile d'Irkoutsk; l'offrande faite à l'église catholique de la même ville, et, plus récemment, à celle du village de Goloumetz, sans parler de vos actes de bienfaisance particuliers non moins connus de la société, et de votre empressement constant à contribuer à toute œuvre utile et charitable.

« Tous ces faits m'imposent, comme chef du pays, l'agréable devoir de vous exprimer, monsieur, ma sincère reconnaissance, et de vous prier de recevoir l'assurance de ma parfaite considération et de mon dévouement.

« *Signé* : Comte Nicolas Mouraview-Amourski. »

Irkoutsk, le 25 août 1860.

Le jury de la première classe a décerné la *Médaille* à M. ALIBERT « pour le mérite de ses travaux dans l'exploration de la mine du beau graphite d'Irkoutsk; son exposition de ce minerai, — et son splendide bloc de graphite. » Aucune récompense n'était mieux méritée.

M. SIDOROF, SIBÉRIE DE L'EST (RUSSIE). — Les échantillons de graphite exposés par M. SIDOROF proviennent d'une couche située près de la rivière Toongooska-Inférieure, à 493 kilomètres de Toorookhaush.

Cette couche fait partie des terrains schisteux et appartient à la formation cambrienne (terrain de transition inférieure).

Le graphite présenté par M. SIDOROF est désigné par les géologues sous le nom d'ampélite graphique, ou pierre noire des charpentiers; seulement son aspect est plus nacré, ce qui le rapproche de la plombagine.

De la même contrée, M. SIDOROF a envoyé des échantillons de houille, de minerais de fer, de sel gemme, d'huile de pétrole, d'alun, de résine fossile, d'ossements de mammouth et d'autres ossements silicifiés. — *Médaille.*

MM. LES HÉRITIERS PASHKOF, GOUVERNEMENT D'OREMBOURG (RUSSIE). — Cette exposition rentre dans le groupe des collections minéralogiques; elle se compose de spécimens de roches diverses, de sables, de pierres à chaux, de minerais de fer, de débris de fossiles tels que des ammonites et des bélemnites, de conglomérats, de pierres calcaires et d'albâtre.

Les héritiers Pashkof ont reçu la *Médaille.*

Le jury a également accordé la *Médaille* à MM.

ROYAUME-UNI. — BHIRLEY, DU DERBYSHIRE : Substances minérales pour ornementation. — HOLLAND ET Cⁱᵉ, DU CARNARVONSHIRE : Ardoises. — LA MARQUISE DE LONDONDERRY : Grès de Pensher pour constructions. — PEARCE, A TRURO : Serpentine. — QUILLIAM, de l'île de MAN : Échantillons de marbre de Man. — RHIWBRYFDIC SLATE ET Cⁱᵉ, A PORTMADOC : Ardoises. — SIM, A GLASCOW : Granit gris, brut et ouvré. — TURNER, CASSONS ET Cⁱᵉ, A PORTMADOC : Ardoises. — WRIGHT ET FILS : Variétés d'ardoises vertes.

CANADA. — TAYLOR, A : Échantillons de gypse.

NOUVELLE-GALLES DU SUD. — DAWSON : Pierre à bâtir.

TASMANIE. — CALDER : Pierres et roches pour constructions.

VICTORIA. — VICTORIA KAOLIN COMPANY : Échantillons de terres à porcelaine.

AUTRICHE. — LACZAY, SZABO, A SAROSPATAK : Pierres meulières. — THROR ET Cⁱᵉ, A ÉPERIES : Meules en meulière.

FRANCE. — CHALAIN, A RIADAN : Ardoises et schistes ardoisiers.

GRÈCE. — LE DÉPARTEMENT D'ATHÈNES : Marbres.

SUÈDE. — M. ARBORELIUS, A ELFDAL : Porphyre poli.

SECTION II. — COMBUSTIBLES MINÉRAUX ET LEURS DÉRIVÉS.

ROYAUME-UNI. — ABERDARE STEAM-FUEL Cⁱᵉ, A CARDIFF ET A ABERDARE (ROYAUME-UNI). — Le charbon exposé par ABERDARE STEAM-FUEL ET COMPAGNIE est un aggloméré parfaitement fabriqué. On l'obtient en comprimant, à l'aide de machines puissantes, des menus qui viennent du sud du pays de Galles.

Sa densité est celle de la houille de première qualité, et les blocs fabriqués présentent l'avantage de ne pouvoir subir les influences évaporatrices de l'air atmosphérique, d'occuper peu de place par le fait même de leur forme géométrique, de ne présenter aucun danger au point de vue de l'ignition résultant d'une grande accumulation dans la cale des navires, de s'allumer aussi rapidement que la houille, enfin de ne pas faire de poussier.

Ce charbon pèse environ 56 kilos le pied cube, et la tonne n'occupe guère que 1 mètre cube d'emplacement. — *Médaille.*

MM. NIXON, TAYLOR et CORY, a CARDIFF (ROYAUME-UNI). — Les blocs de houille exposés par MM. Nixon, Taylor et Cory sont des morceaux du charbon connu sous le nom de *houille à vapeur sans fumée.*

La houillère qui produit le charbon doué de cette précieuse qualité est située dans la vallée d'Aberdare (Galles du Sud). La hauteur de la section d'extraction est de 1,419 yards anglais ou 1,295 mètres.

La *houille à vapeur sans fumée* de la houillère Nixon est spécialement employée à bord du yacht de Sa Majesté la Reine, à bord du *Warrior*, du *Prince-Noir*, et par un grand nombre de compagnies anglaises et continentales. — *Mention honorable.*

M. JAMES SCOTT (NOUVELLE-ÉCOSSE). — C'est de la Nouvelle-Écosse qu'est venu le gigantesque échantillon de houille présenté par M. James Scott; il est formé de blocs superposés; sa hauteur de 12 mètres, indique l'épaisseur verticale de la veine dont il est extrait.

L'exploitation de la mine produit annuellement 70,000 tonnes de houille. Le charbon est d'excellente qualité; il peut indifféremment être employé à la distillation du gaz, au service des machines à vapeur de mer et de terre, ou aux usages domestiques. — *Médaille.*

LES COMMISSAIRES DE LA TASMANIE, a TASMANIA. — La série de houilles, de lignites, de marbres, de pierres calcaires, de meulières et de pierres à aiguiser forme une des parties les plus intéressantes de cette exposition, qui est complétée par différents produits, parmi lesquels on remarque un beau trophée de bois de charpente, des fanons de baleine, des fibres végétales, des écorces, des fruits, des fourrures et des cuirs.

Les commissaires de la Tasmanie ont obtenu la *Médaille.*

FRANCE. — COMITÉ DES HOUILLÈRES DE LA LOIRE, a SAINT-ÉTIENNE. — Cette exposition est des plus complètes; on y remarque des cokes lavés, des houilles, des anthracites pour chauffage et des agglomérés parfaitement fabriqués.

Les houilles à gaz de Saint-Étienne sont d'excellentes qualités; elles donnent en moyenne 29 mètres cubes de gaz par 100 kilos et 65 pour 100 de coke. Parmi les échantillons d'agglomérés exposés, ceux du puits Saint-Claude semblent être supérieurs à ceux des autres puits. Le COMITÉ DES HOUILLÈRES DE LA LOIRE a formé une riche collection de végétaux fossiles et présente aussi une belle série des produits dérivés de la houille, tels que la benzine, l'acide oxalique obtenu au moyen de la benzine, la nitro-benzine pour la fabrication de l'aniline, l'acide picrique, l'aniline, le chlorhydrate et le sulfate d'ammoniaque, de l'acide phénique et des huiles essentielles. Rien n'égale l'intérêt d'une collection ainsi combinée. — *Médaille.*

SOCIÉTÉ ANONYME DES MINES DE LA GRAND'COMBE (GARD) (FRANCE). — Des plans, quatorze échantillons de houille de différents puits, des cokes, des agglomérés, sont exposés par la SOCIÉTÉ DE LA GRAND'COMBE.

Les échantillons sont beaux et indiquent que cette société est dans d'excellentes conditions de production. — *Médaille.*

M. DE DEHAYNIN (FÉLIX), a PARIS (FRANCE). — M. F. DE DEHAYNIN expose des briquettes de charbon de terre ou agglomérés et les dessins d'une machine à les fabriquer.

Il se produit dans les mines de houille des quantités de poussiers considérables qui, jusqu'en ces derniers temps, n'étaient considérés que comme matière encombrante. La fabrication des agglomérés leur a donné un emploi utile.

. On s'est d'abord contenté de faire une pâte grossière de cette houille menue et d'en former des briquettes, qui avaient peu de valeur. Les agglomérés, tels qu'on les fabrique aujourd'hui mécaniquement, l'emportent sur la meilleure houille pour un grand nombre d'usages.

Les menus charbons que traite M. DE DEHAYNIN sont d'abord criblés et lavés. Cette opération enlève les fragments de schiste et les pierres qui sont toujours mêlés à la houille; broyés ensuite, ils sont mélangés avec du brai et du goudron et soumis à chaud à une pression énergique qui les transforme en blocs de dimensions variables à volonté.

La machine, dont le dessin a été exposé à Londres par M. F. DE DEHAYNIN, a été inventée par M. Évrard, ingénieur des mines de la Chazotte, à Saint-Étienne, auquel M. DE DEHAYNIN a acheté les brevets pour l'Angleterre, la Belgique et une partie de la France. Elle a été fort perfectionnée depuis son acquisition. C'est ainsi que les courroies et les engrenages en ont été exclus, et que la force motrice y a été directement appliquée. Son poids total est de 65,000 kilogrammes; elle travaille jour et nuit, et produit 10,000 kilogrammes d'agglomérés par heure. Sa force de compression est de 110 kilogrammes par centimètre carré, d'où il résulte que le poids des briquettes atteint 1 kilog. 36 par décimètre cube, tandis que celui de la houille compacte n'est que d'un kilog. 32.

Des expériences faites par M. de Commines de Marsilly, ingénieur des mines, prouvent que les briquettes ainsi fabriquées ont une puissance calorifique de 7,362 calories, tandis que celle de la houille n'est que de 7,200.

Cette supériorité du calorique vient du mélange de brai, qui non-seulement agglutine les molécules des poussiers, mais y introduit un carbone très-riche et très-pur.

Comme le lavage a éliminé de ces poussiers les substances étrangères, il se trouve que les briquettes ne laissent que 7 p. % de résidus à l'incinération, quand la houille dite *tout venant* en laisse jusqu'à 15 p. %. L'avantage qui, en somme, résulte de l'emploi des briquettes ne saurait être évalué à moins de 30 à 35 p. %.

Ce n'a pas été une médiocre économie pour les chemins de fer que l'adoption des agglomérés pour le chauffage des machines. La briquette ne vaut, en effet, que 16 francs les 1,000 kilog., tandis que le gros charbon, qui donne 10 p. % de déchet, coûte de 22 à 23 fr. sur le carreau des mines. Elle ne donne aucun déchet et est infiniment plus facile à conserver et à employer.

L'industrie représentée en France par M. DE DEHAYNIN est devenue extrêmement importante. Il possède deux grandes usines, où travaillent journellement cinq cents ouvriers et où fonctionnent cinq à six machines de systèmes différents, d'une force totale de 150 chevaux. La transformation des houilles menues en briquettes s'est élevée, en 1861, dans ces usines, au chiffre énorme de 160,000 tonnes. — *Médaille.*

M. SPIERS, A PARIS (FRANCE), présente également quelques échantillons d'agglomérés.

Ces produits offrent une particularité qui doit être signalée : c'est que les houilles menues sont agglomérées avec et sans le concours de matières bitumineuses. Dans ce dernier cas, le prix du combustible doit être moindre, et cependant son emploi offre encore des avantages réels sur les combustibles en usage. — *Médaille.*

AUTRICHE. — INSTITUT GÉOLOGIQUE DE VIENNE (AUTRICHE). — La collection des houilles de l'INSTITUT GÉOLOGIQUE DE VIENNE est surtout curieuse par la multiplicité des échantillons qui la composent et par l'ordre introduit dans le classement.

Toutes les localités houillères de l'Autriche y sont représentées. Chaque spécimen de houille est accompagné d'une légende qui indique la province, l'emplacement de la mine, le nom du directeur de l'exploitation, le nom de la mine, le chiffre du produit de l'extraction pour 1860, le nombre des ouvriers employés, et enfin le prix de la tonne.

La Bohême y figure pour 70 échantillons, la Moravie et le duché de Silésie pour 40, la Gallicie pour 10, la Hongrie pour 36, le grand-duché de Transylvanie pour 1, les frontières militaires pour 2, l'Esclavonie pour 2, la Croatie pour 4, l'Autriche proprement dite et le duché de Salzbourg pour 23, le Tyrol pour 2, la Styrie pour 32, la Carinthie pour 6, la Carniole pour 7, et la Dalmatie pour 1.

Il résulte des documents statistiques annexés à la collection des houilles au trichiennes que le nombre de tonnes de charbon extrait en 1860 des différentes provinces de l'empire s'est réparti comme il suit :

Bohême.	692,840 tonnes.		Report. . . .	1,775,420 tonnes.
Moravie et Silésie. .	719,300 »		Autriche.	121,260 »
Gallicie.	56,000 »		Styrie.	112,080 »
Hongrie.	297,100 »		Carinthie.	96,450 »
Transylvanie, Croatie,			Carniole.	7,370 »
Esclavonie. . . .	10,180 »		Dalmatie.	6,500 »
A Reporter.. .	1,775,420 tonnes.		Total. . . .	2,119,080 tonnes.

L'INSTITUT GÉOLOGIQUE DE VIENNE a reçu la *Médaille*.

BELGIQUE, — SOCIÉTÉ ANONYME DES HAUTS FOURNEAUX, USINES ET CHARBONNAGE DE CHATELINEAU. — Les plans et coupes des travaux exécutés pour l'établissement d'un grand siége d'exploitation houillère constituent la partie la plus saillante de l'exposition de cette compagnie, en ce qui concerne la première classe.

La SOCIÉTÉ ANONYME DES HAUTS FOURNEAUX DE CHATELINEAU emploie pour ses propres besoins et livre à la consommation des masses considérables de houilles et de cokes. Ces derniers sont, à Chatelineau, fabriqués dans des fours spéciaux avec des charbons demi gras, regardés pendant longtemps comme impropres à la carbonisation. — *Médaille*.

BRÉSIL. — M. LE VICOMTE DE BARBACENA, A LACUNA. — Parmi les richesses minérales du Brésil, se trouvent des bassins houillers qui donnent d'excellents produits. Les échantillons de charbon bitumineux envoyés par M. LE VICOMTE DE BARBACENA proviennent de la province Sainte-Catherine.

ESPAGNE. — SOCIÉTÉ DES CHARBONS ET MÉTAUX DE BELMEZ ET D'ESPIEL, A CORDOUE. Les combustibles minéraux de l'Espagne sont représentés par un grand nombre d'échantillons; outre des houilles de qualité excellente, elle a des lignites, des anthracites, des schistes carbonifères et des tourbes.

Si la Péninsule est restée en arrière du mouvement européen au point de vue des houillères, ce n'est donc pas par pénurie, mais bien par le fait de sa situation politique ; elle possède en effet de grandes couches de charbon, particulièrement dans les Asturies, à Espiel et à Belmez (province de Cordoue), à Orbo (province de Palencia), à Sabero (province de Léon) et à San Juan de las Abadesas (Catalogne).

Parmi les autres exposants de combustibles minéraux, nous citerons : MM. CASTRO, à Magallanes ; A. COLLANTES, à Allez; la COMPAGNIE DU GUADALQUIVIR, à Séville; E. DUCLERC, à Madrid; la FABRIQUE NATIONALE DE TRUBIA ; V. FERNANDEZ, à Mieres; E. FIGUERAS, à Madrid; U. FORCADE, à Almatres; M. CALLEGO, à Palencia ; G. HEIM, à Tueros ; l'INSPECTEUR DES MINES DU DISTRICT DE BARCELONNE; l'INSPECTEUR DES MINES DU DISTRICT DE CORDOUE ; l'INSPECTEUR DES MINES DE LA PROVINCE D'OVIEDO; la SOCIÉTÉ D'AGRICULTURE, D'INDUSTRIE ET DE COMMERCE DE GRENADE ; R. LLANOS, à Vittoria ; M. PELAYO, à Buicenes; ROJAS FRÈRES, à l'île de Cuba , la SOCIÉTÉ BELGE DE SAMUNO, à Langreo ; la SOCIÉTÉ MINIÈRE DE SAINTE-ANNE, Asturies ; la SOCIÉTÉ JUSTA, à Langreo, et la SOCIÉTÉ DE L'ASTURIE, à Mieres.

Des tourbes, d'excellente qualité, ont été envoyées par MM. GUTIEREZ ET QUEVEDO, de Santander.

ITALIE. — M. COIOLI HENRI, A LIVOURNE (ITALIE). — Lignite de la mine de Podernuovo (vallée de Cecina).

Bien que l'existence du terrain carbonifère en Italie soit aujourd'hui démontrée, on n'y a pas trouvé, toutefois, ces riches dépôts de houille qui sont le fondement essentiel de la puissance industrielle des autres pays; de sorte qu'en fait de combustibles fossiles de formation ancienne, on y est réduit à l'anthracite et au lignite.

L'anthracite forme quelques bancs assez étendus dans la vallée d'Aoste, mais la grande quantité de cendre laissée par sa combustion en rend l'emploi difficile; c'est pourquoi son extraction annuelle se réduit à un millier de tonnes environ.

Il en existe à Seni, au centre de la Sardaigne, un petit dépôt qui semble appartenir à l'époque carbonifère; mais la nature des lieux et le défaut de voies de communication ont empêché de l'exploiter.

Le lignite, au contraire, est assez abondant dans les terrains tertiaires et miocéniques. Ses qualités, qui parfois le mettent au niveau de la houille, et la puissance de ses couches en quelques endroits, donnent lieu à une industrie qui n'est pas sans importance.

Les mines de Salzanello, Cadibona, Montebamboli, Tatti, celles de Calabre, de Giffoni, Gonnessa, Sogliano, Nuceto, et quelques exploitations en essai, donnent une production annuelle d'environ 60,000 tonnes de lignite.

Les combustibles sur lesquels l'industrie peut compter pendant une longue suite d'années sont les tourbes, qui abondent dans le nord de l'Italie. On n'a fait cependant jusqu'ici, pour la plupart des tourbières, que des sondages ou des excavations irrégulières, et un petit nombre seulement sont en pleine exploitation.

A la suite des combustibles ordinaires on doit placer les bitumes, dont on a des sources à l'état liquide en plusieurs localités soit de l'Italie centrale, soit de l'Italie méridionale, et des roches plus ou moins riches.

En somme, la production des combustibles fossiles en Italie, les bitumes exceptés, peut être ainsi évaluée :

Anthracite. . . . . 1,000 tonnes.
Lignite. 60,000
Lignite (tourbeux). 15,000
Tourbe. 50,000

Dans la mine de Podernuovo, exploitée par M. H. Coioli, il y a deux couches parallèles, dont la puissance est de 1^m 20 environ, séparées par une couche de marne argileuse remplie de *Planorbis*, *Paludina*, etc., et ayant 3 décimètres d'épaisseur.

Cette même marne argileuse sert de lit à la couche inférieure. La couche supérieure est, au contraire, recouverte immédiatement par une *panchina* coquillière marine, qui se rapporte au miocène supérieur.

L'affleurement s'étend sur plusieurs milles. La continuité du gisement et la constance de ses caractères ont été constatés par des travaux spéciaux de puits, et de galeries.

L'excavation ne présente pas de difficulté, et l'extraction est également facile. La mine est à 17 milles de la mer et à 9 du chemin de fer des Maremmes, auquel on pourrait la relier aisément par un chemin convenable. — *Médaille.*

PORTUGAL. — **M. LE COMTE DE FARROBO**, A LISBONNE. — Divers échantillons d'anthracite, de lignite et de tourbe, représentent les richesses du Portugal en combustibles minéraux. M. LE COMTE DE FARROBO a envoyé des anthracites de 1re, 2e, 3e et 4e qualité, provenant des mines de San-Padro de Lova, commune de Gondomar, district de Porto, desquelles il est concessionnaire.

La formation houillère qui comprend ce gîte constitue une étroite zone d'une largeur tout au plus d'un demi-kilomètre, et d'une longueur de 8 kilomètres au sud et de 50 kilomètres au nord de la rivière Douro.

Il y a plusieurs points sur cette zone, d'où le charbon a disparu entièrement par suite des dénudations survenues postérieurement à la formation du dépôt, et qui ont été probablement contemporaines des éruptions de diorite qui ont brisé les couches de charbon et l'ont réduit à l'état d'anthracite.

Le bassin principal, de 2 kilomètres de longueur (N. N O., S S. E.) et de 120 mètres de largeur, est situé à San-Pedro da Cova, à deux lieues à l'est de Porto.

Par suite d'un renversement, l'étage inférieur se trouve ici superposé à l'état supérieur, lequel contient deux couches d'anthracite, chacune d'un mètre de puissance moyenne, et c'est le seul exploitable.

Il y a à peu près soixante-dix ans qu'on exploite ce gîte, et les travaux descendent aujourd'hui à la profondeur de soixante mètres.

Le charbon a un débouché certain à Porto, où il est employé pour les usages domestiques. La consommation, pendant l'année 1860, a été de 80,000 hectolitres. On le sépare ordinairement en quatre qualités, dont les prix sont les suivants :

```
1re qualité. . . . . . . reis 3,690 ou 20 fr. 60 c. par 6 hectolitres.
2e  —    . . . . . reis 2,100 ou 11   15      —
3e  —    . . . . . reis 1,080 ou  6   »       —
4e  —    . . . . . reis 0,420 ou  2   27      —
```

LA COMMISSION DU DISTRICT D'AVEIRO expose aussi des anthracites qui proviennent de Pijao, commune de Castello de Paiva.

Cette mine constitue pour ainsi dire l'extrémité méridionale de la formation carbonifère dont on vient de parler : elle est ici représentée par l'étage inférieur composé de deux couches, formées, l'une de charbon mou, et l'autre de charbon dur, luisant et de fracture conchoïdale, reposant immédiatement sur les schistes siluriens à trilobites. Cette mine est encore en travaux d'exploration.

M. LE COMTE DE FARROBO est également concessionnaire de la mine de Cabo Mondego, commune de Figueira da Foz, district de Coïmbre. Il présente des échantillons de lignites de 1re, de 2e et de 3e qualité, qui en sont extraits.

La formation carbonifère de Cabo Mondego se trouve dans le passage du terrain oolithique moyen au lias. Son affleurement, étant tout près de la mer, se montre encore sur le haut de la montagne de Buarcos, après avoir suivi toutes les inflexions des calcaires et des grès de la formation oolithique. Elle disparaît à 3 kilomètres du cap sous les sables et sous les argiles des étages inférieurs du terrain crétacé.

Les travaux entrepris à la fin du dernier siècle ont prouvé que cette formation se continue du côté de la mer; malheureusement, les inondations ont entravé leur marche.

On y trouve cinq couches de charbon, dont une seule est exploitable. Elle a une puissance moyenne d'un mètre et une inclinaison de 25° au S. E.

L'exploitation de ce gîte se fait sur une très-petite échelle, et le produit annuel n'est pas supérieur à 3,000 tonnes métriques, dont la plus grande partie est consommée par une verrerie située à 25 kilomètres de distance, et l'autre appliquée à la fabrication de la chaux.

La petite distance (5 kilomètres) de cette mine au port de mer (Figueira) est une condition économique très-importante, qui rend ce gîte exploitable.

Actuellement on sépare le charbon en trois qualités représentées par les échantillons ci-dessus désignés.

M. RAYMUNDO VERISSIMO DE SOUZA LACERDA a également envoyé des lignites provenant de Valverde et de Cabeço de Veado, commune d'Alcane, district de Santarem.

Ce gîte de charbon, qui appartient à la formation moyenne du terrain oolithique, est à 60 kilomètres au sud de la mine de Cabo Mondego, entre Leiria et Santarem. Il est formé d'une seule couche exploitable d'un mètre de puissance moyenne.

Les affleurements de cette couche peuvent être suivis sur une étendue de quatre kilomètres au N. E. de Valverde. Le charbon est quelquefois très-sec, ce qui le rend susceptible d'application pour le chauffage des chaudières à vapeur.

Cette mine n'est pas en exploitation. La distance de Valverde au Tage ou au chemin de fer est de 35 kilomètres : le chemin est mauvais, mais susceptible d'une amélioration peu coûteuse.

M. L'INSPECTEUR DU DEUXIÈME DISTRICT DES MINES, qui a si savamment concouru à la composition de l'exposition des produits minéralogiques du Portugal, a envoyé aussi des lignites de la mine de Chao Preto e Alcanadas, commune de Batalha, district de Leiria.

Il y a dans le district de Leiria une surface d'à peu près 100 kilomètres carrés, où l'on trouve une grande variété de combustibles, depuis le lignite très-rapproché de la houille jusqu'aux bois fossiles. Leurs gîtes sont compris entre l'oolithe moyen et les étages inférieurs du terrain crétacé. Les couches de lignite affleurent plus distinctement aux environs de Batalha, et les bois fossiles à Marrazes, tout près de Leiria.

Malgré l'importance probable de ces dépôts, on n'a pas encore fait des travaux nécessaires pour reconnaître la puissance des couches et leur continuité en profondeur.

Pour en finir avec les combustibles minéraux du Portugal, nous citerons les échantillons de tourbe de Melides, présentés par la COMPAGNIE DES LESIRIAS DU TAGE ET SADO, extraits à Comporta, commune du district de Lisbonne. Ce gîte a une étendue considérable ; mais il n'est pas en exploitation.

Le jury a décerné la *Mention honorable* à M. LE COMTE DE FARROBO.

PRUSSE. — DIRECTION ROYALE DES MINES DE SAARBRUCK. — Le bassin de Saarbruck (Prusse) appartient au gouvernement. Les travaux d'exploitation y sont dirigés par la DIRECTION ROYALE DES MINES, qui présente 28 échantillons de houille, appartenant aux charbonniers de Kœnprinz, de Gerhard, de Duttweiller, d'Altenwald, d'Heinitz, de Dechenschalhte, de Reden et de Russhütter. Elle présente également des cokes qui proviennent des houilles de M. Haldy et des mines de Heinitz et de Duttweiller. — *Médaille.*

RUSSIE. — MM. POPOF FRÈRES, DISTRICT DE KIRGHIZ, SIBÉRIE. — La houille fait défaut à la Russie ; les usines à gaz de Saint-Pétersbourg et de Moscou s'alimentent de charbon en Angleterre. Cependant l'exposition russe renferme quelques échantillons de houille.

Les premiers viennent de Tiflis : ils sont envoyés par la Société d'agriculture du Caucase; les seconds viennent de Varsovie, et font partie de l'exposition de la Direction des mines de la Pologne; les troisièmes sont présentés par M. ZEITLER, de Slawkof, et les quatrièmes par MM. POPOF FRÈRES.

Outre ces gisements, la houille se rencontre également au centre de la Russie (bassin de Moscou). Ce sont d'abord des couches de calcaire carbonifère alternées d'argile schisteuse, puis deux bancs de houille trouvés à 100 mètres environ de profondeur dont la puissance n'est pas assez considérable pour en permettre l'exploitation régulière.

Le principal bassin est celui du Don, au sud de la Russie. La couche carbonifère s'y trouve circonscrite entre le village Petrowski, gouvernement de Kharkow, au nord, la ville de Novotcherkask au sud, la rivière Donetz à l'est, et le Toretz à l'ouest. Le grès des conglommérats et des schistes argileux forme des couches secondaires au calcaire carbonifère.

Des gisements de houille ont été aussi trouvés à Lissitchansk et près des rivières Lougagne, Donetz, Miousse, Kalmiousse et Toretz. Enfin des gîtes d'anthracite se rencontrent au sud-est du bassin. Le meilleur est celui de Grouchewka.

Ces mêmes couches reparaissent le long de l'Oural et surtout au versant ouest, où elles sont exploitées par plusieurs fabriques. Du côté de l'est, le minerai houiller apparaît par affleurements circonscrits et isolés.

L'anthracite est exporté par la mer Noire, et les pyroscaphes s'en approvisionnent à l'occasion.

Les exploitations appartenant à la Couronne, qui se trouvent sur le versant occidental de l'Oural, produisent annuellement (1859) 1,964,400 kilog. de houille; celles du bassin du Don, 3,961,540 kilog.

I.

Quant aux mines des particuliers, elles donnent tous les ans environ 2,111,730 kilog. de combustible minéral, soit en totalité 8,037,670 kilog.

Le jury a décerné à MM. POPOF FRÈRES la *Mention honorable*.

La MÉDAILLE a été également accordée à MM. :

ROYAUME-UNI. — BOLCKOW ET VAUGHAN, A TEES : Charbons et minerais. — FORSTER, A BLYTH : Spécimen d'une mine de houille. — HEWLETT, A WIGAN : Houille à gaz. — HOWARD HON, A LONDRES : Échantillons de houille. — Le duc de NEWCASTLE A WORSKOP : Houille et spécimen d'extraction. — WOMBWELL MAIN COAL Cie, A NEW-BARNSLEY : Échantillons de houille.

INDES. — M. OLDHAM : Spécimens de houille.

SECTION III. — MINERAIS MÉTALLIFÈRES.

FRANCE. — SOCIÉTÉ ANONYME DES MINES DE PLOMB ARGENTIFÈRES ET DES FONDERIES DE PONTGIBAUD. — La grande usine de PONTGIBAUD semble n'avoir voulu faire à l'Exposition universelle de Londres qu'un acte de présence sans autre importance pour elle; car elle n'a envoyé que douze échantillons de minerai et quatre saumons de plomb.

Cette négligence nous paraît regrettable, et si les grands établissements métallurgiques de la France sont impardonnables de s'être abstenus, on doit blâmer aussi ceux qui n'ont fait les choses qu'à moitié.

La SOCIÉTÉ DES MINES DE PONTGIBAUD n'a obtenu que la *Mention honorable*.

AUTRICHE. — WALDBURGERSCHAFT DE LA HAUTE-HONGRIE. — Minerais, Produits métallurgiques et Métaux.

La WALDBURGERSCHAFT de la Haute-Hongrie est une association minière composée de la totalité des particuliers exploitant les mines de cuivre, d'argent et de mercure dans la circonscription minière de Schmollnitz, dans la Haute-Hongrie. Chaque propriétaire exploite sa concession pour son propre compte et indépendamment de l'Association, et supporte à lui seul les profits et les pertes. Le seul but de l'Association est de faciliter le traitement des minerais au moyen d'établissements métallurgiques à l'usage commun, pour en distribuer les bénéfices éventuels aux entreprises individuelles selon la qualité et la quantité de matières métallifères qu'ils ont livrées aux usines, et d'entretenir quelques établissements utiles à la totalité de la circonscription minière. Le traitement métallurgique se divise en deux branches, selon qu'il s'agit de minerais pyriteux (Gelferze) ou de minerais de cuivre argentifère et mercurifère (Fahlerze). La manutention du bois et du charbon est en commun. Le charbonnage et les achats de bois sont de la compétence de la Direction des usines. L'eau est seule employée comme moteur mécanique; le traitement métallurgique se fait à l'aide du bois en nature ou carbonisé. L'Association, la plus étendue de toutes celles qui exploitent les métaux nobles dans tout l'empire d'Autriche, produit par an de 18,000 à 20,000 quintaux de cuivre, 3,000 livres monétaires d'argent et 600 quintaux de mercure. Elle produit aussi de l'antimoine brut résultant de la fonte des minerais de cuivre gris, qui, par 100 kilos, contiennent 90 kilos et au delà d'antimoine avec 4, 5, 6 à 7 kilos de cuivre, et 2, 3 à 4 kilos de fer, et d'autres métaux en proportion. — *Médaille*.

ESPAGNE. — LE CORPS NATIONAL DES INGÉNIEURS DES MINES. — L'Espagne a voulu profiter de l'Exposition universelle de Londres pour donner une idée exacte de ses richesses minérales. LE CORPS NATIONAL DES INGÉNIEURS DES MINES a été chargé de réunir les éléments nécessaires à la démonstration parfaite des ressources minéralogiques et métallurgiques de la Péninsule, et il eût été difficile de mieux remplir cette tâche.

Chaque ingénieur des mines, dans le district minier qui lui est confié, a choisi les spécimens les plus beaux pour en former le magnifique ensemble que nous avons à décrire. De l'organisation de cette collection il résulte que les échantillons de même nature y sont souvent nombreux; mais, comme ils proviennent de localités différentes, ils n'en ont pas moins d'intérêt.

Les ingénieurs qui ont le plus particulièrement concouru à cette exposition sont ceux des districts miniers d'Almeria, de Badajoz, de Barcelone, de Burgos, de Cacerès, de Cordoue, de Galice, de Grenade, de Guadalajara, de Madrid, de Murcie, de Valence, de Biscaye, de Saragosse, de la province de Léon, de Santander, etc. Aux ingénieurs se sont joints des particuliers et aussi quelques compagnies minières.

Voici l'énumération, par province, des échantillons les plus remarquables :

La province d'Almeria expose des porphyres, des terres et des marbres.

Badajoz, des cuivres et des sulfates de plomb. Les plombs occupent une large place dans l'industrie de cette province, et la galène ou plomb sulfuré, substance métalloïde, cristallisant dans le système cubique, s'y trouve en abondance. Les exposants qui ont participé à la composition de ce groupe sont : La Compagnie générale des mines d'Espagne; MM. Duncan Shaw, de Cordoue; Falconi, d'Almeria; le Gouverneur de la province de Malaga; Orozco, d'Almeria; Perez, de Soria; Perez, d'Almeria; Viñas, de Lerida, et la Société la Valiente, de Madrid.

Barcelone, outre ses plombs, ses houilles, son sel et ses pyrites de nickel, présente des ciments envoyés par l'Ayuntamiento de Siero; MM. Iceta, de Saint-Sébastien; Llana, de Castro Urdiales; Monterola, Cortazar et Cie, de Saint-Sébastien; Perez, Cardenal, de Zamora; Redondo, de la même localité; et Rubin, de Llanera, dans les Asturies.

Burgos. Des charbons, des cokes, des galènes, des cuivres, du manganèse, du fer, du sulfate de soude et de l'étain.

Cacerès. Des calcaires, parmi lesquels sont ceux de M. Gomez Salazar, à Almeria, et de M. Sanz, de Ségovie.

Cordoue. De la calamine, du cuivre, du marbre, du mercure, du plomb et du fer.

La Galice. Des terres réfractaires, de la serpentine, des marbres, des lignites, des pyrites de fer et de cuivre, de l'oxyde de manganèse et d'étain, ainsi que des étains métalliques.

Grenade. Du fer, du cuivre, du nitre, du zinc, du plomb, du marbre et du sel.

Guadalajara. Du ciment, du fer, des cokes, du sel et des albâtres, dont M. Soto, d'Orihuela, présente aussi un beau spécimen.

Madrid. Des kaolins, des calcaires, des marbres et autres roches.

Murcie. Du minerai de fer et de plomb, des calcaires, des marbres et de l'alun. L'alun se rencontre, en Espagne, en veines à texture fibreuse, ou en efflorescences à la surface des schistes alumineux. M. de Villafranca, de Mazarron, en présente de très-beaux échantillons.

Valence. Non-seulement des albâtres, des marbres, du plomb, du cuivre, mais encore du gypse ou pierre à plâtre. La chaux sulfatée ne se rencontre pas uniquement à Valence, on la trouve aussi dans la province de Carthagène, à Valladolid et à Madrid; les exposants de ces deux dernières localités sont MM. Sitcha et Teureiro.

Biscaye. Une fort belle collection de lignite, de soufre, de fer, de calamine, de blende, de cuivre, de sulfate de soude, d'asphalte, de marbre et de plomb; il en est de même pour Saragosse, la province de Léon et Santander.

L'Exposition du Corps des Ingénieurs des Mines, à laquelle ont également donné leurs soins MM. les préfets des provinces, a reçu la *Médaille*.

M. L'INSPECTEUR DES MINES DU DISTRICT DE GUADALAJARA. — L'usine métallurgique de Guadalajara, pour son exposition de minerais d'argent, de baryte et de galène, et pour l'extraction des métaux de la roche par voie d'amalgamation, n'a reçu qu'une *Mention honorable*. — Que de médailles ont été accordées à des mérites moindres!

A elle seule l'Espagne produit annuellement, en moyenne, 46,577 kilogrammes d'argent, représentant une valeur de 10,340,094 francs. Les mines d'Hien de la Encina sont les plus riches. Les échantillons exposés proviennent d'une petite bourgade inconnue il y a vingt ans, et aujourd'hui en réputation dans toute l'Europe. Les travaux exécutés dans cette mine ont atteint, dans quelques exploitations, la profondeur de 350 mètres. Le matériel est mis en œuvre par plusieurs machines à vapeur, destinées à l'extraction et à l'épuisement, au lieu de buritels à chevaux, qu'on employait précédemment.

Les minerais de cette localité sont particulièrement du sulfure d'argent (argent aigre) avec gangue de baryte, de l'argent natif, des chlorures et bromures d'argent et des échantillons d'argent rouge.

A côté des minerais exposés par M. l'Inspecteur des Mines de Guadalajara, se trouvent ceux de la Société des Mines argentifères de l'Estramadure, de la Société Palacios de Golondrinas, à Cacérès, et de la Société de Séville.

SOCIÉTÉ DE L'UNION DES ASTURIES (Espagne). — Les mines d'Almaden, en Espagne, et celles d'Idria, dans la basse Autriche (Illyrie), fournissent du mercure au monde entier.

La Société de l'Union des Asturies a envoyé à Londres trois échantillons des produits de ses mines. Ils sont d'un énorme volume. L'un est une roche de cinabre, substance rouge, comme on le sait, qui cristallise dans le système rhomboédrique, et qui est facilement réductible en poussière d'un beau rouge; les deux autres sont des minerais qui, pour la vue, ressemblent parfaitement au précieux métal.

Outre les échantillons de la Société de l'Union des Asturies, on distingue ceux qu'exposent la Société des Mines d'Amistad, d'Alicante, M. Porta, de la même ville, et M. Ruiz Revès, d'Almeira.

M. RICKEN, a Huelva (Espagne). — Le manganèse est un métal qui se rencontre en Espagne par grandes masses; il s'obtient pur en calcinant le carbonate et en réduisant l'oxyde par le carbone. Dans cet état sa pesanteur spécifique est 8,013. Le minerai est d'un noir de fer, il cristallise en rhomboïdes droits; il donne, selon la quantité d'oxygène qu'il absorbe, un protoxyde, un deutoxyde, un trioxyde et un peroxyde; c'est sous cette dernière forme qu'on le rencontre plus fréquemment. Les minerais de manganèse exposés par M. Ricken sont d'un volume et surtout d'une homogénéité remarquables, et démontrent, une fois de plus, combien le sol espagnol est riche en substances métallurgiques.

M. Abad, d'Almeria, et MM. Hartley, Zafra et Cie, d'Huelva, présentent des échantillons d'amiante d'un volume très-remarquable.

ÉTABLISSEMENT NATIONAL DE RIO-TINTO, a Huelva (Espagne). — Un des plus grands établissements métallurgiques de l'Espagne est celui de Rio-Tinto, à Huelva. Le minerai extrait de ses mines de cuivre, dont l'exploitation remonte à une époque très-reculée, est traité par des procédés tout particuliers.

Le Jury international, motivant son rapport sur la belle collection de spécimens métallurgiques présentée par l'établissement national de Rio-Tinto et sur ses procédés de cémentation mis en œuvre, lui a décerné la *Médaille*.

Le procédé d'extraction du cuivre par cémentation est très-simple et cependant très-intéressant : il consiste à transformer en cuivre compacte le cuivre natif qui se trouve en suspension dans les eaux de lavage, par conséquent à l'état sédimenteux. A cet effet, il ne s'agit que de faire passer les eaux saturées sur des gueues ferrugineuses; il se produit une précipitation qui vient se déposer sur le fer, qui forme à sa surface une croûte qu'on enlève par copeaux et que l'on passe ensuite à l'affinage. Mais ce que l'homme obtient ainsi artificiellement, la nature se plaît à le produire. Les mines de Rio-Tinto, nous l'avons dit plus haut, sont très-anciennes; depuis longtemps des infiltrations ont eu lieu dans leur intérieur, quelques travaux ont même été inondés; ces eaux se sont chargées d'une certaine quantité de cuivre, et la Compagnie les exploite avec fruit.

Aujourd'hui l'exploitation de Rio-Tinto a lieu sur un espace de 770 mètres de longueur; la puissance de la mine est d'environ 80 mètres.

La richesse du minerai varie beaucoup; elle s'élève parfois jusqu'à 20 pour 100. Mais ce rendement, il faut le dire, est exceptionnel, car le dosage de 1,500 échantillons pris sur différents points de la mine a donné les chiffres suivants :

8 pour 100 du minerai contiennent 8 pour 100 de cuivre.
12 pour 100   —   6 pour 100   —
80 pour 100   —   4 pour 100   —
———
100

Les minerais dont la richesse en cuivre est de 6 pour 100 sont traités par la fusion, et ceux dont la richesse est au-dessous de 6 pour 100 sont traités par voie de cémentation.

Voici le résultat des deux opérations :

Cémentation artificielle par eaux de lavage. Le minerai est calciné à l'air libre; à cet effet, on le réunit par piles de 2,000 à 2,500 mètres cubes, et on le brûle à l'aide de broussailles désignées dans le pays sous le nom de *monte-bajo*. Cette calcination dure de quatre à six mois. Une fois calciné, le minerai est lavé dans de grands réservoirs, où il abandonne une certaine quantité de particules cuivreuses. Ces eaux de lavage coulent ensuite dans cinq récipients dits de cémentation :

Dans le 1er, les eaux abandonnent 8^k.250 de cuivre par mètre cube d'eau.
Dans le 2e   —   —   8^k.   —   —
Dans le 3e   —   —   3^k.350   —   —
Dans le 4e   —   —   2^k.640   —   —
Dans le 5e   —   —   0^k.560   —   —

Après cette cinquième opération, elles ne contiennent plus que 0,011 de cuivre, quantité qui n'a plus d'importance au point de vue industriel.

Cémentation naturelle par eaux d'infiltration. Les eaux naturelles sont conduites de manière à se réunir toutes dans une rigole unique qui se trouve à la partie la plus déclive de la mine; dans leur dernier parcours, des gueuses ferrugineuses sont disposées de manière à ce qu'une succession de précipitations ait lieu.

Lorsqu'on agit sur des eaux provenant des travaux actuels, on obtient 150 grammes par mètre cube d'eau, et si l'on opère sur les eaux des anciens travaux, ce chiffre descend à 14 par mètre cube.

La cémentation naturelle produit annuellement de 50,000 à 60,000 kilogrammes de cuivre fin.

Dans l'une ou l'autre opération, sur cent parties de cuivre qui se précipitent, il advient que 200 parties de fer se trouvent dissoutes, c'est-à-dire qu'il est absorbé plus que l'équivalent nécessaire pour saturer l'acide qui résulte de la décomposition du sulfate.

La cémentation dure de vingt-huit à quarante-quatre heures, selon la température, le degré de concentration des eaux et la quantité de fer.

A Rio-Tinto, on traite ainsi les croûtes résultant de la cémentation : on les calcine tout d'abord et on les soumet à la fusion dans des coupelles allemandes; il résulte de cette opération trois produits : 1° Du cuivre noir; 2° des maltes; 3° des scories. Le cuivre noir est soumis à l'affinage. Les maltes et les scories qu'on obtient dans la fusion en coupelles sont soumises à une seconde calcination à l'air libre, puis elles sont fondues de nouveau dans des fours à manches. En vingt-quatre heures on obtient de 700 à 900 kilos de cuivre noir ayant une richesse de 92 pour 100. Chaque somme de cent parties de maltes et de scories qui passent dans le four à manche donne 40 pour 100 de cuivre noir, avec une consommation de 245 pour 100 de combustible.

Que le cuivre noir provienne des coupelles allemandes ou des maltes et des scories, il est soumis à l'affinage. Cette dernière opération a lieu dans des fours à réverbères, dont la charge est d'environ 4,255 kilos; l'opération dure seize heures et produit de 3,880 à 3,900 kilos de cuivre fin.

En 1861, Rio-Tinto a donné 21,844 mètres cubes de minerai, soit 1 million de quintaux métriques, qui ont produit près de 12,000 quintaux de cuivre. Suivant les ingénieurs, ces chiffres sont susceptibles de grands développements.

Quant au système d'exploitation, c'est celui qu'en terme de mineur on appelle « par piliers. »

L'exposition de Rio-Tinto n'est pas intéressante seulement au point de vue des échantillons présentés, mais aussi et surtout par l'ordre qui a présidé à l'agencement de cette belle collection. A ce point de vue, on doit féliciter l'ingénieur qui a été chargé de ce travail.

D'autres personnes ont présenté des échantillons de cuivre, ce sont :

MM. BOULAY, des Asturies; BURGOS, de Cordoue; la COMPAGNIE SAINT-MIGUEL-ARCANGEL, de Madrid; DAGUERRE-DOSPITAL, de Séville; HERNANDEZ, de la même localité; MERCIER et Cⁱᵒ, de Huelva; NORIEGA, d'Onis, dans les Asturies; ORTIGOSA, de Valverde del Camino; la SOCIÉTÉ DES MINES-UNIES DE CASTILLO DE LAS GUARDAS, à Séville; les SOCIÉTÉS DE CHISPA, à Avila; de LA CAMPURRIANA, à Santander; de NUESTRA SEÑORA DE LA SALUD, à Séville; de NUESTRA SEÑORA DE LOS REYES, à Séville; du COMMERCE, également à Séville; et la COMPAGNIE DE SAN FELMO, de la même ville.

Cette dernière a été l'objet d'une distinction spéciale pour ses cuivres traités, comme ceux de l'établissement national de Rio-Tinto, par cémentation; le Jury lui a décerné la *Mention honorable*.

Enfin M. GORASABEL, de Vittoria, a exposé dans la même section des blendes cuivreuses ou sulfures de zinc multiple.

L'ÉTABLISSEMENT NATIONAL DE RIO-TINTO a reçu la *Médaille*.

ITALIE. — ADMINISTRATION COINTÉRESSÉE DES MINES ET FONDERIES DE FER EN TOSCANE, A LIVOURNE. — Les gisements de minerai de fer en Italie se rencontrent dans les régions montueuses du Piémont et de la Lombardie, en plusieurs localités de la Toscane, dans les États Romains, dans les provinces napolitaines, les petites îles de la Méditerranée, et en Sardaigne, où il est très-abondant et en général d'excellente qualité.

L'exploitation de ces gisements est plus ou moins active, selon que les voies de communication sont plus ou moins faciles.

L'absence de riches dépôts de combustibles minéraux en Italie et le peu de charbon végétal disponible limitent forcément l'industrie des fers dans ce pays; c'est pourquoi, malgré l'abondance d'excellents minerais et de cours d'eau fournissant une force motrice naturelle, la production de la fonte italienne ne dépasse guère 38,000 tonnes.

Sur ce nombre, 3,000 à 4,000 sont vendues à l'étranger; on en travaille presque autant en moulages de première et de seconde fusion, et avec le reste on fabrique environ 25,000 tonnes de fer et 500 d'acier.

Il est exporté chaque année, en moyenne, de l'île d'Elbe, 48,000 tonnes de minerai de fer, dont la plus grande partie est du fer oligiste, riche de 55 à 60 pour 100. La moitié environ de ce produit se vend à l'étranger au prix moyen de 13 fr. 50 c. la tonne; 3 ou 4,000 tonnes vont alimenter quelques fourneaux à la catalane, qui existent encore sur le littoral montagneux de la Ligurie et de Naples; 20,000 sont traitées dans les hauts-fours, qui, au nombre de six, sont établis à Follonica, Cecina, Valpiana et Pescia, en Toscane, et donnent 12,000 tonnes d'une excellente fonte, recherchée même à l'étranger, bien qu'elle se vende à Livourne au prix de 105 fr. la tonne. Sont également de qualité supérieure les moulages de première et de seconde fusion, qui se vendent à Livourne au prix de 250 fr., et les fers, dont le prix varie de 280 à 380 francs la tonne.

Seize hauts fourneaux épars dans les vallées de Côme, de Sondrio, de Bergame et de Brescia produisent environ 13,000 tonnes de fonte par an; or, y traite des minerais carbonatés manganésifères, souvent décomposés par les influences atmosphériques, d'excellente qualité, de fusion facile, et donnant en moyenne 43 pour 100 de fer. Les fers obtenus (10,000 tonnes) sont très-recherchés, parce qu'ils sont aciéreux; leur prix varie de 400 à 450 francs.

Les hauts fourneaux toujours en activité de la vallée d'Aoste fondent les excellents minerais oxydulés des mines de Traversella et de Cogne. Leurs fers sont très-recherchés, surtout pour les travaux à froid, malgré leur prix élevé, qui varie de 450 à 480 francs. Enfin les hauts-fourneaux de Mongiana, en Calabre, et de Terni, près de Rome, emploient surtout des minerais hydroxydés.

L'affinage de la plus grande partie de la fonte s'opère dans des fours à puddlage, au moyen de la combustion des gaz des hauts fourneaux, ou des gaz développés par la combustion de la tourbe dans des générateurs spéciaux. Les soudures se font par de petits feux ouverts, et le reste de la fonte est affiné au four à la Comtoise, ou bien au four à la Bergamasque. Pour tirer le fer, on a substitué, dans quelques-unes des usines, les laminoirs aux petits maillets, et dans d'autres, on emploie aussi le marteau-pilon à vapeur.

La plus grande partie de l'acier italien est produit par la méthode de fabrication de l'acier naturel : dans l'usine de Castro, on fabrique, depuis un an, de l'acier au moyen du four de puddlage, alimenté par les gaz de tourbe et de bois.

En résumant ce qui précède, on a les chiffres suivants pour représenter l'industrie des fers dans la Péninsule :

Minerai vendu à l'étranger.	22,000 tonnes.
Fonte vendue à l'étranger.	3,500 —
Barres de première et deuxième fusion.	3,500 —
Fer.	25,000 —
Acier.	500 —

Aux 25,000 tonnes de fer provenant de fontes italiennes, il faut ajouter 5,000 tonnes fabriquées dans de petites usines, consistant généralement en un seul fourneau à la Comtoise ou à la Bergamasque et en deux maillets, usines dans lesquelles on travaille du vieux fer et de la fonte anglaise.

Dans quelques parties de l'Italie, avant la constitution du royaume, l'industrie du fer était protégée par de forts droits de douane, que l'introduction d'un nouveau tarif est venue considérablement réduire, mettant ainsi nos fabricants dans les conditions les plus difficiles. Toutefois ils ont lutté et luttent encore avec persévérance et courage pour rétablir l'équilibre entre le prix de revient de leurs produits et le prix de vente, et ils n'ont pas perdu tout espoir d'y arriver, si l'on conserve encore quelques années le droit actuel sur les fers étrangers (50 francs la tonne), et si l'on fait disparaître les charges qui pèsent sur cette industrie dans diverses provinces, parce qu'ils pourront, dans l'intervalle, réaliser les améliorations nécessaires, soit dans l'exploitation et le transport des minerais, soit dans les moyens et les méthodes de fabrication.

Il est évident cependant que le développement de cette industrie dépendra toujours, au moins pour les usines de la Lombardie et de la vallée d'Aoste, des quantités de charbon végétal et de tourbes disponibles.

Quant aux usines toscanes, qui vendent aujourd'hui à Livourne du fer en barre de bonne qualité à 280 fr., la question paraît plus facile à résoudre ; et les études faites par l'ingénieur Ponsard, directeur des mines et des usines royales de Toscane, montrent même que le doute n'est presque plus permis sur ce point.

Pour ce qui touche ensuite le commerce des minerais de fer avec l'étranger, il pourrait augmenter beaucoup, si le prix de vente du minerai était abaissé. M. Ponsard indique, à ce propos, le moyen de réduire le prix de revient du minerai de l'île d'Elbe de plus de moitié. On peut donc s'attendre à voir cette branche d'industrie prendre un plus grand développement.

L'ADMINISTRATION COINTÉRESSÉE DES MINES ET FONDERIES DE FER EN TOSCANE expose une admirable collection de minerais de fer des mines de Rio-Tinto, Rio-Albano, Terra-Nera et Capo-Calamita, de l'île d'Elbe et du Giglio.

Les fontes et les fers obtenus par l'administration au moyen de ces minerais, et exposés par elle sont :

Deux gueuses de fonte de moulage pour fer.
Des gueuses de fonte manganésifère.
Dix barres de fer étirées au marteau.
Dix barres de fer laminé (marque F. M.).
Dix barres de fer laminé (marque E. B.).

Les mines de l'île d'Elbe appartiennent à l'État. L'administration ayant jugé nécessaire, pour les exploiter d'une façon plus efficace, de s'associer à l'industrie privée, une organisation mixte fut établie en 1851, et la direction de la société confiée pour trente ans au comte Pierre Bastogi, sous la haute surveillance d'un commissaire du gouvernement.

Des améliorations dans le système de fabrication y furent dès lors apportées, et le produit s'en accrût; mais l'impulsion actuelle ne date véritablement que de trois à quatre ans, et les projets, dus à l'ingénieur Ponsard, qui tendent à donner à cette industrie un accroissement considérable, sont de date encore plus récente.

Les minerais de l'île égalent en richesse et souvent surpassent ceux des mines les plus renommées de l'Europe.

Les minerais les plus abondants sont d'abord le fer oligiste, puis le fer oxydulé et la limonite. On compte maintenant comme un des éléments de production la mise en œuvre des anciens déblais d'exploitation.

La production actuelle est de 48,000 tonnes de minerai, donnant à la fusion de 55 à 60 0/0 de fonte. Malheureusement les modes d'extraction, de transport, de pesée et d'embarquement sont très-défectueux, et ce ne sera que par l'application de procédés plus conformes aux progrès de l'époque, et par une organisation plus rationnelle, qu'on parviendra à économiser des sommes considérables, et à diminuer les frais de production. On pourra alors baisser les prix de ces minerais et en accroître considérablement la vente.

La quantité de minerai consommée par les fonderies toscanes s'élève à 21,000 tonnes environ; celle qu'on emploie dans le reste de l'Italie est de 4,300 tonnes; le surplus est expédié en France et en Angleterre.

Parmi les fonderies toscanes, celle de Follonica, avec ses deux dépendances de Valpiana et de Cecina, en consomme 18,000 tonnes pendant les huit mois qu'on y travaille. L'insalubrité des lieux rend l'interruption du travail indispensable pendant quatre mois d'été. De là la nécessité de transporter ces établissements ailleurs, ce qui sera une des améliorations les plus importantes que l'on puisse réaliser.

La fonte obtenue dans ces fourneaux est d'une excellente qualité; et parmi les produits que l'Administration expose, on remarque une fonte manganésifère qui donne les meilleurs résultats pour la fabrication de l'acier. La moitié environ de la fonte produite par ces fourneaux est exportée, particulièrement en France. Une portion de la seconde moitié est employée en Toscane pour le matériel des chemins de fer. Le reste alimente diverses usines italiennes, et les établissements de l'État.

La fabrication du fer, qui était restée très-imparfaite en Italie, a reçu une première amélioration de l'organisation nouvelle; mais, depuis trois ans, une impulsion vraiment heureuse lui a été donnée par l'usage des fourneaux à réverbère et de cylindres introduit à Follonica simplement à titre d'essai. Le succès a été complet, et la quantité de fer ainsi produite dépasse 100 tonnes par mois, soit 800 tonnes pour les huit mois de travail.

La fabrication de l'acier même y a été tentée dans ces derniers mois, et les échantillons exposés font foi de la bonne qualité des produits.

Les produits de l'Administration représentent une valeur toujours croissante, qui ne peut être estimée actuellement à moins de 2,200,000 francs.

Les employés des divers établissements sont au nombre de 380; leur salaire varie de 1 à 7 francs par jour.

La belle collection de minerais cristallisés et compactes que l'ADMINISTRATION COINTÉRESSÉE DES MINES ET FONDERIES DE FER EN TOSCANE a envoyé à l'Exposition de Londres, mérite l'attention de toutes les personnes qui s'intéressent aux questions géologiques, minéralogiques ou industrielles. — *Médaille*.

COMPAGNIE DES MINES D'OLLOMOND, à AOSTE. — Cette Compagnie expose du minerai de cuivre (pyrite de cuivre), du minerai brut, du minerai broyé, du minerai broyé et grillé, du cuivre noir, du cuivre raffiné, du cuivre coulé sous forme de stalactite, et du cuivre travaillé au marteau. Elle s'est constituée en 1851, pour exploiter les mines de cuivre d'Ollomond, dites de San-Giovanni, à Balme.

Un échantillon exposé par l'École d'application des ingénieurs, représente assez bien la nature du minerai, composé principalement de pyrite de cuivre avec pyrite ordinaire de grenat, dans une gangue chloritique, amphibolique, talqueuse, quelquefois chargée de quartz. — *Médaille*.

SOCIÉTÉ ANONYME DU BOTTINO, à LUCQUES. — L'extraction du plomb alimente en Italie une industrie très-importante, qui s'exerce spécialement dans l'île de Sardaigne, et, sur le continent, en Lombardie et en Toscane.

Le produit de la Sardaigne était minime avant 1848, mais, grâce à la liberté d'association, grâce à la cession des mines de l'État à l'industrie privée et grâce enfin à la liberté d'exploitation, les travaux ont pris, depuis, un tel développement, que la Sardaigne a donné, en 1860, plus de 13,000 tonnes de galène et 15,000 en 1861, au lieu de 1,300 qu'elle produisait en 1851. Aucune usine pour le traitement du minerai n'existant dans l'île, toute cette galène est exportée, la plus grande partie à l'étranger et le reste à la fonderie de Pertusola, dans le golfe de la Spezzia. L'île possède cependant trois usines à plomb, où l'on traite les anciennes scories plombifères dont il y a partout des grands dépôts qui remontent jusqu'aux Romains. On doit à M. Serpieri la première de ces fonderies, qui, en 1860, ont rendu 800 tonnes de plomb.

La mine de BOTTINO dans le val di Vezza (Serravezza), en Toscane, est remarquable par sa richesse argentifère (4 à 5 pour 1,000 du plomb obtenu). Une laverie complète et une fonderie y sont jointes. Il faut également citer les mines de Castellaccia dans le Massetano, de Brusimpiano (Varèse) et enfin les découvertes du chevalier Francfort à Brovello et à Motto-Piombino, dans le val d'Agogna.

La production des mines et fonderies de plomb en Italie se résume ainsi :

Galène vendue à l'étranger avec une richesse moyenne de 70 pour 100 de plomb et de 25 grammes d'argent pour 100 kilogrammes. . . . . 10,000 tonnes.

Plomb. 5,000

Argent. 3

Les échantillons exposés par la SOCIÉTÉ DU BOTTINO consistent en : Minerai brut, minerai concassé, minerai riche trié à la main, minerai de plomb argentifère pur, minerai de plomb argentifère avec blende et pyrite de cuivre, minerai passé au crible, schlich et schlich blendo-pyriteux.

Le filon de Bottino se trouve encaissé dans les roches paléozoïques métamorphiques qui forment une si grande partie de la portion centrale de l'ellipsoïde des Alpes Apuanes. Sa formation est cependant beaucoup plus récente; elle se rapporte au système des filons qui s'avancent à travers les divers terrains jusques et y compris l'éocène. Le Bottino est un vrai filon de 0,20 centimètres à 1 mètre 5 de puissance qui a le caractère d'une injection de la substance minérale et parfois d'une véritable sublimation des éléments qui la composent. A la galène s'associent la blende, la pyrite de cuivre et le sulfure d'antimoine; ce dernier minerai s'y trouve souvent à l'état capillaire; et les autres minerais, unis au quartz, à la chaux carbonatée, et à quelques espèces minérales particulières, en très-belles cristallisations.

La SOCIÉTÉ ANONYME DU BOTTINO continue maintenant l'exploitation qui avait été reprise en 1829 sur les traces de travaux très-anciens. Sa direction est confiée à M. l'ingénieur Blancard. L'exploitation se

I

fait sur une vaste échelle. Le développement qu'elle a acquis dans ces dernières années est dû à un des anciens directeurs, M. l'ingénieur Ange Vegni, professeur à Florence.

L'extraction s'y opère facilement par les méthodes ordinaires, et la roche, qui résiste très-bien aux agents atmosphériques, permet d'y creuser des puits et des galeries qui n'ont pas besoin de soutien. Le minerai extrait est de 2,500 à 3,000 tonnes par an. Il est tout traité sur les lieux. Ce minerai contient en moyenne de 6 à 8 pour 100 de plomb, rendant environ 500 grammes d'argent pour 100 kilogr. Le

La plus grande partie du minerai est broyée avec les cylindres et des bocards, et soumise au lavage pour être enrichie aux 30 pour 100. Les minerais sont grillés dans des fourneaux particuliers et fondus ensuite dans deux demi-hauts fourneaux; on obtient enfin dans un four de coupelle la séparation de l'argent et du plomb.

Cette mine livre annuellement au commerce 60 tonnes de plomb, 12 de plomb aigre ou antimonieux, le reste en plomb doux; 27 tonnes de litharge, 900 kilog. d'argent, et une tonne de cuivre. Elle fournit du travail à 150 personnes de tout âge et de tout sexe. Ses conditions locales sont des plus satisfaisantes; le pays est agréable et pittoresque, la population intelligente et vigoureuse. On trouve presque sur les lieux d'excellents matériaux réfractaires pour construire les fourneaux. Serravezza, centre industriel important, n'est guère à plus d'un kilomètre, le chemin de fer est à 4 kilomètres, et la mer à huit.

Le versant opposé au Bottino, et vers lequel se dirige le filon de cette mine, est recouvert de nombreux affleurements dont on peut voir quelques échantillons dans l'exposition italienne. Les cuivres gris du filon d'Angina captivent surtout l'attention de l'observateur et font regretter que des lieux aussi intéressants au point de vue minéralogique soient abandonnés, par le seul fait de la mauvaise direction qui a été donnée aux travaux. Il existe cependant sur place une belle usine avec laverie et bocards, ce qui n'a pas empêché la Compagnie de l'Argentière de suspendre toute exploitation faute de capitaux. — *Médaille.*

M. MARCHESE (Eugène), Ingénieur du corps royal des mines a Cagliari (Sardaigne). — Nous voici en présence d'une collection des minéraux utiles de l'île de Sardaigne.

Le terrain de l'île est en grande partie de l'époque silurienne, que représentent des schistes plus ou moins altérés et une formation calcaire superposée. Ils abondent en minerais de plomb, de fer, de cuivre, de manganèse, d'antimoine. On y trouve de l'anthracite et un dépôt important de lignite. Mais ce sont seulement les dépôts de galène qui ont donné lieu jusqu'ici à des travaux d'exploitation considérables. On les rencontre dans les districts d'Iglesias, au sud-ouest de l'île, dans ceux de Nuovo, Lanusei, Cagliari, et dans l'arrondissement de Sassari.

1° *Plomb.* — Les filons des minerais plombifères traversent tantôt les schistes siluriens et la formation superposée (*filons-fente*), tantôt ils sont placés entre les schistes et les calcaires (*filons de contact*), et tantôt sont interposés entre les bancs mêmes de calcaires (*filons-couches*); ou bien, enfin, on trouve le minerai, par masses disséminées et sans régularité aucune, au milieu du calcaire.

Les filons-fente ont pour gangue le quartz, la fluorine ou le sulfate de baryte.

Les filons de contact, placés sous la formation calcaire de l'époque silurienne, ne se trouvent que dans une partie du district d'Iglesias. Ils donnent une galène accompagnée d'argile ferrugineuse ou d'argile blanchâtre et de minerais très-fusibles et très-recherchés. La galène de Reigraxius est distribuée en couches ou, comme disent les mineurs, en colonnes au milieu des argiles interposées. Celle de Saint-Jean est plus particulièrement distribuée dans le calcaire, en couches parallèles au plan de contact avec les schistes. Le triage tout simple des minerais de la première donne 70 à 75 pour 100 de plomb, mais l'irrégularité des gisements rend les travaux fort coûteux et quant à la mine de Reigraxius, les explorations faites ne montrent pas encore bien clairement la distribution du minerai.

Les filons-couches intercalés dans le calcaire sont spécialement représentés par la mine de Monteponi. Le minerai se trouve entre deux bancs calcaires dans un lit d'argile, mais suivant des directions très-irrégulières. Il contient souvent des traces de pyrite. On y trouve ces beaux cristaux de cérusite et d'anglésite, si recherchés par les musées, et des couches et des dépôts importants de plomb carbonaté. Il y a deux qualités de galène peu argentifères, l'une contenant de 70 à 81 pour 100 de plomb, l'autre de 58 à 70 pour 100, toutes les deux d'une fusion facile. On y trouve aussi beaucoup de minerais dont la richesse n'est que de 25 pour 100, ce qui doit déterminer en cet endroit l'établissement d'une laverie.

Le gisement de Saint-Georges, analogue à celui de Monteponi, est l'objet de travaux d'exploration qui indiquent jusqu'à ce jour une richesse bien inférieure. Les dépôts irréguliers ont été, eux aussi, explorés en divers endroits, notamment à Masua, à Monte-Cani, à Monte-Anixeddu et à Porto-Corallo. On y a trouvé des masses importantes de minerais, encaissées dans l'argile ou dans le calcaire même, mais sans aucun signe de nature à guider le mineur sur la route à suivre, après l'épuisement des masses déjà trouvées.

2° *Scories.* — L'industrie minière de la Sardaigne a aussi à traiter les scories d'anciennes et nombreuses usines, qui se rapportent à deux époques bien distinctes, l'une romaine, et l'autre du moyen âge. Les travaux de ces usines paraissent avoir eu pour objet l'extraction de l'argent, et la nature des scories qu'elles ont laissées porte à supposer que les anciens connaissaient en Sardaigne, outre les minerais communs, d'autres minerais plus riches en argent que nous n'avons pas encore retrouvés. Les puits provenant des anciennes exploitations sont très-nombreux dans le district d'Iglesias ; ils sont pratiqués exclusivement dans le calcaire silurien.

Il existe des dépôts de scories près des villages de Domus-Novas, de Villamassargia, de Masei, près de Flumini-Maggiore, sur les bords du torrent de ce nom, et, en plus petites quantités, à Grugne, à Arenas et à Mateppe. L'importance de ces dépôts est fort difficile à calculer. On évaluait en 1859 celui de Domus-Novas à 110,000 tonnes, et celui des environs de Flumini-Maggiore de 20 à 25,000 tonnes.

Les scories de Villacidro, évaluées de 15 à 20,000 tonnes, se distinguent des précédentes, en ce qu'elles proviennent des traitements du minerai de Montevecchio opérés dans des temps moins reculés.

3° *Fer.* — Parmi les minerais de fer en Sardaigne figure au premier rang le fer oxydulé, qui se présente en masses de quelque importance dans les terrains primitifs et même dans les granits inférieurs, accompagné quelquefois de grenats ferrifères. On le trouve à Perda-Sterri (Cagliari), à Perda-Niedda (Iglesias) et à Capoterra (Cagliari). Les deux dernières mines seulement peuvent être exploitées à cause de l'abondance du minerai et de la proximité de la mer.

Le fer oligiste et des fers peroxydés hydratés se trouvent dans le gisement de Seneghe (Oristano) et dans celui d'Enna-Morta (Iglesias). Ces gisements, qui ont été peu étudiés, sont aussi peu connus.

4° *Cuivre.* — Les filons de cuivre de Barisonis (Iglesias) près Ferlenia, arrondissement de Lanusei, ont été l'objet de plusieurs explorations, dont les dernières seulement ont amené la découverte de masses très-riches de pyrite de cuivre, de pyrite de fer, de blende et de galène ; mais les travaux sont encore trop restreints pour pouvoir donner la certitude d'un heureux résultat.

5° *Manganèse.* — Le manganèse se trouve dans les formations trachytiques. Il y en a à Caporosso, sur la côte occidentale, et à Sas-Covas, près de Bosa. La mine de Sas-Covas donnerait d'excellents minerais, mais les dépôts ne sont pas réguliers. Quant aux minerais de l'autre mine, ils sont pauvres, et les travaux ont été abandonnés.

Un gisement qui existe près de Padria (Alghero) se présente sous un aspect plus favorable.

6° *Antimoine.* — Le minerai d'antimoine se rencontre en abondance dans l'arrondissement de Lanusei, près de Villa-Salto. Il est en veines irrégulières, intercalées dans les schistes siluriens, ou en noyaux assez considérables, mais d'une distribution fort capricieuse. Cette circonstance et les difficultés locales ont arrêté les travaux entrepris, et laissé l'avenir de la mine fort incertain.

7° *Anthracite et lignite.* — L'anthracite, qui existe encore dans les terrains carbonifères vers le centre de la Sardaigne, près des villages de Seni et de Perdas de Fogu, n'a pas d'importance industrielle.

Quant au lignite, il forme en Sardaigne deux dépôts principaux dans le terrain tertiaire inférieur au sud-ouest et au sud-est d'Iglesias, l'un près de Gonnesa, l'autre près de Villamassargia. Des travaux ont été entrepris dans le bassin de Gonnesa, à Terras de Collu, à Bamalbis, à Funtanamare, à Terra-Sagada, et l'on a trouvé des bancs de 50 à 60 centimètres d'un combustible qui contient, à Bacu-Albis, de 6 à 12 pour 100 seulement de cendres sans être surchargé de pyrite.

8° *Sel.* — Les salines de Sardaigne ajoutent à la production minérale de l'île.

L'État en a le monopole, et la Compagnie qui les affermées en a beaucoup amélioré l'exploitation, qu'elle a concentrée près de Cagliari et de Carloforte, en abandonnant plusieurs des anciens bassins.

Tels sont les éléments les plus connus de l'industrie des mines en Sardaigne. Les obstacles assez nombreux qui entravent les exploitations proviennent de la nature des lieux, de l'insalubrité du climat, qui oblige à suspendre les travaux pendant plusieurs mois de l'année, de l'absence de routes qui permettent de conduire le minerai à peu de frais jusqu'à un port d'embarquement, enfin de la nature même de la population, qui n'est ni assez nombreuse, ni assez propre aux pénibles travaux des mines.

Cette exposition de M. Eugène Marchese, si complète, si remarquable et surtout si instructive, a obtenu la *Médaille*.

SOCIÉTÉ DES MINES DE MONTEPONI, à Cagliari. (Directeur, M. P. A. Nicolaï.) — Les produits exposés sont : de la galène et différents minéraux extraits des mines de Monteponi, Iglesias (Cagliari), et de la mine de Saint-Jean.

La mine de Monteponi, qui appartient à l'État, est affermée à la Société pour trente ans, à dater de l'année 1850, moyennant la redevance annuelle de 32,000 francs. Elle se compose de filons-couches parallèles, direction N. N. O., S. S. E. intercalés dans des bancs de calcaires et de schistes siluriens très-redressés. Le minerai exploitable se trouve concentré en colonnes de peu d'extension, qui présentent quelquefois une très-grande puissance. La galène est peu argentifère, mais de fusion facile. De nombreux géodes aux cristaux de carbonate de chaux et de sulfate de plomb accompagnent le filon.

La production de cette mine a été, en 1861, de 6,385 tonnes de galène à gangue calcaire d'une richesse moyenne de 70 pour 100 de plomb et 15 grammes d'argent aux 100 kilos. Celle de la dernière période de 10 ans, de 1851 à 1860, a été de 21,968 tonnes de galène.

Le port d'embarquement du minerai est Carlo-Forte. — *Médaille.*

SOCIÉTÉ MÉTALLO-TECHNIQUE A FLORENCE. — Le Musée royal de Florence expose pour cette Société, qui a si bien mérité de l'industrie minière en Toscane, divers grands échantillons du minerai de ces contrées, avec toute la série des procédés employés à son traitement, ainsi que le plomb et l'argent obtenus.

Les deux gisements du Poggio al Montone et de Castellaccia sont dans le district métallifère de Massa ; ils forment des filons rubanés qui, suivant la direction E. O., traversent le calcaire alberese et les schistes de la période éocénique. La galène, la blende, les sulfures de fer, de cuivre, et le quartz, sont des minerais principaux et s'y trouvent régulièrement répartis.

Castellaccia a été le centre de grands travaux opérés par les anciens. Le système d'exploitation mis par eux en pratique consistait en puits verticaux d'un petit diamètre, ouverts à peu de distance les uns des autres, en sorte qu'on en trouve des centaines sur le même filon. Actuellement, on y suit divers filons par des galeries spéciales de recherche, communiquant entre elles et pourvues de galeries d'écoulement.

On suit également quelques filons importants dans l'autre mine de Poggio al Montone.

Le plomb obtenu contient de 40 à 50 grammes d'argent par 100 kilogrammes. La Société possède de vastes établissements pour la préparation mécanique du minerai, la production du plomb et la coupellation. La blende, qui représente les 50 pour 100 du minerai, ne donne aucun produit et y est mise simplement de côté. — *Mention honorable.*

M. FRANEL ET Cie., à Turin (Italie). — Ces messieurs ont envoyé à Londres des minerais qui alimentent la fonderie de plomb de Pertusola, dans le golfe de la Spezzia, avec un exposé du traitement de ces minerais, du plomb d'œuvre et du plomb raffiné.

La fonderie de plomb de Pertusola a été construite en 1858, mais ce n'est que vers la fin de 1860 que les travaux y ont commencé régulièrement.

Elle se compose de trois fourneaux de grillage, de sept fourneaux de fusion à réverbère, de trois fourneaux à vent (Castiglione), un d'amélioration, un de dulcification, un de revivification, de vingt et une chaudières de pattinsonnage, d'un fourneau de coupelle, et enfin de deux machines à vapeur de la force de 15 chevaux, qui mettent en mouvement les soufflets, les pompes, un monte-charge et douze cribles destinés à enrichir une partie des minerais.

Comme elle est située au bord de la mer, les navires de 3 à 400 tonneaux peuvent aborder à un port de débarquement, muni de rails et de wagons.

La mine de Salzanello, dans le val di Magra, placée à peu de distance de la fonderie et appartenant aux mêmes propriétaires, fournit à l'établissement le combustible nécessaire, c'est-à-dire un lignite d'assez bonne qualité pour que 8 quintaux, par exemple, puissent remplacer 6 quintaux de la meilleure anthracite.

La production mensuelle a été jusqu'ici de 1,000 tonnes; mais cette quantité sera bientôt portée à 2,500 tonnes, grâce à une machine à vapeur suffisamment forte qui a été établie au puits d'extraction.

La puissance de la couche varie de 1 mètre et demi à 3 mètres; elle est intercalée entre les argiles et les schistes du terrain miocénique de la basse vallée de la Magra.

Le nombre des ouvriers attachés à l'exploitation est d'environ 200. — *Médaille.*

SOCIÉTÉ SERPIERI ET BOUQUET, a CAGLIARI (ITALIE). — Voici encore une de ces exploitations de l'Italie moderne qui continuent en Sardaigne l'œuvre des Romains.

Elle expose, d'une part, des échantillons des anciennes scories de Domus-Novas et de Villamassargia, du charbon de bois des environs, employé pour la fusion, du plomb d'œuvre et des scories à rejeter; et, d'autre part, des échantillons des anciennes scories de Flumini-Maggiore, du plomb d'œuvre et des scories à rejeter.

		PLOMB.	ARGENT.
Les anciennes scories de Domus-Novas, contiennent.		0,13	0,0008
Celles de Fumini-Maggiore.		0,15	0,0006
— de Villamassargia.		0,12	0,0007
— de Grugua et Gessa.		0,42	0,0005
— de Cancnica.		0,20	
Le plomb d'œuvre provenant de la fusion des scories de Domus-Novas, contient.		0,98	0,0082
Et le plomb d'œuvre provenant de la fusion des scories de Flumini-Maggiore.		0,98	0,0063

— *Médaille.*

MM. THOMAS PATE ET FILS, a LIVOURNE (ITALIE). (Directeur de l'usine, M. le professeur BECHI). — L'exploitation de MM. THOMAS PATE ET FILS consiste en régule d'antimoine de la fonderie de San-Stephano, et du minerai de Monte-Auto.

Le sulfure d'antimoine forme dans cette mine un dike qui a traversé le terrain éocénique. Il est accompagné d'une roche quartzeuse et parfois de carbonate de chaux. Ce dernier provient des eaux thermales qui ont passé par les interstices du dike dans lesquels il s'est déposé. On y trouve aussi du minerai déplacé, mêlé à l'argile et passé à l'état d'oxyde d'antimoine. Cette circonstance a donné lieu à une exploitation de moindre importance qui se fait à ciel ouvert.

Le rendement du minerai varie de 35 à 80 pour 100. Le métal obtenu est envoyé en France, en Angleterre, en Amérique, et soutient la concurrence de tous les pays. Il est même préféré pour sa pureté à celui des autres provenances.

On emploie dans la mine douze personnes, et leur travail ne dépasse pas neuf heures par jour. Mais, dans cette exploitation comme dans la plupart des autres chantiers d'Italie, la *mal'aria* force d'interrompre les travaux pendant les quatre mois d'été.

On doit à M. le professeur BECHI, le savant directeur de l'usine de MM. Pate, différentes améliorations de procédés métallurgiques qui n'ont pas été sans influence sur la prospérité de ce bel établissement. — *Médaille.*

PORTUGAL. — M. E. DELIGNY, DISTRICT DE BEJA (PORTUGAL), expose deux échantillons de minerai de fer cuivreux. Le premier provient des mines de Serra do S. Domingos, commune de Mertola ; l'autre, de la mine de la Serra da Caveira, commune de Grandola, district de Lisbonne.

Les gîtes de cuivre et de plomb sont en telle quantité dans la province d'Alemtejo, qu'ils font de cette région une des plus riches de l'Europe.

Les grands amas de cuivre de S. Domingos, d'Aljustrel, de Grandola et de Portel, se trouvent sur la même zone métallifère que les amas de Rio Tinto, de Tarsis, etc., de la province d'Huelva, en Espagne, que sont si renommés. La partie de cette zone qui appartient au Portugal n'a pas moins de 110 kilomètres de longueur ; sa largeur n'est pas encore déterminée.

Les gîtes en filons, dont quelques-uns sont très-importants par la richesse des minerais qu'ils contiennent, sont en grande quantité, et se ramifient dans toute la province. Tous ces gîtes sont indiqués par des affleurements, en général très-bien définis, ou par des déblais énormes et par des monceaux de scories attestant avec évidence de grands travaux d'une ancienne exploitation et de traitements métallurgiques.

Toutes ces richesses minérales ont été abandonnées, oubliées même, pendant des siècles ; mais heureusement le Portugal est entré dans une période d'activité industrielle qui croîtra de plus en plus au fur et à mesure que la facilité des communications augmentera. Les deux chemins de fer actuellement en construction dans cette province résoudront en grande partie ce problème économique.

Le gîte de S. Domingos est un amas de pyrite de fer cuivreuse n'ayant pas en moyenne plus de 3, 4 et 5 pour 100 de cuivre : sa longueur est de 500 mètres, et sa largeur de 100 mètres, sa forme est celle d'une lentille dont le grand axe a la direction N. O., concordante avec des schistes profondément métamorphosés. Les fouilles des Romains y ont été opérées dans les proportions les plus vastes.

Il y a trois ans que la concession de cette mine a été donnée à une société française. Les travaux ont été entrepris avec énergie, et, l'année dernière, l'exploitation a produit à peu près 50,000 tonnes métriques de minerai qui ont été exportées en Angleterre. On s'efforce maintenant avec tout l'empressement possible de construire un chemin de fer de 18 kilomètres qui doit lier la mine avec le port de Pomarao sur la rive gauche de la rivière Guadiana, où arrivent les navires.

Quant au gîte de la Serra da Caveira, il est, pour ainsi dire, l'extrémité occidentale de l'intéressante zone métallifère dont nous venons de parler.

L'inspection du terrain et des affleurements donne une idée de sa grandeur ; mais, s'il en restait quelque doute, il ne faudrait que voir la quantité énorme de scories qui y sont rassemblées et les travaux souterrains pratiqués par les anciens, pour se convaincre de l'importance qu'ils y ont attachée. Les travaux définitifs d'exploitation de cette mine doivent commencer très-prochainement.

Le gîte est à 16 kilomètres de distance de la rivière navigable Sado, par laquelle les minerais devront être transportés à Setubal ; et la construction d'un tramway pour lier la mine avec la rivière demandera peu de frais.

Dans le district de Beja, nous mentionnerons encore la mine de Herdade de Ruy Gomez, commune de Moura, dont M. F. P. DE MENDONÇA FURTADO a envoyé un échantillon de pyrite cuivreuse.

Cette mine n'est pas encore en exploitation, elle comprend deux filons de pyrite cuivreuse dont la gangue est formée par le calcaire spathique, les schistes talqueux et une très-faible quantité de quartz. Les roches encaissantes sont les schistes talqueux et les calcaires cristallins, aux couches puissantes, en lamelles très-minces, interstratifiées dans les schistes, qui ont tous la direction N. N. O., S. S. E.

Les filons sont dirigés au N. E., S. O.

Les anciens ont aussi exploité cette mine; mais probablement les travaux n'ont pas été continués à une profondeur inférieure au niveau du halweg de la petite rivière Toitolga que les filons traversent.

Cette rivière peut fournir les eaux pour le lavage du minerai et un moteur de la force de 10 à 20 chevaux pendant une partie de l'année, qui ne dépasse pas huit mois.

La distance de cette mine à Beja ou au chemin de fer du Sud est à peu près de 50 kilomètres.

M. E. Deligny a reçu la *Médaille*.

M. J. R. TOCHA, a Evora (Portugal). — Les échantillons envoyés par cet exposant consistent :

1° En oxyde noir et rouge de cuivre, extrait de la mine d'Herdade da Moostardeira, commune d'Estremoz, district d'Evora.

On vient de commencer à exploiter cette mine. Le filon d'où proviennent ces échantillons a une puissance moyenne de 2 m.; sa direction magnétique est N. 85° E., S. 85° O.; il coupe les schistes azoïques qui l'encaissent et qui courent dans la direction générale N. 50° O., S. 50° E. Ces schistes sont argileux et ont généralement des couleurs foncées. Cette mine a été exploitée par les Romains, qui y ont laissé des traces considérables. Le gîte est à trois kilomètres de distance de la ville d'Estremoz, où doit passer le tracé du chemin de fer projeté d'Evora à Villa-Viçosa.

2° En cuivre carbonaté de Conceiçao, même district. La mine dont cet échantillon provient n'est pas encore en exploitation; mais on espère qu'en peu de temps les travaux seront commencés. La formation géologique est tout à fait la même que celle qui contient le gîte précédent.

3° En pyrite cuivreuse, en cuivre gris, en oxyde rouge et en carbonate de cuivre de Xerez et Barcos, commune de Villa-Nova, de Reguengos.

On a commencé à exploiter à Xerez et à Barcos, tout près de la Guadiana, un filon de cuivre dans la direction N. 85° E., S. 85° O., encaissé dans les granits communs. Les minerais qu'on trouve sont la pyrite cuivreuse, le cuivre gris et l'oxyde rouge de cuivre, dans des gangues formées par des argiles talqueuses, du quartz et du spath calcaire.

La longueur des affleurements est très-considérable, et la puissance du filon, reconnue à quelques mètres de profondeur, est d'un mètre. Cette mine est située près de la rivière Guadiana, et éloignée de 40 kilomètres de la ville d'Evora, ou du chemin de fer du Sud, aujourd'hui en construction très-active.

Nous trouvons encore dans l'exposition du Portugal des échantillons de minerai de cuivre provenant de mines situées dans le même district d'Evora : ce sont d'abord des pyrites de fer cuivreuses, envoyées par MM. Castro (J. J. de L. S.) et Batatha (A. L.), concessionaires de la mine d'Outeiro dos Algarez, commune de Portel.

Le gîte de Portel présente des caractères géognostiques analogues à ceux de S. Domingos, d'Aljustrel et de Grandola, et les traces des travaux anciens y sont très-fréquentes. On s'est servi dernièrement de ces travaux pour explorer le terrain, et on les continue avec activité pour arriver vite à la partie principale de l'amas. La distance de cette mine au chemin de fer de Beja est à peu près de 16 kilomètres.

Notre attention a été attirée ensuite par les minerais de cuivre de la Commission du district d'Evora, extraits de la mine de Herdade de Castello, commune d'Evora.

Autour du petit village de S. Manços, à 16 kilomètres au sud d'Evora, on voit sur un terrain très-peu accidenté une quantité considérable d'affleurements de filons de cuivre compris entre les directions E. O. et N. N. O., S. S. O., et dont la plupart ont été exploités par les Romains, au moins superficiellement.

De tous ces gîtes il n'y en a qu'un que l'on exploite sérieusement; c'est celui de Herdade de Castello. Il est formé par un grand filon dont l'affleurement, ayant 4 mètres de puissance, suit la crête d'une colline longue de 1,200 mètres. Cet affleurement est composé de quartzites considérablement imprégnés d'oxyde de fer et de carbonate et d'oxyde rouge de cuivre. On y voit très-fréquemment le sulfate de baryte et le spath calcaire, qui sont les gangues habituelles du minerai. Le filon a une direction N. 50° E., S. 50° E., et est encaissé dans le granit ordinaire à trois éléments, et très-feldspathique. Quelquefois il se présente divisé en plusieurs filons, qui s'entre-coupent, mais qui ne sortent pas des épontes. Quelques-uns de ces filons partiels présentent des concentrations métallifères très-importantes, et il n'est pas rare d'en voir de ces filons avec une puissance de 10 ^{m}. 5. composés entièrement de cuivre gris, de carbonate et d'oxyde rouge de cuivre.

Cette mine est située à 15 kilomètres de distance du chemin de fer, et la route qui y conduit est très-bonne.

L'eau n'est pas assez abondante pour servir à la préparation mécanique des minerais, et comme moteur, pour l'extraction des eaux souterraines; c'est malheureusement ce qui arrive à un grand nombre de mines de la province d'Alemtejo, dont le terrain est en général très-plat, surtout dans les deux districts d'Evora et de Beja.

Le pays n'est pas très-boisé, les pins surtout y manquent; cependant on y trouve souvent des chênaies formées en grande partie d'yeuses et de liéges, en général très-bien cultivées.

Outre ses minerais cuivreux, M. Tocha présente des échantillons de péroxyde de manganèse des mines d'Almagreira. — Ce gîte de manganèse est un amas de 30 mètres de puissance, dont on ne connaît pas toute la longueur ni même la limite en profondeur, parce que les travaux ne sont encore qu'à 25 mètres; on voit néanmoins qu'il est très-considérable. L'amas est encaissé dans les schistes azoïques talqueux et dans les quartzites qui ont uniformément la direction N. O. Tout près de là s'aperçoivent les affleurements des calcaires cristallins appartenant à la riche zone des marbres de Villa-Viçosa, de Borba et d'Estremôz. Cette mine est située à 5 kilomètres de distance de Villa-Viçosa, entre ce village et Alandroal, et à 25 kilomètres du chemin de fer.

Les gîtes de manganèse abondent dans la province d'Alemtejo. Il y en a aujourd'hui 28 de concédés ou en voie de concession.

Cette exposition contient encore plusieurs spécimens de phosphate de chaux, qui ont donné à l'analyse 84.5 pour cent de phosphate de chaux et 5.5 pour cent de phosphate de fer.—*Mention honorable.*

M. J. F. P. BASTOS, a Lisbonne (Portugal). — De nombreux échantillons de minerai de cuivre sont présentés par M. P. Bastos. Ce sont des pyrites cuivreuses, du cuivre gris, des pyrites cuivreuses avec des cristaux de cuivre gris, des pyrites de fer minéral, de cuivre gris; puis des minerais de cuivre de 1re et de 2me qualité, tels qu'on les livre à l'exportation. Tous proviennent de la mine de Palhal, commune d'Albergaria a Velha, district d'Aveiro.

C'est une des plus riches mines de cuivre que l'on connaisse actuellement en Portugal. Elle comprend quatre filons de cuivre (contenant accidentellement de la galène), dont la direction est presqu'en ligne droite, de l'Est à l'Ouest. Les roches encaissantes sont des schistes métamorphiques. L'exploitation de cette mine est très-active; on y emploie 360 ouvriers environ, dont 140 sont des mineurs : les travaux souterrains sont poussés à une profondeur de 150 mètres.

La mine a produit dès 1854, époque où les travaux commencèrent à devenir actifs, jusqu'à la fin de 1860, 5,065 tonnes mét. de minerais de toutes les qualités.

Les minerais aujourd'hui prédominants sont : la pyrite cuivreuse et le cuivre gris argentifère; et dernièrement on a rencontré plusieurs échantillons d'argent rouge (sulfo-stibiure d'argent).

Les conditions économiques de cette mine sont excellentes : la rivière Caima, qui traverse les affleurements, peut lui fournir une force motrice considérable. Le pays est de plus très-boisé, et la distance au point d'embarquement ou au chemin de fer du Nord, qui y passe, n'est que de 12 kilomètres.

M. L'INSPECTEUR DU DEUXIÈME DISTRICT DES MINES. — De nombreux échantillons de minerai de cuivre ont été envoyés par les soins de M. l'Inspecteur du deuxième district des mines, ce sont :

1° Des pyrites de fer cuivreuses provenant de la mine de S. Joao de Deserto.

Cette mine appartient au même genre que la mine de S. Domingos; mais les caractères des affleurements, selon l'avis de plusieurs ingénieurs, sont tels, qu'ils font espérer que non-seulement le gîte sera un des plus vastes, mais aussi un des plus riches qui soient aujourd'hui connus.

La trace d'énormes travaux, dûs aux Romains, y est marquée presque à chaque pas par des puits et des galeries, et par une quantité extraordinaire de scories.

Aljustrel est à 30 kilomètres de distance de Beja, où doit arriver très-prochainement le chemin de fer du Sud : le terrain y étant très-plat, il sera facile de le faire alors communiquer avec la mine, au moyen d'un tramway. La mine est aujourd'hui abandonnée.

2° Des cuivres gris de Saint-Estevão, commune de Siles, district de Faro. La mine dont ils proviennent appartient à une zone métallifère très-importante qui comprend plusieurs gîtes de cuivre exploités anciennement par les Romains, et situés dans les communes de Siles et de Loulé. On tâche maintenant de reconnaître ces gîtes, surtout ceux de Saint-Estevão, de Vendinha et d'Alte, lesquels, par l'excellente qualité des minerais, composés presque exclusivement de cuivre gris et contenant quelquefois du cuivre natif, sont dignes de l'attention des industriels.

3° Des pyrites cuivreuses provenant de la mine de Palhal, déjà mentionnée dans le compte rendu de l'exposition de M. BASTOS; 4° des cuivres panachés de la même mine; 5° des cuivres gris, des pyrites cuivreuses et des cristaux d'argent rouge, encore de la même mine. L'échantillon de minerai d'argent est le premier qu'on ait rencontré dans cette mine.

6° Des pyrites cuivreuses de Grugeira, commune de Moura, district de Beja. Cette mine est située près de la frontière d'Espagne (province de Huelva), à 10 kilomètres au S. O. de Moura. Il y existe un filon dirigé au N. 50° E., enveloppé de gangues formées de quartz et de spath calcaire et ferrique, et encaissé dans les schistes talqueux et calcaires cristallins dont la direction est N., N. O., S., S. E.

7° Du minerai de cuivre avec ses gangues, de la mine de Herdade de Castello, commune d'Evora, déjà décrite.

8° Du minerai de cuivre de la mine de Vinhas Velhas, commune de Villa Viçoza. Cette mine est comprise dans une large zone métallifère qui, se dirigeant entre les quadrants de N. O. et S. E., embrasse une grande partie des communes de Villa Viçoza, Alandroal et même une partie des terrains des communes environnantes. Les roches encaissantes sont représentées par des schistes azoïques de couleurs foncées et des calcaires cristallins appartenant probablement aux étages inférieurs du silurien inférieur; sa direction N. 30° E. (magn.) concorde avec la direction de tous les affleurements métallifères et avec la disposition orographique des accidents principaux du terrain. Les travaux d'ancienne exploitation y ont été fort importants, et l'on rencontre fréquemment sur les déblais des morceaux de minerai de cuivre de bonne qualité, comme des pyrites cuivreuses, du cuivre gris et du cuivre carbonaté. On n'a pas encore fait des recherches suivies pour constater l'importance de ce gîte.

9° Des pyrites cuivreuses de la mine de Moutinho, commune de Reguengos. Ce gîte, composé d'un filon très-bien défini de $1^m.5$ de puissance, est encaissé dans les granites communs. Mais les conditions économiques de l'exploitation de cette mine ne sont pas des meilleures : il n'y a pas de moteur hydraulique, et le bois n'abonde pas. Cependant l'importance du gîte doit engager à entreprendre des travaux. Sa distance d'Evora est à peu près de 30 kilomètres.

10° Du minerai de cuivre, de la pyrite cuivreuse, du carbonate de cuivre, et de l'oxyde rouge de cuivre, de Valle d'Arrabaca, commune de Villa Viçoza. Les travaux de recherches entrepris dans cette mine sont aujourd'hui arrêtés.

11° Des pyrites cuivreuses de la mine d'Outeiro dos Algeres, commune de Portel, déjà décrite.

12° Une tête de filon de cuivre de Daroeira, commune d'Alcoutim, district de Faro. Les travaux nécessaires à la reconnaissance de ce gîte sont en voie d'exécution.

13° De l'oxyde rouge et du carbonate de cuivre, des mines de Fouté dos Barbaços, commune de Mertola, district de Beja, qui sont également en travaux de recherches.

14° Du cuivre gris, du cuivre natif, et du carbonate de cuivre de la mine de Vendinha, commune de Loulé, district de Faro.

15° De l'oxyde d'étain provenant des mines de Rodas de Marão, commune d'Amarante, district de Porto.

On trouve sur la partie centrale du grand massif de la Serra do Marão, à deux lieues au N. E. d'Amarante, des schistes cristallins représentés par des schistes micacés, maclifères et amphiboliques

I.   12 sensiblement tourmentés par l'énorme éruption des granites porphyroïdes qui se présentent si puissamment sur les lignes de faîte, et sur les penchants de cette montagne, et qui affleurent sur une grande partie de la surface de la province de Minho.

Les schistes suivent la direction N. 30° O., et sont coupés par des filons de quartz stannifère qui ont une épaisseur variant de $0^m.5$ à $0^m.05$. Le plus important de ces filons, sur lequel sont entrepris des travaux, a la direction N. 20° E. (magn.); il est très-régulier et d'une puissance de $0^m.5$; les salbandes sont talqueuses et micacées : l'oxyde d'étain s'y trouve très-souvent associé, tandis que d'autres fois il est disséminé dans la masse quartzeuse. Cette mine est en exploitation, mais d'une manière peu active.

M. L'INSPECTEUR DU DEUXIÈME DISTRICT DES MINES, et M. GEORGES CROFT ont exposé des fers oxydulés magnétiques, provenant des mines d'Algueidão da Serra, commune de Porto de Mos, district de Leiria. On trouve des filons de ce minerai aux environs de Porto de Mos, sur les montagnes de Serro Ventôzo et Alqueidão da Serra, compris dans les mêmes formations de la période jurassique qui encaisssent le charbon de Batatha. Ces gîtes ne sont pas en exploitation. La distance moyenne au port de mer de S. Martinho est de 50 kilomètres à peu près. Le pays est très-boisé, surtout du côté de la mer, où se trouve une forêt nationale de 25 kilomètres de longueur et de 5 de largeur.

COMPAGNIE MINIÈRE DE LA PERSÉVÉRANCE, A PORTO (PORTUGAL).

Les échantillons d'étain qui figurent dans l'exposition portugaise appartiennent à cinq exposants :

L'INSPECTEUR DES MINES DU NEUVIÈME DISTRICT présente de l'oxyde d'étain, provenant de Rodas de Marão, commune d'Amarante, district de Porto;

M. JOÃO GOMEZ ROLDAN : également de l'oxyde d'étain, de la mine de Paranhos, commune de Toudella, district de Vizeu;

M. R. PERES DE COSTA : de l'oxyde d'étain et de l'étain, des mines de Paredès et de Paradella, district de Bragança;

M. C. GARCIA : des produits semblables, de la mine de San Martinho d'Anguiera, commune de Miranda do Douro, même district;

Et LA COMPAGNIE MINIÈRE DE LA PERSÉVÉRANCE, de l'oxyde d'étain, de la mine de Rebordoza, commune de Paredès, district de Porto. — Tous ces exposants ont obtenu la *Mention honorable.*

La mine de Rodas de Marão se trouve sur la partie centrale du grand massif de la Serra do Marão, à deux lieues au N. E. d'Amarante. Des schistes cristallins se présentent sur les lignes de faîte et sur les penchants de cette montagne et affleurent sur une grande partie de la surface de la province du Minho.

Leur direction est N. 30° O.; ils sont coupés par des filons de quartz stannifère. Le plus important de ces filons sur lequel se poursuivent des travaux, est très-régulier; les salbandes sont talqueuses et micacées; et, comme dans les mines de la Serra do Marão, on y trouve souvent de l'oxyde d'étain, soit associé aux filons, soit répandu dans toute la masse quartzeuse. Cette mine est en exploitation très-peu active.

Le gîte de Paranhos est encaissé entre des schistes cristallins, et principalement entre des schistes talqueux et amphiboliques, qui se dirigent du N. O. au S. E., et qui, avec les schistes micacés, forment une zone de 4 kilomètres de largeur tout au plus, et de 15 kilomètres de longueur, le long des granites porphyroïdes. Les filons de quartz stannifère se dessinent sur cette zone, et tantôt ils suivent la stratification des schistes, tantôt ils la coupent.

Cette mine est dans de très-bonnes conditions pour être exploitée. La partie principale du gîte est située sur une colline, au bas de laquelle des deux côtés coulent deux petites rivières qui peuvent fournir l'eau nécessaire pour le lavage du minerai et le moteur indispensable pour l'extraction, de même que pour l'épuisement des eaux. Outre ces avantages, le pays est très-boisé et il serait facile d'y faire la réduction du minerai. La distance du gîte au chemin de fer du Nord est de 60 kilomètres à peu près.

Les mines d'étain de Paredès, de Paradella et San Martinho d'Angueira sont très-remarquables par la richesse de leurs gîtes respectifs et par les conditions économiques qui en rendent l'exploitation très-facile. Ces gîtes reposent sur des schistes cristallins qui s'étendent sur une largeur de 6 kilomètres à une distance très-considérable, et pénètrent en Espagne. Les filons qui affleurent sur le terrain dans les endroits cités sont nombreux. Ils ont tous la direction N. 60° E., S. 60° O. Ces filons sont de quartz stannifère et ont des puissances de 1 à 80 centimètres.

Nonobstant la richesse de ces gîtes, ils n'ont pas été exploités d'une manière très-régulière; on n'a fait que piocher à la surface les affleurements des filons, en général bien métallisés. Ils sont situés dans un terrain très-accidenté, ce qui permet, dans la plupart des cas, de pouvoir en exploiter une grande partie, en employant pour l'épuisement des eaux des galeries d'écoulement ouvertes à différents niveaux sur le penchant des montagnes. Les eaux elles-mêmes y sont en quantité suffisante pour la préparation mécanique du minerai, et si le bois de construction n'est pas très-commun dans le pays, il s'obtient cependant à un prix raisonnable. Les bruyères pour faire du charbon y sont très-abondantes.

A Rebordoza, petit village situé à 23 kilomètres de distance au N. E. de Porto, se trouve la limite des granites porphyroïdes de la Serra do Marão. Il parait que postérieurement à son éruption ce granite a été traversé par un autre granite très-fin, très-feldspathique, contenant de l'amphibole et de l'oxyde d'étain en grains et quelquefois en cristaux très-réguliers. C'est un amas de ce genre qui s'exploite à Rebordoza, il a 65 mètres de longueur N. S. et 30 mètres de largeur moyenne. Le minerai s'y trouve ou parfaitement mélangé avec tous les éléments du granite, ou accumulé en quelques points de l'amas. L'exploitation de cette mine a lieu sur une très-petite échelle.

La COMPAGNIE MINIÈRE DE LA PERSÉVÉRANCE expose aussi des minerais de sulfure d'antimoine provenant de Valongo, district de Porto.

Il y a deux mines d'antimoine à Valongo, petit village situé à deux lieues au N. E. de Porto. Ces deux mines prennent les noms de Mine de Ribeiro da Igreja et Mine de Valle d'Ache, des localités où elles sont situées. A Ribeiro d'Igreja on exploite deux filons d'antimoine. La mine est justement sur le penchant de l'extrémité nord de la Serra de Santa Justa, où se voient de grands travaux des Romains. On ne sait pas encore avec certitude quel était l'objet de leur exploitation, parce que les filons ont été entièrement vidés jusqu'à une grande profondeur, mais il y a lieu de croire qu'ils ont exploité des filons de quartz aurifère qui coupaient le faite de la montagne couronnée par des quartzites.

L'exploitation de ces mines n'a pas encore une grande importance. — *Mention honorable.*

M. D. M. FEWERHEERD, A OPORTO (PORTUGAL).

Les échantillons présentés par M. FEWERHEERD sont nombreux, ils se composent :

1° De pyrites cuivreuses et d'oxyde noir de cuivre provenant de la mine de Telhadella. Le gîte de Telhadella, composé aujourd'hui de trois filons de cuivre, est constitué minéralogiquement et géognostiquement de la même manière que ceux de Palhal, district d'Aveiro, et il est probable qu'il deviendra aussi riche. Ses conditions économiques sont, du reste, tout à fait les mêmes. Il y a un an environ qu'il est en exploitation.

2° De galènes provenant des gîtes de Braçal, de Coval da Mó, de Moinho da Pena et de Telhadella.

La concession de Braçal comprend deux gîtes de plomb, Braçal et Malhada, qui sont exploités séparément.

Celui de Malhada est certainement le plus riche; on exploite trois filons d'une puissance moyenne d'un mètre, où il n'est pas rare de voir des renflements de 2 à 3 mètres de puissance, et de minerai pur. La teneur moyenne de minerai dans les filons est de 25 pour 100.

Les filons de Malhada, ainsi que ceux de Braçal, ont des directions comprises entre la ligne E. O. et le N. O., S. E.; ils sont encaissés dans les schistes talqueux et quartzeux qui constituent une partie considérable des terrains montagneux des deux côtés de la rivière Vouga.

Cette exploitation est très-active depuis 1840; aujourd'hui la profondeur des travaux dans les deux gîtes est de 90 mètres, près de 380 personnes y sont occupées.

La préparation des minerais s'y fait mécaniquement, et à l'aide des meilleurs procédés en usage aujourd'hui dans le Harz. Les opérations métallurgiques ont lieu tout près de la mine; on vient d'y construire de nouveaux fourneaux pour l'extraction du plomb, et un atelier pour l'extraction de l'argent par le procédé Pattinson.

La galène de ces gîtes n'a que 1/40ᵉ d'argent. Il en a été extrait dans les trois dernières années 2,700 tonnes, à peu près, qui ont produit 1,750 tonnes métriques de plomb.

La mine de Coval da Mó contient les prolongements occidentaux des gîtes de Braçal et Malhada. On commence à l'exploiter; mais l'excellent caractère des filons découverts et sa bonne disposition sur le terrain montagneux rendent plus que probable une exploitation avantageuse.

Celle de Moinho da Pena n'est connue que très-superficiellement; cependant le caractère des filons est assez bon et invite à entreprendre des travaux plus profonds; l'on s'en préoccupe actuellement. Cette mine est dans des conditions très-favorables. La rivière Caima, qui traverse les affleurements, peut fournir de l'eau nécessaire pour tous les besoins. Le bois de pin abonde dans la localité et le point d'embarquement sur la rivière est à 2 kilomètres et demi de distance. Le chemin de fer du Nord n'en sera éloigné que de 12 kilomètres. En général, la galène de cette mine est très-argentifère.

Enfin M. Fewerheerd expose des blendes ou sulfure de zinc provenant des mêmes localités. — *Médaille.*

RUSSIE. — LES HÉRITIERS YAKOVLEF, GOUVERNEMENT DE PERM. — La richesse minérale de la Russie se concentre principalement dans les monts de l'Oural.

Ce n'est que sous Pierre le Grand que l'exploitation des mines a commencé à acquérir de l'importance en Russie; mais c'est surtout sous l'empereur Alexandre Iᵉʳ et depuis le règne actuel que l'administration de cette branche si importante de la fortune du pays a été améliorée et régularisée.

Les principaux produits du règne minéral en Russie sont le sel, le fer, le cuivre, l'argent et l'or. — Les produits secondaires, quant à la quantité exploitée jusqu'à présent, sont le salpêtre, le plomb, l'étain, le platine.

Le minerai de fer se rencontre dans une grande partie de la Russie; mais les mines principales se trouvent dans les gouvernements de Perm, d'Orenbourg et de Wiatka. Le gouvernement de Perm fournit à lui seul plus des trois quarts de la production totale. On trouve encore du minerai de fer en Finlande, dans les gouvernements de Wladimir, de Tambow, de Kalougda, dans celui d'Olonetz, où le minerai de fer se trouve en très-grande abondance dans les marais, et enfin dans le gouvernement de Nijni-Novgorod; mais ces mines n'ont qu'une importance secondaire.

En somme, dans ces dernières années, la production de la fonte en Russie a été, en moyenne, de 16 millions de pouds[1].

Cette production est minime pour un aussi immense empire que la Russie et pour les besoins d'une population de 67 millions d'habitants. Les fers sont, d'ailleurs, excellents et propres à tous les usages; mais leur prix très-élevé les rend inaccessibles pour les usages ordinaires. Ce qui contribue le plus à cette cherté, c'est surtout la concentration des mines aux extrémités de la Russie d'Europe et la grande distance qui les sépare des principaux marchés intéressés; aussi cet article de nécessité première, dont le bas prix est une des conditions principales du progrès de l'industrie, est-il pour les populations agricoles un objet de luxe. En Russie comme en Pologne, plus des neuf dixièmes des roues de charrettes et voitures de transport ne sont pas ferrées, et, sauf ceux des équipages de luxe, tous les essieux sont en bois.

L'usine des HÉRITIERS YAKOVLEF est située dans le gouvernement de Perm. La mine d'exploitation, désignée sous le nom d'Alapaef, produit annuellement 8,000 tonnes de fonte, dont 2,900 tonnes sont transformées en belle tôle, polie et non polie, et le reste en barres de fer forgé. La fabrication se fait à l'aide de moteurs hydrauliques.

Les tôles exposées par les héritiers Yakovlef sont irréprochables. Elles valent, les tôles polies, de

[1] Le poud vaut 16 k. 37.

815 fr. 40 c. à 1,127 fr. 05 c. la tonne, et les tôles noires, de 766 fr. 10 c. à 1,092 fr. 80 c.— *Médaille*.

L'ADMINISTRATION DES USINES DE PERM, DISTRICT DE PERM (RUSSIE). — L'exposition des usines de Perm se compose de quinze échantillons de minerai de cuivre.

La production du cuivre en Russie excède les besoins de la consommation intérieure; les principales mines de cuivre se trouvent dans les monts Ourals et Altaï, en Finlande et en Géorgie; mais c'est encore le gouvernement de Perm qui occupe le premier rang pour l'importance de ses produits.

Les échantillons exposés par l'ADMINISTRATION DES USINES DE PERM sont fort remarquables et méritent d'être tous énumérés.

1° Roche sableuse contenant du cuivre vert, provenant de la mine d'Ivano-Romanovsky. — Richesse : 3 1/2 pour 100.

2° Roche sableuse, contenant du cuivre vert, provenant de la mine de Popowka.—Richesse : 2 p. 100.

3° Roche sableuse, contenant du cuivre vert, provenant de la mine de Voskresensk. — Richesse : 1 1/5 pour 100.

4° Roche sableuse, contenant du cuivre vert et bleu, provenant de la même mine. — Richesse : 3 pour 100.

5° Roche sableuse, contenant du cuivre vert, provenant de la mine de Sviato-Troïtzk. — Richesse : 3 pour 100.

6° Roche sableuse, contenant du cuivre vert et des pépites de fer, provenant de la mine de Lissenkovsky. — Richesse : 3 pour 100.

7° Roche mamelonnée, contenant du cuivre vert et bleu, provenant de la mine de Nijne-Choorash. — Richesse : 3 1/2 pour 100.

8° Roche mamelonnée, contenant du cuivre vert et bleu, provenant de la mine de Voskressensk. — Richesse : 4 1/2 pour 100.

9° Roche sableuse, contenant du cuivre vert, provenant également de la mine de Voskressensk. — Richesse : 2 pour 100.

10° Roche sableuse, contenant du cuivre vert, provenant de la même mine. — Richesse : 1 1/2 pour 100.

11° Marne rouge, avec cuivre vert, de la mine d'Ivano-Romanovsky. — Richesse : 1 1/2 pour 100.

12° Marne crayeuse, avec cuivre vert, provenant de la même mine. — Richesse : 1 1/2 pour 100.

13° Marne noire crayeuse, avec grains vitrifiés de cuivre, de la mine de Voskressensk. — Richesse : 1 1/2 pour 100.

14° Carbonate de chaux et sable avec cuivre vert, provenant de la mine de Voskressensk. — Richesse : 2 pour 100.

15° Minerai mamelonné de cuivre, avec fossiles végétaux, provenant de la même mine. — Richesse : 3 1/2 pour 100. — *Médaille*.

M. PASHKOF (A) et M. PASHKOF (M. V.), GOUVERNEMENT D'ORENBOURG. — On peut réunir ces deux expositions dans le même article. Les exposants portent le même nom, les produits sont semblables et proviennent également du gouvernement d'Orenbourg.

M. A. PASHKOF exploite la mine de cuivre de Bogoyarlensk. Dix-huit échantillons de minerais appartenant à différents points de cette mine en indiquent sommairement la richesse. Viennent ensuite sept échantillons de pépites de cuivre de la mine de Korgarlinski, un échantillon de calcaire employé dans a fusion du métal, un spécimen de scories, provenant des hauts fourneaux; un spécimen de lignite, quatre spécimens de scories et un échantillon de charbon de bois.

La production métallurgique s'obtient généralement en Russie à l'aide de charbon de bois, qui malheureusement ne se trouve pas toujours dans le voisinage des mines.

Outre ces matières premières, l'exposition de M. A. PASHKOF contient du cuivre en lingot, du cuivre en feuilles d'une malléabilité extrême, et du cuivre tréfilé d'une remarquable finesse ; elle est d'autant plus intéressante qu'on peut y suivre le cuivre dans toutes ses transformations industrielles.

La *Médaille* a été décernée à M. A. PASHKOF.

M. M. V. PASHKOF exploite, lui, les mines de Preobrajensk, et il expose comme spécimens de produit des tôles de cuivre planées et non planées.

La feuille de cuivre plané, qui pèse 6 kil. 95, vaut 28 fr. 50 c.

La feuille de cuivre non plané, qui pèse 7 kil. 36, vaut 27 fr. 90 c.

Enfin, une feuille de cuivre laminée, de 460 grammes environ, vaut 5 fr. 98 c.

Ces prix donnent une idée des prix du cuivre ouvré en Russie.

M. M. V. PASHKOF a aussi reçu la *Médaille*.

La MÉDAILLE a également été accordée dans cette section : A MM.

ROYAUME-UNI. — CRAWSHAY ET Cⁱᵉ, A CINDERFORD : Minerai de fer. — LILLESHALL ET Cⁱᵉ, A SHIFFNAL : Minerai de fer. — LES MAITRES DE FORGES D'ÉCOSSE, A GLASGOW : Minerai de fer. — COMPAGNIE DES MINES DE CUIVRE DE VIGRA ET DE GLOGAN : Minerai d'or.

NOUVELLE-GALLES DU SUD. — COMPAGNIE DE L'AGRICULTURE AUSTRALIENNE : Minerai d'or.

NOUVELLE-ZÉLANDE. — BANQUE DE LA NOUVELLE-ZÉLANDE : Minerai d'or.

OTAGO. — M. HOLMES : Minerai d'or et vues des exploitations.

NOUVELLE-ÉCOSSE. — GOUVERNEMENT PROVINCIAL : Minerai d'or.

AUSTRALIE DU SUD. — COMPAGNIE DES MINES DE KAPUNDA : Minerais de cuivre. — COMPAGNIE DES MINES DE WALLAROO : Minerais de cuivre. — COMPAGNIE DES MINES WHEAL ELLEN : Minerais de galène.

VICTORIA. — BANQUE DE LA NOUVELLE-GALLES DU SUD : Spécimens de minerais d'or. — COMPAGNIE DES MINES BLACK-HILL : Quartz aurifère. — M. BURKITT : Analyses des gîtes aurifères. — MM. CLARK ET FILS : Minerai d'or. — COMPAGNIE DES MINES DE CLUNES : Minerais d'or. — BANQUE COLONIALE D'AUSTRALIE : Minerais d'or.

AUTRICHE. — LE PRINCE DE SCHWARZENBERG, A PRAGUE : Minerais de graphite.

PRUSSE. — LA SOCIÉTÉ ANONYME DE STOLBERG, A STOLBERG : Minerais de plomb et de zinc. — LA SOCIÉTÉ D'ESCHWEILER, A STOLBERG : Minerais de fer, zinc et plomb.

SECTION IV. — ENGRAIS, OUTILS ET APPAREILS D'EXPLOITATION ET D'EXTRACTION DES MINES.

ROYAUME-UNI. — M. CALOW, A STAVELEY. — L'appareil de M. CALOW, destiné à arrêter la cage dans les puits de mines, si le câble vient à se rompre, consiste en deux membrures verticales entre lesquelles glisse la cage; sur les côtés se trouvent deux coulisseaux qui embrassent lesdites membrures; le chariot, plein ou vide, est placé sur une plaque de fer munie de rails, de manière qu'à la descente il puisse être poussé sans difficulté sur la voie ferrée de la mine. Cette cage est traversée par quatre axes, reliés entre eux par quatre leviers articulés, qui soutiennent les uns le chariot, les autres la cage. Lorsque le système s'enlève, la cage glisse dans les membrures en éloigne par le jeu des leviers huit crampons ou pinces. Mais si la traction cesse un instant, ou plutôt si le câble vient à se rompre, les leviers, n'étant plus tendus, reviennent à leur place, et les huit crampons viennent solidement s'arc-bouter contre les membrures conductrices; la charge se trouve alors immédiatement arrêtée au point où la rupture du câble a eu lieu.

Ce système, quoique n'étant pas essentiellement nouveau, présente l'avantage de ne pas être basé sur un mécanisme susceptible de se déranger. — *Mention honorable.*

M. J. W. GREAVES, a Port-Madoc (Royaume-Uni), expose des produits ardoisiers provenant des belles carrières de Port-Madoc, et une machine à tailler les ardoises qui paraît devoir rendre d'éminents services à cette industrie.

L'appareil peut indifféremment fonctionner à bras ou à l'aide d'un mouvement mécanique. Il est composé d'un axe aux extrémités duquel sont fixées deux roues, reliées entre elles par deux lames hélicoïdes, qui, dans leur mouvement de rotation, forment guillotine. Sur une arête du rebord extérieur on place l'ardoise à façonner, et chaque rotation de l'axe fait passer alternativement les deux lames sur les bords de la pièce maintenue sur cette arête. — *Médaille.*

FRANCE. — MM. POUGNET et Cⁱᵉ, a Landroff, Moselle. — Le cuvelage pour les puits d'extraction de houille, dont M. Pougnet présente un dessin et un modèle, a quatre mètres de diamètre. Il est à dix-huit faces, revêtues à l'intérieur de matières en fonte culées les unes contre les autres. Sur les faces extérieures un ingénieux travail de picotage a pour but d'empêcher le filtrage des eaux derrière le cuvelage.

Le dessin représente la section du puits d'extraction de la mine de Carling. Le puits a traversé 142 mètres de grès vosgien et 58 mètres 60 centimètres de nouveau grès vierge avant d'arriver au terrain houiller, qui est exploité en ce moment sur une hauteur totale de 6 mètres 12 centimètres. — *Médaille.*

M. KIND, a Paris (France). — La médaille décernée à M. Kind est la juste récompense des beaux travaux exécutés sous ses ordres pour le forage du puits artésien de Passy-Paris.

Une coupe géologique des terrains traversés, les outils et les appareils employés dans le forage, et un dessin du chantier des travaux, donnent une juste idée de l'œuvre accompli par M. Kind.

Le forage, après avoir traversé la coupe supérieure du sol, descend à 45 mètres de profondeur dans une enveloppe en maçonnerie; plus bas sont des tubes qui pénètrent dans des argiles jaunes et grises, dans des galets calcaires et dans la grande couche des craies sillonnées par des silex pyromaques; ils arrivent ensuite à une marne grise pyriteuse, puis à une marne également pyriteuse dans laquelle on a rencontré des débris fossiles; de là ils pénètrent une marne noirâtre et une première couche aquifère non jaillissante, puis une nouvelle couche de marne noire, et arrivent enfin à 586 mètres 50 de profondeur dans la deuxième couche aquifère. C'est de là que l'eau jaillit.

Voici textuellement un extrait du journal de l'habile ingénieur. Il donne la mesure de sa persévérance.

« Le sondage étant parvenu à 528 mètres, un éboulement considérable survint à la partie supérieure du puits, les tuyaux en tôle qui retenaient provisoirement les argiles et les sables furent tous écrasés et le puits fut totalement bouché. Il ne fallut pas moins de trois années d'un travail lent, opiniâtre et dangereux pour se rendre maître des éboulements et accomplir les travaux de consolidation qui ont permis de mener à bonne fin l'entreprise. »

Le puits de Passy a 1 mètre de diamètre; il fournit 12 millions de litres d'eau par 24 heures.

M. Kind a fait également un puits de recherche au Creuzot pour M. Schneider, qui a été poussé avec son système jusqu'à 930 mètres de profondeur. Il est l'inventeur d'un système de sondage à l'aide duquel on peut forer des puits de 2 à 4 mètres de diamètre servant à l'exploitation des mines. Des puits de ce diamètre forés avec son système existent en Belgique et en Allemagne. Dans ce moment, on en fore un sous sa direction dans le département de la Moselle. — *Médaille.*

MM. MULOT et DRU, a Paris (France). — La plupart des outils et des instruments pour le sondage et l'exécution des puits artésiens et des puits de mines qui composent la belle panoplie de MM. Mulot et Dru sont déjà connus, et leur exécution mérite toujours les plus grands éloges. Les assemblages à vis et les encliquetages sont faits avec un soin, une précision dignes de la réputation de cette maison.

Outre les outils déjà connus, MM. Mulot et Dru exposent un modèle d'appareil percusseur à chute libre, dit appareil à axe libre et fondé sur le principe de l'inertie; ce modèle est destiné à enrichir la collection déjà si intéressante du Conservatoire des Arts et Métiers de Paris. — *Médaille.*

MM. DEGOUSÉE et LAURENT, a Paris (France). — Leurs outils, leurs tubes et leurs appareils de sondage sont toujours d'une exécution mathématiquement parfaite. La collection d'instruments est complète; on y suit pas à pas l'histoire des nombreux progrès qu'ils ont fait faire à l'art des sondages.

Parmi leurs différents appareils on remarque surtout leur sonde à chute. Elle se compose d'un trépan, relié par une coulisse munie de cliquets dentés avec la sonde, qui se trouve placée au-dessus. Quand on relève la sonde, le trépan monte jusqu'au point extrême de sa course, se désenclique et retombe sur le sol à percer. Si au contraire on abaisse la sonde, ses dents s'engagent avec celles qui sont placées à l'extrémité du trépan, et le trépan se trouve alors soulevé pour retomber de nouveau. — *Médaille.*

MM. le baron de ROSTAING et BEAUDOUIN frères, a Paris (France). — Ces messieurs présentent des poussières métalliques obtenues par un procédé entièrement nouveau.

On verse un métal en fusion sur un plateau de terre réfractaire auquel une force quelconque imprime un mouvement giratoire. Le métal est projeté à distance en particules dont la ténuité peut être très-grande.

En même temps que ce métal subit cette division mécanique, il éprouve de la part du milieu qu'il traverse des modifications qui peuvent conduire à des résultats importants.

On obtient ainsi la décarburation de la fonte et sa conversion en acier. — *Médaille.*

RUSSIE. — **M. RACHETTE. a Niznetegilsk (Gouvernement de Pern).** — Un remarquable modèle de haut fourneau est présenté par M. le major général Rachette.

Ce fourneau, d'une forme particulière, est employé au traitement de toutes sortes de minerais, principalement du fer et du cuivre, à la refonte des divers métaux et à la fabrication de l'acier fondu, qu'on obtient par l'emploi direct du minerai. La chaleur est même assez élevée pour fondre le platine et le nickel. Il ne s'agit pour ces derniers métaux que de diminuer les dimensions du fourneau et de changer quelques dispositions intérieures.

Ce nouveau système, employé depuis six ans à Nischne, à Fagilsk et à Bogoslovsk, offre les avantages suivants : distribution régulière du minerai lors des charges, disposition des tuyères qui, en accélérant la fusion, donne une économie notable dans l'emploi du combustible, échauffement de l'extérieur à l'intérieur à l'aide d'un foyer sous-sol rationnellement établi.

Un fourneau Rachette destiné au traitement des fontes doit avoir huit mètres d'élévation, et huit heures suffisent pour réduire et carboniser les minerais les plus riches, tels, par exemple, que ceux de fer magnétique.

La moyenne de production de fonte, traitée au charbon de bois, dans un fourneau Rachette, est de 20 à 30,000 kilogrammes par vingt-quatre heures. Ce chiffre est susceptible d'augmenter considérablement par l'application de l'air chaud aux souffleries. Quant à l'économie du combustible résultant de son emploi, elle peut être évaluée à 15 pour 100.

On peut complétement établir un fourneau Rachette en l'espace de deux mois et demi ou de trois mois, et il peut être mis en œuvre 12 semaines après sa construction; tandis qu'un fourneau construit d'après l'ancien système réclame six mois de dessiccation avant qu'on puisse y mettre le feu. Les frais de construction ne dépassent pas 3,500 ou 4,000 roubles, soit 14 ou 16,000 francs.

Outre ce haut fourneau, M. Rachette expose un modèle de fourneau pour le traitement des minerais de cuivre, d'argent, de plomb, d'étain et de zinc. — *Médaille.*

La médaille a également été accordée :

ROYAUME-UNI. — A MM. BICKFORD SMITH et Cⁱᵉ, a Cornwall : Fusées de sûreté. — COURAGE et Cⁱᵉ, a Flintshire : Procédé d'extraction. — DAGLISH, a Durham : Fourneau ventilateur. — GOWANS, a Édimbourg : Ventilateur pour mines. — HIGGS et FILS, a Penzance : Lampe de sûreté. — MERSEY

STEEL AND IRON C°, A LIVERPOOL : Mode de transport du charbon par eau. — MICHELL, A CORNWALL : Fourneau pour la fonte de l'étain. -- SCHNEIDER, HANNAY ET Cie, A BARROW IN TURNESS : Modèles de hauts fourneaux. — WOOD ET DAGLISH, A DURHAM : Ventilateur pour houillères.

NOUVELLE-GALLES DU SUD. — M. LOW : Modèle de machine à extraire l'or de la roche.

VICTORIA. — MM. LES COMMISSAIRES DE L'EXPOSITION DE VICTORIA : Différents engins pour l'extraction de l'or.

BELGIQUE. — MM. CAIL, HALOT ET Cie, A BRUXELLES : Machine à laver le charbon.

ITALIE. — MM. RICCORDI : Machine électro-magnétique pour séparer le minerai de fer de celui de cuivre.

PRUSSE. — SOCIÉTÉ MANUFACTURIÈRE DE STADTBERGER, A ALTENA : Traitement du minerai de cuivre.

SUÈDE. — MM. ADELSWAERD, BARON S. E, A ATVIDABERG : Procédés pour la fonte du cuivre.

SECTION V. — PRODUITS MÉTALLIQUES PROVENANT DU TRAITEMENT DU MINERAI DANS LES USINES.

ROYAUME-UNI. — BLAENAVON IRON AND COAL C°, MONMOUTHSHIRE, *Offices, à Londres*, 16, *Can-non-street, et à Paris*, MM. Marshall et Cie, 76, *rue de la Victoire.* — Une des expositions les plus remarquables de la partie anglaise est sans contredit celle de la COMPAGNIE DES FERS ET DES CHARBONS DE BLAENAVON, dont la spécialité est la fabrication des fers employés à la construction des ponts et des bâtiments civils.

Dans cette exposition, deux pièces étonnent par leur dimension; car elles n'ont pas moins de 12 mètres 90 de longueur. On y remarque également des bandages pour roues de locomotives et de wagons, qui résonnent sous le marteau comme de véritables cloches. Ces bandages faits en spirales sans soudures, procédé employé pour la fabrication des canons Armstrong, puis martelés et laminés, acquièrent de grandes qualités de résistance et de dureté.

BLAENAVON fabrique les bandages avec les mêmes procédés brevetés, employés par la maison Petin, Gaudet et Cie, de France, qui ont valu aux produits similaires de ce grand établissement une réputation spéciale. Elle expose également des gueuses de fonte, des fers en T et en |—|; des cornières et d'autres articles intéressants. Tous ces produits ont un grain et une fibre d'une homogénéité parfaite.

Les forges et les hauts fourneaux de Blaenavon Iron C° produisent par semaine de 600 à 700 tonnes de fontes de fer à l'air froid et, selon les besoins, une quantité égale de fer laminé. Le nombre des ouvriers employés est de 4,000.

BLAENAVON IRON AND COAL C° a obtenu la médaille de première classe à l'Exposition universelle de Paris, en 1855. — *Médaille.*

WEARDALE IRON C°, A DURHAM ET A LONDRES (ROYAUME-UNI). — Dans ce vaste établissement le fer prend toutes les formes. Son exposition se compose de fontes, de fers de roulage, de fers en rubans et en barres, pour chaudières et pour roues. Le minerai est extrait des mines de WEARDALE et provient d'un terrain carbonisé qui renferme des calcaires. Ces mines ont 15 milles de l'est à l'ouest, et 6 à 7 milles du nord au sud. Elles sont presque toutes de même nature : le fer carbonaté y domine. Dans quelques parties les bouleversements de la nature ont chassé l'acide carbonique et l'ont remplacé par l'oxygène; il en est résulté du peroxyde de fer hydraté.

La COMPAGNIE DES FERS DE WEARDALE présente également des spécimens d'un acier dit *blanc d'argent*, qui est malléable et ne peut être employé comme l'acier ordinaire. — *Médaille.*

I.

BOWLING IRON C°, a Bradford (Royaume-Uni). *Gérants à Londres* : MM. Macnaught, Robertson et Craig, 5, *Bankside.* — *Offices* : 14, *Cannon-street*, E. C. *et A Paris*, 55, *rue de Douai.*

Les produits présentés par la Compagnie des Fers de Bowling sont d'une perfection hors ligne; et, le fer, sous la main des hommes habiles qui la dirigent, semble se prêter de lui-même à l'empreinte et au façonnement réclamé par les ouvrages les plus divers.

Quoique très-modeste d'apparence, son exposition n'en est pas moins une des plus complètes; car on y peut suivre le métal depuis son origine jusqu'aux dernières transformations. Les couches combustibles y tiennent la première place. On y voit les spécimens des charbons qui sont spécialement employés pour la fabrication du coke ou utilisés à l'état de houille dans les fourneaux à courant d'air forcé, des cokes fabriqués à l'air libre pour le service des mêmes fourneaux, puis des cokes destinés à l'affinage. Ces houilles sont d'une qualité exceptionnelle.

A la suite des houilles et des cokes, la Compagnie Bowling Iron expose des minerais de fer portant son nom, des minerais grillés, des pierres calcaires de Skipton, employées comme flux dans les hauts fourneaux à air froid, et des échantillons de fonte à grains brillants, homogènes et réguliers, que l'on croirait même d'une fabrication toute spéciale, s'il n'était pas notoire que l'usine de Bowling n'a jamais exposé que des échantillons de sa fabrication courante.

Il faut aussi mentionner avec éloge des fers affinés fabriqués avec de la fonte; des barres de fer façonnées, depuis un diamètre de 12 millimètres jusqu'à un diamètre de 0,185; des barres carrées laminées, depuis 8 millimètres jusqu'à 0,175 millimètres; des barres laminées nouées à froid; des barres de fer percées de trous en forme d'anneaux, dont le nombre varie de deux à neuf, et qui ont un diamètre de 25 à 262 millimètres, enfin des clous de chaudières martelés et des rivets de toutes sortes.

On admire également une plaque de fer de 75 millimètres d'épaisseur, qui a été sciée dans l'axe des rivets; ceux-ci ont 37 millimètres de diamètre et 11 centimètres de longueur. Quelles que soient ces dimensions, leur recuit est d'une telle perfection que l'on ne parvient pas à distinguer qu'un morceau de fer étranger a pris la place du fer de la plaque à river.

Tous ces spécimens sont, du reste, brisés à leurs extrémités, courbés ou noués à froid, afin qu'il n'y ait aucun doute sur la force de ductilité du métal, sur la qualité de son grain et sur le nerf de sa fibre.

Bowling Iron C° occupe 4,500 ouvriers. Elle a fait établir pour ses besoins 52 kilom. 526 mètres de chemins de fer, et percer un tunnel de 455 mètres. Le capital engagé est d'environ 25 millions de francs. L'extraction de charbon est de 5,000 tonnes par semaine, dont la moitié est consommée sur place pour les besoins de la Compagnie.

Bowling Iron C°, a obtenu, à l'Exposition universelle de Londres, en 1851, *prize medal*, et à Paris, en 1855, la médaille de 1re classe. En 1862, le jury lui a décerné la *Médaille.*

BUTTERLEY C°, a Alfreton (Royaume-Uni). — Il suffit, pour donner une idée de cette usine importante, de citer quelques-unes des pièces qu'elle expose.

C'est d'abord du fer laminé pour voussure de pont, de 45 pieds anglais de longueur, sur une épaisseur de 6 pouces, avec une courbe de portée de 6 pouces ¼. Puis deux plaques à blinder les grands navires de guerre : ces plaques ont chacune 14 pieds anglais de longueur sur 5 pieds de largeur et 4 pouces ½ d'épaisseur, elles pèsent ensemble 12 tonnes. Une pièce encore bien remarquable, c'est une solive dite *de tête*, en fer laminé, de 12 pouces anglais d'épaisseur et de 3 pieds de haut. La longueur de cet échantillon n'est que de 9 pieds 3 pouces; mais l'usine en fabrique d'une longueur de 30 à 60 pieds, selon les demandes. Nous citerons aussi une plaque de fer laminé pour plancher, de 31 pieds 6 pouces anglais de long, d'une largeur de 7 pieds et d'une épaisseur de 2 pouces ⅔. Cette pièce pèse 7 tonnes. — Une autre plaque de fer laminé de 12 pieds 9 pouces anglais de long, de 7 pieds 6 pouces de large et d'un pouce ¼ d'épaisseur. — Une lame de fer laminé d'un pouce anglais d'épaisseur, d'un pied de hauteur et de 85 pieds de longueur. — Enfin un rail de 5 pouces ¦ anglais d'épaisseur sur 117 pieds de long. Ce sont là des travaux de géants.

L'usine de BUTTERLEY jouit en Angleterre d'une grande réputation. — *Médaille.*

DOWLAIS IRON Cᵒ, A DOWLAIS. — La COMPAGNIE DES FERS DE DOWLAIS possède l'établissement de la Grande-Bretagne qui produit les plus grandes masses de fonte et de fer pour les constructions civiles. Son exposition se compose d'une collection de fer en I d'une largeur de 22, de 30 et de 50 centimètres sur une longueur de 10 et de 18 mètres.

L'usine de la COMPAGNIE DES FERS DE DOWLAIS ne compte pas moins de 18 fourneaux au coke; elle a le mérite de vendre à bon marché, sans que la qualité de ses produits en souffre. — *Médaille.*

MERSEY STEEL AND IRON Cᵒ, A LIVERPOOL. — La spécialité de la COMPAGNIE DES FERS ET DES ACIERS DE MERSEY est la fabrication de pièces de grande dimension particulièrement applicables aux membrures des frégates cuirassées. Ses procédés de laminage sont tels, que peu d'établissements peuvent rivaliser avec elle pour la perfection des pièces comme pour leur bon marché.

On remarque parmi ses produits un immense villebrequin destiné à un navire de 1,550 chevaux de force. Cette pièce capitale a 50 centimètres de diamètre sur 9 mètres de long, et pèse de 24 à 25 tonnes.

MERSEY expose également une armure pour blindage de navire de 21 pieds 5 pouces anglais de long sur 6 pieds 3 pouces de largeur et de 5 pouces ¦ d'épaisseur. Son poids est de 13 tonnes. On se fait difficilement une idée du travail qu'il y a dans la mise en œuvre d'une pareille pièce, dont la superficie est de 138 pieds. — *Médaille.*

M. J. BROWN ET Cᵒ, A SHEFFIELD, présente également deux magnifiques spécimens en fer laminé pour blindage de navire. Le premier de 6ᵐ,60 de long sur 1ᵐ,27 de large et 16 centimètres d'épaisseur; pèse 12 tonnes 12. Le second offre une longueur de 7ᵐ,32 sur 1ᵐ,40 de large, avec 13 centimètres d'épaisseur; il pèse 7 tonnes 17. La fabrication de ces nouveaux produits préoccupe aujourd'hui toutes les grandes usines métallurgiques du monde. — *Médaille.*

MONK BRIDGE IRON Cᵒ, A LEEDS (ROYAUME-UNI). — Cette usine fabrique principalement des poutres et des poutrelles pour les tabliers des ponts et pour des constructions analogues.

Outre ce genre de produits, elle expose un fort beau bandage de roues de locomotive; ce bandage a 3 mètres 66 centimètres de diamètre et pèse 748 kilogrammes. — *Médaille.*

EBBW VALE Cᵒ et PONTYPOAL Cᵒ, A NEWPORT (ROYAUME-UNI). — La roche minérale exploitée par ces Compagnies est une sidérose connue sous le nom de fer carbonaté ou fer spathique. Elle a un aspect lithoïde; sa texture est variée. Les fontes qui en proviennent sont fort belles, à grains homogènes et à cassure brillante. Les échantillons de minerai et de fontes sont accompagnés de rails de chemins de fer, de tôles de toutes épaisseurs et de quelques échantillons de fer-blanc.

Comme spécialité, les établissements de EBBW VALE Cᵒ et PONTYPOUL Cᵒ présentent des rails accouplés, c'est-à-dire en deux morceaux juxtaposés. Cette disposition laisse un vide intérieur qui en allège d'autant le poids, sans rien retirer de leur force; les intersections sont reliées par deux bandes de fer boulonnées. Ce rail n'a qu'un seul champignon; la partie inférieure est méplate et se fixe sur le bois de soutènement. — *Médaille.*

COMPAGNIE DES FORGES DE KIRKSTALL, A LEEDS (ROYAUME-UNI). — Quoique très-peu nombreux, les spécimens de l'usine de KIRKSTALL n'en sont pas moins des plus dignes d'attention et d'étude. Ce sont des bandages de locomotives, des roues de wagons, des cornières et des essieux. Ces divers objets sont présentés en double exemplaire, les uns dans l'état ordinaire de leur service, les autres après avoir subi des pressions énergiques à froid et y avoir cédé, sans cependant éprouver de rupture.

Les forges de KIRKSTALL produisent non-seulement des fers d'un emploi usuel, mais elles fabriquent également des machines à vapeur, des grues de toutes forces, des treuils pour les fardeaux les plus lourds et des marteaux-pilons à vapeur d'action simple et d'action double.

Pour ces différentes machines-outils, voir classe 7. — *Médaille.*

PARKSIDE MINING C⁰, a Whitehaven. La Compagnie des Mines de Parkside exploite spécialement les minerais de fer hématite du Cumberland. Ce fer, mélangé aux fontes d'Écosse, donne des produits d'excellente qualité, avec lesquels on fabrique des tôles, des fers-blancs et des fers destinés aux laminoirs. Les fondeurs reconnaissent si bien aujourd'hui les avantages qui résultent des mélanges de l'hématite grise, blanche, marbrée, ainsi que du métal raffiné, que presque tous en font usage et ne reculent pas devant les frais de transport. — *Médaille.*

MM. ROBINSON WATTER et Cⁱᵉ, a Tipton. — Les tôles, les fers-blancs et les fers galvanisés, exposés par cette maison, sont des produits tout à fait hors ligne, surtout les tôles fines.

Une fabrication nouvelle, qui ne peut manquer d'avoir du succès, est celle des feuilles de fer galvanisé et ondé pour les toitures; déjà un grand nombre de constructions légères se couvrent ainsi, et le fer galvanisé semble pouvoir lutter avantageusement avec le zinc dans l'édification de la plupart des constructions civiles. Il faut pourtant que l'expérience dise si la tôle ainsi préparée résistera autant à l'usage et à l'oxydation. — *Médaille.*

M. SMITH, a Dudley. — L'immense vitrine où sont disposés les produits de l'usine de M. Smith renferme des barres polies en fer homogène qui, suivant leur grosseur, donnent très-purement, sous le choc, les sons gradués de la gamme musicale; des pièces de tôle laminées à froid pour chaudières, pièces essayées par sir Thomas Fairbain, et qui ont résisté à une pression de 51 tonnes par pouce carré; des rails, des barres plates, carrées, rondes, en T, en I; des fers cristallisés, des fers pour pistons, pour grosses et petites chaînes; du fer papier, des tôles polies, des fers cassés, pour que le grain en soit visible, et des fers pliés à froid, pour qu'on juge de la pureté de leur fibre. Enfin, une barre carrée de 1 pouce ½ anglais de côté, qui a supporté une tension de 64 tonnes ½ sans fléchir, quoique la chaîne d'essai se soit brisée deux fois pendant l'expérience. — *Médaille.*

MM. TAYLOR FRÈRES et Cⁱᵉ, a Leeds. — Les fers et surtout les bandages de roues de locomotives exposés par MM. Taylor frères sont d'une exécution parfaite.

A côté de ces bandages s'en trouvent de semblables, qui ont été écrasés et courbés à froid, pour permettre de juger de leur force, de leur ténacité et de leur ductilité.

Outre les bandages, cette exposition comprend des fers puddlés et affinés, et des fers pour canons de fusil et d'autres emplois industriels. — *Médaille.*

FARNLEY IRON C⁰, près Leeds. — En outre des rails, qui sont sa spécialité, la Compagnie des Fers de Farnley, fabrique plus de 47 numéros de cornières, des fers en T, des essieux et des bandages.

Son exposition, des plus complètes, est composée d'échantillons des houilles et des cokes employés dans l'usine, de scories de ses hauts fourneaux, de fers affinés et puddlés, de 48 échantillons de rails de divers modèles, de fers en barres, de fers ronds, de fers pliés, noués et courbés à froid, pour montrer leur excellente qualité. — *Médaille.*

Le DIRECTEUR DE LA COMPAGNIE DES MINES DE CUIVRE D'ANGLETERRE, Glamorganshire — Les produits de cette grande usine sont répartis dans plusieurs classes, et se rencontrent notamment dans la cinquième.

Parmi ceux qui appartiennent à la 1ʳᵉ classe, il faut citer des cuivres en lingots, des cuivres en barres et en feuilles; des rails de cuivre que l'on emploie particulièrement dans les magasins à poudre, parce qu'ils offrent moins de dangers pour les cas de combustions spontanées et dont ils fabriquent de semblables avec un alliage de cuivre et de zinc.

La Compagnie fait aussi des rails de fer, des charpentes de fer pour les ponts, de 21 à 30 mètres de longueur, et des tubes en fer dits tubes du Canada.

Pendant la manipulation du métal, elle extrait des produits chimiques qui sont le naphte miscible (esprit pyroxylique) et diverses couperoses.

Cette exposition comprend encore des blocs d'étain épuré et un alliage de fer et d'étain qui peut, suivant M. Robert Dunlop, directeur de l'usine, servir à l'étude des calculs, par la combinaison mécanique des deux métaux. — *Médaille.*

MM. BELL frères, a Newcastle-on-Tyne. — Les seuls produits d'aluminium qui figurent dans la section anglaise appartiennent à MM. Bell frères. Ils sont très-beaux et d'une étude intéressante. Les visiteurs y admirent surtout un beau casque en aluminium, une pendule en bronze d'aluminium non doré, dont les figurines sont en aluminium mat, et plusieurs statuettes, qui laissent peut-être à désirer au point de vue artistique.

La pièce capitale de cette exposition est une coupe d'environ 35 centimètres de diamètre sur 25 centimètres de profondeur, et d'une épaisseur d'un vingtième de millimètre. Jamais on n'avait plus ingénieusement et plus délicatement donné la preuve de la malléabilité de l'aluminium.

Cette exposition est complétée par plusieurs appareils de mathématique et d'optique, par de l'aluminium pur, des lingots, et par la collection des sels dérivés du nouveau métal. — *Médaille.*

MM. JOHNSON, MATTHEY et Cie, Londres. — La vitrine de MM. Johnson et Matthey contient une fortune en platine.

Le travail des appareils destinés aux manipulations chimiques s'efface devant la masse des blocs accumulés dans un si petit espace.

Le centre est occupé par un lingot obtenu à l'aide des procédés de M. Deville de l'Institut de France; il pèse 100 kilog. et vaut 96,000 francs; il ne mesure cependant que 20 centimètres de long sur 10 de large et 15 de haut. « J'ai assisté, dit M. Saint-Clair Deville, à la préparation de cette pièce. Elle a été fondue dans un four en chaux vive, à l'aide du gaz de l'éclairage et de l'oxygène. M. Matthey a employé pour cette grande opération les gazomètres qui lui servent ordinairement à fondre des lingots de 20 à 25 kilogrammes, et ayant pour cette fois remplacé le manganèse ou l'acide sulfurique, matériaux usuels de la préparation de l'oxygène par le chlorate de potasse, M. Matthey a osé à la fois et sans précautions décomposer 22 kilogrammes de chlorate mélangé à son poids de peroxyde de manganèse. La rapidité du dégagement gazeux a été prodigieuse; mais pourvu que les tubes abducteurs soient suffisamment larges, il n'y a réellement aucun risque d'explosion, il n'y a même pas augmentation sensible de pression dans les appareils. »

La vitrine contient aussi des spécimens des différents métaux, ainsi que les sels dérivés qui résultent de la manipulation du minerai du palladium, du chlorure d'or, du cassium, du perchlorure de palladium, de l'iridium, de l'or, de l'argent, de l'osmium et du silicium. — *Médaille.*

EAST INDIA IRON Co (Inde). — Bien que le génie britannique y soit pour beaucoup, et que la matière première, abondante et d'excellente qualité dans le pays, demande peu d'efforts pour être mise en œuvre, les progrès industriels réalisés dans l'Inde n'y sont pas moins très-dignes d'éloge. Les produits de la Compagnie des fers de l'Inde orientale en sont la preuve.

C'est de la coutellerie, qui peut rivaliser avec celle de Sheffield en Angleterre, de Thiers et de Nogent, en France; c'est de la taillanderie, comparable à celle des meilleures fabriques de nos fils de fer; des aciers, fabriqués à l'aide des procédés Bessemer; des tôles, des gueuses d'un grain parfait; des rails, qui ne le cèdent en rien à ceux faits en Europe; des canons de fusil et des sabres, aussi bien exécutés que ceux de nos usines. — *Médaille.*

LE COMITÉ EXÉCUTIF de la Colombie. — Quoique peu nombreuse, la collection minéralurgique du comité exécutif de la Colombie est intéressante.

La principale richesse de cet envoi consiste en trente-six échantillons de pyrite de cuivre, et en deux spécimens des houilles, des ardoises, du granite, des carbonates calcaires, du grès et du jaspe du pays.

Comme produits manufacturés se rattachant à la première Classe, nous signalerons également de belles briques d'une fabrication excellente. — *Médaille.*

BANQUE DE L'AUSTRALIE, a Victoria (Possessions anglaises). — La Banque de l'Australie n'a pas voulu rester en arrière du mouvement général imprimé aux colonies par l'annonce de l'Exposition de la mère patrie : elle a envoyé son or. La vitrine qui renferme les nombreux échantillons du précieux métal a la valeur d'un riche trésor. Ce sont des quartz aurifères, de l'or d'alluvion et des lingots d'argent trouvés dans la gangue aurifère.

Parmi les échantillons d'or d'alluvion, on remarque surtout un morceau d'or qui ne pèse pas moins de 10 kilogrammes 444 grammes ; ce bloc a été trouvé à 130 mètres de profondeur par la Compagnie Koh i Noon.

Outre ces merveilleux spécimens, plus de 80 échantillons de pépites, de différentes provenances, sont réunis dans des bocaux ; au milieu desquels se trouvent des lingots, dont un est évalué 21,260 francs, et une coupe d'or d'un bon travail supportée par un tronc de palmier, autour duquel l'artiste a représenté allégoriquement les éléments industriels du pays : le chasseur, le cultivateur et le chercheur d'or. — *Médaille.*

M. KNIGHT, à Victoria. — La pyramide en bois doré exposée par M. Knight représente la quantité d'or exportée de Victoria du 1ᵉʳ octobre 1851 au 1ᵉʳ octobre 1861. Cette masse serait, suivant l'exposant, de 1,793,995 livres, ou 812,680 kilogrammes, représentant un cube de 1,492 pieds et demi anglais et la somme énorme de 104,649,728 livres sterling.

En 1836 la population de Victoria était de 177 personnes, en 1861 elle était de 540,322 personnes ; dont 328,651 du sexe masculin.

La superficie territoriale de Victoria est de 86,831 milles carrés ou 3,993,840 acres, 419,592 sont en culture, le reste est livré aux chercheurs d'or. — *Médaille.*

FRANCE. — MM. OESCHGER MESDACH et Cⁱᵉ, à Biache-Saint-Waast. — Cet établissement, fondé en 1847, comprend aujourd'hui deux usines situées à Biache (département du Pas-de-Calais). L'une est destinée à la fonderie du minerai de cuivre et au laminage, l'autre à la fonderie du minerai de plomb. On compte dans la première 3 fourneaux à réverbères, 1 four à manche, 8 laminoirs et 12 découpoirs monétaires. Une force de 80 chevaux met en œuvre tout ce matériel. La seconde renferme 3 fours à réverbères, 4 fours d'agglomération, 2 fours à dulcifier, 1 four de coupelle, 3 fours à manche, 14 chaudières à désargenter et diverses machines-outils, telles que souffleries, cylindres, broyeuses... Le tout est mis en mouvement par 24 chevaux de force. Cent cinquante ouvriers font marcher les différents appareils de fabrication de chacune de ces usines.

Année moyenne, les fonderies de Biache livrent à la consommation pour environ :

        2,700,000 fr. de cuivre.
        1,200,000 fr. de plomb.
          200,000 fr. de litharge.
        1,000,000 fr. de zinc laminé.
          900,000 fr. d'argent et d'or fin.

Soit ensemble une production de   6,000,000 de francs.

Pour y suffire elles consomment 10,000,000 de kilogrammes de houille et 600,000 kilos de coke.

Parmi les objets exposés, il convient de citer des échantillons de minerai de plomb argentifère, d'argent, de cuivre, d'étain, de litharge et de minium ; des lingots de plomb et de cuivre, des feuilles de cuivre et de zinc ; des fonds de coupelle d'argent, des flans de monnaie et des carbonates de plomb provenant de la transformation du plomb.

Cette maison, qui en 1855 a reçu la médaille de 1ʳᵉ classe, s'est occupée depuis de mettre en pratique régulière une méthode nouvelle de traitement. Cette méthode permet aux propriétaires de mines de tirer parti de leurs minerais, sans être forcés d'installer un matériel coûteux, qui ne peut souvent s'acquérir sans des fonds dont l'exploitation minière peut avoir besoin. — *Médaille.*

M. LÉTRANGE et Cⁱᵉ, à Paris. — Cette maison dispose de trois usines.

Dans la première, située à Saint-Denis, on fabrique spécialement du zinc et l'on y lamine mensuellement de 300 à 450,000 kilos de ce métal. La force motrice nécessaire à ce travail est de 150 chevaux. La seconde, située au Havre, est affectée à la fabrication du cuivre rouge et de ses alliages. Les pièces qui sortent de cette usine sont particulièrement destinées aux constructions navales et à la réparation des navires. Dans la troisième, située à Romilly, on manipule également le cuivre et ses divers alliages.

Cette dernière usine, qui passe pour une des plus considérables de France, contient des martinets mus par la vapeur et par l'eau, des laminoirs, une tréfilerie, une étirerie de tuyaux et un atelier de chaudronnerie, dans lequel se construisent des foyers de locomotives et des conduits de machines. Tout y est mis en œuvre par 400 chevaux de force hydraulique et par 30 chevaux de force vapeur.

Les affaires de la maison LÉTRANGE s'élèvent annuellement au chiffre de 6 à 7 millions.

La beauté des produits et leur perfection lui ont mérité, en 1855, une médaille de 1re classe, à Rouen une médaille d'or, à Nantes une médaille d'honneur.

Les produits exposés cette année sont supérieurs encore à ceux qui ont été présentés par M. LÉTRANGE aux Expositions précédentes. — *Médaille.*

MM. JAMES JACKSON ET FILS ET Cie, A SAINT-SEURIN-SUR-L'ILE (FRANCE). — La spécialité de cette usine est la fabrication des aciers par le procédé Bessemer. Les spécimens exposés sont irréprochables : ce sont des ressorts de voitures, des cuirasses et des canons. A côté de ces objets se trouvent des essieux de wagons et d'autres produits analogues, puis 21 modèles d'acier rond, 26 d'acier plat, 27 d'acier carré et 17 d'acier méplat.

L'excellente fabrication de cette maison a déjà été constatée en 1855. — *Médaille.*

MM. DE DIETRICH ET Cie, A NIEDERBRONN. — Les produits de cette maison, une des plus importantes de France, et à laquelle on doit savoir gré de ne pas s'être abstenue, sont rangés avec un art parfait. Elle présente de beaux spécimens de fonderie sans retouche en fonte de première fusion ; une plaque également en fonte de première fusion, d'une longueur de 2 mètres 57 centimètres, et d'une largeur de 65 centimètres sur une épaisseur de 5 millimètres. Cette plaque ne pèse que 58 kilogrammes. Des aciers puddlés, des pièces de mécanique d'une grande beauté de forme, exécutées mathématiquement, et, entre autres, des bandages de roues de locomotives et une roue en fer, type de celles qui ont été adoptées par la compagnie du chemin de fer de Lyon.

La chaudronnerie de Niederbronn en fonte émaillée est également au grand complet. C'est là une fabrication qui depuis bien longtemps jouit d'une grande réputation. Les candélabres placés aux deux angles de cette exposition sont d'une fort belle fonte. — *Médaille.*

MM. DESMOUTIS, CHAPUIS ET QUENNESSEN, A PARIS. — En 1855, nous avons mentionné d'une manière toute particulière les produits présentés à l'Exposition universelle de Paris par ces savants et habiles fabricants ; car ils témoignaient déjà de l'impulsion qu'ils avaient su donner à l'industrie du platine, et de l'importance commerciale acquise par ce métal entre leurs mains.

A Londres, l'étude de l'Exposition de MM. DESMOUTIS, CHAPUIS et QUENNESSEN corrobore l'exactitude de ces faits, et démontre en outre que, depuis 1855, soit comme main-d'œuvre, soit comme élaboration chimique, cette maison n'a été qu'en progressant.

Leur vitrine renferme une grande quantité d'objets manufacturés, et, d'après les renseignements qu'a bien voulu nous fournir M. JOACHIM, qui en dirige la fabrication, ils présentent d'assez grandes difficultés d'exécution. Ce sont des bouteilles d'une seule pièce, de petits appareils à fabriquer l'acide fluorhydrique, des cornues, des creusets, des capsules et des tubes de toutes grosseurs, sans aucune soudure ; du platine en plaques et en fils étirés et laminés aux dernières limites, ainsi que des instruments destinés aux arts et aux sciences.

La pièce capitale de cette Exposition est un vaste appareil pour la concentration de l'acide sulfurique. Son poids est de 45 kilogrammes et sa contenance de 300 litres. Ce vase, dont la majeure partie est en platine fondu par une méthode nouvelle, au moyen du gaz oxy-hydrogène, est remarquable autant par sa confection irréprochable que par sa bonne combinaison et son nouveau mode d'alimentation. Les accessoires de cet appareil, au nombre desquels il faut citer un double collet, un chapiteau, un siphon à double branche (tubes sans soudures), un robinet perfectionné, un flotteur et un pèse-acide, sont également d'un grand intérêt.

MM. Desmoutis, Chapuis et Quennessen se sont également signalés par les progrès qu'ils ont faits dans la production des métaux à l'état de pureté et d'alliages. Leur vitrine renferme aussi une collection complète de métaux dérivés du platine obtenus à l'aide des travaux chimiques qu'ils exécutent sur une grande échelle depuis nombre d'années. Ce sont le palladium, en différents états; l'iridium fondu, métal d'un blanc éclatant, forgé et laminé; le rhodium, également forgé et laminé en feuilles et étiré en fils; l'osmium, en grande quantité, à l'état de sels, d'éponge et de métal; et enfin le ruthénium, métal si rare jusqu'alors. Ces deux métaux sont obtenus, purs aussi bien qu'alliés avec le platine, et même dans des proportions qui constituent un métal complétement inattaquable à l'eau régale. Le ruthénium, exposé en notable quantité et accompagné, comme ses voisins, de ses combinaisons chimiques, offre un intérêt pour la science à cause de sa nouveauté, et pour le commerce à cause de ses propriétés, qui le rendent employable en alliages avec le platine, comme nous l'a démontré M. Chapuis, celui des associés de la maison chargé de la partie chimique à l'usine qu'elle possède à Grenelle-Paris. — *Médaille.*

MM. CHAPUIS Frères, a Paris. — Le platine, dont l'existence a peut-être été soupçonnée des anciens, n'est réellement connu que depuis 1748. En 1826, on n'en consommait en France que 129 kilogr.; depuis, il est devenu un des plus précieux métaux que puissent employer dans certaines opérations importantes, non-seulement la chimie délicate, mais encore la grande chimie industrielle.

MM. Chapuis frères auront aussi contribué singulièrement à la purification si difficile de ce métal. Depuis l'exposition de 1855, ils sont parvenus, à l'aide de procédés ingénieux, à éliminer entièrement de sa substance les plus petites parcelles d'iridium, de rhodium et de palladium. Aussi la perfection des objets fabriqués par eux est-elle extrêmement remarquable, et y a-t-il un intérêt scientifique dans l'étude de leur exposition. Leur grand appareil de platine sans soudures, pour la concentration de l'acide sulfurique à 66 degrés, est composé d'une chaudière, d'un chapiteau et de son allonge, d'un siphon à une branche, de godets avec raccords et d'un robinet à clef garnie en or, avec brides en bronze platiné couleur de platine massif; cette disposition est excellente, elle empêche de craindre l'oxydation des brides et constitue un important perfectionnement pratique.

MM. Chapuis frères ont, à côté de ce grand modèle, un modèle beaucoup plus petit, monté de même, avec siphon à deux branches. Ils ont aussi un siphon avec un seul godet, pour la décantation des matières d'or et d'argent. Ce siphon est muni d'un robinet qui ferme et ouvre simultanément le courant à amorcer et le courant d'air. C'est encore là une amélioration remarquable introduite dans la fabrication de ces appareils. L'un des godets se trouve supprimé, il devient impossible que l'ébullition soulève les clefs et le désamorçage ne peut se produire. En outre, il y a dans cette construction une assez grande économie de métal, qui, au prix du platine, abaisse sensiblement le prix de revient.

On remarque encore dans l'exposition de MM. Chapuis Frères des cornues pour acide fluorhydrique, des creusets, des capsules, et les divers instruments et petits appareils de platine qui sont en usage dans la chimie analytique. Ils portent tous le cachet d'une fabrication intelligente et distinguée.

MM. Chapuis exportent une partie de leurs produits. — *Médaille.*

MM. DUPONT et DREYFUS, a Ars-sur-Moselle. — Les produits de MM. Dupont et Dreyfus sont en si grand nombre qu'on a été obligé de les disséminer.

C'est d'abord une riche collection de fer en I, en T et en T triple pour solives et poutres, dont les dimensions sont de $0^m,018$ et de $0^m,260$. Leur longueur varie entre 16 et 26 mètres. Le fer en I de 16 mètres de long et de $0^m,260$ de large pèse 1,000 kilogrammes.

Viennent ensuite des cornières de 80 à 100 mètres de long, des plaques de fer de 6 centimètres d'épaisseur sur 75 centimètres de largeur, du poids de 2,000 kilos, des fers ronds laminés, des essieux, des boîtes à roues alésées avec réservoirs à graisse à serpentin, des roues en fer et un cordon de fer de $0^m,015$ de diamètre contourné à froid en spirale, d'une longueur de 100 mètres.

Les beaux produits de cet établissement sont spécialement consacrés aux constructions civiles. — *Médaille et décoration de la Légion d'honneur* à M. Dreyfus.

M. MORIN et Cie, a Nanterre (France). — En 1855, l'aluminium faisait son entrée dans le monde de la science et de l'industrie sous la forme de quatre échantillons de mince valeur : une petite cuiller à café, une timbale, un timbre et un mouvement de montre. On se rappelle l'étonnement produit par l'apparition de ce nouveau métal, dont la pesanteur ne dépasse pas 2,56 du poids de l'eau distillée, tandis que le fer pèse 7,78, le cuivre 8,95, l'argent 10,47, l'or 19,36 et le platine 21,53. Il est tenace, dur et rigide ; il subit parfaitement bien le travail du laminoir et de la filière ; il ne s'oxyde pas, avantage considérable, et, si l'on en excepte l'acide chlorhydrique, les acides n'ont aucun effet sur lui. Combiné en fils avec le cuivre, il forme un alliage qui raye le verre et casse comme l'acier.

M. Morin semble avoir eu à cœur de réunir dans l'espace qui lui a été concédé, l'histoire matérielle de tous les progrès réalisés depuis 1855. La série qu'il a formée est complète, et l'on n'y peut signaler de lacune. En commençant par la base de la production, c'est-à-dire par les roches dans lesquelles se rencontre le précieux métal, on trouve, en outre, du minerai d'aluminium, de la cryolithe du Groënland, des fluoners doubles d'aluminium, des lingots, et enfin des objets façonnés, tels que des statuettes, des casques, des boucliers, des pendules. Avec l'aluminium amené à l'état de bronze, M. Morin fabrique des couteaux, des sabres, des plaques laminées. Enfin l'aluminium se tréfile au point qu'on en peut faire de la dentelle. Il peut aussi remplacer l'argent sur les plaques métalliques et servir à la fabrication d'excellents réflecteurs. Aujourd'hui, grâce aux procédés nouveaux que la science met en usage, l'aluminium ne vaut plus que 150 francs le kilogramme, et le bronze d'aluminium n'est coté que 15 francs. — Médaille et Croix de la Légion d'honneur.

FRANCE. — MM. MARGUERITTE et LALOUEL DE SOURDEVAL, à Paris. — L'aciération {du fer par des procédés plus prompts et plus économiques a été, dans ces dernières années, le but des recherches d'un grand nombre de savants. — L'industrie ne se contente plus de la substitution du fer à la fonte dans la fabrication de ses engins ; leur nombre, toujours croissant alors que les espaces se rétrécissent, l'oblige à y remplacer maintenant, partout où faire se peut, le fer par de l'acier, pour en diminuer le poids et le volume sans rien leur faire perdre de leur force.

MM. Margueritte et Lalouel de Sourdeval ont présenté à l'Exposition de Londres des aciers cémentés et des aciers fondus par des procédés nouveaux dont ils sont les inventeurs, et ils avaient joint à leur exposition des outils fabriqués avec de ces aciers. Le Jury International, appréciant le mérite des procédés de fabrication et la beauté des produits obtenus, a décerné à ces messieurs la Médaille.

En 1860, MM. Margueritte et Lalouel de Sourdeval ont pris un brevet d'invention pour un mode de fabrication des cyanures de potassium, de sodium et de barium. L'emploi des cyanures dans la cémentation exerçant, comme chacun sait une grande et heureuse influence sur la qualité de l'acier, ces chimistes pensèrent que leurs procédés pourraient être utilement appliqués à sa fabrication, ils en recherchèrent les moyens, et, en avril 1861, ils prenaient un nouveau brevet pour s'assurer :

1° l'aciération du fer au moyen des cyanures de potassium, de sodium et de barium préparés d'après leurs procédés ;

2° la préparation de l'acier fondu, par la calcination au contact de l'azote d'un mélange de fer divisé ou de minerai, de charbon et de carbonate de baryte ;

3° l'aciération directe du fer dans son minerai. Cette dernière transformation s'obtient par le passage d'un courant de gaz ammoniac sec sur un même mélange de minerai de fer, de charbon et de baryte.

Plus tard, MM. Margueritte et Lalouel de Sourdeval ont appliqué la chaux pour combattre les parties sulfureuses contenues dans le fer et celles qui viennent s'y fixer pendant qu'il est soumis au feu ; et en le calcinant au milieu d'un mélange de chaux et de houille dans lequel la houille, suivant sa qualité, n'entre que pour 15 à 30 pour 100, ils ont obtenu simultanément l'épuration, l'affinage et la cémentation du fer.

Ce même procédé, dont un brevet leur garantit la propriété, est applicable à l'affinage ou à l'épuration de la fonte.

Enfin, par un dernier brevet, MM. Margueritte et Lalouel de Sourdeval se sont assuré la fabrication

I.

de l'acier au moyen des limailles, tournures et déchets de fer de toute espèce, dont jusqu'alors on n'avait su tirer aucun parti avantageux.

Ces résultats, successivement obtenus, témoignent du haut savoir et de la persistance apportés par MM. MARGUERITTE ET LALOUEL DE SOURDEVAL dans leurs recherches, et les rendent dignes de la récompense qui leur a été décernée.

AUTRICHE. — ASSOCIATION INDUSTRIELLE POUR L'EXPLOITATION DU FER, A PRAGUE. — L'Association expose : Houille, cokes, minerais de fer caicaires, fer brut, objets de fonte, objets forgés et roulés, fer laminé, etc. etc. Sa production a été, en 1861, de :

Houille	6,954,000	quintaux.
Cokes	686,731	—
Minerais de fer	1,403,280	—
Fer brut au coke	379,294	—
Id. au charbon de bois	103,427	—
Fonte	46,859	—
Rails pour routes ferrées	206,750	—
Tyres et essieux	1,110	—
Fer roulé pour le commerce, qualités ordinaires et fines	44,481	—
Pièces de machines forgées	524	—
Fer laminé pour chaudières	10,330	—
Tôle —	12,326	—
Id. (en caisses de 150 livres)	6,355	—
Id. étamée	5,687	—

L'exploitation des usines de l'Association, qui emploie 5,000 ouvriers, comporte : 21 puits d'extraction de houille, — 43 puits d'extraction de minerai de fer, — 212 fourneaux à coke, — 8 fourneaux pour griller les minerais de fer, — 6 hauts fourneaux à coke, — 6 hauts fourneaux à charbon de bois, etc., etc., etc.

Les ateliers comprennent : 73 feux de forge, 52 appareils de tour, 21 machines à forer, 5 machines à levier, sans compter d'autres appareils auxiliaires. Les forces disponibles sont : 68 machines à vapeur de la force totale de 2,164 chevaux, avec 113 chaudières, et 9 roues à eau équivalentes à 212 chevaux de force. — *Médaille.*

ADMINISTRATION DES MINES ET DES FORÊTS DE L'AUTRICHE. — Les produits présentés sont des rails, des plaques de fer, des fontes, des fers puddlés et des fers spathiques. Un beau plan de la magnifique usine où tous ces produits sont travaillés y est joint.

Parmi ces spécimens, les uns sont dans leur état normal, d'autres ont subi des courbures et des pressions à froid, afin de bien faire apprécier leur puissance de ductilité et l'excellente qualité de la matière première. — *Médaille.*

M. MAYR (FRANÇOIS), PROPRIÉTAIRE D'USINES DE FER, A LÉOBEN, STYRIE (AUTRICHE), présente des fers en barres, des échantillons de cassure de fers en barres communs et fins, de l'acier puddlé et cémenté, de la tôle noire, puis un assortiment d'acier fondu, plaques d'acier fondu pour chaudières à vapeur, rails d'acier fondu, échantillons de cassure et d'acier fondu, etc., etc.

Le fer brut d'Innerberg et de Vordernberg dont fait usage M. MAYR, peut être employé seul à la fabrication du fer et de l'acier. L'usine produit annuellement 200,000 quintaux de fer et d'acier brut, cémenté, fondu ou puddlé, et 12,000 quintaux d'acier coulé. — *Médaille.*

BELGIQUE. — SOCIÉTÉ ANONYME DU BLEYBERG-ES-MONTZEN, a Liége. — L'usine de cette société a un outillage des plus complets; il se compose de machines-outils de toutes sortes, tels que : débourbeurs, broyeurs, trommels-classeurs, cribles, classeurs à eau, tables à secousses, caissons à schlamms et autres appareils pour le triage des minerais fins.

Le zinc y est traité dans des fours du système Lugois, et les blindes sont généralement amenées à une richesse en zinc de 58 à 60 pour 100 du minerai brut : ce qui dénote l'excellence des procédés employés.

Son exposition se compose de minerais et de lingots de zinc, de clichés typographiques, provenant de plomb antimonieux, et de deux vases en verre, fours Médicis, dans la composition desquels il n'est entré que du minium fabriqué avec le plomb de la société. — *Médaille.*

DELLOYE-MATHIEU, a Liége, est à la tête d'un établissement qui ne compte pas moins de 70 années d'existence, et jouit, pour la qualité de ses produits, d'une réputation Européenne.

L'industrie doit à M. DELLOYE-MATHIEU la majeure partie des progrès réalisés dans la fabrication des tôles, et journellement l'éminent manufacturier les perfectionne encore.

En 1855, M. DELLOYE-MATHIEU a reçu la grande médaille d'honneur. — *Médaille.*

SOCIÉTÉ ANONYME DE LA NOUVELLE-MONTAGNE. — Quarante échantillons de sulfure de zinc, vingt échantillons de galène et seize échantillons de pyrite de cuivre composent la partie principale de cette exposition.

Tous ces échantillons, plus ou moins divisés, ont été triés avec une précision mathématique, à l'aide du classeur-trieur à vent. La SOCIÉTÉ DE LA NOUVELLE-MONTAGNE, par cette heureuse et nouvelle application, prouve combien cet appareil pourrait être fructueusement employé par tous les métallurgistes.

Outre le zinc, la galène et le cuivre, on remarque, dans la collection des produits, du cadmium en lingot et en poudre, du sulfure de cadmium, du soufre fondu, extrait des pyrites, et des pyrites sulfatisées, servant à la fabrication de la couperose. — *Médaille.*

ESPAGNE. — FABRIQUE NATIONALE DE TRUVIA. — La fabrique de Truvia, un des grands établissements de l'Espagne, peut, grâce à son savant directeur, M. le général ELORZA, rivaliser, pour ses produits, avec les usines du même genre les plus en renom de l'Europe. Elle possède d'importantes exploitations de houille dont elle expose de remarquables échantillons, que le Jury a fort apprécié.

On fabrique à Truvia des canons, des armes, des machines, des fers non ouvrés, en barres, en T et en I, des cornières, des outils. Un beau tableau de limes témoigne de la perfection des travaux exécutés par son nombreux personnel.

La FABRIQUE NATIONALE DE TRUVIA, qui, en 1855, avait obtenu à Paris une médaille de 1re classe, a reçu la *Médaille.*

Parmi les expositions de l'industrie du fer en Espagne, nous citerons celles de MM. BRAVO, des Asturies, et sa fonte malléable ; CASALES, de Lerida ; CILLERUELO, de Santander ; la COMPAGNIE DU GUADALQUIVIR, de Séville ; la COMPAGNIE MINIÈRE de Pedroso ; M. FORCADA, à Lerida ; la SOCIÉTÉ MÉTALLURGIQUE ET DES CHARBONS DES ASTURIES, à Miéres, la SOCIÉTÉ DES MINES (FÉLIX HALLAZGO), à Alicante, et de beaux spécimens de fonte, d'éponge de fer et de fer puddlé et forgé, présentés par MM. IBARRA et Cie, province de Biscaye.

Chez MM. IBARRA et Cie la fabrication du fer a lieu à l'aide des procédés Chenot. Le minerai, une fois grillé et bien concassé, est jeté dans un fourneau de 13 mètres environ de longueur; les chauffes sont placées à 7 mètres du gueulard, et la chaleur, en augmentant graduellement, fait subir au minerai une réduction semblable à celle qui s'opère dans les hauts fourneaux. Il arrive alors devant les chauffes à la couleur du rouge cerise, sans cependant qu'il y ait fusion; mais il est réduit, c'est-à-dire qu'il affecte une forme poreuse, à laquelle les métallurgistes ont donné le nom d'éponge. Ce sont ces éponges qui servent ensuite à la fabrication du fer.

Nous mentionnerons également des échantillons de fonte de MM. Gil et Cⁱᵉ, provenant d'une usine qui ne compte pas plus de deux à trois ans d'existence. Cette maison a établi le premier haut fourneau dans la vallée de Saura de Langrea (Asturies), la localité la plus riche en charbon qui existe non-seulement dans la Péninsule, mais peut-être en Europe.

Il y a peu de temps encore, le combustible extrait de ces houillères était transporté au loin ; aujourd'hui, la plus grande partie se consomme sur place dans le vaste établissement métallurgique fondé par MM. Gil et Cⁱᵉ.

HEREDIA et Fils, a Malaga (Espagne). — L'exposition de MM. Heredia et Fils se compose de minerais, de fonte et de fer magnétique des mines d'Estapana.

Le fer magnétique, connu également sous le nom de fer oxydulé, est une roche à texture grenue, d'un éclat métallique, d'une couleur gris noirâtre, à poussière noire et d'une pesanteur spécifique de 4.24 à 4.94.

Cette espèce de fer donne des produits remarquables par leur qualité ; on peut citer comme exemple les fers oxydulés de la Suède.

L'usine de MM. Heredia est la plus ancienne de toute l'Espagne ; elle possède trois fourneaux au bois à Malaga et six fourneaux à Morbellia, localité située à 40 kilomètres de Malaga. C'est à Morbellia que se trouve le fer magnétique ; mais comme il est très-fusible, on en fait un mélange avec des fers hydratés d'Estapona.

Le charbon de bois nécessaire à l'usine était autrefois importé d'Italie ; aujourd'hui on le fabrique dans la localité même.

MM. Heredia exposent, en outre, de la fonte, du fer étiré, du fer pour construction, du fer tréfilé, de la tôle, etc. Le Jury leur a décerné la *Médaille*.

Des échantillons de fer et de fonte sont également présentés par MM. Duro et. Cⁱᵉ, des Asturies ; Pena, de Soria ; et Frasinelli, des Asturies.

COMPAGNIE ROYALE DES ASTURIES, a Arano. — Le zinc ne se trouve dans la nature qu'à l'état d'oxyde, de sulfure et de sel. Le minerai prend alors le nom de calamine. Cette roche a un aspect lithoïde, à texture lâche, à cassure raboteuse ; le métal qui résulte de l'opération est lamelleux, d'un blanc tirant sur le bleu et passant mieux au laminoir qu'à la filière ; sa pesanteur spécifique est de 7,1, et il fond à 360 degrés. Il a en outre, lorsqu'on le met en contact avec du cuivre, la propriété de développer du fluide électrique.

Les zincs à l'état d'oxyde et épurés, présentés par la Compagnie royale des Asturies, sont fort beaux ; le minerai est riche, sa production abondante : c'est pour l'Espagne une source métallurgique des plus importantes, surtout depuis que les grandes compagnies du Nord, telles que la Vieille-Montagne, ont des craintes sur l'épuisement prochain de leurs gîtes. En effet, la Belgique et quelques centres manufacturiers de la France et de l'Angleterre ont cru, dans ces derniers temps, devoir s'occuper de cette nouvelle source de richesse Espagnole ; des ingénieurs des mines ont été envoyés sur les lieux, et d'importantes commandes ont été faites. Avant peu l'exportation devra s'élever à un chiffre considérable.

D'autres exposants de l'Espagne ont présenté des minerais de zinc, ce sont :

MM. Aztiz, de la Navarre ; Batier, de Santander ; Beninère et Cⁱᵉ, de la même localité ; le Directeur des Mines de Cordoue ; la Société des Mines de la Lealtad, et la Société des Mines de la Providence, toutes les deux de Santander.

MM. CARRIAS et BLANCO, d'Almera, indépendamment de quelques spécimens de silicate de zinc, ont envoyé d'intéressants échantillons de carbonate de zinc, substance qui se présente sous forme de petits cristaux, dont le poids spécifique oscille entre 3.60 et 4.33. — *Mention honorable*.

HANOVRE. — GEORGE MARIA (fonderie de) a Osnabruck. — L'exposition de l'usine de George Maria est des plus intéressantes, et ferait honneur aux plus riches collections industrielles ; elle ne se compose cependant que de six échantillons.

Le premier est du fer brun, chauffé avec 50 pour 100 de coke et 50 pour 100 de houille.

Le deuxième, du fer chauffé au charbon de bois, composé de $\frac{1}{2}$ de fer spathique et de $\frac{1}{2}$ de fer brun.

Le troisième est un composé de $\frac{3}{4}$ fer brun et de $\frac{1}{4}$ ferraille, chauffé avec 50 pour 100 de coke et 50 pour 100 de houille.

Le quatrième, un composé de $\frac{3}{4}$ fer spathique et de $\frac{1}{4}$ fer brun, chauffé avec 50 pour 100 de coke et 50 pour 100 de houille.

Le cinquième, un composé de moitié fer spathique et moitié fer brun, chauffé avec 50 pour 100 de coke et 50 pour 100 de houille.

Le sixième enfin, est composé de $\frac{1}{4}$ fer spathique, de $\frac{1}{2}$ fer brun, de $\frac{1}{4}$ de fer raille, chauffé avec 50 pour 100 de coke et 50 pour 100 de houille.

M. GEORGE MARIA pour ses magnifiques produits, et l'introduction dans le Hanovre de l'industrie des fers au coke a reçu la *Médaille*.

ITALIE. — M. GREGORINI (ANDRÉ), A LOVERE, PRÈS DE BERGAME. — Collection de minerais, fontes, massiaux, représentant les divers procédés de fabrication de l'acier et du fer en usage dans son établissement.

La fabrication des aciers s'effectue, en Italie, presque exclusivement avec les fontes de la Lombardie, médiocrement manganésifères, privées de soufre et provenant de minerais de fer spathique traités au charbon de bois. Deux méthodes y sont actuellement en usage.

L'ancienne méthode, au moyen de bas foyers, est encore conservée sans modification dans quelques usines, et un peu modifiée dans d'autres. Dans les premières, on obtient, avec un bas foyer, 80 kilogrammes d'acier par jour, moyennant 500 parties de charbon pour 100 d'acier; tandis qu'avec la méthode modifiée et deux foyers qui s'alternent au travail, on a 200 kilog. d'acier par jour, avec 900 kilog. de charbon, c'est-à-dire 450 pour 100. Les aciers ainsi obtenus sont très-estimés, quoique parsemés de petites parcelles d'oxyde, qui rompent l'homogénéité de la masse. On en exportait autrefois pour l'Angleterre, où ils étaient fondus.

L'autre méthode, récemment introduite par M. ANDRÉ GREGORINI, consiste à travailler la fonte, dans un fourneau à réverbère alimenté par les gaz obtenus de la tourbe et du bois, au moyen d'un générateur spécial.

M. GREGORINI fabrique encore de l'acier par la méthode Rivois, mais elle donne des produits de qualité inférieure à ceux obtenus à l'aide du fourneau à réverbère.

La fabrication totale des aciers dits *durs*, s'élève chaque année dans la Lombardie, à 3,500 quintaux. Cette production pourrait être augmentée, grâce aux excellents résultats que donnent les fourneaux à réverbère alimentés par les gaz de tourbe et de bois.

Les produits en aciers naturels obtenus de fontes grises d'acier, présentés par M. GREGORINI, sont des barres d'acier naturel, des barres d'acier naturel trempé, des barres d'acier naturel non trempé, enfin des barres d'acier naturel raffiné et non trempé.

Et ceux des produits en acier, obtenus avec le four de puddlage, des Massiau d'acier, tranchant d'acier dur pour la taille des pierres, plaques d'acier pour ressorts de voiture, lames aciéreuses pour ressorts de voiture, barres d'acier dur trempé et barres d'acier non trempé de différentes formes.

L'usine de Lovere donne aussi des fers doux de commerce, avec les fourneaux à puddler, et des fers aciéreux pour l'agriculture avec les forges à bas foyers. — *Médaille*.

M. MILESI (ANGE), DE BERGAME, pour des minerais de fer, de la fonte et de l'acier capable de rayer le verre, dont le prix est de 1,000 à 1,200 fr. la tonne, la *Mention honorable*.

M. DAMIOLI (SILVIO), A PISOGNE (ITALIE), expose des minerais de fer, des fontes et 10 pièces de fer représentant les divers procédés de fabrication du fer, employés en Italie.

Ces fers sont obtenus dans des fours à puddler alimentés par des gaz de charbon de bois, de tourbe ou de lignite, par les bas foyers à la bergamasque et par d'autres anciennes méthodes spéciales des vallées de Camonica et de Seriana, et même par des feux à la comtoise.

Dans la série d'échantillons provenant de l'usine de Pisogne, sur le lac d'Isco, de M. SILVIO DAMIOLI, figurent : le grès triasique formant la base du schiste argileux qui contient les bancs de fer spathique, le schiste argileux ; le fer spathique de l'étage inférieur ; celui de l'étage moyen ; celui de l'étage supérieur ; la fonte compacte ; la fonte poreuse obtenue avec lesdits minerais ; un lopin constituant le premier raffinement de la fonte ; un massiau obtenu par un raffinement ultérieur du lopin ; des barres provenant du travail aux marteaux ; des fers marchands, enfin des scories du haut-fourneau. — *Mention honorable.*

MM. GUPPY (J. R.) ET PATTISON, A NAPLES, ont obtenu la *même récompense* pour l'excellente qualité de leurs fers, dont ils ont produit un échantillon ployé à froid.

RICARDI DI NETRO (LE CHEV.: ERNEST), A TURIN. — M. RICARDI expose du minerai de fer oxydulé magnétique, de la pyrite de cuivre, des échantillons de schlich brut, et le dessin d'un trieur électrique employé dans la séparation du fer oxydulé d'avec la pyrite de cuivre. Les minerais proviennent de la mine de Traversella, une des plus importantes de l'Italie, sous le double rapport industriel et scientifique. Elle est située sur le penchant occidental du contre-fort qui sépare la vallée de Chiusella de celle d'Aoste, et se trouve à une distance de 20 kilomètres environ du chemin de fer d'Ivrée : l'on y arrive par une route bien entretenue et une pente assez douce.

Le gîte se compose d'une masse essentiellement cristalline, composée en majeure partie de fer oxydulé, et contenant une série variée de cristaux.

La direction générale de la masse métallifère est S.-E.-N.-O. 29°, avec une inclinaison habituelle de 47° à 57°. Sa puissance est de 20 à 30 mètres d'épaisseur; elle est fouillée sur une longueur de 400 mètres et une hauteur de 200.

Dans cette masse se trouve un centre elliptique, autour duquel on rencontre l'oxyde de fer magnétique dans un état de grande pureté; il n'est accompagné que de la dolomie, et donne, en moyenne 48 à 50 p. 100 de fonte.

De cette ellipsoïde se détachent des rameaux qui changent de nature suivant leur direction, en se chargeant plus ou moins de pyrite de cuivre.

Cette mine, exploitée dès la plus haute antiquité, présente un développement horizontal de travaux anciens et modernes qui n'a guère moins de 75 kilomètres. Le débit annuel du minerai de fer s'est longtemps maintenu à 8,500 tonnes environ. Mais, dans ces dix dernières années, il n'a été que de 4,000 tonnes, par suite du chômage de plusieurs hauts fourneaux de la basse vallée d'Aoste.

Les masses d'oxyde magnétique chargées de pyrite de cuivre étaient tellement considérable dans quelques points de la mine, que l'un des propriétaires, le chev. RICARDI DI NETRO, proposa, en 1854, à l'ingénieur des mines M. Q. Sella, d'étudier les moyens de les utiliser. On y parvint, et le dessin joint aux produits de la préparation mécanique des minerais, représente le trieur électrique qui, depuis deux ans, fonctionne régulièrement dans les établissements. A l'aide de trois machines semblables on retire, en moyenne, chaque mois, 8 p. 100 de cuivre de 35 tonnes de minerai.

Les résultats obtenus par M. RICARDI DI NETRO à l'aide du trieur électrique peuvent se résumer ainsi : De 1,000 kilogrammes de fer oxydulé magnétique pulvérisé et clarifié, contenant en moyenne 3,1 p. 100 de cuivre, on sépare 225 kilogr. à 9,3 p. 100 et 775 à 1,3 p. 100, avec une dépense totale de 5 fr. 70, c'est-à-dire 1,70 pour le broyage et la classification, et 4 fr. pour la séparation par le trieur électrique.

Outre ces machines, ces établissements possèdent deux cylindres broyeurs, quatre trommels, deux cribles, trois tables à secousses, deux tables dormantes, le tout mis en mouvement par une turbine hydraulique de 18 chevaux de force effective. Il y a, en outre, une petite usine à cuivre, composée de deux fours à manche. — *Médaille.*

ÉCOLE D'APPLICATION DES INGÉNIEURS de Turin. — Dans la magnifique collection minéralogique envoyée à l'Exposition de Londres par l'ÉCOLE D'APPLICATION DES INGÉNIEURS, on remarquait :

De la pyrite de cuivre de la mine de Saint-Marcel (vallée d'Aoste);

Un bloc de pyrite magnétique nickelifère de la mine de Locarno (Varallo);

Speis des fontes de cette pyrite magnétique, provenant de la Bocca (Varallo);

Massif de lignite de la mine de Cadibona (Savone);

Plans de ladite mine ;

De la galène de la mine Monteponi.

La production annuelle de la totalité des mines de cuivre aujourd'hui exploitée en Italie peut-être évaluée à environ 1,100 tonnes. Les principales sont celles de Monte-Catini, dans le val de Cecina, en Toscane, dont on extrait chaque année de 1,400 à 1,500 tonnes de minerai d'une richesse de 50 pour 100 ; celles d'Ollomond, Saint-Marcel et Champ-de-Praz, dans la vallée d'Aoste, qui, depuis cinq ans, donnent un produit moyen de 260 tonnes de cuivre; les mines de Campanna ; de Poggio-Bendo et de Fenice, dans le Mussetano, en Toscane, d'où l'on a tiré en moyenne 2,500 tonnes de minerai, riche à 10 pour 100; la mine de Miggiandonne, dans la vallée de Toce, qui fournit 350 tonnes de minerai, riche à 7 pour 100; la mine de Traversallo (Ivrée), donnant 100 tonnes de fer oxydulé magnétique, avec 8 ou 9 pour 100 de cuivre; enfin 500 tonnes riches à 16 pour 100, extraites dans les montagnes de la Ligurie, de la Toscane et des Apennins bolonais.

L'abondance des indices de cuivre dans les montagnes de l'Italie centrale, et le fait bien constaté de la continuation et de la richesse croissante des filons qui se présentent en Toscane, en Ligurie et dans les Apennins bolonais, donnent lieu d'espérer que la production du cuivre ira toujours en augmentant. La rareté du combustible ne sera pas un obstacle à cet accroissement; les minerais sont fort riches, et les mines, surtout celles de la Ligurie, situées près de la mer. On transportera donc avec avantage les minerais sur les lieux où la fusion pourra s'en opérer.

Il existe aujourd'hui en Italie cinq usines à cuivre : l'usine de Saint-Marcel et Donals, de la société l'Exploratrice; l'usine de Valpellina, de la société d'Ollomond ; l'usine de la Briglia, de la société de Monte-Catini, et enfin l'usine de Cassanne-Vecchi; dans cette dernière est en usage la méthode Bechi-Haupt, qui consiste dans le grillage des pyrites pauvres avec du sel marin pour les transformer en chlorure, et utiliser la petite quantité de cuivre qu'elles contiennent.

Les minerais de Saint-Marcel et Champ-de-Praz, dans la vallée d'Aoste, ont alimenté pendant les cinq dernières années, les fonderies de l'Exploratrice.

L'échantillon exposé par l'ÉCOLE D'APPLICATION DES INGÉNIEURS représente la nature du minerai de la première de ces mines. Sa richesse moyenne est de 5 p. 100.

A ces deux mines sont annexées des maisons d'habitation pour les ouvriers, et une route particulière relie celle de Saint-Marcel à l'atelier destiné à la préparation mécanique des minerais. Construit il y a deux ans, près du village de Saint-Marcel, cet atelier possède deux roues de la force totale de 80 chevaux environ, mues par les eaux de la Dora, elles mettent en mouvement trois paires de cylindres broyeurs, neuf trommels, cinq doubles cribles, douze tables à secousses et deux tables dormantes.

Une petite fonderie est jointe à cet atelier. On y voit deux fourneaux à manche, dans lesquels s'opère la première fusion des minerais pauvres, tandis que les mattes obtenues de cette manière sont envoyées, avec les minerais plus riches, à la fonderie de Donnas, située à 35 kilomètres en descendant la vallée. Là se rendent aussi les minerais de Champ-de-Praz, après être descendus des hauteurs de la mine jusqu'au lit de la vallée, en suivant une bonne route à traîneaux et ensuite 12 kilomètres de route nationale.

A la fonderie de Donnas, le grillage des minerais et des mattes s'opère dans huit fourneaux couverts, auxquels font suite les chambres de condensation, — celui des poussières, dans un fourneau à réverbère à double sole, — les fontes, dans quatre fourneaux à manche, — l'affinage, dans le fourneau à réverbère, système anglais. Une turbine, de la puissance de 30 chevaux, met en mouvement les souffleries, le ventilateur aspirant les gaz des chambres de condensation, et les machines de l'atelier des réparations.

Dans ces dernières années, on employait le charbon de bois pour les fontes, et le bois pour les autres opérations; mais la rareté et le prix élevé de ces combustibles ont déterminé la Société à substituer le coke anglais au charbon de bois, et à se servir de la houille dans les fourneaux à réverbère, quoique la distance de la fonderie au chemin de fer d'Ivrée soit de 20 kilomètres, et qu'il y ait encore plus de 220 kilomètres d'Ivrée à Gênes.

Dans cette fonderie se trouve un laminoir, sorti des ateliers de la maison Perry, de Bristol, qu'on y a établi l'année dernière. La force motrice est fournie par les eaux de la Doria, et les premiers résultats obtenus ont été excellents. L'ensemble des mines et des établissements que possède la société l'Exploratrice constitue, sinon une des plus productives, au moins une des plus importantes opérations minières de l'Italie. Sa production, dans les dernières années, a dépassé 700 tonnes de cuivre.

L'Exposition de l'École d'application contient des pyrites magnétiques nickelifères de la mine de Locardo. — L'ingénieur Montefiore, de la Société Bijchoffsheim et Cⁱᵉ, a réussi à utiliser des pyrites de fer magnétiques contenant 5 pour 100 de nickel extraites de ce gîte, et il a établi près de Varallo, dans le Val di Sesia, une fonderie dans laquelle cette substance est transformée par ses procédés en speiss, riches de 50 pour 100 de nickel qui sont expédiées et traitées à l'étranger.

La quantité de nickel obtenu de cette manière dans les mines en exploitation du val de la Sesia s'élève annuellement à 50 tonnes, et si la consommation de ce métal vient à s'accroître, surtout par son emploi à la fabrication des monnaies, on espère pouvoir également exploiter quelques-uns des nombreux et puissants dépôts de pyrite de fer magnétique qui existent dans les roches amphiboliques de nos Alpes.

La belle exposition de l'École d'application des ingénieurs de Turin est complétée par une collection de modèles de fossiles en plâtre, et par différentes pièces paléontologiques provenant d'un musée spécial pour l'étude, qui a été formé sous l'intelligente direction de M. B. Gastaldi, de Turin. Parmi les pièces paléontologiques, on remarque : une collection de dents d'*Anthracotherium*, un *Emys michelloti*, une mandibule d'*Amphytragalus communis*, une molaire de *Tetralophodon andium* des mâchoires de *Rhinoceros minutus et incisivus*, et une énorme vertèbre atlas du *Tetralophodon avernensis*.

Les armes trouvées dans les marnières de Modène et à Imola présentent un intérêt plus grand encore, car elles sont évidemment travaillées de main d'homme, et viennent ajouter des preuves ou des présomptions à l'appui de l'opinion qui veut qu'à ces époques reculées l'homme habitât déjà la terre. Cette idée était autrefois rangée au nombre des fictions ; mais aujourd'hui les savants se trouvent partagés.

Le jury a décerné la *Médaille* à l'École d'application des ingénieurs de Turin.

SLOANE, HALL ET COPPI, a Florence (Italie). — La mine de cuivre exploitée par MM. Sloane Hall et Coppi est située sur les monts serpentineux de Caporciano, à 13 kilomètres de Volterra, à 56 de Pise et à une élévation de 450 mètres au-dessus de la mer.

Le développement horizontal des travaux est d'environ 3,500 mètres, et le filon a été reconnu sur 600 mètres en longueur, et 180 mètres en profondeur.

Les produits obtenus se sont élevés :

De 1830 à 1833 à.	457 tonnes.
— 1834 à 1837 à.	119 —
— 1838 à 1861 (septembre) à. .	28,443 —

En tout, 29,019 tonnes d'une richesse moyenne de 30 p. 100.

Le filon se trouve encaissé dans la roche argileuse métamorphique; il suit la direction E.-O., en s'inclinant de 45° au nord, jusqu'au niveau de 120 mètres, pour se replier ensuite vers le midi, avec une inclinaison de 40 à 50°. Sa puissance aux affleurements était très-faible; mais elle alla toujours en augmentant et dépassa 30 mètres; au point où il se replie, là elle diminue et à 180 mètres de profondeur elle n'est plus que de 10 mètres environ.

Des fragments de la roche métamorphique argileuse, de schistes argileux, d'euphotide, de diorite et de cristaux de feldspath, et des noyaux de serpentine avec diallage ou sans diallage, le tout empâté dans une argile stéatiteuse, tendre et onctueuse, constituent les roches de remplissage de ce singulier filon. Ces fragments sont quelquefois très-menus, quelquefois plus volumineux, en présentant presque toujours la forme de masses à angles émoussés et à surface luisante.

Dans cette masse fragmentaire, le cuivre pyriteux panaché et sulfuré se présente toujours en blocs informes également irréguliers, quelques-uns d'un petit volume, mais d'autres de 5 et même de 8 mètres cubes de minerai très-riche. Empâtés dans la grande masse du filon, ils suivent une allure spéciale ayant une inclinaison oblique et diagonale à l'axe même du filon, se pliant avec lui là où il change d'inclinaison, et en général, restant à proximité des salbandes, surtout de celle du mur. Quelquefois les fragments des roches indiquées ci-dessus sont aussi eux-mêmes métallifères, car ils sont traversés par de petites veines de minerai, qui y a évidemment pénétré, lorsque la roche était encore en place. Le plus souvent, deux épontes bien distinctes séparent le filon des salbandes formées par la roche argileuse. Leur structure est ordinairement feuilletée, à surface ondulée et polie. Elles sont d'une nature argileuse, quelquefois de la couleur cendrée de la matière qui remplit le filon, quelquefois aussi de la couleur propre au gabbro; et ces deux substances sont mélangées ensemble, de manière qu'il est facile de reconnaître qu'elles sont le résultat du frottement produit par le mouvement du filon entre les flancs de la montagne, parmi lesquels celui-ci se trouve renfermé.

L'exploitation a lieu par un puits muni d'une machine à vapeur de 25 chevaux, auquel aboutissent six étages de galeries ouvertes à 21 mètres les unes au-dessous des autres.

L'extraction du minerai de ce filon fragmenté et ayant de 20 à 30 mètres de puissance, se fait au moyen de galeries transversales, ouvertes successivement les unes à côté des autres, et en remplissant la première avec les matériaux stériles extraits de la seconde, ou bien apportés d'autres chantiers, en procédant de haut en bas. On fait rarement usage de la poudre.

A la mine est annexée la laverie.

MM. SLOANE, HALL et COPPI possèdent à la Briglia, dans la vallée de Bisenzio, une usine à cuivre, où se fond une partie de leur minerai.

L'ensemble des opérations de cette Société, confiée à la direction de l'habile ingénieur M. A. SCHNEIDER, la rend l'une des plus importantes de l'Italie. — *Médaille.*

PRUSSE. — M. FLEITMANN, A ISERLOHN. — Cette exposition se compose de cobalt et de nickel en cube et en lingot, et d'un alliage de nickel avec lequel M. Fleitmann a fabriqué un couvert, ainsi que des plaques métalliques sur lesquelles se trouvent gravés son nom et l'énumération des objets qu'il expose.

Cet alliage se compose :

de   99,51 nickel.
de   0,18 cuivre.
de   0,20 fer.
et de   0,30 carbone.
_____
100,19

Le cobalt se rencontre à l'état d'oxyde, d'arséniate et de sulfate. Réduit, il est dur et cassant, magnétique, d'un blanc légèrement rosé, et il est fusible au même degré que le fer.

I.

Le nickel existe dans la nature à l'état d'arséniate uni au cobalt, d'oxyde et d'arséniate très-rarement natif et seulement en alliage. Dans cet état il est d'un gris de plomb.

Purifié, il est presque aussi blanc que l'argent, ductile, malléable et magnétique. Fondu, son poids spécifique est de 8,75 ; forgé, il est de 8,666.— *Médaille.*

MANSFELDSCHE GEWERKSCHAFT, a Eisleben. — Les produits en cuivre de cette usine sont fort beaux et de dimensions énormes : parmi eux on remarque deux coupoles de cuivre de 3 mètres de diamètre sur 1 mètre de profondeur et 6 millimètres d'épaisseur. Ces deux pièces témoignent d'une excellente fabrication.

Il est à regretter que, dans ces coupoles, on n'ait pas évité plus soigneusement le bossuage des parties latérales. — *Médaille.*

M. RUFFER, a Breslau. — L'exposition de M. Ruffer est surtout remarquable par les spécimens de zinc qu'il présente et par la pureté des échantillons.

Outre le zinc en feuilles, dont le laminage est irréprochable et qui peut être comparé à tout ce que l'usine de la Vieille-Montagne offre de plus beau, nous citerons une table de zinc de 4ᵐ,70 de longueur sur 1 mètre de largeur et 22 millimètres d'épaisseur. Cet échantillon est le seul de ce genre qui figure à l'Exposition. — *Médaille.*

RUSSIE. — USINES DE VOTKINSK, gouvernement de Vialka. — L'exposition de ces usines résume parfaitement la fabrication du fer et de l'acier en Russie.

Elle se compose de 46 échantillons, dont la nomenclature est d'autant plus intéressante que l'exposant y a joint les prix de vente.

Fer puddlé, obtenu à l'aide de fonte au bois, provenant des mines de Goroblagodatsk.	158 fr.	75 c.	la tonne.
Fer corroyé, puddlé..	127	70	—
Fer carré, raffiné.	193	95	—
Fer rond, puddlé.	263	10	—
Fer rond semi-circulaire.	263	10	—
Fer en barres, puddlé, deux fois raffiné.	287	80	—
Fer en barres, rond.	323	75	—
Fer en barres, carré..	323	75	—
Fer en barres, angulaire.	362	70	—
Fer angulaire puddlé, trois fois raffiné.	481	85	—
Acier naturel.	350	80	—
Acier naturel raffiné.	1,444	45	—
Acier cémenté.	303	95	—
Acier fondu..	862	25	
Acier fondu pour canons.	840	20	—
Fil de fer.	741	35	—
Tôle..	335	40	—
Fer pour bandages de roues.	599	35	—
Fer malléable.	231	»	—
Chaînes pour les ancres de vaisseau.	893	05	—

Le jury, pour l'excellente qualité de leurs produits, a décerné aux Usines de Votkinsk la *Médaille.*

Le Prince K. BELOSSELSKY-BELOZERSKI, a Orenbourg. — L'exploitation du Prince fait partie des mines du Gouvernement d'Orenbourg.

Sa production annuelle est de 4,350 tonnes de fer, de 400 tonnes d'acier et de 80 tonnes de produits ouvrés.

Le métal, dans ces différents états, produit le chiffre imposant de 1,700,000 francs. Il est livré à la consommation aux prix suivants :

Barres de fer forgé	296 fr. 25 c. la tonne.
Barres de fer laminé	296 25 —
Fer forgé étiré	521 25 —
Fer laminé, mince	420 » —
Fer forgé, carré	470 40 —
Fer forgé, rond	575 » —
Fer aplati	345 » —
Fer anguleux (cornières)	595 » —
Fer laminé, large	445 » —
Acier recuit	445 » —
Acier fondu, carré	732 » —
Acier fondu, dit de terre	483 75 —
Acier cémenté	470 40 —

Ces fers et ces aciers sont tous d'une qualité remarquable. — *Médaille.*

LES HÉRITIERS GOOBIN, GOUVERNEMENT DE PERM (RUSSIE). — Une belle exposition métallurgique de la Russie est celle des HÉRITIERS GOOBIN. Ils présentent de magnifiques fers ronds, carrés et plats, forgés à la main, des bandes de roues forgées à la machine et des tôles irréprochables.

L'excellente qualité de ces produits, obtenus des minerais extraits des mines de Nishne-Sergin et Michaïlof, Gouvernement de Perm, les fait coter ainsi :

Fers forgés en barres, travaillés à la main.	395 fr. 40 c. la tonne.
Bandages travaillés à la machine	595 40 —
Tôles de fer	741 25 —

Les mines des HÉRITIERS GOOBIN donnent annuellement un million de pouds de minerai de fer, soit 16,370,000 kilogrammes, avec lesquels on produit 700,000 pouds de fer ou 11,459,000 kilogr., d'une valeur d'un million de roubles, équivalant à 4 millions de francs.

Outre les machines hydrauliques et à vapeur, 4,000 ouvriers sont occupés dans cette vaste exploitation. — *Médaille.*

M. P. P. DEMIDOFF, GOUVERNEMENT DE PERM. — De belles tôles, d'un grain homogène et prenant admirablement le poli, de l'acier irréprochable et donnant une haute idée de cette fabrication en Russie, et des cuivres parfaitement laminés, ont mérité à M. P. P. DEMIDOFF la *Médaille.*

PRINCE SERGIUS GALITZIN, GOUVERNEMENT DE PERM (RUSSIE). — Des spécimens de minerai et de fer forgé provenant du Gouvernement de Perm, sont présentés par M. LE PRINCE GALITZIN.

Les minerais sont extraits de deux exploitations ; les uns appartiennent à la mine Zikof, les autres à la mine Issakof.

Quant aux fers forgés, ils sont en barres et en baguettes et dans d'excellentes conditions de fabrication. Leur cote est de 308 fr. 10 c. la tonne. — *Mention honorable.*

COMTESSE DE ROCHEFORT, GOUVERNEMENT DE PERM. — MADAME LA COMTESSE DE ROCHEFORT fait exploiter la mine de cuivre d'Olguinski, dans le Gouvernement de Perm. On n'en extrait encore que 115 tonnes par an ; mais cette exploitation est susceptible de prendre un plus grand développement.

Le cuivre métallique vaut 511 fr. 25 c. les 92 kilogr. 454 gr.

Le minerai vaut 40 centimes les 14 kilogr. 724 gr. — *Mention honorable.*

SUÈDE. — MINES DE STORA KOPPARBERG, Dalécarlie. — La grande réputation des produits métallurgiques de la Suède est parfaitement justifiée. Faut-il attribuer la supériorité de ses fers et de ses aciers à l'emploi des roches ferrugino-magnétiques de son sol? La présence de l'aimant dans les fontes semble jouer un grand rôle dans la production du fer et de l'acier suédois.

Les fers et les aciers présentés par l'usine de Stora Kopparberg sont en barres plates, carrées et rondes ; quelques-unes sont taillées avec une étonnante perfection, pour que leur puissance de ductilité soit bien évidente. Les vrillages ont même subi différentes torsions difficiles à exécuter à froid. Outre le fer, cet établissement présente divers échantillons de cuivre provenant des mines de Fahlun. — *Médaille.*

USINE DE GARPENBERG, Dalécarlie. — Cet établissement expose de beaux échantillons de fer natif, des fers en gueuses et en barres.

Les minerais proviennent des mines de Langvik et de Bisperg ; ce sont de belles roches ferrugino-magnétiques ; les gueuses ont une cassure finement pailletée ou lamellaire, d'un éclat très-vif. Quant au fer en barres, il est également irréprochable.

Des nombreux échantillons de fers présentés par la Suède, ce sont ceux peut-être qui offrent le plus d'intérêt à l'étude : on y suit la marche de la transformation cristallographique du métal et l'augmentation graduelle de sa densité. — *Médaille.*

MM. GUSTAF ET CARLBERG, a Jemtland. — Les cuivres de cet établissement, quoique peu nombreux, n'en méritent pas moins l'attention. Quant à ses échantillons de pyrite, ils sont fort riches et se présentent sous l'aspect d'une excellente production.

Laminés ou tréfilés, ces cuivres soutiennent la comparaison avec les produits les plus parfaits. Il est à regretter seulement que l'usine de MM. Gustaf et Carlberg n'ait pas envoyé une plus grande quantité de produits et de dimension plus considérable. — *Médaille.*

La MÉDAILLE a également été accordée dans cette section :

ROYAUME-UNI. — A MM. BARKER, RAWSON, et Cᵒ, a Sheffield : Plombs épurés. — EVANS et ASKIN, a Birmingham : Nickel et Cobalt. — Comte GRANVILLE, Staffordshire : Échantillons de fonte. — GREENWELL, a Radstock : Échantillons de fer. — HIRD DAWSON et HARDY, a Low-Moor : Spécimens de différents fers. — HOWARD, RAVENHILL et Cⁱᵉ, a Londres : Chaînes pour ponts suspendus. — MARGAM TIN PLATE Cⁱᵉ, a Glamorgan : Étain laminé. — MONA MINE Cⁱᵉ, a Anglesey : Échantillons de cuivre. — SHELTON BAR IRON Cⁱᵉ, Staffordshire : Fontes et fers pour chaudières. — SWANSEA LOCAL COMMITTEE : Lingots de cuivre, argent, fer, zinc et nickel. — THOMPSON, HATTON et Cⁱᵉ, a Bilston : Fers et étains. — WIMSHURST'S PATENT METAL FOIL Cⁱᵉ, a Londres : Plomb en feuilles. — YSTALYFERA IRON Cⁱᵉ, a Swansea : Fontes et fers.

CANADA. — M. LARUE et Cⁱᵉ : Rails et roues de wagons et locomotives.

FRANCE. — MM. BONNOR, DEGROND et Cⁱᵉ, a Eurville : Fers laminés et fils de fer. — DURAND Jⁿᵉ et GUYONNET, a Périgueux : Fontes, fers laminés et fils de fer. — GUILLEM et Cⁱᵉ, a Marseille : Tuyaux de plomb, clous en cuivre, plaques d'argent.

AUTRICHE. — WOLLERSDORF et Cⁱᵉ, a Wöllersdorf : Étains. — ADMINISTRATION DES MINES DE FER DE JENBACH : Aciers. — ADMINISTRATION IMPÉRIALE ET ROYALE DES MINES DE JOACHIMSTHAL : Uranium. — M. le comte de MERAN, a Krems : Fers. — PZIBRAM (OFFICE DES MINES DE) : Plomb et argent. — PILLERSEE (MINES DE) : Aciers. — M. RAUSCHER et Cⁱᵉ, a Heft : Fers et sulfate de baryte. — COMPAGNIE DES CHEMINS DE FER DE L'ÉTAT, a Vienne : Échantillons de fer et de rails. — COMPAGNIE DES ACIÉRIES DE STYRIE, a Vienne : Aciers. — M. TOPPER, a Scheibbs : Tôles.

BELGIQUE. — MM. AMAND, à Namur : Fer au bois. — RAIKEM-VERDBOIS, à Liége : Tôles. — REMACLE et PÉRARD, à Liége : Tôles. — SOCIÉTÉ ANONYME DES FORGES DE LA PROVIDENCE, à Marchienne-au-Pont : Fers. — SOCIÉTÉ ANONYME DE ROCHEUX ET D'ONEUX, à Chatelineau : Fers et pyrites. — SOCIÉTÉ DES LAMINOIRS DE HAUT-PRÉ, à Liége : Tôles et fers laminés. — SOCIÉTÉ DES FORGES DE L'HEURE, à Marchienne-au-Pont : Essieux pour wagons.

NORWÉGE. — MM. AALL et FILS, à Naës : Fontes, fers et aciers.

PRUSSE. — BORNER, à Siegen : Fers spéculaires. — LA CONCORDE (C*ie) DE ESCHWEILLER, à Ichenberg : Fonte faite avec un minerai pauvre. — COLM MUSENER BERGWEREKS VEREIN, à Müsen : Fers spéculaires. — DRESLER et SEN, à Siegen: Fers spéculaires. — FRIEDRICH-WILHEMHUTTE, à Sieburg : Fers et tôles. — HENKEL HUGO, à Siemanourtz : Échantillons de fers. — ADMINISTRATION D'HENRICHSHUTTE, à Hattingen : Fers et rails faits au coke. — COMPAGNIE DES FERS D'HORDER, à Horde : Résultats généraux obtenus par la Compagnie. — HUTTENAMT ROYAL, à Konigshulle : Produits en fer, en zinc et en cadmium. — LENNE-RUHO C*ie, à Altenhundem : Tôles et fils de fer. — LIMBURGER FABRIK, à Limburg-sur-Leime : Acier puddlé, martelé et laminé. — COMPAGNIE ANONYME LA MINERVE à Breslau : Fers et aciers. — COMPAGNIE ANONYME DU PHŒNIX, à Laar : Essieux et axes de machines.

SUÈDE. — BALDERSNAS (C*ie), à Dalsland : Fers. — MM. ECKMAN, à Fruspong : Fontes et fers. — LE BARON HAMILTON, à Boo : Spécimen de fer à la tourbe. — KILLANDER, à Hook : Fers. — LUNDHQVIST, à Nykoping : Fers et rails. — USINES DE MOTALA, à Stockolm : Fer pour blindage de navires. — NORDENFELDT, à Bjorneborg : Fers. — OSTERBY (C*ie), à Upland : Fers. — RETTIG, à Kihlaforss : Fers pour armes de guerres. — UDDEHOLM (C*ie), à Wermland : Fers, aciers, fils de fer. — ZETHEELIUS, à Surahammar : Fers et aciers puddlés.

SECTION VI. — COLLECTIONS MINÉRALOGIQUES.

EXPOSITIONS COLLECTIVES DE L'ALGÉRIE (France). — Un certain nombre de colons ont associé leur zèle aux efforts du service des mines pour envoyer deux collections distinctes, des produits des carrières et des mines de l'Algérie. On y remarque des minerais de fer, de cuivre, de plomb, de zinc, de nickel, d'antimoine, de manganèse et de mercure; une série de beaux marbres calcaires et de superbes échantillons de ces marbres onyx qui jouent un si grand rôle à l'exposition de 1862.

On y voit encore des gypses, de la diorite porphyroïde, des albâtres, du plâtre, du salpêtre, et enfin des fontes provenant des minerais de fer de l'Allelik.

En présence des richesses métallurgiques de l'Algérie, presque toutes inexploitées, on se demande comment la France continue à être tributaire de l'étranger pour une somme annuelle de 110 millions, payée en retour du fer, du cuivre, du zinc et du plomb.

Les minerais de l'Algérie sont généralement d'une grande richesse; en les enlevant bruts de la mine, et en les transportant en France près d'un gisement houiller pour les y traiter, l'opération serait encore très-avantageuse et pourtant bien simplifiée.

Le jury a décerné la *Médaille* à la collection des produits minéraux non métallurgiques.

BELGIQUE. — MINISTÈRE DES TRAVAUX PUBLICS. — M. l'inspecteur Van Scherpenzeel Thim a été chargé par le gouvernement Belge de préparer pour l'Exposition de Londres une collection d'échantillons des roches constitutives et des produits minéraux de la Belgique. Cette collection, dans le classement de laquelle on a suivi les divisions géologiques établies par feu M. le professeur Dumont et qui est accompagnée d'un catalogue explicatif, fait le plus grand honneur à M. l'ingénieur Van Scherpenzeel Thim. Notre cadre ne nous permettant pas d'énumérer les 1,195 échantillons dont elle se compose, nous ne signalerons que les principaux :

1. Tourbe, de la haute fange de la forêt de Hertogenwald.

6. Sable blanc des dunes. Ce sable est exploité pour l'usage des verreries. Le prix des 1,000 kil. est, sur place, de 4 fr. 50 c.

49. Sperkise, dite *pyrite d'alluvion*. Cette substance se trouve sous forme de rognons dans les argiles schistoïdes des bords de l'Escaut et du Rupel; après avoir subi un débourbage, le minerai est livré aux fabriques de produits chimiques, qui le transforment en acide sulfurique. Les usines d'Angleterre traitent la plus grande partie de ces pyrites, dont le prix est actuellement de 40 fr. les 1,000 kil., sous voile à Anvers.

74. Macigno brut de Gobertange, près Jodoigne, dont l'épaisseur des blocs varie de $0^m.16$ à $0^m.20$; la surface ordinaire est de 1 mètre carré. Cette pierre résiste parfaitement aux influences atmosphériques et surtout à l'action des gelées. Elle se laisse tailler avec facilité et produit un très-bel effet dans les ouvrages d'ornement. L'hôtel de ville et l'église Sainte-Gudule, à Bruxelles, plusieurs églises d'Anvers et les principaux monuments des Flandres sont construits ou réparés avec la pierre blanche de Gobertange. Le prix du mètre cube, sur place, varie de 60 à 90 fr., suivant les dimensions des blocs.

118. Craie blanche de Sainte-Walburge, près de Liége. Elle est en usage dans la fabrication des couleurs, des papiers peints, du mastic, des faïences, etc. Prix, sur place, 5 fr. le mètre cube.

120. Craie blanche sans silex, à Strépy. Elle sert pour la fabrication du petit blanc et de la chaux. Prix de la chaux, le mètre cube, sur place, 5 fr. 50 c. à 6 fr.

123. Silex gris (banc de 6 à 7 mètres de puissance), à Nimy-Maizières. Ce silex, à cause de sa dureté, est recherché pour la fabrication des meules. On en fait également des pierres à paver et des moellons pour constructions locales. Prix des meules, sur place, 60 fr. les 100 kil.

276. Spécimen d'une meule en silex meulier, de Corennes. Cette roche a été exploitée à partir de 1846. Elle est solide, tenace, à pores serrés, prenant très-bien le marteau et conservant longtemps son rhabillage. Ces meules servent aussi à moudre le sulfate de baryte, la céruse, les ciments, etc. Le prix de la paire, sur wagon, à Namur, est de 500 fr. pour les meules de $1^m.20$ de diamètre. Ce prix est augmenté de 50 fr. pour chaque accroissement de 5 centimètres de diamètre.

301. Petit granit brut à gros grains bleu foncé, de Soignies. Le prix de la pierre brute rendue en gare à Soignies est de 60 fr. le mètre cube. La taille se paye séparément par mètre carré de surface, savoir :

A la boucharde et à la pointe.	3 fr.
Taille ordinaire.	4
Id. retondue.	5
Id. hollandaise.	6
Id. à moulures développées.	20

324. Marbre noir, brut; banc de 0,12, de Denée. Les marbres noirs de Denée et de Furneaux sont l'objet de demandes suivies en France, en Allemagne et en Italie, où ils sont employés dans la marbrerie mosaïque.

Les bancs des qualités supérieures, dont l'épaisseur dépasse 0,055, sont destinés à la sculpture et à la confection des pendules. Le prix, sur place, est de 150 fr. le mètre cube brut. Les produits de qualité inférieure conviennent pour la grosse marbrerie et ne se vendent que 100 fr. le mètre cube brut.

Prix du mètre carré en tranches de 0,02, première qualité : 14 fr. 25 c.

Prix du mètre carré en tranches de 0,005 à 0,01, première qualité : 10 fr. 50 c.

Les bancs de 0,02 à 0,06 sont découpés en carreaux, puis polis à l'eau, pour paver les vestibules, etc.

Prix des pavés polis mat, de 0,23 à 0,27, le mètre carré : 4 fr. 40 c.

Prix des pavés polis mat, de 0,29 à 0,44, le mètre carré : 4 fr. 65 c.

Prix des pavés polis mat, de 0,47 à 0,59, le mètre carré : 4 fr. 90 c.

Avec les bancs 0,01 à 0,02, on fabrique de petits pavés, polis comme les précédents. Ces pavés, dits *jolis*, se vendent par cent pièces, emballage compris, savoir :

Pavés de 0,11 à	10 fr.	50 c.
Id. 0,13 à	11	»
Id. 0,16 à	14	»
Id. 0,20 à	17	50

358. Marbre Sainte-Anne, de la carrière des Alloux, à Biesme. Prix, sur place, 525 le mètre cube brut.

Le marbre Sainte-Anne, de Biesme, a des caractères persistants. Il est bien veiné, très-solide et résiste très-bien à la chaleur et aux agents atmosphériques.

763. Marbre Sainte-Anne, également de Biesme, dont le prix du mètre cube, sur place, est de 200 à 250 fr., suivant les dimensions et la qualité des blocs.

365. Marbre *bleu belge*, brut et poli, de la carrière du Bois des Cloches, commune de Couillet. Le prix du mètre cube, sur place, est de 150 fr.

366. Marbre *Waulsort*, poli au clair, de Hastière. Prix du mètre cube brut : 235 fr.; tranches brutes de 0,02 : 11 fr. 87 c., le mètre carré; *id.*, polies au clair : 24 fr. — Mis en bateau à Dinant.

367. Marbre *brèche de Saint-Gérard*, brut et poli, de Saint-Gérard. Prix, sur place, 200 fr. le mètre cube brut.

368. Marbre *bleu-turquin fleuri*, poli au clair, de Ermeton-sur-Biert. Prix du mètre cube brut : 160 fr.; tranches de 0,02, le mètre carré, 7 fr., chargé sur wagon à Namur.

371. Marbre *gérin-rose*, poli au clair, de Gérin.

Prix, le mètre cube brut, livré sur bateau à Dinant. .	235 fr.	» c.
Le mètre carré, en tranches brutes, livré sur bateau à Dinant.	11	87
Le mètre carré, en tranches polies au clair, sur bateau à Dinant.	24	»

372. Marbre *Florence*, poli au clair, de la carrière du Fond de Biaury, à Namur. Prix du mètre cube brut, sur place, 150 fr.

378. Marbre *jaune-oriental*, brut, de Fraire-Fairou. Ce marbre est analogue à celui des Pyrénées. Il est très-recherché pour la marbrerie artistique. Son prix est de 300 à 350 fr. le mètre cube brut, sur place.

599. Poudingue quarzeux, à Marchin. Les pierres poudingues de Marchin ont été employées de tout temps dans la construction des appareils destinés à supporter une température très-élevée. Leurs qualités éminemment réfractaires les font encore rechercher aujourd'hui par les maîtres de forges, pour construire les creusets de leurs hauts fourneaux. Ces pierres, à cause de leur excessive dureté, entrent aussi dans la confection des mortiers, des meules et des pavements des faïenceries de la Hollande et de la Belgique.

Le prix actuel des creusets taillés, prêts à être placés, est de 220 fr. le mètre cube, livré sur wagon à la station de Huy.

641. Phyllade pyritifère, de Herbeumont. Bloc à débiter les ardoises, dit *spalton*, provenant des bancs supérieurs (puissance : 22 mètres).

Dimensions et prix des ardoises, le mille sur carrière :

Ardoises marquises,		de 0,60	sur 0,20.	. .	140 fr.
Id.	id.	0,55	0,25.	. .	135
Id.	id.	0,50	0,30.	. .	120
Id.	duchesses,	0,45	0,25.	. .	100
Id.	comtesses,	0,42	0,22.	. .	80
Id.	grandes communes,	0,30	0,20.	. .	26
Id.	id.	0,27	0,19.	. .	23
Id.	coquettes,	0,30	0,19.	. .	23
Id.	flamandes,	0,26	0,66.	. .	18
Id.	grandes petites,	0,24	0,13.	. .	12 50
Id.	petites,	0,23	0,11.	. .	9

700. Ardoise polie, des carrières de Viel-Salm. Ces ardoises, employées dans les écoles primaires, donnent lieu à un commerce assez important. Elles se vendent sur place à raison de 11, 15 et 19 fr. le cent, suivant la qualité. Ces prix sont augmentés de 3 fr. pour les ardoises encadrées.

820. Argiles grises. Les argiles plastiques sont exploitées dans un grand nombre de localités. Les plus recherchées sont celles de Hautrages, de Baudour de Saint-Vaast, de Baileux, de Couillet, de Villers-le-Gambon, et surtout des environs d'Andenne. La valeur des argiles plastiques réfractaires varie de 10 à 15 fr. les 1,000 kil., sur place, suivant la qualité et le degré de dessiccation.

822. Barytine, de Vierves. Cette substance est vendue dans le pays aux verreries et aux fabriques de blanc de baryte. Prix des 1,000 kil., sur place, 10 fr.

Produits combustibles. — Il résulte des documents publiés par le gouvernement belge que l'étendue de terrain houiller livrée à l'exploitation, à titre de concessions définitives ou provisoires, était, en 1860, de 127,950 hectares.

La richesse minérale de ce terrain ne peut, quant à présent, être déterminée d'une manière précise, parce que le travail de la carte générale des mines, décrété par le département des travaux publics, n'est pas assez avancé pour permettre de relier entre eux les systèmes de couches des divers bassins houillers de la Belgique. Toutefois on évalue à 140 le nombre des couches exploitables, et à 90 mètres leur puissance totale. Ces couches sont classées comme suit :

			NOMBRE.	PUISSANCE TOTALE.
Couches de charbon gras.			43	25,80
Id.	id.	demi-gras	33	23,10
Id.	id.	maigre	45	31,50
Id.	id.	Flénu	19	9,60
	TOTAUX. . . .		140	90,00

A la fin de l'année 1860, il existait, 538 siéges pour l'extraction du charbon, dont 137 en réserve, 46 en construction et 335 en activité.

Le nombre d'ouvriers charbonniers était de 78,232, dont 59,954 employés dans les travaux intérieurs des mines.

L'extraction du charbon, l'épuisement des eaux et l'aérage des travaux ont exigé l'emploi de 783 machines à vapeur, représentant une force totale de 45,969 chevaux.

En 1860, la production a été de 9,610,895 tonnes de charbon de toute espèce, représentant une valeur de 107,127,282 fr., savoir :

Charbon	gras	4.266,786	47,494,664
Id.	demi-gras.	2,065,780	22,595,087
Id.	maigre à longue flamme (Flénu).	1,804,870	24,806,610
Id.	maigre	1,475,459	12,452,941
		9,610,895	107,127,282

Minerais de fer oxydés. — Les usines de Belgique absorbent presque tout le minerai de fer oxydé extrait dans le pays. Beaucoup de limonites produisent d'excellent fer fort, et c'est à leur emploi que l'on est en grande partie redevable de la bonne qualité des fontes obtenues et de la réputation dont les produits sidérurgiques belges jouissent à l'étranger.

Il existait, en 1860, près de 1,200 siéges d'exploitation en activité, produisant environ 561,642 tonnes de minerai de fer oxydé lavé. De cette quantité il n'a été exporté que 35,000 tonnes provenant des exploitations de la Flandre orientale, du Luxembourg et des environs de Tournai.

Le rendement industriel est indiqué pour la plupart des échantillons.

De 926 à 963 *ter.* Produits du gîte de la *Vieille-Montagne.*

Le gisement de calamine de la Vieille-Montagne, situé sur le territoire neutre de Moresnet, est le plus important et le plus riche de toutes les mines de zinc connues. Il constitue un immense amas dans une bande étroite de calcaire condrusien renfermée dans le schiste du même système. Cet amas se compose :

1° D'une partie principale de profondeur indéterminée, qui est l'objet de l'exploitation actuelle.

2° D'une partie accessoire, vers le nord, qui peut être considérée comme un épanchement de la formation principale. Le gîte nord est épuisé depuis quelques années, quoiqu'il ait alimenté jusqu'alors les usines de la Société de la Vieille-Montagne, indépendamment des fabriques de laiton qui existaient de temps immémorial dans le pays de Liège avant la découverte de l'emploi du zinc métallique.

L'exploitation de cette partie de la mine a eu lieu à ciel ouvert. On évalue le volume extrait à 540,000 mètres cubes, représentant environ un million de tonnes de calamine.

Le minerai se trouve en masse compacte sur toute l'étendue du gîte ; il est traversé seulement par quelques veines irrégulières d'argile, qui affectent souvent la forme de nids ou de poches. Ces argiles, appelées *bolaires*, sont souvent dures, schistoïdes et colorées en jaune, en rouge ou en vert, par des composés de fer et de manganèse.

On utilise aujourd'hui les déblais énormes effectués jadis pour mettre à jour l'amas calaminaire du nord. Ces rejets se composent notamment d'argiles diverses, mélangées de calamine impalpable et en grenailles.

Au moyen d'appareils perfectionnés, la Société de la Vieille-Montagne est parvenue à en extraire jusqu'aux dernières parcelles de minerai.

Les produits de cette préparation mécanique, dont la série est représentée dans la collection, sont d'une perfection digne de fixer l'attention.

De 1,022 *bis* à 1,056. Minerai de la mine de Bleyberg.

La mine de plomb de Bleyberg, dont le siége d'exploitation est établi à Montzen, est la plus riche de la Belgique, et probablement de toutes les mines de plomb connues. Le gîte se compose d'un filon unique de galène et de blende, traversant le terrain houiller du N. E. au S. O., jusqu'à son contact avec le calcaire condrusien, sur une étendue constatée de plus de 1,000 mètres.

Des travaux exécutés dans la direction du sud autorisent à croire que ce filon pénètre dans le terrain anthraxifère.

Un épanchement très-important de galène, presque dépourvue de gangues, a été reconnu dans la masse argileuse noire qui sépare le système houiller du calcaire condrusien. Cette découverte, qui date de deux ans à peine, a eu pour résultat de tripler la valeur attribuée à cette mine.

Des appareils d'exhaure, d'une puissance peu commune, fonctionnent pour l'épuisement des eaux.

La quantité d'eau à élever à la hauteur de 120 mètres varie de 800 à 1,000 mètres cubes par heure. De 1,095 à 1,128. Produit des mines de Rocheux et d'Oneux.

Les mines de Rocheux et d'Oneux, situées à proximité de la station de Theux, se composent :

1° D'un filon, affectant en certains points la forme d'un amas puissant, qui traverse les roches du système condrusien sur une longueur constatée de 1,200 mètres environ.

Ce gisement renferme des sulfures métalliques où la pyrite est dominante.

2° De plusieurs branches transversales du gîte principal, constituant des amas de contact ou des épanchements de substances minérales composées en grande partie de minerais oxydés (limonite, calamine et céruse). Ces derniers résultent probablement de la décomposition de leurs équivalents sulfurés.

Les mines du Rocheux produisent plus spécialement les pyrites en roche, si recherchées par les fabricants de produits chimiques de l'Angleterre, de la France et de l'Allemagne.

En 1861, toute la production, soit environ 18,000 tonnes, a été exportée. A partir de 1863, époque à laquelle les travaux en voie d'exécution seront terminés, la Société sera en mesure d'augmenter considérablement le chiffre de ses extractions. — *Médaille.*

BRÉSIL. — Quand on voit avec quel éclat et avec quel goût l'empire du Brésil est représenté à l'Exposition de Londres, on a peine à croire que c'est là le même État qui, en 1855, avait à Paris une exposition si restreinte. Le soin de faire connaître à l'Europe les produits de cette riche contrée avait alors été abandonné aux particuliers qui, n'ayant pas un intérêt direct engagé dans les concours universels, ne prirent pas la peine de réclamer une place. Trois ou quatre noms seulement d'exposants figurèrent au Catalogue de Paris, et encore étaient-ils confondus avec ceux des citoyens de la République Argentine. Cette fois, le gouvernement brésilien a pris lui-même l'initiative; il a recueilli, classé et exposé les échantillons de toutes les richesses naturelles et manufacturières de l'Empire, tout en les présentant sous le nom de ceux auxquels ils appartiennent. Cette exposition est une véritable révélation; on ne soupçonnait pas que la vitalité du Brésil fût déjà si dignement comprise par ses habitants, et l'on ne s'attendait pas à les voir en mesure de convier les nations de l'Europe à partager les trésors dont la nature les a si libéralement départis, et qui assurent à l'Empire un avenir et une prospérité incomparables. Nous avons éprouvé un plaisir extrême à étudier en détail cette belle et élégante collection, et nous joignons notre voix à celles de tous les visiteurs pour en complimenter Son Excellence M. de Calvalho Morrera, ministre du Brésil en Angleterre, sous la haute direction duquel elle a été organisée.

L'examen de tant de richesses nous a fait comprendre combien grande était la lacune laissée malgré nous dans l'Album de l'Exposition de Paris en 1855, en n'ayant pas fait connaître mieux l'importance réelle de l'Empire du Brésil à tous les points de vue; aussi n'hésitons-nous pas à réparer immédiatement cette omission.

Description générale. Environ douze fois plus vaste que la France, le Brésil possède sur l'Océan, et le long même de la route marine qui conduit vers l'Asie et l'Océanie, les navires de toute l'Amérique et de l'Europe, un littoral aussi développé que celui du cap Nord à Gibraltar. Les plus grands fleuves du monde le traversent, et notre Rhin ou notre Danube ne serait pas remarqué dans la foule des affluents du Parana ou de l'Amazone. Quels fleuves, en effet, quelles routes pour le commerce que le Japurá, le Négro, le Madeira, le Xingu, le Tapajoz, le Tocatin, le San Francisco, le Parahyba, le Guahyba, le Tacuby, le Parana, le Parapanema, le Tiété, le Rio Grande, le Rio Doce et tant d'autres qui s'écoulent les uns dans les autres, qui se mêlent au Paraguay ou au fleuve des Amazones, ou qui versent leurs eaux directement dans l'Océan! Sur leurs rives un sol d'une profondeur inconnue attend la charrue et la herse!

La végétation d'Europe s'y mêle aux luxuriantes végétations des tropiques. Des forêts pleines de trésors, un sol qui recèle la houille, le fer et le diamant, des ports si nombreux que la plupart ne figurent pas sur les cartes; voilà ce qu'a donné la nature à cette contrée bienheureuse. On y jouit, de plus, du bienfait de lois équitables, d'une constitution libérale, d'un gouvernement populaire, et de l'espoir d'une paix indéfiniment durable. Est-il, sur la terre, de nombreux États, où il soit permis de vivre plus heureux et où le travail de l'homme ait de meilleures chances de succès?

L'esclavage des noirs a pu et peut encore offenser la pensée du moraliste d'Europe; mais chaque jour le nombre des esclaves diminue au Brésil, et le moment approche où il n'y en aura plus, tandis que le nombre des émigrants libres s'y accroît incessamment. C'est à plus de 50,000 hommes par année qu'il faut évaluer maintenant les forces de ce recrutement libre. L'esprit de la civilisation moderne est donc maître du Brésil. Les associations de secours mutuels et d'assistance y ont pris un grand développement, et ce n'est pas là qu'on peut craindre de rester isolé dans le malheur. Les plus grands efforts y sont faits aussi par le gouvernement pour que l'instruction se répande jusqu'aux frontières les plus reculées de l'empire. Même au sein des bois les plus impénétrables a pénétré la lumière de vie, et le goût des sciences a chassé l'ennui et la brutalité des villages même perdus dans le lointain des provinces centrales.

L'industrie ne fait que naître au Brésil, mais ni les encouragements, ni les ressources ne lui manquent. On comptait naguère 72 fabriques qui jouissaient de l'exemption des droits de douanes sur leurs matières premières : entre autres, 22 fabriques de savon et de chandelles, 19 fabriques de chapellerie, 9 fonderies et 4 usines à gaz. La faveur de l'exemption était estimée au chiffre de 1,200,000 francs.

Le Brésil, nous venons de le dire, possède de la houille [1], du fer et du diamant. La houille est de bonne qualité, et il est à croire que dans l'immensité de l'empire il en existe des gisements nombreux. Le fer est si abondant, à l'état de minerai, qu'en beaucoup d'endroits il forme plus des trois quarts de la masse du sol. Les mines de diamant figurent, dans les états du commerce de l'Europe, pour une somme qui va jusqu'à 12 millions. L'argent et le cuivre existent au Brésil; mais on n'en a pas encore exploité les mines. Le plomb et l'étain ne feront pas non plus défaut à l'industrie, quand il y aura des bras pour les utiliser.

Agriculture. — Il y a, pour ainsi dire, deux agricultures au Brésil. L'une pourvoit à la nourriture des indigènes et procure le maïs, le manioc, le riz et les haricots; le maïs, qui ne donne jamais moins de cent pour un; le manioc, dont les usages sont si divers; le riz, qui, blanc ou rouge, pousse dans les terres sans qu'on les irrigue; et les haricots noirs, rendant en moyenne 60 pour 100, et dont la farine, propre aux mêmes usages que la farine de froment, ne coûte que 5 centimes le kilogramme.

L'autre agriculture s'occupe des récoltes d'exportation; elle prépare le café, le tabac, le coton, le cacao, le sucre.

La canne mûrit en douze à treize mois, dure souvent quelques années et peut fournir jusqu'à douze et quinze coupes. Le moindre nombre, c'est deux. On estime qu'un hectare de terre planté en canne donne 4 pipes d'eau-de-vie à 180 francs la pièce.

Les caféiers se plantent dans les défrichements nouveaux, entremêlés de haricots, de maïs, de manioc et de légumes dans les deux premières années. On les taille, la septième année, à quatre pieds de haut. La récolte dure dix ans. Le seul port de Rio exporte 160 millions de kilogrammes de café; c'est le tiers de la consommation du globe.

Dès la première année le cotonnier produit; il suffit de le sarcler une ou deux fois l'an. On le taille à cinq ans; la pleine récolte dure de six à sept années. C'est dans les terres de l'intérieur que le cotonnier réussit le mieux : aussi le jour où on n'aura plus à lutter contre la difficulté des transports, la production du coton brésilien se développera indéfiniment.

Le thé réussit aussi bien qu'en Chine, là où depuis vingt ans on s'est mis à le cultiver. L'élève des vers à soie doit prochainement accroître les richesses du pays; elle se fait en plein air. Il en est de même de la culture de la vigne : dès qu'on voudra faire le vin au Brésil, le Brésil sera un grand pays producteur. Nos vignerons du Midi s'enrichiraient vite en y allant exercer leur profession.

[1] La houille abonde notamment dans les provinces de San Pedro do Sul et de Santa Catarina; mais le peu de capitaux disponibles a empêché jusqu'ici d'en entreprendre en grand l'exploitation. On en a récemment trouvé des mines dans les provinces de l'Amazonas, de Matto Grosso et de San Paulo.

Mais deux des plus grandes productions du Brésil ne viennent pas de son agriculture : les innombrables troupeaux de l'intérieur lui fourniront, pour longtemps encore, des masses de viande; et ses figuiers, du caoutchouc. Dans les fermes du Para, la viande coûte, en moyenne, 4 à 5 centimes le kilogramme.

L'une des récoltes spéciales à l'Amérique du Sud et qui abonde au Brésil est celle du *maté* ou « thé du Paraguay. » Le *maté* est la feuille d'un houx qui croît spontanément par masses énormes dans les forêts de l'Amérique du Sud. Ces feuilles sont infusées, comme le thé, dans de l'eau bouillante sucrée, et servent au même usage. Le plus estimé est celui du Paraguay; mais le maté du Brésil est lui-même l'objet d'un commerce considérable.

Les hervaes ou forêts de maté du Brésil sont situées sur la rive gauche de l'Uruguay, dans les anciennes missions portugaises. Le maté de ces récoltes s'exporte principalement par le port fluvial d'Itaqui; son prix moyen est de 1 franc le kilogramme, tandis que celui du Paraguay se vend plus de 2 francs 50 cent. On en a exporté dans ces derniers temps, environ 3,500,000 kilogrammes par an. Mais il suffit de cette esquisse générale. Tout à l'heure, en décrivant les provinces, nous aurons à parler de ce que chacune d'elles produit.

Gouvernement et division du pays. — On sait que le Brésil fut une colonie du Portugal, où s'était retirée la famille Royale, lorsque les Français s'emparèrent de Lisbonne, en 1808. Habitué dès lors à être indépendant de la métropole, le Brésil ne put se résigner, au retour de la paix générale, à retomber au rang de colonie, et il se sépara du Portugal, en choisissant son nouveau chef dans la famille même des rois portugais. L'Empereur actuel, né au Brésil, est l'idole du peuple entier. Il est vrai qu'aucun souverain ne mérite davantage la popularité, et que la constitution d'aucun peuple ne rend plus heureusement qu'au Brésil l'exercice du pouvoir suprême compatible avec le libre jeu des institutions libérales de notre siècle.

Don Pedro II de Alcantara, né le 2 décembre 1825, a succédé, le 7 avril 1831, en vertu de l'acte d'abdication à son père don Pedro Ier de Alcantara; il règne depuis le 23 juillet 1840. De sa femme, l'impératrice Thérèse-Christine-Marie, née le 14 mars 1822, fille de François Ier, roi des Deux-Siciles, il a deux filles, les princesses Isabelle, née en 1846, et Léopoldine, née en 1847. L'une de ses deux sœurs, la princesse doña Januaria, née en 1822, est mariée au comte d'Aquila, fils de François Ier, roi des Deux-Siciles; la seconde, née en 1824, l'est à François d'Orléans, prince de Joinville.

Avant d'abdiquer, don Pedro Ier s'était marié en secondes noces avec Amélie de Leuchtenberg, fille du prince Eugène Beauharnais, née en 1812, qui est devenue veuve en 1834.

Sous l'autorité de l'Empereur, l'administration du pays est confiée à sept ministres : le ministre de la guerre, le ministre de la marine, le ministre de la justice, le ministre des affaires étrangères, le ministre de l'intérieur, le ministre des travaux publics et le ministre des finances.

L'armée de terre, en 1859, se composait ainsi :

État-major général. 29		
État-major de 1re et de 2e classe. 224	358 hommes.	
Corps de santé. 105		
Quinze bataillons d'infanterie de ligne, non compris les troupes de garnison et les chasseurs. 13,364	—	
Quatre régiments de cavalerie, avec le corps de Matto-Grosso. 3,727	—	
Un régiment d'artillerie à cheval (817 hommes), quatre bataillons à pied et le corps de Matto Grosso. . . . 3,582	—	
Corps des ingénieurs (177 hommes) et des artificiers (436 hommes). 613	—	
Corps des pédestres (onze compagnies). 902	—	
	22,546 hommes.	

La flotte, en 1860, comptait :

Bâtiments à voiles : 7 corvettes, 1 brick-barque, 3 bricks, 12 petits bâtiments, 3 transports;
Bâtiments à vapeur : 21 bâtiments, dont un de 300 chevaux, un de 220, huit de 120 à 150 et le reste au-dessous de 100. En outre, huit chaloupes canonnières de 80 chacune.
Il y avait en construction : 3 frégates, 3 corvettes et 4 vapeurs.
L'effectif des troupes de marine comprenait :

Officiers de tous grades. . . . . 172 |
Soldats. . . . . 2,663 | 3,335 hommes.

Voici la division de l'Empire, avec les chiffres du dernier recensement :

PROVINCES.	SUPERFICIE EN MILLES CARRÉS GÉOGRAPHIQUES.	POPULATION EN 1856.	NOMBRE DE SÉNATEURS.	NOMBRE DE DÉPUTÉS.	CHEFS-LIEUX.
Pará.	54,507	207,400	1	3	Pará.
Maranhão.	6,759	360,000	3	6	Maranhão.
Piauhy.	4,597	150,400	1	3	Ociras.
Ceará.	1,735	585,300	4	8	Aracate.
Rio Grande do Norte. . .	802	190,000	1	2	Natal.
Parahyba.	1,138	209,300	2	5	Parahyba.
Pernambuco.	2,908	950,000	6	13	Pernambuco.
Alagoas.	530	204,200	2	5	Porto Calvo.
Sergipe.	528	183,600	2	4	Sergipe.
Bahia.	6,091	1,100,000	7	14	San Salvador.
Espírito Santo. . . .	643	51,300	1	1	Vittoria.
Rio de Janeiro. . . .	860	1,200,000	6	12	Janeiro et Niétérohy.
San Paulo.	8,050	500,000	4	9	San Paulo.
Santa Catarina. . . .	694	105,000	1	1	Santa Catarina.
Rio Grande do Sul. . .	4,059	201,300	3	6	San Pedro do Sul.
Minas Geraes.	11,413	1,300,000	10	20	Ouro Preto.
Matto Grosso.	28,716	85,000	1	2	Cuyaba.
Goyaz.	13,594	180,000	1	2	Goyaz.
Amazonas (démembrement de Para). . . .	»	42,600	1	1	—
Paraná (démembrement de San Paulo). . . .	»	72,400	1	1	—

Et en outre les îles de Fernando do Noronha, Trinidad et Martin Vatz.

En 1855, il y avait 296,136 habitants à Rio de Janeiro. Depuis 1835, il en est de cette ville comme de Washington aux États-Unis; elle forme un district séparé de la province qui l'entoure et dont le chef-lieu est Niétérohy. Il y a un archevêché à Bahia et douze évêchés dans l'empire.

Finances. — Le budget de l'exercice 1861-1862, réglé par la loi du 27 septembre 1860, porte les recettes ordinaires à 49,660,000 mil réis de 2 fr. 85 cent., et les dépenses à 51,314,000 mil réis. La précédente loi des finances l'avait fixé à 48,303,000 mil réis de dépenses et à 45,000,000 mil réis de recettes, et, précédemment encore, les recettes étaient évaluées à 39,420,000 mil réis et les dépenses à 40,097,000 mil réis[1].

Ce sont les droits de douane à l'importation qui fournissent la plus grosse part de la recette, environ les trois cinquièmes pour 1861-1862, 30,500,000 mil réis. Il existe aussi un droit d'exportation de

[1] En 1846, la recette était de 26,764,225 ⨍ 000.

5 pour 100 de la valeur; établi d'abord au profit des provinces, qui en recevaient la presque totalité, il a été, depuis 1858, attribué à l'État et a pris, de cette manière, le caractère d'un impôt foncier.

Voici comment se répartissent les dépenses dans le dernier budget :

Ministère de l'intérieur. . . . . 10,995,000 mil réis [1].
— de la justice. . . . . 5,082,500 —
— des affaires étrangères. . . . . 919,500 —
— de la marine. . . . . 7,170,000 —
— de la guerre. . . . . 12,830,000 —
— des finances. . . . . 14,317,000 —

Le déficit qui se remarque depuis quelques années dans la mise en équilibre des budgets est la suite d'une crise commerciale qui a eu lieu, il y a cinq ans, mais qui a cessé d'exercer une influence fâcheuse sur le revenu public; et il paraît certain que les recettes doivent maintenant s'élever au-dessus du chiffre des dépenses.

La dette extérieure, le 31 décembre 1859, se divisait comme il suit :

| DATES | CAPITAL PRIMITIF. | | MONTANT DES REMBOURSEMENTS. | | EN CIRCULATION. |
DES EMPRUNTS.	RÉEL.	NOMINAL.	RÉEL.	NOMINAL.	NOMINAL.
1824	2,999,940[1]	3,686,200 l.	855,964 l. 2 s. 6 d.	961.600 l.	2,724,600 l.
1839	512,512	411,200	55,522 5	56,300	354,900
1843	622,702	732,600	223,224	224,200	508,400
1852	954,250	1,040,600	78,280	82,400	958,200
1859	508,000	508,000	48,500	48,500	459,500
			1,261,490 l. 7 s. 6 d.	1,573,000 l.	5,005,600 l.

[1] Liv. sterling de 9000 réis

Ou 125,084,000 francs.

DETTE INTÉRIEURE, FONDÉE EN DÉCEMBRE 1859.

BILLETS DU TRÉSOR.	ÉMIS.	AMORTIS.	EN CIRCULATION.
Certificats à 6 p. 100	59,473,000 ₰ 000	3,672,000 ₰ 000	55,801,000 ₰ 000
Apolices à 5 p. 100	1,997,600 ₰ 000	161,200 ₰ 000	1,836,400 ₰ 000
— 4 p. 100	119,600 ₰ 000	»	119,600 ₰ 000
	61,590,200 ₰ 000	3,833,200 ₰ 000	57,757,000 ₰ 000

Ou 164,607,450 francs, à 2 fr. 85 cent. les 1,000 réis.

[1] Le rapport réel de la monnaie brésilienne avec la France donne 2 fr. 85 c. pour la valeur du mil réis. Cependant on l'estime, en général, pour la facilité des comptes, à 3 francs, ou à 3,000 francs le conto, c'est-à-dire le million de réis. Du reste, ces estimations sont sujettes à varier, car dans le courant de l'année 1860, le change a abaissé la valeur du mil réis à 2 fr. 38 c., soit à 420 réis le franc.

On estime aussi que 9,000 réis valent une livre sterling d'Angleterre.

Le Brésil devrait bien changer son système de monnaie.

Les créanciers de l'État se répartissent ainsi :

Brésiliens.	35,344,000$000
Sujets anglais.	6,819,400$000
Sujets d'autres pays.	3,281,800$000
Établissement intérieur..	11,648,000$000
Propriétaires divers.	663,800$000
	57,757,000$000

Le service de la dette, sur le budget de 1861-62, réclame une somme de 3,649,000$000 pour l'extérieur, et de 3,460,000$000 pour l'intérieur. Le total des deux dettes y est porté au chiffre de 64,834,000$000 ou de 184,777,000 ï.

M. Charles Reybaud, dans le dernier volume de l'*Annuaire du crédit international*, a consacré au régime financier du Brésil quelques pages pleines d'intérêt. Nous lui empruntons les renseignements qui suivent :

La question de la circulation, dit-il, a fortement préoccupé la législature dans l'année qui vient de s'écouler. La plus importante des lois promulguées à ce sujet est celle du 22 août, qui contient sur les banques d'émission et la circulation fiduciaire, différentes mesures, destinées surtout à réprimer les abus du papier des banques et la concurrence que ce papier fait au papier-monnaie de l'État. Un décret du 10 octobre règle le délai et le mode de procéder pour le retrait des billets de banque au-dessous de 150 fr. dans la province de Rio, et de 75 fr. dans les autres provinces. Pour mieux diriger et surveiller tout ce qui se rapporte au crédit et à la circulation, on s'est appliqué de plus en plus à astreindre les banques et les Compagnies à soumettre leurs statuts à l'approbation de l'autorité.

A la date du 3 novembre 1860, le gouvernement brésilien a publié un décret qui introduit dans la législation douanière des réformes importantes au point de vue du commerce et d'une portée financière. Il y a dans ce décret deux mesures distinctes : la modification des droits et l'établissement d'une surtaxe temporaire. C'est, du reste, le propre des États d'Amérique, contrairement à la tendance des nations européennes, de bâtir leur système financier sur l'établissement de leurs douanes.

1° *Modification des droits.* — Les liquides sont le plus fortement chargés. Les droits sur les cognacs, les esprits et les alcools sont plus que doublés : de 750 reis ils montent à 1,600 la *canada*, mesure de 1 litre 395 [1]. Les vins, les boissons alcooliques, le vinaigre, la bière, les huiles, etc., venant en dames-jeannes, payent 25 pour 100 de plus que l'ancien droit, et, sauf les vins mousseux, si ces liquides arrivent en flacons, ils payent 50 pour 100. Le droit sur les chaussures est porté de 30 à 40 pour 100. La librairie est surtaxée de 5 réis par kilogramme, soit d'environ 10 pour 100 ; les bougies stéariques le sont de 40 reis à la livre.

2° *Droits additionnels.* — Ces droits sont de 5 pour 100 sur la majeure partie de l'importation ; sur quelques marchandises, ils ne sont que de 2 pour 100. D'autres articles enfin (les substances alimentaires et les objets de première nécessité) en sont tout à fait exempts. La surtaxe est prélevée sur la valeur de la marchandise elle-même, telle qu'elle est établie par la douane dans ses estimations. Le droit additionnel réduit ne s'applique qu'à un petit nombre d'articles : le vin, quelques oxydes et sulfates, les dentelles de fil et de soie, la paille pour les chapeaux, et la sparterie, etc., ne payent que 2 pour 100 de plus. L'exemption de tout droit additionnel a été accordée aux articles suivants : la farine, le blé, l'orge, les pâtes alimentaires, les légumes secs, les pommes de terre, dont le droit a été augmenté de 150 réis par quintal, la morue, qui paye 100 réis de plus par quintal, la viande sèche ou salée, qui paye 200 réis, le charbon de terre, les chiffons, les toiles de coton, de laine et de lin, le fer, l'acier, le cuivre, le plomb, les produits chimiques.

Navigation générale. — A présent que nous avons fait connaître l'ensemble de la production et de

- [1] A Bahia, *la canada* vaut 7 litres 20.

l'administration du Brésil, venons au détail de ce que les efforts de l'homme ont entrepris déjà pour mettre en œuvre de si grandes richesses naturelles. La navigation générale et les chemins de fer doivent d'abord fixer notre attention.

Deux compagnies importantes se sont chargées du service des deux plus grands fleuves, le Paraguay et les Amazones, et les steamers les parcourent incessamment. Des bateaux à vapeur naviguent aussi sur l'Itapicuru, le Méarina, l'Alcantara, le Maranháo, le Jarnahyba, le Piauhy, le Guahyba, le Jacahy, le J. Gonçalo dans la province de Rio-Grande do Sul, et le Parahyba dans la province de Rio de Janeiro. On en compte, en somme, plus de soixante-dix, qui appartiennent à dix compagnies différentes.

La compagnie des Amazones entretient, à elle seule, trois lignes, dont les bateaux partent de la ville de Belem, dans la province du Para, et remontent par le grand fleuve jusqu'à Nauta, dans la république du Pérou. Le service de cette compagnie est fait par des bateaux à vapeur. En 1861, les revenus de la compagnie étaient déjà considérables.

La compagnie du Haut-Paraguay emploie quatre bateaux à vapeur pour la navigation entre la ville de Montevideo et la ville de Cuyaba, dans la province de Matto-Grosso.

La compagnie brésilienne des Paquebots à vapeur met, de son côté, en communication les principaux ports de mer de l'empire et la capitale. Cette compagnie fait de très-bonnes affaires, et entretient plus de dix bateaux. Telles sont les trois compagnies de navigation les plus importantes du Brésil; mais, pour ne pas être chargées d'un service aussi actif, celles qui viennent après n'en sont pas moins sur un bon pied.

Chemins de fer. — On compte six chemins de fer au Brésil : ceux de Dom Pedro II, de Mana et de Cantagallo, dans la province de Rio de Janeiro; ceux de Bahia, de Pernambouc et de San Paulo. Leur aspect matériel est très-satisfaisant, et leur service est organisé d'une façon qui ne laisse rien à désirer, particulièrement sur la ligne de Mana. On peut, en général, les comparer aux chemins de fer de l'Europe, pour la proportionnalité à établir entre les frais et la recette. L'État assure 7 pour 100 aux capitaux qui y ont été employés.

Le capital garanti pour l'exploitation du chemin de fer de Dom Pedro II est de 38,000,000 ⨍ 390. La longueur de cette ligne doit atteindre le chiffre de 188,590 braças, sur lesquels il y en a 30,231 en exploitation, sans compter les embranchements. La recette du chemin de fer de Dom Pedro II a été :

D'avril à juin 1858.	71,922 ⨍ 000
De 1858 à 1859.	487,988 ⨍ 000
De 1859 à 1860.	792,592 ⨍ 752
De 1860 à 1861.	1,060,167 ⨍ 679

Le capital garanti pour l'exécution du chemin de Bahia est d'environ 45 millions de francs. La longueur de ce chemin doit être de 55,858 braças; il y en a 26,260 en exploitation, et le reste se construit avec une assez grande activité pour que la ligne entière puisse être achevée au commencement de 1863.

Le capital garanti pour la construction du chemin de Pernambouc est de 30 millions de francs. La longueur de la ligne doit être de 54,949 braças; il y en a 25,361 en exploitation; le reste s'achève.

Pour le chemin de fer de Bahia, le capital garanti s'élève à 50 millions de francs. La longueur de la ligne doit être de 64,284 braças. Ce chemin n'est pas encore en exploitation. Quant au chemin de Mana, il est livré à la circulation depuis longtemps, et ses affaires sont très-bonnes.

Le capital garanti pour le chemin de fer de Cantagallo est de 2,000,000 ⨍ 000. La longueur de cette ligne doit être de 40,768 braças; il y en a déjà 18,225 en exploitation.

Les travaux du chemin de fer de Tanandaré doivent commencer prochainement.

Il y a encore un chemin de fer en projet; c'est celui du Paraguana, qui doit partir de la ville de Cachoéra, dans la province de Bahia, et se diriger vers l'intérieur. Nous ne parlons pas du tram-way qui existe entre la ville de Rio et l'un de ses faubourgs, et dont les locomotives parcourent les rues de la ville elle-même.

Tout récemment (au mois de novembre 1862), l'Empereur est allé en personne explorer les travaux de la seconde section du chemin de fer de Dom Pédro II, et il a été au plus haut point satisfait de l'état d'avancement de ces travaux. L'Empereur est un des hommes les plus éclairés de son empire, et son opinion favorable dans une question qui paraissait douteuse, la possibilité de percer la Serra do Mar, a donné confiance à tout le monde. Il s'agit d'une ligne à ouvrir à travers une chaîne de montagnes de plusieurs lieues et sur un sol de granit. La Serra do Mar est la Cordillière du Brésil : elle sépare la province de Rio des riches provinces de Saint-Paul, au sud, de Minas Geraes, à l'ouest. Relier ces deux provinces au port de la capitale, c'est agrandir d'une manière indéfinie les horizons du commerce et de la culture. Le but n'est pas encore atteint complétement, mais on est sûr d'y arriver. Tous les travaux d'art les plus compliqués et les plus gigantesques ont été accumulés sur cette section de quelques lieues, qui ne compte pas moins de douze tunnels. L'œuvre coûtera des sommes énormes; mais le résultat sera au niveau de l'effort, et dans un an ou deux peut-être, le Brésil recueillera le prix de ses sacrifices.

Productions naturelles et commerce général. — La valeur moyenne des principaux articles exportés dans les six dernières années s'est élevée pour :

Le café.	à	51,199,900$000
Le sucre.	à	22,172,400$000
Le coton.	à	6,236,250$000
Le tabac.	à	2,995,342$000

Pour l'année 1860-1861, nous pouvons donner le chiffre exact de l'exportation des produits du Brésil.

Café.	223,077,900 fr.
Sucre..	29,165,575
Peaux..	23,718,500
Coton..	12,750,000
Diamants...	10,477,850
Tabac.	6,601,250
Caoutchouc.	6,250,000
Cacao.	3,575,000
Maté.	2,975,000
Rhum.	1,500,000
Crin.	716,500

Étudié au point de vue des pays de destination, le commerce du Brésil, dans les derniers tableaux officiels, a donné lieu à des mouvements qu'il est utile de connaître :

EXPORTATION.	VALEUR OFFICIELLE EN RÉIS.	
PAYS DE DESTINATION.	1857-1858.	1858-1859.
Russie.	227,858 $ 126	254,874 $ 172
Suède et Norvége.	518,415 $ 760	896,649 $ 737
Danemark et possessions danoises.	652,799 $ 678	688,022 $ 664
Pays-Bas.	881,878 $ 351	79,614 $ 063
Villes anséatiques.	4,296,783 $ 790	3,320,314 $ 449
Grande-Bretagne et possessions.	36,157,331 $ 849	38,955,309 $ 862
France et possessions.	6,955,598 $ 947	9,972,051 $ 449
Espagne et possessions.	782,148 $ 185	889,425 $ 003
Portugal et possessions.	7,631,097 $ 929	4,400,097 $ 162
Belgique.	1,185,426 $ 832	284,948 $ 607
Autriche.	482,285 $ 980	469,598 $ 245
Sardaigne.	1,067,112 $ 909	994,948 $ 147
Deux-Siciles.	28,063 $ 741	»
Turquie.	795,846 $ 547	447,964 $ 889
Ports de la Méditerranée.	559,360 $ 218	300,114 $ 375
Ports de la Baltique.	»	51,493 $ 862
Chine.	73,883 $ 772	»
Ports de l'Afrique.	1,024,558 $ 268	567,333 $ 307
États-Unis de l'Amérique.	24,621,499 $ 952	37,489,415 $ 650
Chili.	1,728,037 $ 207	1,016,449 $ 599
États de la Plata.	6,204,497 $ 365	5,516,810 $ 559
Pour approvisionnements.	257,141 $ 410	186,788 $ 152
Ports non spécifiés.	73,142 $ 843	»
Total	96,199,753 $ 659	106,782,223 $ 958

De 1857 à 1858, le chiffre de l'importation s'est élevé à 130,263,844 $ 000, et, de 1858 à 1859, à 127,268,194 $ 000. C'est une diminution d'un peu plus de 2 p. 100 sur la période précédente, mais le chiffre de l'année 1858-59 n'en dépasse pas moins de plus de 22 p. 100 le chiffre moyen des cinq années antérieures. De même pour l'exportation, le dernier chiffre indiqué surpasse de 13 p. 100 la moyenne des cinq années qui vont de 1853 à 1858.

Le coton du Brésil peut être appelé à jouer bientôt un rôle important. Cette année, à l'Exposition même, a été faite, avec les soins les plus minutieux, une appréciation comparée de tous les cotons du monde. MM. Bazley et Jean Dollfus ont, en quelque sorte, dirigé le travail de cette estimation, à laquelle donnent tant d'intérêt les circonstances exceptionnelles au milieu desquelles on l'a faite. Voici les prix auxquels ont été évalués les cotons du Brésil, représentés par sept échantillons principaux :

Numéro 454, coton longue soie, ... 3 fr. 10 c. le kilogramme.
— 450, — . . . . 2 88 —
— 142, — . . . . 2 99 —
— 142, — . . . . 2 76 —
— 143, — . . . . 2 88 —
— 143, — . . . . 2 76 —
— 145, — . . . . 2 88 —

et la Commission a observé « que ces cotons manquent généralement d'égalité dans le brin, et que s'ils eussent été bien nettoyés, ils auraient été cotés plus haut. »

Sur les 4 millions de balles consommées en Europe en 1860, le Brésil en a fourni 60 ou 80,000, c'est-à-dire environ le cinquième des 400,000 qui ne venaient pas des États-Unis.

En 1861, il a été mis en œuvre en Europe, 850 millions de kilogrammes de coton. Le Brésil en a fourni 10 millions.

Il reste, pour faire apprécier l'importance du commerce général du Brésil, à donner les chiffres du mouvement de ses ports.

MOUVEMENT DES PORTS EN 1858-59.

PAVILLONS.	ENTRÉES.		SORTIES.	
	NAVIRES.	TONNES.	NAVIRES.	TONNES.
Brésiliens.	416	27,958	217	32,763
Étrangers.	2,720	928,581	2,562	924,296
Total.	3,136	956,539	2,779	957,059

Le cabotage, seulement sous pavillon brésilien, a compté, à l'entrée, 3,121 navires et 493,297 tonnes et, à la sortie, 3,060 navires et 477,567 tonnes.

De 1860 à 1861, il est entré dans les ports maritimes du Brésil 2,764 navires étrangers d'un tonnage de 878,598 tonnes, et il en est sorti 2,469 jaugeant 916,491 tonnes, avec environ 33,000 hommes d'équipage, à l'entrée comme à la sortie.

Quant à la navigation de la Plata, durant la même année, il est entré dans les ports 708 navires, jaugeant 68,289 tonnes avec environ 4,000 hommes d'équipages, et il en est sorti 599 jaugeant 52,596 tonnes, avec près de 3,000 marins.

Rio de Janeiro. — A présent nous allons successivement passer en revue les principales provinces de l'Empire.

Il n'est pas de spectacle plus imposant et plus merveilleux que l'entrée de la baie de Rio de Janeiro. De hautes montagnes de granit, couronnées de fortifications, font une ceinture à cette baie, que parsèment des îles couvertes de la végétation la plus riche et d'un caractère incomparablement pittoresque. A gauche est située la ville de Rio et à droite celle de Nieterohy, rattachée à la capitale de l'empire par un service continuel de bateaux à vapeur et de bateaux à voiles.

La rade de Rio est l'un des plus beaux ports naturels qu'il y ait au monde. La baie pénètre jusqu'à près de neuf lieues dans les terres, mais elle est assez rétrécie à son ouverture pour prendre l'aspect et les avantages d'un bassin séparé de la mer. Le navigateur y est guidé par la vue d'une brèche d'environ 1,500 mètres faite dans la masse de la côte, et encore plus, par celle d'une roche de 300 mètres de haut. On y pénètre si aisément, que l'assistance du pilote est inutile aux navires. Il n'y a point de récifs dans cette plaine liquide, et la régularité des vents en facilite l'entrée et la sortie. C'est, par exemple, chaque matin, quand la brise de mer apporte la fraîcheur du large, qu'il est le plus aisé d'y pénétrer.

Depuis quelques années, il existe à Rio de Janeiro diverses fabriques de cotonnades communes, de papier, de savons, de produits chimiques, des distilleries, une magnanerie et un établissement de fonderie et de construction navale.

On compte à Rio quatre grandes banques : la *Banque générale du Brésil*, établie par privilège avec un capital de 90 millions de francs, qui est aux trois quarts réalisé, et dont les émissions sont garanties par un dépôt métallique du tiers des billets; la *Banque rurale*, dont le capital est de 18 millions, à moitié versés; la Banque *Mana, Mac-Gregor et C*, dont le capital est également de 18 millions, entièrement réalisé, et la *Banque agricole et commerciale*, créée en 1857 au capital de 60 millions de francs. Les caisses d'escompte et les banquiers ne font pas défaut au commerce, et leurs transactions avec l'Europe s'opèrent en général par les places de Londres, de Paris et de Hambourg.

Navigation et commerce du port de Rio. — En 1859, il est entré 1,171 navires jaugeant 538,660 tonneaux, et il en est sorti 1,113 jaugeant 511,980, ce qui donne un total de 1,050,640 tonneaux. Dans ce total, les États-Unis figurent pour 257,140 tonneaux, l'Angleterre et ses colonies pour le même chiffre, le Portugal pour 89,700, la France pour 86,000, l'Espagne pour 59,340, les Villes Anséatiques pour 52,440, Montevideo pour 44,160, Buénos-Ayres pour 41,400.

Le pavillon Brésilien ne joue qu'un très-petit rôle dans ce mouvement, et seulement pour la navigation de la Plata et des côtes d'Afrique.

Dans cette même année 1859, il est entré dans les ports de France 68 navires venant de Rio, qui jaugeaient 27,004 tonneaux, et il est sorti de nos ports à destination de cette place de commerce 115 navires jaugeant 34,932 tonneaux.

Rio est le grand port d'importation et l'entrepôt du Brésil méridional. On y reçoit, par le cabotage, les sucres, les cuirs et les diverses productions végétales ou animales de la côte ; les voies de terre y conduisent les produits des riches provinces de Saint-Paul et de Minas-Geraes, et c'est le même chemin que suivent les articles d'Europe pour se répandre dans l'intérieur.

De 1851 à 1859, voici quels ont été les chiffres respectifs des importations et exportations de Rio :

ANNÉES.	IMPORTATIONS.	EXPORTATIONS.
1851	165,500,000 fr.	167,000,000 fr.
1852	180,000,000	173,000,000
1853	164,000,000	161,000,000
1854	170,900,000	161,520,000
1855	177,508,000	179,797,000
1856	183,774,000	221,422,000
1857	186,672,000	182,065,000
1858	178,592,000	175,507,000
1859	183,170,000	173,836,000

Dans le chiffre de l'importation de l'année 1859, l'Angleterre et ses colonies figurent pour 56,303,000 f.; la France, pour 31,580,000 ; les États-Unis, pour 22,280,000 ; le Portugal, pour 15,844,000 ; les Villes Anséatiques, pour 12,152,000 ; la Belgique, pour 7,452,000 ; la Suisse, pour 6,135,000 ; l'Espagne, pour 5,748,000 ; la Suède et la Norvége, pour 4,014,000 ; les États sardes, pour 3,113,000 ; le reste à diviser entre le Chili, la Prusse, la Hollande, l'Autriche, Naples, le Levant et l'Afrique.

Les États-Unis figurent au premier rang à l'exportation pour 91,101,000 fr.; l'Angleterre et ses colonies, pour 28,289,000 ; la France, pour 74,492,000 ; les Villes Anséatiques, pour 7,837,000 ; la Belgique, pour 5,483,000 ; le Portugal, pour 4,489,000.

Les articles principaux de l'importation sont les tissus de coton (28,636,000 fr., dont 18,332,000 fr. d'Angleterre, et seulement 3,473,000 de France); lainages (12,305,000 fr., dont 5,578,000 fr. d'Angleterre et 3,447,000 de France ; les tissus de lin (5,975,000 fr., dont 3,760,000 fr. d'Angleterre, et 613,000 de France); les soieries (5,230,000 fr., dont 3,021,000 fr. d'Angleterre, et seulement 2,601,000 fr. de France).

Ajoutons 32,494,000 fr. de comestibles divers, dont les États-Unis fournissent, toujours en 1859, environ le tiers; 19,942,000 fr. de boissons, dont 11,694,000 fr. du Portugal, et 1,736,000 fr. de France ; 12,662,000 fr. de charbon, de métaux et d'objets de marine; 10,742,000 fr. d'horlogerie, de bijouterie et de quincaillerie; 9,223,000 fr. de meubles, bois, vannerie; 7,991,000 fr. d'articles d'habillement; 6,936,000 fr. de salpêtre, poudre et armes; 5,528,000 fr. d'huiles, graisses, savons et cires; 4,678,000 fr. de papiers et de livres; 4,479,000 fr. de vases, et 3,995,000 fr. de cuirs ouvrés.

Les articles d'exportation, pour la même année, sont : 142,110,000 fr. de café (89,000,000 de fr. pour les États-Unis; 17,209,000 fr. pour l'Angleterre; 9,997,000 fr. pour la France); 13,150,000 fr. de métaux rares et de pierres précieuses; 10,013,000 de tabacs et d'articles divers; 4,074,000 fr. de sucre, et le reste en bois, tapioca, riz, cuirs, cornes, plantes médicinales.

C'est par Rio de Janeiro qu'en presque totalité s'exporte le café brésilien. La quantité exportée a été, en 1857, de 2,082,316 sacs pesant 152,738,000 kilogrammes; en 1858, de 1,839,432 sacs pesant 134,922,000 kilog., et en 1859, de 1,917,327 sacs pesant 140,626,000 kilog.

En 1855, on estimait la production totale du Brésil à 150 ou 160,000,000 de kilogrammes; c'est la moitié de la production du globe entier. Il n'y a pourtant guère plus de soixante années que la culture du café a été introduite au Brésil. Ce seul exemple montre combien il est facile d'y faire prospérer certaines cultures.

Quant au sucre exporté de Rio de Janeiro, le chiffre de cette exportation est loin de donner l'idée de la production de l'empire, qui a atteint le chiffre de 150,000,000 kilogrammes par année.

Autres provinces. — *Rio Grande do Sul* ou *San Pedro* ne compte guère que sept ou huit mille habitants; mais son port, quoique obstrué à l'entrée, a de l'importance. On y remarque à très-bon marché les vaisseaux. Il y est entré, en 1856, 223 navires jaugeant 39,720 tonnes. La province qui confine à l'Uruguay jouit d'un excellent climat, qui la rend spécialement propre à être habitée par les émigrants. Le sol est d'une fécondité admirable; le blé et le chanvre y seront pour des siècles un objet de culture aisée; on commence à y faire de la laine et de la soie; enfin on y a trouvé beaucoup de houille. Il y a là de l'air, de la place et de l'aisance pour plus de cinq millions d'hommes.

L'Amérique du Nord s'y approvisionne de cuirs, le Brésil même de viande et de suif. Ce sont les États-Unis qui y font presque toute l'importation; mais nos beaux draps noirs et nos meubles y sont goûtés.

La province de Rio Grande do Sul rapporte environ 8 millions de francs au trésor public, et jouit d'un revenu provincial de près de 3 millions.

Para ou *Belem* est la capitale de la province la plus septentrionale du Brésil; elle compte au moins 30,000 habitants. Son port est grand, sûr, et a de 7 brasses à 11 brasses de fond; et le climat est assez frais, quoique sous l'équateur. Depuis quelques années surtout il s'y fait un grand commerce.

En 1856 il y est entré 92 navires, jaugeant 18,782 tonneaux, d'une valeur totale de 8,295,077 fr. Il en est sorti 90 navires, d'une capacité de 18,479 tonneaux, emportant une cargaison de 10,196,452 fr.

On importe au Para des vins et des liqueurs, des huiles d'olive, des bougies, du savon, des farines, des pâtes, des conserves, du papier, des tissus légers à couleurs vives, des draps fins des modes, de la quincaillerie, des ouvrages de peau, des armes, des cristaux, et en général tout l'article de Paris.

La France en a tiré annuellement pour 1 million de marchandises. C'est le caoutchouc qui est le principal article d'exportation du Para. Son cacao est aussi fort recherché. Puis viennent les cuirs secs et salés, les cotons, le riz, les châtaignes, le copahu, la salsepareille, le rocou, le piassava, et d'autres substances végétales.

Il n'existe, pour ainsi dire, au Para, aucune industrie sérieuse. Toutes les facilités s'y trouvent pourtant réunies; et quant à la navigation, que dire des 2,800 kilomètres du fleuve des Amazones, qui verront un jour passer tant de puissants steamers, et où 500 ou 600 petits navires circulent, semant le long des rives les germes d'une civilisation féconde! Nulle part au monde un si grand et si bel avenir n'attend le travail de l'homme.

On compte 10,000 habitants à *Parahyba*. Cette ville a un assez bon port à 12 kilomètres de l'embouchure du fleuve dont elle porte le nom. Les vins, les huiles, les farines, le beurre, la morue, et en général l'épicerie y sont bien accueillis. Pour les tissus, les modes, la quincaillerie, c'est comme dans tout le Brésil.

Parahyba fournit des sucres blancs, des *moscovados*, de très-beaux cotons, que les quakers recherchent parce que c'est un bras libre qui les récolte; des cuirs, du café, du cacao, du rhum, du tafia, des bois, et surtout le bois du Brésil, et enfin un grand nombre de graines, de résines, de cire, de filaments et d'écorces.

Point d'industrie, mais la plus riche agriculture: voilà en deux mots la physionomie d'une province où le défaut de bras se fait sentir plus vivement que partout ailleurs.

C'est à 14 ou 15 millions qu'il faut évaluer annuellement le mouvement commercial du port de Parahyba, moitié pour l'importation et moitié pour l'exportation.

On compte bien près de 90,000 habitants à *Pernambouc* ou *Fernambouc*, ville bâtie, comme Venise, sur les lagunes de deux rivières. Le port est protégé par un long récif qui a l'aspect d'une muraille peu élevée au-dessus de la mer. Ce port est excellent; mais un banc de sable empêche d'y entrer les navires de plus de 700 tonneaux. La rade extérieure n'est pas bonne.

En l'année 1858-59 il y a eu à Pernambouc un mouvement de navigation de 318,000 tonneaux, dont 26,000 avec la France. L'importation figure dans ce mouvement pour 59,358,000 fr., et l'exportation pour 36,029,000 fr. Les pays importateurs se classent ainsi : l'Angleterre, pour 33,046,000; la France, pour 12,133,000; les États-Unis, pour 4,766,000; Hambourg, pour 3,602,000; le Portugal, pour 2,697,000; l'Autriche, pour 1,015,000; les États Sardes, pour 524,000; l'Espagne, pour 433,000.

L'ordre des exportations met l'Angleterre au premier rang, puis les États-Unis, puis la France. Ce sont les maisons du Havre qui, à l'aide d'un service de paquebots à voile, y font presque tout notre commerce. L'ouverture de la ligne directe de Bordeaux a particulièrement produit beaucoup d'effet à Pernambouc.

Les articles importés en 1858-59 sont : 6,943,000 fr. de morue anglaise, ou presque toute venant d'Angleterre; 2,784,000 fr. de farines, en très-grande partie américaines; 1,702,000 fr. de beurre, français pour les quatre cinquièmes; 1,226,000 fr. de vins, venant par tiers de France, d'Espagne et de Portugal; 640,000 fr. d'eaux-de-vie, tirées d'Angleterre et de Hambourg; 16,857,000 fr. de cotonnades, dont 14 millions et demi d'Angleterre; 1,288,000 fr. de soieries, dont 1 million de France; et 1,988,000 fr· de lainages d'Angleterre et de France. Après quoi il faut compter les toiles, la confection, la chapellerie, la chaussure, les fers, la bijouterie, les porcelaines et verreries. Montevideo fournit la chapellerie; presque tout le reste est expédié par la France et par l'Angleterre. Nos morues seraient mieux accueillies, si elles étaient plus petites et plus sèches.

Autrefois la capitale du Brésil était *Bahia* ou *San Salvador*. C'est encore la seconde ville commerciale du pays, quoique Pernambouc lui dispute ce rang. Le nom de cette première lui vient de la baie de Tous-les-Saints, baie immense, qui s'étend sur une longueur de plus de 110 kilomètres, et qui pourrait servir de refuge à toutes les flottes de l'univers. On y pénètre par deux entrées. On compte dans la ville plus de 130,000 habitants. Le mouvement commercial de la place dépasse 70 millions de francs. L'Angleterre en peut réclamer les 41 centièmes, et la France 10 ou 11 pour 100 seulement. Il est vrai qu'une partie de nos marchandises y arrive sous le pavillon anglais. En y comprenant le cabotage, il entre à Bahia et il en sort, en moyenne, 8 ou 900 navires par an, jaugeant de 250 à 275,000 tonnes.

C'est le sucre, d'abord, puis le tabac, les cafés, le tafia et les cuirs que le commerce y vient chercher, et les tissus de coton, puis les tissus divers, les vins, les comestibles, les farines et les pâtes alimentaires qu'il y apporte. D'excellents bois abondent dans le voisinage de Bahia et y favorisent l'établissement des ateliers de construction navale.

Sauf, peut-être, le travail du sucre brut, du tafia et des cigares, ce sont des étrangers qui ont dans leurs mains toutes les industries de la ville. On y fabrique des tissus grossiers. Les industries délicates n'y réussissent pas, faute d'ouvriers.

La recherche de l'or et des diamants y a pris de l'activité.

Les articles d'exportation du port de Pernambouc sont d'abord le sucre (36,618,000 kilogrammes en 1858-59), le coton (1,225,000 kilogr.), les cuirs bruts (1,456,000 fr.) et l'eau-de-vie de canne (17,031 hectolitres).

La ville possède plusieurs manufactures florissantes de tabac, de savon et de papier, et deux grands ateliers de construction pour les machines. Une succursale de la Banque du Brésil y est établie, ainsi que diverses banques et compagnies d'assurances particulières. La côte de la province est d'un aspect féerique; toutes les richesses de la nature y sont prodiguées. Quelle ne serait pas la richesse de cette province, si elle ne manquait pas de bras et si la fièvre jaune ne la visitait jamais! Des travaux d'assainissement peuvent la rendre plus salubre. Elle rapporte 24 millions de francs au trésor de l'Empire et jouit d'un revenu de plus de 3 millions.

Il y a 30,000 habitants à *Maranhao* (Maragnan). Le port de cette ville a 7 mètres de fond; il est sûr et d'un accès facile. Le chiffre des importations et des exportations réunies atteint 20 millions de francs. L'Angleterre y figure au premier rang des pays importateurs, puis l'Espagne, les États-Unis, le Portugal, et, au cinquième rang seulement, la France.

Les articles qu'on y vend le plus sont les tissus de coton, la farine de froment, les vins, le beurre, les ouvrages de métal. Le coton, le riz, les cuirs, le cacao, le caoutchouc sont les principaux articles d'importation de la province. On y a récemment trouvé des mines d'or.

La population de *Cuyaba*, capitale de la province de Matto-Grasso, est de 8,000 habitants. Cette ville est au loin dans les terres, sur un affluent du Paraguay. On n'en connaît pas qui soit plus près du centre de l'Amérique méridionale. Le commerce s'y fait par caravanes de mulets. Le *guarana*, venu de la région de l'Amazone, y est consommé avec avidité. C'est une substance qu'on apporte en pain, de l'apparence du chocolat, et dont on fait des infusions en guise de thé, auxquelles on attribue toutes les vertus possibles. La poudre d'or, les cuirs, les peaux de bêtes fauves et l'ipécacuanha, tels sont les articles que Cuyaba fournit. Mais c'est surtout de la province de Matto-Grasso qu'il faut signaler les richesses naturelles. Le climat en est doux et tempéré; ses forêts superbes sont pleines de vents frais; point d'épidémies, une parfaite régularité dans le cours des saisons. Les diamants et l'or sont enfouis sous l'herbe; mais mieux vaut encore confier au sol ou la canne à sucre, qui y dure vingt ans, ou le cotonnier, qu'on n'y plante qu'une fois et qui se reproduit de lui-même. L'ipécacuanha, le caoutchouc, les résines, les baumes, le maté, la vanille, le jalep, l'indigo, le cacao s'y récoltent sans effort; et les plus beaux bois y dominent dans ses forêts, entre autres le jacaranda, notre palissandre.

D'innombrables rivières couvrent cette région fortunée, où 5,000 Européens seulement et 10,000 ou 12,000 indigènes attendent qu'on en améliore la navigation, surtout du côté du Paraguay. Si quelque compagnie vigoureuse s'en chargeait, on ne saurait dire à quel degré s'élèverait la prospérité de ce pays. Il n'y en a pas qui offre à l'émigration une vie plus heureuse et des chances plus certaines de fortune.

Colonisation. — Le gouvernement emploie une partie des ressources du trésor et applique tous ses soins au développement régulier et à l'organisation complète des colonies qui existent déjà au Brésil, afin que leur succès attire de nouveaux travailleurs vers ces heureux centres d'activité. Son intention est de multiplier surtout les colonies dans le voisinage des chemins de fer, afin d'y avoir quelques milliers d'ouvriers du pays et d'ouvriers étrangers à employer dans les travaux. Il fournit aux colons de précieuses ressources pour leur premier établissement. Pendant les six premiers mois, s'ils n'ont pas de quoi se nourrir eux-mêmes, il leur prête les aliments nécessaires; il les aide dans la construction de leurs maisons et dans les premiers travaux de leur installation agricole. Le nombre des colonies du gouvernement est de 22; mais il y a, en outre, des colonies particulières.

La colonisation a eu contre elle l'ancien système colonial, si défectueux, si nuisible à tous les intérêts qu'il prétendait servir, les habitudes particulières de la politique portugaise, et, par suite, l'entraînement qui a toujours porté les Européens à émigrer dans l'Amérique du Nord, où le colon devenait aussitôt un citoyen libre; tandis que même encore à présent, dans l'Amérique du Sud, il ne jouit pas de tous les droits civiques; elle a eu enfin contre elle de mauvaises dispositions prises pour l'établissement des premières colonies, et le mauvais choix des premiers colons; mais l'expérience a parlé, et désormais, quiconque viendra au Brésil avec la volonté d'y travailler activement au développement de la civilisation internationale y rencontrera tout ce qu'il peut espérer d'heureux.

La prospérité dont jouit Pétropolis en est le meilleur garant. Cette ville n'existait pas en 1845. Elle compte plus de 6,000 habitants à cette heure, qui sont tous propriétaires de superbes cultures. Il dépend de milliers d'Européens, en ce moment aux prises avec la misère, d'aller prendre possession d'une vie meilleure dans ces hospitalières régions du Nouveau Monde. Au point de vue purement français, nous devons faire ressortir cette vérité maintenant bien établie, que les émigrants d'un pays créent au lieu où ils s'établissent le centre d'un commerce d'importation des articles de leur pays d'origine. Les Anglais vont partout chercher fortune, au moins en passant; partout ils y appellent autour d'eux le commerce de leur pays. Aux Irlandais il faut en Amérique des produits qui leur rappellent l'Irlande, et une partie considérable de l'exportation de l'Allemagne est destinée à satisfaire dans tous les pays du monde les besoins et les goûts des émigrants allemands. Le commerce de la France jusqu'ici n'a pas eu à compter sur de telles ressources. Mais c'est sans doute sur la terre brésilienne que réussiraient le mieux des colonies françaises; et si notre commerce d'exportation doit un jour grandir par l'effet de l'émigration, c'est au Brésil.

M. F. L. C. BURLAMARQUE. — La collection d'échantillons minéralogiques réunis par les soins de M. le docteur BURLAMARQUE est une des plus dignes d'études.

Elle est divisée en deux groupes principaux : celui des roches minéralogiques et celui des matériaux de la métallurgie. Le fer occupe la première place dans ce dernier groupe, qui est celui dont l'industrie s'occupe de préférence. Là se trouvent les fers spéculaires, les fers oléogistes, les fers engéodes, les fers hydroxydés, les fers oxydulés et les fers sulfurés blancs (ou sperkise) dans leur gangue quartzeuse aurifère.

Le cuivre vient immédiatement après le fer, soit en pyrites, soit en roches carbonatées, soit encore en roches composées, mi-partie de galènes et mi-partie de cuivre.

Nous arrivons ensuite aux sulfures d'antimoine, aux oxydes de bismuth à l'état granulaire, au bismuth natif, également désigné sous le nom d'étain de glace, cristallisant en cube ou en octaèdre, à l'arsenic natif, en petites masses mamelonnées ou amorphe et à cassure grenue, aux manganèses oxydés, hydratés et hydroxydés (ou acerdèse), aux oxydes de cobalt et de titane, aux cinabres cristallisant dans le système rhomboédrique, aux galènes (ou plomb sulfuré) cristallisant dans le système cubique, et enfin à l'or natif en paillettes, en pépites et mélangé avec du quartz.

On sait que lorsque l'or est amalgamé avec du quartz, du feldspath ou d'autres roches, on le purifie en le triturant avec du mercure qui le dissout, le sépare de ces roches et se l'incorpore. Ce nouvel amalgame est mis dans une cornue où l'on opère la distillation et la volatilisation du mercure, qui passe dans un récipient et laisse l'or pur au fond du vase échauffé.

Tels sont les métaux et les métalloïdes industriels que l'on peut aisément trouver dans le sol si puissant du Brésil.

La collection des échantillons minéralogiques de M. BURLAMARQUE n'est pas nombreuse; mais elle contient de fort belles pièces et complète bien l'exposition de cette première classe. On y remarque d'abord une améthyste (ou quartz hyalin violet) d'une admirable cristallisation rhomboédrique, à prismes hexagones réguliers terminés par de transparentes pyramides à six faces. Cette gemme ferait l'orgueil des cabinets les plus riches. On a pu remarquer encore dans cette précieuse vitrine deux blocs de quartz hyalin d'une grande limpidité, des calcédoines à cassures conchoïdes, et une série complète et bien échantillonnée des sous-espèces, comme les jaspes (ou calcédoine compacte et opaque), les agates (ou calcédoine compacte translucide), les sardoines et les chysoprases, et enfin des marbres de toutes les couleurs, des silicates magnésiens et des ocres.

On ne peut, sans l'avoir vue, se faire une idée exacte de la variété et de la beauté de cette collection qui témoigne de toutes les ressources que le Brésil offre dès à présent à l'industrie et aux arts. Elle ne pouvait manquer d'être distinguée par le Jury, et a obtenu la *Médaille*.

ITALIE. — M. SCACCHI, DIRECTEUR DU MUSÉE MINÉRALOGIQUE DE NAPLES, a envoyé deux collections : l'une, composée de tous les minerais qui se trouvent dans les provinces méridionales de l'Italie; l'autre de cristaux artificiels.

Ces deux collections, principalement préparées pour l'étude, font plus grand honneur au savant DIRECTEUR DU MUSÉE MINÉRALOGIQUE DE NAPLES et lui ont valu la *Médaille*.

PORTUGAL. — M. TAYLOR, POUR LA COMPAGNIE DES MALACHITES DE L'OUEST DE L'AFRIQUE. — M. TAYLOR, représentant la Compagnie des Malachites de l'ouest de l'Afrique, expose une collection de spécimens d'un grand intérêt géologique et industriel.

Ce sont des blocs de malachite, remarquables non-seulement par le brillant de leur veine, mais encore par leur forme génoïque. M. TAYLOR y a joint des échantillons taillés et polis qui donnent une juste idée de l'effet qu'on peut obtenir avec cette roche. — *Mention honorable.*

M. MONTENS et FLORES ont aussi une collection de magnifiques échantillons de cuivre carbonaté argentifère, provenant des mines du Cuio, dans la province d'Angola (Afrique occidentale). Ces mines sont situées à quatre milles de distance de la côte.

RUSSIE. — LES MINES DE POLOGNE. — M. XAVIER CIESZKOWSKI a envoyé une collection des plus beaux échantillons des produits des mines de la Pologne; ils sont au nombre de 31 et très-remarquables. — En voici l'énumération :

5 Spécimens de houille, dont la production s'élève annuellement en Pologne à 90,000 tonnes. La valeur de ces houilles, prises sur la mine, est de 12 fr. 50 la tonne.

2 — de minerai de calamine ou zinc oxydé, au prix de 7 fr. 50 la tonne.

6 — de minerai de fer, au prix de 6 fr. 25 la tonne.

1 — de galène ou plomb sulfuré, au prix de 9 fr. 35 la tonne.

1 — de lignite, au prix de 6 fr. 25 la tonne.

8 — de fonte de fer, au prix de 150 fr. la tonne.

1 — de fer forgé en barres, au prix de 415 fr. la tonne.

1 — de fer rond, au prix de 300 fr. la tonne.

1 — de fer pour bandage de roues, au prix de 512 fr. 50 la tonne.

1 — de tôle de fer, au prix de 625 fr. 25 la tonne.

1 — de zinc, au prix de 487 fr. 50 la tonne.

1 — de zinc en feuilles, au prix de 628 fr. 75 la tonne.

1 — de cadmium, au prix de 3 fr. 75 le poud ou 16 kil. 37.

1 — de cadmium laminé, au prix de 4 fr. 05 le poud ou 16 kil. 37.

Cette collection est accompagnée d'une carte sur laquelle on peut suivre les travaux d'exploitation entrepris par le gouvernement Russe dans l'ouest des mines de Pologne. — *Médaille.*

La MÉDAILLE a également été accordée :

ROYAUME-UNI. — A M. LOWRY, A LONDRES : Collection de fossiles.

CANADA. — COMPAGNIE DES MINES ANGLAISES ET CANADIENNES : Spécimens géologiques. — MM. HUNT ET STERRY, DE LA DIRECTION GÉOLOGIQUE : Mêmes produits.

NOUVEAU-BRUNSWICK. — LES COMMISSAIRES DE LA COLONIE : Roches et minéraux.

TERRE-NEUVE. — LE GOUVERNEMENT : Roches et minéraux.

NOUVELLE-GALLES DU SUD. — M. KEENE : Roches et fossiles. — ROYAL-MINT : Échantillons de minerais aurifères.

NOUVELLE-ÉCOSSE. — MM. HONEYMAN : Spécimens géologiques. — HOWE : Roches et minéraux.

TASMANIA. — MM. GOULD : Collection minéralogique. — MILLIGAN : Collection géologique.

VICTORIA. — MM. DAVIDSON : Statistique des richesses aurifères de la colonie.— MACCOY : Collection de fossiles.— SELWYN : Collection géologique. — TURNER : Collection minéralogique. — GOUVERNEMENT DE LA COLONIE : Statistique des richesses coloniales.

NASSAU. — M. HEUSLER, a Dillenbourg : Collection de minerais de nickel.— LA DIRECTION DES MINES : Collection géologique.

PRUSSE. — DIRECTION DES MINES DE LA PRUSSE RHÉNANE : Roches et minerais. — DIRECTION DES MINES DE LA WESTPHALIE : Roches et minerais. — DIRECTION DES MINES DE LA SILÉSIE : Roches et minerais.

SECTION VII. — CARTES GÉOLOGIQUES ET PLANS TOPOGRAPHIQUES.

ROYAUME-UNI. — GEOLOGICAL SURVEY OF THE UNITED. — Les travaux de l'Institut géologique de la Grande-Bretagne offrent toujours un grand intérêt; ses cartes sont dressées avec le plus grand soin, et leurs dimensions sont énormes.

Nous signalerons trois de ces riches instruments d'étude, exposés par l'Institut géologique :

1° La carte géologique du comté d'Édimbourg et du comté d'Haddington, en Écosse. Elle est à l'échelle de six pouces anglais par mille.

2° La carte géologique du sud-ouest de l'Angleterre, présentant la distribution des terrains éocènes, crétacés, oolithiques, jurassiques, triasiques, penniens, carbonifères, devoniens, siluriens, cambriens granitiques et basaltiques. Cette carte immense est à l'échelle d'un pouce anglais par mille.

3° La carte géologique d'une partie du Lancashire, à l'échelle de six pouces anglais par mille.

L'Angleterre, il faut bien en convenir, occupe le premier rang pour les cartes géologiques.—*Médaille.*

M. BILLINGS, du Geological Survey (Canada). — Voici un monument de science : c'est l'histoire de la faune paléotologique du Canada, un livre qui révèle, avec une sûreté et un charme rares, de quelle vie était animée la terre avant qu'elle devînt le théâtre de l'histoire de l'homme.

Les décades paléotologiques de M. Billings sont un travail bien fait, orné de belles gravures, représentant quelques genres nouveaux et quelques spécimens d'espèces rares de conservation parfaite.

La *Médaille* bien méritée a été accordée à M. Billings.

COMPAGNIE DES MINES DE MONTRÉAL (Canada). — Les plans qui accompagnent la curieuse collection de minerais exposée par la Compagnie des mines de Montréal, déjà de nature à fixer l'attention du métallurgiste, lui donnent encore plus d'importance.

La première de ces cartes représente la situation de la mine de cuivre d'Aeton et sa section verticale. A ce plan se rapportent quatre échantillons de sulfure de cuivre et trois échantillons de diverses roches.

La deuxième représente la mine de cuivre d'Escott près Brockville; elle est accompagnée d'échantillons de sulfure jaune de cuivre, de pyrite de fer magnétique et d'oxyde de fer.

La troisième est le plan de la mine de cuivre d'Harvey's Hill; on y a joint cinq échantillons de différentes roches.

La quatrième représente la mine de Wellington, près du lac Huron, dont six spécimens des minerais qu'on en extrait sont présentés.

Vient ensuite une riche collection de minerais provenant des mines de Brice, d'Upton, de Bissonette, de Winckham, de Yale, de Black-River, de Saint-François, de Jackson, de Coldspring, de Sweet, de Craig, de Nicolet-Branch, de Garthly, de Haskell-Hill et de trois exploitations du lac Supérieur. — *Médaille*.

M. MONTGOMMERY-MARTIN, DU MUSÉUM DE L'INDE. — La carte en relief de l'Inde, due à M. MONTGOMMERY-MARTIN, est des plus précieuses : l'on y saisit les moindres détails de la topographie, et l'on y trouve le résultat de toutes les découvertes et de toutes les études effectuées jusqu'à ce jour.

Au nord, une chaîne de montagnes sépare l'Inde de la Chine; deux autres chaînes bordent le pays à l'est et à l'ouest, entourant ainsi une immense vallée arrosée par le Gange, le Brahamapatra, le Mahanuddy, le Godavery, le Kestna, etc., fleuves admirables qui, pour la plupart, se jettent dans la baie du Bengale à l'est et dans la mer d'Arabie à l'ouest.

Sur cette carte, qui n'a pas moins de 3 mètres carrés, sont indiqués les chemins de fer en voie d'exécution et ceux qui sont en activité de service.

Une voie ferrée complètement terminée va de Calcutta à Monghir; et de ce dernier point à Altock, le chemin est commencé. A la moitié du tracé, part d'All-Ababod un embranchement qui se dirige sur Malligam et rejoint un tronçon terminé qui conduit à Bombay. De Bombay, sort un chemin septentrional qui longe la mer et remonte jusqu'à Ahmedabad, et, au sud, un second chemin qui se dirige vers le sud-est et gagne Madras. A Madras aboutit une section qui traverse la presqu'île et s'arrête à Baypore, près de la côte de la mer Arabique.

Entre Madras, Hyderabad et Seringapatam, le terrain est presque exclusivement consacré à la culture du coton, et de Baypoore à Bombay, en suivant la côte, c'est la culture du café qui constitue la richesse du pays.

Il nous faudrait de longues pages pour décrire, même d'une façon bien imparfaite, ce très-beau et très-instructif travail. — *Médaille*.

FRANCE. — M. SENS, A ARRAS. — La France a également envoyé, à l'Exposition de 1862, des plans et des cartes géologiques intéressantes, et entre autres la carte topographique du bassin houiller du Pas-de-Calais.

Au moment où la grande question du dégrèvement des droits de navigation se discute, il était important, en effet, de faire connaître quelles sont exactement les ressources que ce riche bassin du Pas-de-Calais peut offrir. Pour y réussir, M. SENS a joint à son beau plan un manuscrit du plus haut intérêt, qui viendra en son temps plaider éloquemment en faveur, non-seulement de l'abaissement des droits, mais encore de leur suppression complète, par le rachat des canaux par l'État.

Ce livre manuscrit contient : un tableau de la production houillère du bassin; les travaux des recherches et des exploitations; le détail des travaux nécessaires pour exécuter ces mêmes recherches; et la coupe des principales fosses.

VOICI, suivant M. SENS, la production annuelle, depuis 1850, du bassin houiller du Pas-de-Calais :

1850.	—	21,844 quint. mét.	1853.	—	704,521 quint. mét.
1851.	—	338,037 —	1854.	—	1,356,210 —
1852.	—	380,705 —	1855.	—	1,737,652 —

1856.	—	2,934,305 quint. mét.	1859.	—	5,600,415 quint. mét.
1857.	—	4,436,025	—	1860.	—	6,234,582	—
1858.	—	5,144,450	—	1861.	—	8,546,730	—

— *Médaille.*

M. LECOQ, a CLERMONT-FERRAND. — La carte de M. LECOQ, professeur à la Faculté des sciences de Clermont-Ferrand, est celle du département du Puy-de-Dôme. Exécutée à $\frac{1}{40}$, c'est-à-dire au double de celle du Dépôt de la Guerre, cette belle carte, à laquelle M. LECOQ travaille depuis des années, indique toutes les particularités géologiques de ce pays, si intéressant à ce point de vue, par suite des phénomènes volcaniques qu'il renferme. — *Médaille.*

AUTRICHE. — INSTITUT GÉOLOGIQUE a VIENNE. — Les cartes géologiques occupent aussi une large place dans l'exposition autrichienne : on y remarque une très-belle carte du royaume, une carte du duché de Salsbourg, une carte de la Styrie, une carte de la Silésie, une carte de la Bohême, et différents plans qui indiquent en détail les gîtes métallifères des provinces du Tyrol, de la Lombardie, de la Hongrie, de la Transylvanie et de la Gallicie. Ces cartes et plans sont envoyés par l'INSTITUT GÉOLOGIQUE DE VIENNE. — *Médaille.*

BAVIÈRE. — BUREAU TOPOGRAPHIQUE DE MUNICH. — La carte géologique des Alpes Bavaroises et du plateau voisin, présentée par le BUREAU TOPOGRAPHIQUE DE MUNICH, est l'œuvre de M. GUMBEL. Exécutée par lui seul et dans dix années seulement, cet « admirable travail, » dit le rapport officiel, fait le plus grand honneur à l'habile et savant ingénieur.

Cette carte est en cinq feuilles et exécutée à l'échelle de $\frac{1}{100,000}$, elle est accompagnée d'une série de vues, portant des teintes géologiques indiquant la relation qui existe entre le relief du sol et sa constitution ; puis d'un volume de texte rempli d'observations du plus haut intérêt. Il était impossible de mieux compléter cet important travail. — *Médaille.*

DANEMARK. — LA DIRECTION GÉNÉRALE DE LA TOPOGRAPHIE DU ROYAUME. — Le Danemark veut aussi faire connaître la topographie de son sol. Il a envoyé sept belles cartes gravées sur cuivre, à l'aide d'un nouveau procédé de chalcographie par M. SORENSEN.

La grande carte portant le numéro 7, et représentant les environs de Copenhague, est admirablement exécutée, et mérite à elle seule la *Médaille* qui a été accordée à l'ensemble de cette exposition.

ESPAGNE. — M. CASIANO DE PRADO. — Les ingénieurs espagnols sont entrés vigoureusement dans la voie si féconde des cartes et des plans, et leurs travaux, consciencieusement exécutés, sont aujourd'hui pour l'industrie minière un guide des plus sûrs, en même temps qu'ils fournissent pour l'exécution des grands travaux publics des renseignements de la plus haute importance.

M. CASIANO DE PRADO présente les cartes géologiques de quatre provinces de l'Espagne exécutées avec le plus grand soin. — *Médaille.*

M. SCHULZ. — M. SCHULZ a également reçu la *Médaille* pour une carte topographique et géologique de la province d'Oviedo.

ITALIE. — LE CORPS ROYAL DES INGÉNIEURS MILITAIRES, a NAPLES. — La carte topographique dressée par le corps des INGÉNIEURS MILITAIRES représente les environs de Naples. Les points stratégiques y sont désignés avec soin, et l'exécution graphique en est parfaite. Ce plan rappelle les cartes françaises du Dépôt de la guerre.

Le jury a décerné la *Médaille* au CORPS DES INGÉNIEURS MILITAIRE DE NAPLES.

PORTUGAL. — COMMISSION ROYALE DE GÉODÉSIE, A LISBONNE. — La Commission Royale de Géodésie expose un spécimen de la carte topographique du Portugal.

Déjà des triangulations générales ont eu lieu sur toute la surface des 17 districts qui composent le royaume, et les cartes des trois districts de Lisbonne, Leivia et Santarem sont terminées et publiées.

Outre la perfection graphique, les soins les plus minutieux sont apportés à cet important travail : les altitudes y sont indiquées, et il est facile, à la simple inspection des cartes publiées, de se faire une idée juste de la topographie du pays.

Indépendamment des cartes topographiques, la COMMISSION DE GÉODÉSIE expose une belle carte hydrographique de la barre de Porto à Lisbonne. — *Médaille.*

PRUSSE. — M. HUYSSEN, A BRESLAU. — Les cartes de M. HUYSSEN résument la géologie des provinces rhénanes et de la Westphalie, du district de Hall (Prusse et Saxe) et de la Silésie; elles indiquent les différentes divisions houillères et les gisements minéralurgiques qui couvrent la Confédération germanique.

Ces cartes sont placées en regard de spécimens, exposés de sorte qu'il est possible de suivre, et sur le plan et par la vue des échantillons même, les formations successives du sol. — *Médaille.*

L'ADMINISTRATION ROYALE DES MINES DE PRUSSE présente plusieurs cartes, et entre autres, deux manuscrites fort remarquables, dont l'une, à l'échelle de $\frac{1}{215.000}$, est celle des provinces de Saxe, Brandebourg et Poméranie, et l'autre, à l'échelle de $\frac{1}{200.000}$, celle d'une partie de la Silésie. — L'ADMINISTRATION ROYALE DES MINES expose aussi des fragments de la grande carte de la Prusse rhénane et de la Westphalie, à l'échelle de $\frac{1}{80.000}$, qui est en cours d'exécution. — Ce magnifique travail est dû principalement à M. DE DECHEN, directeur général des mines, qui depuis de longues années rend à la géologie les plus grands services; aussi doit-il lui revenir bonne part dans la *Médaille* accordée par le jury à l'ADMINISTRATION ROYALE.

La MÉDAILLE a également été accordée :

ROYAUME-UNI. — A. MM. BROWN ET JEFFCOCK : Cartes sur les gîtes houillers. — LES PROPRIÉTAIRES DE HOUILLERS DU NORTHUMBERLAND, A NEWCASTLE : Cartes sur les gîtes houillers. — HENDERSON, A CORNWALL : Plans de mines. — MORE, A SHRAPSHIRE : Plan d'une mine de plomb. — MUSÉUM DE GÉOLOGIE PRATIQUE, A LONDRES : Plan des mines d'Holmbush. — MYLNE, A LONDRES : Cartes des terrains crétacés de la France et de l'Angleterre. — PEASE, A DARLINGTON : Plans de mines. — PRICE, A LONDRES : Gravures représentant l'opération de la fonte du fer. — ROGERS, A ABEREARN : Plans de mines de fer. — COMITÉ LOCAL DU SUNDERLAND, A LONDRES : Plans de docks. — WOODHOUSE ET JEFFCOCK, A DERBY : Plan d'une mine de houille.

CANADA. — COMPAGNIE DES MINES DE L'OUEST : Plan d'une mine de cuivre. — M. WILLIAMS : Plan d'un puits artésien pour l'extraction de l'huile de pétrole.

INDES. — M. LE GOUVERNEUR GÉNÉRAL : Carte de l'Himalaya.

JAMAIQUE. — M. LUCAS BARRETT : Cartes géologique.

NATAL. — M. SUTHERLAND : Carte togographique de la colonie.

NOUVELLE-GALLES DU SUD. — M. MAC-LEAN : Carte de la colonie et des mines d'or.

NOUVELLE-ZÉLANDE. — M. HEAPHY : Cartes géologiques.

NELSON. — GOUVERNEMENT DE LA COLONIE : Cartes géologiques.

LA TRINITÉ. — M. WALL : Cartes géologiques.

VICTORIA. — MM. DAINTREE : Photographies géologiques. — ROWE : Tableaux du pays. — SMITH BROUGH : Carte topographique des mines d'or.

AUTRICHE. — LA CHAMBRE DE COMMERCE DE LEOBEN : Cartes des mines de Styrie. — M. SIMONY (FRÉDÉRIC) : Cartes sur la formation des glaciers.

BAVIÈRE. — DIRECTION DES MINES ET DES SALINES : Carte des Alpes bavaroises.

FRANCE. — MM. DELESSE, A Paris : Carte hydrologique du département de la Seine. — DORMOY, A Valenciennes : Carte du bassin houiller de Valenciennes.

HOLLANDE. — MINISTÈRE DE LA GUERRE, A la Haye : Carte géologique.

NORVÉGE. — OFFICE TOPOGRAPHIQUE : Carte des provinces de la Norvége.

PRUSSE. — ESCHWEILER BERGWERKSVEREIN, A Tschwuler : Carte des mines exploitées. — MARIA COLLIERY, A Hongen : Plans de mines exploitées. — OBERBERGAMT ROYAL, A Bonn : Carte géologique rhénane. — OBERBERGAMT ROYAL, A Breslau : Carte géologique de la Silésie. — OBERBERGAMT ROYAL, A Dortmund : Carte géologique de la Westphalie. — OBERBERGAMT ROYAL, A Halle : Cartes géologiques diverses. — RUNGE, A Breslau : Carte géologique. — COLLIERY et Cie, A Kohlscheid : Plans de houillère.

SUÈDE. — MM. ERDMANN, A Stockholm : Carte géologique. — HAHR, A Stockholm : Carte topographique.

SUISSE. — MM. WURSTER et Cie, A Winterburg : Carte géologique.

ÉTATS-UNIS. — M. MOSHEIMER : Cartes descriptives des mines de Nevada.

RÉCOMPENSES

DÉCERNÉES PAR LE JURY INTERNATIONAL DANS LA PREMIÈRE CLASSE

Exposants membres du jury et hors concours :

MM. SOPWITH (Thomas). — Londres (Royaume-Uni).
WOOD (Nicholas). — Bradford (Idem).

MM. OVERWEG (C.). — (Zoolverein).
WEDDING (D.). — (Idem).

MÉDAILLES

Royaume-Uni. —Aberdare (compagnie des fers d').
Barker Rawson et Compagnie. Sheffield.
Bell frères. Newcastle-on-Tyne.
Bickford Smith et Compagnie. Tuckingmill.
Birlay (S.). Ashford.
Blaenanon (compagnie des fers et charbons de).
Bowling (compagnie des fers de).
Brown et Jeffcock. Barnsley.
Brown (J.) et Compagnie. Sheffield.
Buttertay (Cie des fers et usines de). Alfreton.
Cheesewring (compagnie des granites de).
Charbons du Northumberland et de Durdam (les 1res des).
Courage (A.) et Compagnie. Baglit.
Crawshay (H.) et Compagnie. Cinderford.
Daglish (J.) et Compagnie. Durham.
Compagnie des fers de Dowlais.
Eastwood et fils. Derby.
Ebbw Vale (compagnies d') et des fers de Pontypool.
Evans et Askin. Birmingham.
Farnley (compagnie des fers de). Near Leds.
Forster (G. B.). Blyth.
Freeman (W. et J.). Cornwall.
Geological Survey of the united Kingdom.
Gouverneur de la Cie des mines de cuivre. Glamorganshire.
Gowans, James. Edimbourg.
Granville (le comte de). Shelton.
Greves (J. W.). Portmadoe.
Greenwell (G. C.). Radstock.
Henderson (J.). Truro.
Herwlett (A.). Wigan.
Higgs (S.) et fils. Penzame.
Hird, Dawson et Hardy. Low Moor.
Holland, Samuel et Compagnie. Portmadoe.
Holmes (J.). Bradfort.
Howard (H. J.). Londres.
Howard, Ravenhill et Compagnie. Id.
Johnson, Matthey et Compagnie. Id.
Kirkstall (compagnie des forges de). Leeds.
Lilleshall (compagnie des fers de). Schiffnal.
Lizard (compagnie de la Serpentine du cap). Londres.
Llangollen (compagnie des pierres plates de). Id.
Londonderry (marquis de). Id.

Lowry (J. W.). Londres.
Macdonald (Alexandre). Aberdeen.
Margam (compagnie des vaisselles d'étain de) Glamorgan.
Meick (Thomas). Sunderland.
Mercey (compagnie des fers et aciers de la).
Michell-Mazariou (R.) et Compagnie.
Mona (compagnie des mines de). Anglesey.
Monk-Bridge (compagnie des fers de). Leeds.
More (F.). Linley-Hall.
Museum de Géologie pratique. Londres.
Mylnes (B. W.). Id.
Newcastle (le duc de).
Parkside (compagnie des mines de). Whitehaven.
Patent–Plombago (compagnie des creusets). Londres.
Pearce (W. J.). Truro.
Pease (I. et l. W.). Darlington.
Price (Dr A. S.). Londres.
Quilliam, Thomas. Ile de Man.
Rhiwbryfdir (compagnie des ardoises de). Portmadoe.
Robinson (W.) et Compagnie. Tipton.
Rogers (E.). Abercarn.
Sels (chambre de commerce des). Northwich.
Schneider, Hannay et Compagnie. Barrow in Furness.
Ecole des maitres forgerons. Glasgow.
Schelton-Bar (compagnie des fers du). Stoke.
Sim (W.). Glasgow.
Smith (Richard). Dudley.
Sunderland (comité local de). Londres.
Swansea (comité local de). Id.
Taylor frères et Compagnie. Leeds.
Thompson, Hatton et Compagnie. Bilston.
Turner, Cassons et Compagnie. Portmadoe.
Vigra et Clogam (compagnie des mines de).
Vint, George et frères. Near-Leeds.
Weardale (compagnie des fers de).
Welsh (compagnies des ardoises de). Portmadoe.
Winshurst's (compagnie des ornements en métal). Londres.
Wombwell (Cie des charbons de). Near-Barnsley.
Wood et Daglish. Durham.
Woodhouse et Joffcock. Derby.
Wright (S.).
Ystalyfera (compagnie des fers d'). Swansea.

CANADA. — Billings (E.) du Geological Survey.
Compagnie anglaise et canadienne des mines.
Foley et Compagnie.
Hunt (S.), Sterry, du Geological Survey.
Larue et Compagnie.
Montréal (compagnie des mines de).
Taylor (A.).
Les officiers du Geological Survey du Canada.
Walton (B.).
Compagnie des mines de l'ouest du Canada.
Williams. — Pour la Compagnie des huiles du Canada.
COLOMBIE. — Commission exécutive.
INDE. — Hunter (Dr). Madras.
Compagnie des fers de l'est de l'Inde.
Comité local de Calcutta.
Montgomery (Martin), du musée de l'Inde.
Oldham (le professeur).
Le Rajah de Vizianagarum.
L'intendant général de l'Inde.
JAMAÏQUE. — Lucas Barrett.
NATAL. — Dr Sutherland.
NOUVEAU-BRUNSWICK (les commissaires du).
TERRE-NEUVE (le gouvernement de).
NOUVELLE-GALLES DU SUD. — Cᵉ australe d'agriculture.
Dawson (A.).
Keene (W.).
Low (J. C.).
Mac Lean, intendant général.
Direction Royale des monnaies.
NOUVELLE-ZÉLANDE (banque de la).
Heaphy (C.).
NELSON (le gouvernement de).
OTAGO. — Holmes (H.).
NOUVELLE-ÉCOSSE. — Honeyman Rev.
Howe (le professeur).
Le gouvernement de la province.
Scott (J.).
AUSTRALIE DU SUD. — Burra-Burra (compagnie des mines de).
Kapunda (compagnie des mines de).
Wallaroo (compagnie des mines de).
Wheal-Ellem (compagnie des mines de).
TASMANIA. — Calder (J. E.).
Les commissaires de Tasmania.
Gould (C.).
Milligam (J.).
TRINITÉ. — Wall (G. P.).
VICTORIA. — Banque de l'Australie.
Banque de la Nouvelle-Galles du Sud.
Black-Hill (compagnie des mines de).
Burkitt (A. H.).
Clark et fils.
Clunes (compagnie des mines de).
Banque coloniale de l'Australie.
Les commissaires de Victoria à l'Exposition.
Daintree (R.).
Davidson (R.).
Knight (J. C.).
Mac-Coy, prof. Fred.
Rowe (C.).
Smyth Brough.
Selwyn (A.).
Turner (W. J.).
Le gouvernement de Victoria.
La compagnie du kaolin de Victoria.
AUTRICHE. — Eder (F.), à Wollersdorf.
Société géologique de Vienne.
Usines de fer du Tyrol (administration des).
Administration I. et R. des mines à Joachimsthal.
Laczay Izabo. Hongrie.
La chambre de commerce et d'industrie de Leoben.
Mayr (F.). Styrie.
Meram (le comte). Id.

Institut I. R. militaire géographique. Vienne.
Le ministre des finances. Id.
Les officiers de la Société géologique I. R. Id.
Direction I. R. des mines de Przebram.
Usines I. R. de Pillersée.
Compagnie de l'industrie des fers de Prague.
Rauscher et compagnie. Carenthie.
Administration I. R. des mines et forêts de Schemnitz.
Schwarzenberg (le prince J. A.). Prague.
Simony, Frédéric. Vienne.
La compagnie des chemins de fer. Id.
La compagnie des aciers de Styrie.
Thror et Compagnie. Hongrie.
Toyper (A.). Basse-Autriche.
Compagnie I. R. géologique. Vienne.
Compagnie des mines et forêts de la Haute-Hongrie.
BAVIÈRE (la direction des mines et salines de).
La compagnie des pierres lithographiques de Solenhofen.
Bureau topographique de Munich.
BELGIQUE. — Amand (E.). Namur.
Cail (J. F.), Hulot (A.) et Compagnie. Bruxelles.
Société anonyme de Catelineaux.
Deellove, Matthieu. Liége.
Raikem, Verdbois (H. J.) Id.
Remacle (J.) et Pérard. Id.
Société anonyme du Bleyberg.
Société anonyme des Forges de la Providence. Hainaut.
Société anonyme de la Nouvelle-Montagne. Verviers.
Société anonyme de Rocheux et d'Oneux. Theux.
Société des laminoirs de Haut-Pré. Ougrée, Liége.
Société des Forges de l'Heure. Marchienne-au-Pont.
BRÉSIL. — Burlamaque (Dr F. L. C.).
DANEMARK. — Direction générale de la topographie.
ESPAGNE. — Boivin et Compagnie. Alava.
Casiano de Prado.
Etablissement national de Rio-Tinto. Huelva.
Fabrique nationale de Fravia.
Heredia (T.). Malaga.
Corps national des ingénieurs des mines.
Schutz (D. G.).
ETATS-UNIS. — Mosheimer.
FRANCE. — Exposition collective de l'Algérie.
Allard fils et Compagnie. Sarlat.
Bonnor, Degrond et Compagnie. Eurville.
Chalain (E.). Riadan.
Chapuis (P. et A.), frères. Paris.
Comité des houillères de la Loire. Saint-Etienne.
Société anonyme des mines de la Grand'Combe. Alais.
De Dietrich et Compagnie. Niederbronn.
Baron de Rostaing et Baudoin frères. Paris.
Degousée et Laurent (C.). Id.
Delesse (A.). Id.
Deplaye, Jullien et Compagnie. Id.
Desmoutis, Chapuis et Quennessen. Id.
Dormoy (E.). Valenciennes.
Dupety, Theurey-Guenvin, Bouchon Cⁱᵉ. La Ferté-sous-Jouarre.
Dupont et Dreyfus. Ars-sur-Moselle.
Durant jeune et Guyonnet (P.). Périgueux.
François (J.) et Durrieu. Paris.
François et Chambert. Id.
Gaillard aîné, Petit et Halbou (A.). La Ferté-sous-Jouarre.
Gruner, ingénieur des mines. Paris.
Guillem et Compagnie. Marseille.
James, Jackson et fils, et Compagnie. Saint-Seurin-sur-l'Isle.
Daubrée et Jutier. Paris.
Michal, Alphand, Darcel et Kind. Paris.
Lecoq (H.). Clermont-Ferrand.
Lemielle (T.). Valenciennes.
Levau-Baudry. Villaine-la-Gonais.
Martin (E.). Fireuil.
Morin (P.) et Compagnie. Nanterre.
Mulot père et fils, et Dru. Paris.

Œschger, Mesdach et Compagnie. Saint-Vast.
Pougnet (M.) et Compagnie. Landroff.
Sens (E.). Arras.
Spiers. Paris.
GRÈCE. — Comité central. Athènes.
Direction des constructions. Id.
HANOVRE. — George Maria. Osnabrück.
GRAND-DUCHÉ DE HESSE. — Tasché. Salzhausen.
ITALIE. — Albani. Livourne.
Compagnie du Bottino. Lucques.
Muséum Royal d'histoire naturelle. Florence.
Franel (E.) et Compagnie. Turin.
Gregorini (A.). Bergame.
Guerra frères. Massa-Carrara.
Maffei (Cav. N.). Pise.
Marchese (E.). Cagliari.
Monte-Altissimo (Compagnie des marbres de). Florence.
Monteponi (Compagnie des mines de). Gênes.
Ollomont (Compagnie des mines d'). Turin.
Pate et fils. Libourne.
Riccardi di Netro (le chevalier Ernest).
Compagnie des mines de soufre de la Romagne. Bol ogne.
Le Corps Royal des ingénieurs des mines.
Mines de fer et fonderies royales de Toscane.
Serpieri (E.). Cagliari.
Sautrui G.). Lucques.
Musée de minéralogie. Scacchi, directeur. Naples.
Sloane, Hall père et Coppi. Florence.
Ecole des Ingénieurs de Turin.
NASSAU. — Heusler (C. L.). Dillembourg.
Forges et mines du district de Nassau.
PAYS-BAS. — Ministère de la guerre (section topographique).
Mine de Konsberg.
NORWÉGE. — Bureaux topographique.
Aalt et fils. Arendohl.
PORTUGAL. — J. F. P. Basto. Lisbonne.
Dejeante (L. B.). Lisbonne.
E. Deligny. Id.
G. J. de Salles. Id.
Feuerheerd (D. M.). Porto.
PRUSSE. — Compagnie des mines de Stolberg.
Borner (M.). Siegen.
Coln-Müsener Bergwerksverein (Société). Siegen.
Compagnie de la Concorde d'Eschweiler.
Dresler (J. H.), sen. Siegen.
Eschweiler (Société d'). Bergswerks-Verein.
Eschweiler (Cie des mines d'). Aix-la-Chapelle.
Fleitmann (Dr). Iserlohn.
Friedrichs Wilhelm. Hütte.
Beuhel, Hugo, comte de Donners-marck. Siemanowitz.
Henrischhütte, (administration des mines d'). Hattingen.
Horder (Compagnie des fers d').
Hüttenamt, Konigliches. Silésie.
Huyssen (Dr). Breslau.

Krupp (Fr.). Dusseldorf.
Landau (S.). Coblenz.
Lenne-Ruhr (la Compagnie anonyme de). Altenbundem.
Limburger Fabrik et Hütten-Verein. Limbourg-sur-Lenne.
Mansfeldsche Gewerkschaft (C.). Eisleben.
Maria Colliery. Worms.
Minerve (la Compagnie anonyme la). Breslau.
Oberbergamt, Royal. Bonn.
Oberbergamt, Royal. Breslau.
Oberbergamt, Royal. Dartmunt.
Oberbergamt, Royal. Halle.
Phénix (Compagnie anonyme des mines et des fonderies du).
Inspection des salines royales. Magdebourg.
Direction Royale des mines. Saarbruck.
Ruffer. Breslau.
Runge. Breslau.
Stadtberger Gewerkschaft. Altena.
Worm Colliery et Compagnie. Aachem.
RUSSIE. — Alibert (J. P.). Irkoutsk.
Belosselski-Belozerki (prince K.)
Cabinet de Sa Majesté Impériale. Saint-Pétersbourg.
Demidof (P. P.). Perm.
Goobin, Heirsof. Id.
Direction des mines de Pologne. Varsovie.
Pashkof (A.). Orenburg.
Pashkof, Heirsof. Id.
Pashkof (M. V.). Id.
Administration des mines du district de Perm.
Rachette (V.). Perm.
Sidorof (M.). Yenisseisk.
Yakovlef (S.). Heirsof. Perm.
Volkinsk (usines de). Id.
SUÈDE. — Adelsward S. (le baron). Ostgothland.
Arborelius (E. G.). Dalecarlie.
Baldersnäs (usine de). Dalsland.
Eggertz (V.). Fahlun.
Ekman (A.). Wermland.
Erdmann (A.). Stockholm.
Garpenberg (usines des fers de). Dalecarlia.
Göransson (F.). Gefle.
Gustaf et Carlberg (usines de cuivre de). Jemtland.
Hahr (A.). Stockholm.
Hamilton (H. le baron). Nericia.
Killander (F.) Smaland.
Lundhqvist (G. A.). Nyköping.
Usines de Motala.
Nordenfeldt (O.). Wermland.
Osterby (usine de). Upland.
Rettig (C. A.). Gefleborg.
Stora Kopparberg (Compagnie des mines). Dalecarlie.
Uddeholm (usines de). Wermland.
Zethelius (W.). Westmoreland.
SUISSE. — Wurster (J.) et Compagnie. Winthertbur.

MENTIONS HONORABLES

ROYAUME-UNI. — Aberdare steam Fuel Compagnie.
Aaron (E. et W.).
Aytoun (R.). Edimbourg.
Barker (R.). Cumberland.
Barrow (B.). Ile de Wigt.
Bennetts (W.). Camborne.
Bessemer (H. P.). Londres.
Brunton (J. D.). Bucklersburg.
Brunton (W.) et Compagnie. Near Camborne.
Caithness, Earlof. Londres.
Calow (J. J.) Derbyshire.

Campbell, frères Blackfriars.
Case et Morris. Wigau.
Cochrane et Compagnie. Dudley.
Copeland (G, A.). Constantine.
Corbett (J.). Worcestershire.
Corbett (W. F.). Birmingham.
Crown Preservet Coal Comp. Londres.
Duncan, Falconer et Whitton. Carmyllie, par Arbroath.
Ellam, Jones et Compagnie. Derby.
Ellis et Everard. Leicestershire.
Finnie (A.) et fils. Kilmarnock.

I.

Firth, Barber et Compagnie. Barnsley.
Fryar (M.). Glascow.
Gardner (R.). Shrewsbury.
Compagnie générale des mines d'Irlande. Dublin.
Corporation d'Halifax. York.
Hampshire (J. K.). Chesterfield.
Harrison, Ainslie et Compagnie. Ulvesrton.
Heaven (W. H.). North Devon.
Hill (F.). Helston.
Hunt (J.). Porthleven. Cornouailles.
Jenkins (W. H.) et Compagnie. Id.
Jordan (J. B.). Londres.
Jordan (T. B.). Museum de géologie. Londres.
Jordan (W. H.). Id.
Juleff (J.). Cornouailles.
Kinsman. Camelford.
Knowles (A.). Pendeleburg.
Compagnie des mines de charbon de Leswood. Near Mold.
Leist (F.). Londres.
Lever (Ellis). Manchester.
Levick et Simpson. Newport.
Livingstone (A. S.). Carmarthenshire.
Lund Hill (Compagnie des charbons de). Barnsley.
Mickletwait (R.). Yorkshire.
Mitchell (W. B.). Sheffield.
Murray (A.). Londres.
Murray (J.). Durham.
Nixon, Taylor et Cory. Cardiff.
Nowell et Robson. Near Leeds.
Packar (E.) et Compagnie. Ipswich.
Palmer (C. M.). Newcastle-sur-Tyne.
Park (Compagnie des charbons fins de). New-Francy-Pit.
Packinson. Londres.
Paull. Alston.
Pirnie (Compagnie des charbons de).
Compagnie du chauffage purifié. Londres.
Quensogate, Whiting et Compagnie. Beverley.
Ramsay (G. H.) et fils Newcastle–sur–Tyne.
Ray (J.). Ulverstone.
Raynes, Lupton et Compagnie. Liverpool.
Redruth (le comité local de).
Reid (P. S.). Chester-le-Street.
Rhosydd (Compagnie des ardoises de). Londres.
Rosedale (Compagnie des minerais de fer de).
Ross et Mull (Compagnie des granites de). Londres.
Seccombe (S.). Liskeard.
Sweetland, Tuttle et Compagnie. Londres.
Tavistock (comité de).
Townsend, Vood et Compagnie. Swansea.
Trotter, Thomas et Compagnie. Winallshett.
Waring (C. H.). Nealh.
Watson (H.). Newcastle-on-Tyne.
Weston et Price. N. Birmingham.
Wrigth (J.) et fils. Aberdeen.
Yniscdwyn (Compagnie des fers de).
CANADA. — Davies (W. H. A.).
Swet (S. et Compagnie).
Mac–Caw. (T.).
INDE (gouvernement de l').
Guthrie, Col, Calcata.
Mitchell (capitaine S.)
NOUVELLE-GALLES DU SUD. — Lady Cooper.
Patten (W.).
Samuel (S.).
NOUVELLE-ZÉLANDE. — Cadman (S.).
AUSTRALIE DU SUD. — Cornwall (Compagnie des mines de).
Great-Northern (Compagnie des mines de).
Mount-Rise (Compagnie des mines de).
Priest (T.).
Rodda (R. V.).
Worthing (Compagnie des mines de).
VICTORIA. — Abel (J.).

Baillie et Butters.
Beechworth (comité local de),
Bendigo (Compagnie des mines de).
Benyen (J.).
Catherine Reef (Compagnie des mines de).
Foord (G.).
Gething (G.).
Great-Republic (Compagnie des mines d'or de).
Joske (Paul.)
Nelson (Compagnie des mines d'or de).
Prince de Galles (Compagnie des mines d'or du).
Royal-Saxon (Compagnie des mines d'or du).
Viosnoles (C.).
Withelaw (J.).
AUSTRALIE OCCIDENTALE. — Shenton (A.).
AUTRICHE. — D'Elia (J.). Alt–Orsowa.
Domokos (mines et usines de).
Furst frères. Styrie.
Harrach (le comte de).
Hoffmann (F.). Alt–Orsowa.
Jacomimi-Holzapfel-Waasen. Bleiberg.
Kaiserstein (baron). Raabs.
Mittrowsky (le comte de). Moravie.
Nickel (G.). Vienne.
Nowicky et Hausotter. Bohême.
Reidmayer (E.). Tyrol.
Riegel (A.). Hongrie.
Sessler (V. F.). Styrie.
Silbernagl (baron). Carinthie.
BELGIQUE. — Libotte (N.). Gilly.
Nyst (F.). Liége.
Société anonyme de Corphalie. Anthrcit.
COSTA-RICA (Le gouvernement de).
PAYS-BAS (Département des mines de). Java.
FRANCE. — Bailly et Compagnie. La Ferté-sous-Jouarre.
Besnard. Epernon.
Bickford et Compagnie. Rouen.
Chambre de commerce de Chambéry.
Chancourtois (de). Paris.
Dubtulie. Lille.
Gilquin. La Ferté-sous-Jouarre.
Jacquet. Arras.
Jacquinot. Corse.
Jacquot. Paris.
Lebrun-Virloy. Lauty-sur-Aube.
Lermusiaux. Paris.
Levallois. Paris.
Michel Armand et Compagnie. Marseille.
Mines de Pongibaud (Compagnie des).
Roger fils et Compagnie. La Ferté-sous-Jouarre.
ESPAGNE. — L'alcade d'Ovideo.
Castillo. M. Huelva.
Guadalajara (Inspecteur des mines de).
Elme (Compagnie de Saint).
Compagnie Royale des Asturies.
La Société protectrice. Madrid.
ETATS-UNIS. — Meads (T.).
GRÈCE. — Michalachacos (C.). Panitza.
HANOVRE. — Mosquo (C.). Hildesheim.
HESSE (Direction des mines du grand-duché de).
ITALIE. — Albiani Tomei frères. Lucques.
Beltrami (le comte P.). Cagliari.
Bologne (Société minéralogique de).
Bougeux (Francis). Livourne.
Bucci (Joseph). Campobasso.
Caimi (E.). Sondrio.
Castellaccia (Société métallotechnique de).
Chiostri (L.). Pise.
Chiavari (Société économique de).
Cajoli (H.). Livourne.
Corbi, Zœchi et Compagnie. Sienne.
Damioli, (Sylvius).

Doderlein (P.). Modène.
Ferrata et Vitale. Brescia.
Galli (Charles). Sicile.
Gennamari et d'Ingurtasu (Société des mines de).
Giovannini frères. Florence.
Guppy et Pallison. Naples.
Haupt (T.). Florence.
Jacobelli (A.). San Lupo.
Maggi (S.) et Becchini. Montaleino.
Marbres italiens (Compagnie des).
Milesi (A.). Bergame.
Modène (Institution agricole de).
Romaine (Société) des mines de fer.
Saddum et Roselli. Sienne.
Simi (A.) le chevalier. Lucques.
Spezia frères. Turin.
Villa (A. et J. B.). Milan.
NASSAU. — Lossen (A.) et fils.
NORWÈGE. — Dahll frères.
Mines de cuivre de Selbo.
PORTUGAL. — Bruges (le vicomte de). Açores.
Coimbre (le comité de).
Farrobo (le comte de). Lisbonne.
Flores et Monteiro.
Persévérance (Compagnie des mines de la).
Taylor (pour la Compagnie africaine des malachites).
Santos (J. A. de). Lisbonne.
Tocha (J. R.). Évora.
PRUSSE. — Berg (Inspection royale de).
Bergischer Gruben und Hullen Verein.
Bonzel (J.). Mecklenghausen.

Deutsch-Hollandischer (Société des).
Gersach (Gabriel) et Bergenthal. Lenne.
Jacobi, Hasniel, Huyfsen et Compagnie. Oberhausen.
Krentz (J.). Siegen.
Pranog (J. B.). Münster.
Remy frères Wendenir Hutte.
Sack-Sprockhovel.
Schneider (H. D.). Keunkirchen.
Ustar (N.). Nuttlar.
RUSSIE. — Galitzyn (le prince).
Popof frères.
Rochefort (comtesse de).
SAXE. — Furstenberg (Société des marbres de).
SUÈDE. — Carlsdale (usine des fers de).
Croneborg (W.). Carlstad.
Dannemora (Compagnie des mines de).
Fredreksberg (usine des fers de).
Grammalkrappa et Saboda (usines de).
Gypsinge (usines des fers de).
Helleforss (usines des fers d').
Kloster (usines des fers de).
Petri (T.) et Heirs. Gefle.
Ronnoforss (usines de).
Siljansforss (usines de).
Soderfoss (usines de).
Suber et Syogreen (usines de).
Svana (usine des fers de).
Ulff (C. R.). Dalecarlia.
Wermland (Comité local de).
WURTEMBERG. — Matté (Frank). Stuttgard.

PRODUITS DE L'INDUSTRIE

DEUXIÈME CLASSE

SUBSTANCES ET PRODUITS CHIMIQUES. — PROGRÈS ACCOMPLIS DANS LA PHARMACIE.

Si dans la première classe on a pu signaler une découverte de premier ordre : la fabrication de l'acier par le procédé Bessemer, de même, dans la seconde classe, il y avait à saluer, en 1862, l'une de ces merveilleuses inventions qui font date dans l'histoire des sciences et des bonnes fortunes de l'esprit humain. La métallurgie a été dotée d'une source peut-être inépuisable du plus utile des corps qu'elle a mission de préparer pour les besoins de l'industrie ; mais la chimie générale a reçu un présent plus précieux encore, lorsque, grâce aux travaux de MM. Kirchhoff et Bunsen, le spectre solaire est devenu un instrument d'analyse, le plus sûr, le plus puissant, le plus rapide et le plus délicat.

Il est impossible de ne pas dire en quoi consiste cette incomparable nouveauté. On savait que le spectre solaire, c'est-à-dire la lumière blanche décomposée par le prisme en sept couleurs principales, le violet, l'indigo, le bleu, le vert, le jaune, l'orangé, le rouge, présentait çà et là des solutions de continuité ou des raies obscures qui, placées sans aucune symétrie au nombre de plus de 600 suivant Frauenhofer, et de plusieurs mille, à ce qu'on croit maintenant, n'avaient encore fait l'objet d'aucune étude, ou du moins, en se reproduisant fixement les mêmes sous les yeux de tous les observateurs, n'avaient servi qu'à une chose, à prouver que la nature de la lumière ne variait pas. On savait encore que si la lumière du soleil et celle de la lune ou des planètes qui reçoivent du soleil leur éclat, présente uniformément les mêmes dispositions dans les détails du prisme, il n'en est pas de même de la lumière venue des étoiles ni de la lumière d'une flamme dans laquelle on introduit des métaux ou des composés de métaux volatils. MM. Kirchhoff et Bunsen, modifiant heureusement l'appareil d'étude de Frauenhofer, ont abordé le problème et ils l'ont résolu.

Successivement ils passèrent en revue, à l'état de chlorures, d'iodures, de bromures, de sulfates et de carbonates, tous les métaux alcalins, le potassium, le sodium, le lithium, le strontium, le calcium, et ils virent bientôt que la constance du caractère des raies spectrales dépend du métal et non de l'acide des sels. Il leur fut dès lors facile de poursuivre leurs recherches sur un plan méthodique et ils distinguèrent alors le sodium à sa raie jaune très-lumineuse, le potassium à ses deux bandes brillantes, l'une dans le rouge correspondante à la raie obscure du spectre solaire, l'autre dans le violet ; le lithium à deux raies situées dans le rouge et dans le jaune ; le strontium à quatre raies rouges, à une raie jaune, à une raie bleue ; le calcium, le baryum à des dispositions spéciales, invariablement reproduites dans le spectre, quelle que fût la base de la composition chimique volatilisée dans la lumière. Quelle simplicité et quelle richesse à la fois dans cette découverte ! D'abord il suffit de placer un sel dans une flamme pour voir de quel métal il se compose. Appliquée ensuite aux mélanges des corps, la loi de l'analyse des rayons du solaire ne s'est pas trouvée en défaut et elle a aussi bien indiqué deux, trois, dix métaux qu'un seul. Examinée au point de vue de la sensibilité, il a été prouvé qu'elle faisait constater la présence de substances qui n'entrent que pour un tiers de billionième dans un composé quelconque. On a déjà vu par là des choses qu'on ne soupçonnait guère : par exemple que le lithium, qui coûte 5 ou 600 francs le kilogramme sous forme de carbonate de lithine, est l'une des substances les plus communes de la nature.

On prend un morceau de craie, on le fait dissoudre dans l'acide chlorhydrique, on trempe un fil de platine dans la dissolution, on porte le fil à la flamme d'une lampe ; en cinq minutes on sait qu'il y a dans cette craie du potassium, du sodium, du calcium et du strontium. N'importe quel corps, n'importe quel mélange volatilisable nous révèle ainsi, en un instant, les secrets de son essence. Le philosophe comme le chimiste cherche sans cesse des éléments nouveaux dans la matière : voilà un instrument qui va rendre les investigations plus rapides. Déjà les inventeurs eux-mêmes ont trouvé dans le lépidolithe de Saxe deux corps simples : le rubidium dont les raies caractéristiques sont rouges et le cœsium dont les raies sont bleues. Le rubidium se place entre le sodium et le potassium ; on l'a vu dans le tabac, dans le thé, dans le café surtout. Le cœsium est un métal analogue au rubidium. Un autre observateur a découvert un troisième métal, le thallium, qui doit être classé parmi les corps terreux, mais qui cependant ressemble beaucoup au plomb.

Le thallium a été découvert dans les chambres de plomb où l'on fabrique l'acide sulfurique, comme l'avait été le sélénium de Berzélius. Il a donné au spectre une raie verte aussi belle que celle du sodium et doit son nom à cette couleur de bourgeon printanier. M. Crookes, qui l'a aperçu le premier, le considérait comme un métalloïde du groupe du soufre, du sélénium et du tellure, et a décrit un procédé propre, sinon à l'isoler, du moins à le concentrer. M. Lamy, professeur à Lille, a isolé enfin le nouveau métal d'un chlorure traité par la voie électrolytique et aussi en précipitant du zinc ou en réduisant par le charbon des composés oxygénés. Ce corps est mou, malléable ; l'ongle le raye et le couteau le coupe aisément ; il laisse sur le papier une trace d'un gris jaune, fond à 290°, se volatilise au rouge, se cristallise aisément, crie comme l'étain quand on le plie et se ternit à l'air.

En employant la chaleur électrique, il a été possible de volatiliser d'autres métaux que les corps alcalins. On a vu alors se révéler l'argent par une raie verte d'un grand éclat ; le cadmium, par de brillantes raies vertes et rouges ; le zinc par une belle raie rouge et deux raies entre le vert et le bleu ; le cuivre, par des raies vertes, bleues et rouges. Mais plusieurs métaux n'ont pas été si faciles à reconnaître. Le fer, par exemple, se caractérise par plus de soixante raies ; mais peu à peu tous les corps connus de la nature auront été analysés et, nous pouvons le croire, tous les corps cachés encore, reconnus.

La science va donc compléter ou enrichir ses nomenclatures et l'industrie sans doute disposera bientôt de forces et de matières qu'elle ignorait. Ce n'est rien encore. Le plus inattendu des triomphes de cette invention, est qu'elle vient au secours de l'astronomie hésitante, et lui révèle la constitution chimique des corps lumineux qui peuplent l'espace.

Pourquoi le spectre solaire se présente-t-il tel que nous le voyons sous le prisme ? Pourquoi telles raies ici et pourquoi pas ailleurs telles autres raies ? C'est que dans l'atmosphère qui enveloppe le noyau central du soleil il existe certains métaux vaporisés et qu'il n'en existe pas d'autres. Oui, nous le savons à présent, il y a du sodium, du potassium, du calcium, du baryum dans le soleil, et il n'y a ni lithium, ni strontium, ni silicium, ni aluminium. Oui il y a dans le soleil du fer, il y a du magnésium, du nickel, du cobalt, du chrome, du cuivre, du zinc, et il n'y a pas de cadmium, d'étain, de plomb, d'antimoine, de mercure, d'argent, d'or.

Laissons l'imagination sonder les profondeurs de l'horizon ouvert ainsi devant elle et restons attachés aux choses d'ici-bas, dans leurs détails les plus humbles, dans la simple pratique d'une méthode qui pour l'imprévu, la variété, l'étendue et la sublimité de ses visées, n'a d'égal dans les annales de la science que les travaux de Kepler et de Newton.

C'était de l'ancien royaume des Deux-Siciles que se tirait la presque totalité du soufre qui servait à la fabrication de l'acide sulfurique. En 1836, le gouvernement eut l'imprudence de tripler la taxe de sortie du soufre ; il voulait s'enrichir, il appauvrit le pays ; car dès ce moment la science chercha une autre matière à traiter, et elle la trouva dans les pyrites de fer qui abondent partout. La consommation du soufre s'accroît néanmoins depuis que la vigne est malade, et qu'on la soigne avec du soufre en fleur. L'usage de brûler les pyrites étant devenu universel, on a partout cherché à construire des fours où l'on pût les brûler au meilleur marché, avec le plus grand profit, et en utilisant les plus menues. On tire aussi l'acide sulfurique, surtout en Angleterre, de l'acide sulfhydrique qui se dégage pendant l'épuration du gaz à éclairer. La concentration de l'acide sulfurique, nécessitée par son emploi dans un grand nombre d'industries, est liée intimement, nous l'avons vu, à la métallurgie du platine; mais on fait aussi de l'acide sulfurique concentré dans des vases en verre plombeux, et l'on ferait bientôt un usage exclusif de ces vases si nos fabricants français n'étaient arrivés à donner leurs appareils à un très-bas prix relatif. La Russie, en vendant moins cher le métal, rendra service à toute l'industrie, et ne nuira pas à ses propres intérêts.

Le rôle si important que l'acide sulfurique joue dans les réactions acides, la soude le joue dans les réactions alcalines. L'industrie a donc un égal besoin de l'un et de l'autre produit. C'est du sel marin décomposé par l'acide sulfurique que la soude se tire. L'emploi du froid artificiel, tel que le produit la machine Carré, permet enfin d'appliquer l'ingénieux procédé de M. Balard dans le traitement des eaux des mers du Midi. On sait que c'est indirectement qu'on tire la soude du sel, et qu'on arrive au carbonate de soude en passant par le sulfate, que le charbon et la craie décomposent. Leblanc s'est immortalisé en indiquant cette voie. La tendance à opérer avec de grands fours est chaque jour plus sensible en Belgique et en France. Les soudes anglaises sont plus noires, plus charbonneuses et plus sulfureuses que les nôtres. L'Angleterre emploie depuis quelque temps un four tournant pour les préparer. Quand aux sels de soude, ceux que l'on fabrique en France, à Alais, sont plus riches en alcalin et plus propres; mais le consommateur anglais s'occupe surtout du bas prix, et c'est sous la forme de cristaux que les sels de soude sont employés le plus souvent. Cet usage est excellent, car il donne à qui les emploie ainsi la certitude qu'on ne leur donne pas de sels à bas titre, et de plus, qu'il ne se sert pas d'une matière caustique, si nuisible, par exemple, dans le blanchissage.

Mais nous ne pouvons dans ce rapide coup d'œil examiner les détails de la production chimique, et, par exemple, comparer les diverses fabrications de l'acide chlorhydrique et de ses dérivés. Ce que nous devons remarquer, c'est la différence énorme qu'il y a entre la France et l'Angleterre dans la fabrication des produits dérivés du sel. L'Angleterre, en effet, travaille par semaine environ 3,000 tonnes de sel de soude, 2,000 tonnes de cristaux, 780 tonnes de bicarbonate de soude, et 400 tonnes de chlorure de chaux, quantités qui représentent, pour l'année, une valeur de 80 millions de francs et font vivre 10,000 ouvriers. Elle décompose enfin 260,000 tonnes de sel, tandis que la France n'en emploie que 59,000, et cependant la découverte de cet heureux travail est une découverte française. Le bas prix du charbon, la franchise du sel et l'étendue de son commerce favorisent singulièrement, cela est vrai, la fabrication de l'Angleterre; mais nous pouvons, à force de soins et d'économie, lutter encore avec elle.

On a renoncé à se servir de la potasse dans tous les cas où la soude peut la remplacer, mais on en fait encore usage, et pour en créer, voici que la science s'attaque directement au feldspath du sol, qui est la source où les végétaux la puisent. Cependant les résultats de cette manœuvre n'ont pu devenir encore industriels, et c'est aux betteraves, au suint des laines, aux varechs et à l'eau de mer que des procédés divers la demandent. Nous avons tout à l'heure parlé de l'application du procédé de froid artificiel au traitement des eaux de mer du Midi; c'est surtout pour l'extraction de la potasse que la machine Carré a produit d'heureux effets. Amené à 28 degrés de l'aréomètre Baumé et refroidi à la température de 18 degrés, un mètre cube d'eau traité représente encore 75 mètres cubes d'eau ordinaire, et donne 40 kilos de sulfate de soude anhydre, 10 kilos de chlorure de potassium et 120 de sel marin raffiné.

Le nom de M. Kuhlmann, de Lille, pourrait se trouver à chacune de nos pages, car il n'est guère de parties de la chimie industrielle qu'il n'ait abordée en maître. Entre autres produits utiles, il fournit la baryte hydratée qui sert à épurer les eaux d'alimentation des chaudières, et, si on en avait besoin, il fournirait la baryte caustique.

On n'ignore pas que dans toutes les teintures, il faut, pour faire mordre la couleur, recourir à l'alumine. L'art d'obtenir des composés alumineux propres à cet emploi a fait, dans ces dernières années, des progrès remarquables, soit dans la production de l'alun, tiré du carbonate de magnésie, par l'acide sulfurique ou tiré des schistes de houille, soit dans celle du sulfate d'alumine.

Chaque jour l'ammoniaque et les sels ammoniacaux deviennent d'un emploi plus général dans l'agriculture. MM. Margueritte et Lalouel de Sourdeval ont ingénieusement perfectionné l'exploitation des liquides de voirie et ont ainsi renouvelé la fécondité d'une source qui ne produisait plus autant que le gaz d'éclairage épuré par le procédé Mallet. En Angleterre et en Allemagne, on apprécie plus encore que chez nous l'utilité de tels services. Le prussiate jaune de potasse est la base de tous les composés cyaniques. Si l'on produisait le cyanogène d'une manière plus parfaite; si, par exemple, on ne faisait pas revenir jusqu'à dix fois la potasse dans des combinaisons et des décompositions successives, ce produit coûterait bien peu. Comme pour plusieurs autres produits chimiques, le gaz de l'éclairage est devenu une source utilement employée dans la fabrication du bleu de Prusse. Là encore nous retrouvons le nom de M. Mallet. Nous retrouvons également ceux de MM. Margueritte et Lalouel de Sourdeval, car ils ont entrepris de faire produire le cyanogène par l'azote de l'air en substituant aux alcalis proprement dits volatilisables, à de hautes températures, le baryte et la chaux, qui sont à la fois très-alcalins et très-fixes. D'autres tentatives ont pour but de tirer les cyanures de l'azote de l'ammoniaque, et, dans ce genre, on peut citer le procédé Gélis, qui est devenu industriel, et qui consiste à produire le cyanogène avec l'azote emprunté à l'ammoniaque et le carbone fourni par le sulfure de carbone.

Ce dernier corps, préparé à très-bas prix par M. Deiss, est devenu l'agent le plus utile de la dissolution des corps gras. Il dégraisse complétement les os, les chiffons, et sans doute servira au dessuintage des laines. Les quantités de graisses disponibles dans l'industrie seront bientôt très-augmentées par son emploi.

On pourrait noter d'autres perfectionnements accomplis dans la fabrication du chlorate de potasse, de l'hyposulfate de soude, si employé maintenant, du borax, du silicate de soude, qui sert à la silicatisation des pierres et au fixage des matières colorantes sur les étoffes, de l'arséniate et du stannate de soude, du sulfate de fer, et enfin du sulfate de cuivre.

Depuis la dernière Exposition universelle, l'industrie s'est enrichie de deux nouveaux composés du chrome, un oxyde hydraté, le vert Guimet, et un sel insoluble, le vert Mathieu-Plessy, qui n'a pour ainsi dire pas encore été appliqué.

On ne savait que tirer du tungstène, mais le tungstate de soude, qui ne coûte qu'un franc cinquante le kilo rend les étoffes ininflammables. On y a aussi trouvé douze couleurs à bas prix.

Parmi les plus belles découvertes de ces derniers temps se placent les études de M. Pasteur sur l'action des végétaux mycodermiques dans l'oxydation de l'alcool et sa transformation en acétique. On a enfin trouvé le levain qui transformera le vin en bon vinaigre et la distillation du bois n'en sera plus la meilleure source. Mais ce qui est fait pour étonner le plus, c'est la série variée des produits extraits de cette houille qui dort depuis tant de siècles dans les entrailles de la terre ! Nous avons déjà parlé des produits aqueux qui en dérivent, comme l'ammoniaque. Ne mentionnons ici que les produits goudronneux : les carbures d'hydrogène, homologues de la benzine, du sein desquels sont écloses les plus fraîches des couleurs : les ponceaux, les mauves, les lilas, les roses ; d'autres carbures d'hydrogène plus compliqués, employés comme dissolvants ; l'acide phénique et d'autres acides semblables d'où l'on tire l'acide phénique, et enfin un brai qui sert à agglomérer les houilles menues. Les propriétés antiseptiques de l'acide phénique sont merveilleuses, car de la gelée qui n'en contenait qu'un trois millième s'est conservée dix-huit mois sans aucune altération. Le commerce trouve là un agent précieux pour combattre les décompositions si fréquentes surtout dans les voyages de mer.

Nous devrions dire quelque chose des engrais ; mais c'est moins dans une exposition universelle que dans des concours régionaux que peuvent être appréciées les qualités réelles d'une composition qui doit agir différemment sur des sols divers. La différence qu'il y a entre la France et l'Angleterre dans l'emploi des engrais, c'est que la première emploie généralement les matières premières sans les modifier, tandis que la seconde n'a guère recours qu'à du superphosphate de chaux traité chimiquement. Nous devrions imiter cet exemple, et créer, nous aussi, un engrais actif.

On ne peut pas dire que la chimie médicale se soit signalée, depuis 1855, par de très-importantes nouveautés, mais on a eu la preuve que partout les procédés de fabrication s'améliorent et en somme l'hygiène générale en profite. Le fait remarquable est que la pharmacie proprement dite est devenue tributaire de l'industrie pour la plupart des alcaloïdes, comme la quinine, la morphine, la strychnine et il n'en pouvait guère être autrement. Les poudres et les extraits se fabriquent de même par masses énormes, au moyen d'engins puissants.

Comme nouveautés réelles on n'a à désigner que les sels de lithine employés en Angleterre et en Allemagne contre la goutte, les sels de cerium utilisés dans le traitement de la gastralgie et diverses préparations d'acide hyocholique, c'est-à-dire de bile. On peut aussi mentionner les tentatives faites pour introduire en Algérie la culture de l'opium et pour tirer de nos colonies où elles abondent et où on les a jusqu'ici négligées, certaines substances médicinales que l'on tire avec peine des colonies étrangères.

Nous indiquons seulement, nous ne décrivons pas les couleurs nées comme des fleurs délicates dans les boues du goudron et désignées sous le nom de violet d'aniline, de rouge d'aniline, de rosaniline, de vert et jaune d'aniline. On les retrouvera en plusieurs endroits de ce livre. Nous ne parlons pas davantage ici des matières colorantes dérives de l'acide phénique, de la quinoleine et de la naphtaline; ni non plus des couleurs, teintures et vernis que l'on perfectionne sans cesse. Il faudrait trop de place pour en dire même des généralités. La vogue est en ce moment aux nuances dérivées de la benzine, couleurs d'une richesse et d'une fraîcheur de ton qu'en effet on ne soupçonnait pas, mais bien fugitives, et qui ne doivent pas faire abandonner la culture ou la récolte des végétaux que naguère l'on employait seuls dans la teinture.

Pour nous résumer et ne rien oublier des découvertes ou des perfectionnements de la science et de l'industrie chimique, nous n'avons qu'à rappeler, avec les jurys d'admission, quels sont les faits principaux signalés à l'attention du public, lors de l'ouverture de l'Exposition, c'est-à-dire l'emploi plus général et très-économique des pyrites de fer et de cuivre dans la fabrication de l'acide sulfurique; l'extension de la production indigène de la potasse par la calcination des résidus de la distillation du jus de betterave; la préparation de la potasse du suint; les développements donnés au procédé qui consiste à extraire des eaux-mères des marais salants les sels de potasse et les sels de magnésie qui y sont contenus; les perfectionnements introduits dans la fabrication de l'ammoniaque et des sels ammoniacaux au moyen des eaux de condensation recueillies pendant la distillation de la houille ; le développement des industries qui s'occupent de la distillation du goudron de houille et de la préparation de la benzine, des acides phénique et picrique ; l'application de plus en plus fréquente des silicates de soude et de potasse doubles à la conservation des monuments et des sculptures ; l'industrie nouvelle des sels d'alumine à base de soude et de l'alumine pure ; les essais tentés pour la production industrielle des prussiates et des sels ammoniacaux par l'ammoniaque et le carbonate de baryte ; l'accroissement de la production de l'acide pyroligneux et de ses composés ; le développement donné à la fabrication des alcaloïdes végétaux ; l'extension de la fabrication de la céruse et de l'outremer artificiel ; l'introduction dans la série des couleurs des matières colorantes jaunes, rouges, violettes, bleues qui résultent des transformations de l'aniline ; enfin l'emploi du sulfure de carbone pour l'extraction des corps gras et des parfums.

Tels sont les points sur lesquels on doit se fixer quand on fait l'inventaire des acquisitions récentes du domaine chimique. Il n'est pas d'époque où le progrès général ait été plus rapide et où les manifestations particulières du progrès aient été plus nombreuses. Mais, plus encore qu'aucun autre, la chimie est avec la physique la science qui intéressera toujours le plus et servira le mieux l'humanité. On est comme ébloui de l'éclat jeté par elle depuis moins d'un siècle. Que sera-ce au siècle prochain !

Ce qui peut être dit encore, c'est que si l'on met à part la merveilleuse méthode d'analyse de MM. Kirchhoff et Bunsen, presque toutes les découvertes, presque tous les perfectionnements de la science et de l'industrie chimique sont dus à l'Angleterre et à la France, et les Anglais ne peuvent nier que ce ne soit la France qui en produit le plus.

REVUE DES PRINCIPAUX OBJETS

EXPOSÉS DANS LA DEUXIÈME CLASSE

SECTION I. — SUBSTANCES ET PRODUITS CHIMIQUES.

ROYAUME-UNI. — M. SPENCE, a MANCHESTER. — Le soufre, dont si peu de pays ont été dotés par la nature, servait seul, il y a quelques années, à la fabrication de l'acide sulfurique, mais le prix de plus en plus élevé de cette matière première fit rechercher le moyen d'obtenir de l'acide sulfurique du soufre contenu dans la pyrite de fer. On y parvint, et l'emploi de la pyrite à cet usage, est devenu si universel que dans des cas spéciaux seulement, on a recours à la combustion du soufre pour avoir de l'acide sulfurique. En Angleterre, on utilisa d'abord la pyrite d'Irlande, dont la richesse en soufre est de 30 pour 100 ; mais aujourd'hui on fait généralement usage des pyrites de Huelva (Portugal), qui en contiennent 50 pour 100.

Le grillage de la pyrite a lieu dans des fours clos, on l'y dépose en lits d'épaisseur variable : on y met le feu, et sa combustion presque complète s'opère par sa propre chaleur.

Il n'en est pas de même des menus de pyrites; le grillage, rendu avantageux par suite de leur bas prix, présentait de grandes difficultés. Après bien des essais, on en était arrivé à faire usage d'un fourneau à quatre foyers, dans lequel l'opération se faisait assez bien, mais des raisons de salubrité publique en firent proscrire l'usage. M. SPENCE s'est attaché au perfectionnement de ces fours, et a fini par se faire breveter pour un appareil à l'aide duquel le grillage des menus de pyrite s'effectue parfaitement. Nous empruntons à l'ouvrage de M. le docteur Ronscoë, de Manchester, la description suivante de ce four :

« L'appareil, d'une longueur de 15,25 et 2,13 de largeur, a 0,33 de flèche; la sole inclinée, formée de grandes briques plates, est chauffée en dessous par un foyer latéral unique, placé à 3 ou 4 pieds en avant de la partie la plus basse. La pyrite en poudre, introduite par une ouverture de la voûte, est étalée au moyen de ringards qui pénètrent par des portes latérales, ouvertes seulement à ce moment, et lorsqu'il faut faire passer par un acheminement méthodique la pyrite en poudre de la partie supérieure du four vers la partie la plus basse. Elle est éliminée ensuite, après s'être un peu refroidie, au moyen d'ouvertures placées à la partie antérieure du fourneau, par lesquelles arrive, en outre, l'air frais nécessaire à la combustion du soufre, et dont on gradue l'accès avec soin. Le grillage dure en réalité vingt-quatre heures, puisque le fourneau a douze portes, et qu'on met deux heures pour faire passer la matière de la portion de sole qui correspond à l'une d'elles à la portion correspondante à la suivante. M. SPENCE assure que dans ce grillage méthodique il ne laisse que 2 ou 3 pour 100 de soufre, c'est-à-dire à peu près ce qu'il en reste dans le grillage de la pyrite en fragments. »

La spécialité de l'établissement de M. SPENCE, à Manchester, est la fabrication de l'alun. L'énorme bloc d'alun artificiel qu'il expose a plus de 2 mètres de haut sur 1 mètre 40 centimètres de diamètre.

Par les anciennes méthodes de fabrication, 60 tonnes d'oalithe lamelleux du Yorkshire ne produisait qu'une tonne d'ammoniaque d'alun ; aujourd'hui, grâce au procédé de MM. ROSCOE, SCHUNCK et SMITH, on parvient à extraire 50 tonnes de la même substance de 65 tonnes d'oalithe. — *Médaille.*

MM. C. ALLHUSEN ET FILS, A NEWCASTLE-SUR-TYNE. — En traitant directement du sel marin par la pyrite, on obtient bien du sulfate de soude, mais c'est à l'aide de l'acide sulfurique que cette matière première de la soude en est extraite en immense quantité.

Les fours à sulfate en usage en Angleterre renferment un grand vase elliptique où se placent le sel marin et l'acide sulfurique. Ce vase est chauffé par l'air chaud, et il s'en dégage à l'état de gaz les deux tiers de l'acide que le sel marin peut fournir. Le reste de ce mélange, qui contient du bisulfate sous forme de masse pâteuse, doit être calciné à une température plus élevée, pour que sa décomposition soit complète.

En Angleterre, cette seconde partie de l'opération s'exécute dans un four qui constitue une espèce de moufle, chauffé par-dessus et par-dessous, au moyen des gaz de la combustion, et dans lequel la réaction se complète en produisant de l'acide chlorydrique pur et aussi aisément condensable que la première portion. C'est là un perfectionnement qui paraît avoir été introduit pour la première fois par M. Pattinson dans l'usine qu'il dirigeait à Newcastle ; perfectionnement notable, car il a permis d'exécuter sans inconvénient, au centre même des villes, la fabrication de la soude.

Les sels de soude ne s'obtiennent en Angleterre que très-difficilement à un haut titre, ce qui fait supposer que les sulfates anglais ne sont pas aussi exempts de sels étrangers que les nôtres. On doit attribuer cette circonstance à quelque imperfection dans le travail plutôt qu'aux sels employés, car ces sels fabriqués en chaudières à Norwich, avec des eaux ne renfermant presque que du chlorure de sodium, sont eux-mêmes d'une pureté remarquable.

Dans les usines anglaises, les sels de soude se préparent à l'aide d'opérations nombreuses. La première est l'évaporation des lessives ; elle s'exécute dans des chaudières de tôle rectangulaires de 0,50 de profondeur, portant à leur bord une cornière intérieure qui permet de les recouvrir d'une voûte en brique très-surbaissée. Les liqueurs introduites dans la chaudière s'évaporent par la surface au moyen des chaleurs perdues du four à soude, et les matières pâteuses qui s'y produisent sont enlevées par une porte latérale maintenue fermée pendant l'évaporation au moyen d'une vis de pression. Ces matières pâteuses sont transportées dans un four, où elles s'oxydent et se carbonatent à la fois.

La solution de sel de soude, refroidie dans de grands vases de fonte, de la forme d'un parallélipipède, donne lieu à la formation des cristaux de soufre. C'est principalement sous cette forme que cet alcali se consomme en Angleterre.

MM. ALLHUSEN ET FILS, dont la maison a été fondée en 1840, s'adonnent spécialement à la fabrication de la soude artificielle et des produits qui s'y rattachent ; c'est, en son genre, un des plus considérables établissements de l'Angleterre ; ils emploient 500 ouvriers dans leurs usines, situées à Salt-Meadows, à South-Shore, à Gateshead-sur-Tyne et à Durham et dont la production annuelle est évaluée à 3,000,000 francs environ.

L'exposition de MM. ALLHUSEN consiste en substances ammoniacales et en cristaux de soude, dont ceux en fer de lance, qui se trouvent dans l'énorme coupe placée au centre de leur vitrine, sont d'une transparence et d'une cristallisation hors ligne. — *Médaille.*

MM. GASKELL, DEACON ET Cie, A WARRINGTON, présentent une curieuse variété de produits chimiques d'un emploi usuel : cristaux de soude, carbonates de soude, soude caustique; borax raffiné, borate de chaux brut et raffiné, chlorure de chaux, etc., etc., et, entre autres échantillons de substances t.nctoriales, des bleus d'outremer, de l'outremer vert et des vermillons de teintes éclatantes.

On obtient aujourd'hui la soude caustique sans l'emploi de la chaux et en utilisant seulement celle qui est contenue dans les lessives. — Cette soude caustique, parfois colorée légèrement en vert par un peu de manganèse, parfois aussi d'une teinte légèrement ambrée, est exempte de fer et même, assure-t-on, d'alumine. — *Médaille.*

M. P. SKANKS, A Sainte-Hélène, près Manchester, est l'inventeur d'un procédé qui réalise une grande économie dans la fabrication du chlorure de chaux. Il chauffe de l'oxyde de chrome avec de la chaux, dans un four à réverbère au contact de l'air, et il obtient du chromate de chaux qui, traité ensuite par l'acide chlorhydrique, donne du chlore et du chlorure de chrome pour résidu. En y mêlant de la chaux on précipite l'oxyde de chrome, qui, calciné de nouveau avec la chaux, régénère de l'acide chromique aux dépens de l'oxygène de l'air. L'exposition de M. Skanks est l'application matérielle de ce travail chimique, dont elle présente les matières premières et les produits successifs. — *Médaille.*

MM. CHANCE FRÈRES et Cᵉ, A Birmingham, fabriquent en grand les sels et autres produits chimiques en usage dans les arts. Les dimensions énormes des spécimens qu'ils exposent attestent de la puissance de leur matériel : ce sont d'abord du sel ammoniac, du carbonate et du muriate d'ammoniaque; des sulfates, des bicarbonates et un bloc colossal de cristaux de soude; puis de très-beaux sulfates de fer et phosphates de chaux. — *Médaille.*

M. KANE, A Dublin, a obtenu la même récompense pour des produits similaires.

M. I. L. BELL, A Newcastle-on-Tyne. — Dans l'usine de M. Bell, dont nous avons déjà eu occasion de parler dans la première classe, on utilise l'acide chlorhydrique concentré pour la fabrication de l'oxychlorure de plomb. Le sulfure de plomb est placé dans un immense cuvier garni de pierres et de briques inattaquables aux acides, où des meules inattaquables aussi, l'écrasent pendant qu'il est exposé à l'action de l'acide chlorhydrique concentré. La température étant élevée au moyen d'un jet de vapeur, il se dégage de l'acide sulfhydrique et il se forme du chlorure de plomb qui se retrouve presque tout au fond du cuvier, car il est fort peu solide dans la liqueur acide qui surnage. Ce chlorure sorti du cuvier est dissous dans de l'eau chaude. Cette dissolution, conservée chaude, est ensuite traitée par du lait de chaux qui neutralise l'acide et précipite le peu de fer qu'elle contient.

Après qu'elle a été éclaircie par le repos, on fait écouler cette dissolution dans une grande citerne par un conduit de bois, et on fait arriver en même temps un courant d'eau de chaux suffisant pour décomposer la moitié du chlorure, il se produit alors un précipité blanc d'oxychlorure de plomb qui, égoutté, lavé et desséché à l'étuve dans des terrines poreuses, constitue une poudre blanche couvrant comme le céruse, qu'elle peut, assure-t-on, remplacer et dont l'usage se répand en Angleterre. Des échantillons de ces produits ont mérité à M. Bell la *Médaille.*

JARROW CHEMICAL COMPANY (Compagnie de produits chimiques de Jarrow), A Souths-Hields. — Des soudes cristallisées et en poudre, des sulfates de soude calcinés et raffinés, des alcalis des sels de Glauber et d'Epsom, sont présentés par cette Compagnie, dont la fabrication est des plus considérables. Elle fait de grandes affaires avec le continent; aussi peut-elle livrer ses produits à des prix avantageux. Pour en donner une idée, il nous suffira de transcrire les chiffres marqués sur quelques-uns de ces beaux échantillons : cristaux de soude, 110 fr. 75 c. les 1,000 kil.; alcali blanc raffiné, 184 fr. 60 c.; soude en poudre, 217 fr. 95 c.; sel de Glauber, 147 fr. 65 c.; sel d'Epsom, pour l'agriculture, 67 fr. 70 c.; le fer, raffiné, 196 fr. 90 c.

Aujourd'hui, par suite du libre échange, cette réduction de prix mérite d'être signalée.

Nous ajouterons que la quantité des produits dérivés du sel qui se fabrique en Angleterre est énorme; on l'estime par semaine à 3,000 tonnes de sel de soude, 2,000 tonnes de cristaux, 280 tonnes de bicarbonate de soude, 400 tonnes de chlorure de chaux, représentant en somme une valeur de 80 millions et occupant dix mille ouvriers. D'après des renseignements fournis au moment où se signait le traité de commerce, l'Angleterre décomposait annuellement 260,000 tonnes de sel, tandis qu'en France on n'en décomposait que 59,000. — *Médaille.*

M. STANDFORT-EDWARD, a Worthing, expose des produits obtenus dans la distillation des varechs par des procédés qui lui sont propres. Les varechs, après avoir été séchés, sont fortement comprimés à l'aide d'une presse hydraulique et décomposés dans des vases clos, à l'effet de perdre moins d'iode et de recueillir les produits volatils que fournit la distillation des matières organiques. C'est surtout par l'utilisation de ses produits accessoires que cette méthode présente des avantages. — *Médaille.*

MM. ROBERTS, DALE et Cie, a Manchester, présentent plusieurs produits chimiques, et entre autres de l'acide oxalique.

L'acide oxalique, qui enlève les mordants sans altérer les tissus, est, dans bien des cas, d'une grande utilité. Gay-Lussac avait trouvé moyen de l'extraire de la sciure de bois, à l'aide d'un procédé développé et facilité par les expériences de M. Persoz, qui fait intervenir la soude dans la réaction. Le bon marché du combustible a rendu ce procédé plus avantageux en Angleterre qu'en France, et MM. ROBERTS, DALE et Cie ont établi définitivement et sur une vaste échelle cette industrie à Manchester. Leur exposition contient des échantillons de caustiques et de mordants pour papiers peints, et des spécimens de rouge d'aniline dus aussi à un nouveau procédé qu'ils ont perfectionné. — *Médaille.*

MM. ALBRIGHT et WILSON, a Oldbury. — En 1847, le docteur Schrotter, secrétaire perpétuel de l'Académie impériale de Vienne, découvrit un corps qu'il fit connaître sous le nom de phosphore-amorphe, et qui diffère du phosphore ordinaire en ce qu'il ne dégage ni émanations nauséabondes, ni lumière dans l'obscurité, ne s'enflamme point spontanément et est dépourvu de propriétés vénéneuses. Le 16 janvier 1852, MM. Albright et Wilson ont pris un brevet pour l'exploitation de cette découverte et organisé, sur une grande échelle, la fabrication de la nouvelle espèce de phosphore.

Ils exposent de fort beaux échantillons de chlorate de potasse, de chlorure de zinc, de phosphore amorphe et de phosphore ordinaire en *fac-simile*, attendu que les règlements interdisent l'introduction de matières inflammables dans le palais de l'Exposition.

Le phosphore, comme on le sait, n'est transportable que dans l'eau. MM. Albright et Wilson ont imaginé une boîte en fer-blanc, qui permet d'en charrier à la fois cinquante morceaux du poids d'un kilogramme chacun, dans une quantité d'eau relativement peu considérable, et de diminuer ainsi les frais d'emballage et d'expédition. — *Médaille.*

MM. HUTCHINSON et EARLE, Near Warrington. — Les nombreux spécimens d'iode purifié, d'iodure de plomb, de potassium, d'arsenic, de mercure et de quinine; de bromate et de nitrate de potasse; de carbonate de soude, de sulfate de fer; de brome, de cadmium, etc., remarquables surtout par leur cristallisation, exposés par cette maison, lui ont également valu la *Médaille.*

MM. HALLETT et Cie, a Londres. — Les travaux de M. Hallett tendent à substituer aux préparations de plomb, si dangereuses et cependant d'un usage si fréquent dans l'industrie, des préparations inoffensives; celles d'antimoine, par exemple.

L'antimoine existe dans la nature à l'état d'oxyde, de sulfate et de sulfure oxydé; purifié, il prend le nom de régule; il est lamelleux, d'un blanc bleuâtre et brillant, facile à pulvériser et fusible au-dessous de la chaleur rouge; sa pesanteur spécifique est de 6.072. On peut, à l'aide de l'exposition de MM. Hallett et Cie, suivre la série des transformations que subit ce métal dans ses applications à l'industrie. Elle se compose de minerais d'antimoine, d'antimoine brut, d'antimoine arsenical brut, d'un lingot de régule, d'oxyde, de bioxyde et de blanc d'antimoine, enfin d'un couvert d'une composition à base d'antimoine. — *Médaille.*

M. STENHOUSE, a Londres. — Son exposition, d'un haut intérêt pour la science, l'industrie et les arts, se compose de quatre-vingt-quatorze échantillons de substances appartenant à la chimie organique. Un grand nombre ont été découvertes par ce chimiste distingué, et d'autres préparées par lui avec des soins particuliers. Nous citerons notamment l'*érythromannite*, donnant de beaux cristaux tabulaires incolores; l'*hydrate de thymile*, en produisant des blancs magnifiques; la *nitrothéine*, sous la forme de lames nacrées, et l'*orcine*, d'une superbe cristallisation. Voici les formules de ces quatre substances, dont la composition est peu connue encore :

Érythromannite............	$2 (C^3H^{16}O^6) + H^2O$
Hydrate de thymile..........	$C^{10}H^{12}HO$
Nitrothéine...............	$C^3 (CH^3) N^2O^5$
Orcine................	$C^7H^8O^2 + H^2O$

Le jury a décerné à M. STENHOUSE la *Médaille*.

MM. JOHNSON ET FILS, A LONDRES, exposent une collection qui embrasse la généralité des applications de la chimie à l'industrie; elle se compose de treize rochers artificiels comprenant toute la série des métaux en usage dans les arts, disposés suivant l'étage géologique que chacun d'eux occupe dans la nature. A côté sont rangés, par ordre, tous les métaux ouvrés : platine tréfilé et en feuilles, or en feuilles et en fils, potasse caustique, nitrate d'argent cristallisé, sels de cuivre, nickel, cadmium, kaolin, urane, cobalt, magnésie, et jusqu'à du papier tournesol, etc., etc. — *Médaille*.

MÉTROPOLITAN ALUM COMPANY, A BOW COMMON. — La Compagnie métropolitaine des aluns expose un magnifique rocher d'alun cristallisé, obtenu par la combinaison chimique du sulfate d'alumine et de l'ammoniaque résultant de la distillation de la houille dans la production du gaz d'éclairage. A l'aide de ce procédé, la Compagnie non-seulement utilise des matières d'une valeur presque nulle, qu'elle convertit ainsi en d'excellents aluns; mais en outre elle tire des résidus un engrais avantageux. — *Médaille*.

HURLET AND CAMPSIE ALUM COMPANY (Compagnie des aluns de Hurlet et Campsie), A GLASGOW — Cette Compagnie produit la majeure partie des prussiates employés en Angleterre. Ses échantillons d'aluns, de schistes alumineux, d'efflorescences d'aluns après la première décomposition des schistes, de prussiate de potasse jaune et rouge, et de sulfate de magnésie natif, sont d'une pureté et d'une cristallisation admirables. — *Médaille*.

WALKER ALCALI COMPANY (Compagnie des alcalis de Walker), A NEWCASTLE. — Parmi les merveilles cristallographiques de l'Angleterre, il faut ranger les produits de cette Compagnie. Ce sont des sulfates de fer exceptionnels et des cristaux de soude de toute espèce : on dirait une miniature des glaciers de l'Oberland. — *Médaille*.

M. W. CROOKES, A LONDRES. — Quoique non portée au catalogue officiel, cette exposition a trop d'importance pour la passer sous silence. Dans l'introduction de cette classe nous avons signalé les belles expériences de MM. KIRCHHOFF ET BUNSEN à l'aide de l'analyse spectrale, et la découverte faite par M. CROOKES d'un métal nouveau : le thallium. Ce sont des échantillons de thallium et de ses dérivés que présente M. CROOKES. La très-petite vitrine qui contient ces intéressants produits renferme un dépôt de selengère, un dépôt d'huile de vitriol dans lequel le thallium a été la première fois observé, des pépites de cuivre contenant le nouveau métal et des sulfures bruts dans lesquels on a constaté 0,01 pour 100 de thallium. Vient ensuite, dans d'autres coupes, du thallium pur, de l'oxyde de thallium et du sulfure de thallium.

M. G. MILLER ET Cie, A GLASGOW, présentent un choix remarquable de produits de la distillation du goudron de houille. C'est d'abord l'aniline et toute la série des couleurs qui en dérivent; puis de la nitro-benzine et des anthracines d'une pureté irréprochable; ensuite le groupe des huiles au grand complet : caoutchine, picridine, picoline, lucidine, lépidine, naphte, benzole, etc.; enfin des sels et des substances solides, parmi lesquels nous mentionnerons du bichlorure de naphtaline, du binitro-benzine, du magenta cristallisé, de l'acide picrique, de l'asphalte pour pavage, et un nouvel enduit bitumineux à l'usage de la marine. — *Médaille*.

MM. SIMPSON, MAULE ET NICHOLSON, A LONDRES. — Encore un des produits de la distillation du goudron de houille; c'est à l'aide des magnifiques cristaux cuivrés de la rosaniline, que MM. SIMPson, MAULE ET NICHOLSON, ont monté la brillante et grande couronne qui rappelle celle de la Reine d'Angleterre, et qui occupe le centre de leur vitrine. Alentour sont rangés des flacons contenant les différentes variations de leur substance favorite : acétate pur, carbo-azotate, chlorure, précipité, sulfate, oxalate et arséniate de rosaniline ; de l'aniline pure, et diverses teintures mauves, bleues et roses. — *Médaille*.

MM. PERKIN ET FILS, A GREENFORDGREEN, COMTÉ DE MIDDLESEX. — C'est à M. PERKIN, connu par des travaux scientifiques du plus haut intérêt, que revient l'honneur de la découverte et de la première application industrielle d'une matière colorante nouvelle, qui porte son nom : le violet Perkin, ou violet chromique, résulte de la transformation qu'éprouve, sous l'influence du bichromate de potasse, l'aniline, à laquelle la teinture doit des nuances qui surpassent en richesse et en éclat celles qu'on peut obtenir avec la cochenille, le carthame ou l'indigo. L'exposition de M. PERKIN est en quelque sorte un résumé de l'industrie de la distillation du goudron de houille ; elle se compose de coaltar, de naphte, d'acide sulfurique, de bichromate de potasse, d'aniline de toutes nuances, et d'une collection de plumes, de fleurs, de soies, d'étoffes teintes à l'aide de cette dernière substance, dont le pouvoir colorant est vraiment prodigieux. Dans la vitrine de M. PERKIN figure un cylindre de violet chromique de 25 centimètres de diamètre sur 49 de haut : on a calculé que sa fabrication avait exigé 2,000 tonnes de charbon de terre, et que cette petite masse de matière colorante suffisait pour imprimer 100 milles anglais de calicot. — *Médaille*.

M. PINCOFFS ET C⁰, A MANCHESTER. — A l'Exposition universelle de Paris, le jury décerna à M. PINCOFF la médaille de première classe pour un produit colorant obtenu de la garance, l'alizarine, que l'on doit à ses recherches.

L'alizarine, ou plutôt la *Pincoffine* du nom de son inventeur, s'obtient en soumettant de la garance à l'action de la vapeur surchauffée, qui en détruit les couleurs fausses. On a ensuite de ce produit des violets purs, qui n'ont pas besoin d'être avivés. — *Médaille*.

CANADIAN OIL WORKS. — La riche collection d'huiles de pétrole que présente l'industrie des huileries du CANADA est peut-être la partie la plus intéressante de l'exposition canadienne. On y voit cette huile minérale, ce bitume liquide sous les diverses modifications que l'industrie lui fait subir, naturelle ou raffinée, préparée pour l'éclairage ou pour le graissage des machines.

Les huiles de pétrole, depuis longtemps connues, n'ont été employées pour l'éclairage, hors des pays limitrophes de leur production naturelle, que tout récemment. Leur usage a pris rapidement une grande extension. Du 1ᵉʳ janvier au 27 octobre 1862, l'exportation des États de l'Amérique du Nord pour les divers continents s'est élevée, en chiffres ronds, à 29 millions de litres, dont 2,300,000 litres pour la France seulement. Les sources les plus abondantes se trouvent en Pensylvanie. A l'état cru, et telles qu'elles sortent des puits à l'aide desquels on les exploite, ces huiles sont d'un brun verdâtre, très-fluide à la température ordinaire, et s'enflamment très-facilement à cette même température. Elles contiennent dans cet état de la benzine, de l'huile de pétrole proprement dite (bicarbure d'hydrogène) et du goudron. On attribue leur production, dans les profondeurs du sol, à un phènomène de distillation naturelle. Presque toujours voisines de gisements houillers ou bitumineux, on suppose que ceux-ci étant soumis à une température élevée par l'action du feu central, elles sont ainsi réduites en vapeurs, s'élèvent par les fissures et se condensent lorsqu'elles rencontrent des couches refroidies. Si ces fissures arrivent jusqu'à la surface du sol, les vapeurs condensées s'en échappent à l'état liquide et forment ces lacs de pétrole que l'on observe en Amérique et dans certaines parties de l'Orient ; si elles rencontrent au contraire une couche argileuse imperméable, elles sont retenues et s'emmagasinent ; il faut alors les exploiter par des puits. C'est ce qui a lieu en Pensylvanie. Le pétrole provenant de la distillation de l'huile crue est incolore ; sa densité est de 78, c'est-à-dire voisine de celle de l'éther ; en d'autres termes, l'hectolitre ne pèse que 78 kil., et le litre 780 grammes. Il s'enflamme à la faible température de 42 degrés : c'est là son défaut, qui, dans les manipulations dont ce produit est l'objet, augmente considérablement les risques d'incendie et commande de grandes précautions. Le pétrole donne d'ailleurs une flamme blanche, mais il brûle vite. A lumière égale, sa consommation dans un temps donné est de 118, tandis que celle du produit suivant est de 100 seulement.

L'huile de pétrole exposée provient d'une localité du Canada située entre le lac Huron et le lac Érié. Embarqués sur ce dernier lac, les produits remontent le lac Ontario jusqu'au golfe Saint-Laurent, d'où ils sont dirigés sur Plymouth, en Angleterre. Ce long trajet grève chaque tonne d'huile de 4 livres sterling et 6 pence (100 fr. 60 c.), et le transport de Plymouth au Havre coûte 1 livre 10 pence (26 fr.)

Cette exposition contient en outre de la benzoïne, substance qui peut avantageusement remplacer l'huile de térébenthine. — *Médaille.*

MM. ROWNEY ET Cⁱᵉ, A LONDRES, sont parvenus, au moyen de procédés qui leur appartiennent, à donner de la solidité et de la fixité aux couleurs les plus fugaces. Leur exposition comprend la série complète des couleurs fines employées dans les arts. Elle se compose de trente-six matières premières servant de base aux produits colorants; de quatre-vingts échantillons de toutes nuances, parmi lesquels on remarque surtout les bleus de ciel, les oranges et les verts; et de vernis et d'huiles siccatives de qualité supérieure. — *Médaille.*

MM. WINSOR ET NEWTON, A LONDRES. — L'exposition de ces messieurs est une des plus remarquables dans son genre; elle comprend les produits chimiques colorants et ne se compose pas de moins de 212 échantillons de couleurs d'une grande beauté : 70 ont été travaillés dans les pays où se trouvent les matières premières qui en font la base, les autres sont les produits de la manufacture des exposants. — *Médaille.*

MM. BAILEY ET FILS, A WOLVERHAMPTON. — La fabrication des couleurs destinées à la peinture sur porcelaine exige des soins tout particuliers; car ces couleurs doivent résister, sans éprouver la moindre altération, à la haute température des moufles. La maison BAILEY ET FILS est une des premières de l'Angleterre pour ce genre de préparation. Ces échantillons, au nombre de 45, résument à peu près toutes les teintes en usage. Chacun d'eux est accompagné d'une pièce de porcelaine qui met à même de juger de l'effet de la couleur lorsqu'elle est appliquée. — *Médaille.*

M. C. W. VINCENT, A LONDRES. — A l'aide de substances qu'il prépare spécialement, M. Vincent livre à la lithographie et à la typographie des couleurs pour impressions chromo-lithographiques. L'exposition des résultats auxquels donne lieu l'application de ces couleurs est un véritable objet d'art; elle consiste en effet en une collection de dessins de tapisserie, de fleurs et de paysages, à plusieurs teintes, si habilement ménagées, si finement appliquées, qu'on dirait d'un coloris exécuté à la main; de plus, la vivacité des nuances ne cède en rien aux couleurs généralement employées. — *Médaille.*

FRANCE. — M. MERLE, A ALAIS. — Les produits exposés par M. MERLE résument les divers perfectionnements apportés depuis quelques années à la fabrication des sels de soude, de potasse et de magnésie des eaux mères et des marais salants. La série complète de ses échantillons, d'une pureté et d'une richesse alcaline exceptionnelles, permet de suivre toutes les transformations successives que subissent les eaux par suite du traitement auquel on les soumet. On y remarque en première ligne du sel marin, des eaux mères à 28 degrés après le dépôt du sel marin et avant le refroidissement artificiel, du sulfate de soude hydraté et anhydre, et du sel raffiné; puis, classés méthodiquement, des sels de soude caustique à 80 et à 90 degrés; des cristaux de soude ordinaire, du chlorure de chaux, des chlorures doubles de potassium, de magnésium, d'aluminium et de sodium; du sodium, de l'alumine salé et hydraté, de l'aluminate et de l'alun de soude; enfin, des échantillons de laine teinte avec ces deux dernières substances. — *Médaille et Croix de Chevalier de la Légion d'honneur.*

MM. KUHLMANN ET Cⁱᵉ, A LILLE. — Cette importante maison de produits chimiques possède six usines, situées à Loos, à La Madeleine, à Saint-André, à Corbehem, à Bayonne et à Amiens; elle occupe 1,200 ouvriers, et son chiffre d'affaires s'élève à 5,000,000 de francs.

Indépendamment des produits généraux de la fabrication des acides minéraux, des soudes et des potasses, MM. Kuhlmann et Cⁱᵉ exposent divers produits nouveaux, comprenant : 1° une série de sels de baryte et des applications de ces sels à la teinture; 2° des spécimens de peintures siliceuses sur verre, sur bois, sur plâtrage ; 3° des ciments et des enduits où la céruse et le blanc de zinc se trouvent remplacés par divers sulfates et carbonates naturels ou artificiels ; 4° des échantillons d'impression siliceuse sur étoffe ; 5° enfin une couleur bleue extraite de l'huile de coton et un vert de cuivre non arsenical.

La maison Kuhlmann et Cⁱᵉ, dont l'importance des affaires était évaluée, dans le rapport du jury de l'Exposition de 1855, à trois millions de francs, s'est augmentée depuis cette époque d'une exploitation de saline dans le midi de la France et d'une fabrique de sucre de betteraves avec distillerie près de Douai. Dans les établissements de La Madeleine et de Saint-André, près de Lille, à la fabrication en grand des silicates solubles, est venue s'adjoindre toute une industrie nouvelle, celle de la baryte, qui a donné naissance aux applications les plus variées. Nous signalerons, en particulier, la fabrication de sulfate artificiel de baryte, qui est devenu la base des peintures siliceuses et leur a assuré un immense avenir. Ajoutons que des procédés de fabrication qui lui sont propres permettent à M. Kuhlmann de livrer la baryte à des prix bien inférieurs à ceux que l'on payait naguère. Nul doute que cette diminution n'en rende l'usage plus fréquent pour l'épuration de certaines eaux qui doivent alimenter des chaudières à vapeur.

Le rapport du jury de 1855 a fait connaître la part que cette maison a prise dans le développement et le perfectionnement des arts chimiques en France. Son chef, qui a professé la chimie pendant trente-deux ans, a enrichi les applications de cette science à l'industrie d'une foule d'observations et de découvertes consignées en grande partie dans les comptes rendus de l'Académie des sciences, dont M. Kuhlmann est un des membres correspondants les plus actifs.

Membre du jury international en 1855, M. Kuhlmann a été appelé à faire partie du jury de l'expositoin de 1862; mais ses nombreuses occupations ne lui ont pas permis d'accepter ce nouvel honneur.

L'énumération suivante des recherches publiées par M. Kuhlmann, depuis l'Exposition de 1855, permettra d'apprécier ce que peut le travail persévérant d'une intelligence d'élite:

Cinq Mémoires successifs sur les chaux hydrauliques, sur les pierres artificielles et sur diverses applications des silicates alcalins solubles.

Résumé théorique sur l'intervention des silicates alcalins dans la production artificielle des chaux hydrauliques, des ciments et des calcaires siliceux.

Considérations géologiques sur la formation des roches par la voie humide.

Production artificielle et par voie humide de chlorure d'argent.

Deux mémoires sur divers phénomènes d'oxydation et de réduction.

Études théoriques et pratiques sur la fixation des couleurs dans la teinture.

Études théoriques et pratiques sur les impressions, les apprêts et la peinture.

Trois mémoires concernant l'industrie de la baryte; production du chlorure de baryum avec les résidus de la fabrication du chlore; production par voie de double décomposition des sels de baryte; application des sels barytiques à la production des acides nitrique, chlorhydrique, tartrique, acétique, chromique, etc.; substitution des sels barytiques aux sels de potasse dans la teinture et l'impression.

Trois mémoires sur les oxydes de fer et de manganèse, et sur certains sulfates considérés comme moyen de transport de l'oxygène de l'air sur les matières combustibles.

Altération du bois des navires; ciment à froid avec les résidus de soude et l'oxyde de fer provenant de la combustion des pyrites.

Production artificielle des oxydes de manganèse et de fer cristallisés, et cas nouveaux d'épigénies et de pseudomorphisme.

Mémoire sur une nouvelle couleur bleue préparée avec l'huile de coton. — *Médaille.*

M. C. KESTNER, a Thann. — L'usine de Thann jouit d'une telle réputation que, même en présence des résultats industriels obtenus cette année par son savant directeur, il ne nous paraît pas possible d'ajouter le moindre éloge à tous ceux qui lui ont été déjà prodigués. Sa collection de produits chimiques se distingue par la pureté des cristaux; nous y remarquons surtout 24 sels différents et de curieux échantillons de nitrates de fer, de cuivre et de plomb.

M. Kestner avait reçu la médaille d'honneur en 1855. — *Médaille.*

MM. DRION-QUERITÉ, PATOUX et DRION, a Aniche. — Voici les vrais spécimens commerciaux, parmi lesquels il faut signaler des sulfates et des carbonates de soude, de 65 à 85 degrés, des chlorures de chaux à 108, des acides muriatiques à 21, et de l'acide sulfurique à 66.

Cette maison exporte à l'étranger 30 pour 100 de sa fabrication totale. — *Médaille.*

SOCIÉTÉ ANONYME DES MINES DE SAMBRE-ET-MEUSE, a Hautmont. — La fabrique de produits chimiques fondée en 1860, à Hautmont, par la Société anonyme des mines de Sambre-et-Meuse, s'occupe spécialement de la fabrication de l'acide sulfurique, du sulfate de soude brut et raffiné, de l'acide muriatique, des sels et des cristaux de soude. Elle expose de la soude très caustique, du superphosphate de chaux et des acides, remarquables surtout par leur pureté. — *Médaille.*

MM. DELACRETAZ et CLOUET, au Havre. — Exposition tout industrielle; échantillons d'une cristallisation et d'une translucidité parfaites; ils consistent en oxydes de chrome, en chromates et en bichromates de potasse.

Cette maison n'a fait que progresser depuis sa fondation en 1838. — *Médaille.*

MM. COURNERIE et Fils et Cie, a Cherbourg. — Des algues et des varechs recueillis sur les bords de la mer, MM. Cournerie extraient des sels de potasse, des alcalis et de l'iode. Leurs produits sont parfaits sous le rapport de la préparation, et nous en avons un témoignage irrécusable dans les nombreux et beaux échantillons qu'ils exposent. Nous citerons, entre autres, des algues, des varechs, des soudes brutes, de l'iode brut et sublimé, de l'iodure de potassium, de l'iodate de potasse, de l'iodure de plomb cristallisé, de l'iodure et du biiodure de mercure, du sulfate de potasse, du bromure de potassium, du chlorure de sodium, des marcs de soude employés avantageusement comme engrais dans l'agriculture, etc., etc. — *Médaille.*

M. A. GÉLIS, a Paris, outre le lactate de fer, les sels d'or et la pyradextrine, expose les résultats d'un nouveau procédé, dont il est l'inventeur, pour la fabrication du prussiate de potasse. Les matières premières qu'il emploie sont le fer et le carbone, l'ammoniaque et la potasse à l'état de sulfure. On commence par produire un sulfocarbonate de sulfure d'ammonium, que l'on chauffe ensuite à 100 degrés avec du sulfure de potassium; il s'opère alors une décomposition de laquelle il résulte d'une part du sulfocyanure de potassium, et, d'autre part, du sulfhydrate d'ammonium et un excès d'acide sulfhydrique. La seconde partie de l'opération consiste à dessécher le sulfo-cyanure de potassium qu'on vient d'obtenir et à le chauffer avec du fer métallique; la transformation est rapide et s'opère au-dessous du rouge sombre; après le refroidissement de la masse, l'eau sépare du sulfure de fer insoluble un prussiate de potasse identique à celui du commerce et en quantité équivalente à celle du sulfo-cyanure employé. — *Médaille.*

MM. BEZANÇON Frères, a Paris. — Dans leur usine, où ils fabriquent une quantité considérable de blanc de plomb ou céruse, MM. Bezançon sont parvenus à faire presque complètement disparaître les accidents qui exercent une si funeste influence sur la santé des ouvriers, et à obtenir des produits d'une qualité supérieure. Ils exposent de très-beaux échantillons de blanc de plomb, des céruses à l'huile, et un lingot de carbonate de plomb en un seul morceau pesant onze kilogrammes. — *Médaille.*

M. A. LATRY et Cie, a Paris. — Le blanc de plomb ou céruse est encore, malgré les procédés préventifs et toutes les précautions possibles, une substance mortelle pour les ouvriers qui travaillent à la préparer; c'est ce qui a engagé à y substituer le blanc de zinc. M. Latry est un de ceux qui ont pris l'initiative de cette nouvelle fabrication. Son usine, fondée en 1850, exporte annuellement 25 pour 100 de ses produits. Il expose des oxydes de zinc de toute nuance pour peinture, et des cartons fins glacés, dits *cartes porcelaine,* revêtus d'un enduit solide et brillant d'oxyde de zinc poli.

C'est encore à M. LATRY que l'on doit la préparation du bois durci au moyen des sciures agglomérées par le sang et un principe immédiat résineux de palissandre et comprimées à chaud dans des moules en forme de médaillons, de bas-reliefs, etc. Les spécimens exposés offrent une densité comparable à celle du bois d'ébène, mais un poli plus brillant; ce sont des reproductions en relief, des sculptures dans tous leurs détails les plus délicats. — *Médaille.*

MM. J. BRUZON ET Cie, à PORTILLON, près de Tours, présentent des sels de plomb et de zinc. — La fabrication éminemment industrielle de ces exposants a acquis une haute importance. Leurs miniums à cristal et leurs miniums surfins, leur céruse dite de Saint-Cyr, leur blanc de zinc de neige, et surtout un minium orange, produit tout nouveau, qui ne peut manquer de trouver d'utiles applications dans l'industrie, sont fort remarquables. — *Médaille.*

MM. ROCQUES ET BOURGEOIS, à IVRY, près de Paris. — La créosote conserve les bois, coagule les ferments albuminoïdes, principe essentiel de la putréfaction des tissus ligneux, et détruit tout parasitisme végétal ou animal. Alliée à divers composés minéraux, elle constitue une peinture qui préserve les métaux de la rouille et la coque des navires, doublée ou non, de la *rogne;* c'est un puissant hydrofuge comme enduit des murailles, et un siccatif brillant pour l'entretien des étoffes imperméables. Ces précieuses propriétés n'ont pas échappé à MM. ROCQUES et BOURGEOIS; à l'aide d'un procédé qui leur appartient, ils extraient la créosote de produits pyroligneux et en composent des peintures de toutes nuances parfaitement insolubles dans l'eau : leur vitrine nous en offre une riche variété. Vient ensuite une série de produits acétiques : acides acétiques cristallisés, acides pyroligneux, acétone ou esprit pyro-acétique et acétates de toute espèce. Quant aux autres substances, qu'ils exposent, elles ne présentent d'intérêt que comme complément des deux collections que nous venons de signaler. — *Médaille.*

M. FOURNIER-LAIGNY, à COURVILLE, extrait du bois, tout en conservant le charbon, de l'acide pyroligneux distillé et concentré, de l'acide acétique cristallé et pur, du goudron végétal, de l'huile de goudron, de la méthyline brute et rectifiée; puis de la combinaison de ces substances avec d'autres, il obtient des pyrolignites de plomb et de fer, des acétates de fer, de chaux et de soude.

Fondée en 1855, cette maison exporte déjà 10 pour 100 de sa fabrication. — *Médaille.*

M. E. DEISS, à PARIS. — On doit à M. DEISS la préparation à bas prix du sulfure de carbone, ce qui, par suite de la propriété des sulfures de carbone de dissoudre les corps gras, crée une industrie nouvelle qui commence à se répandre.

Outre les usines qu'il possède à Paris, à Bruxelles et à Londres, M. DEISS en a construit à Séville, à Lisbonne et à Pise, qui fonctionnent principalement pour l'extraction des huiles retenues dans les tourteaux d'olives. Ces huiles contenant plus d'acide marganique que celles qu'on obtient par expression, conviennent davantage à la fabrication du savon. Les tourteaux ainsi privés de leur huile peuvent utilement être employés comme engrais. — *Médaille.*

MM. MARGUERITTE ET LALOUEL DE SOURDEVAL, à PARIS. — L'ammoniaque est une substance d'une utilité sans borne dans les arts industriels et dans l'agriculture; malheureusement, son prix relativement élevé empêche que l'usage en soit aussi répandu qu'il serait à désirer, surtout pour les engrais agricoles. MM. MARGUERITTE ET LALOUEL DE SOURDEVAL se sont appliqués à chercher des moyens de produire de l'ammoniaque à bon marché, en exploitant les liquides des fosses d'aisances, qui en sont une source abondante. Les appareils perfectionnés dont ils se sont servis ont couronné leurs expériences d'un plein succès. Les eaux sont distillées sans addition de chaux dans un appareil de rétrogradation en fer. On sépare complétement le liquide aqueux d'avec les produits volatils, et l'on fait vaporiser assez d'eau pour que le produit distillé soit liquide et marque 25 degrés à l'aréomètre de Baumé; on a alors une solution aqueuse de sesqui-carbonate d'ammoniaque que l'on traite par les acides, pour en obtenir les sels ammoniacaux ordinaires employés dans l'industrie; c'est surtout du bicarbonate, forme sous laquelle l'ammoniaque peut agir plus efficacement comme engrais, que MM. MARGUERITTE ET LALOUEL DE SOURDEVAL s'attachent à produire.

La teinture doit aussi à ces deux habiles chimistes de nouveaux procédés qui ont apporté une économie notable dans la fabrication de certains produits chimiques qui lui sont d'un usage indispensable et journalier, notamment les compositions cyaniques, le bleu de Prusse et ses nuances variées. L'azote des combinaisons prussiques fourni par les matières animales est l'élément le plus coûteux après le potassium. MM. MARGUERITTE ET LALOUEL DE SOURDEVAL ont remplacé les alcalis proprements dits, qui se volatilisent à de hautes températures, par la baryte ou par la chaux, qui réunissent une grande puissance alcaline à une grande fixité, et ils obtiennent une matière cyanogénée à plus bas prix que les produits analogues retirés du potassium ou d'autres éléments primaires. Le carbonate de baryte, corps moins coûteux et infusible, substitué au carbonate de potasse, employé à grands frais jusque-là, leur donne un autre cyanogène, que son prix modique ne peut manquer de rendre précieux pour l'industrie, qui depuis longtemps fait des efforts plus ou moins heureux pour trouver des méthodes plus économiques de production des cyanures dont elle a tant besoin, ou des procédés pour mettre à profit les substances cyanogènes qui se forment naturellement dans le cours de quelques-unes de ces opérations. Personne n'a plus avancé dans cette voie que MM. MARGUERITTE ET LALOUEL DE SOURDEVAL et, bien que leurs laborieuses et savantes expériences n'aient pas encore donné tous les résultats pratiques, le jury leur a décerné la *Médaille.*

M. G. DEHAYNIN, A VALENCIENNES. — Quand on distille la houille pour en extraire le gaz de l'éclairage, à part les produits gazeux, il s'en forme d'autres, dont les uns sont aqueux et les autres goudronneux. C'est dans les produits aqueux que se condensent la plus grande partie des sels ammoniacaux, et l'exploitation de ces eaux constitue la source d'ammoniaque la plus abondante. Ce liquide aqueux est déjà très-complexe ; mais le goudron l'est bien davantage : longtemps on ne l'a employé que comme combustible. Aujourd'hui on en retire trois groupes de produits utiles, des carbures d'hydrogène homologues de la benzine, qui peuvent servir à la fabrication des couleurs nouvelles et de l'acide phénique et acides homologues, enfin le brai utilisé dans la fabrication des agglomérés.

La séparation de ces trois sortes de produits s'opère par la distillation et la condensation méthodique des vapeurs. On les classe d'après leur manière de se comporter dans l'eau : — ce qui surnage est désigné sous le nom d'huiles légères ; — ce qui va au fond prend celui d'huiles lourdes. Ces produits sont très-complexes, et l'on ne parvient à les simplifier un peu que par de nouvelles distillations. Ce mode, qui laisse à désirer, a, de plus, le grave inconvénient d'occasionner de fréquents incendies. Pour y obvier, M. DEHAYNIN a fait établir à Valenciennes deux usines, dans la construction desquelles le fer entre seul, et où, par des moyens plus rationnels, il exploite les goudrons de ses différentes distilleries. Dans les appareils qu'il emploie, les goudrons sont distillés à la vapeur, employés extérieurement comme chauffage, et intérieurement en barbotage.

M. DEHAYNIN présente une série de produits chimiques et tinctoriaux dérivés du goudron de houille. Elle est au grand complet et se compose principalement du goudron de gaz, d'ammoniaque, de carburine, d'huile lourde de brai gras, d'huile légère de talindine, de vernis noir minéral, de benzine, de créosote, d'acide phénique, d'acide picrique, de naphtaline, de sulfate d'alun et d'ammoniaque, d'aniline, de violet et de bleu d'aniline, de rouge d'aniline cristallisé et liquide, etc. — *Médaille.*

COMPAGNIE PARISIENNE D'ÉCLAIRAGE ET DE CHAUFFAGE PAR LE GAZ, A PARIS. — Dans la distillation de la houille on obtient, nous venons de le voir, des huiles lourdes et légères. Les huiles lourdes, qui passent de 150 à 230 degrés et au-dessus, contiennent particulièrement l'acide phénique, la naphtaline, des huiles et d'autres composés volatils. L'acide phénique, qui est précipité de ces huiles, sous la forme de phénate de soude, est distillé à nouveau, afin de le dégager le plus possible des carbures étrangers. — Ces carbures d'hydrogène, bouillant à des températures élevées, ont longtemps attendu leur emploi. On a cherché à les utiliser dans la peinture, etc. — Enfin, après bien des essais, la COMPAGNIE PARISIENNE D'ÉCLAIRAGE, qui, vu l'énorme quantité de houille qu'elle distille et le savant personnel de son laboratoire, ne pouvait manquer d'avoir part dans la série des découvertes faites par la décomposition des produits de cette distillation, est parvenue, dans ces derniers temps, à transformer ces carbures d'hydrogène en gaz d'éclairage, au moyen de cornues chauffées au rouge vif, et dans lesquelles on le laisse couler en un filet continu. Cent kilogrammes de carbures fournissent, par ce procédé, 30 à 35 mètres cubes de gaz, aussi éclairant que celui du cannel-coal, de nouvelles huiles légères et lourdes, et un résidu de coke graphiteux très-dur et ne laissant pas de cendres. — Les huiles légères rectifiées fournissent 1 kilo environ de benzine cristallisable par 100 kilos d'huile lourde, et 700 à 800 grammes de carbures, moins volatils, propres à enlever les corps gras des étoffes. Ces carbures contiennent encore une forte portion de benzine qu'on pourrait en extraire.

Quant à l'acide phénique, dont la consommation s'étend de jour en jour, on en extrait l'acide picrique, et c'est à son aide qu'on prépare l'aluzéine ; mais c'est surtout comme agent propre à prévenir la putréfaction que son emploi mérite d'être répandu. L'Angleterre nous a devancés dans cette voie, où il serait bien utile de la suivre. Pour ne citer qu'un exemple, l'urine, si altérable cependant, se conserve plusieurs semaines sans putréfaction, quand on y a versé une goutte de ce corps. Combien grande peut être son utilité dans les écuries et les étables !

Laurent, dans ses procédés pour isoler l'acide phénique, se servait de la potasse en solution concentrée, à laquelle, par motif d'économie, on a plus tard substitué la soude. La Compagnie parisienne d'éclairage emploie, elle, la chaux, comme on l'avait fait dans le principe de la découverte. Elle obtient ainsi de l'acide phénique très-pur et atténue en même temps, d'une manière notable, les frais de la production de ce corps et de ses homologues.

La collection des produits extraits de la houille présentée par la Compagnie parisienne d'éclairage était fort remarquable. — *Médaille.*

MM. RENARD Frères et FRANC, a Lyon. — La manufacture de MM. Renard frères et Franc, fondée en 1859, s'est tout de suite placée par ses découvertes à la tête du mouvement industriel qui tend à modifier les opérations de la teinture et de l'impression sur tissus.

A peine l'aniline fut-elle reconnue comme capable d'engendrer une magnifique couleur violette propre à la teinture des soies, que MM. Renard frères et Franc installèrent leurs ateliers pour la production de cette matière tinctoriale nouvelle, due, nous l'avons dit, aux persévérantes recherches du chimiste anglais, M. Perkin.

On sait que sous l'influence du bichromate de potasse le sulfate d'aniline se transforme en une matière noire, de laquelle on extrait une magnifique couleur violette, qui a reçu les noms d'aniléine, d'harmaline et d'indisine. MM. Renard frères et Franc ont adopté ce dernier nom.

L'aniline transformée en sulfate par l'acide sulfurique étendu d'eau est traitée par le bichromate de potasse ; au bout de quarante-huit heures on décante pour enlever une poudre noire qu'il faut faire sécher. On traite par l'alcool, puis on ajoute de l'eau, on filtre et on distille ; après le départ de l'alcool, on trouve un liquide aqueux qui devient propre à la teinture.

1 kil. d'aniline fournit 4 kil. 80 gr. de liquide aqueux ; traité par le carbonate de soude, il se précipite 34 gr. de matière colorante sèche.

C'est dans les ateliers de MM. Renard frères et Franc, de Lyon, qu'on obtint pour la première fois, à l'état de matière tinctoriale industrielle, le rouge d'aniline auquel MM. Renard frères et Franc ont donné le nom de fuchsine, pour rappeler l'éclat magnifique de cette riche couleur dont la nuance rappelle des fleurs qu'on nomme fuchsia. Cette découverte, qui fera certainement époque dans l'histoire des sciences appliquées, fut le point de départ d'une foule de procédés plus ou moins expéditifs. Elle est exploitée maintenant à l'étranger et surtout en Angleterre sur une échelle considérable.

Si l'on traite par 4 kil. 05 gr. de bichlorure d'étain 8 kil. d'aniline d'abord à froid, puis à chaud, pendant environ vingt minutes, jusqu'à ce que la température s'élève au point de bouillir, on obtient une masse qui pèse 12 kil. et peut entrer immédiatement dans les ateliers de teinture.

On obtient aussi des bains capables de colorer dans les nuances les plus pures. — La fuchsine possède un tel éclat que de suite la valeur de la cochenille s'en est trouvée modifiée. — Lorsqu'elle est bien préparée, sa solidité n'est pas aussi faible qu'on l'a dit tout d'abord.

La méthode qui précède n'est pas la seule qui conduise à la préparation de la fuchsine; MM. Girard et Delaire ont cédé leur brevet à MM. RENARD FRÈRES ET FRANC qui l'exploitent à Lyon; ils font des matières d'une très-grande richesse, dépouillées des principes huileux restant en mélange dans le procédé par le bichlorure d'étain.

On traite à l'ébullition 10 kil. d'aniline par 12 kil. d'acide arsénique étendu de 12 kilogr. d'eau. Dans ces conditions de l'expérience, la fuchsine est beaucoup plus pure.

En faisant réagir la fuchsine sur un excès d'aniline, on obtient un très-beau bleu que MM. RENARD FRÈRES ET FRANC préparent de même avec un très-grand succès, et que les premiers ils ont appliqué à l'industrie.

L'exposition de MM. RENARD FRÈRES ET FRANC contenait de magnifiques spécimens de violet, de rouge et de bleu d'aniline. Cette maison est actuellement une des plus importantes de celles qui s'occupent de matières tinctoriales. — *Médaille et Croix de la Légion d'honneur à M. Renard.*

MM. GUINON, MARNAS ET BONNET, A LYON. — Les limites de notre cadre ne nous ont permis d'indiquer que bien sommairement les divers produits colorants dérivés du goudron de houille et les procédés à l'aide desquels on les obtient. Nous en avons dit assez cependant pour faire apprécier le développement pris en peu de temps par cette industrie, surtout en Angleterre et en France.

Elle est née à Lyon, et c'est M. GUINON, à qui on était déjà redevable de la découverte de la pourpre française, matière extraite des lichens colorants, qui le premier a indiqué tout le parti à tirer en teinture de l'acide picrique.

MM. GUINON, MARNAS ET BONNET préparent sur une très-grande échelle cet acide picrique, qui s'extrait, nous l'avons dit, de l'acide phénique. Leur exposition se compose d'une multitude de produits chimiques dérivés de la houille, parmi lesquels on distingue une matière colorante bleue, qu'ils ont nommée azuline, et dont ils tiennent la fabrication secrète. — *Médaille.*

M. GAUTHIER BOUCHARD, A PARIS, expose un très-beau bleu d'une intensité remarquable, extrait d'une source toute nouvelle. — Le résidu de la purification des gaz était rejeté comme inutile, lorsque M. Mallet, fabricant de produits chimiques, eut l'idée d'en extraire le composé prussique qu'il renferme : mais il en laissa l'exécution à M. GAUTHIER BOUCHARD, qui l'exploite aujourd'hui avec succès dans son usine d'Aubervilliers. — *Médaille.*

M. DESESPRINGALLE, A LILLE. — L'usine de cet industriel, située à Marquette (Nord), jouit d'une certaine réputation, et exporte une grande partie des produits chimiques qu'elle fabrique. Son exposition comprend tous les dérivés du cadmium, toute la série anilique des substances provenant de la distillation du goudron de houille, et l'intéressante section des alcools. — *Médaille.*

M. C. COLLAS ET Cⁱᵉ, A PARIS. — La benzine ou carbure d'hydrogène est un des nombreux produits de la distillation du goudron de houille. Elle est liquide, incolore, s'évapore facilement et ne se résinifie pas à l'air. On l'emploie particulièrement pour dégraisser les tissus, car elle dissout toutes les matières grasses, la résine, la cire, etc. M. COLLAS a contribué à en vulgariser l'usage, et son emploi est presque général aujourd'hui. — *Médaille.*

M. GUIMET, A LYON. — La fabrication de l'outremer factice prend de jour en jour des proportions plus grandes; on l'évalue actuellement à 3,000 tonnes par an. — Voici le mélange à l'aide duquel on l'obtient :

Kaolin.	50 kil.
Sulfate de soude.	19
Soufre.	25
Charbon de bois.	12
Sel de soude.	28
	134 kil.

Tout cela, séché et réduit en poudre, est partagé dans trente creusets que l'on dispose dans un four où s'opère la combustion. Quand l'opération a été bien conduite, on extrait de chaque creuset un pain d'un vert foncé, à texture grenue. Cette matière est broyée, lavée à l'eau chaude, et le dépôt desséché ensuite sur des plaques de fonte. C'est en grillant ce résidu en présence du soufre et de l'air, dans un torréfacteur approprié, qu'il passe au bleu. Cette couleur n'arrive à une belle nuance qu'après avoir subi un broyage sous l'eau et un lavage à l'eau chaude; quatre dépôts successifs dans l'eau donnent quatre numéros de bleu, dont la richesse va en diminuant.

De nouveaux procédés économiques ont été imaginés, et aujourd'hui les matières servant à l'épuration du gaz d'éclairage et qui contiennent des cyanures en grande quantité, commencent à être exploitées sur une grande échelle pour produire le bleu de Prusse à bon marché, par l'intermédiaire du prussiate de chaux.

Les bleus de Prusse envoyés par la France, supérieurs à tous les autres, ont une nuance veloutée, que l'Exposition de 1855 n'avait pas présentée.

C'est à M. GUIMET qu'on doit la première fabrication industrielle de l'outremer artificiel, ce qui lui a valu la grande médaille d'honneur de 1855. Son exposition se compose de tout ce qui se fait de mieux en ce genre, soit pour l'azurage du papier et du linge, soit pour impression et pour peinture. — *Médaille.*

M. DEFAY, A PARIS. — Une série de produits albumineux, extraits du sang, démontrent la perfection du procédé inventé par M. DEFAY pour les obtenir. Nous signalerons entre autres des albumines sous divers états, pour l'impression des étoffes; des albumines pour raffineries de sucre, etc.; d'autres, remplaçant avantageusement les blancs d'œufs pour coller les vins ; enfin, les résidus du sang, dépouillé d'une partie de l'albumine qu'il contenait, lesquels fournissent à l'agriculture un engrais renfermant 15 pour 100 d'ammoniaque. — M. DEFAY exporte 80 pour 100 de sa production. — *Médaille.*

M. LAMY, A LILLE (NORD). — Le thallium (de θαλλός, bourgeon vert) a été découvert en 1861 par M. William Crookes, dans les dépôts sélénifères et tellurifères des fabriques d'acide sulfurique, à l'aide de l'analyse spectrale. — C'est M. LAMY qui a eu le mérite de l'isoler le premier et de confirmer ainsi cette belle découverte. Son procédé est encore tenu secret.

M. LAMY a placé sous les yeux du jury un petit lingot de thallium. « Ce corps, » dit M. Wurtz, « présente les caractères suivants : il est mou, très-malléable ; l'ongle le raye facilement et on peut le couper au couteau. Sa densité a été trouvée égale à 11,9, il est donc un peu plus dense que le plomb ; il laisse sur le papier une trace d'un gris jaunâtre ; il fond à 290 degrés et se volatilise au rouge ; il possède une grande tendance à se cristalliser; quand on le plie, il fait entendre de petits croquements qui rappellent le cri de l'étain; sa propriété caractéristique est la faculté qu'il possède de donner à la flamme pâle du gaz une coloration verte, et, dans le spectre de cette flamme, une raie verte unique, aussi isolée, aussi nettement tranchée que la raie jaune du sodium ou la raie rouge du lithium. »

M. LAMY a également présenté au jury une quantité notable d'un oxyde de thallium cristallisé en paillettes jaunes. — *Médaille.*

MM. LEFRANC ET Cie, A PARIS. — La maison LEFRANC, fondée en 1760, avait obtenu une médaille de première classe en 1855; son exposition actuelle est une nouvelle preuve qu'elle n'est pas déchue de son ancienne réputation. Sa vitrine est resplendissante non-seulement par le nombre des objets qu'elle renferme, mais encore par l'éclat des couleurs disposées avec une symétrie si parfaite que ses diverses nuances semblent se fondre les unes dans les autres. Parmi les couleurs fines exposées, ressortent surtout un vert véronèse, un vert malachite et une série de jaunes de cadmium, d'une qualité vraiment supérieure. Les pastels et les crayons de cette maison ne sont pas moins remarquables : elle en expose de toutes les teintes et de tous les degrés de dureté et de mollesse. — *Médaille.*

MM. A. CALLOU ET VALLÉE, A PARIS, gérants de la COMPAGNIE CONCESSIONNAIRE DES SOURCES DE VICHY, exposent des sels en roches, extraits de ces sources; des sels cristallisés, des pastilles et des sels pour boissons et pour bains.

L'établissement thermal de Vichy est le plus important de toute l'Europe. Il est visité chaque année par S. M. l'Empereur des Français, qui y passe une saison, et le nombre des étrangers inscrits sur les listes officielles y atteint le chiffre de dix-huit à vingt mille.

Les eaux de Vichy sont alcalines et gazeuses, et leur usage constitue une médication reconstituante, résolutive et désobstruante. Elles excitent l'appétit, facilitent la digestion, fortifient l'estomac, lui donnent du ton, et font disparaître les aigreurs des voies digestives. Elles sont employées avec succès contre les obstructions du foie, les coliques hépatiques, les engorgements des organes abdominaux ; la gravelle, les calculs urinaires, les coliques néphrétiques et le catarrhe de la vessie; la goutte, dont elles diminuent et éloignent bientôt les accès, l'albuminurie, la chlorose et les affections lymphatiques.

Le traitement de Vichy se compose de bains, de douches et des eaux bues aux sources.

La saison officielle est du 15 mai au 1er octobre. Le reste de l'année, les malades peuvent toujours y suivre leur traitement. Pendant la saison il se donne environ deux cent cinquante mille bains ou douches. Pendant le courant de l'année 1861, il a été expédié 1,250,000 bouteilles d'eau minérale.

L'établissement thermal extrait, pendant l'hiver, les sels contenus dans les eaux, et expédie ces sels pour être employés en bains. Ces sels servent aussi à la préparation des pastilles digestives de Vichy.

Longtemps les sels et les pastilles de Vichy n'ont été que des préparations artificielles de carbonate de soude du commerce ; mais aujourd'hui l'État, afin de faire cesser cette fraude, a décidé, par arrêté ministériel, que tout flacon, toute boîte, etc., sortant de l'établissement thermal, doit, afin de donner toute sécurité aux médecins et aux malades, être scellé d'une bande, apposée par les agents du gouvernement et indiquant le contrôle de l'État. — *Médaille.*

AUTRICHE. — COMPAGNIE AUTRICHIENNE POUR LA FABRICATION DES PRODUITS CHIMIQUES, A VIENNE. — Cette société, fondée en 1857, a sa fabrique à Aussig-sur-l'Elbe. La valeur de ses produits fabriqués en 1861 a atteint le chiffre de 1,101,209 florins autrichiens; ils jouissent en Allemagne d'une grande réputation, qui est pleinement justifiée par la beauté des échantillons exposés. On distingue entre autres les spécimens de soude caustique, de carbonate de soude calciné et cristallisé, de sulfate de soude cristallisé, d'hyposulfate de soude, d'aurichlore, d'acide nitrique à 36°, d'acide sulfu-r jue à 66°, et d'acide chlorhydrique. — *Médaille.*

M. BREITENLOHNER, a Klumetz (Bohème). — La fabrique Archiducale et Ducale de produits de tourbe, que dirige M. le Docteur Breitenlohner, est le seul établissement de ce genre en Autriche. On s'y occupe de l'extraction de la paraffine, du pyrogène, de la créosote, de l'asphalte et d'autres sub-stances par le traitement du goudron de tourbe, et l'on y est parvenu à vaincre les graves obstacles qui s'opposent à l'obtention d'huiles d'éclairage de qualité parfaite de cette matière première. La fabri-que possède un appareil d'une construction particulière, au moyen duquel elle extrait de 60 à 65 pour 100 d'huile solaire ou pyrogène, des résidus d'huile brute, qui ne sont généralement qu'un embarras. Les huiles extraites ainsi, entièrement purifiées de substances étrangères, ont une teinte jaune clair qui ne se rembrunit point par le temps; elles ne s'épaississent pas sous l'influence du froid; brûlées dans des lampes construites à l'usage des huiles minérales, elles donnent une lumière d'une blancheur éblouis-sante. Le procédé à l'aide duquel on les obtient est d'autant plus digne de fixer l'attention, qu'ordinai-rement les résidus, lors même qu'ils sont soumis à des purifications et à des distillations réitérées, fournissent des huiles rougeâtres et difficilement absorbables. Les paraffines du commerce sont pour la plupart grasses au toucher, incomplétement inodores et mélangées de stéarine; celle que pro-duit la fabrique de Klumetz est d'un blanc d'albâtre pur, sèche au toucher et parfaitement inodore. — *Médaille.*

M. le baron F. P. HERBERT, a Klagenfurt et a Wolfsberg (Carinthie). — Cette fabrique de céruse, fondée en 1759, est la plus ancienne de ce genre dans l'empire d'Autriche. Elle présente une remarquable série de blancs de plomb en pain, pulvérisés ou concassés, façons Hollande, Hambourg, Venise et Genève : le grain fin et compacte indique un excellent broyage; quant à la blancheur, elle est irréprochable. — *Médaille.*

M. DIEZ, a Saint-Johann (Carinthie), a, pour le même genre de production, obtenu la *Médaille.*

MM. LEWINSKY frères, a Dobrzisch (Bohème), exposent d'intéressants échantillons d'acide acétique et d'acétates. — *Mention honorable.*

MM. WAGENMANN, SEYBEL et Cie, a Liesing, près de Vienne (Autriche). — Cette fabrique, établie en 1828, par le Docteur Charles Wagenmann, et considérablement agrandie depuis 1841, sous la direction de M. Émile Seybel, produit annuellement, pour une valeur approximative d'un million de florins d'Autriche, de l'acide sulfurique, de l'acide tartrique, de l'ammoniaque sulfatée, de l'essence de vinaigre, du sucre de saturne et un grand nombre d'acétates, des sulfates de fer, de zinc et de cuivre, des préparations d'étain et de chrome, de l'aniline et autres pigments bleus et rouges, etc. Sa collection de produits chimico-pharmaceutiques ne comprend pas moins de 47 échantillons, tous d'une cristallisation et d'une pureté admirables; on y remarque surtout six dérivés du goudron de houille, toute la série des acides et un grand nombre de sels pharmaceutiques. — *Médaille.*

M. SETZER, a Weitenegg. — Sa belle collection de bleus d'outremer a surtout le mérite d'être parfaitement classée : de 0 au numéro 7, les nuances se succèdent avec une délicatesse de tons habile-ment gradués. Les outremers bleus sont à l'état de pulvérisation et de fine fleur. M. Setzer expose aussi un outremer vert d'une teinte admirable, puis des spécimens des matières premières dont il extrait ses produits, notamment de la houille et du carbonate de soude natif. — *Médaille.*

M. JOSEPH NOWACK, a Karolinenthal, près de Prague (Bohème). — L'exposition de M. Nowack est divisée en deux séries : la première comprend de l'amidon, du gluten, de la fécule, des gommes, de la dextrine; l'autre des extraits de couleurs primaires : indigo, vert, orange, ponceau, écarlate, etc. Ces pâtes de pigment se distinguent surtout par la pureté parfaite de la matière et par la solidité et la vivacité des teintes; elles remplacent avantageusement la gomme arabique, dont le prix est proportion-nellement très-élevé; et à l'aide d'un procédé d'application propre à l'exposant, elles tendent à suppri-mer en peinture l'emploi des principes albumineux. — *Médaille.*

MM. CHARLES et ÉDOUARD KUHN, a Vienne (Autriche), sont les inventeurs d'un procédé à l'aide duquel ils utilisent les déchets du fer-blanc ; de ces débris qu'auparavant on rejetait comme inutiles et embarrassants, ils sont parvenus à se créer un bénéfice qu'ils évaluent à 80 pour 100 ; ils en retirent de l'étain, de l'ammoniaque, du blanc de Prusse et du fer à souder. — *Mention honorable.*

M. J. E. KAISER, à PESTH (HONGRIE). — Son exposition embrasse toute la série des couleurs employées dans les arts et l'industrie : bleus minéral, de Paris, de Prusse, de Turnbull, etc. ; jaunes de chrome ; laques en boules, cramoisies et de Vienne ; rouges de Berlin ; verts de Pesth, etc. ; une collection de verts de feuillage, préparés au cinabre, et remarquables par la fraîcheur des nuances, rangées dans une succession parfaitement graduée, mérite une mention toute particulière. — *Médaille.*

M. BERNARD FURTH, à SCHUTTENHOFEN ET À GOLDENHORN (BOHÊME). — La fabrication des allumettes chimiques et accessoires est une des industries les plus importantes de l'Autriche, dont les échantillons exposés par M. FURTH donnent une idée de la perfection de main-d'œuvre. La mauvaise odeur qu'émettent généralement les allumettes quand on les enflamme a par lui été sinon complétement détruite, du moins considérablement neutralisée ; tous les produits de M. FURTH résistent, même pendant de longs trajets sur mer, à l'influence du climat et de l'humidité athmosphérique ; aussi ont-ils obtenu la préférence sur tous les autres du même genre pour l'exportation lointaine. Dans ses deux usines de Schuttenhofen et de Krumau, où il emploie plus de 2,000 personnes, M. FURTH ne fabrique pas seulement des allumettes, dont la production s'élève journellement à plus d'un million, supérieures de qualité, variées de formes, de couleurs et de dimensions, et d'une modicité de prix fabuleuse ; mais aussi des bougies, des veilleuses, de l'amadou chimique, des cartons et du papier pour fumeurs ; des allumettes dites vésuviennes qui brûlent par le plus grand vent ; des capuchons en papier inflammable, dont on coiffe le cigare pour l'allumer en plein air ; des bois ronds et méplats imprégnés de substances inflammables, etc., etc. — *Médaille.*

BADE. — M. BENKISER, à PFORZHEIM. — La fabrication de cette maison, qui fait des affaires considérables, est toute spéciale ; deux flacons seulement d'acide tartrique composent son exposition : ces échantillons sont très-beaux, admirablement cristallisés et d'une grande pureté. — *Médaille.*

BAVIÈRE. — MANUFACTURE D'OUTREMER DE KAISERSLAUTERN, dans le Palatinat. — La Bavière a voulu apporter son contingent à la grande Exposition des outremers ; la MANUFACTURE DE KAISERSLAUTERN s'est dignement acquittée de ce soin. Elle présente vingt-cinq flacons d'outremers bleus de toutes nuances et deux monceaux d'outremer en pierre. — *Médaille.*

M. HOFFMANN, à SCHWEINFURT. — La collection de couleurs de M. HOFFMANN est fort intéressante à étudier. Ses noirs, au nombre de sept, sont de nuances vraiment remarquables ; c'est un produit tout nouveau, auquel l'inventeur a donné le nom de *soot burnt* ou suie brûlée. Les blancs offrent également sept nuances différentes ; enfin viennent les ocres, les chromes, les cinabres, les bleus, les verts, les florentines, etc., rivalisant d'éclat et de pureté. — *Médaille.*

M. SATTLER, à SCHWEINFURT. — C'est une des maisons les plus importantes de la Bavière ; ses produits, applicables à la peinture, s'exportent dans tous les pays. Son exposition ne se compose pas de moins de cent échantillons d'une beauté et d'une qualité incontestables. — *Médaille.*

BELGIQUE. — MM. J. B. CAPPELLEMANS AÎNÉ, DEBY ET Cᵉ, à BRUXELLES. — Honorés en 1851 et en 1855 de médailles de première classe, ces messieurs se présentent également cette année dans les meilleures conditions ; leurs produits sont irréprochables. Ils exposent des sulfates de soude, de zinc et de fer, des sels de Glauber, d'Epsom, de soude et d'étain, du bicarbonate et du phosphate de soude, du chlorure de chaux, et des nitrates de cuivre et de plomb.

Cette maison exploite en outre d'autres industries ; elle possède des fabriques de porcelaine, de faïence, de cristaux, de bouteilles, etc. — Son personnel comprend 1,200 ouvriers, son chiffre d'affaires est très-considérable. — *Médaille.*

M. BRASSEUR, a Gand. — La fabrication du bleu d'outremer a valu à M. Brasseur, en 1855, une médaille de première classe. Ceux qu'il expose supportent la comparaison avec ce qui se fait de mieux en ce genre ; les nuances en sont tranchées, fines, délicates, et se prêtent aussi aisément à l'azurage du papier qu'à la teinture des étoffes. M. Brasseur présente également des échantillons de céruse d'un broyage extrêmement soigné. — *Médaille.*

M. VANDER ELST, a Bruxelles. — Les soins pris par M. Vander Elst pour sauvegarder la santé, l'existence même de ses ouvriers, par l'emploi de procédés qui les garantissent du contact direct de substances dangereuses, méritent des éloges. Ces précautions ne l'empêchent cependant pas d'obtenir des produits de qualité supérieure. Nous mentionnerons particulièrement de l'acide sulfurique à 66 degrés fabriqué avec des soufres de Sicile et avec des pyrites ; du sulfate de soude sec, du sel de Glauber, du sel d'étain, du sulfate de fer, du chlorure de chaux, et de l'acide nitrique. — *Médaille.*

M. BRUNEEL, a Gand. — Nous retrouvons ici toute la série des acides pyroligneux et acétiques. M. Bruneel expose, en effet, des vinaigres de bois et pyroligneux, des pyrolignites de fer, de baryte et de plomb, du jaryis acide, de l'huile de bois et tout le groupe des acétates et des mordants employés pour la teinture. La qualité des produits de M. Bruneel est incontestable; elle est due en grande partie à ses excellents procédés de fabrication. — *Médaille.*

MM. DE WYNDT et Cie, a Anvers. — La petite vitrine de MM. de Wyndt et Cie est remplie de fleur de soufre et de soufre en canon. Le jury les a récompensés pour avoir introduit une industrie nouvelle en Belgique et perfectionné les appareils d'extraction. Il est fâcheux que la mention rémunérative ne soit pas plus explicite ou du moins que le catalogue belge n'ait pas indiqué le principe de la fabrication de cette maison importante. — *Médaille.*

MM. DELTENRE-WALKER, a Bruxelles. — Cette collection, composée d'un très-grand nombre d'échantillons, se divise en trois sections. Dans la première sont rangés les produits destinés aux arts et applicables aux peintures à l'huile, à la cire, à l'aquarelle, à la peinture stéréochromique, aux dessins au crayon et aux gravures à l'eau-forte : ce sont des vernis, des huiles, des essences, des copals, etc. La seconde comprend les produits employés par la photographie pour épreuves négatives, épreuves positives sur verre et sur papier, panotypie, etc. La troisième se compose des produits en usage dans les arts industriels, tels que liqueurs colorantes pour teindre le bois, vernis pour sculpteurs, vernis de Chine, vernis pour métaux, et vernis cristal pour cartes géographiques. — *Mention honorable.*

DANEMARK. — M. BENZON, a Copenhague. — Quoiqu'elle ne présente rien de positivement nouveau, cette exposition, en raison de la multiplicité et de la fabrication remarquable des spécimens dont elle se compose, mérite une mention spéciale. Sa première série comprend les produits chimico-pharmaceutiques ; la seconde, les produits pharmaceutiques proprement dits ; la troisième, les substances économiques, telles que essences, gommes et teintures; la quatrième, les articles de parfumerie; la cinquième, les plantes médicinales. M. Benzon expose aussi un petit appareil en pierres réfractaires pour la conservation du nitrate d'argent ou pierre infernale. — *Médaille.*

ESPAGNE. — M. J. T. CROS, a Barcelone. — La fabrique de produits chimiques de M. Cros, fondée depuis 15 ans environ, est en première ligne parmi les établissements de ce genre en Espagne. C'est à lui que ce pays doit l'importation de la fabrication de l'acide pyroligneux et des pyrolignites. De ses vastes ateliers sortent quotidiennement des quantités considérables d'acide nitrique, sulfurique, muriatique et acétique ; d'acétates d'alumine, de plomb et de fer ; de sulfates de soude et de cuivre, et toute la série des substances qui constituent le groupe des produits chimiques.

En 1855, M. Cros avait obtenu une médaille de première classe, à l'Exposition universelle de Paris. — *Médaille.*

M. H. BERRENS, a Barcelone. — Si l'on en juge par l'exposition de M. Berrens, l'Espagne n'a rien à envier aux autres nations sous le rapport de l'industrie des couleurs; non-seulement les produits sont nombreux, mais la préparation en semble parfaite. Parmi ceux qui méritent une mention particulière, nous citerons les jaunes de chrome, les précipités blancs et rouges et les cyanures de mercure, les blancs d'arsenic, les bleus de Prusse et de Paris, les vermillons, les laques et le sulfate de zinc. A propos de cette dernière substance nous signalerons un siccatif de la composition spéciale de l'exposant et applicable particulièrement à la peinture au blanc de zinc. — *Médaille.*

M. ROYO, a Valence, expose des substances destinées à la peinture : des miniums, des litharges, du blanc de plomb et des sulfates de fer.

On obtient du plomb trois oxydes ; le protoxyde est connu sous le nom de massicot, lorsqu'il est pulvérulent, et de litharge, lorsqu'il est fondu et cristallisé en lames hexaèdres régulières; le deutoxyde est le minium, appelé aussi oxyde rouge de plomb; et le tritoxyde, l'oxyde puce. Le minium exposé par M. Royo, d'une excellente préparation, ne renferme ni protoxyde ni deutoxyde de cuivre, comme la plupart des miniums livrés au commerce. La céruse semble bien travaillée; il est fâcheux que les échantillons ne soient pas plus volumineux. Les spécimens de sulfate de fer, employé en peinture sous le nom de vitriol ou couperose verte, paraissent exempts de cuivre, avantage qu'ils ont sur ceux qu'on obtient de l'oxydation de la pyrite de fer natif ou pyrite martiale. — *Mention honorable.*

MM. JOSÉ MENJIBAR et MEREZ, a Bilbao. — Le salpêtre ou nitrate de potasse, composé de 6.75 d'acide nitrique et de 5.95 de potasse, est fabriqué sur une large échelle par cette maison, dont les produits sont généralement estimés. Elle en expose des échantillons bruts et purifiés, qui sont de nature à justifier sa haute réputation industrielle, et lui ont valu la *Médaille.*

HANOVRE. — MM. SCHACHTRUPP et Cie, a Osterode, présentent des cristaux et des poudres de blanc de plomb, et 16 bocaux contenant des échantillons de plomb de chasse, depuis la cendrée la plus fine jusqu'au plomb le plus gros. Tous ces produits sont d'une excellente qualité et peuvent soutenir la comparaison avec ce qui se fait de mieux en ce genre. — *Médaille.*

HESSE. — M. MELLINGER, a Mayence. — L'industrie des couleurs dans le grand-duché de Hesse est dignement représentée par M. Mellinger; sa fabrication a lieu sur une grande échelle, et ses produits sont remarquables par leur pureté et leurs nuances nettement accusées. Outre cette belle collection de couleurs, M. Mellinger expose des vernis d'une limpidité parfaite. — *Médaille.*

MARIENBERG (teinturerie de). — En 1848, dans une usine de gaz, près de Rouen, les allées du jardin furent recouvertes d'une couche de chaux ayant servi à l'épuration du gaz, et sur cette couche bien battue on étendit du sable d'alluvion. Au bout de quelque temps, on fut très-étonné de voir apparaître une belle couleur bleue sur la plupart des cailloux blancs ou jaunes dont le sable était entremêlé. M. le professeur Girardin rechercha de quelle nature était cette matière colorante, et découvrit que « la chaux ayant servi à l'épuration du gaz renferme toujours une certaine quantité de cyanure, qui, dissous par les vapeurs atmosphériques, pénètre dans la pâte du silex, et réagit sur l'oxyde de fer qui s'y trouve en formant du bleu de Prusse. » L'exposition de la Teinturerie de Marienberg est le résultat de cette découverte. Elle se compose de deux pains de bleu d'outremer pur et de coupes contenant des bleus dits princesse, royal, royal extra-fin, et du vert pur. Le bleu a été préparé à l'aide du sulfate et du carbonate de soude, et le vert à l'aide du sulfate seulement. — *Médaille.*

HOLLANDE. — MM. VAN DER ELST ET MATTHES, a Amsterdam. — Cette exposition consiste en une grande coupole de sel ammoniac, qui n'a pas moins de 1 mètre 50 centimètres de diamètre et 24 flacons contenant des solutions alcalines; elle est d'autant plus intéressante que l'ammoniaque présentée a été extraite des eaux surnageant dans les puits à goudron des usines à gaz. Dans ces conditions, l'ammoniaque se forme pendant la distillation de la houille ; elle résulte de l'union de l'azote à l'hydrogène, qui a lieu dans la proportion de un à trois. Les sels ammoniacs ainsi obtenus par MM. Van der Elst et Matthes sont d'une pureté irréprochable. — *Médaille.*

ITALIE. — Quoique très-restreinte, l'exposition italienne, dans la deuxième classe, est cependant des plus intéressantes, car elle est en grande partie composée des substances exclusivement propres au sol de l'Italie, telles que le soufre, l'acide borique, certains aromes, etc.; ensuite elle permet de juger des progrès faits depuis quelque temps, par l'industrie de la péninsule, dans l'extraction et le perfectionnement de ses produits naturels.

Les causes auxquelles peut être attribuée cette infériorité sous le rapport du nombre et de la variété des objets exposés sont les monopoles que quelques souverains s'étaient arrogés, les entraves de toute sorte mises aux transactions commerciales, les révolutions et les guerres ; puis le faible développement en Italie des industries diverses faisant usage des produits chimiques et qui seules sont de nature à en rendre la fabrication utile et avantageuse.

L'industrie des produits chimiques semble encore, en Italie, rencontrer des obstacles dans le manque absolu de houille et la rareté du bois ; cependant elle devrait trouver une compensation dans ses nombreux dépôts de tourbe et de lignite, car lorsqu'il n'est pas nécessaire d'obtenir de très-hautes températures, ils peuvent jusqu'à un certain point remplacer les autres espèces de combustibles.

Maintenant que l'Italie, unie et pacifiée, marche dans la voie de la régénération industrielle et économique, il est facile de prévoir, en présence des produits qu'elle expose, que certaines industries chimiques, jusqu'alors négligées, sont appelées à prendre un nouvel essor, surtout si l'on considère qu'il n'est guère de contrée plus féconde en éléments naturels à exploiter utilement.

M. LE COMMANDEUR BALTHAZAR DOL, a Turin, et la SOCIÉTÉ DES SALINES DE SARDAIGNE, a Gênes. — La quantité annuelle de sel produite en Italie peut être évaluée de 250,000 à 300,000 tonnes par an, réparties ainsi qu'il suit :

MER ADRIATIQUE.

Saline de la Servia.	7,200	tonnes.
Id. de Barletta (Bari)..	14,000	—

MER MÉDITERRANÉE.

Salines de Porto Ferrajo (île d'Elbe).	16,000	tonnes.
Id. de Collegio (Sicile).	4,500	—
Id. de Miliscola id.	700	—
Id. de Trapani id.	70,000	—
Id. de l'île de Sardaigne.	120,000	—

SALINES DANS L'INTÉRIEUR DES TERRES.

Salso (duché de Parme)..	1,500	tonnes.
Lungro (Calabre).	500	—
Volterra (Toscane)..	7,500	—

La plus grande partie de ces sels sont tirés de l'eau de la mer, et cette fabrication a pris un développement extraordinaire dans les salines que l'État a cédées à l'industrie privée. Ainsi, par exemple, les salines de la Sardaigne, qui, avant la convention du 23 juin 1852, ne produisaient que 30,000 tonnes de sel, en produisent aujourd'hui 120,000, dont 70.000 sont vendues au dehors, au prix de 7 fr. la tonne, rendue à bord du navire dans le port de Cagliari. Il y a tout lieu de croire que les autres salines italiennes atteindront le même degré de prospérité, si l'on y introduit les améliorations nécessaires pour diminuer le prix de revient du sel.

Les échantillons exposés par M. le COMMANDEUR DOL, fermier des salines royales de Commacchio, duché de Ferrare, sont au nombre de trois : ce sont des sels granulés, des sels meulés par moulin à vapeur, et des sels gris pour saumures. La production annuelle des salines, d'où ces sels proviennent, est d'environ 30,000 tonnes, dont une partie est exportée par la voie du Pô et de l'Adriatique.

La SOCIÉTÉ DES SALINES DE LA SARDAIGNE expose également trois échantillons des sels exploités par elle. Des 120,000 tonnes qu'elle produit, 50,000 sont livrées au gouvernement italien, et le reste est destiné à l'exportation, au prix de 7 fr. la tonne.

Le jury a décerné la *Médaille* à chacun de ces établissements pour l'excellence des produits obtenus sur une vaste échelle.

Parmi les autres exposants de sels de la section italienne, nous devons encore citer.

M. LE DIRECTEUR DES SALINES ROYALES DE VOLTERRA, près de Pise, qui expose des spécimens de sel gemme, formé de bancs de 5 à 14 mètres de puissance, intercalés dans le terrain miocénique ;

M. LE BARON JÉRÔME ADRAGNA, propriétaire des vastes salines de Trapani, qui annuellement ne rapportent pas moins de 70,000 tonnes de sel, ne revenant qu'à 5 fr. la tonne rendue à bord des navires.

ET LES SOUS-COMITÉS DE CAGLIARI et de RAVENNE, dont le produit est d'environ 7,200 tonnes.

LES HÉRITIERS DU COMTE DE LARDEREL, A LIVOURNE. — Parmi les produits chimiques qui sont exclusivement propres au sol italien et qui donnent lieu à une fabrication considérable, il faut placer en première ligne l'acide borique des maremmes toscanes. Feu M. LE COMTE DE LARDEREL peut, à bon droit, être considéré comme le créateur de cette industrie; et la fabrication du borax en Europe, jusqu'en 1855, s'est opérée presque exclusivement à l'aide de ses produits, obtenus par une méthode aussi simple qu'ingénieuse. Cette méthode consiste à dépouiller les vapeurs boracifères de leur principe spécial au moyen de l'eau, où les fumerolles ou *soffioni* vont se dégager en bouillonnant, et à évaporer ensuite cette eau chargée d'acide borique dans des bassins très-allongés, couchés près de terre et réchauffés par la vapeur de quelques fumerolles, que l'on conduit par des tuyaux en dessous des bassins eux-mêmes. L'acide borique ainsi extrait a déjà figuré avec distinction à toutes les expositions qui, depuis douze ans, ont eu lieu à l'étranger, et les échantillons que présentent LES HÉRITIERS DU COMTE DE LARDEREL indiquent que la fabrication s'en est encore améliorée.

La découverte de l'acide borique dans les eaux des mares ou *lagoni* formées autour des jets de vapeurs boracifères (fumerolles ou *soffioni*) de Monte Cerboli, remonte à 1777, et est due à Hœfer et à Mascagni. C'est en 1818 que M. LE COMTE DE LARDEREL en a entrepris l'exploitation industrielle; le succès véritable de ses tentatives ne date que de 1829, où le produit était de 50,000 kilogrammes; il s'élève aujourd'hui à 2,000,000, et son accroissement incessant porte à croire qu'il atteindra avant peu des proportions gigantesques.

Les héritiers de feu M. LE COMTE DE LARDEREL possèdent actuellement sept établissements, dont le plus ancien est celui de Monte-Cerboli, et dans lesquels travaillent plus de 250 ouvriers, recevant un salaire moyen de 4 fr. par jour.

On peut se faire une idée de l'importance de cette fabrication, si l'on songe aux usages multiples auxquels sert l'acide borique et à ses nombreuses applications dans la poterie, la verrerie, la teinture, la métallurgie, la composition des bougies stéariques, etc., etc.

Les soins apportés par les héritiers du COMTE DE LARDEREL à agrandir et à perfectionner l'entreprise de leur auteur ont été récompensés ; ils ont reçu la *Médaille*.

M. HENRI DURVAL, A LIVOURNE. — La fabrication de l'acide borique en Toscane s'est encore accrue, depuis quelques années, d'une quantité considérable de produits, grâce à l'établissement de M. DURVAL, à Monte-Rotondo, où s'exploite l'eau du lac de ce nom qui est saturée de fumerolles naturelles. En outre

I.   23 de cette richesse inhérente au sol, M. Durval a cherché à découvrir de nouvelles sources d'acide borique; mettant à profit les observations de M. Gazzeri, professeur à Vicence, que des considérations géologiques avaient amené à conclure que des forages dans certaines parties du terrain où la nature n'a pas développé de *soffioni* pourraient en faire apparaître d'artificiels, il a réussi, en perçant assez profondément et sur une superficie déterminée, à étendre si largement son centre d'exploitation, que déjà, en 1858, il produisait 1,000 kilogrammes par jour.

M. Durval expose non-seulement de beaux spécimens d'acide borique brut et purifié, mais aussi des sulfates d'ammoniaque et des biborates de soude d'une qualité supérieure. — *Médaille.*

MM. SCLOPIS frères, a Turin. — Un des points les plus importants dans la fabrication des produits chimiques, c'est de s'attacher à diminuer, autant que possible, le prix de revient, surtout pour ceux de ces produits qui sont d'un emploi journalier et indispensable dans l'industrie. De ce nombre est l'acide sulfurique, qui sert à tant d'usages.Dans l'origine de sa fabrication, on employait presque exclusivement le soufre de Sicile; mais les mesures restrictives de l'ancien gouvernement du royaume de Naples avaient occasionné un tel renchérissement de cette matière première, que l'exportation en avait presque complétement cessé, et que force avait été aux savants et aux industriels de chercher un autre moyen de s'en procurer : c'est ainsi qu'on est parvenu à utiliser les pyrites de cuivre et de fer pour en extraire le soufre, qui se trouve sous cette forme dans tous les pays, et cette substitution, devenue aujourd'hui presque universelle, a eu pour résultat immédiat l'abaissement du prix du soufre, ainsi que des nombreux sels et acides à la composition desquels cet élément sert de base.

L'Italie est aussi entrée dans cette voie du progrès ; nous en avons la preuve dans la riche exposition de MM. Sclopis frères, qui présentent des échantillons remarquables d'acides sulfuriques, nitriques et hydrochloriques, de sulfates de fer, de cuivre et de magnésie (sels d'Epsom), obtenus par la désulfuration des pyrites.

Le jury international a reconnu le grand développement et les perfectionnements apportés à cette fabrication par MM. Sclopis. — *Médaille.*

PADRI SERVITI, a Sienne. — Ces moines ont envoyé de fort beaux échantillons de bicarbonate de potasse et de bicarbonate de soude. Pour leur fabrication ils ont eu l'heureuse idée d'utiliser un produit resté jusqu'alors sans valeur, l'acide carbonique qui s'échappe naturellement des eaux minérales de Cinciano; c'est par l'action de cet acide sur des bases salifiables, et notamment sur la potasse et la soude, qu'ils obtiennent ces combinaisons. — *Médaille.*

MM. MIRALTA frères, a Savone. — Il s'exporte d'Italie des quantités considérables de crème de tartre et d'acide tartrique; ce qui est dû à la qualité supérieure de ces produits, ainsi que l'on peut s'en convaincre par l'examen des échantillons remarquables exposés par MM. Miralta frères, à qui le jury international, motivant son rapport sur « l'excellence et l'abondance de leur fabrication », a décerné la *Médaille.*

M. ANTOINE LEONI, a Livourne. — L'industrie du blanc de plomb ou céruse, en Italie, est représentée avantageusement par M. Leoni.

La céruse (hydrocarbonate de plomb) s'obtient en faisant passer un courant d'acide carbonique à travers une dissolution d'acétate de plomb avec excès de base; mais la manière de procéder laisse parfois à désirer. M. Leoni emploie la méthode hollandaise. La pureté des produits exposés démontre leur bonne fabrication. — *Mention honorable.*

NORWÉGE. — MANUFACTURE DE CHROME DE LEEREN, a Throndhjem. — Le sel de chrome de cette usine est le seul de ce genre qui figure à l'Exposition. Le chrome ne se trouve pas à l'état natif ; épuré, il est solide, cassant, d'un blanc gris, presque infusible et inattaquable par les acides; uni à l'oxygène, il se convertit en un acide vert, et, mêlé à la potasse, il forme ces magnifiques cristaux jaunes, dont la section anglaise présente de si beaux spécimens.

La manufacture de Leeren a reçu la *Médaille.*

PORTUGAL. — La fabrication du sel est une des branches les plus productives de l'industrie portugaise; elle procure du travail à un grand nombre de personnes, et donne lieu à un immense commerce d'exportation. La position géographique du Portugal, borné par la mer sur plus de la moitié de ses frontières, facilite, en effet, une récolte abondante de ce précieux condiment, que tous les animaux recherchent avec avidité et qui est devenu indispensable à l'homme dans toutes les contrées du monde.

Indépendamment de ses nombreux marais salants, situés en général à l'embouchure des fleuves et des rivières qui se jettent dans l'Océan, le Portugal possède une assez grande quantité de fontaines salées, dont quelques-unes sont exploitées par les propriétaires et fournissent à la consommation et au commerce des sels d'une pureté remarquable et d'excellente qualité.

Le Portugal tire en outre des sels de ses possessions d'Afrique, où les noirs les recueillent, dans les anfractuosités des rochers et sur les bords de la mer, tout fabriqué pour la consommation par le soleil, cet habile et puissant ouvrier, qui féconde toute chose sur notre globe terrestre.

Les procédés employés dans le Portugal pour récolter le sel des eaux de la mer n'offrent rien de particulier; ce sont ceux en usage sur toutes nos côtes de l'ouest; seulement les opérations se font plus rapidement grâce à la température élevée qui règne durant tout l'été dans cette partie de l'Europe méridionale.

Les principaux lieux de production sont :

1º *Alcacer du Sal*, sur le Sado. A l'embouchure de cette rivière, la mer se répand sur une vaste étendue de terre et forme une petite baie, qui a l'aspect d'un grand lac séparé de la mer par une presqu'île assez longue et extrêmement étroite. Tous les bords de cette baie sont disposés en marais salants, recevant à chaque marée et à tour de rôle les eaux de la mer qui y déposent des quantités considérables de sel. La ville de Setubal est le centre où affluent tous les produits de ces marais, et donne son nom au sel de cette provenance. Il s'y fait un commerce des plus importants de cette riche récolte, qui assure du travail et du bien-être à toute la population des environs.

2º *Riba Tejo*, sur le Tage, où les marais salants s'étendent jusqu'à une distance de quatre à cinq lieues (de 16 à 20 kil.) près de Villa Franca. La récolte et les produits sont les mêmes que ceux d'Alcacer du Sal, mais avec une moindre importance.

3º *Figueira*, à l'embouchure du Moudego.

4º *Aveiro*, sur le bord des lagunes qui se trouvent sur le Vouga, près de son embouchure.

5º Sur les côtes de l'Algarve, *Faro*, *Villa Neva du Portinao*, *Silves Arabia* et plusieurs autres localités.

La récolte du sel au Portugal n'est frappée d'aucun impôt spécial, et ne donne lieu à aucune exploitation sur une grande échelle; elle est tout entière entre les mains de petits propriétaires, qui payent seulement une contribution foncière à l'État.

Les sels portugais s'exportent presque partout, on en envoie en Espagne, en France, en Angleterre, en Belgique, en Hollande, à Hambourg, au Danemark, en Norwége, en Suède, en Prusse, en Russie, aux États-Unis d'Amérique, au Brésil, à Montevideo et en Afrique. Les produits de ce commerce atteignent un chiffre considérable.

Parmi les principaux exposants qui ont dignement représenté cette classe de l'industrie portugaise au concours international de 1862, nous citerons :

M. Antonio José FERREIRA, a Rio Maior, province de Santarem, qui, pour la bonne préparation de ses produits, a reçu la *Mention honorable*.

M. Jóao Maria Santiago GOUVEIA, à Figueira da Foz, province de Coïmbre, qui expose deux qualités différentes de sel, jugées supérieures par le jury international. — *Mention honorable*.

M. Manuel José VIEIRA NOVAES, a Setubal, province de Lisbonne, dont la belle collection de sels de qualités diverses, tant pour la supériorité naturelle de leur provenance que pour leur excellente préparation, lui a valu la *Médaille*.

M. Vicente Baptista PIRES, a Faro, dont les sels de l'Algarve sont d'une pureté irréprochable. — *Mention honorable.*

PRUSSE. — M. HEYL, a Charlottembourg, a envoyé des couleurs pour papiers de tenture, pour la lithographie, la typographie et la peinture; des vernis, des cinabres, des chromes, des laques et des encres; des produits pharmaceutiques, acides acétiques et préparations saturnines, telles que minium, litharge, céruse, sel de Saturne, etc.; des acétates de soude, d'alumine, de fer, de chaux et de strontiane; enfin, une riche collection de papiers peints de toutes nuances et de tous dessins. — *Médaille.*

MM. MATHES et WEBER, a Dusseldorf. — Cette maison fabrique la soude artificielle. Elle s'est déjà fait remarquer aux expositions de 1851 et de 1855, où elle a obtenu des récompenses. Les produits qu'elle présente cette année ne sont nullement au-dessous de ceux qui les lui ont valu. Ce sont des sels de soude, du sulfate de soude, de la soude cristallisée, de la soude caustique et du chlorure de chaux, tous recommandables par leur pureté et leur excellente fabrication. — *Médaille.*

MM. HUBNER et BERNARD, a Rehmsdorf. — Cette exposition consiste dans une série de substances dérivées du goudron de lignite : ce sont des blocs de paraffine d'une transparence merveilleuse, des cristaux de paraffine bruts et rectifiés, des tourteaux de paraffine comprimés, des lignites desquelles s'extrait l'huile minérale, des huiles lourdes et purifiées, des huiles légères, de l'huile photogène et de l'huile solaire. — *Médaille.*

M. BERINGER, a Charlottembourg. — Les couleurs qu'il fabrique sont particulièrement applicables à la coloration des papiers peints. Parmi celles qui forment son exposition, la verte est d'autant plus remarquable par la netteté et la pureté de sa nuance qu'il n'entre aucune préparation arsénicale dans sa composition. M. Beringer fabrique, en outre, des encres de couleur pour la lithographie et l'impression typographique. La beauté de ces différents échantillons et surtout l'exclusion des principes arsénieux dans leur fabrication ont attiré l'attention du jury. — *Médaille.*

M. CURTIUS, a Dusseldorf. — Les outremers artificiels de M. Curtius sont les plus beaux de ceux exposés par le Zollverein; ils présentent neuf nuances parfaitement tranchées passant du bleu clair au eu foncé. Un outremer vert est également d'une grande beauté. La finesse des produits de cette maison témoigne en faveur des excellents procédés de fabrication; ils peuvent être comparés pour la légèreté à de la fine fleur de gruau de froment. Cette maison, fondée en 1849, est des plus considérables. — *Médaille.*

MM. RUFFER et Cie, a Breslau. — Les spécimens de zinc qu'ils présentent sont d'une grande pureté. Outre le zinc en feuilles, dont le laminage est irréprochable et peut soutenir la concurrence avec les plus beaux produits de l'usine de la Vieille-Montagne (Belgique), il faut citer une table en zinc de 4 mètres 70 de longueur, de 1 mètre de largeur et de 22 millimètres d'épaisseur. C'est le seul objet de ce genre qui figure à l'Exposition. — *Médaille.*

RUSSIE. — La Russie abonde en sels de toute espèce et pourrait en approvisionner le double de sa population actuelle et au delà; mais par suite de la situation géographique des lieux de production, qui rend pour quelques provinces le transport trop coûteux, on est obligé d'avoir recours à des importations de l'étranger. Le royaume de Pologne et les provinces de la Baltique s'approvisionnent presque exclusivement de sel étranger.

Les mines de sel gemme connues et en exploitation sont dans les gouvernements d'Orembourg, d'Astrakhan, d'Irkoutsk, et en Arménie. La plus importante est celle d'Iletsk, sur la frontière du gouvernement d'Orembourg, du côté des steppes des Kirghiz.

Les lacs salants se trouvent en Bessarabie, en Crimée, dans les steppes situées entre le Volga, le Don et la Emba, en Géorgie et en Sibérie. Le lac Elton, dans le gouvernement de Saratow, est le plus considérable de tous. Il existe encore un grand nombre de petits lacs salés près de l'embouchure du Volga, le long des rives de ce fleuve, dans le gouvernement d'Astrakhan. Les établissements où l'on exploite le sel des sources salines par la cuisson, sont situés dans les gouvernements de Perm, de Novgorod, de Wologda, de Nijni Novgorod et en Sibérie. Ceux de Perm sont pour le moment les plus importants.

Le sel marin n'est exploité que dans le gouvernement d'Arkhangel et à Okhotsk dans la Sibérie, mais en très-petite quantité.

La majeure partie des mines de sel et des lacs salants sont la propriété de l'État. Il n'y a que les établissements dans le gouvernement de Perm, et quelques lacs salants de la Crimée qui appartiennent à des particuliers.

M. REICHEL, a Saint-Pétersbourg. — M. REICHEL, professeur à l'Institut technologique de Saint-Pétersbourg, et directeur d'une usine près de Somina, gouvernement de Novgorod, expose de la térébenthine et de l'huile d'écorce de bouleau. La première de ces substances est cotée 33 fr. 40 c., et la seconde 12 fr. 30 c. les 50 kil., prises à l'usine.

La fabrique de M. REICHEL, quoique de date récente, marche à grands pas dans la voie de ces établissements modèles qui font la gloire industrielle d'un pays. Le savant professeur, pour atteindre aux résultats qu'il a déjà obtenus, est allé d'abord étudier les procédés employés en Allemagne, en France et en Angleterre; puis, riche de l'expérience qu'il avait acquise dans ses voyages, il a recherché des matières premières négligées avant lui ou peu exploitées : l'écorce du bouleau, cet arbre éminemment russe, et les vieilles souches des sapins abattus ont fixé particulièrement son attention. A l'aide d'un procédé dont l'honneur lui revient en partie, il est parvenu à extraire de l'écorce de bouleau, dans la proportion de 25 pour 100 de son poids, une huile, qui est très-recherchée aujourd'hui pour la préparation des peaux chamoisées destinées à la ganterie, à la confection des carniers, etc.; des vieilles souches de sapin il obtient de la térébenthine.

La fabrication de la térébenthine a lieu de deux manières : par la première, la distillation s'effectue sans addition d'alcali ni d'acide, et le produit qui en résulte est employé de préférence par les fabricants de vernis. Le second procédé consiste à ajouter 2 pour 100 d'acide sulfurique ou 4 pour 100 d'alcali; M. REICHEL obtient ainsi une essence plus épurée, incolore même, qui n'est pas recherchée pour la composition des vernis, mais est avantageusement utilisée par plusieurs autres industries.

La distillation des souches et des vieux troncs de sapin se fait dans des cornues en fer ou en fonte, posées horizontalement, tout à fait comme les cornues de terre qui servent à distiller la houille pour en retirer le gaz d'éclairage; seulement M. REICHEL, à un moment donné, aide à la distillation par l'introduction d'un jet de vapeur. Les cornues sont chauffées à feu nu; mais, lorsqu'on les chauffe à une forte vapeur, on obtient des produits de qualité supérieure.

L'usine, en outre d'un moteur à vapeur, renferme un superbe matériel de provenance anglaise. Sa production totale actuelle est de :

Térébenthine..	49,110 kilos.
Huile de bouleau.	65,480 —
Goudron.	163,370 —

M. REICHEL doit, en 1863, y adjoindre la fabrication de la potasse et du protogène végétal. — *Médaille.*

M. SHIPOF, a Kineshma, gouvernement de Kostroma. — L'usine que dirige M. SHIPOF est une des plus considérables de l'empire russe. Le rendement seul de l'acide sulfurique, à 66° de l'aréomètre de Beaumé, s'y élève à 982,000 kilog., livrés à la consommation au prix de 13 fr. 55 cent. les 50 kilog. : celui de l'acide acétique cristallisé est de 147,330 kilog.; de l'acétate de chaux, de 294,660 kilog; de blanc de plomb de 13,370 kilog., vendus à raison de 74 fr. 70 cent. les 50 kilog.; du sesqui-acétate de chaux, 81,850 kilog. côtés 111 fr. 25 cent. les 50 kilog.; de l'acide pyroligneux purifié, 19,644 kilog., à 123 fr. 50 cent. les 50 kilog.; des huiles communes pour graissage de voitures et de machines à mouvement lent, 98,220 kilog. ; de la garancine, dont la matière première est importée du Caucase, 65,480 kilog., au prix de 6 fr. 60 le kilog.

En outre de ces différentes substances, M. Shipof expose des sulfates de fer préparés sur place, et des salpêtres provenant du Chili et épurés dans son usine.

On peut porter à 1,400,000 fr. le chiffre total de sa production annuelle. Il possède une machine hydraulique de 15 chevaux, une machine à vapeur de 8 chevaux, et 3 chaudières d'une force totale de 50 chevaux, distribuant la vapeur dans toutes les parties de l'établissement. — *Médaille.*

MM. le baron TORNAU et Cᵉ, près de Bakov. — Le naphte est une substance combustible, qui diffère du pétrole, en ce qu'elle est plus pure et plus légère. Il existe en abondance près de la mer Caspienne et dans certaines parties de l'Italie et de la Sicile. Le naphte brûle comme de l'huile et a la propriété de dissoudre le caoutchouc.

M. le baron Tornau, qui réside, près de Bakov, dans le voisinage de la mer Caspienne, a rencontré à quelques verstes de l'endroit où il habite une matière schisteuse, qu'il désigne sous le nom de *naphtagnis*, et de laquelle il extrait du naphte brut, de l'huile de naphte, du pétrole, du noir de fumée, et de la paraffine.

En France, on doit au chimiste Selligue les premiers essais de distillation des schistes ; mais on n'y donna pas suite, et les produits obtenus ne servirent alors (1834) qu'à la carburation du gaz d'éclairage ; mais dix ans plus tard, cette distillation est devenue, tant en France qu'en Angleterre et en Allemagne, une industrie importante, et actuellement on extrait de cette substance des huiles lourdes et légères, une huile essentielle qui a toutes les propriétés de la benzine, des goudrons, des graisses, des noirs de fumée, une poudre charbonneuse désinfectante, des produits ammoniacaux, de la paraffine et des cendres utilisées par l'agriculture. Il est fâcheux que M. le baron Tornau, ayant à sa disposition une matière excessivement riche en ces différentes substances, habite une localité si lointaine, d'où l'écoulement de ses marchandises est sinon impossible, du moins extrêmement difficile ; aussi coûtent-elles sur les lieux deux fois moins que les matières similaires achetées dans les autres fabriques de l'Europe.

La distillation des schistes exige une abondante consommation de combustible qui, en tous pays, est d'un prix relatif considérable. Sous ce rapport, M. le baron Tornau jouit d'un avantage incalculable : il a trouvé sous sa main un combustible naturel qui ne lui coûte rien ; c'est de l'hydrogène proto carboné qui se dégage en abondance du sol. M. le baron Tornau a établi autour de ces soupiraux naturels des réservoirs en forme de gazomètres, et, au moyen d'une canalisation intelligente, il conduit ces gaz jusque dans l'intérieur de l'usine, sous les fourneaux, les caves et les récipients qui doivent être chauffés. Lorsque le robinet de canalisation est ouvert on met le feu au gaz, qui brûle en donnant une forte flamme jaune d'une telle intensité calorifique, qu'elle permet d'opérer la distillation des schistes naphteux et de cuire des briques et des calcaires.

M. le baron Tornau a reçu la *Médaille.*

MM. LEPESHKIN Frères, a Moscou. — Leur exposition consiste en racines de garance brute et en échantillons de garance. L'examen attentif de ces produits révèle l'excellente qualité de la racine et les procédés habiles mis en pratique par les exposants.

La garance cultivée dans le Caucase est expédiée à Moscou, où elle est convertie en garancine. L'usine de MM. Lepeshkin contient un matériel considérable, trois chaudières à vapeur de la force de 46 chevaux, et une machine à vapeur de 15 chevaux ; elle occupe 260 ouvriers. Sa production annuelle peut être évalue à 1,316,000 fr.

Malgré la supériorité incontestable de leurs produits et les éléments sur lesquels repose leur fabrication, MM. Lepeshkin n'ont obtenu qu'une *Mention honorable.*

MM. EPSTEIN et LEVY, a Varsovie (Pologne), exposent des sulfates de cuivre, de fer et de soude, des céruses et du nitrate de potasse. Ils fabriquent en outre des savons et des bougies stéariques.

Leur usine, qui peut être classée parmi les plus importantes, est pourvue de deux machines à vapeur, l'une de la force de 50 chevaux et l'autre de 16, de deux presses hydrauliques verticales et horizontales, et de pompes de divers systèmes. Deux vastes salles sont réservées pour la fabrication du blanc de plomb ; un grand appareil distillatoire en platine sert à la concentration de l'acide sulfurique ; et le matériel nécessaire à la production de l'acide muriatique et du nitrate de potasse est au grand complet. La manufacture de MM. EPSTEIN et LEVY occupe journellement de 100 à 130 ouvriers ; et la production annuelle, entièrement consommée en Pologne et en Russie, varie de 1,120,000 à 1,200,000 fr.

Voici les prix courants de ces produits sur la place de Varsovie :

Sulfate de cuivre. . . . . le kilogr.	1 fr.	25
Id. de fer. . . . . Id.	»	28
Id. de soude. . . . . Id.	»	16
Blanc de plomb allemand . . . . . . Id.	»	84
Id. anglais. . . . . Id.	1	10
Nitrate de potasse (salpêtre). . . . . Id.	1	32

MM. EPSTEIN et LEVY ont fait l'abandon aux pauvres de Londres, pour être vendus à leur profit, des très-volumineux échantillons qu'ils ont exposés.

Aux concours industriels de Varsovie, de Moscou et de Saint-Pétersbourg, ils ont obtenu des médailles d'or et d'argent. — *Médaille.*

M. KNOSP, A STUTTGARD, a placé à côté de ses produits des spécimens de leur emploi ; ainsi, auprès des échantillons des couleurs qu'il extrait du goudron de houille, — aniline violette, bleue et rose, indigo et indigotine, orseille et extraits d'orseille, — figurent des fils et des tissus de laine et de soie teints avec des couleurs provenant de sa fabrique, et une mousseline teinte à Glasgow, en 1859, à plusieurs nuances, dont aucune n'a depuis cette époque subi la moindre détérioration. — *Médaille.*

SECTION II. — PRODUITS PHARMACEUTIQUES.

ROYAUME-UNI. — SOCIÉTÉ PHARMACEUTIQUE DE LA GRANDE-BRETAGNE, A LONDRES. — La collection des produits chimiques appropriés à la pharmacopée, exposée par la SOCIÉTÉ PHARMACEUTIQUE DE LA GRANDE-BRETAGNE, sous la direction du docteur Redwood, est dans son genre la plus nombreuse et la plus importante de toute l'Exposition. Elle comprend presque toutes les préparations pharmaceutiques en usage chez nos voisins, et est de nature à donner une parfaite idée de la thérapeutique anglaise.

L'étude de cette exposition démontre que, si la fabrication régulière et industrielle de certaines substances médicinales s'est améliorée, et si dans la préparation des médicaments l'industrie se substitue tous les jours davantage à la pharmacie proprement dite, aucune innovation vraiment sérieuse ne s'est produite depuis les derniers grands concours. — *Médaille.*

MM. HOWARDS ET FILS, A STRATFORD. — L'industrie des préparations de quinquina a pris un grand développement en Angleterre, MM. HOWARDS ET FILS présentent une collection très-instructive de chaque espèce de plante et de chaque produit pharmaceutique qu'on en retire. Les échantillons sont accompagnés de planches d'un dessin parfait figurant les substances premières qui ont servi à leur composition ; et dans une caisse sont exposés des arbustes en pleine croissance. La maison HOWARDS ET FILS qui, en Angleterre, jouit, à juste titre, d'une grande réputation dans le monde médical, pouvait seule offrir cette série de produits supérieurs en ce genre. — *Médaille.*

M. SMITH, à Londres et à Édimbourg. — Voici encore une belle collection : elle se compose de près de 500 spécimens de premier choix, d'alcaloïdes et autres préparations pharmaceutiques extraites de végétaux : ce sont des racines, des feuilles, des écorces, des graines, des fruits, des résines, des huiles, des essences, des extraits de toute espèce ; mais la partie la plus importante consiste dans les substances extraites du café et de l'opium ; dans cette dernière catégorie figure un nouvel acide analogue à l'acide lactique, dû à M. Smith, et auquel il a donné le nom d'acide thébolactique. — *Médaille.*

MM. DAVY MACMURDO et Cⁱᵉ, à Londres. — C'est la plus ancienne maison de Londres pour la fabrication des substances pharmaceutiques. Elle expose des préparations mercurielles et divers produits chimiques employés dans la photographie, pour la supériorité desquels le jury lui a décerné la *Médaille.*

MM. G. et T. WALLIS, à Londres, présentent des produits qui appartiennent spécialement à la droguerie : 16 espèces différentes de gommes-résines, 28 d'huiles, 26 de vernis, enfin des brais et des asphaltes. C'est une exposition éminemment commerciale, qui offre pour le connaisseur un intérêt particulier en raison de la réunion complète des produits dépendants de la même branche d'industrie et du beau choix des échantillons. — *Médaille.*

MM. THOMAS MORSON et FILS, à Southampton. — Parmi les belles préparations pharmaceutiques exposées par cette maison, on remarquait l'*aconitine* en beaux cristaux et la *méthysticine*, alcaloïde extrait d'une espèce de poivre. Comme membre du jury pour la 2ᵉ classe, M. Th. Morson était hors de concours.

PATENT PLUMBAGO CRUCIBLE COMPANY (Compagnie des creusets brevetés de plombagine), à Battersea. — En outre de ses creusets, dont il a été parlé à la première classe, cette compagnie expose de superbes échantillons de plombagine de diverses provenances.

Le graphite ou plombagine se rencontre dans le groupe du micaschiste, où il forme des veines, des filons et même de petites couches. Les mines les plus considérables sont celle du Cumberland, en Angleterre, et celle de M. Alibert, en Sibérie. Néanmoins on en trouve dans plusieurs autres contrées. Ainsi l'exposition qui nous occupe en ce moment présente des graphites provenant d'Espagne, du Canada, des États-Unis et de Trieste. A ces produits bruts sont joints des crayons qu'ils servent à fabriquer; et de très-petits creusets, pour analyses chimiques, se distinguent par les mêmes qualités que ceux décrits à la première classe. Cette exposition eût dû figurer dans la première classe. — *Médaille.*

PATENT OPIUM AGENCY (Agence de l'opium breveté). — BENARES OPIUM AGENCY (Agence de l'opium de Bénarès). — GOUVERNEMENT DE L'INDE (Inde anglaise).— Les produits de ces trois exposants réunis dans une seule vitrine, se composent d'échantillons d'opium brut enveloppé de feuilles et en forme de boules de 12 à 15 centimètres de diamètre, dont une est coupée en deux, afin de laisser voir la gomme telle qu'elle a été retirée des vases de terre qui servent dans le pays à recueillir le suc qui découle des incisions faites à la plante ; d'un spécimen de manipulations représenté par deux figurines d'Indous travaillant, et de différents appareils à fumer l'opium. Cette intéressante collection est complétée par plusieurs plantes narcotiques cultivées aux Indes, telles que le tabac, la noix d'areca, la noix de bétel, la *cannabis sativa*, ou hatchich, la stramoine fastueuse, le cachou, etc., etc. — *Médaille.*

KOONEY LALL DEY (Indes anglaises). — Le gouvernement de l'Inde a envoyé à l'Exposition 120 substances médicamenteuses provenant du Moulmein, et 80 du Punjaub. — Toutes sont connues en Europe, où elles sont l'objet de nombreuses transactions commerciales. La pharmacie en fait aujourd'hui un fréquent usage. — *Médaille.*

FRANCE. — M. MÉNIER (ÉMILE-JUSTIN), à Paris. — Il n'est pas d'établissement en France qui ait plus fait que la maison Ménier pour nationaliser l'industrie spéciale de la fabrication des produits chimiques médicaux et des produits pharmaceutiques. C'est en 1816 que son fondateur créa l'usine de Noisiel-sur-Marne, avec l'intention de rendre des services utiles à l'art médical et à l'humanité, en fournissant à la thérapeutique des médicaments fabriqués par masses, avec des soins particuliers, à l'aide de nouveaux appareils, et au plus bas prix compatible avec la bonne qualité.

On ne connaissait pas, avant 1820, d'autre moyen de pulvériser les substances médicinales que l'emploi du pilon et du mortier, travail lent, pénible et insuffisant. Or, ce sont les médicaments administrés sous forme de poudre qui sont le plus généralement usités. Quelle poudre pouvait donc fournir ce travail du bras de l'homme appliqué successivement et sans modification à des substances tantôt dures, tantôt molles ou filandreuses, d'autres fois résineuses, oléagineuses et élastiques? Ce fut déjà un grand progrès accompli quand, pour arracher la pharmacie aux fatigantes ou naïves prescriptions des anciens formulaires, M. MÉNIER conçut l'idée d'employer les agents mécaniques. Rien de plus accompli et de mieux installé que l'ensemble de ces appareils. Les machines appropriées à la nature de chaque substance y sont mises en action par une machine hydraulique de 90 chevaux, la turbine verticale sans directrice ou roue hélice, inventée par M. Girard, et que M. MÉNIER fit construire hardiment, quoique d'autres que lui doutassent de son effet. Les corps filandreux se trouvent ainsi soumis à l'action de pilons à couteaux; les matières oléagineuses à celle de pilons à tête conique, tandis que des massues énormes pulvérisent les corps durs, et des pilons de bois et de marbre écrasent ceux qu'altérerait le contact du fer. Les meules y sont verticales ou horizontales, et c'est mécaniquement aussi que les poudres se tamisent. Elles sont de la sorte réduites en poussière véritablement impalpable, même celles de fer et d'acier; et à toutes les Expositions, leur beauté et leur finesse ont été un objet d'admiration. Les pharmaciens surtout savent ce que valent ces produits. La maison MÉNIER, qui fabrique plus de 200,000 kilogrammes de poudres médicinales, approvisionne à présent la presque totalité des pharmacies de France et un très-grand nombre d'établissements en Autriche, en Espagne, en Turquie, en Égypte, en Italie et en Amérique.

Ce n'est pas assez d'avoir fourni à la pharmacie ces poudres parfaites : la maison MÉNIER a voulu bientôt lui donner tous les extraits et les produits dont la préparation n'était possible que dans les officines des grandes villes, et qui, d'ailleurs, employés irrégulièrement, coûteraient cher à fabriquer en petite quantité, et ne se vendraient peut-être pas tous. Depuis 1843, M. MÉNIER père, pour parer aux inconvénients de la fabrication au feu, a appliqué à la préparation en grand de ces produits si délicats les appareils [usités dans l'industrie sucrière, et évaporé les sucs des plantes dans le vide, à une température qui n'excède pas 40 ou 50° centigr. et qui est d'autant plus basse que le vide est plus parfait. Il n'y a donc, pour ainsi dire, aucun perfectionnement à prévoir de ce côté.

Mais un progrès souvent en exige un autre. Quand la maison MÉNIER se vit en possession de la confiance de presque toute la pharmacie, elle comprit qu'elle ne pouvait rester tributaire d'une autre fabrique pour les produits chimiques qu'elle avait à employer dans la préparation de substances médicales aussi importantes physiologiquement que les alcaloïdes. Voilà sept à huit ans que sa nouvelle création est organisée et qu'elle fabrique les produits chimiques avec le désir et la certitude de remplacer sur notre marché l'industrie étrangère.

Déjà depuis longtemps l'usine de Noisiel s'était signalée par des services d'un autre genre. En 1826. M. MÉNIER y fabriqua pour la première fois l'orge perlé, que nous allions jusqu'alors chercher en Hollande; et du premier coup cet orge fut regardé comme supérieur. Il l'est aujourd'hui encore à celui que diverses maisons françaises ont successivement fabriqué à l'imitation de la maison MÉNIER. Enfin, M. MÉNIER parvint à écarter l'humidité de la fabrication du gruau d'avoine, et comme le gruau fabriqué différemment s'aigrit et prend un mauvais goût, les pharmaciens ne demandent plus maintenant que le gruau de Noisiel.

De perfectionnement en perfectionnement et d'agrandissement en agrandissement, la maison MÉNIER est amenée à prendre une importance extraordinaire. Elle est unique en France, et n'a pas d'analogue à l'étranger. Le chiffre total de ses affaires dépasse annuellement plusieurs millions de francs, et celui de ses comptes courants dépasse 10,000. Plus de 200 personnes sont occupées tant à Noisiel qu'à Paris, sous l'heureuse influence d'un règlement disciplinaire qui améliore constamment leur situation, et avec le bénéfice d'une caisse d'épargne qui leur paye 6 pour 100 d'intérêt. On a une idée nette de l'activité et de l'ordre de cette maison modèle, quand on sait qu'il lui faut maintenir plus de 5,000 articles en provision toujours suffisante, expédier au dehors 32,000 colis, répondre à 2,500 lettres, satisfaire à environ 40,000 demandes verbales, et chaque jour, à Paris, charger plusieurs voitures de marchandises.

La maison MÉNIER a couronné tous ses services par la publication d'un splendide catalogue. C'est un livre de 700 pages, contenant plus de 800 figures et de 100 dessins coloriés. La 5° édition, due aux soins de M. MÉNIER fils, est au-dessus de tous les éloges. Ce livre, qui est tout un répertoire de pharmacie, de botanique, de chimie, de physique médicale, même de sciences supérieures et de bibliographie, comme d'installation matérielle, offre à tous les pharmaciens le moyen de ne rien ignorer, en quelque lieu qu'ils soient, du mouvement général de la pharmacie et de toutes les industries et sciences qui s'y rattachent. Bien souvent c'est le pharmacien que l'on consulte dans les petites villes sur les matières de science et d'industrie. Avec ce guide, il peut répondre à toutes les demandes et y répondre utilement pour lui-même. La maison MÉNIER se charge de lui fournir tout ce qu'indique ce catalogue, où rien n'a été oublié, et qui, sans avoir de prétention, et sous le simple titre de Prix courant général, a toute la valeur d'un recueil encyclopédique. Les pharmaciens l'ont accueilli avec reconnaissance. Il leur est distribué gratuitement.

Les distinctions les plus élevées ont récompensé de si constants et si heureux efforts. En 1832, la Société d'Encouragement a décerné à la maison MÉNIER la médaille d'or. En 1834, elle obtint à l'Exposition la médaille d'argent, et une seconde médaille en 1839, avec le rappel en 1844. A l'Exposition de 1849, elle conquit la médaille d'or, et la *Médaille de Prix* à l'Exposition de Londres, où l'on ne pouvait apprécier que ses produits, sans juger le rang commercial qu'elle occupe en Europe. En 1853, M. MÉNIER père était nommé Chevalier de la Légion d'honneur. Sa maison remportait la médaille d'honneur à l'Exposition universelle de 1855, et aujourd'hui, M. E. MÉNIER, Chevalier de la Légion d'honneur, membre du jury international, se trouve hors de concours. Son nom est désormais celui de l'un des généraux de la grande armée industrielle de la France.

M. E. MÉNIER seconde avec zèle le mouvement des sciences, et, pour montrer aux chimistes les remarquables résultats des procédés de synthèse de M. Berthelot, il a exposé de l'alcool créé dans le laboratoire par la combinaison directe des éléments qui le composent, de l'alcool propylique, de la stéarine, des essences d'ail et de moutarde, et de l'hydrogène carboné, éléments du camphre, sous le nom de camphène. Tous ces produits, dont la formation semblait un secret gardé par la nature, ont été préparés dans le laboratoire avec des corps empruntés au règne minéral.

M. BERJOT, A CAEN (FRANCE). — Il y a de tout dans l'exposition de cet habile chimiste et pharmacien. D'abord une belle collection de fleurs à couleurs fugaces conservées dans des bocaux avec tout leur éclat : la mauve, la guimauve, la violette semblent cueillies il y a quelques instants à peine ; le vert si tendre de la ciguë n'a pas subi la plus légère altération par la dessiccation. Viennent ensuite des extraits de quinquina préparés dans le vide par un procédé dont l'honneur revient à M. BERJOT.

Les extraits préparés dans le vide doivent être conservés dans des flacons exactement bouchés, sous peine de leur voir prendre une consistance molle et s'affaisser peu à peu. Le mode de fermeture inventé par M. BERJOT est très-ingénieux : il consiste en une capsule en étain qui forme le couvercle : elle s'adapte, au moyen d'un pas de vis, à une garniture également en étain qui coiffe le col du ballon ; à la partie interne de la capsule est soudé un étui en étain aussi, qui descend dans le col du flacon et dont les parois sont percées de trous ; dans la cavité de cet étui on place un morceau de chaux vive destiné à dessécher l'atmosphère intérieure du flacon. M. BERJOT prépare annuellement 2,000 kil. d'extraits.

Sa vitrine contient encore un appareil en petit, destiné à la fabrication des eaux gazeuses; sa conception est ingénieuse, quoique un peu compliquée. Il présente enfin un autre instrument, combiné par lui pour déterminer le rendement des graines oléagineuses. A tant de travaux intelligents le jury ne pouvait refuser la *Médaille*.

M. ARMET DE LISLE, A PARIS. — En 1829, la maison que dirige aujourd'hui M. ARMET DE

Lisle, entreprit la fabrication industrielle du sulfate de quinine dont depuis elle a annuellement livré des quantités très-considérables. — *Médaille.*

M. LE PERDRIEL, a Paris. — Dans la vitrine de la maison Le Perdriel, l'une des plus complètes pour les préparations pharmaceutiques ou d'hygiène médicale, on remarquait surtout un ensemble d'articles, résumant toutes les données d'une des branches les plus importantes de l'art de guérir et constituant la spécialité si connue des vésicatoires et des cautères.

Nous avons trouvé là le cachet sérieux de l'invention à côté du mérite du perfectionnement. En médecine, il ne suffit pas de détruire pour innover; il faut surtout, comptant avec l'expérience acquise, reconstruire et améliorer.

Envisagés à ce dernier point de vue, les produits Le Perdriel ont retenu sur la pente où elle menaçait de disparaître une médication puissante, la seule peut-être incontestée, mais qui, pour plusieurs motifs, était restée sans progrès et répugnait par cela même dans un siècle de rénovation où les préparations de la pharmacie se dégageant d'un « modus faciendi » grossier, tendent à se perfectionner au contact des professions limitrophes. Tout le monde a pu se convaincre des services que ces produits rendent tous les jours à la thérapeutique; aussi sont-ils devenus d'un emploi universel. Voici les principaux :

La toile vésicante adhérente ou vésicatoire rouge Le Perdriel, création aussi simple qu'ingénieuse, qu'une division métrique par centimètres carrés permet de découper instantanément en écussons variant de formes et de grandeurs, selon la prescription du médecin.

Les pois à cautères élastiques, introduits par M. Le Perdriel dans le pansement des exutoires, rendus médicamenteux par des substances émollientes ou suppuratives intimement mêlées au caoutchouc, et les seuls employés aujourd'hui dans les hôpitaux de Paris, où ils ont entièrement remplacé les pois ordinaires, dont l'usage est à peu près abandonné.

Les taffetas rafraîchissants et épispatiques, dont les moindres mérites sont d'être inaccessibles à la rancidité, à la fluidité, et de se conserver indéfiniment sous toutes les latitudes.

Les compresses en papier lavé, désinfectantes au chlore et au charbon, aussi précieuses par l'économie qu'elles donnent que par leur propriété de maintenir la propreté et l'hygiène des plaies.

Les serre-bras élastiques, dont les combinaisons variées, l'élégance et la richesse réalisent toutes les indications de la durée, de la commodité et de la discrétion.

En dehors de ce cadre nous signalons encore les capsules vides en gélatine de Carragaheen, constituées par deux tubes diaphanes d'épaisseur linéaire s'emboîtant exactement l'un dans l'autre et permettant avec la plus grande facilité l'ingestion des médicaments d'odeur ou de saveur désagréable. Il suffit, pour les employer, de remplir l'un des deux tubes des substances solides ou liquides, dont on désire faire usage, et de le recouvrir par l'autre. Ce sont ces mêmes capsules qui sous le nom de capsules vaginales ou d'ovules servent à l'intromission des médicaments par les voies anales et vaginales.

Citons enfin de magnifiques échantillons d'ergot de froment, présenté comme succédané du seigle ergoté. Ce médicament a été mis en relief et signalé pour la première fois par M. Ch. Le Perdriel. On connaît aujourd'hui l'importance de ce nouvel emménagogue, qui est le corollaire de toutes ces préparations.

Nous aurons à parler plus loin d'un second groupe de produits Le Perdriel, d'application médicale et industrielle, de ses bas-varices et autres appareils de compression en tissu élastique, qui lui ont mérité plusieurs récompenses nationales.

M. FUMOUZE-ALBESPEYRES, a Paris. — Les épispastiques d'Albespeyres exposés par M. Fumouze datent de 1817; ils ont grandi sous la bienveillant patronage du corps médical et pharmaceutique, à l'expérimentation comparative duquel l'inventeur n'a cessé de faire appel.

Le problème que s'était posé M. Albespeyres se résume en peu de mots : établir un vésicatoire en quelques heures sans emplâtre repoussant; l'entretenir ensuite en parfaite suppuration, facilement, discrètement, sans odeur ni douleur, sous tous les climats, dans toutes les saisons. Le succès a dépassé les espérances de l'inventeur.

Sur l'avis du conseil de santé de l'empire français, et par ordre du ministère de la guerre, les épispastiques d'Albespeyres ont été admis dans les hôpitaux des armées actives ; pendant la guerre d'Orient, ils ont été constamment employés dans les hôpitaux et les ambulances des armées alliées, et, la paix conclue, ils sont restés dans les pharmacies militaires de l'empire ottoman. Ils entrent dans tous les pays sans entrave douanière ou administrative : dès 1844 un ukase spécial leur donnait une place dans toutes les pharmacies de la Russie; on les trouve de même dans les principales pharmacies de l'Angleterre, de la Hollande, de l'Espagne, de l'Allemagne, des Amériques, etc.

A leur apparition, les épispastiques d'Albespeyres furent accueillis comme une invention des plus utiles par les maîtres de la science : Richerand, Marjolin, Roux, Récamier, Vauquelin, etc.; les générations modernes ne leur font pas défaut.

Les médecins de l'hôpital Saint-Antoine à Paris ont également certifié que le vésicatoire d'Albespeyres leur a fourni d'excellents résultats, tant pour la rapidité de l'application que pour la sûreté de l'effet produit, et qu'il y aurait avantage à le substituer au vésicatoire ordinaire des hôpitaux.

M. le professeur de chirurgie Franck H. Hamilton, chirurgien des armées des États-Unis, de l'armée du Potomac déclare que, lorsqu'il partit pour le siége de la guerre, M. Fougera, de New-York, lui donna douze rouleaux de vésicatoires d'Albespeyres, et qu'il a trouvé ce vésicatoire d'un emploi prompt et certain ; étant étendu comme le sparadrap, son application facile le rend d'une valeur spéciale pour le chirurgien dans le camp, et de beaucoup préférable à l'emplâtre de cantharides ordinaire.

M. Childs, professeur d'anatomie, constate également que pendant plusieurs années il l'a employé avec succès, qu'il est prompt et bon marché, que son action est sûre et efficace, et que, par suite, il peut consciencieusement et cordialement le recommander à la profession médicale.

Le nom d'Albespeyres, que M. Fumouze a seul le droit de prendre et d'apposer sur ses épispastiques, offre toujours au commerce une garantie de supériorité.

M. Fumouze expose également des capsules dites Raquin, qui, d'après un extrait du rapport approbatif de l'Académie de médecine, contiennent, sous un petit volume, plus de copahu que les autres capsules. Trompant les gosiers les plus susceptibles, les capsules Raquin s'avalent facilement, elles ne causent dans l'estomac aucune sensation désagréable et ne donnent lieu à aucun renvoi. Administrées à plus de cent malades, à l'hôpital du Midi, leur efficacité n'a présenté aucune exception ; les doses ont varié de 15 à 20 grammes par jour, moitié le matin à jeun, moitié une heure avant le dîner; deux flacons ont suffi dans la plupart des cas. Cette fabrication dans laquelle on ne peut employer que du copahu bien pur, à l'aide de manipulations longues, délicates, exigeant beaucoup d'adresse et d'habitude, a rendu un service important à l'art de guérir.

M. BOYER, a Paris. — On lit dans le *Catalogue officiel* de la section française, publié par ordre de la Commission Impériale : « La réputation séculaire de l'eau de mélisse des Carmes a fait naître une foule d'imitations de ce bienfaisant cordial. Les religieux qui la préparaient ne dévoilèrent jamais le secret de sa composition, et M. Boyer, leur successeur par actes authentiques, possède *seul* aujourd'hui sa véritable formule. Tous les composés qu'on vend sous ce nom peuvent bien avoir la mélisse pour base; mais cette plante n'est qu'un des éléments contenus dans la véritable eau de mélisse des Carmes ; la plupart des autres et les plus essentiels restent, avec sa manipulation, le secret exclusif de M. Boyer, qui ne confie jamais sa fabrication à d'autres mains qu'aux siennes propres.

« S'il fallait en croire une légende fort répandue, et accueillie comme vraisemblable par les recueils les plus sérieux des sciences médicales et pharmaceutiques, l'eau de mélisse des Carmes remonterait aux premiers temps de l'histoire des Gaules, et les Carmes, qui se donnaient volontiers à la fois pour les disciples du prophète Élie et les descendants des druides, auraient hérité directement de ces derniers du secret de sa composition. Ce qui est bien certain, c'est que depuis plus de deux cents ans l'usage de ce cordial est non-seulement éminemment populaire, mais que tous les traités de science médicale, tous les hommes de l'art ont reconnu et proclamé ses propriétés toniques, antispasmodiques et antiapoplectiques. Des *lettres royaux* en avaient jusqu'en 1789 maintenu la propriété et l'exploitation exclusive aux Carmes déchaussés de la rue de Vaugirard, motivant chaque fois cette décision, prise par le roi en son conseil, sur le rapport de la commission royale de médecine déclarant que l'eau de mélisse des Carmes était incomparablement supérieure par ses propriétés à celles composées d'après les pharmacopées, et que son utilité était démontrée.

« Lorsque la Révolution s'empara du couvent de la rue de Vaugirard, les religieux qui survivaient à leur ordre achetèrent de l'État le droit d'exploiter seuls le bienfaisant cordial, se constituèrent en société civile et commerciale, et s'établirent rue Taranne, 14, où le dernier d'entre eux mourut en 1831, après avoir transmis tous ses droits au prédécesseur de M. Boyer, aujourd'hui seul propriétaire et seul fabricant de l'eau de mélisse des Carmes.

«M. Boyer a réuni dans une intéressante monographie tous les documents qui concernent l'histoire du cordial qu'on a si souvent et si vainement cherché à imiter, et qui constatent ses droits et font connaître les propriétés hygiéniques et médicinales de son eau de mélisse, que les auteurs de la médecine contemporaine ont ainsi résumées dans un passage reproduit notamment par le *Moniteur* :

« Le succès de l'eau de mélisse des Carmes est la meilleure preuve qu'on puisse donner de son effica-
« cité dans un grand nombre d'indispositions. Un produit dont l'usage va toujours grandissant depuis
« plus de deux cents ans doit avoir une incontestable utilité ; et, en effet, dans combien de cas n'est-il
« pas employé comme tonique et antispasmodique ! Dans les digestions pénibles, dans les maux d'esto-
« mac, dans les accidents nerveux, dans les faiblesses de causes et de natures diverses, l'eau de mélisse
« des Carmes réussit parfaitement.

« Ce n'est point un médicament, et cependant elle fait autant de bien que les meilleurs parmi ceux
« dont dispose la médecine.

« A ce titre, elle aurait le droit d'être recommandée, même si le temps n'en avait pas consacré l'usage. »

Les consommateurs doivent apporter la plus grande attention à s'assurer, en vérifiant la marque de fabrique et la signature, que les boîtes et les flacons qu'on leur livre sortent bien de la fabrique de M. Boyer, rue Taranne, 14, à Paris.

Le jury international a consacré de nouveau les qualités de l'eau de mélisse des Carmes, en accordant à M. Boyer la *Mention honorable*.

EXPOSITION COLLECTIVE DES PROPRIÉTAIRES DES EAUX MINÉRALES DE FRANCE, représenté par M. J. François, ingénieur en chef des mines, à Paris.

Les eaux minérales à l'Exposition de Londres figurent dans diverses classes.

La deuxième classe comprend l'exhibition collective, par les propriétaires, représentés par M. J. François, des types et des variétés des eaux minérales françaises.

Cette collection renferme, savoir :

Quatorze eaux sulfureuses sodiques : Amélie-les-Bains, Aix, Baréges, Cauterets, Challes, Bonnes, Gazost, Labassère, Luchon, Marlioz, Olette, la Preste, Saint-Honoré, le Vernet.

Trois sulfureuses calciques : Aix-les-Bains, Allevard, Enghien.

Une chloro-sulfureuse sodique : Uriage.

Cinq chlorurées sodiques : Balaruc, Bourbonne, la Bourboule, Niederbronn, Salins.

Quinze bicarbonatées sodiques, calciques ou ferrugineuses : Alet, Bussang, Campagne, Châteauneuf, Condillac, Forges-les-Eaux, Lamalou, Mont-Dore, Pontgibaud, Pougues, Renaison, Saint-Alban, Saint-Galmier, Vals, Vichy.

Trois sulfatées calciques : Bagnères-de-Bigorre, Contrexeville, Vitel.

Une sulfatée magnésienne : Montmirail-Vacquiras.

Une sulfatée et silicatée sodique : Plombières.

Une chloro-sulfatée manganésifère : Luxeuil.

Ces quarante-quatre types ou variétés ont été disposés sur étagère, par classe et par ordre alphabétique. Ils résument d'une manière simple et complète les richesses hydro-minérales de la France continentale.

Dans la dixième classe, on trouve les eaux minérales représentées, dans l'exposition du *ministère des travaux publics*, par le modèle-relief des travaux souterrains et des thermes d'*Ussat*, appartenant à l'hospice de Pamiers, le modèle-reiief des travaux souterrains et des thermes de *Luchon*, enfin les dessins du captage des eaux de *Plombières.*

Le modèle d'Ussat est un spécimen de l'aménagement par voie de pression hydrostatique : il est destiné aux collections de l'École impériale des mines. Celui de Luchon caractérise la recherche souterraine par travaux d'allongement, de pénétration et à la fois de recoupement de la roche en place. — *Médaille.*

M. VICAT, a Paris. — Le monde savant connaissait depuis longtemps les propriétés destructives des insectes, que possèdent les huiles de certaines plantes. On n'ignorait pas, par exemple, que la famille des composées, et notamment les matricaires, les pyrèthres, les tanaisies, les chrysanthèmes, leur étaient particulièrement redoutables, ainsi que l'écorce de certains arbres et arbustes; mais l'application de ces propriétés à un procédé d'un effet sûr, d'un usage général et surtout peu dispendieux n'avait reçu aucune solution pratique avant l'heureuse découverte de M. Vicat.

Le succès qu'il a obtenu partout lui était dû à juste titre, car ce que depuis si longtemps tant d'autres avaient promis, il venait enfin nous le donner; et certes ce n'est pas un médiocre service que de nous débarrasser, nous, nos animaux domestiques, nos cultures et nos récoltes, nos étoffes, nos meubles, de ces insupportables parasites qui, dans certaines conditions, pullulent avec une irrésistible fécondité. Il n'en est aucun, Dieu merci, que l'insecticide-Vicat ne détruise, et presque tous, il les détruit, pour ainsi dire, instantanément, et sans aucun risque de nuire aux espèces que nous n'avons pas intérêt à faire disparaître.

En vérité, c'est là une invention merveilleuse dans sa simplicité et qu'il est incroyable qu'on n'ait pas effectuée depuis longtemps.

Divers essais ont été tentés pour obtenir les mêmes résultats que M. Vicat avec des poudres d'un aspect semblable; mais ce sont ses produits seuls qui ont justifié l'attente publique. Ce sont d'ailleurs les seuls qui aient un caractère scientifique, et c'est à ce titre que nous les mentionnons dans notre Album. Leur admission aux expositions universelles montre assez qu'il ne s'agit pas là d'une découverte empirique, mais d'un procédé obtenu à la suite de longues et persévérantes études.

Les Académies se sont empressées d'accorder leur suffrage à l'insecticide-Vicat, et depuis longtemps il a reçu un emploi régulier dans les casernes, les hôpitaux, les camps et sur les bâtiments de l'État. Aussi l'infaillibilité de cette poudre ne fait de doute pour personne.

D'autres chimistes ont appliqué leur talent à la solution de problèmes d'un autre ordre ; mais combien peu, en somme, ont le droit de dire qu'ils ont rendu des services égaux à ceux que M. Vicat nous rend tous les jours !

Voici le moyen d'employer l'insecticide-Vicat :

La poudre se lance sur l'endroit où se trouvent les insectes, soit avec le flacon qui la contient et dont on aura percé la capsule de petits trous, soit avec une boîte-soufflet ou l'insufflateur, soit enfin avec un petit soufflet et le tube. Pour détruire les puces, les poux, les artes, les animalcules causant les maladies de la peau, il suffit de saupoudrer l'intérieur des lits, les cheveux, les poils des chiens, des chats, ou les plumes des oiseaux, les étoffes, les fourrures; tous les insectes qui y sont logés en sortent pour périr au bout d'une demi-heure.

Contre les punaises, les cafards, les cancrelas, les scorpions, les araignées, on lance la poudre avec l'insufflateur dans toutes les fissures et les trous où peuvent se loger ces insectes.

Contre les mouches, les cousins, les pucerons, les hannetons, les chenilles, les pyrales, les altises, etc., la poudre se répand avec le soufflet ou l'insufflateur dans les appartements, sur les arbres ou les plantes; tous les insectes qui s'y trouvent tombent foudroyés au bout d'une demi-heure. Il faut avoir soin en fermant les appartements et en enveloppant les arbres et les plantes d'une espèce de fourreau, d'éviter les courants d'air, qui emporteraient la poudre.

Pour la destruction des fourmis, il suffit de semer quelques parcelles de poudre sur leur passage.

Si l'on veut préserver les vers à soie des fourmis, il faut se garder de saupoudrer les vers; car ils seraient tués comme les autres insectes; mais introduire avec soin de la poudre dans les trous où passent les fourmis.

La poudre ᵛᴵᶜᴬᵀ ne vieillit pas en flacons capsulés, elle conserve son efficacité; mais il faut la préserver de l'humidité et de la trop grande chaleur.

ESPAGNE. — M. JOSÉ DE OCAN. — On sait que le safran provient d'une petite plante bulbifère qui fleurit dans le mois de septembre, et qu'on cultive particulièrement en France, dans le Gâtinais (Loiret). On en fait un usage fréquent en Espagne. La fleur du safran est très-odorante et d'un violet pourpre à stigmates rouge aurore; ce sont ces stigmates convenablement desséchés qui constituent le safran du commerce. ·

Les échantillons exposés par M. de Ocan sont fort beaux, et la dessiccation en a été faite avec soin. — *Mention honorable.*

M. LABEL expose une collection de plantes médicinales provenant des îles Philippines, bien préparées et savamment classées. Les remèdes végétaux de tous genres s'y trouvent réunis : émollients, pectoraux, diurétiques, rafraîchissants, purgatifs, narcotiques, antispasmodiques, excitants, stomachiques, dépuratifs, antiscorbutiques, carminatifs, astringents, aucun n'y manque. Mais ces plantes ne sont pas toutes étrangères; plusieurs sont connues dans nos contrées, notamment la potentille rampante, l'armoise, la pariétaire officinale, la mauve sauvage. — *Mention honorable.*

ITALIE. — EAUX MINÉRALES. — Les eaux minérales de l'Italie forment une série très-variée de productions naturelles, qui ont eu de tout temps une véritable importance. Quelques-unes, depuis les époques les plus reculées, ont servi à l'établissement de thermes ou bains, et l'on voit encore aujourd'hui les débris des magnifiques constructions qui avaient été érigées autour d'elles sous l'invocation de telle ou telle divinité païenne; d'autres, au moyen âge, ont été découvertes de nouveau ou remises en faveur, et leur efficacité bien constatée leur a acquis une réputation qui s'est perpétuée jusqu'à nous; plusieurs ont été illustrées par les travaux de médecins célèbres, tels que Ugolino de Monte-Catini, André Bacci, Falloppe, Mascagni, etc.; enfin la découverte d'un grand nombre est de date toute récente.

La plupart de ces eaux ne sont connues que par des notions populaires restreintes au voisinage des sources, et leur nature n'est révélée qu'imparfaitement par l'usage qu'en font les habitants des campagnes, soit comme boisson, soit comme purgatif, soit comme immersion dans les maladies cutanées et dans des affections douloureuses; d'autres fois on est porté à attribuer une nature spéciale à une source par les effets qu'on a observés sur les bestiaux qui s'y baignent ou s'y abreuvent.

Si nous considérons les eaux minérales de la péninsule italienne sous le rapport de leur composition et de leur efficacité sur l'organisme animal, nous trouvons des eaux salines, c'est-à-dire minéralisées principalement par le chlorure de sodium, plus ou moins magnésiaques, souvent iodurées et bromurées; des eaux magnésiaques dans lesquelles le sulfate de magnésie prédomine dans une forte proportion; des eaux sulfureuses abondantes en sulfures et en acide sulfhydrique; des eaux ferrugineuses, où le fer est à l'état de carbonate, et des eaux très-riches en iodure. Leur température varie notablement; il y en a de froides et de thermales de tous les degrés.

Quant à leur valeur commerciale, quelques-unes, agents thérapeutiques excellents, peuvent s'exporter plus ou moins loin du lieu d'origine; mais les frais de transport, augmentant trop le prix de revient, en empêchent nécessairement la large diffusion.

Presque toutes les sources ont une grande importance économique dans les localités respectives, où elles desservent des établissements balnéaires très-fréquentés pendant la saison propice aux traitements hydrothérapiques; souvent à leur proximité se trouvent des hôpitaux pour les malades pauvres.

Les principales sources d'eaux minérales sont situées au pied des Alpes et des Apennins, près des masses éruptives, des sources de pétrole et des feux souterrains; dans les dépendances de la chaîne métallifère et des fumeroles boraciques en Toscane, aux environs de Naples et en Sicile, dans ce sol traversé par les soupiraux du Vésuve et de l'Etna.

36 exposants ont concouru à former l'intéressante collection des eaux minérales de l'Italie; nous nous bornerons à citer :

L'ACADÉMIE DE MÉDECINE DE TURIN, qui présente une collection d'eaux minérales des anciennes provinces sardes.

La DÉPUTATION PROVINCIALE DE BOLOGNE : diverses eaux thermales de sa province.

Le SOUS-COMITÉ DE CAGLIARI : eaux thermales salines, alcalines et ferrugineuses, et eau minérale saline.

Le SOUS-COMITÉ DE REGGIO (ÉMILIE) : eaux salines, ferrugineuses et sulfureuses.

L'ÉTABLISSEMENT THERMAL DE CASTROCARO, près de FORLI : eau ferro-manganésique et eau salino-iodurée, appliquées au traitement des maladies scrofuleuses; on a aussi essayé d'exploiter les eaux iodurées de cette partie de la Romagne Toscane pour l'extraction de l'iode et pour la préparation de l'iodure de potassium.

Le PROFESSEUR ABBAMONDI, A BÉNÉVENT : eaux sulfureuses.

M. PONDI, A PALAGONIA (SICILE) : eaux ferrugineuses.

M. RUSPINI, A BERGAME : eaux salino-ferrugineuses, salino-sulfureuses et salino-iodurées.

MM. DUFOUR FRÈRES, A GÊNES. — La production du sulfate de quinine a pris un certain développement dans plusieurs pays, et l'Italie n'est pas restée en arrière; car on peut dire aujourd'hui qu'elle compte des établissements de premier ordre pour la fabrication de ce médicament. Dans ce nombre il faut ranger l'usine fondée à Gênes, depuis quelques années, par les FRÈRES DUFOUR, laquelle jouit d'une réputation bien méritée pour la pureté et la beauté de ses produits.

La magnifique collection de produits dérivés du quinquina composant l'exposition de MM. DUFOUR présente non-seulement les sels ordinaires, mais encore un certain nombre de combinaisons de quinine, de cinchonine, de quinidine, de cinchonidine, de quinoléine, de mannite, combinaisons dont quelques-unes sont nouvelles, et qui toutes forment de beaux cristaux : ce qui prouve que les préparations sont faites avec soin et sur une vaste échelle. — *Médaille.*

MM. CONTESSINI ET Cⁱᵉ, A LIVOURNE, peuvent être mis sur la même ligne que la maison génoise que nous venons de signaler, pour la fabrication des produits médicinaux et pharmaceutiques. Comme elle, ils exposent des sulfates de quinine, qui peuvent soutenir la concurrence avec les meilleurs, et leur vitrine offre en outre des spécimens de mannite, de morphine, de valérianate et d'acétate de quinine, de santonine, de caféine, de théine, de garancine, etc. Il est à regretter que MM. CONTESSINI ET Cᵉ aient renfermé leurs produits dans des flacons en verre vert, car cela nuit de prime abord à leur aspect; mais on ne tarde pas à rendre justice à leurs préparations, dès qu'on les examine à l'œil nu.

La fabrique de ces exposants est dirigée par un chimiste distingué, M. OROSI, qui, au moyen de divers procédés qui lui sont en grande partie particuliers, est parvenu à assurer la supériorité incontestable de ses produits, reconnue par le jury international et récompensée d'une *Médaille.*

M. RUSPINI, de BERGAME, pour ses mannites très bien cristallisées, et M. SCERNO, de GÊNES, pour la qualité supérieure de ses sulfates et de ses citrates de quinine, ont obtenu, chacun, une *Mention honorable.*

M. EUGÈNE MAZZUCHETTI, A GÊNES. — La production du ricin serait très-avantageuse en Italie, si on la soumettait à un système de culture convenable et régulier; malheureusement elle n'occupe qu'une place peu étendue dans l'exploitation générale du sol. Cependant elle a, dans ces derniers temps, pris un assez large développement dans les contrées septentrionales, notamment dans le voisinage de Legnano et de Vérone, où des plantations de ricin ont été faites en 1846 et où la fabrication de l'huile a lieu sur une grande échelle. Dans leur vaste établissement, pourvu de pressoirs hydrauliques et d'excellentes machines à décortiquer la graine, MM. VALERI ET Cⁱᵉ, en possession d'un procédé particulier de filtration, retirent annuellement 45,000 kilogrammes d'huile de 120,000 kil. de graine; et

des résidus de l'extraction ils composent des tourteaux d'engrais qui sont très-recherchés par les cultivateurs de chanvre.

De grandes fabriques sont également en pleine activité dans d'autres parties de l'Italie; à Livourne,
à Gênes, etc., et l'huile de ricin de préparation italienne est considérée, par le rapporteur de la section
française du jury international, comme supérieure à celle de l'Inde, qui avait passé jusqu'alors pour la
meilleure.

M. Eugène Mazzuchetti, de Turin, l'a emporté pour la qualité de ses produits sur ses concurrents,
dans l'opinion du jury, qui lui a accordé une *Mention honorable*.

M. FRANÇOIS-XAVIER MELISSARI et M. BASILE LOFARO, à Reggio (Calabre). — Presque toute
l'essence de Bergamotte, consommée en Europe pour les besoins de la parfumerie, est exportée de
Reggio et de ses alentours; cette fabrication, ainsi que celle des essences de citron et d'orange,
est une source féconde de revenus pour cette province.

Les deux maisons ci-dessus se recommandent par le large développement qu'elles ont donné
à cette branche d'industrie et par la qualité supérieure de leurs produits. Le jury leur a accordé à chacune une *Mention honorable*.

PORTUGAL. — M. Caetano José PINTO, a Lisbonne, peut être considéré comme le seul exposant
parmi les producteurs spéciaux portugais pour la pharmacie, qui présente des produits ne s'écartant
pas des prescriptions du programme.

Son exposition se compose tout entière de médicaments préparés pour être vendus aux pharmaciens
non producteurs qui ont l'habitude de s'approvisionner dans son établissement. On y remarque, entre
autres, des extraits de diverses plantes, des graines, des produits minéraux, des sirops, des eaux pour
la toilette, des pâtes pectorales, etc., etc. Une eau de fleurs d'oranger, d'un arome délicieux, mérite
une mention toute particulière.

L'établissement de M. Pinto est un des plus importants de Lisbonne, et jouit, depuis 1846, d'une
réputation que viennent justifier chaque jour les perfectionnements qu'il apporte dans la fabrication
de ses nombreux produits. — *Mention honorable*.

M. Joaquim Ferreira NORBERTO, a Lisbonne. — Outre une belle collection de médicaments et de
produits pharmaceutiques d'une préparation irréprochable, M. Ferreira Norberto a soumis à l'appréciation du jury international une série de sondes de toute espèce, qu'il fabrique avec de la gélatine.
Ces instruments sont parfaitement réussis tant sous le rapport des formes que sous celui du choix et
de la bonne qualité de la matière employée. C'est dans son propre laboratoire que M. Ferreira Norberto
prépare la gélatine, dont il fait un usage si ingénieux ; et les spécimens qu'il en expose témoignent
d'une grande pureté et d'une fabrication habile et bien entendue.

M. Miguel José de Sousa FERREIRA, a Porto. — En général les fabricants de produits pharmaceutiques du Portugal ne se bornent pas à cette seule industrie ; ils y joignent la fabrication de certaines denrées alimentaires, telles que chocolats, dragées, sirops, confitures, etc., etc. L'exposition de
M. Ferreira se ressent de cette multiplicité de production, et il serait assez difficile de déterminer quel
est le produit qui a frappé le plus particulièrement l'attention du jury international, et c'est sans doute
à l'ensemble qu'a été décernée la récompense dont il a été honoré.

Cependant nous avons remarqué une boîte renfermant les médicaments les plus usités en pharmacie;
la préparation de ces produits est parfaite, et il serait à désirer que des boîtes de ce genre fussent
toujours à la portée des habitants des campagnes ; elles leur fourniraient de précieuses ressources dans
les maladies subites et dans les cas pressants, en attendant la présence du médecin, qu'il faut souvent
aller chercher à de grandes distances. — *Médaille*.

VILLES LIBRES. — M. ZIMMER, a Francfort. — Les 103 flacons qui composent la collection des
produits chimiques dérivés de la quinine présentée par M. Zimmer forment en quelque sorte un véritable

I.

livre, à l'aide duquel il est facile de suivre les nombreuses combinaisons de la quinine avec presque toutes les substances de la nomenclature chimique.

Parmi ces produits figurent non-seulement les sels ordinaires, mais encore un certain nombre de combinaisons de quinine, de cinchonine, de quinidine, de cinchonidine, combinaisons dont quelques-unes sont nouvelles. Parmi les sels de quinine, nous citerons indépendamment du sulfate neutre, le sulfate acide en cristaux très-réguliers et très-volumineux, l'hyposulfite, le nitrate, le chlorate, le phosphate, l'arséniate, le borate, le ferrocyanate, le sulfocyanhydrate, le formiate, le valérianate en magnifiques cristaux, du benzoate, de l'oxalate, du tartrate, du quinate de chaux, le rouge quinine, le quinotannate de fer, l'acide quinovatique, l'acide cinchocérotique, etc.

Cette énumération, bien incomplète cependant, témoigne tout à la fois de la richesse de cette collection, de l'intérêt qu'elle présente au point de vue scientifique, et de l'habileté du fabricant. — *Médaille.*

WURTEMBERG. — MM. BOHRINGER et FILS, A STUTTGART, possèdent une des plus importantes officines pharmaceutiques et chimiques du royaume de Wurtemberg, et livrent annuellement au commerce une quantité considérable des principaux sels dérivés de la quinine. Leurs échantillons de sulfate de cindronine, de santoline blanche, de sulfate et de muriate de quinine attestent l'excellence de leur fabrication. — *Médaille.*

RÉCOMPENSES

DÉCERNÉES PAR LE JURY INTERNATIONAL DANS LA DEUXIÈME CLASSE

Exposants membres du jury et hors de concours :

MM. T. MORSON. — Southampton (Royaume-Uni).　　　M. KUHNHEINE. — Berlin (Prusse).
James YOUNG. — Bathgate (Idem).

MÉDAILLES

Royaume-Uni. — Albright et Wilson. Oldbury.
Allen (F.), Bow-Common. Londres.
Allhusen (C.) et fils. Newcastle-on-Tyne.
Bailey (J.). Shooters-Hill.
Bailey (W.) et fils. Wolverhampton.
Bell (L. L.). Newcastle-on-Tyne.
Berger (S.) et Cᵉ, Bromley-by-Bow.
Blundell, Spence et Cᵉ. Hull et Londres.
Bowditch (W. R.). Wakefield.
Bramwell (W.). Newcastle-on-Tyne.
Brodie (B. C.). Oxford.
Broomhall (J.). Londres.
Bryant et May. Londres.
Chance, frères et Cᵉ. Birmingham.
Colman (J. et J.). Londres.
Condy (H. B.). Battersea.
Cox et Gould. Londres.
Dunell (R. G.). Ratcliff-Highway.
Foot (C.) et Cᵉ. Battersea.
Gaskell, Deacon et Cᵉ. Warrington.
Hallet (G.) et Cᵉ. Londres.
Hare (J.) et Cᵉ. Bristol.
Holliday Read. Huddersfield.
Hopkin et Williams. Londres.
Hurlet and Campsie Alum Cᵉ. Glasgow.
Hutchinson et Earle. Warrington.
James (E.). Plymouth.
Jarrow. Cᵉ des produits chimiques. South-Shields.
Johnson et fils. Londres.
Johnson (W. W. et R.) et fils. Londres.
Jones (O.) et Cᵉ. Battersea.
Kane (W. J.) Dublin.
Marshall fils et Cᵉ. Londres.
Cᵉ Mélincrythenne des produits chimiques. Neath.
Cᵉ Métropolitaine des aluns. Londres.
Miller (G.) et Cᵉ. Glasgow.
Newman (J.). Londres.
Cᵉ des creusets en plombagine. Battersea.
Perkin et fils. Greenford Green.
Pincoffs et Cᵉ. Manchester.
Rea (J.). Londres.
Reckitt (J.) et fils. Hull.
Reeves et fils. Londres.
Roberts, Dale et Cᵉ. Manchester.
Rowney et Cᵉ. Londres.
Rumney (R.). Manchester.
Shand (G.). Stirling.
Shanks (J.) Saint-Helen's.
Simpson, Maule et Nicholson. Londres.
Smith (B.) et fils. Spitalfields.
Smith (T.). Londres.
Spence (P.). Manchester.
Stanford (E. C. C.). Worthing, Sussex.

Stenhouse (J.). Londres.
Stiff et Fry. Bristol.
Tudor (S. et W.). Hull.
Versmann (F.). Londres.
Vincent (C. W.). Londres.
Cᵉ des alcalis de Walker. Newcastle.
Wallis (G. et T.). Londres.
Ward (J.) et Cᵉ. Glasgow.
Ward (F. O.). Londres.
Whaite (H.). Manchester.
White (J.). Glasgow.
Wilkinson, Heywoods et Clark. Londres.
Wilson (J.) et fils. Hurlet, près de Glasgow.
Winsor et Newton. Londres.
Wood et Bedford. Leeds.
Bermude. — Docteur Brown (W.).
Guyane anglaise. — Madame Foreman.
Madame Rose.
Canada. — Benson et Aspden. Canada.
Huileries du Canada.
Mac Naughton (E. A.). Canada.
Pearson frères. Canada.
Iles de la Manche. — Arnold (A.).
Dominique. — Commission de la Dominique (Antilles).
Inde. — Fischer et Cᵉ.
Gouvernement de l'Inde.
Jamaïque. — Société royale des Arts.
Trinité. — Comité de la Société des Arts.
Victoria. — Praagst.
Autriche. — Cᵉ des produits chimiques. Bohême.
Docteur Breitenlohner. Klumetz.
Diez (E.). Saint-Johann.
Engelmann (S.), Karolinenthal.
Fichtner (J.) et fils. Atzgersdorf.
Fürth, Bernhard. Schüttenhofen.
Gesleth (F.). Trieste.
Le baron Herbert (F. P.). Klagenfurt.
Bureau I. R. des mines à Idria. Carniole.
Kaiser (J. E.). Pesth.
Docteur Lamatsch (J.). Vienne.
Lehrer (A.). Vienne.
Miller et Hochstädter. Straschau.
Moll (A.). Vienne.
Nackh (J.) et fils. Vienne.
Nowack (J.). Karolinenthal.
Pollak (A. M.). Vienne.
Polley (C.). Simmering.
Richter frères et Cᵉ. Hernskretchen.
Salines de Pirano. Istrie.
Salines de Venise.
Setzer (J.). Weitenegg.
Strobentz frères. Pesth.
Tscheligi (R.), Villach. Carinthie.

Bureau I. R. des mines de Joachimstal. Bohême.
Wagenmann, Seybel et C°. Vienne.
BADE. — Benkiser. Pforzheim.
Manufacture d'outremer Heidelberg.
BAVIÈRE. — Adam (F. M.). Renneweg.
Société anonyme bavaroise de Henfeld.
Hoffmann (G.). Schweinfurt.
Manufacture d'outremer de Kaiserslautern.
Lichtenberger (C.). Hambach.
Sattler (W.). Schweinfurt.
BELGIQUE. — Brasseur (E.). Gand.
Bruneel (J. J.) et C°. Gand.
Cappellemans (J. B.) aîné. Bruxelles.
Delmotte-Hooreman (Ch.). Mariakerke.
De Wyndt et C°. Anvers.
Van Gecteruyen, Everaert. Hammes.
Heidt-Cuitis (T.), Chokier, Liége.
Mertens, Balthazar et C°. Lessines.
Mertens (G.). Overboelaere.
Remy (E.) et C°. Louvain.
Vander Elst (P. D.). Bruxelles.
BRÉSIL. — De Faro (T. P. D. et T. D). Rio-Janeiro.
Dos Santos (M. E. C.) et fils. Rio-Janeiro.
DANEMARK. — Benzon (A.). Copenhague.
Weber (T.) et C°. Copenhague.
ESPAGNE. — Berrens (H.). Barcelone.
Cros (J. T.). Barcelone.
Gallardo (L.). Barcelone.
José Lacambra. Barcelone.
José Menjibar. Bilbao.
Pedro Garcia.
SUÈDE. — Fonderie de cuivre de Fahlun. Dalécarlie.
Friestedt (A. W.). Stockholm.
Hjerta (L. J.) et Michaelsson.
C° des allumettes chimiques de Jönköping.
Lewenhaupt (comte de). Claestorpt.
ÉTATS-UNIS. — C° des amidons de Glencove. New-York.
Hotchkisse (H. G.).
Kingsford.
Pease (S. F.). Buffalo.
FRANCE. — Bezançon frères. Paris.
Boyer et C°. Paris.
Brunier fils et C°. Lyon.
Bruzon (J.) et C°. Portillon.
Camus (C.) et C°. Paris.
Cazalis (H.) et C°. Montpellier.
Charvin. Lyon.
Coëz (E.) et C. Paris.
Coignet fils et C°, et Coignet frères et C°. Lyon.
Collas et C°. Paris.
Cournerie fils et C°. Cherbourg.
Defay (J. B.) et C°. Paris.
Dehaynin (G.). Paris.
Delacretaz et Clouet. Paris.
Deiss (E.). Paris.
Deschamps frères. Sandraps.
Desespringalle (A.). Lille.
Dornemann (G. W.). Lille.
Drion-Quérité, Patoux et Drion. Aniche.
Duret aîné et Bourgeois. Paris.
Fayolle et C°. Lyon.
Fourcade (A.) et C°. Paris.
Fournier, Laigny et C°. Courville (Eure-et-Loir.)
Robert, Galland et C°. Paris.
Gauthier-Bouchard (L. J.). Paris.
Gélis (A.). Paris.
Gillet et Pierron. Lyon.
Guimet (J. B.). Lyon.
Guinon, Marnas et Bonnet. Lyon.
Huillard et Grison. Deville-lez-Rouen.
Jacques-Saucé. Paris.
C° des verreries de Saint-Gobain, Chauny et Cirey. Paris.

Kestner (C.). Thann.
Knapp. Paris.
Kuhlmann et C°. Lille.
Lalouël de Sourdeval et Margueritte. Paris.
Lamy. Lille.
Lange-Desmoulin (J. B. C.). Paris.
Laroque (A.). Paris.
Latry (A.) et C°. Paris.
Laurent (F.) et Casthélaz. Paris.
Lefebvre. Corbehen.
Lefranc et C°. Paris.
Mallet (A. A. P.). Paris.
Maumelé et Rogelet. Reims.
Merle (H.) et C°. Alais.
Messier. Paris.
C° des mines de Bouxwiller. Bas-Rhin.
C° parisienne du gaz. Paris.
Petersen (F.) et Sichler. Saint-Denis.
Picard et C°. Granville.
Poirrier et Chappat fils. Paris.
Pommier et C°. Paris.
Poulenc-Wittmann (E. J.). Paris.
Renard frères et Franc. Lyon.
Richter (B. et F). Lille.
Rocques et Bourgeois. Ivry.
C° des mines de Sambre-et-Meuse. Hautmont.
Schaaff et Lauth. Strasbourg.
Serret, Hamoir, Duquesne et C°. Valenciennes.
Serbat (L.). Saint-Saulve (Nord).
Tissier aîné. Le Conquet.
FRANCFORT-SUR-LE-MEIN. — Brönner (J.).
Strassberger et Kurz.
HANOVRE. — Schachtrupp et C°. Osterode.
GRAND-DUCHÉ DE HESSE. — Teinturerie de Marienberg.
Mellinger (C.). Mayence.
Oehler (K. et R.). Offenbach.
Schramm (C.). Offenbach.
ITALIE. — Contessini (J. et W.). Livourne.
Les Pères Serviti. Sienne.
Dol Balthasar, fermier des Salines royales à Ferrare.
Dufour frères. Gênes.
Durval (H.). Monterotondo.
Héritiers du comte de Larderel. Livourne.
Salines royales. Cagliari.
Miralta frères. Savone.
Sclopis frères. Turin.
ROME. — Manufacture d'alun du gouvernement à Tolfa.
PAYS-BAS. — Vander Elst et Matthes. Amsterdam.
Manufacture de garance. Tiel.
Mendel Bour et C°. Amsterdam.
Noortveen et C°. Levde.
Ochtman, van der Vleit et C°. Ziericksee.
Duyvis (T.). Koog-on-Zaan.
Veuve P. Smits et fils.
NORVÉGE. — Manufacture de chrome de Leeren-Fronhdjem.
PORTUGAL. — Administration des forêts du Portugal. Leiria.
Société générale des produits chimiques. Coïmbre.
Novaes (M. J. V.). Lisbonne.
COLONIES PORTUGAISES. — Conseil d'outre-mer de Portugal.
Lisbonne.
Docteur Welwitsch (F.). Angora.
PRUSSE. — Beringer (A.). Charlottenbourg.
Beyrich (A.). Berlin.
Curtius (J.). Dusseldorf.
Georg-Hütte. Aschersleben.
Hermann (O.). Magdebourg.
Heyl (R.) et C°. Charlotten.
Docteur Hübner Bernhard. Rehensdorf.
Jäger (C.). Barmem.
Kruse (A. T.). Stralsund.
Küderling (H. F.). Dusseldorf.
Lander et Krugman. Bonn.

Docteur Leverkus (C.). Dusseldorf.
Mathes et Weber. Dusseldorf.
Professeur et docteur Runge. Oranienbourg.
Société anonyme saxonne et thuringienne. Halle.
Sarre (H.) jeune. Moabit.
Schering (É.). Berlin.
Société anonyme de Wierschen Weissenfels. Weissenfels.
Weiss (J. H.) et C°. Erfurt.
Russie. — Epstein (A.) et Levy. Varsovie.
Heesen.
Pitancier.
Reichel (A.). Somin, Gouvernement de Novogorod.

Sanin (V. J.) près de Borovsk, gouvernement de Kalouga.
Shipof (A.). Kinesma, gouvernement de Kostroma.
Baron Tornau et C°, près de Bukow.
Saxe. — Duvernay, Peters et C°. Leipzig.
Würtz (F.). Leipzig.
Suisse. — Muller (J. J.) et C°. Bâle.
Wurtemberg. — Bohringer (C. F.) et fils. Stuttgart.
Knosp (R.). Stuttgart.
Neubauer.
Renner (J. A.). Hall.
Schollkopf (Joh). Ulm.
Siegle (H.). Stuttgart.

MENTIONS HONORABLES

Royaume-Uni. — Baker (F. B.). Londres.
Balkwill et C°. Plymouth.
Barnes J. B.). Londres.
Bartlett frères et C°. Camdentown.
Bell et Black. Londres.
Bouck (J. T.) et C°. Manchester.
Boulton et Barnitt. Londres.
Bray et Thompson. Chatterley.
Buckley (J.) succession de. Manchester.
Bush (J. W.). Londres.
Docteur Cattell. Londres.
Chick (G. B.). Bristol.
Church (A. H.). Londres.
Cowan et fils. Barnes.
Darby et Gosden. Londres.
Dawson (D.). Londres.
Dunn (A.). Dalston.
Dunn, Heathfield et C°. Londres.
Emery et fils. Cobridge.
Eschewege (H.). Londres.
Grimwade, Ridley et C°. Londres.
Haas et C°. Leeds.
Haworth et Brooke. Manchester.
Hirst, Brooke et Tomlinson. Leeds.
Hynam (J.). Londres.
Klaber (H.). Londres.
Langdale (E. F.). Londres.
Letchford. Londres.
Lucas (G.). Manchester.
Mander frères. Wolverhampton et Londres.
Naylor (W.). Londres.
Richardson frères et C°. Londres.
Rooth (J. S.). Chesterfield.
Rose (W. A.). Londres.
Smith (T. L.) et C°. Londres.
C° des amidons de Springfield. Londres.
Symons (T.). Derby.
Wilshere et Rabbeth. Londres.
Wilson et Fletcher. Londres.
Wood (E.). Stoke-on-Trent.
Bermude. — Keane (C. C.).
Nouveau-Brunswick. — Docteur Spurr.
Victoria. — Holdsworth.
Anhalt. — Flügger (J. D.).
Autriche. — Achleitner (L.). Salzbourg.
Bode (F. M.). Vienne.
Manufacture des produits chimiques. Fiume.
Hermann et Gabriel. Vienne.
Jäckle (G.). Gratz. Styrie.
Keil (A.). Vienne.
Kühn (E.) et C°. Sechshaus, près de Vienne.
Kurzweill (F.). Frenderthal (Silésie).
Kutzer (J.). Prague.
Comte Larich-Mönnich. Petrowitz (Silésie).
Lehner (E.). Vienne.

Lewinsky frères, Dobrisch. Bohême.
Maraspin frères. Trieste.
Pieriag (C. F.). Karolinenthal.
Pollak (B.) jeune. Vienne.
Punschhart (F.) et Rauscher.
Quapill (R.). Znaïm.
Le prince Sapieha (Adam). Krusiczyn.
Docteur Wagner. Pesth.
Wilhelm (F.) et C°. Vienne.
Zarzetsky (J.). Pesth.
Bade. — Clemm, Lennig. Manheim.
Röther (H.). Manheim.
Bavière. — Graf et C°. Nuremberg.
Meyer (H.), Mittler (F.). Augsbourg.
Toussaint (G. F.) Furth.
Belgique. — Barbanson (P.). Bruxelles.
De Cartier (A.). Auderghem, près de Bruxelles.
Coosemans et Berchem. Anvers.
Dettenre-Walker. Anvers.
Hanssens (B.) et fils. Vilvorde (Brabant).
Mathys (M.). Bruxelles.
Seghers (B.). Gand.
Vansotter, Coninckx et C°. Neder-Overheembeck.
Verstraeten (E.). Gand.
Brésil. — Castro (M. M.) et Mendes. Rio-Janeiro.
Gary (M. M.), Alexio et C°. Rio-Janeiro.
Espagne. — Royo (M.). Valence.
France. — Barthe, Durrschmidt, Perbier et C°. Coulanges-lez-Nevers.
Bertrand et C°. Dijon.
Carof (A.) et C°. Portsal-Ploudulmézenn (Finistère).
Chapus (A.). Lille.
Chévé (L. J.) jeune. Paris.
Ferrand (M.). Paris.
Javal (J.). Paris.
Lutton (A.), Lolliot et C°. Neuvy-sur-Loire (Nièvre).
Mathieu Plessy (E.). Paris.
Parquin, Legueux Zagorowski et Sonnet. Auxerre et Savilly (Yonne.)
Perra (B.). Petit-Vanves (Seine).
Pérus (J.) et C°. Lille.
Piver et Rondeau (A.). Paris.
Platel (L. J.) et Bonnard (J.). Lyon.
Roseleur (A.). Paris.
Strauss, Javal et C°. Paris.
Usèbe (J. C.). Gare de Saint-Ouen.
Hanovre. — Du Bois (J. E.).
Heins (E.). Harbourg.
Hener (A.) et C°. Lichtenstein.
Hesse-Cassel. — Habich (G. C.) et fils.
Hesse (Grand-Duché de). — Petersen et C°. Oppenbach.
Italie. — Leoni, Antonio. Livourne.
Lofaro (B.). Reggio.
Massucchetti (E.). Turin.
Mellissari (F. S.). Reggio.

Nassau. — Dietze (H.) et C°. Mayence.
Pays-Bas. — Groote et Romeny. Amsterdam.
Grootes frères (D. et M.). Westzaan.
Krol (G. J.) et C°. Zwolle.
Lensing, Collard (H.). Leeuwarden.
Van Renterghem et C°. Goes.
Molijn et C°. Rotterdam.
Taconis (P.). Joure-Frise.
Verhagen et C°. Goes.
Vriesdendorp (C. A.) et fils. Dordrecht.
Portugal. — Ferreira (A. J.). Santarem.
Gouveia (J. M. S.). Coïmbre.
Pires (O. B.). Faro.
Prusse. — Andrae et Grüneberg. Berlin.
Barre (E.). Minden.
Behrend (G.). Hirschberg.
Bennecke et Herold. Berlin.
Braune (B.). Dantzig.
Bredt (O.). Barmen.
Engelbrecht et Veerhof. Minden.
Huguenel (C.). Breslau.

Lucas (M.). Liegnitz.
Oster (J. B.). Kœnigsberg.
Pommerensdorf. Stettin.
Ruffer et C°. Breslau.
Ruge. Wildschütz, près de Hohembluen.
Docteur Schür (O.). Stettin.
Schuster et Kähler. Dantzig.
Vorster et Gruneberg. Cologne.
Russie. — Lepeskin frères. Moscou.
Saxe-Cobourg-Gotha. — Holzapfel et Gruh.
Saxe. — Pommier et C°. Neuschönefield.
Schütz (A.). Wurzen.
Theunert et fils. Chemnitz.
Suède. — Manufacture de Djurö. Norrköping.
Fabrique de soufre de Dylta Nericia. Hönsäter.
Comte Hamilton (H. D.). Gothie occidentale.
Hazelius (A. K.). Stockholm.
Fabrique d'alun de Lofvers. Ile d'Oland.
Comte Piper (C. E.). Andrarun.
C° des mines de Stora Kopparberg. Dalécarlie.
Wurtemberg. — Ziegler (E.). Heilbronn.

DEUXIÈME SECTION
MÉDAILLES

Royaume-Uni. — Davy, Macmurdo et C°. Londres.
Howards et fils. Stratford-Essex.
Holland (W.). Londres.
Huskisson et fils. Londres.
Macfarlan (J. F.) et C°. Edimbourg.
Société pharmaceutique de la Grande-Bretagne. Londres.
Ramson (W.). Hirchin.
Smith (T. et H.). Londres et Edimbourg.
Inde. — Kaong Lall. Dey.
Autriche. — Zacherl (J.). Vienne.
Bade. — Mürrle (G. Jac.). Pforzheim.
Bavière. — Wolffmüller (A.). Munich.
Brésil. — Peckolt (T.).
Santos Dos (C.) et fils.
Danemark. — Benzon (A.). Copenhague.
États-Unis. — Collège de pharmacie de Philadelphie.
France. — Armet de Lisle. Nogent-sur-Marne.
Aubergier, Clermont.
Belanger, Martinique.

Berjot (F.). Caen.
Callou (A.) et Vallée. Paris.
Francfort-sur-le-Mein. — Zimmer (C.).
Lepine (J.). Inde.
Commission locale de la Guyane française pour l'Exposition
    de Londres de 1862.
Grand-Duché de Hesse. — Merck (E.). Darmstadt.
Italie. — Contessini (F.) et C°. Livourne.
Dufour frères. Gênes.
Pays-Bas. — Docteur Junghurn. Java.
Norvège. — Möller, Peter. Christiania.
Portugal. — Welwistch (F.). Angola.
Prusse. — Docteur Marquardt (L.). Bonn.
Saxe. — Heine et C°. Leipzig.
Schasse (E.) et C°. Leipzig.
Schimmel et C°. Leipzig.
Suède. — Cavalli (J. G.).
Wurtemberg. — Bohringer (C. F.) et fils.
Wolff (F. A.) et fils. Heilbronn.

MENTIONS HONORABLES

Royaume-Uni. — Barnes (J. B.). Londres.
Bullock et Reynolds. Londres.
Duncan, Flockart et C°. Edimbourg.
Dunn, Heathfield et C°. Londres.
Goodhal (H.). Derby.
Hopkin et Williams. Londres.
Hulle (J.). Battersea.
Squire (P.). Londres.
Wats (J.) et C°. Londres.
Inde. — Docteur Shortt Chingleput.
Australie. — Mlle Marsh.
Ile de la Trinité. — Devenish, Sylvester.
Knowles (R. J.).
M° Clintock.
Autriche. — Hatschek (F.) et Sachs.
Ruapill (R.). Znaïm (Moravie).
Docteur Wagner (D.). Pesth.
Wilhem (F.) et C°. Vienne.
Brésil. — Castro (M. M.) et Mendes. Rio-Janeiro.

Chine. — Carey (H. W.). Chine.
Espagne. — De Ocan. Catalogne.
Label. Iles Philippines.
France. — Dubosc et C°. Paris.
Joret (E. M. F.) et Homolle (G.). Paris.
Colonies françaises. — Collas. Inde.
Cavalier. Guadeloupe.
Darnault. Nouvelle-Calédonie.
Hardy. Algérie.
Mercier. Algérie.
Saint-Pierre-Miquelon. — Riche.
Hanovre. — Du Bois (J. E.) Hanovre.
Italie. — Mazzucchetti.
Ruspini (G.). Bergame.
Scerno (E.). Gênes.
Japon. — Docteur Myburg (F. G.). Japon.
Pays-Bas. — Docteur Bosson (K. J. W.). Dordrecht.
Prusse. — Geiss (T. G.). Magdebourg.

PRODUITS DE L'INDUSTRIE

TROISIÈME CLASSE

PRODUITS ALIMENTAIRES

M. Léonce de Lavergne, dont la compétence en ces matières est incontestée, évalue à environ 1,000 francs par hectare le capital foncier qui représente en France la somme enfouie dans le sol, depuis un temps immémorial, en constructions, clôtures, défrichement, chemins, irrigations, assainissements, amendements et fumures non épuisées. Cette somme peut s'élever à 20,000 francs par hectare en certains lieux, et s'abaisser ailleurs à moins de 100 ; mais la moyenne est de 1,000 francs, c'est-à-dire à peu près la moitié de ce qui a été dépensé en Belgique ou en Angleterre pour une même étendue de terrain. Quant au capital d'exploitation, qui se compose en général de ce qu'on appelle, dans la langue du droit, les immeubles par destination, c'est-à-dire des animaux, instruments de culture, semailles, fruits pendants par racines, fumiers et autres engrais, récoltes en magasin et argent comptant, il ne doit guère dépasser la somme de 100 francs à l'hectare, tandis qu'il monte au quintuple chez nos voisins. Au total, ces évaluations donnent le chiffre de 50 milliards pour le capital foncier et de 5 milliards pour le capital d'exploitation de l'agriculture française.

Le revenu de cette agriculture, tout bien considéré, doit être d'environ 1,600,000,000 pour les produits animaux, et de 3,400,000,000 pour les produits végétaux, c'est-à-dire d'environ 100 francs par hectare, somme égale à celle du capital d'exploitation. Mais c'est là le revenu brut ; quant au revenu net, on pense qu'il était d'environ un milliard il y a cinquante ans, et qu'il atteint, à présent, un milliard et demi.

Toutes proportions gardées, ces résultats sont bien au-dessous de ceux que l'on obtient en Angleterre et en Belgique, et nous avons le droit d'espérer que nous saurons atteindre le niveau de ces deux pays. Pour y arriver, nous avons besoin de nous rappeler sans cesse que notre capital d'exploitation doit être employé à nous procurer de fortes fumures et des labours profonds, et que nous devons éviter avec soin les dépenses inutiles. On a dit avec raison que doubler la profondeur d'un labour, c'est doubler la puissance d'une terre. Voilà une vérité dont il faut que chacun se persuade, quand même le sous-sol, ramené à la surface, paraîtrait pendant quelque temps moins riche que le sol ancien. Sur cette terre bien défoncée l'engrais agira de toute son énergie. Mais la question des engrais passe encore avant celle de la profondeur du labour. Ce sont les fumiers qui nous manquent le plus en France. Les engrais de commerce, et, par exemple, le guano, sont d'excellents agents de fécondité ; mais occupons-nous surtout de faire d'abondants fumiers de ferme, et pour cela multiplions notre bétail, et pour multiplier notre bétail étendons partout les cultures fourragères. Selon toute apparence, c'est une centaine de milliards qu'il faudrait dépenser pour donner ainsi au sol de la France toute la force végétative qu'il doit posséder. Un siècle suffira peut-être à cet enrichissement ; et avant qu'il soit accompli, nous aurons produit le double et peut-être le triple de la quantité de blé et de viande que nous produisons.

Nos 50 millions d'hectares cultivables se divisent de la sorte : 4 millions d'hectares de prés naturels, 5 millions de prés artificiels, 2 millions de racines, 5 millions de jachères, 6 millions de froment, 4 millions de seigle et de méteil, 5 millions d'avoine, d'orge, de maïs, de sarrasin, 3 millions de cultures diverses, 2 millions de vignes, 8 millions de bois et 8 millions de terres incultes. M. de Lavergne estime qu'avec une meilleure culture on pourrait les diviser ainsi : 8 millions d'hectares de prés naturels, 5 millions de prés artificiels, 5 millions de racines, 10 millions de froment, 5 millions d'avoine, d'orge, de maïs, de sarrasin, 4 millions de cultures diverses, 3 millions de vignes, 6 millions de bois et 4 millions de jachères et de pâturage. Peut-être est-ce beaucoup diminuer l'étendue des bois, mais pour le reste nous pouvons aisément nous rendre compte des raisons qui font croire que c'est là l'idéal de la prochaine agriculture nationale.

Parmi les progrès généraux accomplis depuis dix ans dans les exploitations purement agricoles, on a pu signaler l'extension donnée, dans la région septentrionale de la France, à la culture des blés tendres ou à grains blancs ; le développement de la culture de la betterave comme plante industrielle et l'amélioration des assolements ; les mélanges rationnels faits de diverses variétés, afin de partager les chances fâcheuses de la culture et d'accroître la moyenne des produits ; l'adoption d'excellents procédés de conservation des céréales, soit à l'état de grains, soit à l'état de farines, procédés qui rendent enfin possible l'organisation économique des réserves ; l'extension de la culture des variétés de pommes de terre qui résistent le mieux aux maladies ; la propagation du maïs blanc dans le midi de la France ; l'extension de la culture de l'orge chevalière ; la mise en rapport des terrains vagues dans les Landes et dans la Sologne ; la propagation, par la distillation des betteraves, d'une nourriture plus économique du bétail, et, par conséquent, la production plus avantageuse de la viande ; et enfin les progrès accomplis dans la fabrication des engrais des villes et des fermes, et l'élévation de leur titre d'azote. Pour ce qui concerne les produits de la troisième classe, obtenus dans des usines qui sont toujours distinctes des exploitations rurales, on a signalé l'accroissement considérable de la production du chocolat et une perfection plus grande apportée dans sa fabrication ; l'introduction de nouveaux procédés pour la conservation des légumes ; une amélioration générale dans la qualité des produits livrés à la consommation, sous le nom de « conserves, » et l'importance acquise par l'utile fabrication des pâtes et des vermicelles que l'emploi des blés durs d'Afrique et la qualité des blés de la Limagne ont nationalisée chez nous.

Ce n'est pas sans raison que M. Michel Chevalier appelle l'attention des particuliers et du gouvernement sur l'insuffisance de notre système d'irrigation. Oui, les rivières et les fleuves charrient à la mer des millions et des milliards qu'il dépendrait de nous d'arrêter au passage, et de faire couler sur nos terres avec leurs eaux. C'est ainsi que faisait l'antique Égypte avec les saignées de son Nil qui couvraient ses vallées d'un réseau fécondateur. C'est ainsi que l'Italie supérieure, aménage les richesses des sources qui coulent des Alpes dans le golfe de Gênes et dans la mer de Venise. Nous sommes loin de songer à venir, de cette façon, en aide à la nature, nous qui, chaque année, laissons manquer d'eau, aux portes de Paris, les plaines de la Beauce, et qui ne savons pas fertiliser la Provence en prenant au Rhône les flots inutiles dont il va gonfler la Méditerranée.

Nous n'avons sans doute pas un besoin aussi pressant que l'Angleterre de recourir au drainage, parce que nos terres sont naturellement moins humides ; mais il n'en est pas moins vrai que nous en avons besoin et que nous n'y recourons pas. Le gouvernement ne demande pas mieux que de stimuler à ce sujet l'indifférence des particuliers, et une dotation de cent millions a été offerte aux travaux essentiels ; mais ce que l'administration donne d'une main, elle le retire de l'autre, parce que ce n'est pas encore une conquête faite en France que la suppression des formalités et l'anéantissement des bureaux inutiles. Nous voyons le bien à faire, mais il semblerait que nous nous plaisons à nous empêcher nous-mêmes de l'entreprendre.

Il y aurait aussi à dire quelque chose sur les droits de douane qui grèvent l'entrée des engrais. On ne conçoit pas qu'il n'y ait pas plutôt des primes à l'introduction pour favoriser l'emploi de toutes les substances qui doivent nourrir le sol de notre pays. M. Michel Chevalier, qui a signalé toutes ces anomalies et bien d'autres, a particulièrement insisté sur les améliorations qu'il y aurait à introduire dans le fonctionnement de l'institution, en principe si utile, du crédit foncier. Nous ne pourrions que répéter ses paroles.

Quant à décrire le tableau qu'offrait particulièrement l'exposition de la troisième classe au milieu de l'Exposition universelle, c'est une tâche qui dépasse nos forces et devant laquelle reculeraient les plus habiles. Chacun, en effet, conçoit que devant cette immense accumulation de richesses naturelles les instruments d'analyse ordinaires perdent toute leur vertu. Nous essaierons néanmoins d'en retracer quelques traits.

On n'avait pas encore vu réunie une aussi abondante collection de grains. La France à elle seule comptait près de deux mille exposants agriculteurs qui, pour la plupart, avaient envoyé des céréales. Le plus beau froment venait d'Australie ; mais il se passera encore du temps avant que cette heureuse et si prodigieusement active colonie puisse devenir un pays d'exportation. Seulement, il est certain que voilà pour l'avenir un nouveau grenier d'ouvert. Quelle fécondité que celle d'un sol qui, à peine défriché et semé en céréales du froid pays d'Ecosse, donne ces grains si ronds, si éclatants, d'une si fine écorce et d'une farine si blanche !

A part cette exception singulière, il n'y a eu qu'une voix pour reconnaître la supériorité de l'exposition des céréales de la France, dans la variété et dans la simplicité même des envois qui la composaient. Le progrès est très-sensible depuis dix ans, et il a été d'autant mieux apprécié qu'on voyait bien que c'étaient là des échantillons de culture courante, pris dans le tas, et nullement des grains choisis pour l'occasion du concours, comme l'étaient les blés anglais. Nos blés d'Algérie ont, eux aussi, été remarqués et méritaient de l'être.

Nous devons dire cependant que si depuis quelques années nos cultivateurs ont su choisir leurs semences, c'est principalement à l'Angleterre qu'ils en ont demandé les divers types. Toutefois il y a, en les employant, à se défier de leur moindre richesse en gluten et à rechercher au moins le moyen d'y remédier par l'étude attentive des sols auxquels on les confie et par le soin des cultures.

La multiplication des racines dans les assolements n'a pas été sans influence sur l'amélioration de nos récoltes de blé. Partout, en effet, où on les cultive, le sol se modifie sous l'influence des labours profonds et répétés, et à la suite des fumures et des sarclages. Le navet a contribué à donner au blé anglais sa valeur. Nous commençons à nous rendre compte de ces relations et c'est surtout grâce à la betterave. C'est en effet sur la multiplication de ce genre de racines que roule en général l'amélioration de la culture intensive de la France. De nombreux exemples le prouvent : nous aurons l'occasion d'en citer quelques-uns.

En parlant, par exemple, des heureux travaux entrepris dans une grande terre du Berry, nous verrons qu'en France on regarde comme dangereux de faire revenir trop souvent la culture du trèfle rouge sur un même sol. Ceci nous amène à la question des fourrages. Les Anglais ne font nulle attention à cet inconvénient, parce qu'ils savent que tout dépend de la richesse naturelle ou artificielle et de l'état de propreté du terrain. Ils soignent donc leur sol et font beaucoup plus de trèfle que nous. L'usage de la chaux en poudre, s'il était plus répandu en France, nous rassurerait, d'ailleurs, bien vite sur la prétendue incertitude des récoltes de cette excellente légumineuse.

Nous cultivons peu le trèfle blanc. C'est cependant une excellente nourriture pour le petit bétail, et, associé au ray-grass, il est d'un rendement productif. Nous négligeons presque entièrement la vesce dite « vicia cracca ». C'est une erreur, comme aussi de méconnaître les avantages de la culture de la « fléole des prés, » qu'estiment si justement les Anglais et les Américains, surtout au Canada.

Nous ne pouvons ici tracer l'esquisse d'un cours d'agriculture; mais il nous semble à propos de faire remarquer de quelle façon les Anglais s'y prennent pour créer ou accroître en étendue leurs prés naturels. Tandis que nous y semons en masses de vieilles graines de prés, sans distinguer celles qui sont venues d'un sol sec et léger de celles qu'a produites un sol humide et argileux, ils étudient avec soin les variétés de sol qu'ils veulent ensemencer, arrêtent la liste des graines dont ils ont besoin pour tel ou tel espace et les demandent séparément au commerce. De plus, nous supposons qu'un pré naturel, une fois bien établi, doit subsister de lui-même. En Angleterre, on le fume au moins partiellement, et non pas seulement, comme chez nous quelquefois, avec des marnes et des curures de fossés. On y met de l'engrais véritable, et souvent du plus vigoureux.

Nous aurions bien à dire encore sur la récolte des foins qui est très-perfectionnée en Angleterre, surtout dans les comtés du Nord, comme l'est en Écosse l'art de cultiver le blé et de créer les prairies.

La Belgique devrait aussi nous fournir d'utiles enseignements, si notre cadre s'étendait plus au large.

Autrefois la meunerie française n'excellait pas précisément dans l'art de faire de belles farines; mais depuis vingt-cinq ans elle a pris la tête des autres meuneries et à cette heure encore c'est elle qui donne les plus beaux produits. C'est un intérêt de premier ordre pour un grand pays comme le nôtre, que de savoir moudre d'une façon supérieure, car il serait dangereux de voir nos blés s'exporter et les farines étrangères envahir nos ports. L'une des plus graves conséquences d'un tel état de choses serait la perte des sons, qui représentent environ le quart du grain et qui sont dans les campagnes transformés si utilement en volaille et en viande.

Les meuniers anglais se servent de nos appareils et de nos procédés, comme autrefois nous nous servions des leurs, et ils commencent à nous serrer de près. On fait aussi de fort belles farines en Espagne, mais peut-être ne les fait-on pas économiquement, ni avec tous les blés, ni en donnant de beaux sons. Les farines d'Amérique sont faciles à échauffer et d'un blutage médiocre. Nous avons dit quelles sont la richesse et la beauté de ces grains d'Australie, tous égaux, tous d'un beau jaune d'or, et pesant 89 kilos l'hectolitre; mais, faute d'un outillage convenable, les farines qui en ont été tirées sont mal blutées et mal affleurées.

Une industrie qui se lie d'aussi près que possible à celle de la culture des grains et à leur mouture, c'est la fabrication des pâtes alimentaires qui fit jadis la fortune de l'Italie. Nous avons dû d'abord à nos blés glacés d'Auvergne et nous devons à présent à nos blés durs d'Afrique de produire les pâtes les plus riches en gluten. Gênes en fait peut-être d'égales; mais à près d'un tiers plus cher, et la différence est énorme pour des produits d'une grande consommation. En général c'est dans les mêmes usines que, depuis la mise en pratique du procédé Martin, on travaille à la fois les amidons et les pâtes et il y a une très-grande quantité de gluten transformé ainsi en nourriture utile, qui autrefois était perdue. On ne saurait croire quels avantages en a retirés déjà l'alimentation publique.

Nous ne mentionnerons qu'en passant les tapiocas et les diverses fécules exotiques, quoique ces substances alimentaires tendent à devenir d'un usage assez général.

En fait de conserves, on n'a rien inventé dans ces derniers temps, et le progrès ne consiste que dans la préparation de plus en plus économique et dans la mise en vente de quantités de plus en plus considérables de légumes soumis à la dessication.

On ne soupçonne pas, en général, quelle est l'importance de la récolte, de la préparation, de la consommation et du trafic des fruits secs, tels que les figues, les pruneaux, les cerises, abricots, dattes, pâtes de tamarin, bananes sèches, amandes, châtaignes, noix et noisettes. A elle seule, par exemple, la France consomme chaque année plus de deux millions d'hectolitres de châtaignes. Il y a donc là une industrie considérable, mais dont les procédés, depuis longtemps fixés par l'expérience, ne peuvent guère révéler de perfectionnements inattendus dans les expositions.

Il en est de même de la culture et du commerce des épices et des condiments divers. Les habitudes des peuples ne se modifient pas sans difficulté, quand il s'agit de l'emploi de ces substances, et la seule chose qu'on pourrait signaler ce serait l'introduction dans la consommation de quelques nouvelles variétés d'assaisonnement, mais le cas ne s'est pas présenté dans ces derniers temps. On ne découvre pas tous les jours, il faut le dire, des produits naturels comparables au thé, au cacao, au café; et quoique les sources de notre alimentation soient infiniment plus variées que celles des anciens, et que, par conséquent, l'on puisse croire qu'avec le temps elles seront encore plus nombreuses, nous pensons qu'il ne s'opèrera plus de ces surprenantes vulgarisations de substances jadis inconnues et en quelques siècles universellement mises en usage. Il y a moins de deux cents ans, en 1667, la Compagnie des Indes envoyait à Charles II un cadeau de deux livres de thé; c'était la première expédition que l'Asie en faisait à l'Europe. Aujourd'hui l'Europe consomme 45 millions de kilogrammes de ces feuilles précieuses. Aussi est-ce à qui fera du thé maintenant. L'Inde en exporte déjà 1,200,000 kilos, et Java 900,000. Le Brésil en produira bientôt assez pour sa consommation, et notre colonie de la Réunion espère réussir aussi dans cette culture délicate. Ces essais sont des faits tout nouveaux.

Les Américains du Sud récoltent une plante qui porte le nom de thé du Paraguay, et dont il est annuellement consommé chez eux plus de 18 millions de kilogrammes. L'Europe connaît à peine cette substance qui, au Brésil, ne coûte pas plus de 80 centimes le kilo. La curiosité seule suffirait pour faire répandre un peu chez nous l'usage d'une autre plante, infiniment plus excitante, le coca, qui, pris à la dose de quelques feuilles, permet à un homme de travailler constamment pendant plusieurs jours, sans avoir besoin de nourriture ni de sommeil. C'est à ne pas le croire. Rien n'est cependant moins imaginaire. Le coca coûte environ 2 fr. 50 le kilogramme, et il s'en récolte au Pérou plus de 11 millions de kilogrammes.

L'espace nous manque; sans cela nous aurions à parler des cafés et des cacaos de l'Exposition. De tels produits, qui sont l'objet de tant de transactions, méritent bien qu'on ne les néglige pas. Quelle culture en effet que celle du café, dont il se consomme 225 millions de kilogrammes en Europe et 160 millions aux États-Unis! Il est curieux de voir comment cette énorme production se répartit actuellement et comment elle change insensiblement de terroir. Quant au cacao, le chiffre de la consommation universelle doit atteindre 20 millions de kilos, et il s'élèvera certainement plus encore; mais la culture du cacaoyer n'intéresse qu'une seule région du monde, celle de l'Amérique du Sud.

Ce serait bien d'autres chiffres encore, s'il fallait parler des sucres et comparer les procédés et les résultats d'une fabrication qui, en France, roule, année moyenne, sur 150 millions de kilogrammes pour une consommation de plus de 180 millions, et qui, dans l'univers entier, doit suffire à une consommation d'au moins 1,400 millions de kilos !

La question des tabacs n'est pas non plus de celles qui se traitent en trois lignes. Disons seulement que l'on suppose que tels sont les chiffres de la production du tabac : Asie, 200 millions de kilogrammes; Europe, 142 millions; Amérique, 124 millions; Afrique, 12 millions; Australie, 350,000 kilos; c'est-à-dire une quantité totale d'environ 500 millions de kilos.

Si quelque point particulier de l'exposition des produits alimentaires devait attirer notre attention et s'il en était un que nous eussions à cœur de traiter à fond, c'était assurément l'article de ces vins qui sont la richesse et l'orgueil de l'agriculture de France. On verra dans le compte rendu de la classe ce que nous avons été amenés à en dire et comment nous n'avons pu en dire davantage.

Grands consommateurs de vins hors de chez eux, et surtout en France, les Anglais n'ont pas jusqu'à présent paru vouloir introduire en grand dans leur régime habituel les boissons dérivées du jus de la vigne; ou du moins, c'est toujours au vin alcoolique de l'Espagne et du Portugal qu'ils ont continué leurs faveurs. Le traité de commerce anglo-français doit nécessairement modifier cette habitude et, après quelques tâtonnements, placer les vins de France sur le marché anglais à la place qu'ils méritent. Mais il faut l'avouer, les résultats espérés sont loin d'être obtenus, et il y aura bien des efforts à faire pour y atteindre. Ce n'est pas ici le lieu d'expliquer en détail pourquoi nous n'avons pas encore, après deux années de relations faciles, fait apprécier nos vins en Angleterre. On peut dire cependant que c'est, en général, parce que l'avidité des intermédiaires auxquels on a dû avoir jusqu'ici recours a trahi à la fois les intérêts du producteur de France et du consommateur d'Angleterre en dénaturant les liquides à vendre et, en ne les vendant pas au prix qui peut assurer leur succès. D'ici à peu de temps l'expérience nous aura éclairés et nous arriverons sans doute à la grande vente qui doit être pour notre pays un des avantages de la nouvelle politique commerciale.

Mais nous ne sommes pas les seuls qui désirions nous ouvrir des débouchés réguliers sur le marché anglais. L'Espagne et le Portugal ont fait en 1862 de grands frais pour y maintenir et même y étendre la consommation dont leurs vins sont l'objet. L'Autriche en a fait de plus considérables encore pour rivaliser avec nous, et il est certain qu'une partie de ses récoltes ont de la valeur, et dans un genre de produits qui ressemblent plus aux nôtres qu'à ceux de la péninsule ibérique. Les colonies anglaises elles-mêmes paraissent avoir l'intention d'approvisionner un jour la métropole.

Les vraies nouveautés de l'exposition, c'étaient les vins de l'Australie, ceux de l'Algérie qui ont de l'avenir et ceux de l'Amérique qui peuvent en avoir encore plus.

Nous n'aurions rien à dire des vins français, s'il n'y avait à parler que de ces crûs exceptionnels que leurs heureux et intelligents propriétaires maintiennent avec des soins si jaloux dans toute la pureté de leurs qualités naturelles et qui l'emportent alors de si haut sur n'importe quels vins du monde; mais ce sont bien là des crûs d'exception, et il y a parmi nous une fâcheuse et condamnable tendance soit à viner les vins, c'est-à-dire à les couper et à les surcharger d'alcool, sous prétexte de les accommoder au goût des consommateurs étrangers, soit à faire produire aux terroirs à vin plus de raisins qu'il ne convient, et à ne pas scrupuleusement préférer le raisin fin au gros raisin, le pineau, par exemple, au gamet. Ces opérations se font également sur les eaux-de-vie, et l'on sait, en ces derniers temps, quelle émotion a ressentie le grand commerce de la Charente, lorsqu'il a vu la falsification discréditer sa renommée séculaire. Ce n'est pas au moment où nous voulons, et avec raison, nous emparer de la consommation anglaise, qu'il est avantageux de poursuivre de si dangereux bénéfices. La sincérité de nos produits assurera seule leur fortune.

Nous avons aussi à nous défier du mépris avec lequel nous sommes enclins à considérer les vins de l'étranger. On peut dès à présent faire à un grand nombre de nos vins une concurrence sérieuse et, avec le temps, certains pays nous menaceront plus sérieusement encore.

Il y avait à Londres des vins de bien des provenances qui méritaient d'être étudiés : des vins rouges et blancs de Neufchatel, des vins prussiens de la Moselle et de la Saar, des vins du Rhin, des vins de Nassau et de Hesse, quelques vins du Palatinat, des vins badois, beaucoup de vins du Wurtemberg et, surtout, une très-riche collection de vins autrichiens, parmi lesquels les crûs de Hongrie se faisaient fort avantageusement remarquer.

Nous ne parlons là que des vins d'Europe. Nos vins d'Algérie n'en sont encore qu'à la période des essais. On peut dire la même chose des vins d'Amérique ; mais ces essais présagent un bel avenir. Ce n'est pas la nature qui manque aux producteurs américains, et, par exemple, à ceux du Brésil, dont nous avons eu l'occasion de dire un mot dans notre analyse de la première classe, c'est la science ; et cette science, ils l'auront un jour ; ils peuvent même bientôt la posséder. Tenons-nous donc sur la défensive ; ne nous dépouillons d'aucun de nos avantages légitimes ; redoublons de soin dans la culture et de sincérité dans le commerce. C'est le moyen le plus sûr que nous ayons de garder longtemps encore une supériorité qui, jusqu'à présent, ne peut nous être contestée par personne.

Les liqueurs et les diverses boissons fermentées de l'Exposition n'ayant donné lieu à aucun examen, nous n'avons exactement rien à en dire. Du reste, chaque pays a, pour cette fabrication et cette consommation, ses goûts, ses procédés et ses habitudes fixés depuis des siècles et auxquels il est douteux qu'il soit apporté jamais d'importantes modifications.

Telle est l'esquisse bien rapide des produits alimentaires exposés à Londres. Nous l'aurions faite trois ou quatre fois plus étendue, qu'elle serait toujours incomplète. Quel volume, en effet, suffirait à l'examen des produits de l'agriculture universelle? Nous ne pouvons que le répéter : c'est de la troisième classe de cette exposition qu'il était le plus difficile de bien apprécier et qu'il est le moins possible de rappeler toutes les richesses.

Peut-être nous saura-t-on gré, en terminant cette esquisse, de rappeler quelques-uns des chiffres curieux de la statistique universelle. L'examen de la production des céréales et surtout du froment est le point capital de toute étude sur l'agriculture : voyons donc comment cette production se répartit dans les divers pays d'Europe. Une année mauvaise ne produit que 64 millions d'hectolitres en France ; et une année médiocre, que 73 millions; mais une bonne année en donne 110 millions. Voici maintenant les chiffres moyens des récoltes de froment dans les autres pays de culture. L'Angleterre recueille 33 millions d'hectolitres; l'Écosse, 2 millions; l'Irlande, près de 3 millions;

cela fait 38 millions pour tout le Royaume-Uni. La Belgique en fait environ 4 millions d'hectolitres; la Prusse, juste 10 millions; la Bavière, un peu moins de 3 millions; la Saxe, 1,700,000; le duché d'Oldenbourg, 1,200,000; la Hesse, 575,000; le duché de Nassau, 310,000; le Wurtemberg, 64,000; le Luxembourg, 200,000; l'Autriche, 29 millions; les Pays-Bas, moins de 1,200,000; la Russie, 80 millions; l'Espagne, 18 millions; la Grèce, 825,000; le Portugal, 3,300,000; les États sardes, avant l'annexion, 7 millions; la Suède, 500,000; les États romains, 6 millions; l'ancien royaume de Naples, 21 millions. Quant aux États-Unis, leur production ordinaire est évaluée à 45 millions d'hectolitres.

On voit, qu'en somme, la France récolte plus de froment que n'importe quel pays et qu'à elle seule elle en récolte plus que l'Angleterre et la Russie ensemble. Mais nous ne sommes pas seulement producteurs; nous avons aussi l'avantage d'être consommateurs, et en quarante années, nous avons dû importer 34 millions d'hectolitres de froment. C'est un peu moins d'un million par année.

Nous ne faisons guère que 25 millions de seigle. L'Autriche en fait 35 millions, la Prusse, autant; la Russie, 150 millions. Nous faisons environ 20 millions d'hectolitres d'orge. L'Autriche en récolte 26 millions; la Prusse, 10 millions; la Russie, 50 millions, et l'Angleterre, 22 millions; mais elle s'en sert surtout pour ses boissons fermentées. Quant au maïs, nous en récoltons de 8 à 10 millions d'hectolitres. L'Angleterre ne saurait en produire. On en récolte environ 5 millions en Espagne, 12 ou 15 millions en Italie, 20 millions en Autriche. Le chiffre de la production du maïs aux États-Unis est prodigieux : il atteint 230 millions d'hectolitres.

Pour l'avoine, c'est la Russie qui vient au premier rang avec une récolte de 200 millions d'hectolitres. Nous en faisons 70 millions; les États-Unis en produisent 62 millions; l'Autriche, 60 millions; le Royaume-Uni, 80 millions; la Prusse, 40 millions. Nous ne comptons pas nos 8 millions d'hectolitres de sarrasin, parce que nous ignorons les chiffres de la récolte étrangère.

REVUE DES PRINCIPAUX OBJETS

EXPOSÉS DANS LA TROISIÈME CLASSE

SECTION I. — PRODUITS D'ÉCONOMIE RURALE.

Rendre compte de tous les produits d'économie rurale exposés dans le Palais de Kensington et récompensés par le jury international exigerait un espace beaucoup plus considérable que celui dans lequel doit entrer en entier notre compte rendu de l'Exposition universelle de 1862; nous nous bornerons donc à ne citer que les plus remarquables.

ROYAUME-UNI. — MM. RAYNBIRD, CALDECOTT et BAWTREE, a Basingstoke. — La collection des graines économiques, céréales et fourragères de ces messieurs est non-seulement nombreuse ; mais elle renferme plusieurs variétés nouvelles. Dans les froments ce sont les *grace's white* et *Browick red*, deux magnifiques blés sans barbes, et *Sherriff's bearded red Wheat*, un beau blé barbu, à grains longs et d'excellente qualité.

Viennent ensuite neuf espèces d'orges, parmi lesquelles se distinguent l'orge chevalière et l'orge géante ; huit variétés d'avoines également fort belles, surtout la blanche de Tartarie et l'avoine Winter. Nous mentionnerons aussi un seigle géant, quatre belles variétés de pois, six de féverolles, des graines de turneps, enfin de nombreux échantillons de plantes fourragères. — *Médaille.*

M. WELLSMAN, a Newmarket, présente diverses variétés d'orge et une avoine pesant 50 livres anglaises le boisseau, ou 51 kilogr. 30 l'hectolitre. — *Médaille.*

M. ADKINS, a Wallingford. — La meunerie anglaise s'étant presque complètement abstenue, et une collection de blés, destinée à faire apprécier les qualités qu'elle emploie, ayant été reconnue inexacte, les éléments nous ont manqué pour apprécier justement la véritable situation de cette industrie en Angleterre. Cependant les échantillons exposés prouvent qu'elle a accompli de notables progrès depuis 1855, et que peu de distance sépare aujourd'hui les meuniers anglais des meuniers

I.

français. Ces derniers doivent redoubler de zèl, s'ils ne veulent pas se laisser atteindre par leurs actifs rivaux.

Les farines présentées par M. Adkins, qui met en pratique le procédé de Callas, peuvent soutenir la concurrence avec celles des meilleures marques de notre pays. — *Médaille.*

MM. CARTER et Cie, a Londres, ont réuni cinq cent onze espèces de graines de fleurs et de légumes. La collection des plantes usuelles y est assez complète ; mais on ne remarque dans l'ensemble aucune nouveauté horticole. — *Médaille.*

M. E. J. DAVIS, a Londres. — Une excellente méthode en usage en Angleterre, pour la conservation des fourrages et leur mise en magasin, c'est la compression. M. Davis présente de forts beaux spécimens de cette manière de faire.

Le foin pressé occupe peu de place ; il est bien moins accessible à la poussière, à la sécheresse et à l'humidité ; enfin il conserve ses feuilles et ses graines.

M. Davis mêle à ses fourrages comprimés de l'avoine et autres grains. Cette méthode a déjà rendu de grands services pendant la guerre de Crimée. Il établissait alors ses mélanges sur 5 kilogr. d'avoine pour 6 kilogr. de foin ; chaque botteau constituait la nourriture quotidienne d'un cheval. — *Médaille.*

MM. COLMAN, a Londres. — La spécialité de ces exposants est la fabrication des farines de moutarde. Leurs échantillons de graine de moutarde blanche et noire et ceux des farines que l'on en obtient sont fort beaux. Les fleurs de ces farines attestent le degré de perfection atteint par MM. Colman dans ce genre de fabrication. — *Médaille.*

MM. ABBOT et THOMAS TAYLOR, a Londres, exposent une magnifique collection de houblon. Toutes les variétés de cette précieuse plante y figurent en double échantillon pris dans les balles de marchandise courante. D'un côté sont les houblons de provenance anglaise, de l'autre ceux de provenance étrangère. Les houblons anglais sont ceux du Devonshire, du Hampshire, du Herefordshire, du Kent, du Lincolnshire, du Northamptonshire, du Nottinghamshire, du Suffolk, du Surrey, du Sussex et du Worcestershire. Les houblons étrangers proviennent de Bade, de la Bavière, de la Belgique, de la Bohême, des États du Nord de l'Amérique, de la France (Alsace), de la Pologne et du Wurtemberg. — *Médaille.*

M. FLEMING (Canada). — La belle collection des produits agricoles du Canada résume les importantes ressources que présente en ce genre ce beau pays. Elle renferme huit variétés de blé, deux belles variétés d'orge, six de fèves, une de betterave, deux de luzerne, deux d'avoine, une d'oignon, dix de pois, deux de turneps, une de lin, et enfin une de ray-grass. — *Médaille.*

M. W. P. CLIFTON, a Leschenault (Australie). — Les froments provenant de l'Australie ont été déclarés les plus beaux de ceux envoyés à l'Exposition de Londres. Ils laissent, en effet, bien en arrière les plus beaux blés récoltés dans le nord de la France et en Angleterre.

Le spécimen de blé blanc exposé par M. Clifton, de l'Australie occidentale, est remarquable par la rondeur et l'éclat de son grain et la transparence de son écorce. La farine qui en provient est d'une blancheur éblouissante. Ce blé, d'après la déclaration de l'exposant, pèse 85 kilogr. par hectolitre, et son rendement est de 20 hectolitres à l'hectare. C'est là un beau sujet d'étude pour la Société d'acclimatation. — *Médaille*

M. KINNERSLEY, a Victoria. — Jusqu'au moment de la découverte des mines d'or, l'agriculture dans la colonie de Victoria avait fait des progrès considérables, et en 1850, alors que la population n'était que de 76,000 habitants, on n'y comptait pas moins de 52,185 ares de terre en culture, et la quantité de blé récolté suffisait, à un dixième près, aux besoins de la population. En 1854 et en 1855, tous les travailleurs s'étant portés aux mines, la récolte ne fut que d'un dixième seulement du nécessaire. Mais cette situation s'améliora promptement. Dès 1856, malgré l'augmentation considérable de la population, la production s'éleva aux quatre dixièmes du nécessaire, et elle était des six dixièmes en 1861. — Peu d'années suffiront maintenant pour que non-seulement la colonie suffise à ses besoins, mais pour qu'elle puisse envoyer des céréales sur les marchés extérieurs.

Voici, du reste, la production en grains de la colonie de Victoria en 1861 :
Sur 169,629 hectares 36 ares livrés à la culture, on a récolté

Froment.	1,255,936 hectolitres.
Avoine	954,308
Orge	30,311
Seigle	614
Maïs	9,082

De beaux échantillons de blé et d'avoine, ne le cédant en rien à ceux des autres provinces de l'Australie, exposés par M. KINNERSLEY, lui ont mérité la *Médaille*.

M. ALLŒN BELL, DE L'AUSTRALIE MÉRIDIONALE, a également envoyé un magnifique échantillon de froment. Le grain est plein, renflé et de belle couleur, le poids est considérable ; tout dénote enfin une bonne culture sur un sol excellent. — *Médaille.*

MM. LES COMMISSAIRES DE L'EXPOSITION, A VICTORIA. — Une collection de spécimens, reproduits en plâtre, des fruits que l'on récolte dans la colonie, a été organisée par les soins de MM. LES COMMISSAIRES DE L'EXPOSITION à Victoria. Elle se compose de 70 variétés de pommes, parmi lesquelles les plus beaux types sont : la Rhode-Island, la rouge d'Astracan, la Lord-Nelson, la Royal-Souverain, la Wellington, et de 38 variétés de poires où se trouvent la Duchesse-d'Angoulême, des Van-Mons, des beurré d'Arenberg, des Saint-Germain et des Belles-d'Angerville ; viennent ensuite des cerises, des prunes, des noix, des amandes, enfin toute la pomologie européenne. En présence de cette exhibition, on se croirait devant la vitrine de la Société impériale d'horticulture de Paris. — *Médaille.*

LES COMMISSAIRES DE LA TASMANIE. — Les produits agricoles et naturels réunis par les COMMISSAIRES DE LA TASMANIE sont aussi forts intéressants.

En 1860, la population de cette colonie était de 87,875 habitants, et la quantité de terre cultivée de 110,622 acres, répartis de la manière suivante :

Froment.	66,450 acres	ayant produit	1,415,896	boisseaux ;
Orge.	6,238	»	121,605	»
Avoine	30,303	»	926,418	»
Pommes de terre . . .	7,621	»	33,589	tonnes.

Outre les céréales, la Tasmanie produit des pois, des turneps, des carottes, des oignons, des tabacs, etc. On y trouve aussi une grande quantité de bois de construction, de teinture, d'ébénisterie, de menuiserie et autres, dont les spécimens sont représentés par 210 échantillons.

Le climat de la Tasmanie se prête surtout à la culture des fruits : pommes, poires, pêches, abricots, etc.

En 1860, la colonie exportait 56,203 liv. sterl. de fruits, c'est-à-dire 15 fr. 60 par tête de la population. — *Médaille.*

FRANCE. — DÉPARTEMENT DU NORD. — LES SOCIÉTÉS D'AGRICULTURE DE BOURBOURG ET D'HAZEBROUCK ET LE COMICE AGRICOLE DE LILLE ont exposé à Londres des froments d'une qualité exceptionnelle et qui, de ceux de France, dit le rapporteur du Jury français, sont les plus beaux. Ces blés sont blancs, tendres, et ont en gluten une richesse moyenne ; leur farine, parfaite pour la panification, est très-recherchée par la boulangerie anglaise.

Cette supériorité des blés du département du Nord est le résultat d'une culture perfectionnée au plus haut degré. Pour donner à nos lecteurs une idée des méthodes employées dans cette contrée, nous avons extrait quelques passages d'une note remise au jury de la troisième classe par M. CHEVAL, cultivateur à Estreux (Nord), relative à l'exploitation de la ferme qu'il exploite.

« Le sol d'Estreux est une surface plane, peu boisée. La couche arable, peu profonde, se compose presque partout d'argile et de silice ; elle repose sur un sous-sol argileux et perméable. Le climat tempéré est assez souvent pluvieux. Les eaux ne s'obtiennent qu'à l'aide de puits qui ont en moyenne 25 mètres de profondeur.

« La main-d'œuvre est assez rare dans ce pays essentiellement industriel. Pendant l'hiver et le printemps, le prix de la journée est pour les hommes de 1 fr. 75 c. et pour les femmes de 0 fr. 90 c.; pendant la moisson il est pour les hommes de 2 fr. 25 c. et pour les femmes de 1 fr. 10 c.

« Dans les fermes, les seuls domestiques à gages sont : les valets de charrue, les bouviers et les bergers.

« Les productions principales du pays sont le blé et la betterave ; on y cultive aussi l'avoine, les féverolles, le seigle, l'hivernage, l'orge, les trèfles et la luzerne. L'élève du bétail est peu pratiquée dans la contrée, où les prairies naturelles sont d'ailleurs très-rares; mais l'engraissement s'y fait dans d assez grandes proportions.

« L'étendue de l'exploitation est de 120 hectares, appartenant partie à l'exploitant, partie à des particuliers auxquels ils sont affermés au prix moyen annuel de 216 francs, en donnant en outre une année de fermage à titre de pot-de-vin, et en prenant les contributions à sa charge.

« Le capital engagé dans l'exploitation de la ferme d'Estreux s'élève à 2,343 fr. par hectare, répartis comme suit :

Chaux. .	280 fr.
Engrais.	400
Un peu plus d'une tête 1/3 de gros bétail..	733
Bâtiments de ferme	580
Instruments aratoires.	100
Roulement de fonds y compris la main-d'œuvre.	250
	2,343 fr.

« Toutes les terres de l'exploitation sont, sauf exception, en culture arable. Les bâtiments sont construits en pierres et en briques et recouverts en ardoises. L'assolement est généralement biennal pour la sole de betteraves et pour la sole de blé qui lui succède.

« Il est triennal pour la sole de trèfle, d'hivernage et de féverolles ; mais cet assolement triennal, tout à fait partiel, ne comprend qu'un huitième environ de l'exploitation.

« Les amendements sont principalement la chaux et la cendre de houille en petite quantité; toutes les terres ont reçu la quantité de chaux nécessaire pour suppléer au manque de calcaire et former un sol normalement composé. Cette quantité a varié de 280 à 400 hectolitres par hectare. Une pièce de terre de trois hectares environ, d'un sol plastique, à sous-sol imperméable, a nécessité 800 hectolitres de chaux par hectare, en deux à trois ans. On fait toujours, sur les terrains argilo-siliceux, répandre et enfouir la chaux avant l'hiver, par un labour de trente centimètres, pour la culture de la betterave ; sur quelques terres argileuses compactes, on s'est utilement servi de la cendre de houille, dans la proportion de 800 hectolitres par hectare.

« Comme engrais on emploie les fumiers de la ferme et ceux des chevaux des troupes en garnison à Valenciennes; on utilise encore comme engrais les déchets de betteraves, les terres de nettoyage de cette plante, les boues, dont on forme un compost en y mêlant de la chaux. On emploie aussi un engrais très-puissant, les résidus de défécation des jus de betteraves, et en un mot toutes les matières fertilisantes provenant de deux sucreries voisines. Enfin, un troupeau de 350 à 400 têtes fume annuellement, par le parcage de juin à décembre, huit hectares de terre à betteraves. On a drainé trois hectares : les drains ont été posés à 0m80 de profondeur, et la dépense s'est élevée à 280 fr. par hectare; après le drainage la production sur ces terrains est devenue semblable à celle des autres terres.

« Les labours, pour lesquels les moteurs sont les chevaux et les bœufs, se font exclusivement en planches et leur profondeur est au minimum de 30 centimètres.

« Les blés succèdent aux betteraves. Les semis s'exécutent au semoir et en lignes; les premiers à raison de 130 litres à l'hectare, et les derniers, vers la fin de novembre, à raison de 150 litres. L'espacement des lignes est de 22 centimètres.

« Les blés sont roulés après l'hiver, puis hersés avec une herse en fer à dents fines et nombreuses. Pour détruire les parasites on passe entre les lignes la rasette à la main; de cette dernière opération résulte la grande pureté des grains. La moisson se fait généralement en avril, à l'aide du piquet. Le battage a lieu à la machine et le nettoyage avec le tarare, qui enlève le peu de balle et de poussière qui reste. »

Le jury a admiré les produits agricoles de M. CHEVAL et lui a décerné la *Médaille*, également accordée aux SOCIÉTÉS D'AGRICULTURE DE BOURBOURG et DE HAZEBROUCK, et au COMICE AGRICOLE DE LILLE.

Aux renseignements qui précèdent sur la grande culture dans le département du Nord, nous en joindrons de relatifs à deux petites exploitations rurales, recommandées d'une manière toute particulière par le jury d'admission de l'arrondissement de Lille à MM. les membres du jury international.

M. SÉRAPHIN BAGUE occupe, à Quesnoy-sur-Deûle (Nord), cinq hectares de terre qu'il cultive en tabac, en betteraves, en blé, en avoine, etc. L'assolement suivi habituellement dans sa petite exploitation est le suivant :

Tabac, fumé avec 10,000 kil. de tourteaux par hectare et les boues de la ville.

Betteraves,
Blé, } sans engrais.
Avoine,

Au lieu d'avoine, il sème quelquefois du lin; dans ce cas, il fume avec 1,100 kil. de tourteaux d'œillettes ou de chanvre par hectare.

Les rendements qu'il obtient atteignent toujours une limite fort élevée; on peut les évaluer comme suit, par hectare :

Tabac, environ 3,000 kil.
Betteraves, 60,000 à 70,000 kil.
Blé, 40 à 45 hectolitres.
Avoine, 90 hectolitres.

Tout le mécanisme de cet assolement pivote sur la culture du tabac, qui nécessite des soins multipliés et d'abondants engrais. Cette culture de jardinage étant suivie encore d'une récolte sarclée, le blé arrive dans une terre purgée rigoureusement de toutes mauvaises herbes, et l'arrière-fumure, qui persiste dans le sol, fournit à cette graminée une nourriture mieux appropriée à ses besoins que si l'on avait appliqué des engrais récents; aussi la moisson, solide dans ses chaumes, résiste à la verse et fournit du grain en abondance.

Les tabacs de ce cultivateur sont fort estimés par l'administration. Ils sont souvent choisis comme type pour l'expertise des tabacs livrés par d'autres planteurs.

M. SÉRAPHIN BAGUE a quitté en 1840 la condition d'ouvrier pour se livrer à l'exploitation de quelques parcelles de terre. Aujourd'hui il jouit d'une honnête aisance ; une partie de ses champs lui appartiennent ainsi que sa maison d'habitation.

Les considérations que nous venons d'exposer relativement à M. SÉRAPHIN BAGUE, s'appliquent également à M. DESRUELLES-MARESCAUX, qui est aussi estimé comme un des plus capables parmi les petits occupeurs de Quesnoy-sur-Deûle.

Il suit absolument le même système que le précédent, et ses récoltes sont également des plus intensives. Ainsi, en 1860, il obtenait par hectare :

Tabac, environ 3,000 kil.

Blé, — 42 hectolitres.

Avoine, — 88 à 90 hectolitres.

Dans la moyenne, et encore moins dans la grande culture, on n'obtient pas de tels résultats.

M. DESRUELLES-MARESCAUX n'exploite que trois hectares de terre. Il est propriétaire de deux hectares et de sa maison d'habitation.

EXPOSITION COLLECTIVE DU DÉPARTEMENT DE L'OISE. — Les produits agricoles de l'Oise abondent au palais de Kensington et démontrent la fertilité du sol et la bonne culture de ce département. Le frère MENÉE, directeur de l'Institut normal agricole de Beauvais, en a envoyé une collection très-remarquable, qui, par le jury de la quatrième classe, a été jugée digne de la *Médaille*.

Le département de l'Oise produit principalement des blés gris et glacés, très-propres à la fabrication des gruaux. On y récolte cependant des blés blancs de très-bonne qualité, et son exposition en renferme plusieurs spécimens très-remarquables. — *Médaille*.

VILMORIN-ANDRIEUX ET Cᵉ, A PARIS. — La collection de produits agricoles, de plantes industrielles et des produits utiles qu'on en extrait, présentée à l'exposition de Londres par cette honorable et importante maison, résumait à elle seule la situation actuelle, en France, de la culture. Offerte par MM. VILMORIN-ANDRIEUX ET Cᵉ, au Musée de Kensington, cette collection sera, pour nos voisins, un des plus curieux sujets d'étude que leur aura laissé la section française de l'exposition universelle de 1862.

Les céréales y sont au grand complet. On y remarque le blé Victoria, très-beau et très-productif ; le blé géant, auquel il faut les terrains les plus riches ; le blé bleu, très-hâtif et remarquable par sa production. Viennent ensuite les orges, puis les avoines, dans lesquelles on distingue une avoine de Pologne à gros grains très-lourds, et une avoine hâtive de Sibérie à grains blancs et gros.

Les graines et les plantes fourragères y sont également toutes, et, parmi celles propres à la formation des prairies artificielles, on remarque le pois perdrix, la vesce écossaise, la vesce de Bernay, plus grosse que toutes les autres, le trèfle incarnat, tardif, à fleur blanche, variété précieuse, car à son aide, on peut prolonger la durée d'une récolte verte.

Les variétés de carottes et de betteraves sont nombreuses aussi. Citons la betterave jaune ovoïde des Barres, généralement préférée à toute autre race. Quant aux navets, les plus belles variétés appartiennent à l'Angleterre.

La collection renferme également plusieurs variétés de choux-rave, qu'en France on a cependant le tort de négliger comme plante fourragère.

Pour l'ensemencement des prairies artificielles bisannuelles, on remarque les graines de luzerne, de trèfle et de sainfoin. — En Angleterre, on mélange le trèfle rouge au ray-grass. Le foin provenant de cette culture est un peu moins nutritif que les foins de trèfle seul, mais il se récolte plus aisément. En France, on n'a pas encore cette habitude. M. Vilmorin a conseillé de mélanger au trèfle rouge le trèfle hybride, surtout dans les sols très-humides pendant l'hiver.

C'est à regret que nous quittons cette magnifique exposition à laquelle on pourrait facilement consacrer plusieurs volumes. — *Médaille*.

M. LALOUEL DE SOURDEVAL, A LAVERDINES (CHER). — « En passant de la triste Sologne dans le Berri, le sol s'améliore, et, conséquemment, son produit est plus considérable ; il continue néanmoins d'être fort médiocre et très-inférieur à ce qu'il devrait être. » Ainsi s'exprimait en 1789 le célèbre Arthur Young. Quel doit donc être le produit de cette antique province, qui est géographiquement, et a été historiquement le cœur de la France ? Un vieux vers latin, traduit au seizième siècle par Chaumeau, dit que :

La Neustrie a grandes forêts,
Le Berri pâtis et marais.

Est-ce donc seulement de la chair de mouton et de la laine qu'il doit donner? Non, car on a la preuve que, depuis vingt-cinq ans, la richesse de son agriculture a doublé, et l'on a la certitude qu'elle peut doubler encore en moins de temps. Quelques grands propriétaires, heureusement nourris des idées de leur siècle, y ont commencé l'œuvre de régénération si longtemps attendue, et nous sommes heureux de pouvoir dire, quoique en bien peu de mots, par quels efforts intelligents cette œuvre a pu réussir. L'exploitation du domaine de Laverdines est l'exemple que nous avons à proposer.

Ce domaine contient d'un seul tenant et sans enclave 970 hectares de terres, argilo-calcaires pour la plupart, dont le sous-sol passe de l'argile pure à la marne et aux calcaires imperméables, avec quelques portions de tourbières. On le voit, c'est bien là le vieux fonds du Berri : moitié bois, moitié pacage. Une sucrerie y fut établie à grands frais en 1838, mais sans succès. Deux ans après, la terre de Laverdines fut achetée par M. LALOUEL DE SOURDEVAL, qui entreprit son amélioration, et, en 1848, associa à son œuvre son fils, M. Alfred DE SOURDEVAL.

C'était par le métayage que le domaine était retenu dans sa médiocrité ; c'est par la culture directe qu'il devait être transformé et enrichi.

Mais d'abord il fallait refaire le sol bocager et marécageux, où abondaient les haies, les fossés, les eaux stagnantes. Défrichée, desséchée, drainée, la terre fut bientôt pourvue de 10 kilomètres de chemin. Les tuyaux de drainage avaient été faits sur place ; sur place on fabriqua de la chaux à moins de 0,50 c. l'hectolitre, et les chaulages ainsi que les marnages furent effectués en grand et avec commodité. Point de luxe inutile pour l'exécution de ces plans. De simples hangars, des bâtiments appropriés au logement des ouvriers locataires et à la salubrité de la stabulation, on ne voulut rien de plus, et on évita surtout de se laisser prendre à l'esprit de système et de traiter uniformément toutes les parties d'une terre dont les caractères naturels étaient très-variés. Point de précipitation non plus, car elle pouvait exposer à des mécomptes ; et pour bien tirer parti de la situation des choses, il fallait que l'expérience eût fait tout connaître et tout apprécier.

C'est une grave erreur, dans laquelle on ne tombe plus guère, que de croire que de prime abord toutes les parties d'un domaine comportent un égal capital d'exploitation. MM. LALOUEL DE SOURDEVAL portèrent leur principal effort, accumulèrent les engrais et le travail là où les plus belles récoltes étaient possibles, où le bénéfice net devait être le plus grand ; et c'est avec les ressources créées sur un point central, que peu à peu fut effectuée l'amélioration du reste de la terre. Là est le secret d'une réussite qui frappe aujourd'hui tous les yeux.

Produire des engrais en suffisante quantité, tel était le problème à résoudre. Les propriétaires en trouvèrent la solution dans la culture de la betterave et la création d'une sucrerie.

Une usine facilement accessible, mais indépendante des cultures de Laverdines, peut aujourd'hui transformer en sucre ou en alcool, suivant les prix de vente, 8 millions de kilogr. de betteraves achetées aux cultivateurs de 18 à 20 fr. le millier métrique. Toutes les pulpes y sont passées sous la presse hydraulique, c'est-à-dire près de trois fois plus condensées que dans les distilleries du système Champonnois, de sorte qu'un kilo de pulpe équivaut à 2 kilogr. 500 de betteraves, c'est-à-dire à environ 1 kilogr. de bon foin.

Or l'hectare de betteraves, fumé avec les ressources de la terre, produit de 30 à 35,000 kilogr. de racines. C'est donc 8,000 kilogr. de pulpe transformés par le bétail en 16,000 kilogr. de fumier. Un hectare de fourrages ne rend pas davantage, et le foin coûte toujours au moins 3 fr. les 50 kilogr., tandis que la même quantité de pulpe revient en moyenne à 1 fr. 20 : différence énorme, et source inappréciable de richesses pour la terre de Laverdines.

Le domaine est divisé en quatre fermes, dont trois sont cultivées en régie et l'autre est affermée. Les quatre fermes se partagent les pulpes, qui sont portées là où elles peuvent être consommées avec le plus d'avantage. L'une de ces fermes, celle du Château, la plus avancée comme culture, engraisse la plus grande partie de ses animaux, tandis que dans les autres les pulpes sont employées à l'élevage des bêtes à cornes. La ferme de l'Étang, la plus humide autrefois, a été convertie en prairies qui sont irriguées par les eaux de la sucrerie.

Aidée donc de l'industrie, et établie sur une production de betteraves et de fourrages possibles, c'est-à-dire merveilleusement propre à la production des engrais, la culture intensive du domaine de Laverdines a donné des résultats qui surprennent.

L'hectare y rend de 30 à 35,000 kilogr. de betterave, 5 ou 6,000 kilogr. de trèfle, 25 hectol. de blé, 40 hectol. d'avoine, sans parler du produit des luzernes et des prairies.

Voici quelle est la nature de l'assolement de la ferme du Château, qui, sur ses deux cents hectares, nourrit en moutons, bœufs, vaches, chevaux et porcs, un poids vif de 100,000 kilogr., représentant plus de 200 têtes de gros bétail; une première sole, défoncée de 0^m 30 à 0^m 35, et fumée de 40 à 45,000 kilogr. l'hectare pour la betterave; une seconde sole pour les céréales de printemps; une troisième pour le trèfle et les autres fourrages fauchables; une quatrième et dernière pour les céréales.

Si l'on peut reprocher à cet assolement qu'il fait revenir tous les quatre ans le trèfle sur le même terrain, il faut bien noter que la récolte faite dans ces conditions a toujours atteint la quantité de 6,000 kil. de foin sec à l'hectare; et tant que cette admirable fertilité se soutiendra, nous ne voyons vraiment pas de raison pour modifier le système de culture de Laverdines.

En 1848, la quantité des fourrages récoltés en foin était évaluée sec à environ 60,000 kil. En 1857, on récolta 200,912 kilog. de foin et l'on obtint 1,162,800 kil. de fumier de bétail; en 1858, ce fut 247,218 kil. de foin et 1,494,600 kil. de fumier; en 1859, 203,075 kil. de foin et 1,900,800 kil. de fumier; en 1860, 587,941 kil. de foin et 2,174,026 kil. de fumier; enfin, en 1861, on obtint la même quantité de fumier avec 425,947 kil. de fourrages. C'est ainsi que l'hectare de terre est arrivé à donner 26 hectolitres de froment et 50 hectolitres d'avoine : beaucoup plus qu'on n'aurait osé l'espérer au moment où l'exploitation commença, et à beaucoup moins de frais.

Résultat bien remarquable, c'est environ 16 pour 100 que rapporte le capital d'exploitation de la ferme du Château. Ce capital est, en effet, de 180,681 fr. pour 203 hectares, soit de 890 fr. pour l'hectare. Le produit brut des récoltes et des bestiaux donne 111,856 fr. (551 fr. à l'hectare). Les frais de culture montent à 83,096 fr. (409 fr. l'hectare), et dans ces frais figure un fermage de 14,210 fr. Une somme d'environ 40,000 fr. est dépensée en gages, tâches et journées, et le bénéfice est de 28,759 fr., soit de 141 fr. pour l'hectare. Les intérêts des ouvriers, ceux du propriétaire et de l'État se trouvent ainsi tous d'accord et également bien servis.

Quelle ne serait pas la richesse nationale (mais, du reste, ces jours-là viendront), si partout où il y a des terres médiocres on voyait se former des établissements d'une agriculture à la fois savante et pratique, comme ceux dont MM. Lalouel de Sourdeval ont enrichi l'une de nos provinces réputées les plus arriérées! De tels exemples doivent être signalés aux capitalistes qui peuvent désirer employer sûrement et utilement leur fortune et qui ont l'orgueil de ne vouloir l'accroître qu'en accroissant aussi celle de la France. — *Médaille.*

M. BIGNON, a Théneuille (Allier). — M. Bignon présente la collection complète des productions de la terre de Théneuille (Allier) avant son amélioration, et celle des produits obtenus depuis sur cette même propriété. — Il y joint une notice qui permet de suivre pas à pas les opérations faites dans le but de cet amendement et de s'en rendre un compte exact. Nous choisissons cette intéressante exposition pour constater les progrès réalisés dans la culture du centre de la France depuis 1851.

Déjà, lors de l'Exposition universelle de Paris, M. Avril, secrétaire de la commission départementale de la Nièvre, avait envoyé au jury international des notes sur la situation d'un domaine de la contrée, d'une contenance de cent hectares, etc., faisant ressortir les avantages d'une culture perfectionnée. Il constatait l'excédant de produits résultant de l'emploi dans la culture de méthodes nouvelles, et signalait, comme principaux agents d'amélioration, les labours suffisamment profonds, l'application du drainage, le marnage, le chaulage, enfin des fumiers abondants dont l'entretien reposait sur des cultures fourragères bien entendues. L'excédant de production constaté était énorme, car il doublait et triplait les chiffres primitifs. — Plus tard, en 1858, le rapporteur de la commission du Comice agricole de l'arrondissement de Montluçon (Allier), chargé de la visite des fermes et de l'attribution d'une prime d'honneur, s'exprimait en ces termes au sujet d'un des domaines de la propriété de Theneuille :

« Nous avons visité l'exploitation de M. BIGNON, de Théneuille, canton de Cerilly (domaine de Bonneau), l'un des sept de l'exploitation.

« Le domaine de Bonneau a 96 hectares environ, non compris 10 hectares de bois.

« Les amendements, base de l'amélioration, ne laissent rien à désirer. Indépendamment du chaulage de toutes les terres, nous trouvons ici un emploi considérable de noir animal; les bruyères sont retournées par un seul labour d'hiver, puis hersées en long durant l'été, et cette terre si peu préparée reçoit en automne un ensemencement de seigle praliné à la quantité de deux hectolitres de noir pour un hectolitre de blé; M. BIGNON obtient ainsi de belles récoltes successives de seigle, et, la troisième année, il chaule, fume, sème en froment, puis en prairie artificielle dans une terre parfaitement ameublie et fertilisée.

« Les prairies naturelles ont 14 hectares, soit le septième de l'étendue totale; une partie est nouvellement créée, mais les prairies artificielles sont bien autrement importantes, et elles sont très-réussies en trèfles, ray-grass et bons mélanges; nous en avons trouvé plus de 30 hectares d'un et de deux ans, non compris 16 hectares ensemencés au printemps. C'est là une proportion très-convenable de beau fourrage qui assure l'avenir de l'exploitation.

« Le cheptel compte peu de bêtes de concours; mais il est nombreux, bien choisi en bêtes du pays, bien tenu, donnant du profit aux foires, et se compose de 40 bêtes à cornes, 100 moutons et brebis, 9 cochons, 2 chevaux; cette quantité augmentera en proportion du fourrage.

« La production et le soin des engrais méritent ici une mention particulière, ils sont très-bien tenus; de plus, M. BIGNON fait une grande masse de compost au moyen de bruyère, d'ajoncs foulés dans les cours, relevés avec soin et mélangés à un peu de chaux.

« Les labours sont bons, un drainage bien entendu existe dans certaines parties, il est entrepris sur d'autres.

« Les résultats financiers de Bonneau sont fort beaux. »

Ce rapport se terminait en décernant à M. BIGNON la prime d'honneur de l'arrondissement de Montluçon.

A l'Exposition de Londres, M. BIGNON a voulu, comme enseignement, faire apprécier en nature la différence de la production du sol avant son entrée en possession et de celle d'aujourd'hui. — Cette exposition, est des plus intéressantes, et prouve combien en France l'industrie est chose secondaire à la richesse du pays et qu'il suffit de fouiller intelligemment le sol et de lui confier quelques capitaux pour obtenir des résultats bien autrement certains, bien autrement durables que ceux devant résulter de la fabrication et de la vente de produits manufacturés.

Nous allons, en extrayant de sa notice les passages les plus saillants, laisser M. BIGNON dire lui-même comment il est arrivé à obtenir de pareils résultats.

« Voici quelle était la situation de la terre de Théneuille, au moment de ma prise de possession :

« La propriété, d'une étendue de 500 hectares, se composait de terrains argilo-siliceux, humides à l'excès, et couverts de landes et de broussailles : elle était dépourvue de tout élément d'amélioration et ne produisait que de très-mauvais fourrages, en quantité minime et insuffisante à la nourriture d'une cinquantaine de têtes de mauvais bétail, estimées 5,000 fr.; jamais on n'y avait récolté ni froment, ni fourrage artificiel; il me fallut défricher les landes et les broussailles, assainir, et pour ce, le drainage étant inconnu dans le pays, établir une fabrique de tuyaux et en propager l'usage en les livrant au-dessous du prix de revient; chauler les terres, opération dispendieuse, la chaux nécessitant un parcours de 56 kilomètres de distance; substituer la culture du froment à celle du seigle sur les terrains qui le comportaient; créer de nouvelles prairies naturelles et améliorer les anciennes en aménageant les eaux avec soin, afin de les irriguer toutes; établir des prairies artificielles sur une étendue variable chaque année de 150 à 200 hectares; introduire l'usage de la culture des racines fourragères et obtenir enfin

I.

28

la nourriture nécessaire à l'entretien en bon état d'un stock de 12 à 15 chevaux, de 200 bêtes à cornes, de 500 à 600 moutons et de 100 à 150 porcs, le tout d'une valeur totale d'environ 48,000 fr.

« J'ai dû aussi introduire l'usage des machines et des instruments agricoles perfectionnés et les faire adopter par les colons.

« De plus, pour réaliser toutes ces améliorations et arriver à la mise en culture de la propriété tout entière, je m'étais imposé l'obligation de ne pas engager au delà du tiers du capital d'achat et d'arriver, tout en retirant un revenu moyen de 6 pour 100 du premier capital, à rentrer dans le second en prélevant annuellement un amortissement d'un douzième. Je m'étais même imposé de ne jamais vendre le blé au-dessus de 5 fr. le décalitre aux ouvriers et aux gens peu aisés de la commune.

« Tel était mon programme, j'ai été assez heureux pour le remplir, le but même a été dépassé; car, tous prélèvements faits, il m'est resté des fonds que j'emploie en ce moment à la construction de maisons pour loger gratuitement les veuves et les orphelins d'ouvriers sans ressources.

« Je n'ai pas changé les anciens modes d'exploitation par le métayage, que beaucoup d'hommes judicieux pourtant croient être un obstacle absolu au progrès de l'agriculture. Je les ai simplement améliorés en modifiant les anciens contrats, en en supprimant le double fermage que d'ordinaire on fait payer aux colons sous prétexte d'impôt. Par ce moyen j'ai, en augmentant les ressources des laboureurs, créé une force utile, dont je me suis réservé la direction. Le bien-être s'est répandu chez les colons; tous ont réalisé des économies, et dans leur alimentation ils ont remplacé le seigle par le froment, qu'ils possèdent maintenant en abondance. »

Des tableaux auxquels sont empruntés les chiffres ci-après viennent corroborer le dire de M. Bignon. Avant 1862, le domaine de Bonneau, l'un des sept de l'exploitation, était affermé 1,600 francs; mais le propriétaire étant tenu de fournir au fermier pour une valeur de 600 francs d'engrais, le prix réel du fermage n'était que de 1,000 francs.

Le fermier y récoltait alors 240 doubles décalitres de menues graines, dont il retirait 325 francs environ, ses profits sur les bestiaux ne s'élevaient guère au-dessus de cette somme, et la valeur du cheptel ne dépassait pas 3,000 francs; enfin la récolte en foins, d'assez mauvaise qualité, était tout au plus de 20,000 kilogr.; cette situation était désastreuse pour le fermier, aussi demanda-t-il la résiliation du bail.

En 1861, bien que la récolte ait été grêlée, on a récolté 3,185 doubles décalitres de tous grains, qui ont produit 11,225 francs, dont moitié pour le propriétaire, soit. . . . . .   5,612 fr. 50
et la moitié du profit sur les bestiaux, s'est élevé à   1,403
                                                                    _____
                        Au total. . . . .   7,015 fr. 50

Le cheptel se compose de 40 bêtes à cornes, 4 chevaux, 120 moutons, 40 porcs, le tout estimé 14,000 francs; enfin, le domaine produit de 75,000 à 100,000 kilogrammes de bons fourrages, une quantité égale de racines, et le froment et les fourrages artificiels sont les principales productions de la culture.

Pour l'ensemble de la propriété, la différence est celle-ci : avant l'amélioration, on entretenait sur la terre de Theneuille un misérable cheptel d'une valeur de 5,110 fr., et on y récoltait 788 doubles décalitres de menus grains, et 98,500 kil. de fourrages.

En 1861, on y a maintenu en parfait état un cheptel d'une valeur de 48,201 fr.; malgré la grêle, on y a récolté 14,500 doubles décalitres de tous grains; la récolte en fourrages a été de 500,000 kil., et celle en racines fourragères d'un poids égal.

« Par les résultats obtenus, dit M. Bignon en terminant, je crois avoir démontré qu'avec un capital raisonnablement suffisant, et employé avec un peu de bon sens, il est facile de transformer des champs improductifs en terres fertiles, et de malheureux métayers en colons aisés. »

Les capitalistes commencent à le comprendre et à trouver dans la culture plus d'avantages et de sécurité que dans toute autre industrie. A l'œuvre donc, car 12 à 14 millions d'hectares de terres presque incultes (le quart environ de la superficie cultivable de la France) sont à améliorer, et cette amélioration doit avoir pour résultat d'arracher à la misère et à l'ignorance, les milliers de familles qui les couvrent.

Voici maintenant quelques-unes des conventions faites par M. BIGNON avec ses colons :

« Suppression de toute redevance ou double fermage déguisé sous le titre d'impôt autre que celui que Paye réellement ! propriété à l'État. Cette suppression est faite afin de créer chez le colon le bien-être et les ressources nécessaires à un plus grand nombre de travailleurs, elle provoque ainsi le développement des richesses du sol et l'augmentation des produits.

« Le colon devra occuper en toute saison au moins six hommes capables d'exécuter les gros ouvrages.

« Le travail ainsi que les cultures à faire seront raisonnés chaque saison entre le colon et le propriétaire ; une fois fixés et arrêtés, il n'y sera rien changé sans le consentement des deux parties.

« Le propriétaire fournira et payera la valeur de la chaux prise au four, et le colon en fera le transport. Les fumiers, engrais, noir animal, se payent par moitié, sauf conventions contraires pour des cas spéciaux. Le propriétaire supporte seul les frais d'engrais dans la création des prairies permanentes. Lorsque ces prairies ont réussi, il alloue au colon 50 francs par hectare à titre d'encouragement.

« Les produits sont partagés par moitié entre les deux parties.

« Les profits ou la perte sur les animaux se partagent également.

« Pour les travaux extraordinaires tels que drainage, etc., ils ne se font, qu'après avoir été décidés par les deux intéressés, qui fixent chaque fois dans quelles proportions chacun d'eux doit y contribuer. »

M. Bignon se réserve expressément la direction et la surveillance du travail.

Ce code en huit articles n'est-il pas un petit chef-d'œuvre de raison?

Le Jury a été unanime pour reconnaître les services rendus par M. BIGNON à l'agriculture de sa contrée, et lui décerner, « pour l'excellence de ses travaux, » la *Médaille*.

ÉCOLE IMPÉRIALE DE GRIGNON, SEINE-ET-OISE. — L'Institut de Grignon, fondé en 1827 sur un domaine de 474 hectares, ne fut définitivement constitué en école qu'en 1830. Le temps des élèves pendant la durée de l'enseignement se partage entre les études théoriques et les études pratiques.

A Grignon, la théorie consiste dans la constatation des faits en général, leur connaissance parfaitement caractérisée, leur appréciation et leur classification et la pratique, dans le développement de toutes les facultés nécessaires pour observer les faits qui ont été décrits.

L'exposition d'une telle institution ne peut manquer d'être d'un grand intérêt : on y remarque deux échantillons du sol primitif : l'un crayeux, l'autre silico-argileux. A l'aide de la charrue fouilleuse, le premier, d'une valeur primitive de 300 fr. l'hectare, est arrivé à celle de 5,000 fr. Le second a également augmenté, mais dans des proportions moindres.

Les terres de Grignon produisent des blés, des avoines, des seigles, des racines, des lins, du bois, des houblons, des garances, des fourrages et du tabac, et les échantillons exposés de ces divers produits démontrent à quel degré leur culture est parvenue. — *Médaille*.

LA SOCIÉTÉ IMPÉRIALE ET CENTRALE D'HORTICULTURE DE PARIS, présente une très-belle collection de fruits tels que pommes, poires, pêches, abricots, prunes et cerises.

Des fruits, en nature, n'auraient pu se conserver pendant six mois. Aussi sont-ils tous imités par les beaux procédés de M. Buchetet, de Paris.

Les fruits à pépins ont la plus large place; le groupe des poires et celui des pommes sont, au point de vue de la série des fruits à couteau, au grand complet.

Il est à regretter cependant que l'ordonnancement de cette collection n'ait pas été fait selon les lois pomologiques : ainsi il eût fallu réunir les poires à peau jaune et rouge, les poires à chair rouge, les poires remarquables par leur grosseur et les poires à peau panachée de jaune et de vert.

Quant aux pommes, on eut dû les classer par saison, c'est-à-dire mettre ensemble celles de première saison, puis celles de deuxième et de troisième. Un semblable arrangement eut facilité les études.

Les genres pêcher et abricotier s.nt bien représentés ; mais il manque un grand nombre de variétés de prunes, et c'est à peine si l'on y trouve cinq variétés de cerises.

Toutes ces espèces et variétés forment un ensemble de 452 types.

Outre les fruits, la Société expose 60 variétés de pommes de terre, imitées à l'aide des procédés déjà indiqués.

EXPOSITION COLLECTIVE DU COMICE AGRICOLE DE SEINE-ET-OISE. — Vingt-trois exposants ont concouru à cette exposition, dans laquelle figure une collection de blés achetés à l'étranger par la maison DARBLAY JEUNE, FILS, et BÉRANGER, et convertis en farine dans son usine de Saint-Maur.

Cette collection est fort intéressante à plusieurs points de vue; aussi donnons-nous la provenance et le caractère des grains qui la composent :

> Blés d'Allemagne, grains petits, gris et blancs, mélangés.
> — de Californie, grains gros et blancs.
> — d'Espagne, grains blancs irréguliers.
> — de Girka, grains gris et petits.
> — de Hongrie, grains roux et uniformes.
> — de Naples, grains blancs glacés remarquables.
> — de Pologne, grains petits et réguliers.
> — de Sandomirka, grains blancs et réguliers.

Parmi les blés exposés par les cultivateurs on remarque de beaux blés rouges et une fort bonne qualité de blés blancs à petits grains.

Des seigles, des orges et des avoines méritent également une mention particulière. — *Médaille.*

EXPOSITION COLLECTIVE DES FARINES. — Par les soins de M. TOUAILLON, constructeur de moulins à Paris, les produits de seize exposants de meunerie ont été groupés et ont formé ainsi une exposition très-remarquable, la seule qui permît d'apprécier les progrès faits depuis quelques années par la meunerie française.

Aux farines, M. TOUAILLON a fait joindre des échantillons des blés dont elles sont extraites, ainsi que ceux de leurs issues ; ce qui, pour les expositions à venir, est d'un bon exemple à suivre. Sur la liste de ces exposants figurent des noms bien connus; aussi les récompenses accordées ont-elles été nombreuses, trop nombreuses peut-être, car, à notre avis, l'exposition étant collective, la récompense devait l'être également. — Le jury en a décidé autrement, et il a décerné la *Médaille* à MM. BOUCHOTTE, à Metz, DARBLAY JEUNE, à Paris, A. LEBLANC, à Coulommiers, SÉRAPHIN FRÈRES, au Breuil, MARNAT-SOLENNE, à Coulommiers, RABOURDIN, CHALES ET LEFEBVRE, à Lépine, DESHACÉS-LABICHE, à Paris.

M. MINGUET, A SENLIS (OISE). — Les blés du département de l'Oise étant, nous l'avons dit, particulièrement propres à la fabrication des gruaux, cette industrie a dû naturellement venir s'implanter dans le pays. La consommation des semoules a diminué par suite de leur remplacement, depuis quelques années, dans la vermicellerie, qui en employait beaucoup, par des farines ordinaires ; mais la pâtisserie en exige encore des quantités considérables.

Parmi les divers fabricants de semoules, le jury international a désigné comme ayant présenté les plus beaux spécimens M. MINGUET, qui, à Senlis, possède sur les bords de la Nonette une usine considérable, dont ce genre de produit est la spécialité.

Nous avons visité cet établissement et nous avons été frappé de la beauté et de l'excellence de son matériel.

Chez M. MINGUET les blés employés sont toujours de première qualité. Tout d'abord automatiquement nettoyés, ils sont pris ensuite par une roue à chapelet qui les porte dans un magasin et les fait passer par un cylindre, où s'effectue le mouillage du grain; de là ils sont conduits entre des meules disposées de manière à produire non de la farine, mais de belle et bonne semoule.

Nous ne dirons rien de l'organisation des meules, de leur dépiquage, du rapprochement plus ou moins considérable de la meule gisante et de la meule courante. C'est là un savoir-faire propre à M. Minguet et qui constitue sa supériorité industrielle.

La mouture, à sa sortie de la meule, est reçue dans des sacs, d'où elle est retirée pour être blutée; de la bluterie les semoules sont transportées dans un autre corps de bâtiment, éloigné du premier d'une centaine de mètres et auquel un chemin de fer le relie; elles sont déposées dans la sasserie, dont le moteur, comme celui de l'usine principale, est une roue hydraulique.

De la sasserie les semoules, encore par des roues à chapelet, sont transportées sur des cribles agitateurs au nombre de quatre; ces cribles sont de différents calibres; les uns ont des trous très-fins, qui graduellement s'augmentent dans les autres. Les semoules sont d'abord portées sur le premier crible, le résidu de l'opération passe sur le deuxième, dont le résidu passe à son tour sur le troisième; enfin, le résidu du troisième passe sur le quatrième, où se termine l'opération, qui produit ainsi quatre grosseurs différentes de semoule variant de la ténuité la plus minime à une grosseur moyenne de $1/14^e$ de millimètre cube. Ce résultat obtenu presque automatiquement constitue la solution d'un grand problème industriel et fait le plus grand honneur à M. Minguet; car les moyens mécaniques, loin de diminuer la qualité des semoules, leur donne au contraire une homogénéité que n'obtiendrait pas la main de l'homme.

Les sons provenant du triage sont repassés à la meule, et par une mouture spéciale on en extrait encore des farines, bises, il est vrai, mais de bonne qualité.

Des résidus des cribles agitateurs M. Minguet extrait une farine très-corsée, à laquelle il donne le nom de gruautine, et dont l'emploi est excellent pour la fabrication du vermicelle et des pâtes alimentaires.

M. Minguet produit aussi des farines de gruau, d'une grande pureté et d'une admirable blancheur. Pour cela il prend des semoules qu'il repasse plusieurs fois sous les meules après les avoir sassées, et en obtient des farines magnifiques. Il est vrai de dire que les blés ainsi traités ne donnent que moitié de la quantité de farine que l'on obtient par la mouture ordinaire.

D'après la déclaration de l'exposant, la force employée dans son usine est de 18 chevaux. Le chiffre connu de ses affaires est de 800,000 fr., et l'exportation lui enlève une partie de ses produits. En 1855, à l'Exposition universelle de Paris, M. Minguet avait obtenu la médaille de première classe. — *Médaille.*

EXPOSITION COLLECTIVE DU DÉPARTEMENT DE LA SOMME. — Cinquante-deux exposants ont concouru à former cette magnifique collection qui, par les soins de M. Fergusson f***, délégué du département de la Somme, auprès de la Commission Impériale à Londres, avait été dispo*** avec un art parfait et de manière à en faire ressortir toutes les richesses.

Le département de la Somme, un des plus avancés de la France en agriculture, avait tenu à honneur de donner aux visiteurs du Palais de Kensington, une juste idée de la variété et de la beauté de ses riches produits. Son exposition était des plus complètes. En céréales surtout, on n'avait omis aucune des différentes espèces que l'on récolte sur les natures diverses de son sol, les blés récoltés dans les fonds tourbeux, maigres et d'un gris terne ; ceux venus dans les plaines ou sur un sol crayeux, plus nourris, et en général de nuance grisâtre. Venaient ensuite les graines farineuses, les plantes fourragères, textiles et oléagineuses.

En outre de ces produits appartenant à la première section de la III° classe, la collection en renfermait d'autres appartenant aux sections deux et trois et à la classe IV°, tels que laines, sucres de betterave et de Sorgho, bières, cidres, alcools, vinaigres, huiles, tourteaux, opium indigène, osiers, roseaux, produits forestiers, terres, briques, substances minérales relatives à l'agriculture, tourbes, etc. Tous ces produits étaient très-remarquables, mais le jury a particulièrement été frappé par la beauté des céréales, car c'est pour « leur excellente qualité » que L'EXPOSITION COLLECTIVE DU DÉPARTEMENT DE LA SOMME a plus particulièrement reçu la *Médaille*.

EXPOSITION COLLECTIVE DES CÉRÉALES DE L'ALGÉRIE. — Neuf cultivateurs de la province d'Alger, vingt-trois de celle d'Oran et soixante-cinq de la province de Constantine avaient envoyé collectivement à Londres des échantillons de leur récolte de céréales. Tous ces grains, d'une qualité aussi parfaite qu'il est possible de les obtenir sous ce ciel, prouvent combien sont grands les progrès agricoles réalisés dans notre colonie et les progrès que la mère patrie est en droit d'en attendre. — *Médaille*.

M. J. BRUNET, A MARSEILLE. — Tout en se créant par son travail une position des plus honorables, M. J. BRUNET, a su se rendre utile à son pays, car il est l'initiateur de l'emploi, pour la fabrication des semoules et subsidiairement des pâtes alimentaires, des blés durs d'Afrique, auxquels par là, il a ouvert un débouché important.

La France qui recevait annuellement 1,200,000 kilogrammes de pâtes d'Italie, se trouve aujourd'hui en position de lutter contre cette réputation établie depuis des siècles et au lieu de recevoir elle exporte elle-même plus d'un million de pâtes.

L'Algérie doit pareillement à M. BRUNET une grande reconnaissance; du reste, elle ne la lui marchande pas, car toutes ses chambres de commerce ont rendu témoignage en sa faveur, lorsqu'il s'est agi d'établir ses titres à la priorité de l'introduction des blés durs d'Afrique dans la consommation française. C'est quelque chose, en effet, que d'avoir fait monter à 20 fr. le prix de l'hectolitre, qui se vendait difficilement 6 fr. en 1848, et d'en semouler environ 100,000 hectolitres par an dans une usine qui est prête à en employer le double. Aussi M. BRUNET a-t-il, à juste titre, reçu la *Médaille*, et été nommé par l'Empereur *chevalier de la Légion d'Honneur*.

M. BLEUZE, A SIDI-BEL-ABBÈS. — L'exposition de M. BLEUZE résume la production des blés tendres en Afrique. Avant la conquête, les blés durs étaient les seuls cultivés; depuis, la saissette d'Arles s'est répandue dans la province d'Alger; la tuzelle de Provence dans la province d'Oran, et quelques essais non encore suivis de résultats sérieux ont eu lieu dans celle de Constantine.

L'étendue des cultures en blé tendre est aujourd'hui de 71,002 hectares, qui ont produit en 1861 386,171 hectolitres, d'une valeur de 9,654,881 fr.

Outre les blés tendres, M. BLEUZE expose des blés durs indigènes, des orges, des maïs, des pois et des fèves d'une excellente venue. — *Médaille*.

EXPOSITION COLLECTIVE DES FARINES ET DES PATES ALIMENTAIRES DE L'ALGÉRIE. —
Des échantillons des produits de dix-huit fabricants de farines et de pâtes alimentaires composaient cette intéressante exposition.

La richesse en gluten des blés de l'Algérie permet d'en extraire des semoules d'une magnifique qualité, dont la majeure partie est exportée en France et en Espagne pour y être convertie en pâtes alimentaires. Quant aux farines, les blés étant fortement glacés, il est difficile de les obtenir effleurées; cependant MM. DULIOURT et FLAYOT, de Blidah, en présentent d'un peu rondes, il est vrai, mais très-propres à la panification; il en est de même de celles de MM. LAVIE PÈRE ET FILS, LAVIE FILS, GIRAUD et DUCOMBS, de la province de Constantine. — Tous ces exposants ont obtenu la *Médaille*.

M. BETZ-PENOT, A ULAY près de NEMOURS. — Dans notre Album de l'Exposition de Paris, en 1855, nous nous sommes longuement étendu sur les recherches et les découvertes de M. BETZ-PENOT, relatives à la mouture du maïs, et à l'aide desquelles il est parvenu à enlever aux farines le goût âcre et amer que leur donne le mélange de l'embryon. Nous ne les rappellerons donc ici que très-sommairement.

M. BETZ-PENOT, ayant reconnu cinq parties bien distinctes dans un grain de maïs, savoir, l'enveloppe, une partie cornée, une partie blanche et farineuse, une partie grasse entourant le germe, et une pellicule noire qui recouvre le germe, chercha le moyen de les séparer les uns des autres et y parvint à l'aide de meules taillées d'une certaine façon.

Dans un seul tour, les meules enlèvent l'enveloppe du grain, et isolent le cotylédon et le pédicule noir, dont le blutoir débarrasse alors facilement les farines et les semoules qui, exemptes alors de goût désagréable, deviennent propres à faire d'excellents potages et des pâtisseries très-recherchées et d'une digestion facile. « M. Betz-Penot, dit le rapport du jury français à Londres, en étudiant la composition du maïs, et en trouvant un moyen si simple d'empêcher la division du cotylédon, a rendu un véritable service que nous sommes heureux de rappeler. » — *Médaille.*

M. HŒRING, a Bône. — La production des fruits prend en Afrique une extension considérable : l'ananas y passe l'hiver en pleine terre; la culture de la banane est un fait acquis ; les fruits naturels à la France y murissent trois mois plus tôt. M. Hœring, directeur de la pépinière de Bône, présente une collection de cédrats, d'oranges, de citrons, de limons, de bigarrades et d'ananas dans d'admirables conditions de conservation. — *Médaille.*

AUTRICHE. — Plus d'un tiers de la surface du sol de l'Autriche est en culture. Les vastes plaines du bas Danube et celles de la Hongrie à l'est, les plaines de la Vistule au nord, ainsi que celles du Pô, dans le royaume lombardo-vénitien, constituent les greniers les plus importants de la monarchie ; on peut considérer les premières comme les plus fertiles en froment, les secondes comme donnant le plus de grains, les dernières comme les plus abondantes en maïs et en riz. — Les autres provinces situées au nord-ouest du royaume possèdent également, dans les nombreuses vallées arrosées de rivières, des champs fertiles qui suffisent presque entièrement aux besoins de leur population.

Il n'y a que les pays alpestres (Haute-Styrie, Tyrol, Salzbourg, Carinthie et Haute-Carniole) qui sont contraints à prendre des grains en Hongrie et dans le sud de l'Allemagne.

Le produit d'une récolte en Autriche représente en moyenne :

Froment.	50,000,000 mesures viennoises [1].
Seigle.	80,000,000 —
Orge.	50,000,000 —
Avoine.	100,000,000 —
Maïs.	44,000,000 —
Riz.	500,000 quintaux de douane [2].

On récolte en outre 10 millions de mesures de sarrasin et de millet, 5 millions environ de légumes et 120 millions de pommes de terre. Cette dernière représente la principale substance alimentaire des populations habitant les pays montagneux du nord, où elle est également employée en grande partie à la fabrication de l'alcool.

Même dans les années où la récolte n'est pas si avantageuse, l'exportation des grains de l'Autriche est beaucoup plus grande que l'importation, et lors des bonnes récoltes elle prend des dimensions très-importantes. En voici des exemples :

Froment.	1860.	448,110 quint.	2,791,000 quint.
	1861.		
Seigle.	1860.	327,700	1,796,200
	1861.		
Orge.	1860.	180,300	1,139,200
	1861.		
Avoine.	1860.	155,300	685,300
	1861.		

La mouture du grain se fait principalement, en Autriche, au moyen de moulins à eau ; dans ces der-

[1] La mesure viennoise vaut 1 h. 41.
[2] Le quintal de douane vaut 50 kilos.

niers temps cependant l'établissement de moulins ayant pour force motrice la vapeur a fait de grands progrès. Le produit de ces moulins, en farine de froment, est un article d'exportation dont l'importance augmente d'année en année. On a exporté, en 1861, 584,000 quintaux contre une importation de 237,500 quintaux.

LA SOCIÉTÉ I. R. D'AGRICULTURE DE STYRIE, a Gratz, présente une collection qui résume toutes les richesses agricoles de la contrée. On y trouve 23 variétés de blés tendres et de blés durs, 10 échantillons de seigle de provenances diverses, 6 d'orge, 15 de pois, puis des vesces, des fèves, des lentilles et des lupins.

Outre ces plantes céréales et alimentaires, la Société d'Agriculture de Styrie expose une série de plantes fourragères, de plantes racines, de plantes textiles, de plantes tinctoriales et de plantes économiques. Les blés et surtout les seigles sont superbes.

Les seigles présentés par l'Autriche étaient les plus beaux de l'Exposition. — *Médaille.*

MM. LOEWENFELD FRÈRES et HOFFMANN, a Kleinmunchen. — Quatre variétés de froment de premier choix, quatre spécimens de seigle et quatre de maïs, accompagnés de tous les rendus de mouture et des différentes sortes de farines qui en proviennent, composent l'exposition de la vaste usine de MM. Loewenfeld frères et Hoffmann. Cet établissement, fondé en 1854, dispose de 2 turbines-Jonval de la force de 150 chevaux, mues par une chute d'eau de 10 pieds, de 14 paires de meules françaises du diamètre de 4 pieds, de 5 paires de meules du pays et d'appareils accessoires pour le nettoyage des grains, du gruau et des farines, etc. La mouture se fait complétement à sec et la totalité des opérations par des moyens automatiques. Les produits de l'usine de Kleinmünchen sont en crédit dans les centres commerciaux du continent.

D'après le rapport du Jury français, il ressortirait de l'examen des moutures exposées par l'Autriche que généralement le travail des meules ne s'y fait pas très-bien, et que les blés sont mal nettoyés avant la mouture. — *Médaille.*

M. II. SCHOELLER, a Ebenfurt, présente des farines aux différents degrés de leur fabrication; ces produits, déclarés par le Jury « d'excellente qualité, » proviennent de son usine d'Ebenfurt.

Cet établissement, entré en activité en 1854, dispose de 2 turbines de la force totale de 150 chevaux et d'une machine à vapeur de la force de 60 chevaux, en réserve pour le cas où la force motrice de l'eau devient insuffisante. On y opère annuellement sur 300,000 quintaux de froment et sur 400,000 quintaux d'orge. C'est à l'heure présente le plus grand établissement de ce genre dans l'empire d'Autriche. Les objets envoyés à l'Exposition sont les échantillons du rendement d'une mouture de 5,000 metzens de froment et de 1,000 metzens d'orge. — *Médaille.*

M. Vincent WAWRA, a Prague. — Farine comprimée (Slacenka) dite « farine-pierre. »

Cette invention, brevetée en Autriche et en France, permet de conserver la farine pendant des années et de la transporter dans les climats chauds, où presque toutes les autres farines se détériorent. La farine-pierre, donnant une économie en volume de 50 à 60 p. 100, est éminemment propre à être embarquée. Elle peut servir avantageusement à l'approvisionnement des places fortes, car on l'emmagasine sous la forme de blocs ou de pains à l'instar du sucre ou du sel; elle est aussi d'un bon usage pour les troupes en marche. La farine-pierre peut être transportée sans nécessiter l'emploi de colis ou de barils. Elle se confectionne à chaque degré de consistance voulu, sans mélange de substances étrangères et sans que la qualité de la farine en souffre. Le son et l'avoine grossièrement moulus peuvent être soumis au même procédé, et donnent ainsi une économie en volume de 15 à 20 p. 100. — *Médaille.*

MM. JORDAN et Fils, a Tetschen. — Les gruaux et les semoules de MM. Jordan proviennent de blés tendres, dont l'emploi est si difficile lorsqu'on veut obtenir des concassages de grains.

Cette maison présente trois numéros de semoule : une fine, une moyenne et une demie grosse; c'est déjà un beau résultat. En France, on obtient sept numéros et surtout un numéro fort, double de celui exposé par MM. Jordan. — *Médaille.*

BADE. — ÉCOLE D'AGRICULTURE DU GRAND-DUCHÉ DE BADE, a Carlsruhe. — L'École d'Agri-culture de Bade expose de très-beaux échantillons de houblon, deux variétés de chanvre et sept varié-tés de maïs.

Les échantillons de maïs exposés sont gros, bien nourris et proviennent certainement d'une culture bien entendue. — *Médaille.*

BELGIQUE. — SOCIÉTÉ AGRICOLE DE L'ARRONDISSEMENT D'YPRES. — La plus remarquable exposition agricole de la Belgique est celle de la Société agricole d'Ypres, dans la Flandre occidentale.

On y trouve des houblons comprimés de Poperinghe, de la récolte de 1861, dans un parfait état d'em-ploi et appropriés surtout à la fabrication du pays ; des froments rouges et blancs, des seigles, des colzas, des maïs et du pavot œillette.

Les blés sont fort beaux et ont une grande analogie avec ceux de notre département du Nord. — *Médaille.*

ESPAGNE. — Les blés récoltés en Espagne sont très-secs et fournissent une farine bien corsée, d'une très-bonne conservation, d'une blancheur et d'un affleurement parfaits. Tout prouve que la meunerie espagnole tend de plus en plus à devenir une grande industrie ; ses nombreux moulins, dont la plupart ont été établis depuis dix ans par des constructeurs français, sont parfaitement montés ; plu-sieurs peuvent fonctionner simultanément au moyen de moteurs hydrauliques et de moteurs à vapeur ; en général, tous les perfectionnements récents y ont été adoptés.

Les exposants espagnols, dans la première section de la troisième classe, étaient nombreux.

La *Médaille* a été décernée à ceux dont les noms suivent :

M. A. BELDA, a Valence. — Blé nain et blé « jéja ; » orge noire et orge ordinaire ; sorgho sucré de la Chine ; amandes ordinaires et amères ; etc.

DÉPUTATION PROVINCIALE D'ALAVA. — Collection de céréales et d'autres substances alimen-taires, composée de blé blanc, blé de Valence ; farine de première qualité ; seigle, avoine noire, vesce ; haricots blancs et rouges ; fèves, lentilles ; maïs jaune, rouge, et à longs épis ; câpres, etc.

CONSEIL MUNICIPAL (Ayuntamiento) DE MULA, royaume de Murcie. — Blé de Navarre.

COMICE AGRICOLE DE BURGOS. — Collection intéressante de grains et de plantes utilisables pour l'alimentation.

MM. BENITO, a Avila ; BERENGUER, a Valence ; BÉTEGORS, a Loadilla de Rio Seco ; COLLANTES, a Madrid ; ESTEPA, a Urrea de Jalon ; GARCIA, a Avila ; MOLPECERES, a Olmedo ; — blés de diverses espèces.

MM. RUIZ ZORRILLA et Cᵉ, a Soria ; SANTOS, a Leon ; TERNERO et PENU, a Guadalajara ; le MARQUIS DE VILLALCAZAR, a Salamanque ; — farine de première qualité.

ÉTATS-UNIS D'AMÉRIQUE. — MM. HECKER frères, a New-York, exposent plusieurs barils de fa-rine de froment superfine, d'un assez bel aspect.

Les farines américaines, en général, sont huileuses et ont l'apparence d'avoir été soumises pendant la mouture à un degré de chaleur trop élevé, à l'action de meules d'un diamètre insuffisant ou à un blutage qui laisse à désirer. Elles fournissent un pain d'excellent goût, mais renfermant une mie mal levée. Néanmoins ces farines s'exportent en grande quantité.

Les expéditions de céréales, qui ont eu lieu du seul port de New-York pour l'Europe pendant la der-nière semaine du mois de juin 1861, sont évaluées à plus de 20 millions de francs ; chiffre énorme, si l'on considère que les États-Unis étaient déjà en proie à une guerre civile, qui a dû épuiser les res-sources du pays et restreindre les moyens de production.

I.

En 1860, la valeur des farines produites se répartissait comme suit :

États de la Nouvelle-Angleterre. . .	11,155,445 doll. (5 francs).
États du Centre.	79,086,411 *id.*
États de l'Ouest.	96,638,794 *id.*
États des bords du Pacifique. . . .	6,096,262 *id.*
États du Sud.	30,767,457 *id.*
Total. . .	223,144,369 *id.*

Un moulin d'Oswego (État de New-York) produisait 300,000 barils de farine, pour lesquels il employait 1,500,000 boisseaux de froment.

MM. Hecker frères ont reçu la *Médaille.*

MM. STEBBIUS et Cᵉ, a Rochester, État de New-York. — Les farines provenant de cette meunerie jouissent d'une grande réputation et peuvent sur les marchés soutenir la concurrence avec les marques les mieux connues. Les spécimens présentés par MM. Stebbius et Cᵉ leur ont valu une *Mention honorable.*

COMPAGNIE DES AMIDONS DE GLENCOVE, a New-York, présente des échantillons de farine de maïs.

Le maïs ou blé indien forme une des principales récoltes indigènes des États-Unis, où il s'en fait une consommation considérable pour la nourriture de l'homme, pour l'entretien du bétail et pour la fabrication du wiskey.

Le Jury international a justement apprécié les qualités nutritives des « maïsines » ou farines de maïs de la Compagnie de Glencove, et lui a accordé la *Médaille.*

M. J. WADDEL, a Springfield, État de l'Ohio, a reçu, pour son exposition d'épis de maïs d'une beauté hors ligne, une *Mention honorable.*

GRÈCE. — ÉCOLE ROYALE D'AGRICULTURE DE TIRYNTHE. — En voyant les produits agricoles envoyés par la Grèce, on ne saurait dire avec quelques agronomes que son sol a dégénéré, car ils sont magnifiques.

Les blés bien nourris, renflés, d'un beau jaune doré, sont excellents à la main. Les autres grains, surtout les orges et les maïs, sont également remarquables. — *Médaille.*

HONGRIE. — EXPOSITION COLLECTIVE DE LA HONGRIE. — La Hongrie, dont les produits se trouvent mélangés avec ceux de l'Autriche, n'a pas cru devoir accepter la place qui lui avait été faite; à cet effet, des commissaires hongrois ont organisé une salle spéciale où tous leurs produits ont été rangés.

On y compte 58 échantillons de froment de diverses localités, 40 d'orge, 50 d'avoine, 38 de seigle, 20 de maïs, 10 de millet, puis des camelines, des navets, des luzernes, des trèfles, des sainfoins, des vesces, des lins rouis et peignés, des viandes fumées, une belle collection de tabac en feuilles, etc.

Les blés, particulièrement remarquables, se distinguent par leur grosseur et leur excellent maniement. Les orges et les avoines sont également fort belles.

Le jury a décerné à la partie agricole de l'Exposition collective hongroise *onze Médailles.*

ITALIE. — La Péninsule, d'une longueur de 1,055 kilomètres, du cap Spartivento, au sud, au mont Blanc, au nord, bornée par la mer des trois côtés et du quatrième par les Alpes, qui l'abritent des vents du nord, ouverte au contraire à ceux du midi, est redevable à ces circonstances, autant qu'à sa position entre le 36° et le 47° l. N., et le 4° et le 16° long. E. du méridien de Paris, de son climat et des saisons exceptionnelles dont elle jouit, surtout dans ses provinces méridionales, où, avec des chaleurs très-modérées en été, on a des hivers presque aussi doux que sur les côtes d'Afrique. Sa superficie, de 270,000 kilomètres environ, est accidentée de mille manières par les reliefs des montagnes, le cours des fleuves, et le développement très-inégal de ses versants, inclinés l'un sur l'Adriatique, au levant, et l'autre sur la Méditerranée, au couchant.

Le sol, par suite de la diversité d'âge et d'origine des terrains qui le composent, présente une grande variété, de laquelle résultent certaines circonstances qui influent sur la nature des produits et sur les modes de culture. Dans la Lombardie, où l'art des irrigations a, pour ainsi dire, atteint son apogée, on rencontre de nombreuses prairies; le riz se cultive dans les parties marécageuses; et les céréales, la vigne, le mûrier, etc., dans les terres sèches. Les mêmes cultures et les mêmes produits se retrouvent dans quelques contrées du Piémont et de l'Émilie; dans le Bolonais il faut ajouter la récolte du chanvre, qui y est d'une abondance remarquable et de qualité supérieure. En somme, la production des céréales l'emporte en Italie sur toutes les autres, tant sous le rapport de la quantité que de la qualité.

ACADÉMIE ROYALE D'AGRICULTUBE, A TURIN. — Des échantillons de tous les blés cultivés en Italie ont été réunis par les soins de l'ACADÉMIE ROYALE D'AGRICULTURE DE TURIN; joints à ceux des différentes espèces de maïs et de millet, ils composent la première série de son exposition; la deuxième comprend les légumes et les graines alimentaires.

On cultive en Italie deux sortes de blés; les blés durs et les blés tendres, dont les variétés sont très-nombreuses. Celles du blé dur diffèrent sensiblement les unes des autres; elles abondent toutes dans les contrées méridionales, dans la Pouille, dans la Sicile, ainsi que dans quelques parties de la Sardaigne; mais on les cultive fort peu dans les provinces du centre et du nord.

Les variétés du blé tendre, également nombreuses, se rapportent à deux types principaux : le blé fin, qui se cultive dans les vallées et les plaines les plus fertiles, se vend à un prix plus élevé et est réservé pour la panification de luxe; et le blé gros, dont la culture a lieu sur une plus grande échelle et dont la farine, d'un prix moindre, sert aux usages plus ordinaires.

Le blé de Pologne n'est cultivé que par exception, et les épeautres le sont assez fréquemment dans les provinces du nord.

Le terrain propre à la culture du froment, exploité par rotations biennales, triennales et plus rarement à périodes éloignées, très-souvent irrégulières, avec ou sans fumure, est préalablement labouré et divisé en planches. La semaille et la moisson se font généralement à la main et à l'aide de chevaux; les moissonneuses et les batteuses sont d'introduction récente. Cependant il y a déjà un certain temps que la première machine à battre a été construite à Meleto par M. Pierre Onesti, sous les yeux du célèbre agronome italien, M. Ridolfi; mais depuis on en a importé un assez grand nombre, surtout dans les Maremmes, où l'on a suivi le bon exemple donné par M. Ricasoli.

Une foule de circonstances et de pratiques locales font varier la proportion de la semence au terrain de 1,80 à 2,80 hectol. par hectare. La production pour la même surface peut, dans les cas ordinaires, s'évaluer de 15 à 27 hectolitres : ce qui comprend une moyenne entre la production de la terre en France et la production en Algérie.

Le poids du blé est de 78 à 85 kilogrammes par hectolitre pour les blés durs et de 76 au moins pour les blés tendres.

La production totale du royaume d'Italie s'élève actuellement à 72 millions d'hectolitres.

Tous les échantillons de blés présentés par l'ACADÉMIE ROYALE DE TURIN ont été jugés d'excellente qualité par le jury international.

La série des légumes et des graines qu'elle expose ne présente pas moins de 89 espèces ou variétés de haricots, trois de pois chiches, huit de pois de diverses dénominations, six de fèves, et en outre du lupin, de la vesce et du foin grec.

La production des légumes secs est considérable en Italie; elle s'élève à 3,400,000 hectolitres qui se consomment presque exclusivement dans le pays, avec un mouvement de province à province pour équilibrer les approvisionnements selon les besoins des populations qui n'en récoltent pas suffisamment ou qui les échangent pour des produits étrangers.

La récolte totale des légumes représente à peu près 1/24 de celle des céréales; mais cette proportion est loin d'être uniforme dans toutes les localités : ainsi, tandis qu'elle atteint à peine ce chiffre dans les anciennes provinces du royaume, la production des légumes est d'un quart de celle du blé dans la Calabre Ultérieure.

Le jury a décerné à l'ACADÉMIE ROYALE D'AGRICULTURE DE TURIN la *Médaille*.

La CHAMBRE DE COMMERCE DE MILAN expose du froment, du seigle, de l'orge, des légumes de grande culture, du sorgho, du lin, une série de graines fourragères et quinze bocaux renfermant des échantillons de riz décortiqué et de riz non décortiqué.

Le riz est une des principales richesses agricoles de l'Italie. On en fait remonter la culture en Sicile jusqu'au IXe siècle, mais ce n'a été qu'au XVe ou au XVIe qu'elle a été introduite dans la Péninsule. Il figure parmi les produits du Mantouan en 1481, du Novarais en 1521 et du Véronais en 1522. Cependant Jean Targioni Fozzetti de Florence, naturaliste, agronome et médecin très-savant de la fin du XVIIIe siècle, cite un manuscrit de 1468, qui n'est autre qu'une pétition d'un nommé Léonard de Colto relative à l'usage de certaines eaux de la plaine de Florence dans le but d'établir des rizières. François Ier de Médicis et Ferdinand Ier, puis, au commencement du siècle dernier, les habitants de Lucques, et enfin, de nos jours, des spéculateurs ont essayé, avec plus ou moins de succès, la culture du riz en Toscane et sur le territoire de Lucques, quoique les terrains marécageux y soient restreints. C'est dans le Piémont, la Lombardie et l'Émilie que cette culture se fait sur la plus grande échelle ; là la campagne est parsemée de rizières permanentes ou passagères, qui dans ce cas durent de deux à trois ans et occupent le plus souvent 1/3 et quelquefois jusqu'à 3/4 des terres cultivables, de sorte que dans la rotation des cultures le riz se trouve entre deux récoltes de maïs qui se font sans fumier.

Le riz exige pour les semailles de 1 à 2 hectolitres de graine par hectare, selon les variétés, la nature des terrains et l'année de la rizière. Pour fumer on se sert de terre fraîche, non épuisée par une irrigation ou une culture de riz précédente. Après les semailles il faut s'occuper du curage et du desséchement des rizières, de la moisson qui se fait à la main, et du battage qui s'opère avec des chevaux ou au moyen de machines introduites récemment. Ensuite le riz, revêtu de sa balle, passe à la *pista*, machine très-imparfaite qui l'épluche, c'est-à-dire le dépouille de ses enveloppes ; enfin il est soumis au blanchiment : opération qui, depuis peu, se fait en quelques endroits au moyen d'une brosse spéciale formée d'un tissu de chanvre.

Les variétés de riz cultivées en Lombardie se distinguent entre elles par la durée de la végétation et par certains caractères du fruit ou des plantes. Elles se réduisent au riz indigène, qui végète d'avril à septembre, et au riz nu (*oryza denudata*), dont la végétation a lieu du mois de mars au mois d'août, ou de mai à septembre.

La province de Crémone produit en riz un peu plus qu'elle ne produit en blé; le Bolonais en produit 1/50 ; la province de Pavie seule en récolte plus de 400,000 hectolitres.

La production du riz en Italie s'élève à 1,812,000 hectolitres; le prix est généralement double environ de celui du blé.

Le riz donne lieu à un commerce des plus importants avec les provinces qui n'en produisent pas et avec l'étranger. En 1858, l'exportation avait été, pour les anciennes provinces du royaume, de 285,275 quintaux, tandis que celle du blé avait à peine atteint le chiffre de 211,212 hectolitres ; l'importation avait été de 1,679,488 hectolitres.

Le riz rapporte des bénéfices égaux, supérieurs même, à ceux de la soie, surtout dans le Piémont.

On accuse la culture du riz d'exercer une influence fâcheuse sur les conditions hygiéniques des régions où l'on s'y livre; ne serait-il pas plus juste d'attribuer cette influence à la nature marécageuse du sol que l'on choisit habituellement pour établir les rizières? Quant à la prétendue décroissance des populations dans leur voisinage, elle n'a d'autre cause que le genre même des travaux qui, permettant l'éloignement des cultivateurs pendant des intervalles assez longs, font qu'ils habitent le plus souvent à une certaine distance des rizières.

Pour cette intéressante collection des plus beaux produits de sa province, la CHAMBRE DE COMMERCE DE MILAN a reçu la *Médaille*.

MM. BELLESINI FRÈRES, A IMOLA (BOLOGNE), ont également, pour une belle collection de 13 échantillons de riz, propre à servir à l'histoire de cette production, et autres échantillons de riz chinois, de riz américain et de riz de Novare, reçu la *Médaille*.

M. MAROZZI, A PAVIE, a obtenu la même récompense pour ses riz blancs, indigènes de la Pouille et de Novare.

DIRECTION DU JARDIN BOTANIQUE ROYAL DE MODÈNE. — Feu M. Brignole-Sale, savant professeur de botanique à Modène, avait recueilli 200 variétés de maïs et un grand nombre de matériaux curieux pour servir à la monographie de cette importante céréale; la mort a arrêté le cours de ses travaux. La DIRECTION DU JARDIN BOTANIQUE ROYAL DE MODÈNE s'est chargée du soin de présenter cette précieuse collection à l'Exposition.

Quoique ce soit de l'Espagne que le maïs ait été importé en Sicile ou en Toscane, entre 1553 et 1594, il paraît que l'Italie a précédé l'Espagne dans sa culture, si l'on s'en rapporte aux indications des voyageurs florentins Faseli et Carletti, et de Hernandez, qui, en 1600, s'étonnait que les cultivateurs espagnols ne l'avaient pas encore adoptée. Le maïs était connu en 1602 dans le Bolonais, et en 1610 dans le Frioul.

L'humidité des plaines et les irrigations ont favorisé en Lombardie la substitution du maïs au millet, à l'avoine, à l'orge et au blé lui-même. Le rendement des terrains arrosables en a été de beaucoup augmenté, au grand avantage des populations rurales, des bestiaux et de tous les intérêts agricoles du pays.

Le maïs présente de nombreuses variétés : maïs précoce, à deux mois, quarantain, etc.; maïs tardif ou d'automne; maïs à fruits jaunes, blancs, rouges, bruns; maïs à épis pleins ou vides aux deux extrémités, à épis de six, de huit rangs et plus, à épis simples ou rameux, à fruits nus ou à fruits à balles adhérentes, de haute ou de basse taille.

La production du maïs est supérieure d'un tiers à celle du blé dans la province de Crémone, et de deux tiers dans la Valteline; elle est à peu près de trois huitièmes dans la Ligurie, un peu moins de la moitié dans le Bolonais, d'un dixième dans la Calabre ultérieure, d'un quinzième dans la Capitanate. La production totale paraît être de 24 millions d'hectolitres.

Le rendement brut par hectare est évalué comme suit pour la Lombardie :

Maïs tardif.	80 hect.
— d'été.	50
— quarantain.	20

Le poids de l'hectolitre varie de 68 à 78 kilogrammes.

Les usages alimentaires du maïs sont très-étendus ; on l'emploie en semoule ou en farine, et depuis son introduction en Lombardie, les populations rurales l'ont adopté pour la *polenta*, dont elles se nourrissent de préférence.

L'intéressante collection préparée par son savant professeur a valu à la DIRECTION DU JARDIN BOTANIQUE ROYAL DE MODÈNE la *Médaille*.

M. DRAMMIS, A FLORENCE. — Des échantillons des froments cultivés dans la Toscane et connus dans le pays sous les dénominations de blés Majorica, Romanella, Saragolla et Faggiano, blé hybride et blé d'Odessa, et des spécimens d'orge péruvien lui ont mérité la *Médaille*.

La SOCIÉTÉ D'AGRICULTURE DE REGGIO (ÉMILIE) expose une très-belle collection des principaux produits agricoles de la province, avec les prix en regard, et accompagnée des notes les plus circonstanciées et des renseignements les plus utiles concernant leur nature et les transactions commerciales auxquelles ils donnent lieu. Outre des riz et des millets, on y remarque les différentes espèces d'orge, d'avoine et de seigle cultivées en Italie.

Orge commune, à six rangs, à deux rangs, perlée, à longs épis, pyramidale.

Seigle, variétés d'hiver et d'été.

Avoine commune, d'hiver et de printemps, d'Angleterre, de Tartarie, de Russie, de Hongrie.

L'orge se cultive sur les hauteurs; le seigle dans les terres légères et sablonneuses et dans les endroits élevés; et l'avoine dans toute espèce de terrains maigres ou appauvris; on les mêle aussi quelquefois entre eux et avec le froment ou les légumes dans les méteils, etc. On en évalue à peu près comme suit le rendement et le poids respectifs.

Orge.	. . .	2,340,000 hect.	de 22 à 25 hect.	de 60 à 70 kil.
Seigle.	. . .	3,136,000	de 37 à 25	de 73 à 80
Avoine..	. .	750,000	de 36 à 45	de 44 à 80

L'orge joue un rôle important dans la fabrication de la bière et de l'alcool, particulièrement dans les provinces du Midi; elle est employée aussi, ainsi que le seigle, pour faire du pain; mais dans ce cas leur farine se mélange ordinairement avec de la farine de froment ou la fécule de certains légumes.

L'avoine sert exclusivement à la nourriture des chevaux.

Les divers produits présentés par la Société d'Agriculture de Reggio ont été jugés dignes de la Médaille.

Ont obtenu la même récompense pour des produits similaires :

Le JARDIN BOTANIQUE DE CASERTE, pour une grande et importante collection de semences de céréales et autres.

Le SOUS-COMITÉ DE FOGGIA, pour grains d'excellente qualité : avoine, haricots, orge.

La SOCIÉTÉ D'AGRICULTURE DE PESARO, pour une collection de céréales et de légumes, de l'huile de ricin et des noix, jugés de qualité supérieure.

Et M. ARESU, a Cagliari, pour du magnifique blé en épis.

MM. les barons de NICOSIA MAJORANA frères, a Catane (Sicile), pourraient à la rigueur être rangés dans la catégorie des exposants que nous venons de mentionner; mais, outre leurs céréales, leurs maïs, leurs légumes de grande culture et quelques plantes économiques, ils exposent des fourrages, des glands provenant des forêts de l'Etna et des chênes verts de Bronto. Ces glands, qu'on trouve en abondance dans toutes les parties méridionales de l'Italie, le long des rivages de la mer et notamment en Sicile, servent à l'entretien d'une quantité considérable de porcs.

La production des fourrages est extrêmement riche et soignée dans plusieurs contrées du royaume italien. En Lombardie, où elle est le résultat immédiat des prairies irrigatoires, dans les grandes vallées et dans les plaines des régions centrales et méridionales, et sur les plateaux des montagnes, on récolte d'excellents fourrages, qui nourrissent des troupeaux nombreux et productifs; et partout où quelque perfectionnement agricole se fait jour, on améliore les méthodes de culture, de desséchement et de conservation.

La production totale peut être évaluée à 70 millions de quintaux métriques.

MM. les barons de Nicosia Majorana travaillent constamment à faire avancer l'agriculture de leur pays dans la voie du progrès; la beauté de leurs produits en est une preuve irrécusable. Le jury leur a décerné la Médaille.

M. GIUDICE, a Favara (Sicile). — Des spécimens de blé dur, variété Frentine, de graine de lin et d'amandes à gousse tendre, reconnus de première qualité, lui ont valu la Médaille.

La SOCIÉTÉ D'AGRICULTURE DE BOLOGNE présente une collection importante des céréales et des légumes de grande culture de la province où elle a son siège.

Voici dans quelles proportions se répartissent les diverses récoltes de graines légumineuses dans le Bolonais :

Fèves, 52,829 hectolitres; féverolles, 2,183; haricots, 8,650; pois chiches, 2,064; pois carrés, 119; lentilles, 124; lupins, 789. Production totale : 66,758 hectolitres. — *Médaille*.

M. TELLINI, a CALCI, près de PISE, expose de la fleur de farine de froment d'une grande pureté et qui doit être préparée par les procédés les plus parfaits.

Les moulins à vent sont rares en Italie. La mouture des céréales, des légumes et des châtaignes s'y fait en général au moyen de moulins ordinaires pourvus d'une ou de plusieurs paires de meules à moteur hydraulique. Dans certaines localités, présentant des conditions favorables, le blé se moud dans de grandes minoteries, où la vapeur est employée soit comme auxiliaire de l'eau, soit comme moteur principal, au moyen de machines de la force de 20 à 30 chevaux. Les meules dont on fait usage sont généralement en pierre meulière provenant de l'étranger et notamment de la Ferté-sous-Jouarre (France), ou fabriquées en Italie avec des granits du lac Majeur, des quartzites du Verrucano, des euphotides à gros grains de Montferrato en Toscane, des basaltes, des brèches diverses, etc. L'ancienne pierre meulière, dont Pline parle comme d'une pierre pouvant donner de la chaux, n'est peut-être que du calcaire Alberese, duquel on fait réellement des meules en plusieurs endroits, surtout les meules qui servent à broyer les olives.

Dans les moulins ordinaires, on a toujours des meules de grand diamètre, et à petite vitesse; la farine s'obtient du premier jet et à un faible degré de finesse; mais dans les grands établissements on pratique le système français. Le nettoyage des blés et le blutage des farines s'opèrent automatiquement.

Les farines et les semoules de maïs occupent une place importante dans l'alimentation publique, ainsi que dans le commerce intérieur; elles donnent même lieu, particulièrement en Lombardie, à quelques exportations vers la Suisse. Les farines de châtaigne, employées sous forme de polenta, forment la base de la nourriture des populations montagnardes; la farine de blé noir ou sarrasin est d'un usage assez répandu dans la Valteline; celles d'orge, de seigle et de légume sont de peu d'importance.

Les produits de M. TELLINI jouissent en Italie d'une vogue méritée; le jury international, en reconnaissant la qualité supérieure, lui a accordé la *Médaille*.

M. CASALI, a CALCI. — Ses farines jouissent d'une faveur particulière en Angleterre pour la fabrication des biscuits. Les échantillons qu'il en a exposés lui ont valu la *Médaille*.

M. LE PROFESSEUR Eugène GIORDANO, a SALERNE. — La collection des produits agricoles de la province de Salerne est surtout intéressante par le grand nombre et la diversité des spécimens qui la composent. Les froments y sont représentés par 20 échantillons en grains et 13 en épis; les maïs, 13 en grains et 10 en épis; les avoines, 5 de chaque genre, et les orges 2; les lins, 6 en graines et 7 en tiges; les haricots sont au nombre de 17; les fèves, 4; les lentilles, 3, et les sorghos, 8.

Cette dernière plante, chez laquelle on a dernièrement reconnu un principe saccharin, est déjà cultivée avec succès en Sicile, dans le midi et même dans le centre de l'Italie; car le sorgho de Chine, ou sorgho, à sucre rapporte à la fois du fourrage par ses feuilles, du pain par ses graines, du sucre et de l'alcool par sa tige; on a en outre essayé d'extraire une matière colorante des balles de ses graines. Sa production par hectare est ainsi évaluée en Toscane :

Suc, 508,70 kilog. dont 25,76 d'alcool à 35°.

Tiges, dont le suc a été exprimé, 508,50 kilog.

Fourrages frais, 610,20 kilog.

Graine, 8,57 hect.

L'exposition de M. LE PROFESSEUR GIORDANO se compose ensuite d'échantillons de fourrages, de graines huileuses, de racines non cultivées employées dans les manufactures, de raves, de carottes, de topinambours et de patates.

La patate, originaire des contrées tropicales, a été introduite d'abord en Espagne et en Portugal, où elle est cultivée depuis trois siècles. Importée en France du temps de Louis XV, puis abandonnée et reprise sous le premier Empire, elle a été plus tard réhabilitée par la Société d'horticulture de Paris. Elle parut dans le midi de l'Italie en 1842, et c'est à M. Giordano que revient l'honneur de l'avoir cultivée le premier avec succès et sur une grande échelle.

On connaît plusieurs variétés de patate. Celles qu'expose M. Giordano sont principalement la rouge et la blanche. Le tubercule féculacé et sucré est un aliment aussi bien pour les hommes que pour les bestiaux, auxquels la plante fournit aussi par ses feuilles un fourrage qui, desséché, est évalué au triple du foin comme nourriture.

Dans la culture, la patate tient lieu des plantes sarclées et n'est pas exigeante pour le choix des terrains et des engrais. M. Giordano en obtient la multiplication en faisant germer les bourgeons des tubercules qu'il place sous du fumier au printemps, et en plantant ensuite les rejetons. Quant aux tubercules mêmes, il les conserve en les ensevelissant sous des couches de sable régulièrement disposées. L'époque de la plantation est de mai à juillet, et celle de la récolte de septembre à novembre. — *Mention honorable.*

M. N. CHERICI, a San Sepolcro (Toscane). — Cette exposition consiste en blés, marrons et châtaignes, et en farines de froment, de maïs et de châtaignes.

Parmi les blés, on remarque le blé tendre connu dans le pays sous le nom de *grano marzuolo :* dont la paille sert à tisser les beaux chapeaux de paille d'Italie, qui jouissent d'une réputation universelle. — *Mention honorable.*

La même récompense a été accordée aux exposants suivants :

Le SOUS-COMITÉ D'ALEXANDRIE, pour une importante collection des différentes espèces de blé cultivées dans cette province.

La CHAMBRE DE COMMERCE DE FERRARE, pour une riche collection de farines et de céréales.

Le SOUS-COMITÉ DE CAMPOBASSO, pour blés, maïs, lentilles, chanvre et autres graines de bonne qualité.

Le SOUS-COMITÉ DE MACERATA, pour blés et maïs.

MM. BARONE Frères, a Foggia, pour blé dur et blé tendre.

M. le Comte Michel MERCATILE, a Ascoli, pour riz de bonne qualité.

M. G. SANTORO, a Sainte-Agathe (Capitanate), pour beaux échantillons de blé.

M. le Baron Rocco CAMMARATA SCOVAZA, a Palerme, pour quatre variétés de blé d'excellente qualité.

M. CASSANO, a Giosa, pour céréales.

Les PÈRES BÉNÉDICTINS DU MONT-CASSIN, a Catane, pour orge, fèves et blés.

M. PASI, a Ferrare, pour fèves et haricots de plusieurs qualités.

Et à M. GUIDA, a Gargarengo, près de Novare, pour une collection considérable de céréales et de légumes secs, comprenant entre autres 26 variétés de blés durs, tendres, d'hiver et d'été; 3 d'orge, 2 d'avoine, 5 de seigle, 4 de millet, 8 de pois, 32 de haricots, 6 de fèves et 4 de lupins.

PORTUGAL. — INSTITUT AGRICOLE DE LISBONNE. — L'impulsion que les écrits et les expériences d'Arthur Young, de John Sinclair, de Thayer, de Dombasle et de plusieurs autres savants agronomes avaient donné à l'agriculture dans le Nord de l'Europe, s'est également fait sentir dans les contrées du Midi au commencement de ce siècle. Loin de fermer les yeux à la lumière, le Portugal a marché dans la nouvelle voie que le progrès venait d'ouvrir; et c'est peut-être la première nation méridionale qui ait reconnu la nécessité de faire de l'instruction agricole une institution de l'État.

La viniculture est sans contredit la branche la plus importante de l'agriculture au Portugal, tant au point de vue commercial qu'en raison de l'étendue qu'y occupe la vigne, aussi est-ce par elle qu'on crut devoir commencer l'application du mode d'enseignement qu'on se proposait d'organiser; et dans ce but on créa à Porto, aux frais de l'ancienne compagnie des vins de l'*Alto Douro* un concours à l'effet d'enseigner les meilleurs procédés de vinification.

Plus tard, en 1816, le ministre Comte de Linhares conçut l'idée de fonder à Lisbonne une école agricole et vétérinaire, dont il présenta le projet au roi D. Jean VI: mais à cette époque les complications politiques en firent ajourner, puis oublier entièrement l'accomplissement. En 1825, le célèbre écuyer et hippologue marquis de Marialva, reprenant le projet du comte de Linhares, parvint à faire envoyer quelques jeunes gens en France, aux frais du gouvernement, pour étudier à Alfort l'art vétérinaire et les moyens d'améliorer le bétail. Malheureusement ces élèves, à leur retour, ne retrouvèrent plus leur protecteur, il était mort; et, au lieu de les employer à l'établissement d'une école d'agriculture, on se borna à une école d'hippiatrique militaire (1830).

Enfin, en 1852, M. Fontes Pereira de Mello étant ministre des travaux publics, M. le docteur José Maria Grande, professeur de botanique à l'École polytechnique de Lisbonne, se mit à l'œuvre pour réaliser l'heureuse conception du comte de Linhares et du marquis de Marialva. Fort de l'amitié du duc de Saldanha et secondé par le chef du bureau de l'agriculture, M. le conseiller Rodrigo de Moraes Soares, qui a constamment prêté un si puissant appui à tous les progrès que l'agriculture a faits au Portugal, il réussit à fonder à Lisbonne un institut agricole à l'instar de celui de Versailles.

L'enseignement agricole est à trois degrés : l'instruction primaire a lieu dans des fermes-modèles, réparties dans les différents départements du royaume, proportionnellement à leurs besoins respectifs; le deuxième degré, comprenant les connaissances nécessaires pour former des régisseurs, s'enseigne dans trois écoles régionales, établies dans les principaux centres de culture; le troisième degré ou enseignement supérieur sert à former des agronomes; il est du ressort de l'Institut agricole de Lisbonne, qui s'acquitte de sa tâche avec autant de zèle que de haute intelligence.

L'idée primitive, qui avait depuis si longtemps préparé cette institution, venait donc d'être mise à exécution; seulement l'art vétérinaire et l'agriculture, ces deux sciences sœurs qui dans la théorie comme dans la pratique ont entre elles des rapports si intimes qu'on ne saurait guère les désunir sans leur faire manquer leur but respectif, se trouvaient ainsi séparées. Les raisons éloquentes de la philosophie s'accordaient avec la logique de l'économie pour militer en faveur du rapprochement de ce double enseignement, car il était évident que par cette unification la dépense serait réduite de moitié; il fallait donc réunir les deux écoles en une seule, tout en conservant à chacune sa spécialité professionnelle : c'est ce qui a été effectué en 1855.

Aujourd'hui le nouvel Institut agricole comprend douze cours différents, dont voici la désignation :

SCIENCES AUXILIAIRES.

Premier cours. — Arithmétique, algèbre, géométrie et trigonométrie appliquées à l'agriculture. Professeur : M. Alves Pereira.

Deuxième cours. — Introduction à l'histoire naturelle, physique et chimie élémentaire. Professeur : M. Verissimo d'Almeida.

SCIENCES AGRICOLES.

Premier cours. — Agriculture générale, culture pratique, culture des céréales. Professeur : M. le docteur Beirão.

Deuxième cours. — Culture spéciale, silviculture. Professeur : M. le docteur Oliveira.

Troisième cours. — Administration et comptabilité rurales, économie et législation agraires. Professeur : M. Corvo.

Quatrième cours. — Génie rural, topographie et arpentage. Professeur : M. Ribeiro.

Huitième cours. — Météorologie et chimie agricoles, technologie rurale. Professeur : M. Lapa.

Dixième cours. — Dessin linéaire, de constructions de machines, de plantes et d'animaux. Professeur : M. Viegas.

SCIENCES VÉTÉRINAIRES.

Cinquième cours. — Zootechnie et physiologie. Professeur : M. le docteur Gomes.

I.

Sixième cours. — Anatomie, chirurgie, description des animaux domestiques. Professeur : M. Cardoso.

Septième cours. — Pathologie, droit vétérinaire, clinique médicale. Professeur : M. Teixeira.

Neuvième cours. — Pharmacie, matière médicale, hygiène et maréchallerie. Professeur : M. Lima.

Cet enseignement se répartit sur quatre sections, savoir :

Première section, des agronomes. — Elle comprend les cours auxiliaires et les cours agricoles, plus le cinquième, la partie du septième relative au droit vétérinaire, celle du sixième relative à la description des animaux domestiques, et celle du neuvième concernant l'hygiène. Cette série d'études dure quatre ans.

Deuxième section, des vétérinaires-agronomes. — Les élèves de cette section, dont les études ont la même durée que celles de la précédente, suivent tous les cours, excepté le quatrième.

Troisième section, des laboureurs. — Les élèves restent trois ans dans cette section et sont astreints à suivre tous les cours des sciences auxiliaires et des sciences agricoles, sauf le troisième.

Quatrième section, des maîtres-vétérinaires. — Les élèves suivent le sixième, le septième et le neuvième cours. Durée des études, deux ans.

L'Institut a un internat, où sont admis dix élèves aux frais du ministère des travaux publics et un nombre indéterminé de pensionnaires payant le même prix que les boursiers; le nombre des externes est également illimité.

Le nombre des élèves des quatre sections est en moyenne de 70 chaque année. Depuis trois ans, on a vu plusieurs fils de familles nobles ou notables suivre les cours de la section des agronomes à l'Institut agricole, de préférence à l'étude du droit à l'Université de Coïmbre.

Pour être admis à l'Institut agricole, il faut connaître la langue nationale, le français, le latin, l'arithmétique et la logique. La plupart de ceux qui s'y présentent ont préalablement suivi les cours du Lycée.

L'Institut, installé dans un magnifique palais entouré de nombreux et spacieux bâtiments, possède plusieurs établissements qui sont destinés aux démonstrations et aux travaux pratiques. Nous mentionnerons notamment :

1° Une ferme expérimentale d'une contenance de 15 hectares, à laquelle est préposé un chef de travaux pour diriger les essais et les cultures;

2° Un jardin botanique, comprenant les plantes fourragères et les plantes médicinales;

3° Une galerie renfermant une collection d'appareils et de machines agricoles;

4° Un cabinet, qui contient les instruments appropriés au génie rural;

5° Un cabinet, où sont exposés des modèles d'instruments aratoires;

6° Un cabinet de physique et de météorologie agricoles;

7° Un laboratoire de chimie;

8° Une usine pour les travaux d'arts agricoles;

9° Une bibliothèque;

10° Des salles contenant des collections des principaux produits agricoles du pays;

11° Une pharmacie vétérinaire;

12° Un atelier de maréchallerie;

13° Une école de dessin;

14° Un hôpital vétérinaire, composé de plusieurs écuries;

15° Un haras d'étalons;

16° Un cabinet, où sont réunis les instruments nécessaires à la chimie vétérinaire;

17° Un amphithéâtre anatomique;

18° Un muséum d'anatomie;

19° Une salle pour les opérations chirurgicales;

20° Plusieurs salles pour les cours.

Le gouvernement a récemment fait don à l'Institut agricole de deux grandes fermes, l'une appropriée à l'étude de la silviculture et l'autre aux cultures sur une grande échelle et à l'élève du bétail. Ce complément était indispensable pour mettre l'instruction agricole en faveur auprès des cultivateurs qui, au Portugal comme partout ailleurs, persévèrent dans la routine de leurs ancêtres, opposent la résistance la plus opiniâtre aux innovations et aux progrès, et n'abandonnent qu'avec la plus grande répugnance leurs pratiques surannées, leurs préjugés et leurs erreurs. Désormais les élèves, après avoir reçu l'instruction théorique, devront faire deux années d'études pratiques sur les fermes dont nous venons de parler.

Quoiqu'il ne compte encore que quelques années d'existence, l'INSTITUT AGRICOLE DE LISBONNE a déjà rendu de grands services au pays. Il a fourni aux campagnes une classe de jeunes gens instruits, qui propagent le progrès et les bonnes méthodes, les uns employés par les fermiers, les autres aux frais de l'État. C'est à son influence et à son exemple que l'on doit l'introduction dans certaines localités d'instruments nouveaux et de machines perfectionnées. En dehors de l'enseignement, de nombreux travaux et des missions de la plus haute importance ont été confiés aux professeurs et au directeur de l'Institut, qui en général ont déployé des talents éminents et un zèle digne d'éloges. Quelques-uns sont des écrivains de mérite et auteurs d'ouvrages remarquables.

Une fraction du corps enseignant, sous la direction de l'infatigable chef de bureau de l'agriculture, M. Rodrigo de Moraes Soares, dont nous avons déjà eu l'occasion de signaler le concours énergique qu'il prête à tout ce qui tend à faire progresser la réforme agricole en Portugal, publie, depuis quatre ans, un journal d'agriculture, le « Archivo rural, » qui a puissamment contribué à l'amélioration de la culture dans ces derniers temps.

L'état florissant dans lequel se trouve maintenant l'INSTITUT AGRICOLE DE LISBONNE, est dû en grande partie à l'initiative habile de son premier directeur, feu M. José Maria Grande; aux soins éclairés et actifs de son directeur actuel, le VICOMTE DE VILLA MAIOR, qui le fait avancer de plus en plus dans la voie des améliorations et du progrès; au concours du corps enseignant tout entier qui seconde noblement ses vues et ses efforts; et à l'influence dont jouit auprès du gouvernement le conseiller de Moraes Soares, qui s'en sert constamment pour faire triompher les idées utiles et progressives des savants auxquels l'Institut agricole national du Portugal a été confié, et qui travaillent avec tant d'ardeur à l'élever à la hauteur des célèbres établissements du même genre qu'il a pris pour modèles.

L'INSTITUT AGRICOLE DE LISBONNE expose :

1° Une collection des blés du Portugal, scientifiquement classée. A chaque épi, exposé sous cloche, correspondent des flacons contenant un échantillon de la terre qui a produit le blé, la graine dont il provient et la farine qui en a été obtenue. Cette collection est accompagnée de cartes coloriées, qui indiquent l'intensité de la production du blé dans les différentes régions du royaume; et de tableaux présentant toutes les données scientifiques, agricoles et économiques relatives à la culture, à la composition chimique et à la production du froment dans le Portugal. — M. Lapa, professeur à l'Institut, a rédigé un mémoire qui développe et complète les renseignements sommairement fournis par ce travail.

2° Une collection de maïs, dont les épis sont disposés dans des cadres sur fond de velours noir. Une carte coloriée et des tableaux, analogues à ceux qui accompagnent la collection des blés, fournissent une foule de renseignements curieux concernant la production du maïs au Portugal.

3° Une double collection de vins naturels et de vins commerciaux; également disposée avec élégance et accompagnée de cartes et de tableaux, qui donnent les explications nécessaires concernant la production, le commerce, le classement, etc., des vins en Portugal.

4° Une magnifique collection de laines, comprenant cent trente cadres à fond bleu, dont chacun renferme les échantillons des différentes parties d'une toison et du mélange de toutes ses parties dans des conditions diverses : laine non lavée, laine lavée, etc. Des cartes et des tableaux relatifs à ce genre de production sont joints aussi à cette partie intéressante de l'exposition de l'INSTITUT AGRICOLE DE LISBONNE, et en rendent l'étude on ne peut plus facile.

5° Une collection de cocons de soie provenant des différents départements (*districtos*) du royaume, et de cocons du *bombyx* Cynthia, élevé à l'Institut par le docteur Gomes avec des feuilles d'ailante.

L'exposition de l'INSTITUT AGRICOLE DE LISBONNE est une des mieux ordonnées de toutes celles de la même catégorie qui figurent dans le palais de Kensington, et elle pourrait servir de modèle dans tous les concours à venir. On reconnaît à l'esprit de symétrie et de science la main habile de son savant directeur, M. le VICOMTE DE VILLA MAIOR, à qui ces laborieuses collections et le superbe ensemble qu'elles composent font le plus grand honneur. — *Médaille.*

L'Institut agricole de Lisbonne, quoique de création récente, a déjà exercé une heureuse influence sur l'agriculture du Portugal : on ne compte pas moins de cinq cents exposants portugais dans la première section de la troisième classe, celle des produits agricoles (céréales, légumes, fruits, etc.). Ce nombre ne témoigne-t-il pas suffisamment de l'émulation qui règne parmi les agriculteurs et les horticulteurs du royaume et de ses colonies? Mais ce qui parle encore plus éloquemment en faveur des progrès qu'a faits l'agriculture dans ces derniers temps, c'est le nombre des récompenses qui ont été distribuées aux exposants; 31 ont obtenu la médaille et 116 des mentions honorables, en somme 147 récompenses, c'est-à-dire plus du tiers de la totalité des exposants : résultat considérable, si on le rapproche du rang relativement inférieur que le Portugal occupait dans cette même classe au concours international de 1855.

Voici l'énumération des exposants et des objets exposés, auxquels ont été attribuées des *Médailles :*

ADMINISTRATION FISCALE DE LA DEUXIÈME DIVISION DES INDES, A SATARY : Riz, café et graines indigènes.

M. ALFRED ALLEN, A PORTO : Froment, deux espèces de maïs, pois, et neuf espèces de haricots verts.

M. JOSÉ RODRIGUES DE AZEVEDO, A BENAVENTE près de SANTAREM : Maïs de qualité supérieure.

M. le VICOMTE DE BRUGES, A ANGRA DO HEROISMO : 8 espèces de haricots verts, pois, pois chiches, lupins, lentilles, graines de sorgho à sucre, maïs de l'Amérique du Nord, blanc et jaune.

M. JOAO DU SILVA CARRAO, A MOZAMBIQUE : Farine de manioc, 10 qualités de riz.

M. MARTINHO DA ROCHA GONÇALVES CAMOES, A PORTO : Plantes fourragères.

M. ANTONIO DE SOUZA CARNEIRO, A PORTO : Farine de blé, de maïs et de seigle; blé, seigle, orge, maïs; 8 espèces de haricots verts, pois chiches, lupins, glands.

M. CLAUDINO ANTONIO CARNEIRO, A FREIXO DE ESPADA A CINTA près de BRAGANCE : Amandes et noix.

M. WENCESLAU MARTINS DE CARVALHO, A COÏMBRE : Poix de différentes qualités.

M. GONÇALO TELLO DE MAGALHÃES COLLAÇO, A COÏMBRE : Riz Caroline décortiqué et non décortiqué, lentilles, fèves de quatre qualités, orge dépouillée, pruneaux, différentes espèces de haricots verts, noix, maïs de qualités diverses, ivraie et deux espèces d'ivraie vivace (ray-grass).

M. MANUEL JOSÉ DE BIVAR GOMES DA COSTA, A FARO : Froment, deux espèces de maïs, pois chiches, fèves ordinaires, fève de Marzagao cultivée dans l'Algarve; caroubes; raisins secs, pruneaux, amandes de différentes qualités.

COMMISSION CENTRALE, A ALVEIRO : Blé, seigle, avoine, riz, maïs, millet, orge, haricots verts, fèves, pois, pois chiches, lupins, pommes de terre, olives, pepins d'ananas, poivre, *empetrum.*

COMMISSION DU DISTRICT DE FARO : Plusieurs espèces de haricots verts, amandes douces, pepins d'ananas, olives de différentes qualités, noix, raisins secs.

COMMISSION DE PONTA DELGADA : Maïs de différentes qualités, millet, trois épis de maïs, patates douces jaunes, diverses espèces de haricots verts, grosses noix.

COMPAGNIE DES BORDS DU TAGE ET DU SADO : 8 espèces de blé, 3 de maïs, seigle, riz, haricots rouges, lentilles, pois chiches, alpiste.

M. ANTONIO MANUEL SOARES CORREIA FAJARDO, A CASTELLO BRANCO : Seigle, blé, haricots verts variés, pois chiches, olives.

M. DOMINGOS ANTONIO DE FREITAS, A COÏMBRE : Blé de deux qualités; farine de froment; différentes espèces de biscuits et 5 de vermicelle et de macaroni, blés et farines dont ils ont été faits.

JOAO NEPOMUCENO PESTANA GIRAO, a Faro : Deux espèces de blé, maïs, pois, lupins, six sortes de figues sèches et de raisins secs, deux de caroubes, amandes, noisettes.

M. JOAO ANASTACIO DIAS GRANDE, a Portalegre : Blé de Smyrne, farine et son; plusieurs espèces de maïs et de millet et farine; farine et son de seigle; haricots verts de différentes qualités, 2 sortes de fèves, pois, lentilles, panicule, lupins, pommes de terre et fécule, noix, noisettes, café de glands, sorgho à sucre, *geros*, ivraie.

M. JOSÉ JOAQUIN TEIXEIRA DA COSTA GUIMARAES, a Porto : Deux qualités de blé, gros maïs jaune, seigle, 12 espèces de haricots verts, noisettes.

M. JOSÉ DE LIMA GUIMARAES, a Gollega près de Santarem : Blé, deux qualités de maïs, haricots verts.

M. EMIGDIO ANTONIO MORA, a Sardoal district de Santarem : Fruits secs, noisettes, amandes, noix de deux qualités; 12 variétés de haricots verts et 2 de fèves; pois, pois chiches; 3 qualités de froment et 5 de maïs.

M. FRANCISCO DE PAULA PARREIRA, a Serpa, district de Beja : Blé de deux qualités, anis.

M. VICENTE BAPTISTA PIRES, a Faro : Pois chiches, 2 espèces de haricots verts, 2 de caroubes, 5 de figues sèches, pruneaux, amandes.

M. le Baron de PRIME, a Vizeu : Noix.

M. IGNACIO FIEL GOMES RAMALHO, a Evora : Blé, épis et grains.

M. ANTONIO LOURENÇO DA SILVEIRA, a Santarem : Blé, maïs, pois chiches, haricots rouges et blancs.

M. FRANCISCO XAVIER DE MORAES SOARES, a Chaves près de Villa-Real : Orge, 2 qualités de seigle, 5 de blé, 3 de pois, 2 de pois chiches, 7 de noix, 3 de figues sèches, plusieurs de pommes de terre, lentilles, marrons.

M. le Vicomte de TAVEIRO, a Coïmbre : 4 qualités de blé, 5 de maïs, 2 de fèves, 5 de pois, plusieurs de haricots verts, pois chiches, lentilles, panicule, millet, seigle, orge, sorgho à sucre, noisettes, noix, fruits secs, glands, trèfle, ivraie, sainfoin.

M. le Docteur WELSWITSCH, a Angora. Collection de produits agricoles.

Tous ces produits joignaient à l'attrait du nombre et de la variété les avantages de l'excellence de la qualité, du bon choix, et de la beauté des espèces; et les collections qui en étaient formées étaient des plus complètes, des mieux classées et des plus intéressantes, grâce surtout aux notes et aux tableaux dont plusieurs étaient accompagnées.

PRUSSE. — M. GRASHOFF, a Magdebourg. — Parmi les collections les plus complètes de la Prusse, celle de M. Grashoff occupe le premier rang.

On n'y compte pas moins de 56 échantillons de blé, orge, seigle et avoine, 768 espèces de graines de légumes, 164 espèces de graines fourragères, 1,408 espèces de graines de fleurs, de belles racines de *discorea batatas* (patate) et quarante variétés de pommes de terre. Enfin, un bel herbier de plantes fourragères. — *Médaille*.

M. HULENDORF, a Arnsberg. — M. Hulendorf expose cinq échantillons des plantes qui forment le groupe des céréales : froment, seigle, orge, avoine et sarrasin; puis, prenant pour type le froment et le seigle, il démontre, à l'aide d'échantillons de farines bien disposés, ce que la mouture peut produire. C'est ainsi qu'avec le froment il obtient un numéro 4, un numéro 3 plus fin, puis un numéro 2 et 1, enfin un numéro 0 ou fleur, et un numéro 00 qui n'est plus alors qu'une fleur impalpable; à côté sont les remoulages, les sons et autres issues. Le seigle est traité de la même manière. — *Médaille*.

RUSSIE. — LE MINISTÈRE DE L'AGRICULTURE, a Saint-Pétersbourg, expose une collection curieuse et instructive des céréales et des autres plantes alimentaires qui croissent en Russie.

Les produits les plus importants par leur abondance sont, dans les provinces méridionales, le froment, le vin, les graines oléagineuses, le tabac, et certaines plantes tinctoriales ou médicinales; dans les provinces du centre et dans la Pologne, le froment et autres céréales, les légumes, le chanvre et le lin , et dans les provinces du Nord, le seigle, l'orge, l'avoine et le lin.

Le seigle est cultivé avec succès jusqu'au 67ᵉ degré de latitude septentrionale, et le blé jusqu'au 60ᵉ degré seulement.

La production annuelle de l'empire russe en céréales est en moyenne de 260 millions de tchetwerts, ou près de 490 millions d'hectolitres ; elle est à celle de la France comme 5 est à 2.

C'est la Podolie et une partie de la Pologne qui rapportent le plus beau froment. Le seigle est, de tous les grains, celui dont la culture est la plus répandue dans presque tous les gouvernements. L'orge et l'avoine y viennent également en grande abondance. La culture du blé sarrasin est aussi assez générale et fournit au bas peuple une nourriture très-saine et très-substantielle ; celle du maïs commence à prendre beaucoup d'extension dans les provinces méridionales ; et le riz s'acclimate dans la région du Caucase, où le sol lui est très-favorable.

La collection exposée par le MINISTÈRE DE L'AGRICULTURE se compose de plus de 60 barriques de grains et de farines. Toutes les céréales y sont représentées par de superbes spécimens de chaque espèce. Parmi les plantes fourragères, on remarque les trèfles, les luzernes, la spergule géante, etc. Au nombre des oléagineuses figurent les beaux lins de Riga, le sésame, plusieurs variétés de noix et de noisettes ; enfin les betteraves, les lentilles, les pois et les fèves forment la division des plantes économiques. — *Médaille.*

UN ANONYME DE RIGA présente des tourteaux de graine de lin d'une confection parfaite.

Un tourteau bien fait est doublement précieux pour le cultivateur : d'abord il fournit un aliment sain et nourrissant au bétail ; ensuite il n'est pas moins avantageux, appliqué directement au sol comme engrais.

Lorsqu'une bonne méthode est introduite dans un pays, l'auteur a beau se cacher sous le voile de l'anonyme, il doit toujours être encouragé et récompensé : aussi, quoique le nom du préparateur de ces tourteaux ne lui fût pas connu, le jury international lui a décerné la *Médaille.*

SUÈDE. — M. AMÉEN, A STOCKHOLM. — La Suède a fait de rapides progrès dans l'agriculture, depuis une dizaine d'années ; le grand nombre d'exposants qu'elle compte dans la troisième classe en est une preuve irrécusable ; et, si les collections de céréales laissent à désirer, les agriculteurs, qui se sont bornés à envoyer un seul échantillon — et c'est la majorité, — offrent des produits relativement supérieurs.

M. AMÉEN est dans ce cas : un simple spécimen de seigle, pesant 513 livres par quart impérial, lui a mérité la *Médaille.*

M. DUGGE, A OREBRO et LATORP (NERICIA). — Encore une exposition composée d'un échantillon unique : blé d'hiver, pesant 517 livres par quart impérial, créé dans un sol élevé, mêlé d'un peu de chaux et d'ardoise décomposée. M. DUGGE a obtenu également la *Médaille.*

M. LE DOCTEUR F. C. SCHUBELER, A CHRISTIANIA (NORVÉGE). — La Norvége forme, avec la Suède et la Russie, les régions les plus septentrionales et partant les plus froides du continent européen. Sa superficie totale peut être évaluée à environ 121,300 milles anglais carrés (319,218 kilom. carrés), dont la moitié est située à une hauteur de plus de 2,000 pieds au-dessus du niveau de la mer, et 1/38 ou 3,200 milles carrés (8,271 kilom. carrés 600) sont ensevelis sous des neiges éternelles.

La plus grande portion du pays consiste en d'immenses contrées montueuses, entrecoupées de vallées profondes dans différentes directions. Le fond des versants peuvent être habités ; mais il est extrêmement rare que l'homme s'établisse, du moins d'une manière permanente, dans des hauteurs de plus de 2,000 pieds ; et les *sœters*, où les bergers vont s'installer durant deux mois de l'été avec leurs troupeaux, ne sont guère qu'à 3,000 pieds au-dessus du niveau de la mer. Les marécages sont abondants ; une grande partie pourraient être desséchés et livrés à l'agriculture ; mais, dans leur état actuel, ils exercent une influence funeste sur le climat et rendent excessivement incertaine et précaire la culture des céréales dans leur voisinage immédiat. Le seul diocèse de Christiania, qui comprend à peu près le quart de la superficie totale du pays, n'a pas moins de 1,156 milles carrés (2,991 kilom. carrés 728) de terres marécageuses au-dessous de la limite du blé, et 764 au-dessus. Depuis quelques années les habitants ont à peu près compris les avantages d'un système rationnel d'agriculture ; et dans bien des endroits, en défrichant les marécages et en soumettant les terres cultivées à un drainage convenable, ils ont obtenu de bons résultats, dont l'importance s'accroît chaque jour.

Quoique dans ces derniers temps on ait abattu beaucoup de bois, les forêts couvrent encore une étendue considérable de la surface du pays. Les arbres qu'on y rencontre principalement sont le pin d'Écosse et le sapin de Norvége. On voit aussi dans quelques localités du midi de petits bois de chênes et de hêtres ; les bouleaux sont en grand nombre, particulièrement dans le nord ; ces cinq espèces d'arbres sont les seules qui en Norvége végètent en quantités suffisantes pour former des forêts. Les autres essences ne s'y trouvent que sporadiquement.

D'après ce qui précède il est facile de comprendre qu'il y a peu de terre cultivable en Norvége ; cependant, eu égard à l'étendue superficielle du pays, on est surpris de trouver que la totalité ne dépasse pas 1,000 milles carrés.

Sur cette faible quantité de terrains propres à la culture, il a été impossible jusqu'à présent d'établir même approximativement ce qui est en labour, et ce qui est en prairie naturelle ou artificielle.

On cultive en Norvége différentes espèces de blé d'été et de blé d'hiver, se rattachant principalement au blé ordinaire. Près de la petite ville de Brodo, par 67° 17' de latitude, il y a une école d'agriculture, qui est sans doute celle du monde située le plus au nord. En 1860, on y a fait une expérience avec du blé d'été : il a mûri en 120 jours, à partir de celui où il avait été semé. Selon des rapports officiels, on n'a pas encore cultivé de blé en champs plus loin que le 64° 40' de latitude.

D'après le dernier recensement (1855), le blé entre pour 1,4 pour 100 dans la production totale du pays en céréales ; sa culture a fait de grands progrès depuis plusieurs années.

M. le docteur Schubeler, professeur au Jardin botanique de Christiania, à qui l'on doit un rapport plein de détails et de renseignements instructifs sur les produits végétaux de la Norvége, a exposé divers échantillons de céréales, qu'il a lui-même cultivées et sur lesquelles il a fait de curieuses expériences relativement aux différentes conditions climatériques de la région exceptionnelle qu'il habite. — *Médaille.*

M. D. C. STENSOHN, a Tromsóe. — Le seigle se cultive en Norvége à des latitudes très-reculées ; on trouve le seigle d'été jusqu'à 69° 3' et le seigle d'hiver jusqu'à 69° 34'. Dans le dernier recensement, la récolte du seigle est portée pour 4,7 pour 100 de la production totale du pays en céréales ; et celle de l'orge, pour 24,1 pour 100. C'est l'orge commune qui est la plus généralement cultivée ; elle croît jusque sous le 70° de latitude et dans des endroits plus élevés qu'aucun autre grain ; dans de certaines circonstances elle mûrit à la même hauteur où fleurit le sapin. — *Médaille.*

La SOCIÉTÉ AGRICOLE DE TROMSOE présente une collection complète des céréales généralement cultivées en Norvége. A celles que nous avons déjà citées il faut ajouter plusieurs variétés d'avoine.

L'avoine est, avec l'orge, le grain dont la culture est la plus répandue dans tout le royaume ; elle forme 55,8 pour 100 de la production totale. On en récolte jusque sous le 69° 3' de latitude. On l'emploie non-seulement à la nourriture des chevaux, mais en bien plus grande quantité pour celle de l'homme. Elle sert à faire une espèce de pain non fermenté et des gâteaux qui se mangent avec du lait. Dans presque tout le pays on cultive un mélange d'orge et d'avoine, que l'on moud ensemble pour la panification dans les campagnes. Ce mélange entre pour 14 pour 100 dans la production totale du pays. Autrefois, dans les années de disette, on mêlait à la farine d'avoine ou autre l'écorce de certains arbres ; mais cet usage est beaucoup moins général aujourd'hui et devient même de plus en plus rare chaque année. — *Médaille.*

TURQUIE. — LE GOUVERNEUR DE SALONIQUE. — Cette exposition est des plus remarquables et par le nombre et par la beauté des échantillons. Il faut que ce pays soit privilégié pour donner une succession de produits si uniformément beaux. S'il est un reproche à adresser à la Turquie, c'est de ne pas assez veiller au nettoyage de ses grains par trop mélangés de graines étrangères.

L'exposition du GOUVERNEUR DE SALONIQUE comprend 50 variétés de blé, 42 d'orge, 12 échantillons de seigle, 7 d'avoine, 30 de maïs, 18 de haricots, 11 de pois, 6 de fèves et 6 de lentilles. — *Médaille.*

SECTION II. — CONSERVES ET PRÉPARATIONS ALIMENTAIRES, ÉPICERIES, ETC.

ROYAUME-UNI. — M. RICHARD BOLLAND, A CHESTER. — Il est d'usage en Angleterre d'offrir aux mariées des pièces de pâtisserie montée, dont la grandeur et l'élégance varient suivant la position sociale des époux, et qui quelquefois constituent de véritables objets d'art.

L'échantillon qu'en expose M. RICHARD BOLLAND se compose de trois étages, reposant sur un soubassement. Le premier étage est partagé en quatre panneaux, sur lesquels sont incrustés quatre médaillons en relief, représentant la Sagesse, la Providence, la Charité et l'Innocence, d'après les dessins originaux d'un peintre célèbre. Une riche bordure encadre chacun des panneaux, qui sont séparés par des niches renfermant des figurines ou groupes de circonstance. Le style gothique domine dans l'ornementation de ce premier étage. Le second, de forme octogone, est relevé par quatre portiques ornés de bustes et d'amours, qui supportent des guirlandes de roses, avec les armes royales d'Angleterre. Le troisième étage est circulaire est orné de cornes d'abondance, de feuillages, de bannières, etc. Le tout est surmonté d'un beau vase antique, contenant un bouquet de fleurs.

L'agrément de la vue n'est pas le seul mérite de ce véritable chef-d'œuvre de la pâtisserie architecturale; il a été composé avec des farines de la meilleure qualité, et le jury en a fort apprécié le goût. — *Mention honorable.*

MM. MAC CALL ET STEPHEN, A GLASGOW. — La fabrication des biscuits, déjà très-importante en Angleterre, y a pris un développement encore plus considérable depuis 1851. Ce résultat est dû à l'introduction des machines dans cette industrie, ce qui lui a permis d'abaisser les prix de vente. Le nombre de ses exposants est considérable, mais comme leurs produits sont presque tous les mêmes, nous ne citerons que les principaux d'entre eux. En première ligne sont MM. MAC CALL et STEPHEN, ils livrent à la consommation plus de vingt espèces de biscuits et de biscottes de formes variées, de goûts différents, et de qualité vraiment supérieure. — *Médaille.*

MM. PEEK, FREAN ET Cᵉ, A LONDRES, s'occupent surtout de la fabrication des biscuits destinés à l'exportation; ils n'emploient que des matières premières de choix, et ils les travaillent à l'aide des meilleurs procédés aujourd'hui en usage; le soin avec lequel ils soignent les emballages doit assurer l'arrivée en bon état des produits. — *Médaille.*

MM. JONES ET TREVITHICK, A LONDRES. — Le commerce des viandes conservées a pris aussi des proportions gigantesques; la consommation s'en élève annuellement à plusieurs milliers de tonnes, tant pour le service de la marine et de l'armée que pour l'usage des voyageurs, des émigrants, des colons aux Indes et dans d'autres climats chauds. Le principe de la préparation est toujours le même que celui inventé par Appert; généralement la viande est introduite dans une boîte d'étain, dont on ferme le haut au moyen d'une soudure, en ménageant seulement une très-petite ouverture; ensuite on expose la boîte à la chaleur, et, dès qu'elle est remplie de vapeur, on la ferme hermétiquement en soudant le trou par lequel elle s'échappe.

MM. Jones et Trevithick exposent également plusieurs échantillons de viande crue, conservée à l'aide des procédés suivants :

La viande se place dans un vaisseau où préalablement l'on a fait le vide, qu'on complète par l'addition d'une petite quantité d'acide sulfurique, promptement absorbé par le jus de la viande, après avoir éliminé tout l'oxygène de l'air se trouvant encore dans le vaisseau. On y introduit du gaz nitrogène, incapable d'exercer une action putréfiante sur les substances animales, et l'on bouche hermétiquement. Ce mode est de date toute récente ; si les résultats en sont bons, ce sera un progrès précieux réalisé dans cette branche d'industrie.

Les spécimens de lard, de côtelettes de mouton, de langues, de saucisses, de saumon et de soles, exposés par MM. Jones et Trevithick plaident en faveur de leur nouveau procédé de conservation. — *Médaille.*

M. GARRARD, a Suffolk, s'occupe principalement de la préparation des conserves de viande de porc. Son procédé consiste à imprégner d'abord les viandes d'une préparation de sucre, puis de les fumer à un feu de bois ; il obtient de cette manière des jambons, du lard, et même des porcs entiers, dont la chair est ferme, succulente, appétissante et d'une qualité vraiment supérieure. La tête de l'animal, qu'il est ordinairement difficile de conserver en bon état, n'échappe pas non plus à sa méthode, dont les échantillons exposés constatent, d'une façon irrécusable, la merveilleuse efficacité. — *Médaille.*

M. PARTRIDGE, a Londres, exporte une grande quantité de conserves alimentaires, notamment des légumes, des câpres, des oignons, des cornichons conservés dans l'huile ou le vinaigre, des fruits, des sauces, des viandes en saumure, des huiles, des vinaigres rectifiés et des assaisonnements.

Au nombre des spécimens qu'il présente, est une sauce de son invention, connue sous le nom de salade à la crème, qui jouit d'une grande vogue chez nos voisins. — *Médaille.*

MM. J. et J. COLMAN, a Londres. — On consomme en Angleterre une quantité considérable de moutarde. Elle se fait avec une graine dont on connaît deux espèces principales, la noire et la blanche, et qui se récolte dans le Kent, le comté d'Essex, le Lincolnshire, le Cambridgeshire, et l'Yorkshire ; on en importe aussi une assez grande quantité de la Hollande. Voici le mode de préparation : les graines sont concassées entre des rouleaux, pilées ensuite dans des mortiers, puis passées dans des tamis plus ou moins fins, et, suivant la finesse de la farine, la moutarde est dite pure, double, superfine, fine, aromatique ou inférieure. Du rebut ou du son on extrait de l'huile d'éclairage ou de l'huile bonne à lustrer le drap, etc. ; du résidu on forme des tourteaux employés pour engrais et préférés par beaucoup d'agriculteurs, car ils amoindrissent considérablement les ravages des mouches dans les champs de navets ou turneps.

La moutarde de première qualité se prépare avec la graine la plus fine ; c'est de la farine pure de moutarde ; on lui donne les noms de moutarde pure, et de moutarde brune. La double surfine, se fait avec la même sorte de graine, dans laquelle on mélange une légère portion de farine de froment de la meilleure qualité ; beaucoup de personnes la préfèrent à la moutarde pure, à cause de sa saveur qui est plus délicate. Dans la fabrication des autres genres de moutarde, on emploie de la farine colorée avec de la poudre fine de racine de curcuma.

En 1860, les produits des manufactures de Norwich, de Liverpool et de Londres ont dépassé 2,032,096 kilogrammes.

MM. Colman présentent des spécimens, remarquables par leur pureté et leur supériorité de qualité, de moutarde noire, de moutarde blanche, de farines de moutarde, et de moutarde pure, double superfine. — *Médaille.*

ASSOCIATION DES RAFFINEURS DE SUCRE DE LA CLYDE, a Greenock. — La Société sucrière de la Clyde se compose de huit raffineries distinctes, dont chacune expose, dans la même vitrine, six qualités de produits, depuis le sucre raffiné en poudre grenue, jusqu'au sucre en pain le plus blanc et le plus dur ; tous ces spécimens sont si bien traités, qu'il serait difficile de donner la préférence aux uns au détriment des autres.

Les conditions économiques de la culture de la betterave n'étant pas encore favorables dans les Trois-Royaumes, les raffineries anglaises travaillent principalement les sucres bruts envoyés par les colonies. En Angleterre, le sucre est en grande partie consommé à l'état brut. Le raffinage se borne à soumettre au noir animal le sucre de canne tel qu'il arrive d'outre-mer. Après l'évaporation dans le vide et la cristallisation en masse, on l'épure dans les centrifuges, jusqu'à ce qu'il ait acquis la couleur d'un beau sucre de premier jet. Le sucre en pain est ordinairement cristallisé en grains plus gros et plus agglomérés, il est plus compacte et moins facilement soluble que le sucre français.

Les sucres exposés par les RAFFINEURS DE LA CLYDE correspondent parfaitement aux habitudes de la consommation du Royaume-Uni. — *Médaille.*

MM. FRY, JOSEPH STORRS et FILS, A BRISTOL. Le cacao est indigène de la Jamaïque, où, lors de leur prise de possession, les Anglais firent de grands efforts pour conserver et étendre les plantations importantes laissées par les Espagnols ; mais elles ne firent que dépérir entre leurs mains, et ils y substituèrent la culture de l'indigo. Les principaux lieux de production où s'alimente le marché anglais sont les colonies de la Grenade, de la Trinité, de Sainte-Lucie, de Saint-Vincent, de la Dominique, d'Antigue, et de Demerara. La totalité des produits de la Guyane et des Antilles anglaises s'élevait, en 1860, à 3,081,436 kilogrammes.

Réduit en pâte, le cacao sert à la préparation du chocolat, qui pour être bon, ne doit contenir d'autres ingrédients que du cacao de première qualité, broyé dans sa gousse, du sucre et une essence aromatique, telle que de la vanille, de la cannelle et du musc. Ce sont en général les Français et les Espagnols qui excellent dans cette fabrication. Les chocolats anglais sont souvent grumeleux et amers ; ce qui provient sans doute de ce que le sucre n'est pas convenablement distribué dans la masse, ou que la gousse du cacao est broyée avec la pâte. Cependant l'exposition anglaise renferme des spécimens qui peuvent soutenir avantageusement la comparaison avec les chocolats des deux pays que nous venons de citer.

De ce nombre sont ceux que présentent MM. FRY. Leur exposition se compose d'une série complète d'articles de nature à nous initier à tous les détails de la monographie du cacao, de sa culture et de la préparation du chocolat. Elle contient une collection botanique, comprenant une branche, des feuilles et des fruits du cacaoyer ; — une gousse est ouverte pour faire voir la graine du cacao, — des spécimens de cacao brut, importés de divers pays ; des échantillons indiquant les différentes phases de la préparation, comprenant des graines broyées, des gousses, de l'huile extraite ou du beurre de cacao, du chocolat en tablettes, du chocolat en poudre, rendu soluble dans l'eau bouillante ; des vanilles, employées comme arome, de diverses provenances ; du lichen d'Islande, substance que l'on mêle au cacao pour la fabrication de certains chocolats ; des bonbons au chocolat.

Avant 1852, la consommation du chocolat, en Angleterre, ne s'élevait pas au-dessus d'une valeur de 300,000 livres sterling (7,500,000 francs) par an ; elle atteint maintenant le chiffre de 3,000,000 liv. (75,900,000 francs). La maison FRY n'a pas peu contribué à populariser ce genre d'aliment par les bonnes qualités qu'elle s'est attachée à fabriquer, à des prix modérés.

Elle a obtenu des médailles aux expositions universelles de Londres en 1851, de New-York en 1853, et de Paris en 1855. — *Médaille.*

MM. WOTHERSPOON et Cᵉ, A GLASGOW ET A LONDRES. — Cette maison fabrique tout ce qui se rapporte à la confiserie, les conserves de fruits, les confitures, les marmelades ; mais elle est surtout connue pour ses pâtes de Victoria ; leur fabrication a lieu à l'aide d'une machine automotrice, qui économise la main-d'œuvre. Leur surface lisse et unie et l'absence de bords aigus les rendent plus agréables à la bouche que la plupart des pâtes découpées également en forme de losange. — *Médaille.*

M. G. REINHARDT, AU CANADA. — La conservation des viandes occupe une large place dans l'exposition canadienne.

M. Reinhardt présente des échantillons dignes d'être particulièrement signalés. Ce sont des jambons, du lard et du bœuf fumés, qui, sous le rapport de la conservation, paraissent supérieurs à ce qu'on fait de mieux en ce genre en Europe. — *Médaille*.

Mme CROUCH, Tasmanie. — Le kanguroo, animal particulier au continent australien, est un mammifère de l'ordre des marsupiaux, qui a les jambes de derrière bien plus longues que celles de devant, il vit en troupes et se nourrit d'herbe. Sa chair est parfaite; l'on en fait des jambons dont l'excellent goût commence à être apprécié en Angleterre.

La viande de ceux qu'expose Mme Crouch est délicate et parfaitement conservée; le jury a jugé cette nouvelle importation coloniale digne de la *Médaille*.

M. BROWN, au Canada, expose des échantillons de sucre d'érable, produit tout spécial de l'industrie canadienne.

L'érable est un des plus beaux arbres du nord de l'Amérique, où l'on en rencontre trois espèces : le rouge, qui s'emploie dans la charpente; le blanc, arbre d'ornement à bois tendre, dont le prix courant à Québec est de 45 livres sterling les 1,000 pieds cubes anglais; et l'érable à sucre, le plus précieux des trois, qui atteint jusqu'à la hauteur de 40 mètres, et qui est une véritable source de richesse pour la contrée où il croît. Le mode d'extraction et de préparation du sucre est des plus simples et des plus faciles. — *Médaille*.

CHARCHAR TEA COMPANY (Inde). — Le gouvernement anglais se préoccupe depuis longtemps de la culture du thé dans ses possessions des Indes orientales; mais la production de cette plante si recherchée n'y a pris une véritable importance que depuis quelques années. Son exportation seule s'est élevée, en 1860, à 1,229,181 kilogr. et elle s'accroît de jour en jour.

Charchar tea Comp. présentait une collection des différentes variétés que l'on cultive dans l'Inde. Les variétés de thé sont nombreuses, mais elles se classent ainsi que suit : les Souchon, les Pékoé, Hyson, Congou et Gunpowder. Charchar tea Comp. exposait 55 variétés de Souchon, 36 de Pékoé, 19 de Hyson, 10 de Congou et 8 de Gunpowder. — *Médaille*.

FRANCE. — MM. CHOLLET et Cie, a Paris. — La vitrine de cette maison est, comme toujours, des plus intéressantes. On y remarque divers échantillons de julienne, de haricots flageolets, de pommes de terre en rondelles et en lanières, des choux de bruxelles et des choux ordinaires; le tout dans le plus parfait état de conservation; puis des tablettes dites *d'équipage*, du poids de 2 kilogr. 500, particulièrement destinées aux armées de terre et de mer.

Parmi les progrès réalisés depuis 1855, nous signalerons l'abaissement du prix, malgré une perfection plus grande apportée dans la fabrication.

« Les légumes verts, les racines, » dit le rapporteur du Jury français, « sont indispensables à la nourriture de l'homme; ils apportent à l'organisme, avec les principes nutritifs dont ils sont pourvus, des sels alcalins que l'on ne rencontre ni dans les grains des céréales, ni dans les légumineux; une ration formée uniquement de pain et de viande, quand elle est continuée sans interruption, finit par exercer une influence fâcheuse. Pour entretenir la santé des équipages embarqués, il faut faire entrer des plantes herbacées dans l'alimentation. Depuis longtemps, il était d'usage d'approvisionner les bâtiments en cours de navigation de choucroute et de légumes verts mis en saumure. C'étaient là des provisions encombrantes, dont, par cela même, on usait avec une parcimonie nuisible à la santé du marin.

« Les plantes herbacées, les racines, les tubercules contiennent une très-grande proportion d'eau, de 75 à 93 pour 100. En enlevant cette eau par la dessication, on était parvenu à réduire considérablement le poids de ces matières, tout en maintenant leurs facultés nutritives; mais leur volume initial restant à peu près le même, la difficulté de l'emmagasinage persistait tout entière; obstacle sérieux qui limitait l'usage de ces légumes secs à bord des vaisseaux, où l'emplacement destiné aux approvisionnements est toujours si restreint. Cet obstacle a été levé par M. Masson, à qui l'on doit un procédé très-rationnel pour obtenir des conserves de légumes herbacés, en opérant leur dessication à une température modérée, et en renouvelant l'accès de l'air dans les étuves; 100 kilog. de plantes vertes se réduisent à 25 kilog. En sortant des étuves, les matières sèches sont fortement comprimées par une presse hydraulique qui les moule en plaques peu épaisses, rectangulaires, d'une densité de 0,4 à 0,5. Une tablette de 0,20 carrés sur 0,25 d'épaisseur pèse alors 500 gr. Une semblable tablette renferme vingt rations de légumes. Ces matières desséchées et comprimées, quand elles sont plongées dans l'eau pendant quelques minutes, reprennent l'aspect qu'elles avaient avant la dessication, et la saveur devient, à très-peu de chose près, ce qu'elle était dans les légumes frais. Les plantes herbacées, moulées en tablettes, sont enfermées dans des boîtes en fer-blanc, closes par des soudures. Dans cet état, leur conservation est assurée pour plusieurs années, et c'est ainsi qu'on les expédie dans toutes les parties du monde. Quand on doit les consommer en France, il n'est pas nécessaire de les comprimer : on les livre en sacs ou en paquets. »

MM. Chollet et Cⁱᵉ, qui ont appliqué le procédé Masson, après l'avoir amélioré, préparent, dans leurs établissements, plus de quatre millions de kilogrammes de légumes conservés, dont l'usage est généralement admis dans l'alimentation des armées de terre et de mer.

L'industrie de la dessiccation des plantes alimentaires herbacées réagit de la manière la plus favorable sur le développement de la culture maraîchère. L'arrondissement de Dunkerque fournit seul par an, à la maison Chollet et Cⁱᵉ, 700,000 kilog. de légumes ; et l'arrondissement de Saint-Omer, 1,000,000 de kilog. MM. Chollet et Cⁱᵉ exportent les trois-quarts de leur production.

En 1851, MM. Chollet et Cⁱᵉ, cessionnaires des brevets de M. Masson, ont obtenu la grande médaille. En 1853, à New-York, on leur décernait une nouvelle médaille. En 1855, ce fut la grande médaille d'honneur qui vint à Paris récompenser leurs intelligents efforts.

La guerre de Crimée, pendant laquelle leurs produits rendirent d'immenses services à notre armée, leur a fourni l'occasion de donner au commerce, en général, un salutaire exemple. La paix subite qui eut lieu à cette époque, avait encombré le marché d'une masse de produits du ressort de leur industrie et déterminé une grande dépréciation sur ces articles. La maison Chollet se rendit acquéreur de ces vieilles marchandises, les fit détruire et décida qu'à l'avenir leurs boîtes porteraient au dedans et au dehors la date de la préparation, en indiquant que passé le délai de deux ans elles devenaient impropres à la consommation. La façon d'agir de MM. Chollet et Cⁱᵉ a eu pour résultat une amélioration et un progrès sensible dans la préparation des substances alimentaires conservées.

En dehors de ses fournitures à l'armée, à la marine et aux grandes communautés, la maison Chollet a pu, à l'aide de préparations particulières, satisfaire le goût plus difficile des classes aisées. L'usine centrale de la rue Marbeuf est considérable : vingt-huit presses hydrauliques, d'une force de 500,000 kilog., y sont journellement en activité. Pendant la saison du chômage pour la fabrication des légumes desséchés, le nombreux personnel des ouvriers et de l'administration trouve encore son activité utilisée dans l'organisation récente d'une chocolaterie et d'une vermicellerie, dont les produits rivalisent avec ceux des meilleures spécialités de ce genre. — *Médaille.*

M. J. B. BERTRAND et Cⁱᵉ, a Lyon. — L'un des membres de la section française du jury international à l'Exposition de Londres, dit, dans son rapport, que, pour ses pâtes faites avec des blés durs d'Afrique, « M. Bertrand, de Lyon, a obtenu la plus haute récompense décernée à l'Exposition nationale de Turin en 1858, » et il ajoute : « les pâtes de même nature exposées à Londres sont fort belles et supérieures à toutes celles que nous y avons vues. »

Ces lignes viennent corroborer la victoire remportée à Turin par M. Bertrand, victoire qui lui fait le plus grand honneur; car du jour où, au centre de la fabrication des pâtes d'Italie, chez les maîtres et les fondateurs de cette industrie séculaire, la plus haute des récompenses, et l'unique de cette nature accordée à l'industrie des pâtes, a été décernée à cette maison, un débouché considérable a été ouvert aux blés durs de l'Algérie non-seulement en France, mais encore à l'étranger.

Les spécimens exposés à Londres par M. BERTRAND proviennent de blés envoyés de Bone par les soins de M. Labaille, président de la chambre de commerce de cette ville.

Pendant longtemps les blés durs, servant en France à ce genre de fabrication, ont été tirés principalement d'Odessa, de Taganrog et de Sicile ; mais quand l'Algérie fut devenue une colonie française, on reconnut qu'elle produisait, et en grande quantité, des blés durs très-propres à la fabrication des semoules et des pâtes, et pour ce, ne le cédant en rien aux blés de la Mer Noire et de la Mer d'Azof. Ces blés sont en effet très-clairs, d'un bon rendement et préférables pour le goût, surtout lorsqu'ils sont nouveaux, à tout autre blé. Les plus estimés sont ceux de Bone, au grain allongé et fin.

Voici du reste le résultat d'un examen comparatif, fait avec le plus grand soin, des blés durs de Bone et de ceux de Taganrog :

	BONE.	TAGANROG.
Petit son.	14	15
Semoule.	62	60
Farine commune..	24	25
	100	100

Le blé dur de Sicile offre les mêmes résultats que le blé dur d'Algérie.

Il ressort, en outre, d'une analyse faite en 1855, au laboratoire de la Sorbonne, à Paris, par M. A. Riche, directeur des travaux chimiques, que le blé dur de l'Algérie contient sur 100 kilog. 14 kilog. 280 gram. de gluten sec.

« On peut conclure de là, dit M. Riche, que le blé dur d'Algérie contient autant de gluten que le blé d'Odessa, c'est-à-dire que le meilleur des blés durs de l'Europe.

Les produits exposés par M. BERTRAND sont des semoules, macaronis, vermicelles, lazagnes, lazagnettes, nouilles, petites pâtes (12 dessins), pâtes romaines, crèmes de pâtes.

L'usine de la maison BERTRAND occupe un nombreux personnel ; la force est obtenue à l'aide de deux machines à vapeur ; et l'on y consomme journellement 4,000 kilogr. de blé. Les presses mues par la vapeur peuvent recevoir jusqu'à 90 kilogr. de pâte à la fois.

Les blés, préalablement bien nettoyés et mouillés, à raison de 3 lit. d'eau par 100 kil. sont soumis à la mouture au moyen de meules très-vives qui concassent le grain et facilitent sa décortication. La semoule, obtenue à l'aide de cylindres-bluteurs, est épurée puis imprégnée d'une quantité d'eau qui varie suivant la forme des pâtes que l'on veut fabriquer, puis soumise à une première opération manuelle de pétrissage. Cette pâte est passée ensuite sous une meule pesant plusieurs milliers de kilogrammes, qui écrase les semoules et en fait un corps homogène.

Quand cette pâte a pris la consistance voulue, elle est placée dans un cylindre en bronze au fond duquel est un moule en cuivre, percé suivant la forme que l'on veut donner au produit, et on l'en fait sortir par les trous des moules, en exerçant une pression de 80,000 à 100,000 kilogrammes. Les macaronis et les vermicelles sont coupés à une longueur qui varie suivant le pliage à leur donner ; les petites pâtes, se moulent de la même manière, et sont coupées à la sortie du cylindre par un couteau adapté au centre extérieur du moule et tournant avec une vitesse de 150 à 200 tours à la minute.

Les débris de pâte qui généralement sont rejetés dans le pétrin, ce qui a le double inconvénient de ternir les produits et d'aigrir les pâtes, sont, par M. BERTRAND, convertis en un produit auquel il a donné le nom de *crème de pâte*, et qui, par son bon marché, peut entrer avantageusement dans la consommation générale et surtout dans l'alimentation des grands établissements.

Les magnifiques résultats obtenus par M. BERTRAND, qui déjà lui avaient valu les félicitations de S. A. I. le Prince Napoléon, ont frappé tous les visiteurs de l'Exposition universelle et lui ont mérité la *Médaille*.

M. SIGAUT, a Paris. — On a beau dire que dans un avenir prochain la majeure partie des industries dont les fabriques sont à Paris devront abandonner la capitale et aller s'établir en province ; en attendant, on voit journellement des fabrications, jusqu'alors spéciales à certaines localités, attirées dans le grand centre où elles se perfectionnent rapidement.

Aussi il y a quelques années la ville de Dijon avait encore le monopole de la fabrication des pains d'épice de qualité supérieure. Mais en 1858, lors de l'Exposition universelle qui eut lieu dans cette ville, M. Sigaut, de Paris, en présenta des échantillons, qui, par les pairs de cette fabrication, furent jugés dignes de la médaille de première classe.

Il est vrai que M. Sigaut, à l'aide de moyens nouveaux ou perfectionnés, a fait faire des progrès énormes à cette manipulation, qu'il a transformée en une véritable industrie.

Nous donnerons d'utiles renseignements, en extrayant les lignes suivantes d'un compte rendu d'une visite faite à l'usine de M. Sigaut par des hommes compétents à tous les titres.

« Nous avons parcouru les ateliers, qui sont parfaitement éclairés et aérés ; nous avons constaté d'heureuses innovations, telles que la suppression aussi complète que possible des objets en cuivre et l'introduction des moyens mécaniques, qui permettent d'apporter dans tous les détails de fabrication une extrême propreté. Le moteur est une machine Lenoir qui, par la facilité avec laquelle on peut l'arrêter ou la mettre en train, se prête tout particulièrement à un service intermittent comme celui d'une fabrique de pains d'épice et de petits-fours. Placée dans un local séparé, entre le magasin et l'atelier, elle donne le mouvement à un arbre de transmission qui porte les poulies des machines-outils dont nous allons indiquer l'emploi. .

« D'abord, pour la fabrication du pain d'épice, c'est un pétrin mécanique Gondolo, une machine à battre les glaces imaginée par M. Sigaut, et une filière de Parrod pour découper les oranges ; puis, pour les biscuits et les petits-fours, une baratte pour les pâtes à biscuit, une machine pour mettre les blancs d'œuf en neige de M. Ménage, et enfin la machine à piler le sucre, qui sert à la fois au pain d'épice, aux biscuits et aux petits-fours.

« Les fours employés sont à air chaud, du système Gondolo ; ils ont, pour ainsi dire, été essayés et perfectionnés chez M. Sigaut.

« Le pétrin mécanique est encore de l'invention de Gondolo, il a la forme d'un demi-cylindre, dans lequel sont deux arbres concentriques ; l'un, portant l'ellipse malaxeuse, fait quatre tours à la minute, et l'autre, portant les dents, est immobile. En tournant, les rayons de l'ellipse entraînent la pâte, qui s'étire sur les dents fixes.

« La machine à battre les glaces fait 150 tours à la minute ; elle est formée d'un cylindre horizontal et d'un arbre portant un batteur ; lorsque l'opération est terminée, on peut enlever l'arbre, ce qui permet de vider facilement le cylindre.

«La filière Parrod, pour découper les oranges en dés, se compose d'un balancier et d'un mandrin. On place l'écorce d'orange confite sur le mandrin, et un coup de balancier fait tomber les morceaux découpés : chaque écorce est divisée ainsi en 254 rondelles.

La baratte pour les pâtes à biscuits consiste en un cylindre horizontal, dans lequel se meut un batteur faisant 120 tours à la minute. Elle se vide par la partie inférieure du cylindre.

La machine pour mettre les blancs d'œuf en neige est le seul outil qui soit en cuivre. C'est un vase conique fixe, dans lequel se meut un arbre horizontal, armé de tiges d'acier. Un des pivots de cet arbre est creux, et reçoit l'air envoyé mécaniquement par un soufflet caché sous l'appareil. Cette insufflation d'air pendant le battage a un double but ; non-seulement elle est très-utile, l'été surtout, pour alléger les blancs ; mais encore elle sert à maintenir une température égale, sans laquelle cette préparation deviendrait difficile. Pour faciliter le montage des blancs, on met dans le vase conique, et pendant l'opération seulement, un cylindre sans fond, qui substitue ainsi ses parois verticales aux parois inclinées du cône.

Le moulin à piler le sucre se compose d'une noix conique en granit qui tourne dans un tronc de cône également en granit. On peut relever ou abaisser la noix. Cette machine absorbe au moins 1 4 de cheval ; elle débite un pain de sucre de 10 kilog. en six minutes ; les produits, tamisés par un secoueur énergique, donnent une poudre moitié fine pour le glaçage des biscuits et du pain d'épice, et moitié grosse pour la fabrication du biscuit de Reims.

« Le four Gondolo est à deux étages ; des tubes à air chaud sont distribués dans les parois de manière à rendre la température bien uniforme dans chaque étage. Une grille reçoit le coke destiné à chauffer l'air : il suffit de 2 hectolitres de coke par jour pour chauffer suffisamment et de continue.

« On peut régler la chaleur suivant les objets à cuire en ouvrant les hourras et fermant la cheminée. Une étuve est placée dans le voisinage de ces fours : elle est chauffée par la chaleur perdue. Un bec de gaz en genouillère, placée à l'entrée de chaque four, permet d'en éclairer parfaitement l'intérieur.

« Nous avons eu aussi à examiner un système très-ingénieux pour soutenir les plaques au sortir du four : des chariots pour le transport des plaques de l'atelier au four, des monte-charge pour la descente des plaques dans la cave et pour la remonte après les opérations du nettoyage et du graissage. Enfin, nous n'en finirions pas, si nous voulions énumérer toutes les heureuses dispositions imaginées par M. SIGAUT. On voit partout le cachet de l'homme intelligent, amoureux de son état, et ne reculant devant aucun sacrifice pour améliorer ses produits. »

En outre du pain d'épice, M. SIGAUT confectionne en quantités considérables des biscuits et des petits-fours. Son matériel est suffisant pour lui permettre de livrer jusqu'à 5,000 douzaines de biscuits par jour.

M. SIGAUT emploie depuis quelque temps, dans la fabrication du pain d'épice et des petits-fours, la farine de maïs préparée par les procédés Bez-Penot, et en obtient des résultats très-satisfaisants.

En résumé, M. SIGAUT, par son zèle, son intelligence et sa courageuse initiative, a, nous le répétons, élevé un genre de travail qui ne paraissait antérieurement susceptible d'aucune grande importance à la hauteur d'une véritable industrie, et est parvenu à organiser un établissement modèle, dont les produits ont acquis une grande et légitime renommée. Il sort annuellement de ses magasins 182,500 douzaines de nonnettes ; 36,500 kilogrammes de pain d'épice ; 734,000 douzaines de biscuits ; 21,900 kilogrammes de croquignoles ; 54,750 douzaines de pâtisseries sèches et 14,600 kilogrammes de petits-fours.

M. G. JOURDAN-BRIVE FILS AÎNÉ ET Cⁱᵉ, A MARSEILLE. — Avant la conclusion des traités de commerce qui, dans ces dernières années, ont consacré la liberté des échanges et facilité les transactions commerciales internationales, on comptait dans tous les pays bien des maisons très-importantes, qui n'étaient jamais entrées dans la lice des concours ; mais aujourd'hui chacun a compris que l'isolement et l'abstention étaient des fautes, qu'il n'était plus possible de rester en arrière de l'impulsion nouvelle donnée au progrès industriel et commercial, et que l'on devait à son pays de montrer au grand jour les produits capables de soutenir la concurrence, ou primer même ceux des autres États.

C'est sous l'empire de pareilles idées que M. G. JOURDAN-BRIVE FILS AÎNÉ a envoyé pour la première fois ses produits à l'Exposition de Marseille en 1861. Ils y furent d'une voix unanime jugés dignes de la médaille d'or ; distinction pleinement justifiée par l'examen des échantillons que nous en retrouvons à Londres et par l'accueil que leur a fait le jury en leur décernant la médaille.

Le nombre et la variété extrême des spécimens exposés, permettent d'apprécier l'importance de cette maison.

Ce sont d'abord des salaisons de toutes sortes, parmi lesquelles câpres, cornichons, olives vertes, noires et farcies, choux-fleurs, oignons, haricots, tomates, truffes et moutardes, thon, anchois et sardines, etc., se font remarquer par leur bel état de conservation.

Viennent ensuite les fruits au jus, glacés, cristallisés ; les marmelades et les confitures ; les nougats ; les dragées et une foule d'autres articles de confiserie ; puis un assortiment des plus complets de liqueurs, de sirops et de jus pour liqueurs, etc.

Mais ces substances alimentaires ne constituent que la première partie de cette exhibition multiple ;

la seconde se compose d'une collection des plus complètes d'articles de parfumerie, d'une fabrication spéciale, afin de pouvoir, sans crainte de corruption ni de décomposition, être transportés dans les pays les plus chauds.

L'industrie de M. JOURDAN BRIVE ne se borne pas à la préparation des produits que nous venons d'énumérer, à la vente de ces objets, elle joint celle des vins et des spiritueux qu'elle exploite sur une grande échelle, et qui constitue la branche la plus importante de son commerce.

En récompensant la supériorité des condiments, des salaisons et des autres préparations de cette maison, le jury a déclaré « les matières employées de premier choix, leur préparation consciencieusement faite » et signalé « le goût apporté dans l'arrangement des produits. » Ce qui sans doute a motivé cette dernière appréciation, c'est une grande conserve de variante (légumes variés), dans laquelle une main habile avait reproduit avec une fidélité scrupuleuse les armes d'Angleterre. Ce petit tour de force donnait la mesure du degré de perfection atteint par les ouvriers de cet établissement. Personne n'ignore ce que les aliments gagnent à être préparés de manière à satisfaire à la fois les yeux et le goût.

La fondation de la maison JOURDAN-BRIVE remonte à 1814. Elle occupe aujourd'hui 200 ouvriers et l'industrie des conserves alimentaires doit, assure-t-on, à son chef actuel une amélioration des plus précieuses. On sait que de nombreux arrêtés de police ont interdit l'usage du cuivre dans le reverdissage des légumes. La plupart des saleurs ont vainement cherché à substituer à un procédé nuisible et justement défendu un procédé simple qui, tout en conservant aux fruits leurs qualités, surtout leurs couleurs, fût à l'abri de toute plainte légitime. M. JOURDAN-BRIVE a résolu ce difficile problème; il est à désirer qu'au plus tôt il vulgarise son procédé, ce sera un service dont le pays lui tiendra compte. — *Médaille.*

M. C. J. CHEVET, A PARIS. — Que dire de M. CHEVET, si ce n'est que la *Médaille* que lui a décerné le jury international, à Londres, a consacré une fois de plus la supériorité des produits de cette maison sans rivale.

M. J. SAUSOT ET FILS, A BORDEAUX. — Au dîner, où les membres du jury dégustèrent les produits alimentaires qui leur avaient été plus particulièrement signalés, les truffes conservées, et les terrines de pâté de foies de canards aux truffes de MM. SAUSOT, propriétaires du grand hôtel de la Paix, à Bordeaux, furent appréciées d'une manière toute spéciale, ce qui justifia pleinement la réputation déjà vieille de date de ces fabricants. — M. SAUSOT père était fournisseur du roi Louis-Philippe.

En outre des produits ci-dessus, ces messieurs exposaient des légumes conservés au vinaigre, des fruits à l'alcool, des conserves de tomates, et divers poissons à l'huile, mais surtout du saumon. — *Mention honorable.*

SOCIÉTÉ DES FABRICANTS DE PATES ET DES SEMOULIERS D'AUVERGNE, A CLERMONT-FERRAND. — Ont concouru à cette exposition collective, qui offre des produits d'une beauté et d'une finesse excessivement remarquables :

MM. Barthélemy, Chatard-Roche, Combe, Cougout, Gevert et Vacarèze, Marge-Bonnet, Ramade Dourif, Ranixe, Rossi et Faucher, Termeuf, Souchal et Beaumarchais, Vaury et Belleuf, et Verru.

On y voit d'abord le blé barbu dont on extrait les farines destinées à la fabrication des pâtes alimentaires. Les blés durs choisis par les fabricants de Clermont sont riches en gluten ; ils sont passés sur table avant d'être moulus et produisent des semoules d'une grande propreté. Alentour sont rangés ces semoules que les sasseurs savent si habilement préparer : des macaronis, des vermicelles de toute nuance et de toute grosseur, des nouilles, des lazagnes, et des pâtes de fantaisie de toute sorte. Les macaronis et les vermicelles d'Auvergne sont incontestablement d'une plus belle apparence que ceux qu'a exposés l'Italie ; ils seraient aussi bons, si la dessiccation et le travail en étaient bien soignés. En somme, l'exposition des pâtes alimentaires de Clermont-Ferrand, si l'on excepte M. Bertrand de Lyon, Paris et quelques villes de l'Italie, est supérieure à celles des autres pays ; la main-d'œuvre a diminué et les moyens de fabrication se sont perfectionnés. La fabrique du Puy-de-Dôme produit à elle seule plus que toutes les autres provinces de la France, en n'y comprenant pas la capitale. — *Médaille.*

MM. ROUSSEAU ET LAURENS, A PARIS. — La fabrication des liqueurs et la préparation des conserves de fruits constituent une industrie toute parisienne. Nos fruits préparés au sucre candi, les fruits conservés par le procédé Appert ou d'autres analogues, dans des sucs plus ou moins sucrés, nos sirops et nos liqueurs n'ont pas de rivaux, surtout dans les qualités supérieures. Les progrès accomplis dans ce genre de production en Angleterre et en Allemagne ne sont dus qu'à l'impulsion donnée par notre capitale, et les ingénieux procédés mis en pratique par nos fabricants.

MM. Rousseau et Laurens, déjà honorés d'une médaille de première classe à l'Exposition universelle de 1855, n'ont fait depuis cette époque que redoubler de zèle et d'efforts pour perfectionner cette industrie. Comme innovation d'une haute portée, nous mentionnerons la substitution opérée par eux du travail régulier de la vapeur au travail des bras. Aujourd'hui, ils possèdent deux usines où ne sont employées que des machines à mouvements automatiques ; ils y fabriquent des liqueurs et des sirops d'une pureté remarquable et préparent des conserves de fruits au sucre et à l'eau-de-vie qui ne laissent rien à désirer sous le rapport de la saveur, du goût, de la forme et de la couleur, ces conditions essentielles de l'excellence des articles de ce genre.

Au nombre des machines que MM. Rousseau et Laurens ont introduites dans leurs usines pour faciliter et accélérer la laborieuse manipulation de leurs nombreux produits, il faut signaler une presse hydraulique, une machine servant à écraser les fruits, une autre pour rincer les bouteilles, enfin une troisième pour boucher les flacons de fruits, qui à vitesse ordinaire en bouche 600 à l'heure, et à grande vitesse 750 ; la cuisson des sirops s'opère dans deux armoires en fer, dont chacune contient 1,000 bouteilles.

Depuis 1795, date à laquelle remonte sa fondation, cette maison importante n'a cessé d'être de la part des jurys des Expositions nationales et universelles l'objet des plus hautes distinctions. — Les produits de MM. Rousseau et Laurens s'expédient avec avantage dans tous les grands centres de la France et de l'étranger où leur marque est appréciée et recherchée à cause de leur supériorité incontestable. — *Médaille.*

MM. LOUIT FRÈRES et Cie, a Bordeaux. — Outre ses moutardes d'un arome particulier et d'une préparation spéciale, la maison Louit expose des conserves alimentaires au vinaigre. Ce sont notamment des fruits et des légumes ; mais, au lieu de présenter des mélanges, chaque espèce est divisée avec soin dans des bocaux séparés, ce qui permet au consommateur d'en faire un choix suivant son goût.

L'exposition de MM. Louit présente aussi des échantillons de chocolat de leur fabrication et d'un café de gland doux, dont ils ont le monopole.

Cette maison, fondée en 1825, exporte 50 pour 100 de sa production, et fait des envois considérables en Amérique. — *Médaille.*

FROMAGES DE LA RÉGION DU FROMENT. — Bien que la France soit le pays qui fournisse la plus grande variété d'excellents fromages, l'exposition des fromages français a été peu riche, cela a tenu à la difficulté qu'on éprouve à en conserver longtemps la majeure partie en bon état.

En première ligne étaient les produits supérieurs de la Brie, présentés par la Société d'agriculture de Seine-et-Marne, et une collection de fromages de Neufchâtel, Seine-Inférieure, à l'état affiné, plus communément connus sous le nom de *bondons*, quand ils sont parvenus à ce degré.

Nous mentionnerons ensuite quelques fromages façon Hollande, un beau spécimen de Sept-Moncel, des Mont-d'Or et des Gruyères envoyés de la Savoie par M. Roux-Vollon et par M. Tatout. Le premier a reçu la *Médaille* et le second une *Mention honorable.*

MM. SERRET, HAMOIR, DUQUESNE ET Cie, a Valenciennes. — Cette Société a successivement créé sept usines qui représentent un capital d'environ deux millions huit cent mille francs. Elle exposait une collection complète des produits de la betterave, des alcools de betteraves vertes, de betteraves desséchées et des alcools de maïs, puis des résidus de ces fabrications, utilisés pour la nourriture du bétail. Elle présentait en outre le modèle réduit d'un appareil à l'aide duquel sa raffinerie traite journalièrement de 80,000 à 100,000 kilogrammes de betteraves.

I.

32

Cette maison est la première qui ait eu l'idée de faire des pains de sucre tapés avec des poudres préparées à cet effet, et, découverte importante, d'employer l'alcool pour l'épuration des sirops.

La valeur de ses produits s'élève annuellement de 7 à 8 millions de francs ; elle manipule, tant en sucre qu'en alcool, jusqu'à 100 millions de kilogrammes de betteraves sèches, soit le produit d'environ 2,000 hectares de terre. Elle occupe 2,500 ouvriers. Grande médaille d'honneur en 1855. — *Médaille*.

ÉMILE-JUSTIN MÉNIER, a Paris. — Bien que l'éminent pouvoir nutritif du chocolat fût démontré par la pratique aussi bien que par la théorie, fondée sur l'analyse ; il n'était guère connu en France, il y a une cinquantaine d'années, que comme un médicament réparateur, mais coûteux, et le peu que l'on en consommait, on s'était habitué à le demander à l'Espagne, parce que ce sont les Espagnols qui ont introduit en Europe le chocolat et le cacao. Si quelques fabricants en produisaient, ils ne le faisaient que par petites quantités et en se servant de procédés défectueux. Aussi le chocolat n'existait-il pour ainsi dire pas au point de vue du commerce.

M. Ménier père, en 1825, résolut de doter la généralité des consommateurs d'un produit si utile à la santé publique. Déjà depuis neuf ans à la tête d'une usine importante, il organisa avec l'habileté que donne l'expérience tous les appareils d'une fabrication conçue sur une grande échelle, et put bientôt fournir aux masses l'aliment qui, par son haut prix, était resté hors de leur portée. Il pensait avec raison que ce n'est qu'en opérant de cette manière qu'on peut faire quelque chose d'utile et de grand. Le succès de ses travaux fut immédiat, et de progrès en progrès la production de son usine spéciale devait atteindre et dépasser chaque année l'énorme quantité de 1,800,000 kilogrammes de chocolat. Le succès de M. Ménier lui suscita des imitateurs, ainsi que des contrefacteurs, et l'industrie française en est arrivée, grâce à lui, à fabriquer plus de 8 millions de kilogrammes d'une substance alimentaire essentiellement utile qui n'existait pour presque personne avant lui. Il est inutile de dire quels services ont été rendus ainsi depuis près de quarante ans à l'hygiène générale du pays. On peut ajouter que c'est par dizaines de millions qu'il faudrait compter les sommes qu'a fait entrer dans les caisses de l'État une industrie nouvelle qui n'emploie que du cacao et du sucre, c'est-à-dire deux des substances les plus imposées jusqu'à ces derniers temps.

On a le droit d'être fier quand on a conçu et exécuté de telles idées d'intérêt public.

La maison Ménier n'a vu dans son succès qu'un encouragement à faire chaque jour davantage. Elle a étudié et pratiqué tous les systèmes de perfectionnement pour le triage et le broyage des matières premières. L'usine où elle fabrique son chocolat a reçu un développement considérable.

Sa vente croissant sans cesse, sans cesse aussi s'amortissant son capital d'installation, elle a pu donner au public, au plus bas prix, un très-bon chocolat. Ses achats directs de cacao et l'entretien de ses agents sur les lieux des meilleures productions ont encore ajouté à ses moyens de fabrication économique.

Elle en est arrivée au point que sa marque est connue du moindre village de France, et qu'elle n'a à craindre aucune concurrence pour la qualité et pour le bon marché réels.

Dès que le gouvernement a dégrevé les cacaos et les sucres, le chocolat Ménier a baissé de prix proportionnellement, quoique les cacaos, de plus en plus demandés, n'aient cessé de se coter en hausse.

Le chocolat Ménier est resté le type du chocolat économique et salutaire.

M. Émile Ménier, tout en suivant la voie ouverte par son honorable père, se montre habile à profiter de tous les progrès de son temps pour perfectionner ses moyens de fabrication.

Son exposition très-simple ne présentait que des échantillons des qualités diverses du chocolat qu'il livre à la consommation. Membre du jury, M. E. Ménier était *hors de concours*.

M. DEVINCK, a Paris. — La haute position qu'occupe M. Devinck, son immense réputation commerciale, rendent bien difficiles les éloges à faire de sa maison. Laissons donc à cet égard parler le rapporteur du jury à l'Exposition de 1855.

« Fabrication importante et croissante, perfectionnée par des moyens nouveaux ; matières premières, sucres raffinés et cacaos parfaitement triés et torréfiés ; excellente et constante qualité des produits ;

bon marché relatif ; puissance mécanique développée à l'aide de la vapeur ; emploi exclusif de cylindres, cônes, meules et plates-formes en granit ; perfectionnements remarquables dans le moulage des tablettes ; réputation commerciale de premier ordre. »

Depuis la maison DEVINCK a toujours continué à progresser. — *Médaille.*

MM. IBLED FRÈRES ET Cⁱᵉ, A PARIS. — La quantité de cacao mis en consommation en France était, pour l'année 1849, de 20,852 quintaux métriques. Onze ans plus tard, en 1860, cette consommation avait plus que doublé ; car elle s'élevait à 46,630 quintaux, dont on obtenait 9 millions de kilogrammes de chocolat.

L'abaissement des prix et une meilleure fabrication sont les principales causes de l'immense développement pris en France par l'industrie chocolatière et dont l'importance doublerait encore si le gouvernement, se rendant enfin aux justes réclamations des fabricants, se décidait à rembourser, à la sortie de leurs produits, les droits qu'il perçoit sur les matières qui les composent ; car de ce jour les chocolats français, baissés de prix, ne rencontreront plus de concurrence sérieuse sur les marchés extérieurs.

Cette augmentation si prompte et si considérable de la consommation du chocolat en France a fait la fortune des maisons, qui sérieusement et consciencieusement se sont adonnées à sa fabrication. La maison IBLED FRÈRES ET Cⁱᵉ est de ce nombre.

Fondée il y a une trentaine d'années, au moment même où l'industrie chocolatière commençait à sortir de l'ornière dans laquelle jusqu'alors elle s'était maintenue, cette maison a eu sa part dans les progrès réalisés, aussi obtenait-elle la médaille de bronze à l'Exposition de 1849, et le jury international à l'Exposition universelle de Paris en 1855 lui décernait-il deux médailles, en déclarant que « la maison IBLED était dans les meilleures conditions pour produire bon et à bon marché. » Le public a depuis sanctionné cette déclaration, et la marque IBLED FRÈRES est aujourd'hui une des bonnes marques de chocolats en France et à l'étranger.

Cette maison possède trois usines : l'une à Paris, où se fabriquent les chocolats fins, les chocolats de fantaisie et les bonbons en chocolat, qui entrent dans sa production pour une notable quantité.

La seconde de ses usines est à Mondicourt (Pas-de-Calais). Sa situation au centre des exploitations houillères, dans une contrée où la main d'œuvre est à bas prix et où avec facilité les cacaos et les sucres peuvent arriver du Havre, place cette usine dans les conditions les plus favorables pour fabriquer la masse du chocolat à bon marché que livrent en France MM. IBLED FRÈRES.

Dans leur troisième usine, située à Emmerich (Allemagne), ces messieurs fabriquent des chocolats spécialement destinés à la consommation allemande.

L'exposition de MM. IBLED FRÈRES ET Cⁱᵉ se composait de différentes espèces de chocolats en tablettes et en bonbons qu'ils fabriquent, et de chocolats digestifs aux sels naturels de Vichy, dont l'établissement thermal leur a confié la fabrication et donné le monopole. L'usage de ce chocolat est aujourd'hui très-répandu. — *Médaille.*

M. HERMANN (G.), A PARIS, FRANCE. — Parmi les expositions chocolatières, celle de M. Hermann mérite également une mention spéciale, car ses procédés de fabrication offrent les garanties les plus certaines d'une bonne production.

M. HERMANN torréfie ses cacaos à l'aide d'un moulin, dont l'arbre est creux et percé sur sa circonférence de trous facilitant un courant d'air continu, de manière à permettre aux vapeurs étrangères provenant des grains avariés de s'échapper et de ne pas se mêler à l'arome de la substance aromatique.

La fève torréfiée est soumise à l'action d'un tarare-concasseur-ventilateur, puis triée et portée aux broyeurs, aux malaxeurs et à toute la série des appareils de fabrication. La pâte passe ensuite dans une machine à vis héliçoïde, qui a pour objet d'expulser l'air de la pâte et de préparer celle-ci à être mise en tablettes. Sortant de cette machine, le chocolat est coupé, pesé, jeté dans des moules qui son placés sur la trembleuse, afin que la pâte puisse progressivement s'étendre et prendre l'empreinte des moules.

Avec de tels moyens de fabrication et en n'employant que des cacaos et des sucres de première qualité, le chocolat que M. HERMANN désigne sous le nom de *chocolat de l'armateur* doit être parfait. Ajoutons que M. Hermann est lui-même le fabricant de toutes ces machines.

MM. DELAFONTAINE ET DETTWILLER, A PARIS, exposent des cacaos, du beurre de cacao et des chocolats de plusieurs qualités. Cette honorable maison avait, en 1855, reçu la médaille de 1 re classe, — *Médaille*.

M. LOUIS HENRY, A STRASBOURG. — La renommée des pâtés de foies gras de Strasbourg est universelle, et on doit à M. HENRY de la maintenir dans toute sa pureté. Ses pâtés de foies gras et ses timbales de foie gras, au vin de Madère, sont vraiment un manger délicieux. Renfermés dans des boîtes de fer-blanc, hermétiquement closes, ces pâtés s'exportent en tous pays. — *Médaille*.

EXPOSITION COLLECTIVE DES CULTIVATEURS DE HOUBLONS DE RAMBERVILLERS. — Trente-cinq cultivateurs ont concouru à l'exposition collective du département des Vosges.

Les échantillons sont irréprochables de couleur, les cônes florifères ont une excellente apparence; il est à regretter cependant que ces spécimens se trouvent tous dans des bocaux, ce qui fait supposer à beaucoup de visiteurs que la France n'expose que des produits choisis. L'Angleterre, qui a également exposé des échantillons fort beaux, présente des balles comprimées où la main peut puiser à l'aise.

L'exposition collective des cultivateurs de houblons n'en a pas moins à bon droit obtenu la *Médaille*.

M. HARDY, A ALGER. — Les produits agricoles présentés par M. HARDY, directeur du Jardin d'acclimatation d'Alger, comprennent les plantes oléagineuses de la colonie et la série des pavots opium, des grains desquels, après la récolte du poison chinois, on extrait une notable quantité d'huile dite d'œillette.

Les espèces de graines oléagineuses exposées sont au nombre de neuf.

1° L'arachide, qui produit à l'hectare 2,400 à 3,000 kilos de graines, et dont le rendement en huile est de 40 pour 100.

2° Le lin, particulièrement celui de Riga.

3° Le madia, qui rend 2,000 à 2,300 kilos de graines à l'hectare et 25 pour 100 d'huile.

4° La cameline, qui donne à l'hectare 1,200 à 1,500 kilos de semences, desquelles on retire environ un tiers d'huile.

5° Le carthame, dont les pistils donnent une belle couleur safran et 25 à 30 pour 100 d'huile de son poids de grains.

6° Le chanvre (*cannabis indica*), qui produit le haschich.

7° Le colza, qui donne en Afrique 3,000 à 3,500 kilos de grains par hectare.

8° Le ricin, rendant à l'hectare 3,000 kilos de graines dont on retire 40 à 45 pour 100 d'huile.

9° Enfin, la navette, le radis oléifère et le grand soleil. — *Médaille*.

MM. GOYETCHE DE VIAL ET Cie, DE BAYONNE (SAINT-PIERRE ET MIQUELON). — De 100 à 200 navires, expédiés de France, jaugeant 25,000 tonneaux et montés par environ 4,000 hommes d'équipage, prennent part chaque année, dans les eaux des îles Saint-Pierre et Miquelon, voisines de Terre-Neuve, à la pêche de la morue, qui emploie également 80 goëlettes de la localité, ayant chacune en moyenne de 10 à 14 matelots. La moitié seulement du poisson est préparée dans nos pêcheries ; on le lave d'abord à grande eau pour le débarrasser de la croûte de sel qui le recouvre, et on l'expose au grand air et au soleil sur des aires couvertes de pierres nommées *graves*, ou sur des claies appelées *vigneaux* ; on l'enfutaille ensuite au moyen d'une presse. On en exporte à peu près 200,000 quintaux par an, présentant une valeur de 4,400,000 francs.

Le reste du poisson est préparé à bord, en vert, c'est-à-dire tranché au plat et arrimé dans la cale entre des couches de sel; on en exporte de 30,000 à 40,000 quintaux par an, d'une valeur de 400,000 à 500,000 francs.

MM. GOYETCHE DE VIAL ET Cⁱᵉ exposent des spécimens de morue sèche, grand poisson, et de l'huile de foie de morue.

Ce dernier produit, obtenu par la fermentation des foies dans des tonnes disposées à cet effet, soit sur les navires qui pêchent au large, soit à terre, près des habitations, est l'objet d'un commerce assez important. On en exporte environ 500,000 kilog. par an. — *Médaille.*

M. LECHARPENTIER. — Les rognes de morue sèches, telles qu'en a envoyées M. LECHARPENTIER, sont un nouveau mode de préparation encore peu usité. Ce produit, destiné à servir d'appât pour la pêche à la sardine, est protégé à son entrée en France par la franchise d'entrée et une prime de 20 francs par 100 kilogrammes; mais la plus grande partie sert sur les lieux mêmes à amorcer des lignes; on n'en exporte guère que 6,000 kilogrammes environ par an, à l'état salé. — *Médaille.*

M. LOUIS LORIEUX. — Son exposition se compose de *harengs salés secs*, de *naus* de morues sèches, pour aliment et pour fabrication de fausse colle de poisson, et de langues de morues sèches.

Ces deux derniers produits, quoique fort recherchés pour la table, sont généralement laissés aux équipages, qui les vendent à l'arrivée au port; on en exporte 300,000 kilogrammes environ. — *Mention honorable.*

MM. GUIOLLET ET QUENNESSON, AU FORT-DE-FRANCE (MARTINIQUE). — Les efforts des habitants de la Martinique sont tournés presque exclusivement aujourd'hui vers l'augmentation et l'amélioration de la canne à sucre. Dès 1789, cette tendance à l'abandon des autres cultures était manifeste. La production du sucre était alors de 18,500,000 kilogrammes, chiffre énorme pour l'époque. L'exportation s'est élevée en 1860 à 32,955,206 kilog. de sucre, et à 72,879 litres de sirops et de mélasses; celle de 1861 a été de 31,837,500 kilogrammes de sucre et de 24,575 litres de sirops.

Cet accroissement sensible de la production du sucre, qui a doublé dans certaines localités, doit être en grande partie attribué à l'établissement, dans nos colonies, d'usines centrales pour la mise en œuvre des cannes récoltées par les petits propriétaires, et à l'introduction de machines perfectionnées.

Un nouveau procédé, dû à MM. Possoz, Perrier et Cail, et basé sur l'application du sulfite de soude neutre, dans des conditions toutes spéciales, est venu recommander, simplifier et rendre plus productif encore le travail des sucreries coloniales.

Ce sont des sucres turbinés, en grains blancs, obtenus par cette nouvelle méthode, qu'exposent MM. GUIOLLET ET QUENNESSON. La pureté de ces sucres n'est limitée que par la surtaxe imposée aux produits contenant 99 centièmes de sucre pur. — *Médaille.*

M. DESPORTES, AU FRANÇOIS, a également pour ses sucres reçu la *Médaille.*

M. LE COMTE DE CHAZELLES (GUADELOUPE). — La Guadeloupe est classée dans les grandes colonies à sucre, et son système de fabrication tend chaque jour à se perfectionner. Non-seulement les usines centrales, munies d'appareils Derosne et Cail, fournissent des produits qui peuvent rivaliser avec les plus beaux du monde; mais la production générale elle-même est en voie d'amélioration.

Le rapport annuel d'un hectare planté en canne est de 2,000 kilogrammes environ; mais ce produit varie dans une proportion considérable, suivant le degré de fertilité ou de bon entretien des terres, et surtout suivant la saison de la récolte. Les coupes des cinq premiers mois de l'année sont plus productives que les autres; aussi la roulaison est-elle généralement terminée vers le commencement de juillet. L'exportation de 1861 a été de 27,315,823 kilogrammes; celle des sirops et des mélasses, de 58,704 kilogrammes.

M. DE CHAZELLES expose :

1° Des sucres de premier, de deuxième et de troisième jet, cuits dans le vide, puis purgés par l'appareil centifuge, avec adjonction pour la clairce de 1 litre 5 d'eau par 100 kilogrammes de matière versée pour le premier jet, de 1 litre 7 pour le deuxième, et de 2 litres pour le troisième ;

Et 2° les mêmes sucres travaillés par le même système, mais sans eau. — *Médaille.*

MM. BONNET et VICTOR ROUSSEAU ont aussi envoyé des sucres en grains très-nets et très-purs, et obtenu chacun la *Médaille*.

M. CH. LEDENTU. — La Guadeloupe a dû au café son ancienne prospérité, et en 1790 elle en exportait 7,500,000 livres. Depuis ce temps, la guerre, les convulsions terrestres et atmosphériques, les ravages de l'*elachysta coffeola*, la maladie des caféiers, l'appauvrissement des terres et l'envahissement des bonnes par la culture de la canne à sucre ont beaucoup diminué cette production ; mais elle est encore une des plus considérables des Antilles et elle tend chaque jour à s'accroître. La récolte commence en octobre et se prolonge jusqu'en janvier. Le produit moyen d'un hectare est d'à peu près 500 kilog. d'une valeur de 1,000 francs environ.

L'exportation de la Guadeloupe a été de 527,645 kilogrammes en 1861, tandis qu'elle n'a été que de 11,899 kilogrammes à la Martinique.

M. CH. LEDENTU a exposé des échantillons de café du matouba, d'une excellente qualité. — *Médaille*.

M. FOUCARD, pour du café moka, — *Mention honorable*.

M. MERCIER, au Vieux-Fort. — La culture du cacao a repris depuis quelque temps une assez grande extension à la Martinique, et le renchérissement de cette denrée tend à l'accroître chaque jour davantage. La fève, sans y acquérir toute la finesse qu'elle possède à Caracas, y est moins sèche et plus onctueuse ; le cacao martiniquais jouit d'une bonne réputation dans le commerce et se combine avec le Caracas d'une façon des plus avantageuses. On pourrait en dire autant du cacao de la Guadeloupe ; mais la culture en est presque abandonnée dans cette colonie, où elle ne se fait plus que dans quelques localités. L'exportation de 1861 n'a été que de 72,983 kilog., tandis que celle de la Martinique s'est élevée à 268,362 kilog.

M. MERCIER, un des principaux producteurs de la Guadeloupe, expose un bel échantillon de cacao, qui fait regretter que les colons laissent tomber cette production, comme ils le font depuis plusieurs années. — *Médaille*.

LE COMITÉ DE L'EXPOSITION (Guyane) a envoyé une collection intéressante des principaux produits agricoles de la colonie ; nous ne nous occuperons ici que de la partie qui se rapporte aux substances alimentaires. En dehors des sucres et des cafés nous signalerons l'arrow-root ; la farine et la fécule de bananes ;

Le manioc, dont on tire de la farine, de l'amidon, du tapioca et de l'alcool ;

L'ayapana ou thé de l'Amazone, puissant stomachique, excellent au goût, longtemps considéré comme une panacée universelle ;

Le girofle, introduit à la Guyane en 1774, objet autrefois d'une culture considérable, et dont la production annuelle n'est plus que de 55,000 kilogrammes environ ;

La vanille, qui croît à l'état sauvage dans les bois, large, plate, aux gousses boisées et s'ouvrant facilement ;

La cannelle, la muscade, le poivre, le piment : bois, graines et poudres ;

Enfin le cacao, grains et chocolat. Le cacao de la Guyane, lorsqu'il est séché au soleil ou dans un courant d'air, présente dans son onctuosité des qualités qui le font rechercher pour le mélanger avec les variétés parfumées, mais trop sèches, de Caracas. La production annuelle est d'environ 40,000 kilog., dont la moitié au moins est achetée par le commerce américain de 70 à 80 centimes le kilog. ; ce bas prix n'offrant plus les moyens de donner au grain les soins nécessaires, beaucoup de propriétaires le font boucaner pour le sécher plus vite. — *Mention honorable*.

M. VAUCLIN. — A part les grandes plantations du gouvernement, on ne cultive le caféier de la Guyane que comme annexe des cultures de rocouyers et de cacaoyers. Le café a moins d'apparence que celui des Antilles, mais aussi moins de verdeur et plus de finesse. Production moyenne, 50,000 kilogr. par an.

Les cafés, en parche et pilés, envoyés par M. VAUCLIN sont très-beaux. — *Médaille*.

M. GOYRIENA. — L'industrie sucrière est encore peu avancée à la Guyane ; la cuite s'y fait à feu nu, et les procédés perfectionnés de culture n'y sont pas généralement employés. Cependant cette fabrication est en voie de progrès. La colonie compte aujourd'hui 15 sucreries en pleine activité; l'hectare, sans engrais ni labour, y rapporte 3,500 kilog. de sucre, plus 875 litres de tafia ou de mélasse. L'espèce de canne le plus communément cultivée est celle qui est connue sous le nom de canne créole. La production s'est répartie, comme il suit, en 1859 : sucre, 345,000 kilog.; sirops et melasses, 101,188 kilog.; tafias, 104,788 litres.

Les plus beaux spécimens viennent de M. GOYRIENA, un des meilleurs fabricants de la colonie. — *Médaille.*

COMPAGNIE DES COMORES (MAYOTTE). — On évalue à un million de kilogrammes la production annuelle du sucre dans l'île de Mayotte; on fonde les plus belles espérances sur l'avenir de cette production, espérances légitimées par les produits exposés :

La COMPAGNIE DES COMORES a obtenu la *Médaille* ;

Et M. SOHIER DE VAUCOULEURS, la *Mention honorable.*

M. JOUBERT (NOUVELLE-CALÉDONIE). — Les cannes à sucre, dont on connaît 42 variétés, deviennent à la Nouvelle-Calédonie d'une grosseur remarquable, et le rendement en est considérable, le sucre de l'habitation JOUBERT donne une idée des produits qu'on pourrait y obtenir en abondance. Le jury leur a accordé une *Mention honorable.*

MM. EDWARDS ET KNOBLAUCH exposent des tripangs (holothuries ou biches-de-mer), espèce de mollusque très-abondante sur les côtes de la Nouvelle-Calédonie, où elle constitue la branche la plus importante du commerce. Leur préparation est très-simple : on les fait cuire pendant vingt minutes dans leur eau, puis on les fend de la tête à l'anus et l'on procède ensuite à la dessiccation, qui s'opère dans un vaste hangar sur trois étages de claies disposées au-dessus d'un bon feu. Le tripang étant très-hygrométrique, il est indispensable d'entretenir le feu jusqu'au moment de son expédition, afin de ne l'embarquer que très-sec; sans quoi son altération est très-rapide et se communique facilement à toute une cargaison. — *Mention honorable.*

M. BONNEFIN (TAHITI). — Depuis quelque temps on paraît vouloir se livrer à Taïti à la culture de la vanille, du café et de la canne à sucre, dont les variétés qui y croissent sont bien connues pour leurs bonnes qualités. Il existe déjà une sucrerie qui produit par an environ 25,000 kilogrammes de sucre et 10,000 litres de rhum de première qualité. Quant au café, la production annuelle a été presque nulle jusqu'à présent (4 tonneaux environ); mais de grandes plantations ont été récemment faites dans le but d'approvisionner le Chili, la Californie et Sydney. Les échantillons exposés par M. BONNEFIN donnent la mesure de ce qu'on peut en espérer ; ils ont été jugés dignes de la *Médaille.*

M. ADAM DE VILLIERS, A SAINT-BENOIT (LA RÉUNION). — La fabrication du sucre est devenue l'industrie capitale de la Réunion, et la production a quadruplé depuis 1849. La colonie possède 119 usines, fabriquant chacune de 250,000 à 1,700,000 kilog. de sucre par an; 17 seulement sont mues par des chutes d'eau, toutes les autres ont des machines à vapeur. La production totale a dépassé 73 millions de kilog. en 1861.

Les sucres cristallisés, premier jet, exposés par M. DE VILLIERS, sont traités de la manière suivante : Mise du vesou en ébullition, écumage et décantation ; évaporation et concentration à 25° dans les batteries Gimart ; cuisson et turbinage dans le vide; clairçage par un jet de vapeur.

Les sucres de deuxième jet, faits avec les mélasses du premier jet, sont ramenés à froid par une addition d'eau à 28°.

La production annuelle de M. DE VILLIERS est de 1,500,000 kil. — *Médaille.*

MM. DE KERVEGUEN ET DE TRÉVISE, A SAINT-LOUIS, présentent des sucres obtenus par le procédé suivant : point de défécation, de décantation ni de filtration; évaporation dans une chaudière de fonte; cuisson dans des chaudières à basse température; purgation dans des formes ou, dans d'autres cas, purgation au rotateur centrifuge et turbination.

Ces messieurs ont exposé aussi de très-beaux cafés. — *Médaille.*

La même récompense a été accordée à :

M. THÉODORE DESHAGES, a SAINT-PIERRE, pour beaux sucres en grains obtenus à l'aide des appareils de MM. Cail et comp. ;

M. HOAREAU-LASSOURCE, a SAINT-PAUL, pour sucre provenant aussi des cuites dans les appareils à triple effet ;

Et à MM. D'ETCHIGARAY, a SAINT-PAUL, THOMY LORY, a SAINTE-ROSE, et LAPRADE FRÈRES, a SAINT-PAUL.

M. DAVID DE FLORIS, a SAINT-ANDRÉ. — L'ancienne réputation du café Bourbon est européenne, et la Réunion a dû longtemps sa prospérité à sa culture ; mais à la suite de nombreux coups de vent, de la maladie des bois noirs servant d'abri, et surtout des déceptions qui ont porté les planteurs à couvrir préférablement de canne à sucre toutes les terres de quelque valeur, le chiffre de sa production a beaucoup diminué.

Les cafés et les vanilles exposés par M. DE FLORIS ont été jugés dignes de la *Médaille*.

M. MANLIUS CROUVES, a SAINT-BENOIT, expose, ainsi que M. DE FLORIS, des cacaos d'une finesse remarquable, qui ne le cèdent qu'aux qualités supérieures du caracas. Il a reçu la *Médaille*.

M. DELANUX, a LA RÉUNION (COLONIES FRANÇAISES). — Les mokas et les cafés Leroy, exposés par M. DELANUX, sont fort beaux, et font regretter que la production de ce grain précieux soit si considérablement diminuée à la Réunion.

Les variétés qui y sont encore le plus généralement cultivées sont le moka, le Leroy, le myrthe, le café Eden, et le marron ; ce dernier, lorsqu'il est infusé seul, est très-enivrant. L'exportation, en 1860, s'est élevée à 240,000 kilogrammes. — *Médaille*.

AUTRICHE.—M. ROBERT ET Cie, a BRUNN, MORAVIE, présentent des sucres et des alcools de betterave. Leur fabrique, construite en 1857, possède 18 chaudières de la force totale de 1,800 chevaux, 15 machines à vapeur de la force de 120 chevaux, 16 presses hydrauliques, 16 vases à lessiver pour la macération des betteraves vertes et sèches : ce qui la met à même d'opérer sur 60 millions de livres de betteraves pendant les six mois de l'hiver, de raffiner environ 10 millions de livres de sucre par an, et d'extraire de ses mélasses une quantité annuelle de 6,000 hectolitres d'un alcool à 95 p. 100 complètement dégagé d'huile empyreumatique. Les alcoolomètres y sont en usage depuis six ans. Les appareils d'évaporation ROBERT fonctionnent sans interruption depuis 1851 ; ils ont été construits dans les ateliers mécaniques de la fabrique même, sous la direction de M. Jaquier, attaché à l'établissement en qualité de mécanicien. L'emploi de ces appareils a été entièrement mis à la disposition de tous, l'inventeur ayant renoncé aux avantages qu'il eût pu tirer d'un brevet d'invention. En Autriche, l'industrie du sucre de betterave peut donc profiter, sans restriction aucune, de tous les avantages qu'offre cette invention. La fabrique occupe de 600 à 800 ouvriers en hiver et environ 300 en été, sans compter ceux qui sont employés à la culture de la betterave. — *Médaille*.

M. LE BARON SINA, a SAINT-MIKLOS. — Les beaux échantillons de sucre de betteraves en pain qu'il expose, font honneur à l'excellence de sa fabrication. Le sucre est bien blanc, parfaitement raffiné et d'une cristallisation fine et homogène, aussi est-il à peine possible de constater de différence entre les diverses parties du pain. — *Médaille*.

M. LE COMTE FRANÇOIS THUN-HOHENSTEIN, a TETSCHEN ET a PÉRUC, BOHÊME. — Son exposition est double ; elle comprend, d'une part, des farines et des sons de froment et de seigle, et de l'autre des sucres.

Dans le moulin mécanique de Testchen, la mouture se fait à sec.

Dans la raffinerie de Péruc, le jus des betteraves s'obtient au moyen des machines centrifuges. — *Médaille*.

M. LEITNER, a GRATZ, expose 44 espèces de succédanés du café, parmi lesquels se remarquent principalement des poudres de figues. Sa fabrique est une des plus considérables de l'Allemagne. La production s'en élève jusqu'à 2,500 kilogrammes par jour. Les produits bruts et fabriqués sont transportés d'un étage à l'autre au moyen d'un mécanisme mû par la vapeur, force motrice presque exclusivement en usage dans cet établissement. — *Médaille.*

BELGIQUE. — M. CAPOUILLET, A BRUXELLES, expose des échantillons de sucre brut et des pains de sucres raffinés de betterave. Ces produits sont remarquables par leur pureté, leur blancheur, la finesse de leur grain et leur goût irréprochable. — *Médaille.*

M. DELANNOY, A TOURNAY, représente dignement l'industrie chocolatière belge. Son exposition se compose de plusieurs variétés de chocolats en usage en Belgique et en France, de bonbons en chocolat, pralines, pastilles, poudres, etc., de cacao en pains et de racahout. — *Médaille.*

MM. MIRLAND ET Cie, A PECQ, près de TOURNAY. — On doit à ces exposants un produit nouveau ; c'est la pâte de pommes, ou plutôt la marmelade sèche de pommes. Cette pâte, cuite avec de l'eau, fournit la marmelade de pommes des ménages. Elle se conserve facilement dans un endroit frais et sec. Lorsqu'elle vient d'être fabriquée, elle est en feuilles ayant l'aspect d'un carton sans fin ; on la découpe en morceaux pour la livrer au commerce. — *Médaille.*

ESPAGNE. — M. L. GALLORDO présente de magnifiques échantillons d'amidon et de gluten. Autrefois, dans la fabrication de l'amidon, le gluten était perdu ; aujourd'hui on le recueille avec soin, et il devient le principe constitutif des pâtes pour potages. M. GALLORDO paraît s'attacher à imiter les procédés employés à Grenelle, à Toulouse et à Poitiers. — *Médaille.*

M. PEDRO GARCIA expose également des amidons ; ses échantillons diffèrent des précédents en ce qu'ils sont sous forme d'aiguilles.

En voyant la finesse, la pureté de ces produits et le soin avec lequel ils sont préparés, on ne peut s'empêcher de reconnaître que l'Espagne marche à grands pas vers une régénération industrielle ; des procédés nouveaux franchissent les Pyrénées et vont implanter dans la Péninsule cet esprit de fabrication intelligente qui distingue la France, l'Angleterre, la Belgique et l'Allemagne. Il est vrai de dire que le gouvernement ne néglige rien pour hâter le jour où le pays sera en état de rivaliser avec ces nations industrieuses. — *Médaille.*

M. JOSÈ LACAMBRA pour des substances de la même espèce, *Médaille.*

MM. MERIC ET Cie. — COMPAGNIE COLONIALE DE MADRID. — Bien qu'en Espagne le chocolat soit depuis longtemps un aliment de première nécessité, nul n'était venu aux Expositions de 1851 et de 1855 représenter d'une manière sérieuse l'industrie chocolatière de la Péninsule. Il n'en a pas été de même en 1862 ; les fabriques de chocolats de Madrid ont envoyé à Londres de beaux produits et ont eu leur part de récompenses.

La COMPAGNIE COLONIALE DE MADRID, qui a obtenu la *Médaille,* pour « l'excellente qualité de ses chocolats, » est une maison de création nouvelle, mais dont les directeurs, en mettant à profit tous les enseignements et en employant les meilleurs procédés de fabrication en usage aujourd'hui, ont su faire, en peu de temps, un établissement de premier ordre.

MM. MERIC, déjà fondateurs d'une importante maison de banque à Madrid, ont dans l'organisation de cette usine donné une nouvelle preuve de la haute intelligence qui préside à tous leurs actes ; car, bien que la tâche fût des plus difficiles, ils sont parvenus, grâce à leur énergie et à leur connaissance parfaite des ressources du pays, à surmonter tous les obstacles qu'ils ont rencontrés soit dans la construction de leurs usines et la création de leur matériel, soit dans leur approvisionnement et la bonne fabrication des produits, soit enfin dans l'écoulement avantageux de ces produits.

L'excellence des cacaos employés par les chocolatiers espagnols a été la seule cause de la grande et ancienne réputation de leurs chocolats, car les procédés de fabrication ont toujours été défectueux ; or, en entreprenant de perfectionner ces procédés, tout en conservant aux matières premières leur qualité, la réussite était certaine, c'est ce qu'a fait la Compagnie coloniale de Madrid, aussi ses produits ont-ils été parfaitement accueillis à Londres.

La Compagnie fabrique treize sortes de chocolats.

Dix chocolats espagnols, avec ou sans addition de cannelle, et dont les prix varient entre 4 réaux, soit 1 fr. 05, et 16 réaux, soit 4 fr. 20, la livre forte.

Trois qualités de chocolats français, avec ou sans vanille, dont le prix varie de 9 réaux, soit 2 fr. 25, à 18 réaux, soit 4 fr. 75, la livre forte. La Compagnie fabrique également les diverses variétés de bonbons chocolats, etc.

Tous ces produits de bonne qualité, et enveloppés avec la même élégance que ceux de la chocolaterie parisienne, ont bien vite popularisé en Espagne la marque de la Compagnie coloniale ; elle a profité de cette vogue pour vulgariser dans le pays l'emploi des cafés, du thé et des fécules exotiques, dont l'usage était des plus restreints par suite de la difficulté de se les procurer bons.

Sous son couvert, le consommateur achète aujourd'hui volontiers ces divers objets, et comme ils sont du meilleur choix, la vente en est de jour en jour plus considérable et augmente d'une manière notable le chiffre des affaires de la maison.

Une première usine, construite en 1855 sur le Prado, à Madrid, avec une machine à vapeur de 15 chevaux, étant bientôt devenue insuffisante, MM. Meric en ont fait établir une deuxième à Pinto, à 21 kilomètres de Madrid, où ils ont placé une machine de 30 chevaux. Ces deux usines constituent aujourd'hui un établissement qui, par son importance, peut rivaliser avec tous ceux du même genre.

Quant au matériel, rien n'a été négligé pour le rendre des plus complets.

La fabrication de la Compagnie coloniale comprend donc aujourd'hui, les chocolats espagnols et français, la confiserie en chocolat, la torréfaction des cafés, le triage et le mélange des thés, le nettoyage et la pulvérisation des fécules de tapioca et de sagou.

Dans les ateliers, dont elle laisse la libre pratique à tous les visiteurs, la division du travail est parfaitement entendue et organisée de manière à ce que l'arome d'une des matières ne nuise pas à celui de l'autre.

Nous sommes heureux d'avoir à enregistrer ce succès obtenu à l'étranger par nos compatriotes. — *Médaille.*

HOLLANDE. — LA SOCIÉTÉ D'AGRICULTURE DE CULEMBOURG expose des conserves alimentaires, consistant principalement en légumes découpés et desséchés à la manière de la maison Chollet de Paris. La préparation en paraît des plus soignées, la dessiccation complète et la compression uniforme. Ils sont renfermés dans des boîtes en fer-blanc, ce qui permet de les employer à l'approvisionnement de la marine. — *Médaille.*

COMPAGNIE DES RAFFINEURS DE SUCRE a Amsterdam. — La vitrine de cette compagnie contient de beaux échantillons de sucre de canne, qu'il est facile de reconnaître à leur cristallisation. Ce sont des pains de sucre raffiné, dans les meilleures conditions de consommation. — *Médaille*

ITALIE. — M. FRANÇOIS-XAVIER MELISSARI, a Reggio (Calabre). — En Italie, on conserve dans la saumure de magnifiques olives, que l'on prépare spécialement dans le Midi avec la grosse variété appelée « grosse di Spagna, » et quelques autres, toutes remarquables par leur volume.

Ce sont de ces olives en saumure qu'expose M. Melissari. — *Médaille.*

LE SOUS-COMITÉ DE CAGLIARI présente des œufs de thon et des œufs de muge.

La pêche du thon se fait sur les côtes de la Toscane, des îles de Giglio et d'Elbe, de la Sardaigne et de la Sicile : les pêcheries de la Toscane recueillent 267,470 kilogr. de poisson, la Sardaigne prépare 992,000 kilogr. de thon à l'huile et 50,000 kilogr. de thonine ; la Sicile compte 22 thonares, desservies par 15 bateaux chacune.

La pêche des sardines n'est pas moins importante, elle s'exerce particulièrement dans les parages de la Toscane, où elle produit à peu près 217,977 kilogr. de poisson salé.

M. DOMINIQUE GIORDANO, a Cetura près de Salerne. — Les anchois sont l'objet d'un commerce lucratif. On pêche des anchois sur toute la côte d'Italie et dans les îles, du mois de mai au mois de septembre, et l'on en prépare d'excellents en saumure ordinaire. La production varie beaucoup en quantité, selon les circonstances et les années. C'est en barriques de 60 kilogr. environ, et à des prix très-variables, que l'on expédie généralement ce produit.

M. CALDERAI, a Florence, fabrique des saucissons raffinés, des saucissons sans ail et de la mortadelle avec fenouil.

En Italie, la viande du porc joue un grand rôle dans l'alimentation. On en élève plusieurs races, une rouge commune dans les Apennins, d'autres noires, d'autres blanches et noires, plus ou moins faciles à engraisser et plus ou moins susceptibles d'atteindre un poids considérable (180 kilogr. en moyenne) ; dans les Maremmes, on a des races demi-sauvages et de petite taille, qui fournissent une viande excellente.

Les porcs sont nourris avec toute espèce de matières végétales et animales, liquides et solides ; on préfère pour les salaisons la chair de ceux qui ont demeuré quelque temps dans les montagnes, où ils se sont nourris de châtaignes, de glands et de maïs; certains fabricants de salaisons soumettent même à un régime particulier les porcs, qu'ils destinent à fournir les salaisons les plus fines.

Les Romagnes, l'Émilie et la Lombardie ont une supériorité incontestable pour la variété et la bonté de leurs salaisons. Les saucissons de Florence, de Vérone et de Ferrare, les mortadelles de Prato et de Bologne jouissent d'une renommée universelle ; la viande en est soigneusement hachée dans de bonnes proportions de gras et de maigre, et assaisonnée de poivre et d'aromes. On y mélange de la viande de bœuf, mais en petite quantité pour les mortadelles. La trituration se fait en général à la main, mais dans quelques ateliers on fait usage de machines.

Leur goût, leurs bonnes qualités résultant du mode de fabrication et du mode de conservation, font rechercher ces salaisons ; aussi, c'est à peine si quelques produits étrangers analogues leur font concurrence dans le pays, comme articles de luxe. De plus, quelques-unes des salaisons italiennes sont un objet d'exportation pour diverses contrées de l'Europe, de l'Amérique et de l'Afrique. — *Médaille.*

M. A. FORNI, a Bologne, pour saucissons et mortadelles. — *Médaille.*

M. LAMBERTINI, a Bologne. — La production de M. Lambertini est importante. Il prépare en saucissons et en mortadelles la viande de 400 animaux environ, du poids total de 50,000 kilogr. — *Mention honorable.*

MM. RAPHAEL ORSI et Cᵉ, a Bologne, préparent la mortadelle avec la chair de la cuisse et de l'épaule du porc, hachée et assaisonnée de sel, d'épices, d'ail et de vin généreux. — *Mention honorable.*

M. BOSCARELLI, a Cosenza, a envoyé des grives conservées dans le vinaigre.

On emploie aussi le vinaigre pour la conservation du thon et pour les marinades de petits poissons et d'anguilles, dont la pêche est si abondante dans les étangs de Comacchio, qui occupent à l'embouchure du Pô une superficie de 50,000 hectares et peuvent donner jusqu'à 7 à 8 millions de kilogrammes de poisson remontant chaque année de la mer, du mois de février au mois d'avril. On prépare encore au vinaigre beaucoup de légumes, les câpres, les olives, les poivres longs, les courges, les melons et les pastèques cueillis avant maturité.

M. Boscarelli, pour ses excellentes conserves au vinaigre, a obtenu la *Mention honorable.*

M. FRANZINI, a Pavie, présente des fromages de graine, connus plus communément en France sous le nom de Parmesan.

La production de cette espèce de fromage forme un des revenus les plus importants de la Lombardie, et son origine se rattache au système des prairies irriguées qu'on appelle les Marcites ; c'est le fromage de vache par excellence. Outre le parmesan, on distingue plusieurs autres sortes de fromages, selon leur provenance et leur mode de fabrication ; il y en a de mous, de frais, de doux ou de salés, de secs ou de durcis. Parmi les mous, on doit signaler notamment ceux à deux crèmes, qui sont des fromages très-gras, doux, d'un goût exquis lorsqu'on les mange tout frais, et analogues à ceux de Neufchâtel.

fortement salés, ils se conservent longtemps et deviennent des articles de commerce ; leur goût rappelle celui des fromages de Brie. Au nombre des fromages durs, les plus recherchés sont ceux de la Basilicate, des Calabres et de la Sicile, fromages cuits, sans crème, d'une pâte ferme, quelque peu élastique, très-savoureuse et légèrement fermentée.

On donne à ces fromages diverses formes, carrées ou sphéroïdales, aplaties, souvent bizarres, et assez mal calculées quant à la conservation et à l'emploi utile de la matière. On pratique aussi dans quelques-uns de ces fromages, de forme ovoïdale ou en boules, un trou qu'on remplit de beurre au moment de la préparation ; d'autres sont assaisonnés avec des épices et du poivre, suivant le goût du pays.

Le Parmesan se prépare dans des exploitations où se trouvent souvent plus de cent vaches laitières ; ou bien les petits fermiers, associés suivant le système suisse, portent leur lait à un entrepôt commun et en retirent une quantité proportionnelle des produits. On fait de nombreuses imitations de parmesan dans le Piémont, dans l'Émilie et dans la Toscane.

Voici, d'après les analyses connues, la composition de ce fromage :

Eau	30	31
Matières non organiques	07	09
Substances azotées.	35	62
Matières grasses	21	68

En dehors de sa consommation dans le pays, le Parmesan donne lieu à d'importantes exportations en Angleterre, en France, en Allemagne et dans le Levant. L'unification du royaume a contribué à en répandre l'usage dans les provinces du Midi, et il en serait sans doute de même pour la Vénétie, sans les droits de 20 pour 100 que l'Autriche fait peser sur ce produit.

Le prix du Parmesan varie selon la qualité, l'état de conservation et l'âge, dont les années se comptent dans les laiteries de six mois en six mois. Au bout de trois ans, le prix moyen du fromage parfaitement conservé est de 2 francs le kilogramme.

Les provinces de Bergame, de Crémone, de Lodi, de Pavie et de Milan sont les plus riches en fromages ; mais le véritable entrepôt des fromages lombards est Codogno, près de Milan. Cet endroit en réunit annuellement pour une valeur de 2,300,000 francs, c'est-à-dire un peu plus de ce qu'en produit la province voisine de Crémone et plus du double de ce qu'en produit la Valteline. La production des autres provinces est bien moindre, et elle est relativement insignifiante en Toscane et dans la Sardaigne.

On fait des fromages de brebis dans toute la Péninsule ; une renommée spéciale est acquise à ceux de la vallée d'Elsa en Toscane et à ceux des collines argileuses de la province de Sienne, où la terre, rebelle presque à toute espèce de culture, produit naturellement une grande quantité d'herbes aromatiques et surtout d'absinthes qui donnent au lait un parfum particulier. Les fromages de Viterbe et de Rome, fabriqués pendant l'hiver dans les maremmes toscanes et les plaines de la campagne romaine ; les fromages d'Aquila, des Abruzzes, de la Basilicate, des Pouilles et de la Sicile sont très-recherchés pour la consommation, à laquelle ils fournissent en abondance.

On prépare des fromages avec du lait de chèvre pur, comme au Mont-d'Or et dans le Dauphiné, avec du lait de chèvre et du lait de brebis mêlés ensemble , et avec du lait de buffle, en masses sphériques et ovoïdes, dans les provinces napolitaines et romaines.

L'importance économique de l'industrie des fromages ressort d'abord de la production de la Lombardie, que nous venons d'indiquer en partie, et ensuite de celle des Calabres, qui se répartit ainsi :

Fromages	de vache	450,000	kilog.
—	de brebis	157,000	—
—	de chèvre	30,000	—

Les contrées qui, après ces deux provinces, produisent le plus de fromages sont : le territoire de Visso, dans la province de Macerata, qui en donne actuellement 50,000 kilogrammes, et les Crètes de Sienne, en Toscane, qui fournissent 40,000 kilogrammes de fromage de brebis.

Le beurre est un autre produit important soit pour la consommation intérieure soit pour les expéditions qui s'en font dans des tonneaux, où il est fondu et salé.

Les recuits s'emploient généralement pour la nourriture des bergers, et joints au sérum, pour l'engraissement des bestiaux.

Le lait sert encore à d'autres préparations purement de fantaisie et sans valeur dans le commerce. Nous nous bornerons à mentionner les Mascarponi de la Lombardie, d'un goût très-suave, composés de crème coagulée avec du jus de citron, du vinaigre ou du petit lait aigri, et que l'on prend aussitôt que la crème a caillé.

M. FRANZINI a reçu la *Médaille*.

M. PASCAL DE LUCA, A CATANE (SICILE), expose des pistaches de Bronte sur l'Etna.

Les fruits secs forment une branche importante du commerce italien. Les figues, entières ou ouvertes, épluchées ou non, isolées ou réunies par paires, ramassées en pains et aromatisées avec divers ingrédients, les pruneaux, les cerises, les poires, les pommes, les pêches, les jujubes, les raisins, les fruits sucrés de toute sorte, les amandes, les noix, les noisettes, les pistaches, les pignons, les caroubes, etc., etc., fournissent à la consommation intérieure et donnent lieu parfois à une exportation considérable de différentes parties de l'Italie ; mais c'est particulièrement de la Sicile, de la Sardaigne et de quelques provinces méridionales de la Péninsule qu'on envoie le plus de fruits sucrés. Sur toutes les montagnes, jusqu'à une certaine élévation, on récolte des châtaignes et des marrons bons à être mangés dans leur état naturel ou à donner de la farine ; ce produit forme réellement une source de revenu de premier ordre et compte pour six millions d'hectolitres dans la somme des denrées alimentaires. On pourrait encore ajouter ici les champignons desséchés, dont Varèse de Chiavari prépare des produits superbes avec l'espèce désignée sous le nom de *Boletus edulis*. — *Mention honorable*.

MM. BENEDETTI PÈRE ET FRÈRES, A FAENZA. — Les pâtes alimentaires exposées par MM. BENEDETTI prouvent que ce genre d'industrie se maintient toujours en Italie à la hauteur de sa réputation. Elles consistent en macaronis, en vermicelles, en nouilles, en lazagnes et en autres pâtes de gruau de diverses qualités, préparées à la machine : rien de plus beau, de plus parfait pour la finesse, la blancheur et la transparence ; les prix sont fixés comme suit :

1re qualité. . . . . 0,78c le kilogramme.
2e — . . . . 0,65c —
3e — . . . . 0,35c —

La fabrique de MM. BENEDETTI occupe de 18 à 24 ouvriers, qui manipulent de 1,700 à 1,800 hectolitres de gruau par an ; les blés dont ils font usage proviennent des environs de Faenza.

On fait en Italie des pâtes de diverses qualités, et de toutes formes, plus ou moins fines, même de couleur brune et très-ordinaires ; pour satisfaire aussi à des goûts particuliers, on en colore avec du safran ou avec de la curcuma ; enfin, après les pâtes de grande fabrication, on a les pâtes de ménage, pétries à la main, composées de farine et d'œufs, de moins bonne conservation, mais d'un usage très-répandu. Des essais récents, faits sur des pâtes de commerce ordinaires, provenant de la Toscane, ont constaté qu'elles contenaient de 14 à 15 pour 100 d'eau, et de 0,82 à 2,29 d'azote.

Partout en Italie on fabrique des pâtes avec plus ou moins de perfection ; toutefois, au point de vue de la blancheur, de la consistance et de la faculté de se renfler sans se désagréger à la cuisson, les pâtes génoises, celles de Toscane et de Sicile, passent pour être les plus remarquables. Les vermicelliers de la ville de Gênes ont consommé à eux seuls, pendant ces trois dernières années, de 450,000 à 500,000 quintaux de froment.

Les autres provinces du royaume italien font tous leurs efforts pour rivaliser avec l'industrie génoise, ainsi que nous permettent d'en juger leurs produits exposés et les récompenses que le jury international leur a respectivement décernées.

MM. BENEDETTI PÈRE ET FRÈRES, ont reçu la *Médaille*.

M. FERDINAND PAOLETTI, A PONTEDERA; pour pâtes à potage naturelles et avec safran, biscuits à l'usage anglais et fleur de farine. — *Médaille*.

M. JANICELLI, A SALERNE, pâtes d'Italie. — *Mention honorable*.

MM. BIANCHI FRÈRES, A LUCQUES, pâtes de gruau. — *Mention honorable*.

M. DAMIANI, A PORTO-FERRAJO (ILE D'ELBE).

La boulangerie s'exerce en Italie sans entrave ni privilége ; à ses produits se rattachent, outre les farines, le pain et les pâtes, les biscuits et une foule d'articles variés, qu'il est difficile de distinguer de ceux de la pâtisserie proprement dite.

Le pain de ménage, surtout dans les campagnes, est préparé généralement avec des farines de blé pur, mais souvent aussi avec des mélanges de farines de céréales et de légumes divers, et à des blutages bien différents.

Le pain de boulangerie est fait avec de la farine de froment pur et sous des formes très-variées, depuis le pain blanc mou, les pains de luxe, le pain allemand, etc., jusqu'aux galettes pour la marine, et un pain dur qu'on préfère dans plusieurs parties de la haute Italie.

Le pain lui-même ne figurait à l'Exposition que d'une façon insignifiante; en revanche, on y voyait une grande variété de biscuits de formes spéciales aux localités : les gingermets, dont la fabrication a été introduite avec un succès inespéré par M. GUELFI, de Pontedera, depuis 1854 ; les cantucci di prato, de M. MATTEI, biscuits à l'anis, secs et serrés, mais très-perméables ; ceux de Porto-Ferrajo, de M. DAMIANI, et ceux de Novare et de la Sardaigne, plus souples et coloriés en jaune ; le panattone ou pain au candi, de Milan, qui peut se conserver durant de longs voyages ; le buccellato de Lucques ; le ciambellone de Sienne ; les roschette ; le pan forte de Sienne, qui donne lieu à une fabrication de quelque importance aux approches de la Noël; enfin un grand nombre de préparations de pâtisserie, qu'il serait trop long d'énumérer.

M. DAMIANI a exposé des biscuits à l'anis, dont la qualité supérieure lui a valu la *Médaille*.

Parmi les exposants de produits similaires, nous citerons :

MM. G. GUELFI, A CASCINA. — Biscuits façon anglaise. — *Médaille*.

MATTEI, A PRATO, biscuits à l'anis. — *Médaille*.

BERNARDI FRÈRES, A BORGO A BUGGIANO, biscuits inaltérables dans toutes les saisons. — *Mention honorable*.

OTTORINO PAOLETTI, A PONTEDERA, biscuits dits biscuits Cavour. — *Mention honorable*.

M. VINCENT TRUCILLI, A SALERNE. — Dans les provinces napolitaines et romaines, on fait avec le lait de buffle un fromage de formes sphériques et ovoïdes, dont M. TRUCILLI expose des spécimens; il en produit jusqu'à 200,000 kilogrammes par an.

Le même exposant fabrique aussi annuellement 2,000 kilogrammes de fromages au beurre. — *Mention honorable*.

MAIRIE DE BIBIANO, A REGGIO (ÉMILIE). — Le fromage de Bibiano est d'une pâte grasse, douce, savoureuse, exquise. On attribue les bonnes qualités du lait employé à sa préparation, à la marne calcaire argileuse avec laquelle on amende les prairies. La fabrication collective, parmi plusieurs propriétaires, produit, chaque année, 85,000 kilogrammes de fromages d'une valeur approximative de 146,000 francs.

M. PAUL BIFFI, A MILAN, expose des confitures et des chocolats.

La fabrication du sucre étant nulle sur son territoire, l'Italie emprunte aux autres contrées de l'Europe et aux colonies les sucres, dont elle a besoin, tant pour sa consommation que pour les travaux de sa confiserie, qui jouit d'une réputation méritée. Du Tyrol à Palerme, on fabrique des confitures, des conserves, des dragées, des pastilles, des candis, des marmelades et des sirops de tout genre, qui, suivant les localités, varient de formes et de qualités. Les bonbons en général ne laissent rien à désirer pour la qualité, ni pour les dessins, qui représentent des fleurs très-bien imitées, des figures, des arabesques du meilleur goût, ni pour la couleur, qui n'est jamais de nature métallique. Turin, Gênes, Livourne et Palerme possèdent des fabriques de candis produisant presque un million de kilogrammes chacune et faisant des expéditions considérables à l'étranger, surtout en oranges et en citrons confits. Les mêmes villes sont renommées pour leurs excellentes confitures; il faut y ajouter Milan, comme le justifie l'exposition de M. BIFFI.

L'industrie du chocolat a pris une assez grande extension dans ces derniers temps, et il existe à Turin, à Florence, à Foligno et dans quelques autres villes des fabriques donnant chacune un produit annuel de 6,000 à 10,000 kilogrammes.

La bonne qualité des produits de M. BIFFI lui a valu la *Médaille.*

M. SANTI BARBETTI, DE FOLIGNO (OMBRIE); MM. BRASINI FRÈRES, DE FORLI, et M. VICTOR GIULIANI, DE TURIN, — ont, pour des produits similaires, obtenu des *Mentions honorables.*

M. LE BARON DE NICORA MAJORANA, A CATANE, a envoyé une ruche et de beaux miels de Sicile.

La récolte du miel est assez abondante dans diverses provinces italiennes; les miels de la Sicile, de la Sardaigne, de la Valteline, de la Lombardie et de la Toscane sont d'un goût exquis. La production s'élève annuellement à 1,703,880 kilogrammes. — *Médaille.*

M. MARINI-DEMURO, A CAGLIARI, expose une ruche de miel amer.

Ce miel est une espèce particulière à la Sardaigne. On en rattache l'origine à l'existence de bruyères, qui, dans quelques localités, sont presque exclusivement à la portée des abeilles. Malgré son amertume, ce miel n'est nullement vénéneux. — *Médaille.*

M. VINCENT AMICARELLI, A FOGGIO, expose du miel vierge. Le miel vierge a, dit-on, la propriété de se conserver un temps indéterminé et d'empêcher la décomposition des substances animales et végétales qu'on y plonge. — *Mention honorable.*

M. LE CHEVALIER FRANÇOIS ALBIANI, A PIETRA-SANTA, près de LUCQUES. — Les spécimens d'huile d'olive présentés par cet exposant résument toutes les variétés et les qualités qui ont été exposées.

La péninsule et les îles italiennes produisent différentes espèces d'huiles, parmi lesquelles il faut ranger en première ligne l'huile d'olive, qui est très-abondante, généralement de bonne qualité, et donne lieu à un commerce assez considérable.

L'olivier, des fruits duquel on obtient cette huile, croît spontanément dans les bois et les taillis des côtes dans les contrées méridionales. L'olivier sauvage atteint quelquefois une hauteur gigantesque et possède un feuillage très-touffu.

C'est de l'olivier cultivé qu'on a les olives à huile. Les meilleures huiles d'olive viennent de la côte de Nice, de Gênes, des environs de Lucques et de la Toscane; on en retire aussi d'excellentes, et en plus grande quantité, de Naples et de la Sicile.

Le total de la production est évalué à 1,767,000 hectolitres, dont 124,000 environ sont fournis par la Ligurie; la province de Lucques, à elle seule, en fabrique pour la valeur d'un million de francs par an; la Toscane en exporte à peu près pour deux millions, et les provinces napolitaines pour 18,500,000 fr.

On distingue plusieurs variétés d'huiles d'après leurs qualités et leur mode de préparation. La plus fine et la plus estimée est jaune paille ou jaune citron, rarement blanche, quelquefois verdâtre, d'une saveur presque douce, fluide, généralement limpide, sans odeur, insipide ou ayant à peine un léger goût de fruit. On la retire d'olives parfaitement saines et fraîches, écrasées à la meule et exprimées immédiatement sans fermentation préalable: c'est l'huile vierge de l'huile première qualité, l'huile à assaisonner par excellence.

La pâte des olives, repassée à la meule après la première expression, laissée en repos pendant quelque temps, puis exprimée de nouveau, produit une nouvelle quantité d'huile inférieure à la précédente, et qu'on peut dire de deuxième qualité. Traitée ensuite à l'eau bouillante, la pâte en fournit une troisième quantité, qui est de l'huile appelée huile lavée : cette huile peut devenir encore limpide, d'un jaune citron assez prononcé ; mais quelquefois elle est presque incolore, d'un goût gras plus ou moins rance et un peu sulfureuse : on l'emploie principalement pour l'éclairage ou pour les savonneries. Enfin le résidu, traité encore par l'eau au moyen de machines spéciales, donne une huile fortement colorée, trouble et applicable à l'industrie.

Les tourteaux servent à la nourriture des bestiaux.

Le jury a décerné à M. le chevalier Albiani la *Médaille*.

MM. DANIELLI et FILIPPI, à Buti, près de Pise, ont mis en vente, dans ces derniers temps, une huile qu'ils appellent *olio dei loti* et que, par un procédé dont ils gardent la propriété, ils obtiennent des résidus de pâte d'olive dans la proportion de 1 pour 100 de la matière employée. Cette huile, d'une teinte verte, à demi concrète, est cependant susceptible de devenir limpide, combustible et brillante. Ils en ont envoyé des spécimens, ainsi que des huiles d'olives de première et de deuxième qualité, des huiles lavées, des huiles d'olives sèches, etc. — *Médaille*.

La même récompense a été accordée pour des produits de la même catégorie aux exposants suivants :

SOUS-COMITÉS de Cagliari , de Porto-Maurizio, de Macerata et de Caserte ;

MUNICIPALITÉ de Canosa ;

MM. BANCALARI, BOTTI, CATTANEO, de Chiavari ; comte de GORI, GRISALDI del FAIA, comte PIERI PECCI, baron RICASOLI, de Sienne ; GIUSTI, de Pise ; comte MINUTOLI SEGRINI, comtesse OTTOLINI BALBANI, SARDINI, de Lucques ; barons DANZETTA frères, de Pérouse ; d'AMBROSIO, marquis de RIGNANO, de Foggia ; d'ERCHIA, LOMONACO, de Bari ; GIORDANO, de Naples ; JUNTE de MILAZZO (Sicile).

MM. le comte MASETTI, RICCARDI-STROZZI, de Florence ; le prince ROSPIGLIOSI, de Pistoie ; le chevalier BELELLA, de Capaccio ; BOCCARDO frères, MASSELLI, SANTORO, de Foggia ; de RUBERTIS, de Campo-basso ; et la MUNICIPALITÉ d'ORTONA ont obtenu une *Mention honorable*.

PORTUGAL. — Sur près de 200 exposants que compte l'industrie portugaise des préparations alimentaires, 81 ont obtenu des récompenses, dont 48 médailles et 33 mentions honorables.

M. Domingos Antonio DE FREITAS, à Coimbre. — Il est à regretter que la meunerie portugaise soit si incomplètement représentée à l'Exposition ; très-peu de meuniers ont exposé ; d'ailleurs les échantillons qu'ils ont envoyés n'étaient accompagnés ni des blés desquels provenaient leurs farines, ni des sons qui en avaient été les résidus ; de sorte qu'il n'était guère possible de les apprécier avec assurance et exactitude. Nous sommes toutefois à même de constater qu'il se fait en Portugal des farines supérieures ; car les biscuits et les pâtes alimentaires que renferme la section portugaise ont la meilleure apparence. En première ligne il faut ranger les biscuits, les vermicelles et les macaroni, exposés par M. de Freitas, qui a joint à chaque sorte des spécimens des froments et des farines ayant servi à la fabrication. — *Médaille*.

La même récompense a été accordée à :

M. José Francisco DA CRUZ, à Coimbre, pour biscuits de différentes qualités.

MM. COLLARES et IRMAO, à Lisbonne. — C'est la seule maison qui expose des conserves alimentaires pour l'usage de la marine ; ses produits sont fort estimés et peuvent rivaliser avec ceux qui jouissent de la meilleure renommée ; nous en avons une preuve incontestable dans la distinction que le jury international a décernée à MM. Collares et Irmao. — *Médaille*.

M. Feliciano Antonio DA ROCHA, à Lisbonne, expose des viandes conservées dans des saumures qui ne leur enlèvent rien de leur goût et de leurs qualités nutritives. A cette branche d'industrie M. Da Rocha joint la préparation des conserves de fruits : ses raisins et ses poires au sirop donnent la mesure de l'excellence de ses produits, pour lesquels il a d'ailleurs obtenu la *Médaille*.

M. Manuel Joaquin DE OLIVEIRA, a Bragance. — Ses saucissons, entièrement de viande de porc et parfaitement assaisonnés, sont d'un goût délicat et fort appétissant. — *Médaille*.

LES RELIGIEUSES DE CELLAS, a Coimbre. — Les couvents de religieuses se livrent à la confection sur une grande échelle de conserves et de confitures de fruits. Cela pourrait donner lieu à un commerce assez considérable, si dans la préparation les religieuses s'attachaient davantage à flatter la vue, et si l'aspect de leurs confitures répondait mieux à leur qualité intrinsèque, que le palais le plus difficile ne saurait contester. — *Médaille*.

LES RELIGIEUSES DE SAINTE-ROSE DE GUIMARAES, a Braga, pour confitures de poires, de prunes et de figues. — *Médaille*.

LES BÉNÉDICTINES DE PORTO, pour 7 espèces de confitures, *Mention honorable*.

LES RELIGIEUSES DE SAINTE-ANNE, a Coimbre, pour confitures d'abricots, de poires, de pêches et de prunes, *Mention honorable*.

M. Joao Nunes DA CONCEIÇAO, a Portalègre. — Les collections de figues présentées par le Portugal peuvent être rangées parmi les plus belles de celles qui avaient été exposées; c'est surtout l'ancien royaume des Algarves qui produit les espèces les plus estimées, parmi lesquelles on remarque les grosses cornadres. M. Nunes da Conceiçao en présente de sèches et de confites, d'une qualité supérieure; il expose également des conserves de prunes. — *Médaille*.

M. José da conceiçao GUERRA, a Portalègre, avait déjà obtenu une médaille de 2e classe à l'exposition universelle de Paris en 1855. En 1862, à Londres, ses pruneaux, et ses conserves au sucre de prunes, de pêches, de poires, de figues et d'alberges lui ont valu la *Médaille*.

Madame Maria Candida DA FONSECA, a Vizeu, pour confitures de poires et de potiron. — *Médaille*.

M. le marquis Francisco DE FIGUEIREDO, a Coimbre, pour fruits secs, fruits conservés au sirop et conserves de courge et de gourde. — *Même récompense*.

Le miel peut être considéré comme un des plus importants produits agricoles du Portugal, où il est dans bien des contrées de qualité supérieure. Dans cette section la *médaille* a été accordée pour ce genre de produits aux exposants dont les noms suivent :

M. José Maria DO CONTO GANÇOSO, a Evora ;

M. Antonio Fernando GOMES, a Beja ;

M. Justino Maximo BAIAO MATOSO, a Beja ;

M. José Manuel DO MONTE, a Evora ;

M. Justino COELHO PALHINHA, a Evora ;

M. Vicente Baptista PIRES, a Faro ;

Et M. le comte DE SOBRAL, a Santarem.

Les fermiers portugais emploient le lait des brebis à la fabrication de fromages qui jouissent d'une certaine réputation et qui avaient été envoyés à l'Exposition en assez grande quantité ; on y voyait également quelques fromages de lait de chèvre ; plusieurs ont paru de qualité supérieure ; aussi divers exposants ont-ils reçu la *Médaille*, ce sont :

M. Vicente José DE ALCANTARA, a Coimbre.

M. José Maria DE FIGUEIREDO, a Guarda ;

M. Gregorio Carrilho GARCIA, a Beja ;

Madame Francisca SANCHES GUERRA, a Bragance

M. le vicomte DE OLEIROS, a Castello Branco ;

M. Antonio COELHO PERDIGAO, a Beja ;

M. Antonio M. P. RODRIGUES, a Beja ;

M. Joao Cardoso DE SOUSA, a Portalègre.

MM. KEMPES et Cie, a Lisbonne. — L'olivier est très-abondant dans toute l'étendue du royaume ; aussi la fabrication de l'huile d'olive y a-t-elle pris un grand développement et acquis une importance considérable. Plusieurs maisons portugaises présentent des huiles d'une qualité vraiment supérieure.

En première ligne sont MM. Kempes et Cie, qui ont adopté les meilleurs procédés pour la préparation et l'épuration de leurs produits, et, par leur activité et leur intelligence, ont fait de leur établissement un des principaux du Portugal ; à leur huilerie est jointe une savonnerie, qui se recommande également par l'excellence et la variété de sa production. — *Médaille.*

La même récompense a été accordée pour des huiles d'olive de qualité supérieure, à :

M. C. A. CARNEIRO, de la province de Bragance ;

M. J. B. Casimiro DE MIRANDELLA, même province ;

M. A. Lopes DE GUSMAO, a Alter do Chao, province de Portalègre ;

M. J. PALHA DE FARIA LACERDA, a Vidigueira, province de Beja ;

M. A. F. LARCHER, a Portalègre ;

M. A. J. DE MORAES, a Mogadouro, province de Bragance ;

M. J. LEAL DE GOUVEIA PINTO, a Coimbre ;

M. F. X. DA MOTTA PORTOCARRERO, a Thomar, province de Santarem ;

M. J. DO CARMO RAPOSO, a Moura, province de Beja ;

M. J. BARRETO DA COSTA REBELLO, a Aviz, près de Portalègre.

M. Francisco RODRIGUES BATALHA, a Lisbonne, expose une collection de denrées provenant des Indes portugaises, et notammeut de la colonie de Timor. On y remarque de superbes échantillons de sagou et d'amandes de Canarie ; des graines de *buacros*, dont on extrait une très-bonne huile à manger ; de la cannelle de Goa, du cacao de l'île du Prince, et enfin du café moka récolté à Timor.

Ce café avait obtenu une grande médaille à l'Exposition universelle de Londres, en 1851, et une médaille de première classe à Paris, en 1855. Le jury international de 1862 a sanctionné ces jugements antérieurs. — *Médaille.*

MM. Manuel José DA COSTA PEDREIRA et José VELLOSO DE CARVALHO, îles de Saint-Thomas et du Prince. — Dans ces îles abondent tous les produits des régions tropicales de l'Asie et de l'Afrique : tapioca, manioc et farine, pulpes de tamarin, poivre, fruits variés, cacao et café. La collection de MM. Pedreira et de Carvalho est des plus curieuses et des plus instructives. — *Médaille.*

M. Manuel DOS REIS BORGES, îles du Cap-Vert. — Le Portugal retire du Cap-Vert de la farine de manioc et du café en assez grande quantité. M. Borges expose cinq variétés différentes de café de cette provenance. — *Médaille.*

M. José Joaquin DE MELLO, îles de Saint-Thomas et du Prince. — C'est de ces îles que le Portugal tire le cacao, qu'il emploie à la fabrication de ses chocolats, mais elles envoient aussi des chocolats tout fabriqués à la métropole ; M. de Mello en présente de très-bonne qualité, accompagnés de spécimens des cacaos qui entrent dans chaque sorte. — *Médaille.*

M. Joao Maria DE SOUSA E ALMEIDA, îles de Saint-Thomas et du Prince, expose pareillement des cacaos, des chocolats et du baume de Saint-Thomas, tel qu'il est livré dans le commerce, dans des noix de coco.

Son exposition comprend en outre des farines de manioc et des cafés. — *Médaille.*

PRUSSE. — M. AXMANN, a Erfurt. — La Prusse fabrique de belles pâtes alimentaires, pour lesquelles elle utilise les blés durs qu'elle récolte ; mais en général ces produits ne sauraient être comparés, au point de vue de la finesse et de l'élégance du travail, avec les mêmes articles provenant des fabriques de France et d'Italie.

Cependant les vermicelles, les macaronis, les nouilles, les lazagnes et les pâtes découpées, exposés par M. Axmann, présentent un certain ensemble de bonnes qualités. — *Médaille.*

ASSOCIATION DES FABRICANTS DE SUCRE DE BETTERAVE DU ZOLLWEREIN, a Halle. — La série des sucres exposés par cette société est d'autant plus intéressante qu'elle met le spectateur à même de suivre les transformations successives du raffinage.

A côté de ces spécimens, les exposants présentent trois pains de sucre de différentes qualités, mais tous remarquables pour leur blancheur et la pureté de leur cristallisation. — *Médaille*.

RUSSIE. — M. EPSTEIN, À Varsovie. — La culture de la betterave, comme plante saccharifère, a acquis une grande importance en Russie depuis quelques années. On peut évaluer à un million de *pouds* au minimum sa production annuelle de sucre : ce qui donne à supposer une consommation de 30 millions de pouds de betteraves.

Le gouvernement de Kiew fournit à lui seul les quatre neuvièmes de la production totale du sucre dans l'empire russe, et c'est dans le royaume de Pologne que la fabrication a fait les progrès les plus sensibles.

L'exposition de M. Epstein en est une preuve irrécusable. Les sucres sortant de sa raffinerie se font remarquer par leur blancheur, par la finesse de leur cristallisation et par l'homogénéité de toutes les parties qui composent le pain. Leur fabrication est d'ailleurs basée sur les meilleurs procédés pratiqués en France et les perfectionnements qui y ont été apportés récemment. — *Médaille*.

SUÈDE. — M. OLOFSSON, À Alsen. — Les fromages faits par cet exposant avec du petit-lait provenant de la fabrication préalable de fromages de lait de chèvre, à un goût parfait et à d'excellentes propriétés nutritives allient les meilleures conditions de conservation, de transport et d'emmagasinage ; aussi s'emploient-ils avantageusement pour l'alimentation maritime. — *Médaille*.

COMPAGNIE SUCRIÈRE DE LANDSKRONA. — L'industrie sucrière a fait de sensibles progrès en Suède dans ces dix dernières années ; la production a presque doublé. En 1860, on comptait 12 raffineries, occupant 1,219 ouvriers, et d'une production totale évaluée à 76,560,050 francs.

La Compagnie Sucrière de Landskrona expose de très-beaux échantillons de sucre de betterave brut et raffiné. Voici son mode de fabrication : Les betteraves sont pressées au moyen d'une machine hydraulique, et le sucre raffiné à la vapeur, la majeure partie dans des chaudières à vide. La force motrice se compose de machines à vapeur de 40 chevaux. Le traitement du sucre brut occupe 200 personnes pendant 4 mois de l'année, et la raffinerie, qui emploie principalement du sucre provenant des colonies, 100 personnes.

Les produits exposés sont vraiment de qualité supérieure. — *Médaille*.

SECTION III. — BOISSONS. TABACS.

ROYAUME-UNI. — FRYER, À Epney, Gloucestershire. — On fabrique du cidre en Angleterre, tous les débitants en vendent ; mais reste à savoir si les poires et les pommes qui servent à le faire proviennent toutes du pays. Quoi qu'il en soit, la maison Fryer présente d'excellents cidres, des récoltes de 1853 et 1857 ; les uns ont été mis en bouteilles en 1855 et les autres en 1859. — *Médaille*.

MM. BASS, RATCLIFF ET GRETTON, À Burton-sur-Trent. — Depuis quelques années l'usage des bières légères se propage en Angleterre, et celles que fabriquent MM. Bass et Cie sous le nom de Pale-Ale ont aujourd'hui une réputation européenne. Il s'en fait en Angleterre une consommation considérable et l'on en exporte une grande quantité. Ces bières sont légères, d'un goût délicat et fort agréables à boire. Au dehors on les boit rarement aussi bonnes qu'en Angleterre. — *Médaille*.

MM. ALSOPP ET FILS, À Burton-sur-Trent. — On fabrique en Angleterre différentes qualités de bières brunes et blanches. Parmi les bières brunes sont le Stout, boisson très-nourrissante et généralement de bonne qualité, et le Porter, bière commune à laquelle participent tous les résidus de fabrication et tous les fonds de tonneau de n'importe quelle espèce de bière. Les bières blanches forment les différentes qualités d'ale.

MM. ALSOPP ET FILS sont des brasseurs d'Ales très-renommés. — *Médaille.*

M. ARCHER, A LONDRES. — Contrairement à la France, qui utilise la production du tabac à l'amélioration de son agriculture, l'Angleterre, dans ses États, en interdit complétement la culture. A leur importation, des droits sont perçus sur les feuilles, et la liberté de fabrication est entière dans les trois royaumes.

Dans aucun pays le tabac ordinaire n'est aussi mauvais ni aussi cher qu'en Angleterre ; le tabac à priser surtout est généralement détestable.

M. ARCHER est un des fabricants de cigares et de tabacs en poudre, de Londres, les plus en renom, et ses produits exposés sont travaillés avec un soin tout particulier. Les tabacs à fumer, fins et moyens, sont découpés avec une rare précision. Les cigares sont des gros bouts coupés, auxquels on donne le nom de *Planter's pride.*

Les tabacs en rôles sont des *allow roll,* des *irish roll,* des tabacs en tablettes, en cordes, puis en petites pelotes, désignées sous le nom de *Ladies' Twist,* tabac des dames, sans indication du pays dans lequel est vendu aux dames ce tabac à mâcher.

Cette exposition est complétée par du tabac noir à priser des plantes et des feuilles de tabac de Virginie. — *Médaille.*

MM. WILLS ET FILS, A BRISTOL, ont exposé des tabacs en usage en Angleterre, où leur marque est une des plus recherchées. Ils ont également reçu la *Médaille.*

M. MAC CORMACK, AUSTRALIE. — L'Australie, cette terre promise où tout est ou sera plus beau qu'ailleurs, a également envoyé des tabacs bien récoltés et ayant beaucoup d'arome. Bientôt les manufactures de tabac de l'Europe trouveront là des sources précieuses d'approvisionnement.

La *Médaille* a été accordée aux tabacs en feuilles de M. MAC CORMACK, de la Nouvelle-Galles du Sud, remarquables pour la pureté, la maturité et la bonne qualité des feuilles.

Les mêmes mérites ont été reconnus dans les tabacs de l'espèce dite turque, exposés par M. HILL, de Queensland, qui a également obtenu la *Médaille.*

MM. J. ET W. MACARTHUR, CAMDEN (NOUVELLE-GALLES DU SUD), présentaient dix-huit échantillons de différents vins, rouges, blancs, muscats, récoltés dans la colonie de 1851 à 1858.

Si le climat et le sol de l'Australie ne laissent rien à désirer pour tout ce qui est culture et exploitation rurale, ils sont aussi très-propres à la culture de la vigne ; les vins que l'on y récolte sont d'une grande richesse de séve. Fabriqués avec soin, ce qui jusqu'ici leur a manqué, ils prendront infailliblement un bon rang sur les marchés externes et feront concurrence aux vins communs de Bordeaux.

Les demandes de vin d'Australie s'accroissent du reste de jour en jour ; l'industrie vinicole redouble ses efforts et peu d'années suffiront pour lui donner une grande importance.

Les vins de MM. J. ET W. MACARTHUR proviennent du district de Sidney, ils sont bien conservés malgré la traversée. — *Médaille.*

FRANCE. — L'un des bienfaits principaux du traité de commerce dû à l'initiative de MM. Michel Chevalier et Richard Cobden, ce sera le large débouché qu'il doit ouvrir infailliblement en Angleterre aux produits si abondants de nos vignobles de France ; mais on a eu tort de croire que des résultats de ce genre pouvaient s'obtenir du jour au lendemain, et cette erreur a été presque générale. Quel empressement n'a-t-on pas mis, en effet, lorsqu'il a été question d'envoyer des vins à l'Exposition de Londres ? Et depuis sa clôture, quel désappointement semble dominer chez tous ceux qui ont pris tant de peine pour choisir et envoyer les meilleurs échantillons de leurs crus ! Malgré les récompenses qui leur ont été décernées, ils n'ont vu aucune demande leur arriver de cette Angleterre qui devait les enrichir.

Nous comprenons parfaitement ce désappointement; mais qu'ils se rassurent, il ne doit pas durer et nous sommes convaincu de la possibilité de lui voir succéder des sentiments d'une tout autre nature, surtout chez les propriétaires dont la qualité des vins peut particulièrement convenir aux Anglais.

Si l'on recherche pourquoi l'Exposition de Londres a été si peu profitable aux exposants des vins français, on trouve d'abord que, ne s'attendant pas à des envois aussi nombreux et aussi importants, les organisateurs n'avaient pris aucune disposition pour les recevoir, les classer et enfin exploiter une pareille « exhibition » dans l'intérêt des producteurs, que la Commission Impériale avait déclaré se charger de représenter à Londres. S'il en eût été autrement, on aurait, comme pour les expositions si justement admirées des produits agricoles du sol de la France et de celui de ses colonies, fait appel au zèle éclairé d'hommes spéciaux pour étudier à l'avance toutes ces questions et n'arriver à l'exécution qu'en parfaite connaissance de cause. Ce n'est qu'au dernier moment qu'une personne dont la mission était tout autre fut chargée de ce soin. De son côté, la Commission Royale n'ayant aussi qu'au dernier moment mis à la disposition de MM. les Commissaires étrangers les caves de la douane, bien des vins ont dû attendre longtemps dans les gares des chemins de fer le moment de leur expédition à Londres, au grand préjudice de la plupart. Enfin, ce n'est encore qu'à la dernière heure que fut formé le jury de dégustation, composé d'une seule et unique section.

Ce jury, nous le savons par expérience, a mérité tous les éloges; mais il n'a pu réaliser l'impossible. On ne pouvait posséder les éléments d'un rapport sérieux, exact et complet sur cette splendide exposition des vins du monde entier, que si les dégustateurs, bouteille par bouteille, avaient expérimenté et décrit les qualités diverses de chacun. Alors on eût pu dresser le catalogue descriptif et procéder, sciemment, par voie de comparaison, au classement de tous les crus remarquables. Quel précieux inventaire des richesses vinicoles de l'univers! L'occasion était unique, et il est douteux qu'elle se représente jamais. Au lieu de fournir cet excellent inventaire, ce classement officiel à la science et au commerce, l'Exposition de 1862 laisse une lacune regrettable.

Parmi tous ces vins, il en était beaucoup qui, fort appréciés dans certains pays, pouvaient prétendre à des récompenses; mais les uns ne seront jamais recherchés par les consommateurs anglais, et les autres ne se feront estimer en Angleterre qu'après bien des années.

Les vins réunissant les conditions nécessaires pour prendre immédiatement place sur le marché avaient donc besoin d'une consécration officielle, d'un jugement public et raisonné, qui eût attiré sur eux l'attention des particuliers et des marchands. Il n'en a rien été, et c'est à l'insuffisance des travaux du jury, que les producteurs français, ayant droit, par la qualité de leurs échantillons, de compter sur un bon résultat, doivent en partie d'avoir vu leurs espérances s'évanouir et leurs soins passer presque inaperçus.

Pour établir en Angleterre la réputation de nos vins, il ne fallait soumettre au public que ceux qui pouvaient lui convenir; et c'est une faute d'avoir vendu à la criée, sans se préoccuper de leur qualité et de leur bon ou mauvais état de conservation, tous les vins qui n'avaient pas passé par la dégustation du jury. Cette marque de « vins de l'Exposition » a rendu les enchères nombreuses, et il en est résulté que des vins valant de 25 à 50 centimes la bouteille sur le lieu de production, et n'ayant, pour tous frais rendus à Londres, qu'à supporter une dépense de 75 centimes au plus, se sont vendus de 28 à 32 shillings la douzaine de bouteilles, soit 3 francs chacune.

Pourquoi avoir laissé surenchérir presque au triple de leur valeur des vins qu'il est de notre intérêt de vendre par grandes quantités, et que nous ne pouvons vendre ainsi que lorsque nous aurons bien persuadé les Anglais non-seulement de la supériorité de nos boissons sur les leurs au point de vue de leur influence sur la composition du sang et pour toutes leurs qualités agréables et délicates, mais encore et surtout à cause de leur bon marché relatif et absolu? Tous nos efforts doivent tendre désormais à réparer la mauvaise entrée en relations que les circonstances nous ont infligée et qu'il ne dépendait peut-être de personne de nous épargner.

— Par sa position, la nature de son sol et son climat varié, la France, plus que tout autre pays, est propre à la culture de la vigne ; aussi la réputation de ses vins est-elle des plus anciennes, et pendant longtemps a-t-elle été justement méritée. Nous disons pendant longtemps, car, on ne peut se le dissimuler, surtout après avoir étudié les vins envoyés à l'Exposition de Londres, les vins de France sont aujourd'hui inférieurs en qualité à ceux qu'on y récoltait autrefois.

La qualité d'un vin tient non-seulement à la constitution du sol et à son exposition, mais aussi à la nature du plant que l'on y cultive, à la manière dont on le cultive, et enfin au mode de fabrication.

Le sol et les expositions sont, il est vrai, restés les mêmes; mais combien les autres conditions de bonne production n'ont-elles pas changé !

Nos pères plaçaient au premier rang des considérations qui devaient présider à la plantation d'une vigne, le choix du plant, que l'on s'attachait surtout à choisir de nature à ce que ses fruits pussent régulièrement y mûrir ; et pour fertiliser les vignes, ils n'avaient recours qu'à des labours fréquents ; aussi les vins étaient-ils toujours de bonne qualité et de bonne garde.

Aujourd'hui les propriétaires ont adopté une tout autre manière de procéder. Recherchant la quantité plutôt que la qualité, ils plantent des variétés qui produisent beaucoup de fruits, mais ne les amènent que rarement à un état parfait de maturité. Les vieilles vignes, source certaine de bons vins, ont aussi disparu ; puis, par suite de la plus-value de la main-d'œuvre, on a supprimé une partie des labours et l'on a eu recours aux fumiers pour les remplacer. Cette manière de faire étant devenue générale, les vins ont partout dégénéré. Aussi que de crus dont les produits, cités autrefois, ne produisent plus que d'affreuse piquette !

La décadence que nous signalons a encore d'autres causes. Pour donner aux vins la force qui leur manque, on est forcé d'introduire du sucre dans les cuvées. On enlève par là le bouquet du vin. En Bourgogne, c'est aujourd'hui un usage général ; aussi la durée de ses vins, déjà si courte, est-elle de beaucoup diminuée. Jadis les bons vins de Bourgogne gagnaient pendant six ans ; la majeure partie de ceux qu'on y récolte aujourd'hui, restent stationnaires et dégénèrent avant ce nombre d'années. Ajoutons enfin que de jour en jour les vins naturels deviennent de plus en plus rares; tous les vins des environs de Valence, les vins du Rhône sont maintenant dirigés sur la Bourgogne et employés au coupage de ses vins

Dans le Bordelais, il en est de même. Si les vins dits fins ne sont plus *hermitagés*, c'est-à-dire coupés avec des vins de l'Hermitage (Drôme) ou de Saint-Georges (Hérault), autant qu'il y a quelques années, ils sont *vinés*, on y ajoute de l'eau-de-vie. Quant aux vins ordinaires, c'est un affreux mélange de vins récoltés dans un rayon de soixante lieues et, au besoin, en Espagne. Le grand talent consiste à obtenir un « coupage » ayant toujours le même goût, mais dans lequel chercher de la chaleur, de la vinosité, ces caractères propres aux vins véritables, serait du temps perdu.

Peut-être nous trouvera-t-on bien sévère dans notre appréciation ; mais, en présence des faits que nous a révélés l'Exposition de Londres, parler ainsi est pour nous un devoir. La vigne est aujourd'hui cultivée dans tous les pays où elle peut végéter. Et bien que nous reconnaissions que les fraudes de fabrication ne sont pas universelles, il n'en est pas moins à craindre que bientôt, sur tous les marchés du monde, nos vins frelatés ne viennent à rencontrer une concurrence sérieuse.

En France, depuis la cherté des vins, on a augmenté d'un tiers la surface du sol consacré à la culture de la vigne. Viennent quelques années de grandes récoltes, et nous devons nous y attendre prochainement, les vins tomberont plus bas qu'ils n'ont jamais été; et s'ils n'ont pas la qualité pour en faciliter l'exportation, la ruine chez les propriétaires de vignobles succédera à la prospérité.

N'en déplaise aux fanatiques des grands vins de la Bourgogne et du Bordelais, nous commencerons l'examen des vins envoyés de France à l'Exposition universelle de Londres par les vins de l'Hermitage.

Sans prétendre que ces vins célèbres soient supérieurs à ceux qui font l'honneur de la Bourgogne et du Bordelais, notre avis est qu'ils doivent marcher de pair avec eux; les lignes suivantes extraites du rapport du congrès scientifique de Lyon en 1846 prouveraient au besoin que nous ne sommes pas seul de cette opinion :

« Il faut se répéter, messieurs, quand on parle des qualités supérieures des vins de l'Hermitage ; mais ils ont surtout en commun une beauté, une richesse de couleur qu'on ne saurait trop louer. L'arome, en général, qui affecte et charme l'arrière-bouche, s'y prolonge et la parfume pour longtemps. Ces vins savoureux et énergiques n'ont point de rivaux dans leur genre ; le goût et le caprice peuvent préférer d'autres vins, les vrais amateurs placeront toujours l'Hermitage authentique et des meilleures provenances au rang des premiers vins du monde. »

Les véritables vins de l'Hermitage sont peu connus; d'abord, c'est que l'on n'en récolte qu'en faible quantité; ensuite, pendant de longues années, ils ont été employés presque tous à couper les vins de Bordeaux. De là le mot *hermitagé*, dont on se sert dans la Gironde. Aujourd'hui on les remplace, comme nous l'avons dit, par des vins moins chers ou des eaux-de-vie.

M. A. BERGIER, A Tain (Drome). — Lorsqu'on va de Lyon à Marseille en descendant le Rhône, quand le Rhône a eu soin de garder assez d'eau pour porter les bateaux, ou en suivant la ligne de fer, moins gaie, mais plus rapide, le voyageur aperçoit à sa gauche, entre Vienne et Valence, la ville de Tain, derrière laquelle s'élève une petite montagne travaillée et cultivée jusqu'à son sommet, et qui, s'abaissant dans la direction de l'est, se ramifie au loin en une série de petites collines.

C'est le coteau de l'Hermitage, situé par 2° 28′ 42″ de longitude Est de Paris et 45° 4′ 39″ de latitude septentrionale. La hauteur du coteau, mesuré sur l'emplacement des ruines de l'antique chapelle qui lui donne son nom, est de 273 mètres au-dessus de la mer et de 162 mètres au-dessus du niveau du Rhône. Le torrent de Greffieux divise en deux vignobles le coteau proprement dit; l'un et l'autre sont exposés au sud-ouest, parfaitement abrités des vents du nord, et reçoivent le soleil pendant toute la durée de son cours. Leur température moyenne est d'environ 14° centigrade. Les pentes de ces collines sont roides, et la terre végétale, dont la profondeur n'excède pas 1 mètre 70 centimètres, est retenue par des murs en pierres sèches, construits sur une ligne horizontale et à peu de distance les uns des autres.

Les coteaux de l'Hermitage sont plantés én vignes de cette espèce particulière que l'on nomme *Syrac*, un nom qui vient probablement de *Schiraz*, capitale d'une province de Perse, le Farsistan. Les vignes du Cap de Bonne-Espérance, qui donnent le vin fameux connu sous le nom de vin de Constance, ont, s'il faut en croire le capitaine Cook, la même provenance que les vignes de l'Hermitage.

On lit, dans un vieux livre intitulé : *La Minéralogie du Dauphiné*, par Guettard, de l'Académie des sciences (in-fol., imprimerie royale, 1782) : « De Romans à Tain, c'est, à n'en pas douter, un terrain également de sables et de galets, excepté l'endroit où les granites commencent du côté de Tain. Cette ville est précisément sur le bord du Rhône, d'où, selon M. Bullet, lui vient son nom de *Tain* ou *Tin*, ce mot celtique signifiant rivière. Il pourrait encore, selon le même auteur, lui avoir été donné à cause de ses excellents vins; dans la langue celtique, *ta* signifie bon, *wyn* ou *ouyn*, vin, d'où *Taouyn*, *Tain*, bon vin. Quoi qu'il en soit de cette étymologie, on sait que le vin de l'Hermitage, qui est aux environs de Tain, est mis au nombre des vins dont on fait un cas particulier. »

Depuis le moment où Guettard s'exprimait ainsi, les vins de l'Hermitage ont fait un rapide chemin dans le monde; on les trouve aujourd'hui sur toutes les tables élégantes; une cave n'est pas classée, si elle n'a pas su faire une large place au vin de l'Hermitage.

Au dix-septième siècle déjà nos pères l'appréciaient comme il le mérite, et Boileau, on le sait, a parlé de cet auvernat fumeux

Qu'on vendait chez Crenet pour vin de l'Hermitage.

Le cru de l'Hermitage est divisé en trois catégories, désignées par le nom des *mas* ou closeries, auxquels elles appartiennent. Ces catégories se distinguent par les diverses proportions de leurs éléments chimiques, dont voici l'analyse exacte :

	DESSARD.	MÉAL.	GREFFIEUX.
Oxyde de fer.	10,161	3,530	4,045
Alumine.	3,032	1,100	4,622
Magnésie.	0,122	0,220	0,673
Silice soluble.	0,612	0,900	0,294
Sels alcalins.	0,363	0,730	1,009
Acide phosphorique.	0,298	0,160	0,387
Carbonate de chaux.	2,654	35,520	5,568
Matières organiques.	3,097	3,240	7,007
Résidu insoluble.	79,661	54,600	76,395
	100,000	100,000	100,000

On récolte à l'Hermitage des vins blancs et des vins rouges. Les vins blancs, cultivés malheureusement en trop petite quantité, sont de qualité égale, peut-être même supérieure, aux vins rouges.

Les vins de l'Hermitage ont d'éminentes qualités. Classés parmi les vins les plus généreux que l'on récolte en France, ils se distinguent par un bouquet des plus fins et ont la faculté de se conserver pendant de longues années.

D'une étendue médiocre, le coteau de l'Hermitage appartient à un petit nombre de propriétaires. Ils se sont réunis et ont chacun envoyé au concours un ou deux échantillons de leurs produits, pour y former une exposition collective. Un seul, M. Bergier, avocat et propriétaire à Tain, a voulu exposer isolément, l'importance et la diversité de sa production en vins rouges et blancs lui permettant de trouver chez lui tous les types du clos célèbre.

Dans le palais de Cromwell Road, au milieu des produits du sol de la Drôme, s'élevait une charmante petite pyramide sur laquelle étaient disposées douze bouteilles de vins rouges et blancs de l'Hermitage, et dont l'une porte le millésime de 1822. C'étaient les échantillons des vins Bergier, soumis pour la première fois à l'appréciation d'un jury international.

Le *mas* de Méal, sur lequel se récoltent les vins de M. Bergier, est situé au centre du coteau de l'Hermitage. Des poteaux peints en rouge et en blanc, et une inscription gigantesque portant : Hermitage, cuvée Bergier, permettent, de fort loin, d'en apercevoir l'excellente position.

C'est avec passion que M. Bergier se livre, depuis de longues années, à la culture de ses vignes et donne à ses vins les soins minutieux sans lesquels le développement complet de toutes leurs qualités ne s'obtient jamais.

Avocat et artiste dans sa première jeunesse, M. Bergier a déposé la toge pour se faire vigneron, mais sans jamais pour cela cesser d'être artiste ; il en a donné la preuve en élevant au centre de son vignoble, sur le plan d'une des plus jolies villas de Pompéi, un pavillon à six fenêtres, qui domine la ville de Tain et le cours fuyant du grand fleuve, et d'où il surveille facilement tous ses travailleurs.

Les échantillons présentés par M. Bergier sont, pour les vins rouges, ceux des années 1830, 1832, 1834, 1847, 1849 et 1861 ;

Pour les vins blancs, ceux des années 1822, 1834, 1848, 1849, 1850 et 1

Vue de la ville de Tain et du coteau de l'Hermitage.

Coteau de l'Hermitage, cuvée Bergier.

Le vin rouge de 1830 est remarquable par sa bonne conservation, sa finesse, son arome et sa couleur. Celui de 1832 est le vrai type des Hermitages, dont il réunit toutes les qualités spéciales.

Le 1834, exceptionnellement parfumé, est de couleur légère, ressemblant plus à un vin étranger qu'à un vin de l'Hermitage, dont il a cependant l'amertume.

Le 1847 a les qualités des vins de 1852.

Le 1849 est un bon vin (récolté antérieurement à la maladie de la vigne), et dont le prix n'est que de 5 francs la bouteille, ainsi que les 1850 rouges, non exposés.

Le 1861 est encore en fût, mais on y trouve déjà une réminiscence des vins de 1834. Le prix de la pièce de deux hectolitres est de 500 francs.

Le vin blanc de 1822 est en liqueur, mais corsé. Ce vin est délicieux.

Le 1834 est présenté par M. BERGIER comme le premier vin du monde; ce vin, qui a conservé son goût de raisin, est en liqueur et très-corsé; c'est le type du plus excellent vin blanc de l'Hermitage.

Le 1849 est un vin sec, amer, et supérieur au Madère et au Xérès.

Le 1848 est délicat et commence à tomber en liqueur.

Le 1850 est d'une grande finesse, remarquable par un excès de goût de noisette, qui est un goût naturel spécial aux vins BERGIER.

Étiquette des vins Bergier.

Le 1859 enfin est un vin jeune encore, mais d'excellente qualité — goût de noisette et un peu d'amertume. — Le prix est de 800 francs la pièce de 200 litres.

Les 1849 et 1850 (années antérieures à la maladie) se vendent 5 fr.; et toutes les suivantes, de 1851 à 1861, 3 et 4 francs.

Tous les vins en bouteilles de M. BERGIER portent une étiquette, reproduite ci-après, sur laquelle sont gravées les armes de sa famille; elles se retrouvent également sur le cachet. C'est une double garantie contre la contrefaçon.

Pavillon Bergier, coteau de l'Hermitage.

On ne saurait trop applaudir à de pareilles précautions; et il est à désirer de les voir adopter pour règle par tous les propriétaires de grands crus.

La pièce suivante, remise au jury, prouve l'excellente situation des vignobles Bergier :

VIGNES A L'HERMITAGE COMPOSANT LA CUVÉE BERGIER.

Extrait de la matrice cadastrale pour les propriétés portées au folio 40, sous le nom de M. Bergier.

DÉPARTEMENT DE LA DROME.	SECTION.	NUMÉRO DU PLAN.	NOMS DES PARCELLES.	NATURE de la PROPRIÉTÉ.	CONTENANCES.			IMPOSITION POUR 1859.
					HECT.	ARES.	CENT.	
COMMUNE DE TAIN.	A	247	Grandes Baumes. . .	Vigne. . .	1	1	10	105f 48c
		257	Le Petit Méaux. . . .	D°. . .	»	21	60	29 98
		285*	Le Grand Méaux. . .	D°. . .	1	57	40	190 38
		292**	Le Petit Greffieu. . .	D°. . .	»	21	30	34 56
		203	Le Grand Greffieu . .	D° . .	»	94	40	117 27
* Vigne où est bâti le pavillon.	C	105	Les Murets.	D°. . .	»	50	50	33 41
		106	D°.	D°. . .	2	29	50	140 87
** Vigne où sont les oliviers.		193	La Croix de Jamonel. .	D°. . .	1	2	70	58 14
Le tout vis-à-vis la gare.	D	118	Berge.	D°. . .	»	35	60	12 36
					8	14	10	717f 25c

Certifié conforme par le directeur des Contributions directes. — Valence, 24 février 1859.

Signé : Garnier.

Une police d'assurance contre l'incendie à la société l'*Union*, en date du 4 avril 1862, remise également au Jury par M. Bergier, constate qu'il a dans dix caves 40,000 bouteilles, de 1811 à 1854, et dans cinq autres caves des vins en tonneaux, de 1856 à 1862, le tout estimé et assuré 300,945 fr. Ces vins sont tous de son crû, car il est propriétaire et non commerçant, et on ne les obtient qu'en s'adressant à lui directement.

Le Jury international a décerné la *Médaille* à M. Bergier, pour sa remarquable collection de vins rouges et blancs de l'Hermitage, où se trouvent réunis toutes les qualités et tous les mérites des vins de ce vignoble renommé.

EXPOSITION COLLECTIVE DES VINS DE L'HERMITAGE, a Tain. — Vingt-six propriétaires de vignes sur le côteau de l'Hermitage ont collectivement envoyé à l'Exposition de Londres des spécimens de vins des différentes qualités que l'on y récolte. Cette seconde collection, qui contenait des types parfaits, et entre autres ceux présentés par MM. Monnier de la Sizeranne et de Larnage, a également ment reçu la *Médaille*.

Puisque nous sommes sur la route, prenons en passant, comme l'a fait le rapporteur du jury français, les vins de la Nerthe, sur lesquels nous avons quelques détails intéressants.

M. LE COMTE DE MALEYSSIE, a la Nerthe (Vaucluse), France. — Il n'est pas un des riches vins du Midi qui soit connu et estimé depuis de plus longues années que le vin de La Nerthe, et il n'en est pas non plus qui mérite mieux cette antique renommée. M. le comte de Maleyssie, propriétaire actuel de la terre de La Nerthe, a obtenu la *Médaille* pour ses échantillons des récoltes de 1858 et de 1860. Cette récompense prouve que le vin du terroir n'a pas dégénéré ; en effet, si le vignoble qui le produit a été un peu négligé par ses derniers propriétaires, M. de Maleyssie n'a rien épargné pour relever sa culture au niveau des progrès de la science ampélographique, et pour que les admirables qualités naturelles de ce vin d'élite revinssent à ce degré de délicate et exquise perfection qui fit leur gloire, il y a tant de siècles.

Le nom de La Nerthe est si répandu dans le commerce, et il se vend tant de vins sous le couvert de ce nom, que l'on croit généralement que c'est celui d'une commune considérable, et qu'il appartient à toute une série de vignobles. Rien n'est moins vrai. La Nerthe est une propriété d'environ soixante hectares, d'un seul tenant, qui forme un clos, et qui en effet, sauf quelques terres réservées pour des jardins et un petit bois, est entièrement planté de vignes. Le cadastre y a rattaché géométriquement quelques parcelles de terre de la même commune de Châteauneuf (Vaucluse), que desservent les mêmes sentiers, et qui, sur ses plans, portent maintenant le même nom; mais c'est à peine si l'on y vendange quelques raisins, et ce qu'on en cueille est mêlé à d'autres récoltes. Il n'y a donc que M. DE MALEYSSIE qui fasse du vin de La Nerthe, puisqu'il n'y a pas d'autre vignoble de La Nerthe que le sien, et toutes les fois que l'on achète du vin de La Nerthe ne venant pas de chez lui, on peut être assuré de n'en pas avoir de véritable. Le vignoble authentique de La Nerthe, forme une sorte de conque, largement évasée et inclinée au midi, en pente douce, vis-à-vis du Rhône. Le site de ce clos privilégié est plein de charmes. Sur une terrasse qui le domine s'élève le château, d'où la vue s'étend jusqu'aux montagnes de Provence et aux Cévennes, arrêtée çà et là par les villes et les villages qui couvrent les côteaux, et par les grandes ruines dont tout ce pays superbe est décoré.

Si la nature a embelli les lieux qui entourent son clos natal, l'histoire n'a pas, non plus, dédaigné de laisser sa trace sur cet heureux coin de terre, et, chose singulière, aussi loin que l'on remonte, on n'y trouve trace de vente de ce beau domaine qui n'a changé de propriétaire que par héritage naturel. Un de ses plus anciens possesseurs, au quatorzième siècle, fut un Crivelli, un des papes ou antipapes d'Avignon, fort connaisseur, sans doute, et qui dut faire apprécier à sa cour pontificale les trésors de ses celliers. Des Crivelli le clos a passé aux Villefranche, et c'est d'un Villefranche, pair de France, que M. DE MALEYSSIE le possède par sa femme. Enfin, le château de La Nerthe a reçu, un jour, un hôte illustre et malheureux, le dernier des Stuarts couronnés, ce Jacques II qui fut le Charles X de l'Angleterre. Voilà bien des souvenirs respectables qui, sans rien ajouter à la qualité du vin récolté dans ces vignes, donnent pourtant une physionomie chevaleresque à un clos qui ne fut jamais exploité, comme tant d'autres, par la plus prosaïque des industries. La nonchalance seigneuriale avait même fini par le négliger un peu trop. Mais aujourd'hui, nous l'avons dit, la régénération du vin de La Nerthe est achevée, et son succès témoigne de son mérite.

M. LE COMTE DE MALEYSSIE le lui a rendu dans toute sa fleur et sa saveur d'autrefois. Nous ne saurions trop reprocher à M. de Maleyssie le peu de peine qu'il prend pour faire connaître la valeur de ses récoltes, et l'entente avec laquelle il les gouverne et les surveille; car, enfin, c'est un vigneron, puisqu'il a des vignes et qu'il fait du vin, et, ne serait-ce que dans l'intérêt du public, il doit faire au moins ce que tous les vignerons ont l'habitude de faire, c'est-à-dire établir les qualités de sa vendange et empêcher qu'on la confonde avec d'autres.

Quand on a l'honneur de posséder à soi seul un des cantons bénis où la Providence fait surgir une des sources excellentes de la liqueur qui joue un si grand rôle dans l'histoire de la santé et de la gaieté des hommes, il est nécessaire d'en faire apprécier partout les bienfaits. Le vin de La Nerthe, il est vrai, se vend parfaitement, et son propriétaire ne tient même à le vendre que lorsqu'il a pris dans ses caves tout le développement de ses généreuses et fines qualités; mais nous n'en sommes pas moins heureux, après avoir vu ce vin récompensé exceptionnellement, de l'indiquer aux personnes qui pourraient ne pas le connaître; d'autant plus que l'on ne saurait s'en procurer de comparable à aussi bon marché.

Les vins de choix de La Nerthe ne se vendent que 2 francs la bouteille et s'expédient par caisses de 25 bouteilles. Les vieux vins, bons à mettre en bouteilles, se vendent 350 francs la pièce de 270 litres, ce qui les met à moins d'un franc la bouteille. Quant aux vins des jeunes vignes, dits *plantats*, déjà bons à boire, leur prix est de 160 francs, c'est-à-dire moins de 40 centimes la bouteille. Enfin, pour que tous ces vins soient à la portée du plus grand nombre des consommateurs, on les expédie par petites quantités dans des fûts de médiocre capacité. Tous les vins portent la marque « La Nerthe, Vaucluse » et le cachet du propriétaire sur la bonde des tonneaux ou le bouchon des bouteilles pour en garantir l'origine. Il faut, pour s'en procurer, s'adresser au régisseur du château de la Nerthe, par Orange (Vaucluse).

C'est, peut-être, le seul vin excellent que tout le monde puisse acheter et boire. Les Anglais l'aiment beaucoup, et ils ont raison. Si, comme nous le pensons, le succès du vin de La Nerthe égale son mérite reconnu, ce ne sera pas assez des deux cents pièces que son propriétaire récolte dans son clos. Le pied du château sera assiégé de plus près par les vignes, et plût à Dieu que jusqu'en haut du coteau se répandit la verdure de leurs pampres ! — *Médaille.*

EXPOSITION COLLECTIVE DES VINS DU BORDELAIS. — DEUX CENT QUATRE-VINGT-NEUF EXPOSANTS.
— L'exposition des vins du Bordelais a été organisée par les soins du jury de la Gironde, qui a classé les vins et donné sur chaque cru des notes intéressantes. Nous suivrons le même ordre pour notre compte rendu.

CRUS CLASSÉS DU MÉDOC

Premiers crus. Exposants :

MM. Scott (Samuel), à Château-Laffitte.
Aguado (vicomte O.), — Château-Margaux.
Beaumont (marquis de) et consorts, — Château-Latour.
Larrieu (E.), — Château Haut-Brion.

Les premiers crus sont, on le voit, peu nombreux, soit en Médoc, soit en Grave ; leur production n'est pas considérable ; aussi peu de personnes boivent-elles de leurs véritables produits.

Le Château-Laffitte se distingue par son corps, une couleur et une sève supérieures à tout autre cru classé et dure plus longtemps que les autres.

Le Château-Margaux se fait remarquer par son grand bouquet, sa sève et une extrême finesse ; quand il réussit bien, c'est le premier des vins du Médoc.

Le Château-Latour se distingue surtout par une bonne maturité, de la couleur et une grande souplesse ; c'est l'émule du Château-Laffite.

Le Château Haut-Brion, premier cru des Graves, a une très-grande sève, une belle couleur et de la finesse ; il lui manque le bouquet du Médoc, mais il a plus de chaleur et de vivacité dans le goût.

Deuxièmes crus. Exposants :

MM. Rothschild (le baron de), à Mouton.
Castelpert (vicomtesse de) — Rauzan-Segla.
Las Cases (marquis de) — Léoville.
Poyferré de Céré (marquis de) — Léoville.
Barton (N.) — Léoville.
Puységur (comte de), — Vivens-Durfort.
Sarget de la Fontaine (baron), — Gruaud-Laroze.
Faure (Adrien), — Gruaud-Laroze.
Bethmann (Ed. de), — Gruaud-Laroze.
Petit, F. (Hue, détenteur), — Lascombes.
Pichon-Longueville (baron de), — Pichon-Longueville.
Ravez (veuve), — Ducru-Maucaillou.
Martyn (C.-C.), — Clos-Destournel.
Dumoulin (C.), — Montrose.

Les deuxièmes crus du Médoc se rapprochent beaucoup des premiers pour leur qualité. Les Mouton surtout les ont égalés dans bien des années.

Troisièmes crus. Exposants :

MM. Duchatel (comte), à Lagrange-Saint-Julien.
Barton, — Langon-Saint-Julien.
Pescatore, — Giscour-la-Barde.
Fourcade, — Malescot-Margaux.
Péreire, — Palmer-Margaux.
Piston d'Aubonne, — Grand-Lagune.
Sipierre, — Desmirail-Margaux.

Parmi ces vins, quelques-uns ont souvent parfaitement réussi. Les Lagrange, les Palmers, les Langon et les Grand-Lagune se sont principalement distingués.

Quatrièmes crus. Exposants :

MM. Bontemps-Dubarry, Saint-Pierre-Saint-Julien.
Castéja, maire de Bordeaux, — Duhart-Milon.
Chavailhe, — Château-Poujet.
Luëtkens (P.), — Latour-Carnet.
Guestier (O. F.), — Château de Beychevelle.
Solberg (O.), — Therme.
Rosset (madame) — Prieuré de Cantenac.
Lafon de Camarsac, — Rochet.

Ces vins se font remarquer par leur bonne réussite ; il en est même qui méritent une mention particulière.

Cinquièmes crus. Exposants :

MM. Guestier (P. F.), à Batailley.
Lacoste (F.), — Grand-Puy.
Duroy de Suduirant, — Artigues, Arnaud, Grand-Puy.
Darmailhacq, — Mouton Damailhack.
Henry de Vallendé (C.), — Château du Tertre-Arsac.
Pédesclaux, — Pedesclaux-Pouillac.
Bruno Devès, — Contenuaux-Belgrave.
Peychaud (L.), — Clos-Labory.
Calvé, — Croiset-Bage.

Ces vins, quoique classés les derniers, participent encore des qualités qui distinguent les grands vins de Médoc ; parmi eux on met en première ligne les Lacoste, les Grand-Puy et les Bailley.

La classification continue par les vins bourgeois et les vins paysans. Viennent ensuite les Graves, les Libournais, les Côtes et Palus, et les Blayais vastes pour les vins rouges.

Quant aux vins blancs, les grands sont divisés en deux crus, et les ordinaires en vins bourgeois et paysans.

VINS BLANCS

Premiers crus. Exposants :

MM. P. Maître, A. Capdeville, G. Merman, à la Tour-Blanche-Haut-Bommer.
Saint-Rieul Dupouy, — Peyragey,
Eloi Lacoste, — Climmeus-Barsac.

Ces vins, fort estimés surtout en Russie et en Allemagne, sont d'une très-grande qualité. Ils sont limpides, d'une très-grande séve et d'une très-grande finesse. Le pays qui les produit n'est pas étendu, aussi, dans les bonnes années, atteignent-ils des prix élevés. Les Latour-Blanche sont les plus recherchés.

Deuxièmes crus. Exposants :

> MM. Moller (H.), au Château-Morat.
> Dupeyron-Lafaurie, — Château-d'Arche.
> La Myre-Mory (comte de), — Château-Montarlier.
> Sarrante aîné, — Caillou.

Ces vins réussissent bien, principalement les Morat et les Château-d'Arche.

Quant aux vins bourgeois et aux vins paysans, ils présentent des qualités fort satisfaisantes pour ceux qui ne peuvent mettre de très-grands prix.

Des récompenses ont été décernées par le jury international aux exposants dont les noms suivent :

MÉDAILLES.

MM. Aguado.
Ausone.
Marquis de Beaumont.
Capdeville.
Castéja.
Chiapella.
Comte Duchâtel.
Foucaut de Laussac.

MM. Laage.
Pedesclaux.
Pescatore (G.).
Richier (M.).
Baron de Rothschild.
Ruyneau.
Scott (sir Samuel).

MENTIONS HONORABLES.

MM. Barton.
Beaufils.
Bontemps Dubarry.
Cuvillier et Poncet-Deville.
Darmailhacq.
Flandray (A.).
Goût-Desmartres.
Guestier (J.).

MM. Guestier (P.-F.).
Marcilhac.
Marion.
Merman.
Piston d'Eaubrunt.
Sarget de la Fontaine.
Baron Travot et Jurine.
Veysset.

EXPOSITION COLLECTIVE DES VINS DE BOURGOGNE (DEUX CENT QUARANTE-HUIT EXPOSANTS).

Les vins de Bourgogne naturels et provenant d'un bon cru se distinguent par leur goût exquis, leur ravissant bouquet et leur richesse moyenne en alcool ; ce sont les vins du monde les plus agréables à boire, les véritables vins français.

C'est le vin de Bourgogne, et non le vin de Bordeaux, que, pendant leur occupation en France, les Anglais désignèrent sous le nom de « claret, » et dont le souvenir chez eux s'est perpétué de générations en générations. Mais, plus habiles que les Bourguignons, les Bordelais sont parvenus à faire prendre à nos voisins le vin de Bordeaux pour ce claret fameux, et il serait bien difficile aujourd'hui de les ramener à la vérité. On le sait bien en Bourgogne ; aussi grands et petits propriétaires avaient-ils fait de leur mieux pour que tous ses crus fussent dignement représentés à l'Exposition de Londres. Ont-ils retiré profit de leur peine et sont-ils parvenus à se mettre en relations directes avec les consommateurs anglais, seul moyen de parvenir à faire réussir, en Angleterre, les vins de Bourgogne ? Dieu le veuille ; mais nous en doutons.

A propos des vins de la Bourgogne exposés à Londres, il s'est passé sous nos yeux un fait que nous croyons devoir signaler.

Vers la fin de l'Exposition, un agent anglais, en présence d'employés du palais, fit déboucher des bouteilles exposées dans la grande vitrine des vins de Bourgogne et répandre leur contenu sur le sol. Notre pensée fut d'abord que c'étaient des vins détériorés ; mais tout en comprenant pourquoi on voulait les faire disparaître, nous n'en blâmions pas moins cette hécatombe publique, car ce n'était certainement pas pour donner à dire que leurs vins ne sont pas de garde que les propriétaires de la Bourgogne les avaient envoyés à l'Exposition de Londres. En ayant goûté quelques bouteilles, nous trouvâmes au contraire ces vins en parfait état de conservation, même les vins blancs[1]. Nous offrîmes alors de prendre le tout, en payant les droits ; mais l'agent fut inexorable, il exécutait un ordre. Qui l'avait donné et dans quel but? En Angleterre pas plus qu'en France, il ne doit cependant pas être permis de détruire publiquement des denrées alimentaires.

Deux cent quarante-huit propriétaires de la Bourgogne, divisés en sept associations, avaient envoyé des vins à Londres. Voici comment ces associations étaient désignées:

COTE CHALONNAISE.
COMITÉ D'AGRICULTURE DE L'ARRONDISSEMENT DE BEAUNE.
ASSOCIATION COMMERCIALE VITICOLE DE L'ARRONDISSEMENT DE BEAUNE.
COMITÉ CENTRAL D'AGRICULTURE DE LA COTE-D'OR.
SOCIÉTÉ D'AGRICULTURE DE TONNERRE (Yonne).
COMICE AGRICOLE ET VITICOLE DE L'ARRONDISSEMENT D'AUXERRE.
SOCIÉTÉ D'AGRICULTURE DE JOIGNY (Yonne).

Les vins de la CÔTE CHALONNAISE étaient ceux de Rully, Mercurey, Givry, Buxy, etc., sans aucune indication de prix.

Le COMITÉ D'AGRICULTURE DE L'ARRONDISSEMENT DE BEAUNE exposait les grands vins de la Côte-d'Or, en donnant quelques prix.

Un Pomard (clos des Épineaux), de 1846, était coté 10 francs la bouteille; un autre de 1858, 5 francs seulement ; un Beaune 1849, 240 francs l'hectolitre, 3 francs 50 la bouteille; autre Beaune 1848, 5 francs la bouteille ; un Volnay 1846, 250 francs l'hectolitre, 4 francs la bouteille ; un Corton 1858, 350 francs l'hectolitre, 4 francs la bouteille ; un autre de la même année à 6 francs la bouteille et un autre encore de 1859 à 5 francs ; un Chambertin 1858 l'était à 450 francs l'hectolitre, 5 francs la bouteille; enfin le vin mousseux de Bourgogne, 3 francs 50 la bouteille, — un tonnelier de Beaune, M. VINCENT, l'offrait même à 2 francs 50.

M. le comte DE JUGNÉ avait coté son Pomard 1858 à 8 francs la bouteille, et celui de 1859, 300 francs l'hectolitre, 5 francs la bouteille ; des vins rouges de Meursault (clos de Sautenot) 1858 l'étaient à 320 francs l'hectolitre, et des blancs (clos des Bouchères), année 1858, 290 francs ; un vin rouge d'Aloze 1858, 325 francs l'hectolitre; et un autre de 1859, 300 francs.

Pour les vins ordinaires et grands ordinaires, voici encore quelques prix :

Nuits 1858, 2 francs la bouteille; Volnay 1858, 135 francs l'hectolitre ; Pomard, grand ordin. 1857, 102 francs l'hectolitre ; un Bligny-sous-Beaune 1858, 100 francs.

Ce sont ces vins que le commerce vend la plupart du temps comme provenance de premiers crus.

L'ASSOCIATION COMMERCIALE DE BEAUNE n'a pas donné de prix ; mais son envoi était des plus magnifiques : il se composait de 750 bouteilles, dans lesquelles se trouvaient des séries de 1846 à 1859 des vins de la Romanée, la Romanée-Conti, Clos-Vougeot, Richebourg, Chambertin, Corton, Sautenot, Volnay, Pomard, Vosne, Nuits, etc. L'absence des prix est là vraiment regrettable.

[1] Les vins étaient cependant restés debout pendant plusieurs mois; mais il est vrai de dire que l'humidité résultant du climat et des arrosages continuels avaient sans doute empêché les bouchons de se dessécher.

Parmi les vins exposés par le COMICE CENTRAL D'AGRICULTURE DE LA COTE-D'OR, nous n'en avons trouvé que deux avec prix, c'est un vin rouge de Couchy, à 1 franc la bouteille, et un vin de Bar-sur-Seine, également à 1 fr.

Les autres associations n'avaient pas coté leurs vins.

« Deux éléments, » dit avec juste raison M. J. Duval, rapporteur du jury français, « pour les vins fins, comme pour les vins ordinaires, jouent un grand rôle dans leur prix, c'est la qualité et l'abondance de la marchandise. Ainsi en 1855 et 1856 les vins ont été fort médiocres, et malgré cela vendus plus cher que ceux de 1858, qui étaient tous excellents, mais en 1858, le produit du vignoble fin avait été très-considérable, tandis qu'au contraire en 1855 et 1856 il était resté fort au-dessous de la moyenne. »

L'hospice de Beaune est propriétaire de grands crus, dont chaque année il fait vendre la récolte à la criée, et les prix de cette vente sont considérés comme ceux des cours de la Bourgogne pour les vins fins de l'année.

Voici le relevé des prix des dernières années pour la pièce de 228 litres :

1853. . . .	200 fr.		1858. . . .	300 fr.
1854. . . .	500		1859. . . .	375
1855. . . .	350		1860. . . .	120
1856. . . .	350		1861. . . .	375
1857. . . .	500			

Des *Médailles* collectives ont été décernées à chacune des sept sections de l'EXPOSITION COLLECTIVE DES VINS DE LA BOURGOGNE.

MM. G. DE BEUVERAND ET R. DE POLIGNY, A CHASSAGNE, COTE-D'OR. — Si, accomplissant un devoir, nous venons de jeter un cri d'alarme, ce n'est pas à dire que la France ne possède plus d'excellents vins et qu'il ne soit plus possible de s'en procurer ; grâce au ciel, nous n'en sommes pas encore là. Il est toujours des propriétaires assez intelligents pour comprendre qu'il y a avantage à récolter peu et à vendre cher, et des négociants qui préfèrent mettre du temps à se créer une clientèle solide, voulant *bon* et ne marchandant pas, plutôt que de vendre au premier venu et à tout prix des liquides n'ayant du vin que le nom et qui ne sont jamais demandés deux fois par la même personne.

Comme s'étant toujours maintenus dans ces sages principes, soit comme propriétaires, soit comme commerçants, nous pouvons citer MM. G. DE BEUVERAND et R. DE POLIGNY, à Chassagne (Côte-d'Or), dont les produits faisaient partie de ceux envoyés par l'association viticole de l'arrondissement de Beaune.

En 1841, M. DE BEUVERAND, voyant que les prix auxquels étaient souvent offerts les plus grands vins de la Côte-d'Or, rendaient impossible la livraison des nobles produits que l'on osait promettre, et jugeant combien avait à souffrir d'un pareil état de choses la renommée de ces vins, entreprit de créer une maison qui livrerait ce qu'elle vendrait. Il s'associa M. Charles de Courtivron, et bientôt les vins fournis par la nouvelle société montrèrent combien les vins à bon marché ressemblent peu à ceux dont ils empruntent les noms.

En 1851, M. DE BEUVERAND prit seul la tête de sa maison et continua, avec un succès toujours croissant, la vente des grands vins de la Bourgogne. Depuis deux ans, il a associé à ses affaires son fils et son gendre, et la raison sociale de la maison est aujourd'hui G. DE BEUVERAND et R. DE POLIGNY.

L'envoi de ces messieurs à Londres consistait en 100 bouteilles de vins rouges et blancs des années 1846, 1854 et 1858, parmi lesquels on remarquait, en vins rouges, des Chambertin, des Richebourg, des Corton, des Saint-Georges, des clos Saint-Jean, des clos de la Maltroye, des Chassagne, des

Pomard et des Beaune. Au nombre des vins blancs étaient des Montrachet et des Batard-Montrachet.

Parmi ces vins célèbres, il en est deux, ceux des clos Saint-Jean et de la Maltroye, qui sont la propriété de M. de BEUVERAND. Le premier est un bon vin de Chassagne, qui pour le corps et le bouquet peut marcher de pair avec les premiers vins de la Côte de Nuits. Le second, qui se récolte au pied des maisons d'exploitation de MM. DE BEUVERAND et DE POLIGNY, est un vin renfermant tant de qualités, qu'un des plus grands propriétaires de la Bourgogne disait de lui : « M. DE BEUVERAND ne sait pas ce qu'il possède dans « sa Maltroye, c'est la Romanée et le Musigny, c'est le plus riche bouquet de la Bourgogne ; avec sa « Maltroye, M. de Beuverand pourrait tout faire. » Ce compliment est aussi flatteur que mérité ; heureusement M. DE BEUVERAND n'en abuse point, il vend du vin du clos de la Maltroye pour ce qu'il est, de même qu'il vend pour du vin du clos Saint-Jean celui qu'il récolte dans ce clos. Il gagne à cela de contenter ses clients et de voir de jour en jour grandir la réputation de sa maison.

M. DE BEUVERAND avait obtenu, à l'exposition de Paris en 1855, une médaille de première classe à Londres, il a eu une large part dans la *Médaille* décernée à l'association commerciale viticole de Beaune.

COMPAGNIE DES GRANDS VINS DE BOURGOGNE. — FOREST AÎNÉ ET Cie, a PARIS. — La majeure partie des récompenses données par le jury international aux exposants des vins sont décernées aux expositions collectives. Dans des cas particuliers seulement et lorsqu'il s'est agi, tout en rendant hommage à un grand cru, de le signaler au public, les médailles ont été nominatives. Cette exception n'a eu lieu dans la haute Bourgogne qu'en faveur de la Compagnie FOREST AÎNÉ, pour les vins de la Romanée-Conti, de Clos-Vougeot et de Chambertin-Ouvrard, dont elle a le monopole.

En 1855, à l'exposition universelle de Paris, le nom de l'heureux propriétaire de ces crus privilégiés, M. Ouvrard, fut placé en tête de ceux des exposants des vins de la Bourgogne, auxquels le jury décernait la médaille de première classe. C'était justice ; car, mieux que tous, le vin de la Romanée-Conti méritait cette distinction.

Le clos de la Romanée-Conti, ancienne propriété du prince de Conti, et appartenant en entier aujourd'hui à la succession Ouvrard, est situé commune de Vosne, département de la Côte-d'Or. C'est le plus beau des joyaux de la Bourgogne. Malheureusement, sa contenance n'est que de 1 hectare 38 centiares, et sa production ne s'élève pas à plus de 15 à 16 pièces par an.

Le vin de la Romanée-Conti est non-seulement le premier vin de la Bourgogne, mais aussi le premier vin de France. « Sa couleur brillante et veloutée, son parfum et son feu charment tous les sens. » Ces précieuses qualités tiennent à la nature particulière du sous-sol de ce vignoble ; car ni le plant, ni sa feuille, ni le fruit, ni la terre ne diffèrent de ce qui les avoisine.

Le vin du Clos-Vougeot ne peut, non plus, être confondu avec un autre. Sa couleur est splendide, il est étoffé, savoureux, spiritueux et possède un bouquet unique. A ces qualités s'en joint une autre des plus appréciées : il est souverainement digestif. Ajoutons enfin que ce vin supporte les plus longues traversées et se conserve indéfiniment.

La spécialité de goût des vins du Clos-Vougeot résulte, on le pense, de l'ancienneté des souches mères, que jamais on n'arrache et qui, mourant et se consumant dans la terre, lui rendent ce qu'elle leur a donné. L'amendement des vignes consiste simplement à reporter dans le haut du clos les terres que les pluies ont fait descendre et à mettre du marc de raisin brûlé aux pieds des jeunes ceps. — Les vignes reçoivent quatre façons par an.

La production annuelle du Clos-Vougeot est en moyenne de 350 pièces ; la plus forte récolte depuis le commencement de ce siècle a été celle de 1835, elle a produit 700 pièces, la plus faible eut lieu en 1846, on n'y obtint que cinq pièces.

Par traité authentique en date du 1er juin 1858, M. Ouvrard a cédé pour douze années consécutives, de 1858 à 1870, le droit à la totalité des récoltes du clos de la Romanée-Conti, du Clos-Vougeot et de son vignoble de Chambertin, à la société qui, sous le nom de COMPAGNIE DES GRANDS VINS DE BOURGOGNE e la raison sociale FOREST AÎNÉ ET Cie, a son siège à Paris et une maison à Beaune. C'est donc cette Com[t] pagnie qui a présenté ces vins à l'exposition de Londres, et a reçu la *Médaille.*

La Compagnie des grands vins de Bourgogne a été fondée avec le concours et sous le patronage d'un grand nombre de riches propriétaires. Elle avait déjà présenté ses vins au concours agricole de Paris en 1860, et obtenu la *Médaille d'or*. La même distinction lui a également été accordée au concours régional de Lyon.

A Londres, la Compagnie Forest aîné exposait avec le comité d'agriculture de l'arrondissement de Beaune. Son envoi consistait en vin de la Romanée-Conti des années 1822, 1858 et 1859 ; en vin du Clos-Vougeot des années 1819 et 1859 ; et en vins de Chambertin, de 1825, 1819 et 1859. Cette exposition avait pour but, on le voit, de prouver combien ses vins exceptionnels sont de bonne garde.

La compagnie étant actuellement seule en possession des vins Ouvrard, personne ne peut s'en procurer sans les acheter d'elle. Le prix des Romanée-Conti varie de 12 à 15 francs la bouteille suivant les années. La pièce de 1862 vaut 1,000 francs. Les vins du Clos-Vougeot sont, pour les 1858, à 7 francs 50 la bouteille et à 1,500 francs la pièce ; pour les 1859, 1,400 francs la pièce, et pour les 1862, 700 francs la pièce. Les Chambertin-Ouvrard valent, les 1858, 7 francs la bouteille, et les 1862, 550 francs la pièce. Tous les vins Ouvrard expédiés par la société Forest aîné partent de la gare de Vougeot. — *Médaille*.

M. BIGNON aîné, a Paris. — On lit dans le Rapport du jury français à l'Exposition de Londres : « Un exposant de Paris, après avoir concouru avec succès dans une autre section de la classe III, comme producteur agricole, présentait, comme négociant en vins, une belle et complète collection de tous les vins des premiers crus de France, au nombre de plusieurs centaines. Sans méconnaître ce qu'il y a de savoir et d'utilité dans l'industrie d'éleveur de vins, dont se prévalait l'exposant, le jury n'a pas cru devoir l'admettre au concours, se fondant sur un article des instructions officielles, d'après lequel les distinctions doivent être réservées aux producteurs et aux manufacturiers et ne peuvent être accordées à d'autres personnes que pour les collections, dont les producteurs ne se présentent pas. Tels sont les objets recueillis en pays lointains. Le jury a maintenu cette règle d'autant plus fermement qu'elle est pleinement justifiée en raison. Si des négociants en vins étaient autorisés à soumettre à des jurys des échantillons de leurs vins, tout concours de ce genre deviendrait absolument impossible ; car ce n'est plus de douze à quinze mille bouteilles qu'on aurait à apprécier, mais des centaines de mille, et les prix ne se donneraient plus aux vignobles et aux vignerons, mais aux caves et aux commerçants. »

L'exposant dont ce rapport tait le nom, malgré « son succès dans une autre section de la classe comme producteur agricole, et sa belle et complète collection de tous les vins des premiers crus de France, au nombre de plusieurs centaines, » c'est M. Bignon, cultivateur à Theneuille (Allier), en même temps propriétaire du café Riche, et négociant à Paris.

Le règlement général autorisait les négociants à exposer les produits des manufactures en indiquant leur origine. Cette latitude a même fourni à la section française une de ses plus intéressantes expositions, celle des tissus réunis par les soins de MM. Carlhian et Corbière. M. Bignon est-il donc dans un autre cas ? Il ne venait pas demander une récompense personnelle pour des vins dont il n'était que le conservateur et, mieux encore, *l'éleveur*, comme le dit le rapport ; mais il venait apporter au jury de dégustation des enseignements dont malheureusement celui-ci n'a pas compris l'immense importance.

Pour bien juger du vin, et surtout d'un grand vin, il faut pouvoir le goûter jeune, mûr et vieux. La majeure partie des propriétaires ne peuvent présenter ceux qu'ils récoltent que dans la première de ces périodes. Où en seraient-ils, en effet, si chaque année ils avaient à faire des réserves ? Aussi, quoique la récolte de 1858 ait été désignée par tous les jurys départementaux, comme type à prendre, il n'y a qu'un certain nombre d'exposants qui ont pu envoyer des vins de cette année-là, et quant à de plus âgés, bien peu en ont soumis à l'appréciation du jury.

Or, c'était une bonne fortune insigne que d'avoir, réunis en un même lot et par centaines de bouteilles, des échantillons de tous nos grands vins à des âges auxquels on ne les trouve plus chez leurs producteurs ; le jury n'a pas su en profiter, et M. Bignon, qui, en retour de son envoi princier, ne demandait que l'honneur d'une appréciation particulière, s'est trouvé victime d'une interprétation du règlement, qui, si elle eût été telle dans les autres classes, eût privé notre exposition d'une foule d'objets des plus intéressants.

Nous souhaitons aux jurys futurs d'avoir à déguster une collection pareille ; mais où seront alors les vins de 1834, de 1840 et même ceux de 1848 !

M. Bignon avait joint à son envoi une note, à laquelle nous empruntons les passages suivants :

« Les propriétaires ne peuvent garder leurs vins chez eux pendant le temps nécessaire au développement de toutes leurs qualités. Il faut, par exemple, aux grands crus de Bordeaux, dix années de soins, soit en pièces, soit en bouteilles.

« Autrefois les propriétaires vendaient leurs produits au commerce, qui à son tour les vendait aux détaillants. L'emploi de cet intermédiaire avait souvent pour résultat la falsification du vin. Aujourd'hui la facilité des communications permet aux détaillants de se mettre en relation directe avec les propriétaires. Sûrs de la source d'où ils les tirent, ils n'ont plus qu'à soigner leurs vins avec intelligence et à laisser le temps faire le reste.

« Je suis depuis vingt ans dans cette voie, où quelques confrères m'ont suivi ; aussi aujourd'hui peu de caves offrent-elles de plus précieuses collections que celles de quelques grands restaurateurs de Paris.

« Les propriétaires ont trouvé de grands avantages dans notre manière de faire ; car leurs vins mieux appréciés ont atteint des prix considérables. Avant 1840, le prix du tonneau des grands vins n'était que de quelque mille francs ; depuis cette époque, ils ont doublé, triplé même de valeur.

« Les « Pichon » et autres, deuxièmes crus, de 1848, valent actuellement chez les propriétaires • de 14 à 15 francs la bouteille.

« Les vins de Château-d'Yquem, de 1847, ont atteint le prix fabuleux de 22,000 francs le tonneau. »

Nous regrettons que notre cadre ne nous permette pas de suivre M. Bignon dans toutes ses judicieuses observations, car elles feraient ressortir davantage combien il est triste que le jury ait négligé sa magnifique exposition.

LA COMMUNE DE LA ROMANÈCHE (Saône-et-Loire) exposait des vins des crus des Thorins de la Romanèche et du Moulin-à-Vent, tous de qualité parfaite. — *Médaille.*

EXPOSITION COLLECTIVE DU MACONNAIS (Saône-et-Loire). — Quarante-quatre exposants ont concouru à cette exposition. Le rapport constate l'excellence des vins de cette contrée. — *Médaille.*

COMICE AGRICOLE DE BEAUJEU. — Rhône. — Des spécimens fournis par cent sept propriétaires formaient la nombreuse collection de vins envoyés par le Comice agricole de Beaujeu. Le jury a décerné une *Médaille* collective.

EXPOSITION COLLECTIVE DU DÉPARTEMENT DU GARD. — Quinze exposants avaient réuni les échantillons de leurs meilleures récoltes pour composer cette collection de vins rouges et blancs, parmi lesquels un vin de Saint-Gilles de 1811, appartenant à M. Olive Ménadier a prouvé combien à cette époque, alors que l'on fumait moins les vignes, les vins étaient supérieurs à ceux que l'on récolte aujourd'hui.

L'ASSOCIATION DES PROPRIÉTAIRES DE L'ARRONDISSEMENT DE MONTPELLIER (Hérault), pour des vins rouges de la contrée envoyés en très-grande quantité. — *Médaille.*

M. BERTRAND, à Béziers, se livre depuis un certain nombre d'années à des essais tendant à obtenir dans son vignoble des vins pareils pour le goût aux vins du Portugal, de l'Espagne et du Levant. Le succès a couronné ses efforts, et les vins qu'il a soumis à l'appréciation du Jury sous les noms de Madère doux, Xérès, Alicante, ont été trouvés fort bons et dignes de la *Médaille.*

M. BONNET-DESMARES, à Saint-Laurent de la Salanque (Pyrénées-Orientales), pour une remarquable collection de vins muscats, *Médaille.*

LE COMICE AGRICOLE DE L'ARRONDISSEMENT DE TOULON, pour son exposition des vins de la Garde, *Médaille*.

M. ROUILLÉ-COURBE, a Saint-Avertin (Indre-et-Loire). — Les vins de Saint-Avertin jouissent en Touraine d'une réputation justement méritée comme vins de grand ordinaire. Les échantillons de ces vins envoyés à Londres par M. Rouillé-Courbe ont été jugés dignes de cette réputation. Des spécimens de la récolte de 1854 ont en outre prouvé combien ces vins, légers en apparence, sont de bonne garde.

M. Rouillé-Courbe a obtenu la *Mention honorable*.

EXPOSITION COLLECTIVE DES VINS DE LA CHAMPAGNE.

En 1855, les grandes maisons de la Champagne s'abstinrent de prendre part au concours universel de Paris, et la médaille de première classe décernée pour ce genre de vin ne fut pas disputée. A l'Exposition de Londres en 1862, bien que par suite des relations avec l'Angleterre, les exposants de vins de Champagne aient été plus nombreux (on en comptait dix-neuf), on a eu de nouveau à constater l'absence des marques qui couvrent nos vins de Champagne de première qualité.

L'usage des vins mousseux prend une extension énorme, on en fabrique presque partout où l'on fait du vin. Malgré cela, depuis 15 ans, l'exportation en a presque doublé.

En 1845, la Champagne exportait 4,580,214 bouteilles de vin; en 1861 elle en a exporté 8,438,223.

Nous n'entreprendrons pas de décrire les procédés de fabrication des vins de Champagne; mais ici encore nous engagerons les fabricants de cette boisson si agréable à redoubler d'efforts pour, malgré la concurrence, augmenter la situation prospère de leur industrie; car l'absence de progrès serait un signe de décadence. Une *Médaille* collective a été décernée aux dix-neuf exposants de la Champagne.

EXPOSITION COLLECTIVE DU DÉPARTEMENT DU HAUT-RHIN. — Dix-huit groupes d'exposants parmi lesquels ceux des cinq communes de Riquewihr, Ribeauvillé, Turckheim, Guebwiller et Soultz-Math, ont chacun reçu une *Médaille* collective, avaient envoyé à Londres de nombreux spécimens de vins récoltés dans le département du Haut-Rhin.

Ces vins se font généralement remarquer par leur force et leur couleur; ils sont très-propres à la consommation anglaise et peuvent entrer en concurrence avec les vins du Rhin allemand.

M. RAYBAUD-LANGE, directeur de la ferme-école de Paillerols (Basses-Alpes), est le seul exposant de vinaigre auquel le jury ait décerné une récompense. Il a obtenu la *Mention honorable*.

EAUX-DE-VIE. — Les envois à Londres d'eau-de-vie française de toute provenance ont été nombreux; mais nous n'avons pas été à même de les apprécier.

Nous nous bornerons donc à enregistrer les récompenses décernées par le Jury :

M. MASSON, a Jarnac (Charente). — Cognac. — *Médaille*.

ASSOCIATION DES PROPRIÉTAIRES D'ARMAGNAC. — Eaux-de-vie d'Armagnac. — *Médaille*.

M. RENAULT et Cie, a Cognac. — Eaux-de-vie. — *Médaille*.

M. SAYER et Cie, a Cognac. — Eaux-de-vie. — *Médaille*.

M. LE DOCTEUR CH. FAIVRE, a Paris, a présenté une liqueur de sa composition, qu'il déclare apéritive avant le repas, digestive après manger, et véritablement hygiénique. Il lui a donné le nom de Mont-Carmel et en fabrique deux sortes, du sec et du doux. Le Mont-Carmel sec a surtout flatté le goût de MM. les membres du Jury. — *Médaille*.

MM. GALLIFET et Cie. a Grenoble, sont aussi inventeurs d'une liqueur baptisée par eux du nom de Reine-des-Alpes. — *Médaille*.

M. LUZET, a Luxeuil. pour ses kirschs. — *Médaille*.

MM. MARIE BRIZARD et ROGER, a Bordeaux. — Grâce aux soins de la maison Marie Brizard et Roger, la vieille réputation de l'anisette de Bordeaux se maintient dans toute sa pureté. Outre les anisettes, MM. Brizard et Roger ont exposé des crèmes de menthe, de thé, de noyau, de moka, de cacao à la vanille, des curaçaos et des marasquins.

Cette maison, dont la fondation remonte à 1757, exporte annuellement 50 pour 100 de ses produits dans toutes les parties du monde. — *Médaille.*

PROVINCE D'ALGER. — Colonie française, l'Algérie ne pouvait rester longtemps stationnaire sous le rapport de la viticulture· elle produit maintenant des vins rouges et des vins blancs qui, à des qualités spéciales qu'ils tiennent du terroir, allient la plupart de celles qui ont fait la réputation de certains crus.

Parmi les spécimens composant l'exposition collective des viticulteurs des trois provinces algériennes, nous citerons ceux de M. Dumas, de la province d'Alger, de M. Gaussens fils, de la province d'Oran, et les vins blancs de la Commune de Mascara, qui tous ont eu la *Médaille.*

DIRECTION GÉNÉRALE DES TABACS DE FRANCE. — La Manufacture des tabacs résume dans son exposition toute la culture française.

La France consomme chaque année 31,600,000 kilogrammes de tabac, ainsi divisés : en poudre, 11 millions ; à fumer, 20,600,000 kilogrammes.

Il y a en France onze manufactures de tabac appartenant à l'État. Les appointements de tous les employés ne dépassent pas la somme de 500,000 francs, la main-d'œuvre est de 4 millions, soit 22 f. 82 cent. par 100 kilogrammes de tabac.

La fabrication est confiée à soixante chimistes, recrutés depuis 1831 dans les rangs de l'École Polytechnique.

Les bénéfices de la régie, d'abord peu considérables (25 millions en 1811), se sont élevés l'année dernière à près de 200 millions.

Cet impôt a produit en un demi-siècle environ 4 milliards à l'État.

Le nombre des débitants est de 41,000 ; leur cautionnement varie de 50 à 1,500 francs.

Enfin les remises qui leur sont faites s'élèvent à 22 millions par an ; le bénéfice de chacun d'eux est donc en moyenne de 512 francs.

Voici en quoi consiste l'exposition de la Manufacture :

Ce sont d'abord des tabacs en feuilles, provenant des départements du Pas-de-Calais, de la Haute-Saône, du Bas-Rhin, du Haut-Rhin, du Lot-et-Garonne, du Nord, du Lot, d'Ille-et-Vilaine, des Bouches-du-Rhône, des Alpes-Maritimes, de la Dordogne, de la Gironde, de la Meurthe, de la Moselle, et d'Alger.

Les cigares comprennent les cigares ordinaires à bouts coupés et tordus, les cigares étrangers et les cigares supérieurs de fabrication française, tels que les regalias et les millarès.

La série du tabac en poudre comprend les tabacs étrangers, le virginie, le natchitoche, le hollande, le portugal, le cuba et l'espagne ; et en ordinaire français, ceux de Paris, du Havre, de Bordeaux, de Lyon, de Strasbourg, de Toulouse, de Morlaix et de Tonneins.

Les tabacs à fumer sont nombreux : en fait de scaferlati étrangers, il faut citer les scaferlati du Levant, de Latakieh, de Virginie, de Maryland et de Varinas ; et en ordinaires indigènes, tous ceux des manufactures françaises.

Les tabacs en rôles sont de toutes sortes. — *Médaille.*

MM. BASSON Frères, à Oran (Algérie). — Depuis l'exposition de 1855, la production du tabac a presque doublé en Algérie. Circonscrite alors sur 2,800 hectares, elle occupait, en 1859, 6,697 hect. 68 cent., qui sont ainsi répartis :

Province d'Alger.	5,083 41
Province de Constantine.	846 11
Province d'Oran.	768 16
Total égal.	6,697 68

Aujourd'hui plus de 7,000 hectares sont cultivés en tabac dans notre colonie. Mais ce n'est pas seulement la production qui a augmenté, la qualité s'est de beaucoup améliorée, et la régie achète maintenant au prix moyen de 82 centimes le kilogramme ce qu'il y a quelques années elle ne payait que 70 centimes.

La collection de tabacs présentée par MM. Basson frères est des plus complètes.

Ce sont des tabacs en feuilles, à priser, des tabacs à fumer indigènes purs, des tabacs à fumer exotiques et indigènes, des cigares indigènes, des cigares confectionnés avec des tabacs indigènes et exotiques, des cigares exotiques purs, des cigarettes exotiques et indigènes, des tabacs à priser, des tabacs à chiquer indigènes et jusqu'à des papiers à cigarettes. — *Médaille.*

AUTRICHE. — M. JALICS ET Cⁱᵉ, A Pesth. — Les exposants de vins récoltés en Autriche étaient nombreux à l'Exposition de Londres ; mais M. Jalics a eu l'avantage sur ses concurrents d'avoir réuni en un seul groupe la généralité des vins de provenance nationale.

Dans cette collection on remarquait, parmi les vins rouges, ceux de Erlau, de Villany, de Szekszard, de Visonta, de Ofen, de Carlovitz et de Ménèze.

En vins blancs, la série était encore plus complète ; c'étaient des Somlau, des Radacsouy, des Nesmély, des Steinbruch, des Magyards, des Hongrois, des Muscats Villany, des Dioszegh et des Szomorodny.

Venaient ensuite des Tokay de 1841, 1846, 1848, 1852 et 1857. — *Médaille.*

M. C. M. FABER, A Marbourg. — L'Autriche produit en moyenne de 18 à 20 millions d'hectolitres de vins. A l'exception de la Galicie et de la Silésie, toutes les autres provinces, y compris les pays alpestres, se livrent plus ou moins à la culture de la vigne ; les meilleurs vins se récoltent dans les pays qui des Carpathes et des Alpes s'étendent vers la plaine hongroise. L'Autriche proprement dite, la Styrie et la Bohême donnent également de très-bons vins, et c'est là que dans ces derniers temps on a fait les plus grands progrès dans la culture de la vigne.

Les vignes en Styrie occupent une surface de 35,000 hectares. Les meilleurs crus sont sur les collines du Pacher. La récolte n'a lieu que vers la fin d'octobre ou dans les premiers jours de novembre. Le vin, trente-six heures après avoir été pressuré, est mis en tonneau ; et on le soutire dans le mois de février suivant. Ainsi traité, il se recommande par sa force et son bouquet. Les vins de Pacher exposés par M. Faber, propriétaire de vignobles, étaient des vins de 1857 et de 1861. — *Médaille.*

ABBAYE DE KLOSTERNEUBOURG, Basse Autriche. — Les moines de cette abbaye doivent être placés au premier rang des viniculteurs de l'Autriche, tant pour l'étendue de leurs vignobles, la bonne qualité de leurs vins, que pour l'excellente administration de leurs celliers. Ces derniers occupent trois étages superposés l'un à l'autre et dans lesquels la température ne dépasse pas 7 à 8 degrés Réaumur. Si sous l'influence d'une température pareille les vins arrêtés dans leur fermentation sont longtemps à se faire, ils conservent leur acide carbonique et gagnent un bouquet impossible à obtenir par toute autre méthode. Les vins exposés proviennent des terrains de l'abbaye et sont des années 1797, 1808, 1811, 1834, 1846. — *Médaille.*

LA SOCIÉTÉ D'AGRICULTURE DE GORICE expose des vins de 1858 dits *Piqciolet* et *Refosco*, d'une qualité excellente. — *Médaille.*

ASSOCIATION VINICOLE DE HEGYALLYA, A Mad, comitat de Zemplin (Hongrie). — Les meilleurs vins sans contredit de l'Autriche, ce sont ceux de Tokay, qui peuvent également être rangés parmi les plus exquis entre tous. Les producteurs du comitat de Zemplin s'étaient réunis pour en exposer une collection vraiment remarquable tant sous le rapport des qualités que sous celui de la variété des âges, — *Médaille.*

MANUFACTURE CENTRALE DES TABACS, A Vienne (Autriche). — L'exposition de la Manufacture des tabacs de Vienne résume tous les produits similaires présentés par l'Autriche.

On y compte d'abord plus de cinquante échantillons de tabac en feuille provenant de la Gallicie et de la Hongrie ; viennent ensuite douze sortes de tabacs à priser, les tabacs à fumer également au nombre de douze, des rôles de toutes grosseurs parfaitement façonnés, enfin une belle collection de cigares, ainsi désignés : inlander, yara, regalias moyens, portorico, gemischte-auslander, cuba-portorico, havane, cuba imitation regalias et virginie.

Les feuilles ont particulièrement attiré l'attention du jury. — *Médaille.*

SOCIÉTÉ D'AGRICULTURE DE HEVES, Comitat de Gyongyos. — C'est de la Hongrie que l'Autriche tire ses meilleurs tabacs. La collection des produits agricoles du pays exposés par la Société d'agriculture de Heves en renfermait de superbes échantillons en feuille. — *Médaille.*

BADE. — M. BADER, a Lahr. — Le grand-duché de Bade excelle dans la fabrication des cigares; ceux présentés par M. Bader sont en cela irréprochables.

Selon qu'il est roulé plus ou moins long ou plus ou moins gros, le cigare prend en Allemagne un nom différent; voici la nomenclature de ceux exposés par la maison Bader : cazadorès, conchas, medias, regalias, brevas, regalias de la reine, londrès, bayonetas, millarès, manille, napoleonès, sultan, damas, prensados, manille de la reine et cilindrados. — *Médaille.*

BAVIÈRE. — LES CAVES ROYALES, a Vurzbourg, renferment les meilleurs vins du Rhin que produisent les vignobles bavarois. Les crus les plus en renom sont ceux de Stein et de Leisten, et les spécimens envoyés étaient des vins des récoltes de 1857 et de 1858.

M. Oppmann, directeur des Caves Royales, exposait, outre les échantillons que nous venons de mentionner, des vins mousseux, imitation de champagne, de sa fabrication. — *Médaille.*

MM. BARTH, STEPHAN ET Cⁱᵉ, a Vurzbourg, produisent pareillement des vins mousseux et des muscats; leurs vieux vins de Stein et de Leisten, années 1811, 1822, 1846, 1857, 1859, leur ont valu la *Médaille.*

BELGIQUE. — M. TINCHANT, a Anvers. — Le tabac en feuille exposé par la Belgique était en petite quantité, mais d'excellente qualité. Quant aux cigares, M. Tinchant en présentait des échantillons de toute sorte. Ces cigares sont fabriqués avec du tabac partie pur havane et partie feuilles d'imitation.

La feuille imitation ne comprend que la couverture ou enveloppe supérieure, le reste du cigare est composé de tabacs pur havane.

Voici les noms des spécimens présentés par M. Tinchant. Imitations : imperiales, bouts dorés et non dorés, regalias, medias regalias, medianos, regalias Victoria. — Havane : medias regalias, regalias dorés medianos. — *Médaille.*

BRÉSIL. — M. PEREIRA, a J. G. — Nous avons déjà signalé l'impulsion active donnée dans ces derniers temps à l'agriculture et à l'industrie dans l'empire du Brésil. La distillerie nous en fournit encore un témoignage avantageux.

M. Pereira fabrique des genièvres à l'imitation de ceux de la Hollande, des eaux-de-vie et des rhums blancs, qui peuvent soutenir la concurrence avec ceux des fabriques européennes. — *Médaille.*

M. LE BARON JAGUARARY. — L'exposition des tabacs du Brésil présentait des spécimens variés et de bonne qualité. Viennent des bras dans ce bienheureux pays et que des soins intelligents puissent être donnés à cette culture, les résultats seront des plus considérables. Pour ses excellents tabacs, M. le baron Jaguarary a reçu la *Médaille.*

GRÈCE. — ÉCOLE D'AGRICULTURE DE TYRINTHE. — Qui ne connaît les vins délicats, savoureux de Malvoisie, d'Épidaure et de Grenache? Dans sa collection des produits agricoles de la Grèce, l'École d'agriculture de Tyrinthe en présente d'excellents échantillons de différents âges et qualités.

Elle expose aussi des liqueurs, de l'anisette et des rayons du miel célèbre du mont Hymète. — *Médaille.*

I.

COMPAGNIE VINICOLE DE PATRAS. — Les Grecs ne se contentent pas des produits naturels de leur sol ; ils imitent et avec succès nos muscats et nos champagnes. — *Médaille.*

M. GEORGANDAS, G. a Athènes. — Pour vins rouges et blancs. — *Médaille.*

DEMOS DE LIVADIE. — La Grèce a fait des envois considérables de ses tabacs. Ils sont légers, très-parfumés, mais déparés parfois par des taches vertes qui dénotent une récolte faite avec peu de soin. Le tabac en feuille de provenance grecque présenté par la municipalité de Livadie, quoiqu'en manque, est déjà gras et onctueux et a une odeur pénétrante qui fait pressentir l'excellence des cigares qu'on peut en fabriquer.

Ce tabac paraît être le philippus qu'on cultive en Afrique, il en a la couleur, la disposition et la suavité. — *Médaille.*

ESPAGNE. — SOCIÉTÉ D'AGRICULTURE DE TARRAGONE. — Les vins espagnols ont une réputation méritée pour leur goût, leur saveur et leur montant. La Société d'agriculture de Tarragone a présenté à elle seule la collection complète des vins les plus renommés dans le pays. Les trente-six échantillons qu'elle a soumis à l'appréciation du jury lui ont mérité la *Médaille.*

FACTORERIE ROYALE DE MANILLE. — Les cigares espagnols de fabrication parfaite sont pleins sans être trop durs, les feuilles sont choisies avec soin, aussi l'air circule-t-il entre leurs plis avec facilité et le fumeur peut sans effort d'aspiration déguster l'arome de la feuille brûlée.

La collection de la Factorerie royale se composait de regalias britanniques, rico du commerce, imperiales, londrès, regalias de la reine, medianos et manilles. Ces derniers sont les meilleurs que l'on fabrique en Espagne ; ils sont d'une qualité remarquable qui vient immédiatement après celle des cigares de la Havane. Le véritable manille est presque inconnu hors de l'Espagne ; la consommation intérieure absorbe tout ce qui s'en fait. — *Médaille.*

LES FABRICANTS DE CIGARES DE LA HAVANE. — Les qualités très-fines de cigare, dit M. Barral, ne se rencontrent encore que dans des contrées privilégiées, nous pouvons même dire dans une seule contrée privilégiée, là Havane. Nulle part, il y a lieu de le croire, on n'arrivera à obtenir le tabac de première qualité de la Havane, qui n'est cultivé que sur un terrain circonscrit; en dehors de cette limite, on n'arrive plus qu'à des récoltes secondaires. Aussi les bons cigares de la Havane deviennent-ils de plus en plus rares et de plus en plus chers.

Voici comment le jury, tout en leur décernant la *Médaille*, a classé les producteurs :

1er M. Partagas, 2e M. Cabanas, 3e M. Juan Alvarez, 4e M. Upmann, 5e M. José Aranda, 6e M. Ramon Diaz.

La marque Partagas, la première, est peu connue en France.

MM. NEUMAN et SANDERS, a Santo-Domingo. — L'Espagne tire également de Saint-Domingue des tabacs d'une qualité remarquable. MM. Neuman et Sanders en ont envoyé une magnifique collection, divisée en quatre séries, dont la préparation et la conservation étaient irréprochables. — *Médaille.*

GRAND-DUCHÉ DE HESSE. — M. GEORGE, Étienne, bourgmestre de Budesheim, a exposé des vins du Rhin, cru de Scharlachberg des années 1857, 1858 et 1859. — *Médaille.*

La même récompense a été décernée à :

M. PABSTMANN fils, a Mayence. — Vins de Hoch. — M. PROBST, F. A., a Mayence. — Vins de Rüdesheim. — M. le baron VON RODENSTEIN, a Bensheim. — Riessling de 1834, 1858 et 1861.

MM. DAEL, HENKELL, LAUTEREN fils ET Cie, a Mayence. — Vins du Rhin et de la Moselle, et hoch mousseux. — *Médaille.*

HOLLANDE. — M. FOCHINK ET MM. LEVERT ET Cie, d'Amsterdam, soutiennent dignement la haute réputation de la distillerie hollandaise pour la fabrication de l'anisette, du curaçao et des crèmes de vanille. Les spécimens qu'ils présentent sont parfaits. Ils exposaient en outre des noyaux et des genièvres de qualité supérieure. — *Médaille.*

MM. BOLS ET LOOTSJE, A AMSTERDAM. — La maison BOLS ET LOOTSJE a envoyé à l'Exposition une série d'échantillons des liqueurs qu'elle fabrique, parmi lesquels, après les curaçaos blancs et colorés, viennent les crèmes de noyau, d'anis, de marasquin, etc., etc. — *Médaille.*

M. A. F. REYNVAAN, A AMSTERDAM. — Comme tabac indigène, la Hollande n'a envoyé que quelques feuilles, mais de fort belle qualité.

Les tabacs hollandais sont connus sous les noms de portorico, canaster et varinas. Ce dernier est le vrai tabac national. Le tabac à fumer, qui se fabrique d'une manière toute spéciale, ne convient pas à tous les fumeurs. Quant aux cigares, c'est par là que brillent les Pays-Bas. Leurs cigares, nous devons l'avouer, sont les plus beaux de tous ceux exposés par l'Europe, et la collection qu'en présente M. REYNVAAN peut sans désavantage soutenir le parallèle avec ceux de la Havane. — *Médaille.*

ITALIE. — VINS. — La production du vin est, après celle des céréales, la plus importante dans le royaume d'Italie.

Sur une production de 32 millions d'hectares environ, y compris les forêts, les lacs, les rivières et les chemins, la péninsule produit annuellement 28,340,000 hectolitres de vin, c'est-à-dire, toute proportion gardée, 10 pour 100 de plus que la France, qui n'en produit que 45 millions d'hectolitres sur une superficie de 53 millions d'hectares.

En évaluant le prix moyen de l'hectolitre à 20 francs, le vin représente en Italie une valeur annuelle de 566 millions.

Le raisin mûrit dans toutes les parties de l'Italie, dans les plaines comme sur les collines et les montagnes, au-dessus même de la limite inférieure de la région des châtaigniers.

La vigne y présente des variétés très-nombreuses. Quelques espèces sont particulières à certaines localités, auxquelles la culture en est limitée; d'autres sont presque universellement répandues. Le plus grand nombre sont indigènes et d'origine très-ancienne; d'autres, la plupart sorties d'Italie, y sont revenues de Hongrie, des rives du Rhin, du midi de la France, d'Espagne, du Cap et des Canaries, après avoir acquis des propriétés nouvelles. On a d'Amérique une variété, « vitis labrusca, » restée dans les jardins, jusque dans ces dernières années, comme objet de curiosité, mais dont la culture commence à se propager, depuis qu'on a reconnu que le raisin n'est pas atteint par l'oïdium.

Les méthodes suivies pour planter la vigne et pour l'entretenir sont également très-variées. Dans les plaines, on la marie avec des arbres de haute taille, érables, ormes, peupliers, noyers, etc; les branches, qui grimpent jusqu'à la cime de ces arbres, s'entrelacent les uns aux autres, formant des guirlandes et des festons. Ailleurs on emploie des échalas disposés de façon à soutenir les jets de la vigne allongés ou recourbés de diverses manières. On cultive encore la vigne en treilles, en espaliers, ou isolée avec ou sans échalas. Ce dernier système, peu commun, est en usage principalement dans les terrains secs et rocailleux des petites îles.

Presque partout, malheureusement, on se préoccupe peu des cépages qui conviendraient le mieux aux diverses localités. On récolte et l'on mêle au hasard les différentes qualités de raisins, blancs, noirs, doux, aigres, dans un état de maturité plus ou moins parfait, sans se soucier des proportions à garder entre elles pendant la vinification.

Mais il est des vignerons mieux avisés, qui trient les raisins d'après leurs qualités et leur degré de maturité, et qui obtiennent ainsi des vins plus estimés, plus constants et d'une conservation plus facile. Un petit nombre plantent séparément les diverses qualités de vignes; ensuite ils mêlent les raisins et le moût dans les proportions que l'expérience leur indique comme les meilleures. Cette méthode est assez généralement adoptée dans le Piémont.

Le procédé le plus ordinaire pour la vinification consiste à fouler le raisin dans des cuves qu'on laisse ouvertes dans les caves, puis à soutirer le vin, dès que la fermentation tumultueuse a cessé, pour le transvaser dans les tonneaux, où a lieu la seconde fermentation, où le vin s'éclaircit et achève de se faire.

Dans certains cas, cependant, on laisse le raisin à l'air pendant quelque temps, on l'exprime, et l'on enlève le moût, pour le renfermer ensuite, séparé des grappes, dans des barriques à fermenter ; c'est ainsi que l'on procède surtout pour la fabrication des vins doux plus ou moins liquoreux.

On obtient les vins noirs, en foulant les raisins colorés et en laissant les grappes en contact avec le moût ; les vins blancs s'obtiennent soit de raisins blancs mis en cuve, soit du moût du raisin noir que l'on fait fermenter sans les grappes.

Tout le travail se fait par la main de l'homme ; car on ne connaît pas encore les machines à égrainer et à fouler. Toutefois, on se sert assez généralement de pressoirs mécaniques.

Quelques propriétaires possèdent des cuves construites en forme de citernes ; d'autres ont des cuves qui se ferment hermétiquement dès que la fermentation est calmée ; on peut y conserver le vin indéfiniment.

Passé dans les tonneaux et descendu dans les caves, le vin y subit tout naturellement ses dernières transformations ; ce qui ne manque pas d'apporter des différences sensibles dans le produit définitif, en raison de la situation et de la température des caves, ainsi que des circonstances extérieures, qui présentent d'une année à l'autre de grandes variations.

Ce n'est plus le temps aujourd'hui de rechercher ces vins, qui ont fait autrefois les délices des buveurs, ces Falerne, ces Opimiano si célèbres, qui, dans leur maturité tardive, et dans leurs amphores couvertes d'une poussière centenaire, ont inspiré tant de fantaisies, tant de vers charmants aux poëtes de l'antiquité. Mais on a toujours les vins d'Asti, le Montepulciano, l'Orvieto, le Lacryma-Christi, les muscats de Syracuse, le Marsala, qui ont droit à un bon accueil partout où l'on ira les porter ; en un mot l'Italie a dans ses vignobles de quoi satisfaire aux demandes qui lui viendraient du dehors.

Les vins italiens peuvent être classés en huit catégories distinctes, suivant les régions qui les produisent.

1° VINS DE LA LOMBARDIE. — Ils sont représentés par l'exposition de M. BUELLI, DE BOBBIO, près de PAVIE, qui comprend :

Huit qualités de vins blancs faits avec des raisins de cépages d'Alicante, de Champagne, de Gerbidi, de Frontignan, de Madère, de Malaga, de Marsala et de Tokaï, cultivés à Bobbio.

Et dix qualités de vins rouges faits avec des raisins de cépages du Rhin, d'Alicante, de Bordeaux, de Bourgogne, de Catalogne, d'Isabelle, de Sardaigne, de Mamola, de Gerbidi et d'Aleatico, cultivés à Bobbio. — *Médaille*.

2° VINS DU PIÉMONT. — MM. ALLEMANO FRÈRES, A ASTI :

Vin Nebiolo de 1859, Tokaï 1859, Grignolino 1854, Barbera doux 1855, Barbera amer 1854, et muscat blanc 1859. — *Médaille*.

M. LE COMTE BRAGGIO, A STREVI, près d'ALEXANDRIE, expose du vin rouge ordinaire fait avec du Dolcetto ou Neretto, du vin de raisin épaissi à l'air, du vin Barbera sec, de muscat doux et sec, et vins simples et naturels de 1861.

Tous ces vins proviennent de vignes étayées sur des échalas peu élevés. Les qualités les plus délicates s'obtiennent de raisin conservé jusqu'en octobre. Pour les muscats, on sépare le moût des parties solides. Ces vins sont exportés dans les provinces limitrophes et en Suisse. — *Médaille*.

MM. FLORIO FRÈRES, A ASTI. — Vins dits Barbera, Nebiolo, Brachetto, et vin de vermouth. — *Médaille*.

M. MICHEL DEL PRINO, A VESIMO. — Vins blancs et rouges des environs d'Acqui. — *Médaille*.

M. GENTA, A CALUSO, près de TURIN. — Vin blanc de 1850, vin rouge de 1858. — *Médaille*.

M. OUDART, A GÈNES. — Vin Malvagia sec, Cortèse et Nebiolo blanc de Grinzano, et vin blanc sec de Nejve : tous de 1847. — *Médaille*.

MUNICIPALITÉ D'OVADA. — Vin rouge de plusieurs qualités, de 1861. — *Médaille*.

M. PAGLIANO, a Asti. — Vins Barbera, Nebiolo, Muscat blanc 1859, Brachetto, Grignolino, Passeretta 1861, vinaigre de 1860. — *Médaille.*

M. RICCI, a Bruno. — Vin rouge de table. — *Médaille.*

M. SCAZZOLA, a Cascine. — Vins ordinaire 1861, muscat 1857, muscat sec 1846, Dolcetto 1855. La production annuelle des collines des Cascines est de 2,000 hectolitres. — *Médaille.*

MM. VALLINO FRÈRES, a Bra, près de Turin. — Vins ordinaires de table, vins fins faits avec du Nebiolo, vin Santo. — *Médaille.*

M. VARVELLO, a Asti. — Vins Barbera 1851 et 1861 ; Barolo, 1857 et 1861 ; blanc, 1846, 1847, 1850 ; blanc mousseux, Brachetto 1820, 1855 ; Forzato-di-Paglia, Grignolino, 1855 ; Malvagia, 1840, 1846, 1855 ; Malvagia mousseux, muscat blanc, Nebiolo, 1855 ; Passeretta mousseux, Rancido, 1846. rouge, 1847. — *Médaille.*

3° Vins de l'Emilie. — SOUS-COMITÉ DE REGGIO.

Vins blanc de Dinazzano, blanc et noir de Scandiano, blanc de Codemonte, noir du Ghiardo, du Piano et de Cogruno, vin de la plaine de Correggio. — *Médaille.*

M. FERRARINI, a Reggio. — Vin blanc sec et vin muscat de Dinazzano. — *Mention honorable.*

4° Vins de la Toscane. — M. le comte MASETTI, a Florence. — Vins claret, œil de perdrix, muscat rouge, muscat blanc, ordinaire, vermouth mousseux, vinaigres de plusieurs qualités. — *Médaille.*

M. le baron BETTINO RICASOLI, a Florence. — Plusieurs qualités de vin et de vermouth de Brolio-Chianti, province de Sienne. — *Médaille.*

5° Vins de l'Ombrie. — MM. RAVIZZA FRÈRES, a Orvieto. — Vin de Procanico. — *Médaille.*

M. PENNACCHI, a Orvieto. — Vin de Pelia. — *Mention honorable.*

6° Vins des provinces du midi. — M. PALUMBO, a Trani. — Vin muscat de six et de dix ans, vin Zagarèse de six et de dix ans, vin blanc de six ans, vin Lacryma de six ans. — *Médaille.*

M. SYLOS LABINI, a Bitonto. — Vins blanc, noir et muscat de 1861, vin Zagarèse. — *Médaille.*

7° Vins de Sicile. — M. CLARKSON, a Mazara-Trapani. — Madère vieux, Salamantino doux. — *Médaille.*

M. COSTARELLI, a Catane. — Vin rose de Nésime, près de Catane. — *Médaille.*

M. le marquis DEL TOSCANO, a Catane. — Vin amarena, calabrais et muscat de 1857, vin blanc de Nitta, près de Catane. — *Médaille.*

M. GIOVENI-TRIGONA, a Catane. — Vins de la province. — *Médaille.*

MM. les barons MAJORANA FRÈRES, a Catane. — Vins d'Iroldo, six qualités différentes. — *Médaille.*

M. le docteur PATRICO, a Trapani. — Vin de la localité. — *Médaille.*

SOUS-COMITÉ DE CATANE. — Vins de la province. — *Médaille.*

Vins de Sardaigne. — SOUS-COMITÉ DE CAGLIARI. — Vins rouges ordinaires d'Ogliastro et de Sulcis, vins blancs ordinaire muscat, Nasco, Malgavia, Cannonau, Pive, Monica, Vernaccia. — *Médaille.*

M. GARAU-CARTA, a Santuri. — Vin muscat. — *Médaille.*

M. MURGIA, a Santuri. — Vin rouge de 1853, vin de Malvagia 1852. — *Médaille.*

M. François SALIS, a Lanussei. — Vins ordinaires. — *Médaille.*

MM. ROTA ET Cie, a Alexandrie. — La bière, en Italie, est, comparativement au vin, une boisson alcoolique exceptionnelle ; cependant le manque de vin occasionné par les ravages de l'oïdium est venu en stimuler et améliorer la fabrication. Aujourd'hui la Lombardie compte 41 brasseries, pouvant donner annuellement 52,000 hectolitres de bière. La province de Brescia en possède quatre, et le Piémont un très-grand nombre ; en Toscane, il y a au moins une brasserie dans chaque ville de quelque importance, et il s'en est établi jusqu'en Sicile. Les brasseries italiennes imitent les bières de Bavière et d'Angleterre ; mais en général les consommateurs préfèrent les bières légères et un peu aigrelettes.

Les matières qu'emploient les brasseurs sont l'orge, récoltée sur les lieux, et le houblon, tiré d'Allemagne. Cependant le houblon réussit assez bien en Italie, sur les montagnes ; mais on ne l'y cultive nulle part en grand ; la fleur du houblon italien est moins aromatique que celle du houblon des contrées septentrionales.

La brasserie italienne n'était représentée au palais de Kensington que par la maison ROTA, qui y avait envoyé des bières simples et des bières doubles. Quoique ces exposants ne soient pas sur la liste des récompenses, leurs produits n'en sont pas moins dignes du plus haut intérêt, surtout en ce qu'ils servent à donner la mesure des progrès que cette branche d'industrie a faits en peu d'années dans un pays où elle était naguère encore presque complétement inconnue.

Nous en dirons autant de l'exposition des vinaigres, à laquelle n'ont pris part qu'un très-petit nombre de producteurs.

Avant la maladie de la vigne, le vin tenait une très-grande place dans la fabrication du vinaigre. Le vinaigre s'obtient encore, d'après le système ordinaire, dans les fermes et dans les ménages, où l'on se contente de faire aigrir le vin dans des tonneaux ouverts, qui contiennent déjà du vinaigre ou de la lie.

Le Piémont possède deux grandes vinaigreries, l'une à Turin et l'autre à Verduno, dans lesquelles l'acidification du vin se pratique sur une grande échelle, économiquement et d'après une méthode spéciale et basée sur des expériences et des données scientifiques. Les vinaigres qui en sortent contiennent de 0,030 à 0,045 d'acide acétique.

Les vinaigres exposés étaient principalement des vinaigres de vin blanc, envoyés par MM. GIOVENI, barons MAJORANA frères, SARACENO, et baron VAGLIASINDI, de Catane, RONCHI, de Florence, et chevalier LORU, de Cagliari.

Les vinaigres balsamiques de Modène sont un produit spécial, qui s'obtient avec du moût de raisin concentré par la chaleur, et qu'on ajoute chaque année en petite quantité à du vieux vinaigre, déjà contenu dans un tonneau. On retire en même temps du vase une quantité de vinaigre égale à celle du moût qu'on ajoute ; puis on va le mêler avec du vinaigre plus vieux d'une année dans un autre tonneau, qu'on vide à son tour d'une partie de son contenu, pour le reporter dans un troisième tonneau, dont le vinaigre est plus vieux encore, et ainsi de suite, de façon à obtenir des vinaigres qui sont vieux de cent, de cent cinquante et de deux cents ans, dans le dernier tonneau de la série. On a de cette manière des vinaigreries, qui sont l'héritage d'anciennes familles très-estimées, celle de la maison ducale elle-même jouissait d'une renommée toute particulière.

Ces vinaigres balsamiques sont de couleur brune, un peu épais, très-odorants, et n'ont aucune qualité des vinaigres ordinaires, si ce n'est l'acidité, moins marquée cependant. Ils sont recherchés en proportion de leur âge, et coûtent assez cher. Ce sont des articles de luxe, employés comme parfums soit par eux-mêmes, soit pour communiquer leur odeur éthérée très-suave aux vinaigres ordinaires. Leur constitution n'est pas encore bien connue ; mais elle doit probablement être assez compliquée.

M. PRAMPOLINI, à Reggio (Émilie), présente un spécimen de vinaigre balsamique centenaire ; et M. le chevalier MALMUSI, à Modène, en présente un de 200 ans.

M. FIAMINGO, à Riposto, près de Catane. — L'alcool à 36 degrés qu'il expose donne une idée des alcools de vin fabriqués en Italie.

L'Italie, avant la maladie de la vigne, produisait beaucoup d'eaux-de-vie et d'esprits distillés du vin ou du marc, à l'aide d'appareils ordinaires, très-simples et à la portée des distillateurs, des cultivateurs et des petits industriels. Aujourd'hui le prix élevé du vin et des esprits a déterminé une importation de spiritueux bien plus considérable qu'autrefois, et porté à utiliser la distillation des jus fermentés d'un grand nombre de fruits restés jusqu'ici sans emploi, tels que les arbouses, les mûres du mûrier, les mûres de ronces, les baies de laurier-cerise, les figues ordinaires, les figues d'Inde. Les mêmes causes ont amené la création de nouvelles distilleries importantes et fait donner un plus grand développement à quelques autres déjà en activité, où l'on obtient des alcools non-seulement avec les matières que nous avons énumérées plus haut, mais encore avec les topinambours, les betteraves et les graines des céréales.

La fabrication de l'alcool au moyen du suc de l'asphodèle a été essayée en Sardaigne, en Sicile et en Toscane, mais avec peu de succès. L'extraction de l'alcool du sorgho fait concevoir de meilleures espérances, surtout en Sicile.

Au résumé, la production de l'alcool en Italie est de beaucoup inférieure à sa consommation ; cependant, d'après la chambre de commerce de Catane, la Sicile en exporte une certaine quantité à Malte et en Angleterre.

En revanche, une activité bien marquée règne partout, relativement à la fabrication des eaux-de-vie aromatiques, des ratafias et des rossolis, soit qu'on imite des produits étrangers comme le whiskey, le rhum, le cognac, le kirchwasser, les absinthes suisses, le curaçao de Hollande, la chartreuse, etc., soit que l'on prépare des liqueurs du pays, telles que les eaux-de-vie et les rossolis à l'anis du Bolonais et de l'Émilie, le rossolis à l'odeur d'amande amère ou marasquin de Zara, l'Alkermes de Florence, etc. La fabrication des absinthes est presque générale; mais c'est surtout dans le Piémont et à Livourne qu'elle réussit le mieux.

La fabrication des liqueurs alcooliques occupe en Italie beaucoup de monde et donne des produits dont l'ensemble, chez certains industriels, peut être estimé à plus de 100,000 francs par an. On évalue de 250,000 à 300,000 litres la production des villes d'Alexandrie et de Tortone seulement. — *Médaille.*

La *Médaille* a été également décernée à MM.

MARCHI DE VOLTERRE, pour alcool d'arbouses à 40°, alcool de baies de genévrier, et rossolis ;

AGNINI, DE MODÈNE, pour rossolis et anisette ;

BAZZIGER ET Cⁱᵉ, DE SASSUOLO, pour rossolis de menthe ;

MM. BIFFI, DE MILAN, et MARIETTI, DE SAVONE, pour la liqueur italienne dite Latte di vacca ; SALIMBENI, DE MODÈNE, pour rossolis d'anis; MONTINI, D'ANCONE, pour eau gazeuse de limon, d'oranger, d'anis, pour kirchwasser, et pour imitation de curaçao et d'anisette de Bordeaux ; PRATI, D'ALEXANDRIE, pour élixir du Grand-Saint-Bernard, liqueur faite avec des herbes cueillies sur cette montagne, ont obtenu la *Mention honorable.*

MM. BARRACO ET Cⁱᵉ, A TURIN, exposent des rhums et des vermouths.

Le vermouth est un breuvage souvent liquoreux, préparé avec du vin blanc assez fort et assaisonné de certaines drogueries pendant la fermentation. Le vermouth de Turin jouit d'une réputation européenne. — *Médaille.*

MANUFACTURE ROYALE DES TABACS DE TURIN.

Les variétés de tabacs cultivées en Italie sont très-nombreuses; les plus importantes sont le tabac ordinaire, le tabac de Virginie, le tabac à large feuille et le tabac de Kentucky.

La culture du tabac réclame des soins particuliers pour l'ensemencement et pour la transplantation des jeunes plants afin de les préserver des gelées ou des mauvaises herbes; il faut les irriguer jusqu'au mois d'août, s'il y a sécheresse.

On laisse sur la plante seize à dix-huit feuilles; dès qu'elles apparaissent, on coupe les boutons floraux et les pousses qui les remplacent.

Après la récolte des feuilles, qui se fait depuis le mois d'août jusqu'au mois d'octobre, on procède à leur dessication. La première fermentation s'obtient ensuite en entassant des rangées de feuilles en tas de six palmes, qu'on entretient en les remuant avec certaines précautions jusqu'en mi-novembre, alors que le tabac a acquis toutes ses propriété spéciales.

Il résulte des expériences faites en 1859 par M. Achille Bruni, de Barletta, qu'on peut avoir d'excellent tabac ordinaire, en laissant aux plants de la Virginie de dix-huit à vingt feuilles, dont les plus vigoureuses peuvent avoir plus d'un mètre de longueur et vingt centimètres environ de largeur. Le Kentucky peut porter jusqu'à vingt-deux de ces feuilles, longues et larges comme celles de Virginie, mais moins épaisses.

La manipulation du tabac s'exerce non-seulement sur les tabacs indigènes, mais aussi sur ceux de l'Inde, d'Amérique (Maryland, Virginie, Kentucky, Caroline et Havane), de Turquie, de Hongrie, du Palatinat, de Hollande, etc. A Naples, le tabac indigène entre pour un tiers dans la fabrication, et la province de Bénévent en livre pour 100,000 ducats ; dans l'Italie du Nord il est tout à fait remplacé par le tabac exotique, qu'on préfère. Les manufactures de Naples et de Milan donnent un million de kilogrammes de produits.

Les manufactures des tabacs fournissent des tabacs à fumer, des cigares, des tabacs râpés et d'autres tabacs à priser plus ou moins forts, selon les différents goûts. Elles n'emploient ni méthode de fabrication, ni machines particulières.

La manufacture royale de Turin expose une belle collection, qui comprend les tabacs dont la dénomination suit :

Râpé, première qualité. — Râpé, deuxième et troisième qualité. — Zinziglio. — Tabac à fumer, première qualité douce et forte. —. La même, deuxième qualité. — Cigares supérieurs. — Cigares nationaux. — Cigares de Moro. — Cigares façon suisse. — Cigares pressés. — Cigares queue de rat. — Cigarettes. — Carottes. — *Médaille.*

LES MANUFACTURES ROYALES DE NAPLES, DE BOULOGNE ET DE SESTRI-PONENTE a Gênes, ont également reçu la *Médaille* pour leurs collections de tabacs à priser et à fumer, et pour leur collection de cigares.

PÉROU. — DON D. ELIAS, a Nasca. — La culture de la vigne s'est propagée jusque dans l'Amérique du Sud, et le Pérou en produit déjà des quantités assez considérables.

Don Elias, sur son habitation de Hoyos, près de Pisco, récolte annuellement 100,000 gallons d'un vin, qui, par son goût, sa couleur et son fumet, se rapproche beaucoup du madère ; et d'autres vignes, celles d'Urrutia, lui en produisent 200,000 gallons.

Les échantillons qu'il a exposés témoignent hautement en faveur de l'excellence de ces vins de provenance toute nouvelle. — *Médaille.*

PORTUGAL. — La 5ᵉ section de la IIIᵉ classe, dans la partie portugaise, comprenant les vins, les esprits, les liqueurs et les tabacs, comptait cent trente et un exposants, dont plus de la moitié, soixante-dix, ont obtenu des récompenses, savoir : trente-six médailles et trente-quatre mentions honorables.

COMPAGNIE GÉNÉRALE VINICOLE DU HAUT-DOURO, a Porto. — Le vin est en Portugal le produit le plus important de l'agriculture. Les vins de Porto donnent lieu à un commerce d'exportation considérable.

On appelle ainsi une sorte de vins rouges, chauds et capiteux, qui tirent leur nom de la ville de Porto, seul port d'où s'en fasse l'expédition. On les récolte non pas dans le voisinage immédiat de cette ville, mais à neuf ou dix myriamètres plus loin, en amont du Douro, dans une contrée montagneuse nommée Clina de Douro. La vigne, plantée généralement sur des coteaux escarpés et exposés à toute l'action du soleil, demande les soins les plus minutieux pour donner de bons produits. La récolte a lieu du commencement de septembre à la mi-octobre et occupe plus de 50,000 personnes.

Le vin pur et sans mélange n'acquiert toute sa force et le feu qui lui est particulier qu'au bout de plusieurs années ; cependant il ne faut pas qu'il soit par trop vieux. La matière colorante des raisins, en développant la fermentation, n'exerce d'ailleurs aucun effet sur le bouquet du vin. La couleur varie entre le rose pâle et le rouge foncé ; elle est toujours transparente et se modifie avec l'âge ; le rose prend une teinte tannée et le rouge tourne au grenat, mais ces dernières teintes persistent.

C'est principalement en Angleterre que s'exportent les vins de Porto, qui, avec les Madère et les Xérès secs, y jouissent depuis longtemps d'une faveur qu'aucun autre vin n'est venu diminuer ; la consommation en est même devenue si énorme qu'elle a dû provoquer de nombreuses falsifications, imitations et contrefaçons. Aussi aurait-on tort de juger des vins de Porto par ceux qui sont ordinairement livrés dans le commerce à l'étranger sous ce nom ; pour apprécier judicieusement et en toute justice un produit, il faut examiner les spécimens provenant du terroir même où il est indigène. C'est ce que nous a mis à portée de faire la grande collection exposée par la Compagnie vinicole du Haut-Douro.

Cette société, dont la création remonte à une date très-ancienne, se composait dans le principe des producteurs les plus riches de la contrée et possédait le monopole des vins de Porto. Il n'en est plus de même aujourd'hui ; mais elle conserve encore certains priviléges, et entre autres celui de surveiller les vins destinés à l'exportation et de les classer par ordre de mérite. L'exactitude et la justesse de ses classifications ont été déjà, au concours international de 1852, ratifiées par l'obtention de la plus haute récompense. Son exposition peut donc à juste titre être considérée comme le guide le plus sûr pour l'étude des produits de la viniculture portugaise.

Sa collection, composée de nombreux et beaux échantillons, présentait presque toutes des variétés différentes qu'offrent les vins de Porto. — *Médaille.*

M. Antonio Bernardo FERREIRA, a Porto, est cité comme le producteur des vins de Porto des plus renommés. Il en présente de l'année 1756. — *Médaille.*

M. le baron DE SEIXO, a Porto, expose des vins des récoltes de différentes années, et notamment de 1815. Ses vins sont considérés comme les meilleurs du royaume. Il avait obtenu une mention honorable à l'Exposition universelle de 1855. — *Médaille.*

M. le comte D'AZAMBUJA, a Lisbonne, pour un vin de Porto âgé de plus de soixante ans, puisqu'il est de 1801, *Médaille.*

M. Antonio DE LEMOS TEIXEIRA DE AGUILAR, a Porto. — Vins de son cru de 1822 et de 1861. — *Médaille.*

M. Antonio FERREIRA MENEZES, a Porto, présente vingt-deux espèces différentes de vins vieux de Porto et de vins muscat. — *Médaille.*

M. Joaquim DE SOUSA GUIMARAES, a Porto. — Vins de Porto de 1834, malvoisie de 1850, et muscat de 1851. — *Médaille.*

MM. REBELLO VALENTE et T. ARCHER, a Porto, ont envoyé une collection de vins de Porto de différentes années, parmi lesquels on remarque des vins blancs, variété rare, mais qui n'en est pas moins de qualité supérieure. — *Médaille.*

Ont également reçu la *Médaille* :

Mme Joaquina FERRAO CASTELLO BRANCO. — Vin de Burellas de 1859 ;

M. J. B. M. COELHO, a Coimbre. — Vin rouge et vin blanc.

M. DABNEY, a Horta. — Vins de différentes qualités, et entre autres un malvoisie de 1842 ;

M. Joao Pedro MARTINS, a Lisbonne. — Vins de 1852 et de 1860 :

M. José DE VASCONCELLOS NORHANA, a Vizeu. — Vin blanc de 1858 ;

M. Félix Manuel BORGES PINTO, a Vizeu. — Vins rouges de 1838, de 1840 et de 1854 ;

M. Antonio TEIXEIRA de SOUSA, a Vizeu. — Vieux vins rouges de 1815 et de 1821, malvoisie de 1840 ;

M. Raymondo José SOARES MENDES, a Santarem. — Vin rouge de 1852 ;

M. Sebastiao DE MELLO FALCAO TRIGOSO. — Vin rouge de 1860 et blanc de 1858, six qualités ;

M. le comte DE VILLA REAL, a Lisbonne. — Vin rouge et blanc de 1851, de 1852, de 1854 et de 1858 ;

M. Joao José LECOCQ, a Portalègre. — La viniculture portugaise doit plus d'un progrès notable à l'initiative de ce propriétaire cultivateur, qui s'est inspiré des meilleures méthodes. Parmi les vins qu'il expose, nous signalerons surtout du vin rouge de 1852, du vin mousseux de 1858 et de 1859, du vin d'alberge, du vin de fraise et de l'alcool de sorgho. — *Médaille.*

M. José Maria DA FONSECA, a Lisbonne. — La réputation des vins portugais de muscatelle était perdue ; M. da Fonseca a été le régénérateur de cette variété. Par des procédés qui lui appartiennent et basés sur une étude approfondie des méthodes de culture et de fabrication anciennes et modernes, il est parvenu à rendre à ces vins cette délicatesse, cette douceur sans égale et cette agréable saveur qui les font tant rechercher comme vins de liqueur ou de dessert. Il en expose des échantillons de différentes années, réunissant tous les qualités que nous venons de signaler. — *Mention honorable.*

M. Manuel Freire DE ANDRADO, a Coimbre. — On comprend qu'avec la quantité considérable de vin que produit le Portugal, la fabrication du vinaigre soit devenue une branche d'industrie importante et avantageuse ; elle est en bonne voie de perfectionnement, ainsi que l'indiquent les échantillons exposés et les récompenses qu'ils ont mérités à leurs producteurs.

M. de Andrado a envoyé des vinaigres de vin de 1859 et de 1860 d'une pureté irréprochable et d'une acidité bien prononcée. — *Médaille.*

La même récompense a été accordée à :

M. Constantino DE MENEZES, a Béja, pour ses vinaigres de vin blanc.

M. Antonio Marcellino CARRILHO BELLO, a Portalègre. — Vinaigre de 1858.

M. José Soares MASCARENHAS, a Faro. — Vinaigres de 1828 et de 1855.

M. Domingos Antonio TALLÉ RAMALHO, a Evora, utilise les lies de vin. Il en retire du vinaigre rouge et de l'alcool à 30°. — *Médaille.*

M. João Procopio TAVARES CLERC, a Evora, fabrique du vinaigre avec des miels aigris ou qu'il fait aigrir. Il en présente de trois qualités différentes. — *Médaille.*

M. Joaquim SOTERO SOARES COUCEIRO, a Coimbre. — Vinaigre d'orange. — *Mention honorable.*

M. José LOPES GUIMARAES, a Coimbre. — La distillerie des alcools est également en voie de progrès au Portugal ; nous en avons la preuve dans l'exposition de M. Lopes Guimaraes. Ses eaux-de-vie fines, extraites de vins de bonne qualité, et d'une fabrication qui remonte déjà à plusieurs années lui ont mérité la *Médaille.*

M. Manuel Joaquim DE OLIVEIRA, a Bragance, pour ses alcools. — Même récompense.

M. Francisco LEITE BASTO, a Braga. — Comme la fabrication des vinaigres, la distillerie des alcools emploie diverses autres substances que les vins pour en extraire ses produits. Ainsi M. Leite Basto obtient des baies de l'arbousier des eaux-de-vie d'un goût fort agréable. — *Médaille.*

M. Vicente Baptista PIRES jeune, a Faro, extrait de l'alcool des figues ; il expose des eaux-de-vie retirées de figues ordinaires et de figues anisées, d'une limpidité et d'une pureté remarquables. — *Médaille.*

M. João CARDOSO DE SOUSA, a Portalègre, utilise aussi la figue des Indes pour fabriquer une eau-de-vie d'un goût savoureux. — *Médaille.*

La Commission du district d'ANGRA DO HEROISMO présente des eaux-de-vie extraites de l'angélique, de poires, de prunes, d'oranges et de caroubes. — *Mention honorable.*

M. Agostino MOREIRA DOS SANTOS, a Porto, outre les eaux-de-vie de vin, fabrique les eaux-de-vie de genièvre, de figue, et des rhums, qu'il obtient des produits de ses raffineries ; car cet exposant est le seul qui représente l'industrie sucrière du Portugal ; ses sucres, ses mélasses et ses différentes sortes d'alcool lui ont valu la *Médaille.*

Quelques liqueurs de fabrication portugaise ont aussi été l'objet de récompenses :

M. Francisco José DA COSTA, a Coimbre. — Liqueur de café, de cardamoine, de cerises, de fraises, de roses et d'or. — *Médaille.*

M. José Carlos PUCCI, a Lisbonne. — Liqueurs de rose et noyaux. — *Médaille.*

M. Antonio Pedro CARDOSO MORTE CERTA, a Lisbonne. — Crème d'oranges de Tanger. — *Mention honorable*.

M. le marquis Francisco DE FIGUEIREDO, a Coïmbre. — Seize variétés de liqueurs : liqueur d'amandes, de cardamome, crème d'oranges tangérines, anisette, etc.; genièvre, eaux-de-vie de quatre qualités. — *Mention honorable*.

COMPAGNIE FERMIÈRE DES TABACS, a Lisbonne. — L'exploitation des tabacs est très-considérable au Portugal ; elle appartient à une compagnie qui en tient le privilége du gouvernement, auquel elle paye une contribution d'environ 9 millions de francs ; ce privilége ne s'étend qu'au Portugal, aux îles Açores et de Madère. Comme la culture du tabac est prohibée dans le royaume, la Compagnie tire ses tabacs de l'étranger, et notamment du Brésil, des États-Unis, de la Hollande et de l'Allemagne; elle en reçoit annuellement 2,686,309 kilogrammes. Sa fabrication est des plus soignées ; ses travaux sont dirigés avec beaucoup de talent par des hommes capables et spéciaux. Dans ses vastes ateliers, situés à Habrasjas, près de Lisbonne, elle possède des machines à vapeur d'une grande puissance, et occupe constamment plus de deux cents ouvriers, non compris les gardes chargés du service de surveillance sur les côtes et dans l'intérieur des provinces, et les employés de la direction commerciale, qui est entièrement séparée de la fabrique.

Cette compagnie, qui dispose ainsi en quelque sorte d'une armée de gens à sa solde, a été souvent une puissance dans le pays et a lutté d'importance avec le gouvernement ; son directeur jouit encore aujourd'hui d'une très-grande influence.

Les tabacs les plus estimés comme fabrication sont les râpés ou tabacs à priser; celui à fumer est peu recherché, et l'on a recours à l'importation exotique ; il en est de même pour les cigares, les indigènes sont en général de mauvaise qualité.

Ce sont surtout ses excellents procédés de préparation et ses tabacs à priser, d'une supériorité incontestable, qui ont valu à la Régie des tabacs portugaise la *Médaille*.

PRUSSE. — M. BLUME, a Berlin, expose du vin de miel (honigwein). — *Médaille*.

CHAMBRE DE COMMERCE DE TRÈVES. — Cette exposition collective, composée des produits d'une vingtaine au moins des meilleurs viniculteurs des bords du Rhin, présente le plus riche ensemble de vins du Rhin et de la Moselle qu'ait offert aucune contrée de l'Allemagne. — *Médaille*.

MM. FOERSTER ET GREMPLER, a Grunberg. — Les lisières rhénanes ne sont pas les seuls vignobles qui approvisionnent le royaume de Prusse; il tire aussi de sa province de Silésie d'excellents vins, dont MM. Foerster et Grempler ont envoyé un assortiment. — *Médaille*.

ERMELER et Cie, a Berlin. — Six barriques de tabacs en poudre, de la contenance de 25 kil. chacune, sont exposées par M. Ermeler, dont la fabrication du tabac à priser est la spécialité. Ce sont des poudres noires plus ou moins fines, dont l'onctuosité prouve que ce fabricant agit sur de grandes masses ; il serait difficile autrement d'arriver à une fermentation aussi parfaite et aussi homogène. Les spécimens exposés peuvent, du reste, être comparés à ce que livre de mieux la Manufacture des tabacs de Paris, qui en ce genre a un monopole incontestable.

M. Ermeler expose également des cigares, des tabacs en rôles et à fumer, qui ne peuvent être cités ici que pour mémoire. — *Médaille*.

RUSSIE. — M. le prince WORONZOF, Crimée, expose des vins rouges et des vins blancs, provenant des vignes qu'il possède en Crimée. Ces vignes sont des meilleures espèces, et les vins qu'elles produisent ont toutes les qualités des vins de France et d'Espagne. — *Médaille*.

M. HEINRICHS, a Saint-Pétersbourg. — La Russie se ressent du voisinage de l'Allemagne, elle a en outre l'avantage sur cette dernière de pouvoir disposer de tabacs méridionaux.

Les cigares exposés par la maison Heinrichs sont aussi bien faits que ceux des manufactures de Bade, et ses tabacs à fumer sont travaillés avec un soin extrême.

Les cigares russes sont désignés par les noms suivants : queue-de-rat, trabucos-havane, spéculation, royal havane, regalias, dosamicos et regalias supérieurs.

Les tabacs à fumer sont connus sous les dénominations de tabacs du bec, maryland, sultan, samson et turc. — *Médaille.*

SUÈDE. — LITTSTROEM E. G., a Stockholm, présente des échantillons d'eau-de-vie de grains, qui se recommandent par leur bon goût. — *Médaille.*

M. HELLGREN, a Stockholm. — La Suède a également présenté de bons tabacs, qui ont sur tous les autres, à l'exception de ceux des États du Zollverein, l'avantage de ne coûter que fort peu d'argent. Quant aux cigares, ceux de M. Hellgren méritent d'être signalés.

On fabrique en Suède onze genres de cigares, qui en général sont fort bien travaillés. L'exposition de M. Hellgren n'en comprend que trois sortes : ce sont des queue-de-rat, des regalias anglais et des regalias impériaux. A côté sont exposés de petits et de gros rôles finement façonnés et du tabac commun en poudre. Quant au tabac à fumer, il fait défaut. — *Médaille.*

SUISSE. — M. VIDOUDEZ, a Lausanne. — Le bas prix des cigares en Suisse rend l'exposition de M. Vidoudez très-intéressante. Ses cigares ne sont pas aussi bien faits que les cigares français et allemands, mais ils sont préférables pour la forme aux cigares italiens. Voici les prix, suivant les qualités :

Cigares Lausanne à une feuille, 20 francs le mille ; Lausanne deux feuilles, 25 francs ; Lausanne trois feuilles, 30 francs ; Grandson, 25 et 32 francs le mille ; Vevey longs, 28 à 30 francs le mille ; Veveysans, 30 à 34 francs le mille ; petits cigares dits espagnols, 55 francs les cent paquets ; petits cigares de dames, en fleurs des Alpes, 52 francs les cent paquets.

Les Veveysans, qui sont les plus chers, ne coûtent donc pas trois centimes et demi pièce. — *Médaille.*

CONSEIL D'ÉTAT DU CANTON DU VALAIS. — Les vins de la Suisse commencent à se faire connaître, et à leur avantage ; ils ressemblent, pour la plupart, à nos vins du Jura et du Dauphiné.

L'exposition collective du Canton du Valais a reçu la *Médaille.*

Même récompense aux communes de Vevey, d'Yvonne et d'Aigle.

TURQUIE. — Les vins de Chypre et de Crète jouissent d'une vogue non contestée ; ils possèdent une saveur particulière, qu'ils tiennent du sol qui produit les raisins dont ils sont faits. L'exposition ottomane en présente deux collections envoyées par les gouverneurs respectifs des deux îles. — *Médaille.*

GOUVERNEURS DE DRUMEL, DE LATAKIEH, DE SCYROS ET DU LIBAN. — Les tabacs turcs ont un arome parfumé, qui est sans doute le résultat des procédés employés pour leur préparation ; ils prennent toutes les formes en usage dans les divers pays de l'Europe : tabacs en feuille, cigares, cigarettes, etc. Les collections exposées par les gouverneurs des diverses localités que nous venons de mentionner ont été l'objet de l'attention du Jury. — *Médaille.*

WURTEMBERG. — LA DIRECTION DES DOMAINES ROYAUX, a Stuttgardt, expose des vins rouges d'excellente qualité. — *Médaille.*

MM. ENGELMANN ET Cie, a Stuttgardt, ont envoyé une magnifique collection de vins allemands et de liqueurs de leur fabrication : on y remarque du marasquin, de la crème de vanille, de noyau, de menthe, et du cumin, du curaçao, du parfait amour, de l'anisette, de la liqueur aux herbes aromatiques ou imitation de la chartreuse, de maagbitter, de l'essence de punch d'arac, de vin, de rhum et de grog, etc. — *Médaille.*

RÉCOMPENSES

DÉCERNÉES PAR LE JURY INTERNATIONAL DANS LA TROISIÈME CLASSE

Exposants membres du jury et hors de concours :

MM. C. WOOLLOTON (Royaume-Uni).
D. CAMPBELL (Inde).

MM. SCHLUMBERGER (Autriche).
USUER VON GRONON (Prusse).

SECTION A.

PRODUCTIONS AGRICOLES

MÉDAILLES

Royaume-Uni. — Adkins (T. K.). Wallingford.
Comte Darnley. Londres.
Butler et Mac Culloch. Londres.
Carter et Cᵉ. Londres.
Chambers (W. E.). Londres.
Christie (W.). Chelsea.
Davis (E. J.). Londres.
Kitchen (J.). Wetterham.
Commission de Liverpool pour l'Exposition de 1862.
Paine, Caroline, Farnham.
Raynbird, Caldecott et Bowtree, Basingstoke.
Wellsman (J.). Newmarket.
Abbot. Londres.
Taylor (T.). Londres.
Barbades. — Cave. S. Commissaire de la colonie.
Honduras anglais. — Commission coloniale.
Canada. — Direction agricole du Haut-Canada.
Société agricole de Huntingdon, Bas-Canada.
Société agricole de Wellington.
Société agricole de Beauharnais.
Société agricole de Wentworth et Hamilton.
Société agricole du comté de Peel. Haut-Canada.
Boa (W.).
Denison (R. L.).
Evans (W.).
Fleming (J.).
Johnstone (B.).
Logan (J.).
Shaw (A.).
Wilson (J.).
Ile de Ceylan. — Commission coloniale.
Antilles anglaises. — Perrotet.
Guyane anglaise. — Commission locale.
Commissaires.
Inde. — Gouvernement.
Musée indien.
Ile de la Jamaïque. — Mme J. Nash.
Malte. — Commission de l'Exposition.
Natal. — Commissaires.

Nouveau-Brunswick. — Commissaires.
Ile de Terre-Neuve. — Commissaires.
Nouvelle-Galles du Sud. — Chappell (T.).
Clements (J. S.).
Loder (G. F.).
Mac Arthur (J. et W.).
May et Bourne.
Nouvelle-Écosse. — Fraser (R. G.).
Nouvelle-Zélande. — Mouré (D.). Province de Nelson.
Ile du Prince-Edouard. - - Commission locale.
Australie méridionale. — Allan Bell.
Duffield (W.).
Dunn (J.).
Harrison frères.
Hay (J.).
Waddell (J.).
Queensland. — Fitzallen.
Tasmanie. — Commissaires tasmaniens.
Cresswell (C. F.).
Lindley (G. H.).
Marshall (J.).
Smith (J. L.).
Wilson (G.).
Ile de la Trinité. — Commission de l'Exposition.
Terre de Vancouver. — Commission exécutive.
Victoria. — Commissaires près l'Exposition.
Commission locale de Beechworth.
Bencraft (G.).
Clark (R.).
Dyer (R.).
Darcy (M.).
Ford (J.).
Fry (J.).
Grant (T.).
Green.
Hadley et Cᵉ.
Hadley (T. H.) et Cᵉ.
Johnson (D.).
Kineton (A. J.).

Kinnersley (D.).
Kitson (F.).
Mc Caskill.
Patten (A).
Patterson (A.).
Porter (B. C.).
Ramsden (S.).
Simpson (G. H.).
Moulin à vapeur.
Thomson (W.).
Westlake (A.).
Wilkie (J.) et Cⁱ.
AUSTRALIE OCCIDENTALE. — Clifton (W. P.).
Muir et fils.
DUCHÉ D'ANHALT-BERNBOURG. — Waltjen (E.).
AUTRICHE. — BarLer et fils, Bude. Hongrie.
Comte G. Batthyanyi, Reichnitz. Hongrie.
Prince Batthyanyi. Hongrie.
Blum (J.). Bude.
Egan (E.). Bernstein.
Feher frères, Török-Baese. Hongrie.
Von Janko, Pesth. Hongrie.
Jordan et fils, Tetschen. Bohême.
Kubinyi (M.). Hongrie.
Loeffler (J. P.). Langhalsen. Haute-Autriche.
Loewenfeld frères et Hoffmann. Kleinmünchen.
Comte Potocki (A.), Tenczynek. Gallicie.
Rupp (F.), Neufelden. Haute-Autriche.
Schoeller (A.), Ebenfurth. Basse-Autriche.
Prince J. A. de Schwartzenberg. Vienne.
Baron Siméon Sina, Saint-Miklos. Hongrie.
Szalay (P.), Tissa Varkoni. Hongrie.
Wawra (V.) jeune. Prague.
Werther (F.). Bude.
Commerce des farines de Fiume. Croatie.
Société I. R. d'agriculture de Laybach.
   —   de Sanz. Bohême.
   —   de Styrie. Gratz.
Compagnie des moulins de Pesth. Hongrie.
   —   à vapeur. Vienne.
   —   —   de Stephen. Debreczin.
GRAND-DUCHÉ DE BADE. — Ecole grand-ducale d'agriculture.
  Carlsruhe.
BAVIÈRE. — Hofmann (N.). Nuremberg.
Uhlmann (S.). Fürth.
BELGIQUE. — Beernaert (L.). Thourout.
Baron Edmond de Croeser. Mooreghem.
Mme veuve de Gryse. Poperinghe.
Delbaere (P.). Poperinghe.
Baron de Diert de Kerkwerve. Château de Hemixem.
Quaghebeur-Verdouck (P.). Poperinghe.
Ricquier (L.). Warneton.
Stens (H.). Schooten.
Vandromme (P.). Westoutre.
Van Pelt (J. F.). Tamise.
Association agricole de l'arrondissement d'Ypres.
Pénitencier de Saint-Hubert. Luxembourg.
BRÉSIL. — De Azevedo (J. F.). Rio-Janeiro.
Da Costa (F. G.) et fils. Rio-Janeiro.
Coutinho (J.). Rio-Janeiro.
CHINE. — Swinhoe (R.), Taiwanfoo, Formose.
DANEMARK. — Holst (H.). Horsens.
Winning et Cⁱ. Horsens.
Société agricole. Kiel.
EGYPTE. — Commissaires près l'Exposition.
ÉTATS-UNIS D'AMÉRIQUE. — Compagnie des amidons de Glen-
  cove. New-York.
Hecker frères. New-York.
ESPAGNE. — Aicart (V.). Valence.
Belda (A.). Valence.
Benito (C.). Avila.
Berenguer (J.). Valence.

Betegon (A.). Loadilla de Rio-Seco.
Collantes (A.). Madrid.
Estepa (T.). Saragosse.
Garcia (F). Avila.
Masanet (A.). Muro (îles Baléares).
Molpeceres. Olmedo.
Montolin (P. M.). Tarragone.
Ripoll (N.). Palma.
Santana (C.). Salamanque.
Santos (A.). Léon.
Ternero y Peña. Guadalajara.
Marquis de Villalcazar. Salamanque.
Zaforteza (J.). Palma.
Zorrilla et Cⁱ. Burgo de Osma.
Députation provinciale d'Alava.
Ayuntamiento de Mula. Murcie.
Comice agricole de Burgos.
FRANCE. — Société d'acclimatation. Paris.
Comice agricole de l'arrondissement d'Aix (Bouches-du-Rhône)
Société d'agriculture de Bourbourg (Nord).
Comice agricole de Civray (Vienne).
Société d'agriculture de Hazebrouck (Nord).
Comice agricole de Lille (Nord).
   —   de Monclar (Tarn-et-Garonne).
   —   de Rambervillers (Vosges).
Société d'agriculture des sciences, des arts et du commerce
  du Puy (Haute-Loire).
Société d'agriculture des sciences et des arts du département
  de la Sarthe, le Mans.
Ecole impériale d'agriculture de Grand-Jouan.
   —   de Grignon.
Institut normal agricole de Beauvais.
Exposition collective des départements de l'Est.
   —   du département de l'Oise.
   —   —   de la Somme.
   —   —   des Côtes du Nord.
   —   de la société agricole du département
  de Seine-et-Oise.
Aubert (F.). Aix.
Aubry-Lecomte (M.). Paris.
Balle aîné. Rambervillers.
Bignon. Paris.
Bouchotte. Metz.
Briot de la Mallerie Kerlogotu.
Chambrelent. Bordeaux.
Chémery. Noirmont.
Cheval. Estreux.
Cuny (G.). Saint-Dié.
Darblay jeune. Corbeil.
Decroinbecque. Sens.
Debec. Ferme-Ecole de la Montauronne.
Denille. Ferme-Ecole de Besplas.
De Lentillac. Ferme-Ecole de Lavallade.
Despret (M.). Lille.
Fetel (P.). Bourbourg.
Florent-Prévost. Paris.
Hamoir (G.). Saultain.
Javal (Léopold). Arès (Gironde).
Jollain. Seine-et-Marne.
Journiac. Seine-et-Oise.
Lacoin.
Lalouel de Sourdeval. Laverdines.
Leblanc. Coulommiers.
Lepicouche. Vieil-Evreux.
Liazard (A.). Tréguel en Guémenée Penfao.
Marnat-Solenne. Coulommiers.
Minguet. Senlis.
Porquet-Dourin. Bourbourg.
Raybaud-Lange. Paillerols.
Schattenmann. Bouxvillers.
Séraphin frères. Le Breuil.
Teston. Nyons.

Tétard aîné. Seine-et-Oise.
Aubin et Baron. Paris.
Deshaies-Labiche. Paris.
Rabourdin, Chasles et Lefebvre, Lépine.
Morel (E.).
Thiac (E.). Aux Puyréaux.
Vandercolme (A.). Bexpoède.
Vilmorin, Andrieux et Cⁱᵉ. Paris.
ALGÉRIE. — Abbé Abram. Province d'Oran.
Bachir Ben Bel Kassem. Province de Constantine.
Betz-Penot. Ulay, près de Nemours.
Blanche frères. Province d'Oran.
Bleuze (J.). Province d'Oran.
Brunet. Province d'Oran.
Costérisan. Province d'Oran.
Deconflé. Province de Constantine.
Delioust et Flayol. Province d'Alger.
Dubourg. Province de Constantine.
Ducombs. Province de Constantine.
Durando. Province d'Alger.
El Aifa Ben Mansour. Province de Constantine.
El Hadj Saad. Province de Constantine.
El Mebrouk Ben Arbi. Province de Constantine.
Ferrat. Province de Constantine.
Giraud. Province d'Alger.
Goby. Province d'Alger.
Grima (F.). Province de Constantine.
Hardy. Alger.
Hœring. Province de Constantine.
Illis Ben Bouzid. Province d'Oran.
Lescure. Province d'Oran.
Lavie et fils. Province de Constantine.
Lavie jeune. Province de Constantine.
Mohamed Ben Fayeb. Province de Constantine.
Mohamed Bou Abbès. Province de Constantine.
Perceau. Province de Constantine.
Reverchon. Province d'Alger.
Salah Ben El Madani. Province de Constantine.
Sœur Ursule Jacquot. Province de Constantine.
Société de l'Union agricole d'Afrique. Oran.
ILE DE LA GUADELOUPE. — Commission.
ILE DE LA MARTINIQUE. — Bélanger. Saint-Pierre.
ILE DE LA RÉUNION. — Thibault (A.).
SÉNÉGAL. — Commission locale.
Association commerciale d'Abeokuta.
COCHINCHINE. — Commissaires.
GRÈCE. — Société d'agriculture de Tyrinthe.
Boutounas (B. N.). Karichi.
Demos de Corythion. Stenon.
— d'Elous. Apedea.
— de Mulovrion. Panitza.
— de Megaloupolis. Synanon.
Eparque de la Doride.
Commission provinciale de la Locride.
Manousos (P.). Cyparissia.
GRAND-DUCHÉ DE HESSE. — Heiden-Heimer et Cⁱᵉ. Mayence.
HOLLANDE. — Van Andel (T.). Gorinchem.
Kakabecke (G.). Goes.
Nicola Koechlin et Cⁱᵉ. La Haye.
Paters (P. L.). Leyde.
ITALIE. — Aresu (S.). Cagliari.
Bellesini frères. Imola.
Casali (A.). Calci.
Baron Drammis (S.). Florence.
Giudice (J.). Favara.
Barons Majorana frères. Catane.
Marozzi (E.). Pavie.
Tellini (V.). Calci.
Sous-comité de Caserte pour l'Exposition.
— de Foggia, —
— de Modène, —
Chambre de commerce de Milan.

Jardin botanique royal de Modène.
Société d'agriculture de Bologne.
— de Pesaro.
— de Reggio (Emilie).
Académie royale d'agriculture de Turin.
NORVÈGE. — Docteur Schübeler (F. C.). Christiania.
Stensohn (D. C.). Tromsoe.
Société d'agriculture de Tromsoe.
PORTUGAL. — Allen (A.). Porto.
Rodrigues de Azevedo. Santarem.
Vicomte de Bruges. Angra do Heroismo.
Da Silva Carrao. Mozambique.
Da Rocha Gonçalves Camoes. Porto.
Carneiro (A.). Porto.
Carneiro (C. A.). Bragance.
De Carvalho (W. M.). Coïmbre.
De Magalhaes Collaço. Coïmbre.
De Bivar Gomes da Costa. Faro.
Souares Co reia Fajardo. Castello Branco.
De Freitas (A. O.). Coïmbre.
Pestana Girao. Faro.
Dias Grande. Portalègre.
Teixeira da Costa Guimaraes. Porto.
De Lima Guimaraes. Santarem.
Mora (E. A.). Santarem.
Parreira (F.). Beja.
Pires (V. B.). Faro.
Baron de Prime. Vizeu.
Gomes Ramalho. Evora.
Da Silveira (A. L.). Santarem.
Vicomte de Taveiro. Coïmbre.
Docteur F. Welwitsch. Angola.
Institut agricole de Lisbonne.
Administration de la deuxième division des Indes. Satary.
Commission centrale. Aveiro.
Commission filiale de Ponta-Delgada.
Compagnie des rives du Tage et du Sado. Santarem.
PRUSSE. — Beisert (A.). Sprottau.
Delius (R.) et Cⁱᵉ. Bielefeld.
Dittrich (H.), Seitendorf bei Frankenstein.
Gerten (J. H.). Obrighoven.
Grashoff (M.). Magdebourg.
Kraforst (P. H.). Leichlingen.
Prayer (Louis). Erfurt.
Schoeller (Léopold). Schwieben.
Uhlendorff (L. W.). Hamm-sur-la-Lippe.
Administration royale des Moulins de Bromberg.
Moulins à vapeur de Ravensberg. Bielefeld.
Société anonyme des Moulins à vapeur de Witten-sur-le-Ruhr.
RUSSIE. — Arutinof (A.). Alexandropol.
Bogoloubski (S.), Protopresbyter. Sibérie.
Deubner et Cⁱᵉ. Riga.
Koveshnikof (J.). Village de Markowka.
Lepeshkin frères. Moscou.
Nashroolee-Agioo. Sopkooli.
Polejaef frères. Belozersk.
Poosanof (M. A.). Schigrof.
Rothbar (A.). Tonkoroonofka.
Zadierin (Ph.). Kotelnich.
Trithen (O.).
Administration des colonies cosaques. Orembourg.
Département de l'agriculture. Saint-Pétersbourg.
Ecole d'agriculture de Bessarabie.
Administration des domaines de la couronne. Vilna.
Ferme modèle de Mariïnskaïa, près de Saratof.
— du Sud-Est. Gouvernement de Kazan.
Huilerie du Météore. Gorodish.
Institut agricole de Mustiala. Finlande.
Commission de l'Exposition. Riga.
Un anonyme. Riga.
SUÈDE. — Ameen (H.). Stockholm.
Dugge (H.). Orebro.

Kihlmann (Os.). Gothenbourg.
Lundström (C. D.). Gothenbourg.
Académie royale d'agriculture de Stockholm.
Société d'agriculture de Norra Möre. Calmar.
—   de la Dalécarlie. Fahlun.
TURQUIE. — Darbila.
Mehmed Reshid.

Gouverneur de Drama.
—   de Philippoli.
—   de Salonique.
Commissaires près l'Exposition.
URUGUAY. — Ivanico. Montevideo.
VENEZUELA. — Commission de l'Exposition.
WURTEMBERG. — Daur (H.). Ulm.

SECTION B.

ÉPICES, CONSERVES, SALAISONS

MÉDAILLES

ROYAUME-UNI. — Anderson, Orr et C°. Greenock.
Barnes, Morgan et C°. Londres.
Batty et C°. Londres.
Bell Duncan et Scott. Greenock.
Blair, Reed et Steele. Greenock.
Colman (J. et J.). Londres.
Duncan (A. M. E.) et C°. Gorey, île de Jersey.
Fortnum, Mason et C°. Londres.
Fry, J. Storrs et fils. Bristol.
Garrard (J. T.), Needham Market.
Association des raffineurs de sucre de la Clyde. Greenock.
Hall et Boyd.
Huntley et Palmer. Reading.
Jones, Richard et F. H. Trevithick. Londres.
Keiller, James et fils. Dundee.
Mc Call et Stephen. Glasgow.
Mc Call, John et C°. Londres.
Mackie, John Wise. Edimbourg.
Makepeace (S.). Merton.
Martineau (D.) et fils. Londres.
Morton (J. T.). Londres.
Partridge (E.). Londres.
Peek, Frean et C°. Londres.
Schooling et C°. Londres.
Smith (G.) et C°. Londres.
Stanes (J.). Londres.
Swansborough (W.) et C°.
Thomas (E.). Brentford.
Vickers (J.). Londres.
Wotherspoon (J.) et C°. Glasgow.
Wotherspoon (R.) et C°. Glasgow.
BARBADES. — Cave (S.). Commissaire colonial.
BERMUDES. — Outerbridge (R. W.).
CANADA. — Brown (D.).
Reinhardt (G.).
NOUVEAU-BRUNSWICK. — Commissaires.
ILE DE TERRE-NEUVE. — Knight (S.).
Tilly.
NOUVELLE-ECOSSE. — Barber.
ILE DU PRINCE-EDOUARD. — Cairns (J.).
Commission locale.
ILE DE SAINT-VINCENT. — Stewart (C. D.) et Cloke (E. J.).
ILE DE LA JAMAÏQUE. — Brass (J.).
Carson (J.).
Gall (J.).
Honorable Hamilton (R.).
Société de l'Industrie. Hanover.
ILE MAURICE. — Breard (F.). Plantation Savannah.
Guthrie. Beauchamp.
Icery (E.) et C°. — La Gaité.
Wiehe et C°. Labourdonnais.
ILE DE LA TRINITÉ. — Commission de l'Exposition.
Hume (W. B.) et C°.
Keats, Governor, etc.
ILE DE CEYLAN. — Commission coloniale.
Un Indigène.
Smith (D.). Province de l'Ouest.

Plantation du Bas-Doombera.
—   du Haut-Doombera.
Power (T. C.). Province de l'Ouest.
GUYANE ANGLAISE. — Aaron (W.).
Honorable Clementson (H.).
Honorable Henry (E. T.).
Ewing (C.). Esq.
Jones (J.).
Honorable Smith (R.).
INDE. — Compagnie sucrière d'Astragam.
Compagnie des thés de Chachar.
Commission locale de Singapore.
Carew et C°. Shahjehanpore.
D'Almeida (J.). Singapore.
George. Calcutta.
Halliday, Fox et C°.
Très-Honorable Horsman (E.).
Mc Iver (K.). Plantation de Konsannie.
Major Jamber.
Morgan (C. H.). Luckimpore.
Colonel W. Campbell Onslow.
Lieutenant W. Phaire. Assam.
Thompson (D. C.).
Whatooram Jemadur. Assam.
NATAL. — Atkinson.
Greig (F.).
Lamport.
Mc Arthur.
Sargeaunt (W. C.).
MALTE. — Docteur S. Schembri.
NOUVELLE-GALLES DU SUD. — Battley (J.).
Norrie (J. S).
Robertson (W.).
Compagnie des sucres australiens.
QUEENSLAND. — Mme Coxen.
Stewart (H.).
Stewart (J.).
TASMANIE. — Mme Allport.
Creswell (C. F.).
Mme S. Crouch.
VICTORIA. — Dennys (C. et J.).
DUCHÉ D'ANHALT-BERNBOURG. — Brumme (A. F.) et C°. Bernbourg.
Cuny et C°. Bernbourg.
AUTRICHE. — Fabrique de sucre de Barzdorf. Silésie.
Beimel et Herz.
Moulins à vapeur de la Bohême.
Fischer (C. F.). Pesth.
Fischer de Roeslerstamm (E.). Vienne.
Fabrique de macaroni et de vermicelle. Fiume.
Frochlich (W.). Klausenbourg.
Goegl (Z.). Krems.
Société agricole de Gorice.
Hannak (G.), Brandeis. Bohême.
Holzer (J.). Vienne.
Jordan et Timaeus, Bodenbach. Bohême.
Leitner (J.), Gratz. Styrie.

Nagy (M.). Raab. Hongrie.
Neumann frères.
Primavesi (P.), Gross-Wisternitz. Moravie.
Moulin de Rehberg. Krems.
Bingler (J.) fils, Botzen. Tyrol.
Robert et C°, Selowitz. Moravie.
Simon (A.). Vienne.
Baron S. Sina, Saint-Mikloss. Hongrie.
Springer (M.). Reindorf.
Compagnie des moulins à vapeur de Stephen. Debreczin.
Comte F. Thun-Hohenstein. Peruc, Bohême.
Raffinerie de Troppau.
Tsinkel fils, Schoenfeld. Bohême.
Urbanek frères, Prerau. Moravie.
Valerio (A.). Trieste.
Warhanek (Ch.). Vienne.
Werther (F.). Bude.
GRAND-DUCHÉ DE BADE. — Bassermann, Herrschel et Dieffen-
   bacher. Manheim.
BAVIÈRE. — Biffar, André et Adam. Deidesheim.
Haütle (T.). Munich.
BELGIQUE. — Capouillet (P.). Bruxelles.
Delannoy (N.). Tournay.
Mirland et C°. Pecy.
Moutonet Anthonissen. Herstal.
BRÉSIL. — Blanc (J. F. A.). Rio-Janeiro.
De Faro (A. P.). Rio-Janeiro.
De Faro (J. P. D. et J. D.). Rio-Janeiro.
Jardin botanique. Minas Geraes.
Manufacture de Monteiro. Pernambouc.
Domaine du Trésorier. Minas Geraes.
DUCHÉ DE BRUNSCHWIG. — Wittekop et C°. Brunschwig.
COSTA-RICA. — Gouvernement.
DANEMARK. — Hansen (A. N.) et C°. Copenhague.
Hansen (J. J.) et C°. Copenhague.
Jordy (A.). Hombgaard.
Jürgensen (D.). Flensborg.
Newton (F. R.). Ile de Sainte-Croix.
Plaskett (W.). Ile de Sainte-Croix.
Stevens (J. Y.). Ile de Sainte-Croix.
ESPAGNE. — Corro de Bresca. Malaga.
Calzadilla (M.). Séville.
Catala (A.). Jabea.
Clements (J.). Malaga.
De Costa et C°.
Fuenmayor (V.). Caltoja.
Gayen (J.). Malaga.
Granada, Santa Fé.
Grau (J.). Reus.
Huesca (F. M.)
Rodriguez Lorenzo (J.). Toro.
Lopez (M.). Madrid.
Massia (E.). Tortosa.
Mayol (M.). Iles Baléares.
Medrano (T.). Almonacid de Zorita.
Meric et C°. Madrid.
Mompoey (P.). Valence.
Montolin (P. M.). Tarragone.
Odena (P.). Tarragone.
Oliver (B.), Ciudadela. Iles Baléares.
Passetti (J.). Malaga.
Pérez (D. R. F.), Ibi. Alicante.
Salvador (J.). Tortosa.
Comte de Sobradiel. Saragosse.
Sous-délégation agricole de San Isidro. Reus.
De Suelves (J.), Tortosa.
Vilanova (P.). Alcala.
FRANCE. — Société d'agriculture des Bouches-du-Rhône.
Société d'agriculture et d'horticulture de l'arrondissement
   de Grenoble.
Comice agricole d'Aubagne (Bouches-du-Rhône.).
Ecole impériale d'agriculture de Grignon.
I.

Exposition collective de la Côte-d'Or.
   —   du département de la Loire.
   —   de la Région n° 2 (Seine-et-Marne.).
Société des fabricants de pâtes et de semoules d'Auvergne.
   Clermont-Ferrand.
Jury d'Ajaccio.
Auvray jeune. Orléans.
Baudot-Mabille. Verdun.
Bordin-Tassart. Paris.
Boudier (F.). Paris.
Bounier.
Bourdois père et fils. Paris.
Brunet. Marseille.
Caffarelli (J.). Bastia.
Causserouge frères. Paris.
Chevet (C. J.). Paris.
Chirade (P. P.). Paris.
Chollet et C°. Paris.
Choquart (C. F.). Paris.
Connié et Martin. La Rochelle.
De Bec. Ferme-Ecole de la Montauronne.
Decrombecque (G.). Lens.
Delafontaine et Dettwiller. Paris.
Docteur L. Demeurat. Tournan.
Devinck (F. J.). Paris.
Dodoin et Callier.
Dufour (A.) et C°.
Flamand-Sézille Noyon.
Grandval et C°. Marseille.
Groult jeune. Paris.
Guérin-Boutron. Paris.
Henry (L.). Strasbourg.
Ibled frères et C°. Paris.
Veuve Jacquin et fils. Paris.
Jeanti et Prévost. Paris.
Jourdan-Brive fils aîné. Marseille.
Labric (P. E.). Paris.
Laloual de Sourdeval. Laverdines.
Lalouette frères. Département de la Somme.
Lassimonne (C.). Paris.
Leguerrier (C. L. M.). Paris.
Lervilles (J.). Lille.
Lesénéchal. Saint-Angeau (Cantal).
Louit frères et C°. Bordeaux.
Ludot (M.).
Malsallez (C.). Paris.
Ménier (E. J.). Paris.
Nadau. Sainte-Livrade.
Noël-Martin et C°. Paris.
Pellier frères, au Mans.
Pesier (E.). Valenciennes.
Philippe et veuve Canaud. Nantes.
Pommel. Gournay.
Raybaud-Lange. Ferme-Ecole de Paillerols.
Rebours-Guizelin, Dione et C°. Paris.
Rey (F. A.). Paris.
Robin (L. P.) fils. L'Ile d'Espagnac.
Rousseau et Laurens. Paris.
Roux-Vollon. Saint-Jean-de-Belleville (Savoie).
Rouzé (H.). Paris
Boyer et Heil. Gignac.
Saint-in frères. Orléans.
Saucerotte et Parmentier. Lunéville.
Serret, Hamoir, Duquesne et C°. Valenciennes.
Trébucien frères. Paris.
Voisin (A.). Paris.
Voelker. Strasbourg.
ALGÉRIE. — Ahmed Chaouch. Province de Constantine.
Belot. Province d'Oran.
Bertrand et C°. Lyon.
Cheviron. Province d'Alger.
Decugis. Province d'Oran.

Ducoup. Province de Constantine.
Garro fils aîné. Province d'Alger.
Hœring. Province de Constantine.
Sœur Ursule Jacquot. Province de Constantine.
Kada Kelouch. Province d'Oran.
Lavie fils. Province de Constantine.
Dupré de Saint-Maur. Province d'Oran.
Viguier. Province de Constantine.
ÎLE DE LA RÉUNION.. — Manlius Crouves. Saint-Benoît.
De Kervegen et de Trévise. Saint-Louis.
Delanux (F.). Saint-Leu.
Deshages (T.). Saint-Pierre.
D'Etchégaray. Saint-Paul.
Adam de Villiers. Saint-Benoît.
Hoareau Lassource. Saint-Paul.
Lazrade frères. Saint-Paul.
David de Floris. Saint-André.
Lory Thomy. Sainte-Rose.
Louise (J. M.).
Potier. Saint-Pierre.
MAYOTTE ET NOSSIBÉ. — Compagnie des Comores.
GUYANE FRANÇAISE. — Goyriena.
Jarnot.
Morin.
Vauclin.
ÎLE DE LA GUADELOUPE. — Bonnet.
Comte de Chazelles.
Ledentu (Ch.).
Mercier. Vieux-Fort.
Rousseau.
ÎLE DE LA MARTINIQUE. — Guiollet et Quennesson. Fort-de-
France.
ÎLES DE SAINT-PIERRE ET MIQUELON. — Goyetché de Vial et Cᵉ.
Bayonne.
FRANCFORT-SUR-LE-MEIN. — De Giorgi frères.
GRÈCE. — Cougos (G.). Patras.
Demos de Nauplie.
Demos de Salamine.
Georgandas (G.). Athènes.
Ghicas (D. N.). Egine.
Lambrinides (L. G.). Argos.
Marcopoulos (F.). Calamae.
Petrides (D.). Styles.
Theodosios (A.). Mégare.
Zacharopoulo (M.). Cyparissia.
ÎLES IONIENNES. — Commission de Céphalonie.
Caligero (A.). Cérigo.
Varipati (G.). Cérigo.
Sauli. Corfou.
Comte Capo d'Istria. Corfou.
Zannetti (P.). Ithaque.
Comte Caruso. Paxos.
Bogdano (A.). Paxos.
Veglianiti (A.). Paxos.
Plantero (G.). Zante.
Docteur Stravapodi. Zante.
HANOVRE. — Brede (C. L.). Hanovre.
VILLES HANSÉATIQUES. — Beese et Wichmann. Hambourg.
Mulson (L.) et Cᵉ. Hambourg.
Hahn (G. C.) et Cᵉ. Lubeck.
HAÏTI. — Gouvernement.
HOLLANDE. — Société d'agriculture. Culembourg.
Apken et fils. Purmerend.
Bont et de Leyten. Amsterdam.
Egberts (B. H.). Dalfsen.
Ellekom et Van Visser. Amsterdam.
Gevers Deijnoot.
Raffinerie de la Compagnie hollandaise. Amsterdam.
Ulrich (J. S. et C.). Rotterdam.
Gouvernement de Java.
ITALIE. — Albiani (F.). Pietra Santa.
Bancalari (L.). Chiavari.

Benedetti frères. Faenza.
Biffi (P.). Milan.
Botti (A.). Chiavari.
Calderai (A.). Florence.
Cattaneo (J. B.). Chiavari.
D'Ambrosio (L.). Deliceto.
Damiani (C.). Porto-Ferrajo.
Danielli et Filippi. Buti.
Baron Danzetta et frères. Pérouse.
Comte de Gori (A.). Sienne.
D'Erchia (A.). Monopoli.
Marquis di Rignano. Foggia.
Forni (A.) Bologne.
Giordano (J.). Naples.
Franzini (Balthazar). Pavie.
Giusti (N.). Pise.
Grisaldi del Taia (C.). Sienne.
Guelfi (G.). Navacchio.
Lomonaco (L. J.). Corato.
Majorana frères (barons). Catane.
Marini-Demuro (T.). Cagliari.
Mattei (A.). Prato.
Minutoli-Tegrini (comte E.). Lucques.
Melissari (F. X.). Reggio (Calabre).
Ortalli (L.). Parme.
Ottolini-Balbiani (comtesse). Lucques.
Palizzi (baron C.). Reggio (Calabre).
Paoletti (F.). Pontedera.
Pieri-Pecci (comte J.). Sienne.
Ricasoli (baron Bettino). Florence.
Sardini (J.). Lucques.
Sous-comité de Cagliari.
—   de Caserte.
—   de Lecce.
—   de Macerata.
—   de Porto-Manrizio.
Municipalité de Canosa (Terre de Bari).
Junte de Milazzo (Sicile).
LIBERIA. — Commission.
MECKLEMBOURG-SCHWERIN. — Oertzen (V.). Woltow.
NORWÉGE. — Bö (P.). Gausdal.
Lind (Mlle). Christiania.
Nordbye (J.). Christiania.
Smith (Mme G.). Christiania.
PORTUGAL. — De Alcantara (J. V.). Coïmbre.
De Campos (J. A.). Bragance.
Carneiro (C. A.). Bragance.
Casimiro (J. B.). Bragance.
Collares et Irmao. Lisbonne.
Nunes da Conceiçao (J.). Portalègre.
Da Cruz (J. F.). Coïmbre.
De Figueiredo (J. M.). Guarda.
Figueiredo (marquis de). Coïmbre.
Da Fonseca (M. Candida). Vizeu.
De Freitas (D. A.). Coïmbre.
Do Couto Gançose (J. M.). Evora.
Garcia (G. C.). Béja.
Pestana Girao. Faro.
Gomes (F. A.). Béja.
Sanches Guerra (Francisca). Bragance.
Guerra (J.). Portalègre.
Lopes de Gusmao (A.). Portalègre.
Kempes et Cᵉ. Lisbonne.
Palha de Faria Lacerda. Béja.
Larcher (A. F.). Portalègre.
Leite (O. S.). Lisbonne.
Lopes (J. M.). Faro.
De Freitas Macedo (F.). Santarem.
Baiao Matoso (J. M.). Béja.
Do Monte (J. M.). Evora.
De Moraes (A. J.). Bragance.
Vicomte de Oleiros. Castello Branco.

De Oliveira (M. J.). Bragance.
Machado da Cunha Osorio. Portalègre.
Palhinha (J. C.). Evora.
Perdigao (A. C.). Béja.
Leal de Gouveia Pinto. Coïmbre.
Pires (V. B.). Faro.
Da Motta Porto Carrero (F. X.). Santarem.
Do Carmo Raposo (J.). Béja.
Barreto da Costa Rebello (J.). Portalègre.
Da Rocha (F. A.). Lisbonne.
Rodrigues. (A. M. P.). Béja.
Comte de Sobral. Santarem.
Cardoso de Sousa (J.). Portalègre.
Batalha (F. R.). Lisbonne.
Dos Reis Borges (M.). Iles du Cap-Vert.
Da Costa Pedreira (M. J.), et Velloso de Carvalho (J.). Iles de
Saint-Thomas et du Prince.
De Mello (J. J.). Id.
De Sousa e Almeida (J. M.). Id.
Couvent de Santa Rosa de Guimaraes. Braga.
Religieuses de Cellas. Coïmbre.
PRUSSE. — Axmann (R.). Erfurt.
Baute et Cᵉ. Camen.

Grüneberg (J.). Berlin.
Société des raffineurs de sucre du Zollverein. Halle.
Lehmann (J. C.). Potsdam.
RUSSIE. — Epstein (A.) et Levy. Varsovie.
Cosaques de l'Oural. Gouvernement d'Orembourg.
Natanson (J. et J.). Goozof (Pologne.)
Natanson (S. et J.). Sanniki (Pologne).
Comtesse Olga Rochefort. Ossa.
ROYAUME DE SAXE. — Von Burchardi (F.). Hermsdorf.
Jordan et Timæus. Dresde.
SUÈDE. — Raffinerie de Landsckrona.
Olofsson (A.). Alsen.
SUISSE. — Beck-Leu, Bekenhof. Lucerne.
Fankhauser (J. C.), Lausanne. Vaud.
Frossard-Muller et fils, Payerne. Vaud.
Klaus (C.). Locle. Neufchatel.
Suchard (Ph.). Neufchâtel.
Wassali (F.). Coire. Grisons.
TURQUIE. — Gouverneur de Samos.
Guidici (P.).
URUGUAY. — Commission.
WURTEMBERG. — Ludwig et Cᵉ, Stuttgart.
Selig (E.). Heilbronn.

SECTION C.

VINS, EAUX-DE-VIE, BIÈRES, AUTRES BOISSONS, TABACS

MÉDAILLES

ROYAUME-UNI. — Allsop (S.) et fils. Burton-on-Trent.
Archer (J. A.). Westminster.
Bass, Ratcliff et Gretton. Burton-on-Trent.
Du Parcq (C.). Jersey.
Fryer (D.). Stonehouse.
Garton et Cᵉ.
Kent (W. et S.) et fils. Upton-on-Severn.
Taylor (H.) et Cᵉ. Chelsea.
Wils (W. D. et H. O.) et fils. Bristol.
AUSTRALIE OCCIDENTALE. — Little (T.). Dardanup.
AUSTRALIE MÉRIDIONALE. — Auld (P.).
Barnard (G. H.).
Gilbert (J.).
Randall (B.).
TASMANIE. — Boutcher (W. R.).
Weaver (W. G.).
QUEENSLAND. — Hill (W.).
Thozet.
Lade (T.).
VICTORIA. — Aitken.
Crompton.
Loughnow et Cᵉ.
Mate et Cᵉ.
Walsh (H. S.).
Weber frères.
NOUVELLE-GALLES DU SUD. —Compagnie des sucres d'Australie.
Church (J.).
Cooper (D.).
Lindemann (H.).
Macarthur (J. et W.).
Farquhar (H. M.).
Mc Cormack (J.).
Monk (J. D.).
Pile (G.).
Sangar (J. M.).
INDE. — Compagnie sucrière d'Astragam.
Carew et Cᵉ. Shahjehanpore.
Coelho (V. P.). South Canara.
D'Almeida (J.). Singapore.
Lieutenant Phaire. Assam.
Tan Kim Seng. Singapore.

Tamleac.
ILE DE CEYLAN. — Bukit Mutajomi.
DEMERARA. — Ewing. Crum.
Jones (J.).
Naghten (T.).
Honorable Smith (R.).
BARBADES. — Daniel (T.) et Cᵉ.
BERBICE. — Henery (E. T.).
Stopford Blair.
JAMAÏQUE. — Arnaboldi (G.).
Barclay (A.).
Berry (W.).
La marque de rhum « Blue Mountain Valley. »
Boddington et Cᵉ.
Callaghan (D.) et Harrison (J.).
Child (W. D.).
Colville (E.)
Denoes (P.).
Dewar (R.).
Dingwell (J.).
Dubuisson.
Espeut (P).
Fletcher et Cᵉ.
Gadpaile (C.).
Georges (W. P.)
Gordon (J. W.)
Révérend Harman (J.).
Hawthorn et Cᵉ.
Heaven (W. H.).
Hind (R.).
Holt and Allan.
Honorable. Hossack (W).
Jarrett (H. N.)
Lawson (G. M.)
Melville (J. C.).
Melville (Jas. C.).
Metcalfe.
Mc Grath (G.).
Mitchell (J. H.)
Paine (W. S.).
Parkin, Davis et Cᵉ.

Docteur Potts.
Plantation Raymond.
Roberts et Griffiths.
Shonborg (A. A.).
Honorable Solomon (G.).
Sewell (W.)
Sinclair (D.).
Tharpe (J.).
Vickars (B.).
Wetzler (D. N.) et C°.
Honorable Whitelock (H. A.).
Williams (J L.).
Wray (J.) et C°.
AUTRICHE. — Aczel (P.). Hongrie.
Comte G. Androssy. Hosszuret, Hongrie.
Bäck (W.). Gros Meseritsch. Moravie.
Bartha (L.). Féher-Gyarmath. Hongrie.
Bauer (C.). Vienne.
Braun frères. Pesth.
Budacker (T.), Bistritz. Transylvanie.
Caligarich (C.). Zara.
Chwalibog (J.), Lipowce. Galicie.
Comte Degenfeld (E.), Nyir Batka. Hongrie.
Dreher (A.). Klein–Schwechat.
Comte Ch. Eltz, Vukovar. Esclavonie.
Faber (C. M.)., Marbourg. Styrie.
Flandorffer (J.), Oedenbourg. Hongrie.
Fünk (E.). Gratz.
Galaczy (C. et E.). Hongrie.
Hofgraeff (J.). Bistritz.
Jalics (F.) et C°. Pesth.
Jaszay (D.), Abauj-Szantho. Hongrie.
Joo (J.). Erslau (Hongrie).
Kleinoschegg frères. Gratz.
Kornis (J.). Gyorok-Menes (Hongrie).
Leibenfrost (F.) et C°. Vienne.
Lenk (S.). Oedenbourg.
Achaz de Lenkey et C°. Vienne.
Littke (J. et J.). Fünfkirchen (Hongrie).
Luxardo (G). Zara.
Makay (A.). Lugos (Hongrie).
Mautner (A. J.) et fils. Vienne.
Molnar et Török. Pesth.
Comte Münch-Bellinghausen. Vienne.
Docteur Ranoldez (J.), évêque de Veszprim. Hongrie.
Reisenleitner (J.). Vienne.
Riemerschmidt (A.). Vienne.
Robert et C°, Selowitz. Moravie.
Schneider (A.). Vienne.
Baron S. Sina. Saint-Miklos (Hongrie).
Springer (M.). Reindorf.
Szemzö (J.). Hongrie.
Szentivanyi (N.). Hongrie.
Tauber (M.) et Bettelheim. Vienne.
Taussig frères. Sechshaus.
Mme Szilagyi-Vasics. Klausenbourg.
Weiss (J.). Bistritz.
Comtesse Wenkheim. Hongrie.
Winnicki (S.), Boryszkowce. Galicie.
Comte E. Zichy-Ferraris. Nagy-Szöllös.
Société d'agriculture du comitat de Gyöngyös.
Société agricole de Gorice.
Compagnie vinicole de Hegyallya. Mad (Hongrie).
Direction impériale des tabacs. Vienne.
Abbaye de Klosterneubourg. Basse-Autriche.
Ville de Krems. Basse–Autriche.
Compagnie vinicole de Szegzard. Hongrie.
Ville de Mediasch. Transylvanie.
GRAND-DUCHÉ DE BADE. — Bader (A. F.). Lahr.
Blankenhorn frères. Müllheim.
Boersig (J.). Adlerwirth.
Fischer (F. X.). Offenbourg.

Hanover (A.). Schmieheim.
Kuenzer et C°. Freibourg.
Landfried (J. P.). Rauenberg.
Mayer frères. Manheim.
Sexauer (C. F.). Sulzbourg.
Compagnie badoise pour la production des tabacs. Carlsruhe.
Comice agricole de l'arrondissement de Brissach.
BAVIÈRE. — Barth, Stephan et C°. Würzbourg.
Oppmann (M.). Würzbourg.
Caves royales. Würzbourg.
BELGIQUE. — Dogmann (J. H.). Charleroi.
Lehon ainé. Bruxelles.
Schaltin, Duplais et C°. Spa.
Stein (A.) et C°. Anvers.
Tinchant (L.). Anvers.
Van Berchem et C°. Bruxelles.
Vandevelde (N.). Gand.
Vander Meersch (J. B.). Bas-Warneton.
BRÉSIL. — De Souza Flores (J. J.). Rio–Janeiro.
Huet (D. D. H.). Rio-Janeiro.
Baron de Jaguarary.
Palos (P.). Rio-Janeiro.
Pereira (A. J. G.).
Da Silva Rabello (J. H.).
COSTA-RICA. — Un exposant de rhum.
DANEMARK. — Agier (P. J.). Copenhague.
Herring (P. F.). Copenhague.
Wilms (H. B). Flensborg.
ESPAGNE. — Aranda (J.). La Havane.
Alvarez (J.) et frères. La Havane.
Amoros (J.). Tarragone.
Del Arenal (J.).
Del Valle (H.). La Havane.
Estellez (H.). Benicarlo.
Estrada et Panes. Huelva.
Flores (A.). Moguer.
Comte de Fomollar. Barcelone.
Garcia Yñuguez. Moquer.
Guille frères. Barcelone.
Guillot (G.). La Havane.
Mateos (C.). Cadreros.
Meric et C°. Madrid.
Newman et Lander. Puerto Plata.
Partagas (J.). La Havane.
Ricaño et Milian. La Havane.
Soulere (J. B.). Tarragone.
Upmann et C°. La Havane.
Société d'agriculture de Reus. Tarragone.
Manufacture royale des tabacs. Manille.
FRANCE. — Société industrielle et d'agriculture d'Angers.
Comice agricole de Beaujeu (Rhône).
Comité d'agriculture de l'arrondissement de Beaune.
Comice agricole de Lille.
Société d'agriculture des Bouches-du-Rhône.
    — de Joigny (Yonne).
    — de Tonnerre (Yonne).
Comice agricole de l'arrondissement de Toulon.
Jury de l'arrondissement de Montpellier.
Association viticole de l'arrondissement de Beaune.
Comité central d'agriculture de la Côte-d'Or.
Comice agricole et viticole de l'arrondissement d'Auxerre.
Côte Châlonnaise.
Compagnie des grands vins de Bourgogne.
Association vinicole de Gaillac (Tarn).
    — des propriétaires de l'Armagnac.
    — des propriétaires de vignes de la Champagne.
Exposition collective de la commune de Romanèche.
    — des vins de Mâcon.
    — — de la Champagne.
    — — de l'Hermitage.
    — — de Bourgogne.
    — du département du Gard.

Exposition collective du département de l'Hérault.
Direction générale des tabacs. Paris.
Jury d'Ajaccio.
Commune de Guebwiller.
— de Ribeauvillé.
— de Rigwihr.
— de Soultzmath.
— de Turckheim.
Vicomte d'Aguado. Château Margaux.
Arnaud. Bordelais.
Aujoi. —
Marquis de Beaumont. Château Latour.
Beaurecueil. Vernon (Loir-et-Cher).
Bergier. Tain (Drôme).
Bertrand. Hérault.
Bouault. Indre.
Bonet-Desmarres. Saint-Laurent de la Salanque.
Capdeville, Maître et Merman. Sainte-Foy.
Comte Duchâtel. Bordelais.
Docteur C. Faivre. Paris.
Mallet-Faure père et fils. Saint-Péray.
Ferret père. Mâcon.
Fourcaud-Laussac. Bordelais.
Gallifet et C°. Grenoble.
Gourry et C°. Cognac.
Delaage (P.). Bordelais.
Luzet. Luxeuil.
Comte de Maleyssie. Châteauneuf (Vaucluse).
Marie Brizard et Roger. Bordeaux.
Masson-Jarnac. (Charente-Inférieure).
Paulin-Fort, Despax et Bacot. Toulouse.
Pédesclaux. Bordelais.
Pescatore (G.). Bordelais.
Renault et C°. Charente.
Richier. Bordelais.
Rolland (E.). Paris.
Baron de Rothschild. Paris.
Ruyneau de Saint-Georges. Palus.
Sayer. Charente.
Schattenmann. Bouxvillers.
Scott (S.). Bordelais.
ALGÉRIE. — Kakry et C°. Province d'Alger.
Barbier. Province d'Alger.
Bosson frères. Province d'Oran.
Brocard.
Chuffart. Province d'Alger.
Commune de Masera.
Mme Desaître. Province d'Oran.
Dumas. Province d'Alger.
Gaussens fils. Province d'Oran.
Hartmann. Province de Constantine.
Laugier (A.). Province d'Oran.
Marmet. Province de Constantine.
Palisser. Province d'Alger.
Picou et Ricci. Province de Constantine.
Reverchon. Province d'Alger.
Société de l'Union agricole d'Afrique. Province d'Oran.
Thiel et C°. Province d'Oran.
ILE DE LA RÉUNION. — Martin et Michel. Saint-Denis.
Valentin. Saint-Denis.
GUADELOUPE. — Beauperthuy. Saint-Martin.
Guesde. Pointe-à-Pitre.
Abbé Granger. La Désirade.
MARTINIQUE. — Cheneaux.
Fouché (V.). Saint-Pierre.
Lahoussaye de Coutermont.
Penotet.
Rousseau. Saint-Pierre.
Thébault-Nollet. Saint-Pierre,
FRANCFORT-SUR-LE-MEIN. — Eckert (W.) et C°.
GRÈCE. — Ecole d'agriculture de Tyrinthe.
Demos d'Elous. Apedea.

Demos d'Istiacon Xerochorion.
— de Livadie.
Georgandas (G.). Athènes.
Pétrou (E.). Atalante.
Voulpiotis (N.). Baischine.
Compagnie vinicole. Patras.
ILES IONIENNES. — Commission céphalonienne.
Compagnie vinicole céphalonienne.
Carmeni. Corfou.
Procopi (G.). Ithaque.
Révérend Chimina.
Comte Lunzi (N.)
Maria Mentono.
HANOVRE. — Breul et Habenicht. Hanovre.
VILLES HANSÉATIQUES. — Bollmann (E. et M.). Brême.
GRAND-DUCHÉ DE HESSE. — Dael (G.). Mayence.
George (E.). Büdesheim.
Henkell et C°. Mayence.
Heyl (L.) et C°. Worms.
Lauteren (C.) fils. Mayence.
Pabstmann (G. M.) fils. Mayence.
Probst (F. A.). Mayence.
Baron de Rodenstein. Bensheim.
Valckenberg (P. J.). Worms.
Wenck (F. A.). Darmstadt.
HOLLANDE. — Bols, Erven Lucas. Amsterdam.
Van Charro (F.). Amersfoort.
Doyer et Van Deventer. Zwolle.
Fockink (W.). Amsterdam.
Henkes (J. H.).
Hoppe (P.). Amsterdam.
Levert et C°. Amsterdam.
Mackenstein (A. F.) et fils. Amsterdam.
Mendel Bour et C°. Amsterdam.
Oolgaard (D.) et fils. Harlingen.
Reynvaan (A. J.). Amsterdam.
Vanzuijlekom Levert et C°. Amsterdam.
ITALIE. — Agnini (T.). Modène.
Allemano frères. Asti.
Baracco (N.) et C°. Turin.
Bazaiger et C°. Sassuolo.
Bozzo (M.). Bénévent.
Comte Braggio (F.). Strevi.
Buelli (E.). Bobbio.
Clarkson (S. V.). Mazzara.
Costarelli. Catane.
Marquis dei Toscano. Catane.
Del Prino (M.). Vesimo.
Fiamingo (J. B.). Riposto.
Florio frères. Asti.
Garau Carta (L.). Santuri.
Genta (P.). Caluso.
Gioveni Trigona (V.). Catane.
Barons Majorana frères. Catane.
Marchi (P.). Florence.
Masetti (P.). Florence.
Murgia (J.). Santuri.
Oudart (L.). Gênes.
Pagliano (F.). Asti.
Palumbo (H.). Trani.
Docteur V. Patrico. Trapani.
Ravizza frères. Orvieto.
Baron Bettino Ricasoli. Florence.
Ricci (J. B.). Asti.
Salis (F.). Cagliari.
Scazzola (J. D.). Cascine.
Silos Labini (V.). Bitonto.
Vallino frères. Bra.
Varvello (F.). Asti.
Manufacture royale de tabacs de Bologne.
— de Naples.
— de Turin.

Manufacture royale de tabacs de Sestri Ponente. Gênes.
Sous-comité de Cagliari.
— de Catane.
— de Reggio (Calabre).
Municipalité d'Ovada, près d'Alexandrie.
Duché de Nassau. — Dietrich et Ewald. Rüdesheim.
Müller (M.). Eltville sur le Rhin.
Direction générale des domaines. Wiesbaden.
Pérou. — Davila.
Portugal. — Pedros.
Bello (A. M. C.). Portalègre.
Bernardes de Saraiva (F.). Coïmbre.
De Moraes (A. J.). Bragance.
Farinha Relvas de Campos. Santarem.
Carneiro (F. F.). Béja.
Cardoso Morte Certa (A. P.). Lisbonne.
Sotero Souares Couceiro (J.). Coïmbre.
Da Silva Cordeiro (J. A.). Santarem.
Da Cruz Freire (J.). Coïmbre.
Vicomtesse de Alpendurada. Porto.
De Aranjo (J. J.). Lisbonne.
Do Canto Medeiros (B.). Ponta Delgada.
Do Canto (E.). Ponta Delgada.
Da Fonseca (J. M.). Lisbonne.
Vicomte de Guiaes. Vizeu.
De Sacadeira Robe curte Real (J.). Vizeu.
Comte de Samodaes. Porto.
Nunez dos Reis (A.). Lisbonne.
Eschrich (J.). Lisbonne.
Marquis de Figueiredo (F.). Coïmbre.
Gonçalves (F. M. L.). Béja.
Ferreira de Lima (H. J.). Bragance.
Cortez de Lobao (J. P.). Béja.
Malheiros (M. A.). Porto.
Penedos.
Pereira (A.). Santarem.
Pereira Franco (V. J.). Guarda.
Pires (V. B.). Faro.
Ramos (J. J.). Evora.
Marques Rosado (J. A.). Evora.
De Sousa (A. J.). Béja.
Baron de Viamonte da Boa Vista. Villa Real.
Commission du district de Angra do Heroismo.
Prusse. — Blume (C.). Berlin.
Buehl (A.). et Cᵉ. Coblentz.
Carstanjen (A. F.) fils. Duisbourg.
Dey (A.) et Cᵉ. Coblentz.
Eisenmann (R.). Berlin.
Foerster et Grempler. Grünberg.
Gilka (C. J. A.). Berlin.
Veuve Haensler. Hirschberg.
Jodocius frères. Coblentz.
Kreuzberg (P. J.). et Cᵉ. Ahrweiler.
Langguth et Kayser. Trarbach.
Meyer (H. G.). Herford.

Krause (F. W.). Francfort-sur-l'Oder.
Pritzkow (H.). Berlin.
Roeder (J. A.). Cologne.
Chambre de commerce de Trèves.
Bureau du bourgmestre de Trarbach.
Underberg (A.). Rheimberg.
Wilcke (F.). Berlin.
Rome. — Jacobins. Frères.
Russie. — Bostanjoglo (M.) et fils. Moscou.
Département de l'agriculture. Saint-Pétersbourg.
Decheskóos (V.). Bessarabie.
Froondoockly (J.).
Gabaï et Migri. Saint-Pétersbourg.
Von Groote. Livonie.
Heinrichs (F.). Saint-Pétersbourg.
Inglisy (A.). Bessarabie.
Japha (B.). Moscou.
Müller (A. Th.). Saint-Pétersbourg.
Striedter. Saint-Pétersbourg.
Wolfschmidt (A.).
Prince Woronzof. Crimée.
Royaume de Saxe. — Stengel (W.). Leipzig.
Suède. — Roman (J. A.) et Cᵉ. Gothenbourg.
Brinck, Hafström et Cᵉ. Stockholm.
Hellgren (W.) et Cᵉ. Stockholm.
Hoegstedt et Cᵉ. Stockholm.
Lindgren (J. M. P.). Christinehamm.
Littstroem (E. G.). Fahlun.
Prytz et Wiencken. Gothenbourg.
Rosén (E. A.) et Stroemberg. Stockholm.
Cederlund et fils. Stockholm.
Suisse. — Bélenor (F. F.), Mouruz. Neuchâtel.
Bouvier frères. Neufchâtel.
Conseil d'Etat du canton du Valais. Sion.
Fassbind (G.) Arth. Schwytz.
Gilliard, Elise et Cᵉ, Fleurier. Neufchâtel.
Koebel (A), Sion. Valais.
Municipalité de Vévey. Vaud.
Municipalités d'Yvorne et d'Oigle.
Ormond et Cᵉ. Vévey.
Paschoud et Freymann. Vévey.
Reymond et Warnery. Payerne.
Rosselet-Dubied. Couvet.
Vautier frères. Grandson.
Vivoudez et Cᵉ. Lausanne.
Turquie. — Gouverneur de Crète.
Gouverneur de Chypre.
— de Drama.
— de Latakié.
— de Seyros.
—. du Liban.
Hassan.
Theodoridi (J.).
Wurtemberg (J.). — Engelmann et Cᵉ. Stuttgart.
Direction des domaines royaux.

Nota. A la suite d'un pareil nombre de Médailles, il est sans intérêt d'indiquer les mentions honorables; nous nous en abstenons.

PRODUITS DE L'INDUSTRIE

QUATRIÈME CLASSE

SUBSTANCES ANIMALES ET VÉGÉTALES EMPLOYÉES DANS L'INDUSTRIE

On sait que, dès qu'il a été question en France de toucher aux tarifs du droit d'entrée des laines, les défenseurs du système général de la protection se sont mis à prédire la ruine prochaine de notre agriculture entière. En effet laisser entrer la laine étrangère, c'était décourager l'élève des moutons, et sans moutons pas de fumier, pas de récoltes de grains. L'événement n'a pas donné raison à ces sinistres prédictions, et s'il est entré en France des quantités de plus en plus considérables de laines, nous n'avons cessé d'en produire davantage. C'est la consommation qui bénéficie de ce grand développement de la production et de l'importation, et il n'est sans doute personne qui ne soit heureux de voir se généraliser ainsi l'usage de tissus aussi utiles à l'homme que le sont les étoffes de laine.

L'industrie trouve maintenant de la laine sur la peau et le cuir de presque tous les animaux de haute taille. Celle du lama est la plus précieuse que l'on ait recueillie. Mais le fait principal de l'histoire récente des tissus de laine et des matières qui les alimentent, c'est la découverte de cette prodigieuse mine de laine que les Anglais exploitent en Australie et qui les enrichira bien plus sûrement que l'or de la terre océanique. L'Australie produisait 50,000 kilogrammes de laine en 1820; elle en produit plus de 40,000,000 maintenant, et de fort belles, à peu près la moitié de l'importation totale de l'Angleterre. Devant de telles nouveautés, on conçoit que la production de la laine voie ses traditions se modifier en Europe et qu'il devienne difficile de maintenir en Saxe, en Espagne ou en France, les troupeaux à fine laine, dont on était si fier au commencement de ce siècle. Là est le véritable trouble de ces temps-ci. Nous devons en effet étudier à chercher de nouveaux types de moutons, tout à fait appropriés à notre climat et aux aliments que fournit notre sol, et c'est en faisant du gros fil de laine mérinos, long, nerveux, soyeux, et des qualités intermédiaires, que nous conserverons à notre agriculture une de ses principales sources de richesse. Les laines fines nous viendront, quand nous voudrons, de l'Algérie et de la Nouvelle-Calédonie. Nos races françaises, bien traitées, bien soignées, doivent donc seules nous préoccuper désormais, et dès à présent l'on peut dire que cette pensée d'utilité pratique a fait son chemin. Ce n'est pas une médiocre révolution que celle qui touche aux produits si essentiels du menu bétail d'un pays comme la France. En 1855, nous importions déjà plus de 34,000,000 de kilogrammes de laine; et en 1860, nous avons importé près de 52,000,000 de kilogrammes, c'est-à-dire pour 180,000,000 de francs.

La soie a paru bien autrement menacée depuis près de dix ans. Loin de s'accroître sur des lieux nouveaux, la production diminuait chaque année sous l'influence de diverses maladies, et les plus belles races de vers à soie disparaissaient pour ainsi dire tout entières, excepté peut-être dans la Turquie d'Europe. C'est de l'extrême Orient qu'il a fallu tirer les soies dont notre industrie a un si pressant besoin, et un des plus heureux résultats de l'expédition de Chine sera sans doute de nous en faciliter le commerce. On a essayé tous les moyens de remédier au mal : importations de graines provenant de pays non encore infestés, expérimentation et acclimatation de nouveaux producteurs, enfin régénération du *Bombyx mori*, qui est l'espèce excellente ; rien n'a été négligé. C'est la régénération qui semble être le système que l'on doive le plus recommander, et, pour régénérer le ver, il est à peu près certain qu'il faut changer les méthodes d'éducation adoptées jusqu'ici, car ce sont elles qui ont dû affaiblir les races de choix. Les essais entrepris déjà donnent lieu d'espérer que les magnaneries de nos provinces méridionales seront bientôt rendues à leur ancienne prospérité.

On a remarqué à Londres l'exposition des cocons de la Guyane et ceux de l'Algérie, élevés à l'air libre. Nous ne pouvons pas oublier les envois curieux de la Prusse septentrionale et même de la Suède.

Mais de toutes les questions qui se rattachent à la production des substances végétales employées en grandes quantités dans l'industrie, il n'en est aucune qui ait l'importance de la question du coton. Que l'on songe, en effet, qu'en 1861 l'Europe a mis en œuvre dans ses manufactures 850 millions de kilogrammes de cette précieuse, de cette indispensable matière. Cette masse se décomposait ainsi, d'après les pays de provenance : États-Unis, 716,000,000 kilogrammes; Indes britanniques, 92,000,000 ; Égypte, 27,000,000 ; Brésil, 10,000,000 ; Indes occidentales et pays divers, 5,000,000. Les quatre cinquièmes de la production venaient donc des États-Unis. Quelle industrie que celle qui manufacture 850 millions de kilogrammes de coton ! mais quelle souffrance pour cette industrie, qui, alimentée par une culture étrangère et par une culture servile, voit tout un peuple condamné au désespoir, à la faim, à la mort, lorsque la route des mers est fermée, lorsque la Providence, la main levée sur les États-Unis, déclare que le mot d'esclavage doit être enfin effacé des langages de la terre !

Mais ne peut-on pas prévoir que cette crise terrible aura des conséquences heureuses? Dieu ne veut pas que les douleurs de l'homme soient stériles. Il sortira du moins de ce déchirement la certitude que l'esclavage doit être aboli. Cette abolition n'entraînera pas la destruction des récoltes, et, pour avoir eu à modifier son approvisionnement et ses procédés de travail, l'industrie européenne de la filature et du tissage n'en sera pas moins active bientôt ni moins prospère. Seulement, il faut s'y attendre, ce n'est plus la seule Amérique du Nord qui nous fournira la matière. Le pût-elle, le voulût-elle, nous ne le souffririons plus. L'Angleterre, d'ailleurs, a trop d'intérêt à réorganiser les vieilles cultures de l'Inde. Mais le coton surate n'a ni la longueur de mèche, ni la finesse, ni le nerf des cotons de la Géorgie. Ce défaut nous frappe vivement aujourd'hui; mais on y remédiera. Il a été fait cette année à l'Exposition même, et par le soin des experts les plus habiles, une appréciation minutieuse et comparative de tous les cotons récoltés dans les lieux les plus divers du globe. Il n'y a pas absolument que la Géorgie qui produise les longues soies. L'Algérie est, par exemple, parfaitement propre à en produire ; quoiqu'on le sût, on n'y attachait pas d'importance, tant que la récolte américaine était là toujours prête. A présent on sera moins négligent. L'Amérique, d'ailleurs, n'absorbera pas entièrement, par ses filatures et ses tissages, tout le coton fin qu'elle pourra encore produire. Toutes les fois qu'il s'agira de grosses étoffes, elle aimera mieux acheter du coton étranger et vendre ses qualités de choix; et même en fût-on absolument privé en Europe, il s'opère dans la mécanique industrielle une septième ou huitième révolution qui va permettre d'épurer les sortes grossières et de filer dans des numéros élevés un duvet auquel on n'avait pas jusqu'ici pris la peine de donner du corps et de la souplesse.

La conclusion qui concerne les intérêts de la France, c'est qu'il faut s'occuper de produire des cotons fins en Algérie, puisqu'on peut en faire d'excellents, et qu'il faut se garder d'y introduire les espèces communes.

Toutes les tristes aventures qui ont frappé successivement la soie et le coton des manufactures d'Europe ont, par contre-coup, donné un grand essor à la production des autres matières textiles, et l'attention s'est portée sur un grand nombre de substances végétales auxquelles on n'avait jusqu'alors accordé qu'une valeur de caprice. C'est toujours le lin, du reste, et le chanvre qui sont à la tête de ces produits végétaux. Les lins de France demeurent, en définitive, les plus beaux et les meilleurs; ils n'ont guère à redouter la concurrence des lins russes, ni même celle des lins belges, quoique cependant nous ne cultivions pas certaines espèces de choix qui sont d'un usage nécessaire dans l'industrie. Comme en bien d'autres cas, notre colonie algérienne paraît appelée à nous venir en aide ou à nous faire concurrence pour la culture de cette précieuse plante qui, de temps immémorial, a toujours parfaitement réussi sur son sol. N'oublions pas que c'est un Français, Philippe de Girard, qui a inventé la filature mécanique du lin, et ne négligeons aucun effort pour améliorer nos procédés de rouissage. Ils laissent à désirer, et nous aurions, sous ce rapport, des leçons à prendre des Anglais, et surtout des cultivateurs de l'Irlande. De très-ingénieux procédés ont été mis en lumière, cette fois, à l'Exposition.

Il en est de même pour les chanvres, que nous produisons en aussi bonne qualité, sinon en meilleure, que les chanvres russes, et pour la production desquels il n'y a que les provinces de Bologne et de Ferrare qui peut-être nous surpassent. On sait, en effet, que sur ces terres d'alluvion il se récolte annuellement plus de 20 millions de kilos de filaments fort appréciés de toutes les grandes marines. Le rouissage du chanvre est resté imparfait jusqu'à présent chez presque tous les peuples, et cela tient surtout à l'époque avancée de l'année où on le met au routoir et à la température froide qui ne désagrége pas convenablement toutes les parties gommeuses de la tige. Une maison des environs de Compiègne s'est occupée avec succès d'obvier à ce défaut, et travaille déjà mécaniquement 5,000 tonnes de chanvre brut à l'année.

Signalons simplement les noms des substances que l'industrie a définitivement fait ou peut faire entrer dans la consommation des manufactures : le jute, tiliacée répandue surtout au Bengale, en Chine, et acclimatée en Algérie ; le chanvre de Manille, musacée qui se trouve aussi à la Guadeloupe ; le lin de la Nouvelle-Zélande (*Phormium tenax*) qu'on a cultivé en grand dans l'Inde, qui prospère en Irlande et en Écosse même, et dont les fibres offrent une résistance bien connue, supérieure du double à celle des fibres du lin ; le *china-grass*, ortie blanche de la Chine, qui, ainsi que d'autres urticées, fournirait une abondante matière à la filature, et qui permet le tissage d'étoffes fort jolies. Il y a encore à citer les fibres du bananier, dont de très-beaux échantillons ont été exposés par un Indien de la Guyane anglaise ; les fibres du palmier ou de l'ananas, fabriquées, les premières aux embouchures de l'Orénoque, et les secondes aux Philippines ; le *sann*, tiré d'une légumineuse de l'Inde ; le *vacquois*, préparé avec les feuilles du *Pandanus utilis*, et dont, à l'île de la Réunion, on fait les sacs à café ; les fibres d'œschynomène, de sida, de sansevière, d'agavé, de yucca, de noix de coco, de gomuto ; le crin du palmier nain ; le *kitool*, produit par un palmier de l'île de Ceylan ; divers joncs de l'Afrique, de l'Amérique du Sud ; une sorte de soie végétale abondante à Taïti, et deux plantes textiles d'un grand usage en Algérie, le *diss*, graminée du genre des fétuques, et l'*alfa*, qui est également une graminée. Il n'est rien, en définitive, de si abondant dans la nature, et sous les formes les plus diverses, que les substances qui peuvent servir à tisser des fils. La crise cotonnière a fait jeter, nous l'avons dit, un regard sur des matières, négligées ou même inconnues jusqu'ici, qui seraient peut-être, qui seront d'un très-utile emploi dans l'industrie.

On voyait à Londres de fort belles collections de presque toutes les gommes et résines connues, et depuis que l'on a su tirer parti du caoutchouc et de la gutta-percha, la culture des arbres d'où coulent ces exsudations précieuses a pris une importance considérable. En 1861, il n'a pas été récolté moins de 4 millions de kilogrammes de caoutchouc venant de Java pour la moitié, de Para pour plus d'un quart, et d'autres contrées de l'Amérique méridionale et de l'Afrique pour le reste. Les États-Unis en ont pris pour eux 1,200,000 kilogrammes; l'Angleterre, 1,100,000; la France, 900,000, et l'Allemagne avec les autres pays, 800,000. Nous disons que la culture des arbres à caoutchouc a pris de l'importance; nous voulons dire qu'elle en prendra nécessairement, car jusqu'ici on se borne à épuiser les sources naturelles de cette gomme, sans se préoccuper de pourvoir aux besoins futurs d'une consommation qui se développe avec une grande activité. Il est même à croire que les figuiers qui donnent les gommes élastiques pourront être acclimatés en dehors de la région équatoriale où nous les rencontrons, et très-possible, à ce qu'il semble, que nous en fassions prospérer en Algérie, en Corse, et jusque sur notre littoral de la Méditerranée.

L'Exposition universelle de Paris avait révélé, en 1855, à peu près toutes les modifications que l'art avait introduites dans le tissu, l'aspect et les propriétés du caoutchouc; et le caoutchouc vulcanisé ou durci par l'emploi du soufre annonçait déjà les nombreuses applications qu'il était susceptible de recevoir. Nous n'avons donc rien à en dire, et nous nous contenterons de mentionner l'existence d'un produit analogue et plus souple, qui s'appelle « la parkine, » du nom de l'inventeur anglais. C'est une pâte faite, dit-on, avec de l'huile, du coton, du chlorure de soufre, du naphte, du sulfure de carbone et d'autres ingrédients chimiques, pâte qui est molle ou dure à volonté, qui reçoit toutes les couleurs, transparentes ou non, et qui se travaille comme le métal.

Si nous passons maintenant à l'article des végétaux employés pour faire du savon ou des huiles, nous remarquerons qu'il y a en France une sorte de lassitude commençante vis-à-vis de la culture si infidèle des colzas. Trop souvent, en effet, pullulent sous notre climat les insectes qui attaquent cette crucifère oléagineuse, et il serait possible que nous cessassions de la cultiver, au moins dans certaines régions. Diverses plantes remplaceraient le colza sans désavantage, par exemple, le grand soleil, dont les graines sont déjà très-employées en Russie, le sésame, qui réussit très-bien en Algérie, le ricin, qui paraît devoir s'y plaire, et un grand pavot œillette de l'Asie, que nous devrions semer à la place des nôtres dans l'Artois et dans la Flandre.

Les savons, les parfums, les essences ne peuvent être étudiés dans cette rapide revue. Il y aurait cependant de curieuses observations à faire sur la fabrication des parfums artificiels. Nous ne pouvons que dire la même chose des matières et des procédés employés dans l'industrie stéarique et la fabrication de la paraffine. Nous sommes là, du reste, sur un terrain tout français et parfaitement connu. Néanmoins il ne faut point passer sous silence la belle invention de la saponification instantanée due à M. Knab, qui économise quinze à vingt heures de temps à la manipulation des acides gras par le système de l'acide sulfurique, et qui évite les vapeurs si incommodes de cette grande opération chimique. Elle date de 1854. Au point de vue industriel, nous devons constater que la fabrication des bougies s'étend considérablement dans la Hollande et en Belgique, qu'il s'ouvre des usines dans le Nord, à Saint-Pétersbourg, à Moscou, et que, en présence de cette concurrence qui vient se joindre à la grande concurrence anglaise, nous aurions besoin pour lutter de ne payer absolument aucun droit sur les matières premières. Ce sont elles, et non l'art ni la science qui nous manquent.

En fait de plantes végétales employées dans la teinture, il n'y a pas de découvertes effectuées tout récemment, et nous avons vu que la tendance actuelle ne se porte pas de ce côté.

Faut-il parler, pour n'en dire qu'un mot, des mille autres substances non minérales, ni animales non plus, que nous employons dans nos arts? Du liége que l'Algérie va nous procurer en quantités au moins doubles ; des succédanés du liége ; des moelles et des écorces utilisables dans la fabrication du papier (elles le sont à peu près toutes) ; des agarics de l'amadou ; des chardons à foulon que les cardes de fer ne remplacent pas ; des plantes à balais et à brosses ; de l'ivoire et de ses variétés, pour ne pas oublier les substances animales qui se rapprochent de celles dont il a été question jusqu'ici ; des os, des cornes, des sabots et des peaux, des crins et des soies de porc, des écailles, des perles, des huîtres, des coquilles, du corail, et des graines ou des fruits qui peuvent être d'un usage utile ou agréable dans l'ornementation? La tonnellerie, la boissellerie, la vannerie, la fabrication des filets, pourraient aussi nous occuper quelques instants ; mais le domaine de cette quatrième classe est trop étendu pour que nous ne soyons pas dans la nécessité de renoncer à une partie de notre inventaire.

Nous voulons d'ailleurs terminer ces observations d'ensemble par des considérations particulières sur l'exposition des bois.

La connaissance exacte de la répartition des essences forestières sur la surface entière du globe fournirait des données du plus grand prix sur les richesses différentes des climats, sur les modifications végétales qui dérivent de la température, et en comparant des bois identiques de même âge venus des lieux les plus divers, la science de la silviculture arriverait à d'importantes conclusions qui lui manquent encore.

Nous aurions voulu que l'Exposition de 1862 fût, en ce qui concerne la grande industrie naturelle des bois de construction et d'ornementation, une école et un musée où les diverses collections auraient été utilement rapprochées les unes des autres dans un plan d'ensemble large et complet ; mais si nous avons eu l'occasion d'admirer la richesse de la flore forestière de la plupart des colonies anglaises et le soin extrême avec lequel leurs catalogues étaient rédigés, nous avons regretté qu'il n'y eût pas d'harmonie suffisante entre ces envois si abondants, d'un classement si étudié, et les trop modestes expositions de même nature de tant d'autres pays. Pourquoi notre administration forestière n'a-t-elle pas fait pour le concours national de 1862 ce qu'elle a fait pour le concours agricole de 1860?

L'École forestière de Nancy avait alors envoyé des échantillons de nos bois indigènes et de ceux qui sont naturalisés chez nous. Nous avons en vain cherché cette fois quelque chose de semblable.

Nous aurions encore voulu, et ici on nous permettra d'entrer dans quelques considérations particulières, que l'exposition de 1862 permît d'apprécier, non-seulement les échantillons des bois à mettre en œuvre dans les arts industriels, mais les systèmes mêmes de la production forestière.

En France par exemple, l'opinion publique nous semble vouloir être éclairée sur les résultats de la pratique actuelle de nos forestiers. On a beau nous prouver qu'il y a pour des millions d'années de la houille dans nos mines, que le fer remplace avec avantage le bois dans les grandes constructions, et que la chimie, en les injectant de liquides antiseptiques, donne aux bois d'usage une durée indéfinie. Le bois sera toujours l'une des plus précieuses et des plus nécessaires récoltes que l'homme puisse faire, et l'on doit désirer que cette richesse soit conservée dans toute son ampleur.

Autrefois on exploitait nos forêts par contenance ou à tire et aire, c'est-à-dire par fraction de superficie de proche en proche, sans rien laisser en arrière, si ce n'est un certain nombre de porte-graines réservés dans chaque coupe. Après leur exploitation ces coupes restaient abandonnées pendant tout le cours de la révolution suivante, sans que la cognée y revînt une seule fois. Survint une école qui reprocha à ce mode d'exploitation de ne pas aider la nature dans la reproduction des sujets, surtout des bonnes essences; de ne pas faire rendre au sol la plus grande quantité possible de matière, et d'en laisser une partie se perdre sans utilité; enfin, de ne pas donner annuellement un rapport uniforme et soutenu; et cette école, pour obvier à ces inconvénients, proposa et fit adopter une série d'opérations dont on désigne vulgairement l'ensemble sous le nom de « méthode allemande. » Dans ce système, et pour aider la nature dans la reproduction des sujets, la coupe définitive de la partie qu'on veut exploiter est précédée d'une coupe dite d'ensemencement, dans laquelle on laisse sur pied le nombre d'arbres nécessaires pour garnir de graines tout le terrain exploité et pour abriter les jeunes plants qui lèvent après la chute des semences. La coupe d'ensemencement est suivie d'une coupe claire, dans laquelle une partie des arbres réservés précédemment est abattue afin de donner un peu d'air et de lumière à ces plants, et on ne procède à la coupe définitive que lorsque le sous-bois est assez fort pour ne plus avoir besoin d'abri. Plus tard, par des éclaircies successives, exécutées à des époques que l'état du peuplement détermine, et tout en obtenant des produits accessoires qui viennent augmenter le produit principal, on avise à ce que les sujets réservés ne soient jamais gênés dans leur croissance et parviennent dans les meilleures conditions possibles au terme de leur maturité. Le sol doit produire ainsi la plus grande quantité de matière possible.

Mais, les produits résultant des éclaircies, coupes claires, définitives, etc., variant annuellement suivant les sols, les situations et les conditions de fertilité des forêts, pour arriver à un rapport soutenu on évalue quel est, en moyenne, le volume de bois dont chaque année s'augmente la forêt, et d'après ce volume connu, on fixe la quotité des matières qu'on peut en retirer annuellement sans toucher au capital ; en un mot, on ne demande à la forêt que la somme d'accroissement que la nature lui fournit chaque année, c'est ce qu'on appelle sa *possibilité*.

Cette théorie est fort séduisante, et nous ne nions pas *a priori* la valeur des résultats qu'elle peut produire; mais ne serait-il pas temps de la juger par ses effets, et d'établir scientifiquement et à la suite d'une sorte d'enquête universelle : qu'en appliquant la nouvelle méthode surtout à des bois crus jusqu'alors à l'état serré, et qu'en obtenant un revenu plus considérable, on n'a pas diminué le capital productif de nos forêts? Pour notre part nous serions heureux d'en être convaincu.

Il nous est permis d'entrer dans le vif de la question, car une partie de notre carrière a été consacrée à l'étude pratique de l'aménagement et de l'exploitation des bois de la France, et nous avons eu l'honneur d'attacher notre nom à l'exécution d'un travail qui n'est pas sans une certaine importance historique.

On se rappelle que l'un des griefs qui, de 1830 à 1848, défrayèrent le plus souvent les critiques dirigées par l'opposition contre la monarchie de Louis-Philippe, c'était l'abus que, disait-on, il faisait de ses droits d'usufruitier des forêts de la couronne et de celles de l'ancien apanage d'Orléans. Lorsque arriva la révolution de février 1848, les réclamations devinrent plus nombreuses, et il fallut en arriver à l'examen des choses. Une première enquête achevée, le ministre des finances du Gouvernement Provisoire déclara à la tribune de l'Assemblée nationale que « d'après un travail fait avec le plus grand soin et dans un esprit de rigoureuse impartialité, les reprises à exercer s'élevaient à la somme de vingt-cinq millions de francs et qu'elles dépasseraient ce chiffre lorsque les vérifications seraient entièrement terminées. »

Chargé alors des affaires forestières à la commission de liquidation de la Liste Civile et du Domaine privé, nous avons pu établir les calculs de ce travail, et nous l'avons fait sans nous préoccuper d'aucune passion politique, également éloigné de l'idée d'attaque et de l'idée de défense, dans l'intérêt de la vérité pure et simple, et surtout pour profiter scientifiquement d'une occasion de juger à l'œuvre une méthode d'exploitation dont il nous avait toujours paru facile d'abuser. Mais le temps n'était pas propice pour les études désintéressées ; il avait d'abord été à la mode d'accuser le roi Louis-Philippe des plus graves dilapidations ; il devint ensuite de bon goût de ne plus croire à la légitimité des réclamations. Le 17 mai 1849, le ministre des finances fit à l'Assemblée la déclaration suivante : « Quant à la question des coupes sombres, dit-il, on s'en est occupé, on continue à s'en occuper ; mais je préviens l'Assemblée que ce sont là des questions très-délicates ; il y a dans cette affaire un malheur réel : les procès-verbaux de martelage manquent ; il est d'une difficulté extrême de chercher une base d'évaluation ; on en a proposé plusieurs, on a présenté des calculs de « possibilité » de coupes des forêts, de probabilité de produits. Je ne crois aucune de ces bases suffisantes ; il y aura là une base très-difficile qu'il faut choisir en toute équité, une œuvre qu'il faut accomplir aujourd'hui comme je l'aurais accomplie moi-même si j'avais été le ministre de Louis-Philippe à l'époque où la question fut soulevée dans le sein des Chambres ; c'est une œuvre qu'il faut terminer sans partialité d'aucune nature. Eh bien ! cette œuvre dont le poids est triste pour moi à porter, cette œuvre qui m'est déférée, elle sera accomplie avec tous les soins possibles ; et quand, en équité, après avoir examiné attentivement à combien peuvent s'élever les dettes de Louis-Philippe, en ce qui concerne les coupes sombres, quand le chiffre sera fixé, il en sera rendu compte à l'Assemblée qui sera appelée à statuer. »

Ce fut la dernière fois que les ministres entretinrent l'Assemblée de cette question. Le 2 mars 1850, on nomma une commission chargée d'apprécier la gestion usufruitière du roi Louis-Philippe. Le 24 mai de l'année suivante, cette commission fit un rapport dont la conclusion, adoptée à l'unanimité, était « que, loin d'avoir forcé la possibilité, la liste civile du roi Louis-Philippe était restée, *toute compensation faite,* au-dessous de cette limite, et qu'il n'y avait donc pas lieu de donner suite aux réclamations dirigées contre lui pour abus de jouissance. »

Voilà deux déclarations bien contraires à deux années de distance : laquelle était la plus exacte et se rapprochait le plus de la réalité des faits ? Il eût été précieux de le savoir sûrement, mais la politique qui avait donné à ces questions une importance extrême la leur ôta, et le décret du 22 janvier 1852 rendit à la fois inutiles, et les contradictions des commissions, et notre propre travail.

Aujourd'hui, le tout appartient à l'histoire, et comme on n'a plus à rechercher si le restaurateur des palais de Fontainebleau, de Versailles et de Pau doit être incriminé pour avoir pris dans les forêts dont il était l'usufruitier plus de bois qu'il ne le devait, on peut puiser sans crainte dans les portefeuilles fermés, car c'est là seulement que l'on peut trouver les éléments nécessaires pour reconnaître quels ont été les résultats réels obtenus sous le règne du roi Louis-Philippe, dans les forêts de la couronne, par l'application de la méthode allemande, au traitement des futaies.

Nous avons déjà fait connaître les conclusions des rapports des deux Commissions, celles de notre travail sont indiquées dans le tableau ci-après, dont nous garantissons l'authenticité des chiffres, établis par nous pièces en mains, malgré les difficultés signalées par M. le Ministre des finances. ,

EXTRAIT DU BILAN DES FORÊTS DE LA LISTE CIVILE DU ROI LOUIS-PHILIPPE
DE 1832 A 1846

CONTENANCE DES FORÊTS : 105,164 h 65 c EN FUTAIES ET TAILLIS

ANNÉES	QUANTITÉ d'hect. de bois vendus sur pied	QUANTITÉ de stères de bois façonnés	PRODUIT des menus marchés	PRODUIT des bois sur pied	PRODUIT des bois façonnés	PRIX MOYEN de 1836 à 1842		PRODUIT BRUT en argent de la totalité	DÉPENSE pour travaux de toute nature	DÉPENSE TOTALE comprenant la fabrication des bois	PRODUIT NET en argent
						de l'hect.	du stère				
	hect. c.	stères. c.	fr. c.	fr. c.	fr. c.			fr. c.	fr. c.	fr. c.	fr. c.
1832	2,245 05	224,057 34	» »	» »	» »	» »	» »	3,445,813 66	364,899 »	1,103,721 21	2,342,092 45
1833	2,245 05	224,057 34	» »	» »	» »	» »	» »	4,769,786 36	364,899 »	1,103,721 21	3,666,065 35
1834	2,245 05	224,057 34	» »	» »	» »	» »	» »	5,158,011 89	364,899 »	1,103,721 21	4,054,290 68
1835	2,252 75	224,057 45	» »	» »	» »	» »	» »	7,434,472 57	364,899 »	1,703,721 21	6,530,751 36
1836	2,497 10	294,755 53	38,581 34	3,292,304 80	2,654,929 73	1,597 75	9 »	5,985,915 87	364,899 »	1,703,721 21	4,882,194 66
1837	2,370 40	283,491 16	47,599,42	3,776,651 45	2,636,228 15	1,595 50	9 30	6,460,459 02	477,250 »	1,414,684 56	5,045,774 46
1838	2,184 73	309,046 76	48,414 41	3,654,035 93	2,579,212 91	1,675 »	8 34	6,281,663 95	450,000 »	1,449,955 78	4,831,707 47
1839	2,684 80	340,587 23	45,956 39	3,513,165 09	2,427,512 03	1,234 »	7 12	5,786,433 51	552,600 »	1,656,700 »	4,129,733 51
1840	2,519 49	365,639 68	47,219 56	2,750,600 43	2,412,861 73	1,092 »	6 60	5,210,681 72	506,500 »	1,630,370 »	3,580,311 72
1841	2,897 99	416,556 30	104,087 30	2,510,621 16	3,008,209 73	1,222 »	7 20	6,652,918 19	500,000 »	1,558,783 39	5,094,134 80
1842	2,870 28	379,769 59	51,624 71	4,177,586 05	3,592,160 25	1,455 46	9 46	7,821,371 01	414,980 »	1,623,581 »	6,197,780 01
1843	2,549 25	344,252 45	51,751 01	3,401,386 20	2,542,167 17	1,334 62	7 38	5,996,284 38	506,404 »	1,598,141 »	4,398,143 38
1844	2,514 06	364,474 76	64,627 20	3,191,756 39	2,598,488 20	1,269 96	7 12	5,853,871 79	384,000 »	1,548,269 »	4,307,602 79
1845	2,297 69	345,190 70	50,528 86	3,597,700 13	3,357,246 24	1,564 05	9 72	7,001,475 23	374,925 »	1,468,881 »	5,532,594 23
1846	2,143 »	377,052 40	59,903 80	2,947,919 32	3,927,559 12	1,372 33	10 41	6,928,382 24	371,788 »	1,608,752 04	5,319,650 20
	36,516 69	4,717,046 03	610,274 »	37,674,706 95	31,736,375 26	15,208 67	91 65	90,789,540 89	6,362,542 »	21,076,703 82	69,712,837 07

On obtient à l'aide de ce tableau les moyennes ci-après :

Quantité moyenne d'hectares de bois sur pieds abattus annuellement, de 1832 à 1846. 2,434 44
Id. de stères de bois façonnés. 314,469 73
Produit moyen annuel en argent des menus marchés. . . . . 55,479 fr.

L'ensemble des trois premières détermine la taxe annuelle ou la *possibilité* admise de 1832 à 1846 pour les forêts de la Liste Civile.

Prix moyen, de 1836 à 1846, de l'hectare. 1,382 60
Id. Id. du stère. 8 33
Moyenne annuelle, de 1832 à 1846, des dépenses pour travaux de toute nature. . . 424,156 13
Id. des dépenses totales y compris la fabrication des bois. 1,405 10
Id. du revenu brut en argent.. 6,052 60
Id. du revenu net en argent. 4,674,500 00

Le rendement auquel on avait soumis les forêts de la Liste Civile pendant le règne du roi Louis-Philippe étant connu dans ses détails, que restait-il à faire? Procéder à l'inventaire desdites forêts et vérifier si le volume de bois qu'elles contenaient pouvait s'accroître annuellement d'une quantité égale à celle que l'on en avait annuellement retirée.

Cette vérification minutieuse n'a pas été faite; on a donné des raisons et non des chiffres. Le travail, il est vrai, était gigantesque; mais, entrepris dans un esprit impartial et dégagé de toute préoccupation politique, confié à une commission où tous les intérêts eussent été représentés et composée non-seulement d'agents forestiers et d'inspecteurs des finances, mais encore de naturalistes et d'hommes pratiques, il aurait fixé l'opinion sur l'opération délicate du mode d'exploitation auquel on a soumis toutes les futaies actuellement existantes dans nos forêts.

A défaut des chiffres que cette commission eût établis, admettons un instant que les administrateurs des forêts de la couronne sous Charles X, et ceux qui administraient à la même époque pour le duc d'Orléans les bois de l'ancien apanage d'Orléans, tous forestiers des plus entendus, en tiraient le meilleur parti compatible avec les devoirs d'un usufruitier; et comparons le chiffre moyen du revenu qu'ils en obtenaient avec celui du revenu moyen retiré sous le roi Louis-Philippe; ou mieux encore, et avec plus de largeur, adoptons pour cette comparaison le premier chiffre officiel de son administration forestière, celui du revenu de 1832, quel sera le résultat de cette comparaison?

Le revenu moyen annuel, net en argent, des forêts de la Liste Civile, de 1832 à 1846 a été de.. . . . . 4,647,500 fr.

Ce même revenu était en 1832 de. 2,362,000
_____

Excédant du revenu moyen 2,305,400

Le revenu aurait donc été augmenté, de 1832 à 1846, d'une moyenne annuelle de. 2,305,400
ce qui pour quinze années produit le chiffre énorme de

$$34,581,000 \text{ fr.}$$

Ce n'est là qu'une hypothèse; mais en présence d'une pareille différence, la science ne devait-elle pas être appelée à dire si, par suite de l'application du nouveau mode de culture, le volume de la superficie des forêts n'avait pas subi de diminution, ou si dans l'état où on les avait laissées elles pouvaient continuer à fournir le même produit annuel?

Nous ne prétendons pas qu'une enquête eût donné tort aux apologistes de la méthode allemande; elle eût pu prouver seulement qu'elle avait été mal pratiquée et que, comme toute chose nouvelle, elle avait donné lieu à des fautes, à des erreurs. Mais, nous le répétons, il est à regretter, dans l'intérêt de l'Etat et des particuliers eux-mêmes, que, dans cette occasion solennelle, la question la plus importante de la grande sylviculture n'ait pas été examinée comme elle pouvait et devait l'être. Les pages que nous allons clore ici ne sont pas une digression ; rien, en effet, ne touche de plus près à l'avenir de nos forêts, jadis si riches, et dont on ne restaurera l'opulence que lorsqu'on aura retiré leur administration de la position anormale où elle se trouve, pour la remettre entre les mains du Ministre de l'agriculture.

ERRATUM

Page 320, aux deux avant dernières lignes, au lieu de :

Id.	des dépenses totales y compris la fabrication des bois	1,405 10
Id.	du revenu brut en argent.	6,052 60

Il faut lire :

Id.	des dépenses totales y compris la fabrication des bois	1,405,118 10
Id.	du revenu brut en argent.	6,052,636 06

REVUE DES PRINCIPAUX OBJETS

EXPOSÉS DANS LA QUATRIÈME CLASSE

SECTION I. — HUILES, CIRES, GRAISSES ET LEURS PRODUITS.

ROYAUME UNI. — MM. PRICE et Comp., a Londres. — Les huiles de palme, les suifs et les graisses sont aujourd'hui employés à la fabrication des bougies stéariques. Cette industrie, née en France, s'est rapidement propagée de par le monde et a pris dans certains États un développement immense.

En Angleterre, où l'on a à satisfaire aux besoins de la métropole et des colonies, la fabrication des bougies stéariques est devenue des plus considérables. On les y compose suivant le lieu où elles doivent être consommées; ainsi, pour celles employées en Angleterre, on se sert de produits fusibles à basse température, ce qui les rend grasses au toucher et un peu molles, tandis que celles destinées à l'exportation, sèches au toucher et peu fusibles, qualités indispensables pour leur emploi dans des pays où la température est élevée, sont obtenues à l'aide de la distillation d'huile de palme et de suif.

L'Angleterre possède un grand nombre d'importantes fabriques de bougies stéariques; la plus considérable est celle de la Société Price et Comp., constituée au capital social de 25 millions de francs. Cette usine est dirigée par un habile chimiste, M. Wilson, qui y applique sur une grande échelle un procédé de son invention, lequel consiste dans la distillation directe des corps gras saponifiés par l'acide sulfurique ou de l'huile de palme sous l'influence de la vapeur d'eau surchauffée, qui suffit pour hydrater les acides gras, les dégager de leur combinaison avec la glycérine et faire passer à la distillation cette base organique elle-même avec les acides gras. A l'aide de cet ingénieux moyen, complété par un mode spécial d'épuration, on obtient de la glycérine d'une pureté et d'une blancheur exceptionnelles, employée en médecine, notamment pour le traitement des affections cutanées.

La série des spécimens exposés a fait pleinement ressortir l'importance des divers perfectionnements apportés dans cette usine à la préparation de cette substance et à la fabrication des bougies stéariques, des veilleuses et des huiles à brûler.

M. Wilson faisant partie du jury appelé à juger les objets exposés dans la 4° classe, LA COMPAGNIE PRICE se trouvait *hors de concours.*

MM. BARCLAY ET FILS, A LONDRES. — La paraffine, un des nombreux produits de la distillation des goudrons de houille, qui emprunte son nom à son absence d'affinité ou à sa résistance à former des combinaisons, présente par son aspect et ses propriétés beaucoup d'analogie avec l'acide stéarique employé pour la fabrication des bougies; mais elle a une plus belle apparence, une plus grande translucidité, un poli plus doux et un pouvoir éclairant plus considérable; aussi l'industrie n'a-t-elle pas tardé à l'utiliser pour en composer des bougies. « Poids pour poids dit le docteur Letheby », « le pouvoir éclairant de la paraffine est supérieur d'un peu plus de 22 °/₀ à celui du blanc de baleine; d'environ 40 °/₀ à celui de la cire ; de 46 °/₀, à celui de l'acide stéarique, et de 58 °/₀ à celui des bougies dites composites.

MM. BARCLAY ET FILS exposaient des produits de cette nouvelle fabrication, d'une très-belle transparence, malgré les nuances diverses dont on les avait colorés.

Leur vitrine renfermait aussi des bougies de cire, des bougies stéariques, etc., remarquables par leur moulage, leur poli et la pureté de leur coloris. — *Médaille.*

MM. FIELD J. C. ET J., A LONDRES, exposaient également des bougies de paraffine d'une excellente fabrication. Ils y avaient joint des bougies stéariques, de la cire à cacheter et des savons parfumés. Leur « United service soap », savon de l'armée du Royaume-Uni, a acquis une très-grande vogue par son arome, sa douceur et son prix comparativement modique; il ne se vend que 40 centimes la tablette. — *Médaille.*

MM. WILLIAMS ET FILS, A LONDRES. — Les savons fabriqués en Angleterre, se distinguent généralement par leur bonne consistance, par une saponification parfaite sans excès d'alcali ni de sels, et par une composition appropriée aux usages spéciaux auxquels ils sont destinés, enfin, par leur bas prix. On peut les diviser en savons durs et en savons mous. Les matières premières dont on se sert pour la préparation des savons durs, sont le suif, la résine et l'huile de palme, avec base de soude. Pour les savons mous, on emploie l'huile de coco, différentes huiles de graines et de poissons, et l'acide oléique des fabriques de bougies ; la base alcaline est la potasse. L'huile de coco, convertie en savon, a la propriété d'absorber des quantités d'eau incroyables, de sorte que le savon, dans la composition duquel elle entre, mousse immédiatement; mais cette huile offre un inconvénient : elle acquiert par la saponification une odeur désagréable, qu'elle conserve malgré les essences aromatiques qu'on y mélange.

Les savons d'huile de palme ont une teinte jaune orangé; ceux de résine, une nuance pâle ; ceux de suif sont blancs ; et ceux de suif d'os et de graisse de cuisine, marbrés; mais la marbrure, bien que assez également répartie, présente des caractères semblables à l'intérieur et à l'extérieur.

La maison WILLIAMS ET FILS, dont l'exposition de savons était des plus complètes, comptait un de ses membres parmi le jury ; cette distinction indique suffisamment la réputation dont jouissent ses produits en Angleterre. — *Hors de concours.*

MM. COWAN ET FILS, A BARNES, doivent également être rangés parmi les principaux savonniers du Royaume-Uni. Ils s'attachent spécialement à la préparation des savons de ménage et des savons pour l'usage de la marine. Les échantillons qu'ils ont exposés dénotent une fabrication intelligente et économique ; on y remarque un savon jaune pâle, dont la consommation est générale en Angleterre ; il se dissout plus facilement que les savons ordinaires dans l'eau de mer : avantage précieux pour la marine et pour les habitants des côtes. — *Médaille.*

MM. COOK ET Cⁱᵉ, A LONDRES. — Leurs savons durs et mous, pâles, jaunes et marbrés se distinguent par leurs bonnes qualités et surtout par leur complète saponification; ceux qu'ils fabriquent pour être employés à l'eau de mer répondent parfaitement aux besoins qu'ils sont destinés à satisfaire : l'huile de coco entre dans leur composition, avec un excès d'eau et d'alcali. — *Médaille.*

MM. GOSSAGE ET FILS, A WARRINGTON. — Leurs savons sont d'une composition particulière ; l'un est fabriqué avec les matières grasses ordinairement employées, saponifiées par la soude et combinées avec une solution de silicate de soude ; puis c'est du verre de soude soluble dans l'eau, produit par la fusion de sable siliceux et de carbonate de soude, dans la proportion de trois parties de silice et de deux de soude et d'une solution de la même substance ; enfin, c'est du verre de potasse, soluble dans l'eau, provenant de la fusion du sable siliceux et du carbonate de potasse dans la proportion de trois parties de silice et de deux de potasse et d'une solution de la même substance.

Lorsque la silice est combinée avec la soude ou la potasse de façon à produire un verre soluble, le produit que l'on obtient renferme de l'alcali en faible état de combinaison, et, dans cet état, il est analogue aux savons composés d'acides gras et d'alcali et possède les mêmes propriétés détergentes. Aussi a-t-on trouvé que c'était une matière précieuse pour diminuer le prix du savon sans en diminuer les qualités utiles.

Les imprimeurs sur étoffes font aussi un grand usage des silicates alcalins, qui servent également à donner de la dureté et de la consistance aux pierres poreuses. — *Médaille.*

FRANCE. — M. L. A. DE MILLY, A PARIS, exposait des acides stéarique et oléique ; de la glycérine ; des bougies dites de l'étoile ; de la soude brute et des savons à base de soude. Après les distinctions toutes particulières qui ont honoré cette maison, dans la personne de son chef et dans celle de ses collaborateurs, il n'y a plus d'éloge à en faire. Du reste, M. de Milly, membre du jury, était hors de concours. Nous mentionnerons cependant le procédé spécial de saponification calcaire imaginé par M. DE MILLY, procédé qui permet d'économiser plus des trois quarts de la chaux employée suivant la méthode usuelle et, dans les mêmes proportions, l'acide nécessaire pour saturer cette base alcaline.

MM. PETIT FRÈRES, A PARIS. — On doit à ces messieurs, dit M. Payen, d'utiles observations sur les moyens de faire cristalliser régulièrement et en cristaux assez volumineux pour être faciles à presser, certains acides gras de saponification calcaire et sulfurique qui autrement, se prennent en une masse confuse retenant interposés malgré une énergique pression les acides gras fluides. Ces habiles fabricants ont su profiter du rayonnement nocturne pour extraire en plus forte proportion les acides gras cristallisables ; c'est encore une notable amélioration pour l'industrie stéarique. Ils ont perfectionné la pression à chaud par l'intervention de nouvelles plaques creuses moulées d'un seul jet en fonte malléable.

MM. Petit frères exposaient des bougies et de l'acide oléique. — *Médaille.*

M. CUSENBERGE FILS, A CLICHY-LA-GARENNE. — Cette maison, qui date de 1858, se fait remarquer par un mode nouveau de décoration des bougies. Elle imprime sur leur surface des figures et des dessins noirs ou coloriés. — *Médaille.*

MM. LEROY ET DURAND, A GENTILLY, pour bougies, chandelles et savons. — *Médaille.*

M. C. MONTALANT ET COMP., A LYON. — Cette honorable et importante maison, qui en 1855 obtenait à Paris une médaille de première classe, présentait à Londres des bougies stéariques et des bougies de cire d'abeilles de fabrication parfaite. — *Médaille.*

MM. H. ARNAVON, C. GOUNELLE, MILLIAU JEUNE, ROCCA FRÈRES, C. H. ROULET ET CHAPONNIÈRE ET C. ROUX FILS, A MARSEILLE, qui exposaient des savons blancs ou marbrés ou des huiles grasses, ont chacun reçu la *Médaille.*

C'est aux fabricants de Marseille que l'on doit l'introduction en France de l'industrie savonnière, et c'est à Marseille que se sont pratiqués et conservés les procédés de fabrication dont l'expérience a plus particulièrement sanctionné l'excellence. Aussi tous les savons que l'on fabrique à Marseille offrent-ils le même type et ont-ils une supériorité marquée sur les produits similaires fabriqués partout ailleurs.

Le savon par excellence est celui d'huile d'olive ; malheureusement le prix élevé de cette huile et l'obligation de lutter contre la concurrence ont imposé à la plupart des fabricants la nécessité de recourir à l'emploi d'autres corps gras, tels que les huiles de sésame, d'arachide, de palme, de coco, qui mélangées en proportions convenables donnent, il faut le reconnaître, de très-bons résultats. Cependant on trouve encore à Marseille des fabricants jaloux de maintenir la vieille réputation que s'est faite la cité phocéenne, et persistant à exclure de leurs chaudières les suifs qui donnent au savon une odeur désagréable, les huiles de poisson qui lui communiquent une odeur repoussante, les huiles de navette et de lin qui rancissent promptement, jaunissent le manteau et rendent la coupe aigre.

Avec l'aide de la science, on parvient toutefois à employer dans la fabrication des savons certains corps gras autres que l'huile d'olive ; aussi est-il à regretter que la savonnerie ne soit plus soumise à une marque obligatoire faisant connaître la composition des diverses qualités de savons.

Quoi qu'il en soit, la savonnerie marseillaise, grâce à ses débouchés, au respect des traditions et à une habileté de main d'œuvre transmise de générations en générations, a su maintenir sa supériorité.

Parmi les exposants ci-dessus, nous signalerons particulièrement M. Annavon, dont la fabrique peut être choisie comme type d'une savonnerie modèle; il en sort chaque année 4,000,000 de kil. de savons unicolores ou marbrés.

M. Charles Roux est également à la tête d'une importante usine, dont la production annuelle est de 3,000,000 de kilogr. de savons. L'Empereur l'a nommé *chevalier de la Légion d'honneur*.

AUTRICHE. — M. G. HARTL et Fils, a Vienne, exposaient diverses qualités de savons, les uns faits avec de l'huile de noix de coco et préparés avec de l'eau concentrée à base de soude, d'autres faits avec du suif et à base de potasse, avec du suif fondu et à base d'acide élaïodique, ou avec du suif et de la résine et à base de soude.

Les savons qu'ils fabriquent pour les manufactures sont employés avec avantage dans les teintureries de soie ; car, loin d'enlever à la soie son éclat, ils le lui conservent, tout en lui donnant de la souplesse. *Médaille.*

La SOCIÉTÉ AUTRICHIENNE DES SAVONNIERS, a Vienne. — Fondée en 1839, cette société fusionna en 1842 avec la fabrique viennoise de bougies stéariques et acheta, en 1844, la fabrique de bougies transparentes également de Vienne.

Les bougies que fabrique cette importante société sous le nom de bougies d'Apollon, jouissent d'une réputation méritée.

Elle emploie annuellement 3,364,300 kil. de suif à la fabrication des bougies et une partie de l'acide oléique qui en résulte à la fabrication des savons. — *Médaille.*

M. A. SARG, a Liesing, près de Vienne. — La fabrique de bougies de M. Sarg, fondée à Vienne en 1837 par M. Gustave de Milly de Paris, est la plus ancienne des fabriques de bougies de l'Autriche. Mise en action en 1839, elle est devenue en 1858 la propriété de M. F. A. Sarg, son directeur actuel, qui le premier s'est occupé dans le royaume de la fabrication de la glycérine. Cette usine, des plus importantes, emploie annuellement de 25,000 à 30,000 quintaux de suif. Son exposition consistait en bougies, en savons et en glycérine. — *Médaille.*

BELGIQUE. — Mme Veuve DE CURTE, a Gantbrugge-lez-Gand. — L'industrie stéarique a pris, depuis quelques années surtout, un développement très-considérable en Belgique, où grâce à la suppression complète des droits de douane sur les matières grasses, au bas prix des salaires, du matériel et du combustible, elle présente des conditions avantageuses de fabrication qu'on ne rencontre pas ailleurs. Aussi, bien que la consommation locale soit de peu d'importance, l'extension des fabriques de bougies y est énorme relativement à la production des autres pays : on peut évaluer la quantité de bougies stéariques produites annuellement par les manufactures belges à près de 5 millions de kilogr., dont la majeure partie est exportée.

La fabrication se pratique au moyen de la distillation de l'huile de palme, des graisses et du suif et par les procédés les plus perfectionnés et les plus économiques.

Mme veuve de Curte exposait des bougies provenant de la distillation, et des spécimens de la stéarine employée à leur préparation. — *Médaille.*

MM. DE ROUBAIX-JENAR et Cⁱᵉ, a Cureghem-lez-Bruxelles. — Cette exposition, vraiment remarquable, a eu les honneurs d'une vitrine particulière dans la grande galerie transversale qui réunissait les deux dômes. Elle se composait d'une pyramide d'acide stéarique, reposant sur un soubassement ornementé de sculptures modelées avec la même matière ; alentour étaient rangées des bougies de toutes les formes, fabriquées dans l'usine de Cureghem.

MM. de Roubaix exposaient en outre dans de grandes éprouvettes de l'acide oléique brut et purifié, de l'huile de coco, de la glycérine, de l'huile de palme, des matières acidifiées, du suif indigène, des acides gras, etc., en un mot toute la série des substances qui servent à la composition des bougies stéariques. — *Médaille.*

MM. DE ROUBAIX-OEDENKOVEN et Cᵉ, a Borgerhout-lez-Anvers, pour des produits similaires. — *Médaille.*

MM. BISSÉ et Cᵉ, a Cureghem, avaient renfermé dans six énormes flacons : 1° de l'oléine pure, extraite d'huile de pieds de mouton, destinée particulièrement aux ouvrages d'horlogerie fine et à certaines armes ; 2° de l'oléine animale, extraite d'huile de pieds de bœuf, en usage dans la grosse horlogerie et dans l'arquebuserie de guerre ; 3° de l'oléine animale, retirée des graisses médullaires de toute espèce d'animaux, applicable aux machines fixes, aux besoins des filatures et de la marine ; 4° de l'oléine réfrigérante, particulièrement propre à une locomotion et à une rotation rapides ; 5° une graisse spéciale pour essieux de voitures de chemins de fer ; et 6° de l'oléine chimique ou huile tournante, pour teintures, notamment pour teinture en rouge d'Andrinople.

Les premières applications de cette dernière huile ont été faites avec succès par M. Weine de Ribauvillé (Haut-Rhin), qui, à cette occasion, a reçu en 1855 la médaille d'honneur. — *Médaille.*

Mme Veuve DESCRESSONNIÈRES et Fils, Molenbeck-saint-Jean. — Cette fabrique de savons est la plus ancienne et peut-être la plus considérable de la Belgique ; elle présente des produits de belle apparence consistant en huile tournante et en savons de toilette, en savons pour le lavage du linge et en savons pour l'industrie. — *Médaille.*

M. VAN DEN PUT, a Bruxelles. — De création plus récente que la précédente, cette manufacture est des mieux installées ; on y emploie la vapeur pour le chauffage. M. Van den Put expose des savons de toilette et autres, et des articles de parfumerie fine : pommades, huiles antiques, cosmétiques, extraits d'odeurs, vinaigres et eaux de toilette, poudres de riz, etc.; tous ces produits sont de qualité supérieure. — *Médaille.*

BRÉSIL. — M. LAGOS. — Les visiteurs de la section brésilienne ont tous admiré la collection composée de vingt-quatre variétés d'abeilles, envoyée par M. Lagos ; mais ils ont regretté qu'une notice sur les mœurs et les produits de chacune de ces variétés n'y fût pas jointe.

Les abeilles sont très-abondantes dans les forêts vierges du Brésil, elles y font leur nid soit dans la terre, soit dans le creux des arbres, et, si l'on en juge par l'exposition de M. Lagos, les différentes races en sont nombreuses. Les espèces qui produisent le meilleur miel sont connues dans le pays sous les dénominations de « jata », de « mondura », de « mandaçaya », de « marmelada » et « d'uruçu. » Le miel du Brésil est en général excellent et n'a pas cet arrière-goût désagréable qu'ont la plupart des miels d'Europe ; toutefois certains miels, notamment celui de l'espèce dite « munbubinha », qui est d'une couleur verte, sont de véritables poisons, et d'autres des purgatifs très-violents.

La cire que l'on récolte au Brésil est d'un brun très-foncé tirant sur le noir ; on a été longtemps à parvenir à la rendre blanche ; mais la science et l'industrie ont fini par résoudre victorieusement le problème, et les cires présentées par M. Lagos rivalisent pour la pureté et la limpidité avec les plus beaux spécimens des autres pays. — *Médaille.*

COMPAGNIE DES BOUGIES STÉARIQUES, a Rio-Janeiro. — Le Brésil n'est pas non plus resté en arrière dans l'industrie stéarique. Dès son début elle y a pris un développement important et donné lieu à une puissante association de capitaux. Comme les fabriques européennes, la Compagnie de Rio-Janeiro utilise les résidus de la fabrication des bougies pour la préparation des savons et autres dérivés. Elle exposait de beaux échantillons de stéarine et de glycérine, des bougies et des savons travaillés d'après les meilleures méthodes. — *Médaille.*

M. BARCELLOS, a Pernambouc. — L'exposition de M. Barcellos révélait quelques ressources végétales du Brésil des plus curieuses. Ce sont des résines et des huiles extraites du « ceroxylon » et du « carnahuba. » Elle présentait également des bougies que l'on en obtient.

Le « ceroxylon » ou arbre à suif appartient à la famille des palmiers ; on le rencontre dans la partie la plus élevée des Andes de l'Amérique méridionale, où il atteint une hauteur de 50 à 60 mètres. De son tronc exsude en abondance une matière résineuse, blanchâtre, polie et inflammable, qui a l'apparence du suif ; les habitants en composent des cierges et des bougies, en y mélangeant soit de la cire, soit du suif de graisse.

Le « carnahuba » ou arbre à cire, également de la famille des palmiers, paraît prospérer plus que tous les autres végétaux dans les sables de la province de Ciara ou Seara ; il parvient à la hauteur du ceroxylon. C'est un des arbres les plus précieux de l'Amérique, un de « ces arbres de vie », selon l'expression du savant Humboldt, desquels la Providence a enrichi les vastes solitudes des régions tropicales ; l'existence entière d'une tribu peut s'y rattacher, surtout dans une contrée aride ; le carnahuba, en effet, suffirait à lui seul aux besoins de l'homme. Grâce à la solidité de son bois et à la disposition de son feuillage, une cabane commode se construit à l'aide de quelques carnahubas poussés en groupe, sans qu'il soit nécessaire d'employer d'autres matériaux qu'un peu de terre pour former les murailles. Les filaments de son bois sont susceptibles d'être tissés. Ses feuilles, disposées en éventail, servent à la fabrication d'une infinité de menus ouvrages, tels que nattes, chapeaux, corbeilles, paniers, etc.; de ses branches on fait des cannes recherchées pour leur poli admirable et leurs mouchetures heureusement variées. De plus, le carnahuba fournit un aliment au gros bétail, qui, dans les temps de sécheresse, se contente du cœur de l'arbre, à défaut d'autre nourriture. L'homme lui-même en retire une fécule nourrissante, sans compter que le fruit est des plus agréables. Mais la véritable production végétale du carnahuba et qui lui donne une importance à part dans l'économie sociale, c'est la cire qui couvre la superficie de ses jeunes feuilles. Cette cire a l'aspect d'une poudre glutineuse, répandue en assez petite quantité. Extraite au moyen du feu, cette poussière acquiert la consistance de la cire, dont elle a aussi l'odeur. On en fabrique des bougies et des cierges de petite dimension. M. Barcellos en présente différents modèles et différentes qualités : ces bougies fournissent une bonne et belle lumière et sont d'un usage économique avantageux. — *Mention honorable.*

DANEMARK. — M. DRIESHAUS, a Altona. — L'abeille vit à peu près dans tous les climats ; nous la trouvons partout, dans les contrées septentrionales comme dans les contrées méridionales, et la cire se travaille au Danemark aussi bien qu'en Espagne et en Italie. M. Drieshaus exposait des bougies et de la cire d'une blancheur et d'une pureté parfaites. — *Médaille.*

M. HOLMBLAD, a Copenhague. — Le Danemark ne reste pas en arrière du progrès, et les nouvelles inventions ne tardent pas à y être accueillies et à y prospérer. Nous en avons une preuve de plus dans le développement qu'a pris dans plusieurs villes la fabrication de la stéarine, d'introduction toute récente, et dans l'excellence de ses produits. Les bougies et les blocs de stéarine exposés par M. Holmblad réunissent les qualités des meilleurs spécimens du même genre. — *Médaille.*

ESPAGNE. — M. DELGADO, a Zalamea-la-Real, province de Huelva. — L'Espagne produit en abondance de la cire de très-bonne qualité ; on en fabrique de belles bougies et de beaux cierges. Les échantillons exposés par M. Delgado font honneur à la cirerie espagnole. — *Médaille.*

MM. GARRET, SAENZ et Cie, a Malaga. — L'industrie stéarique s'est aussi depuis plusieurs années naturalisée en Espagne, et elle compte aujourd'hui plusieurs fabriques importantes dans la plupart des principales villes. Les meilleures méthodes adoptées en France y sont en pratique et contribuent à obtenir des produits présentant les qualités des nôtres; on pouvait s'en convaincre par l'examen des pains de stéarine et des bougies présentés par MM. GARRET, SAENZ ET Cᵉ. — *Médaille.*

La même récompense a été décernée pour produits similaires à M. LIZARDE de BERLANGA, et à M. PERLA de MADRID.

MM. GIMENEZ FRÈRES, A MORA. — L'huile d'olive est la matière principale qui entre dans la composition des savons espagnols; cependant certains fabricants ont récemment essayé l'emploi de l'huile de coco, et même M. de Hita, de la Havane, prétend avoir résolu le problème si important de l'huile de coco inodore. Quoi qu'il en soit, le jury a jugé à propos de n'accorder de récompenses qu'aux savons d'huile d'olive. — *Médaille.*

Mᵐᵉ VEUVE GUERRERO et FILS de MORA, M. SOTELO de MALAGA, et la COMPAGNIE DE LA ROSALIA, ont également, pour des savons, obtenu la *Médaille.*

ÉTATS ROMAINS. — M. LE MARQUIS MUTI PAPAZZURRI, A ROME. — L'industrie stéarique est du petit nombre de celles qui ont réussi dans cette région peu commerciale et peu entreprenante de l'Italie. La pompe des cérémonies religieuses dans la capitale de la chrétienté en est sans doute une des principales causes, et les bougies stéariques ont été de merveilleux auxiliaires des cierges de cire, dont la consommation prodigieuse exige des importations considérables de matière première des pays étrangers.

La fabrication a lieu d'après les méthodes françaises les plus perfectionnées, et les produits en sont de bonne qualité. — *Médaille.*

ÉTATS-UNIS. — M. PEASE, A BUFFALO, État de NEW-YORK, présente une collection d'huiles extraites principalement de matières animales.

Nous citerons entre autres une huile pour graisser les machines, qui a été expérimentée à l'Exposition de Londres, où elle a servi à graisser diverses machines; une huile à brûler pour les lampes à signaux; une huile pour essieux, presque généralement employée sur les chemins de fer américains et supportant la plus grande chaleur, jusqu'à celle nécessaire pour la fusion du plomb; une huile de graisse propre aux besoins de l'hiver, puisqu'elle ne gèle point à de très-basses températures; une huile spéciale pour fusils, serrures et instruments de précision; enfin une huile pour machines à coudre, considérée comme une des meilleures qui aient été encore appropriées à cet usage. — *Médaille.*

GRÈCE. — M. THEOLOGOS, AU PIRÉE. — Savons d'huile d'olive d'assez bonne qualité. — *Médaille.*

M. EVANGELIS, A ATHÈNES. — Cire blanche et jaune, et bougies d'une pureté et d'une translucidité irréprochables. — *Médaille.*

GRAND-DUCHÉ DE HESSE. — M. GLOECKNER, A DARMSTADT, exposait des savons de résine, d'oléine, de suif, d'huile de palme et d'huile de coco, marbrés rouge brun, grisâtres, jaunes et blancs, d'excellente qualité. — *Médaille.*

HOLLANDE. — COMPAGNIE ROYALE, A AMSTERDAM. — L'industrie stéarique en Hollande marche de pair avec la fabrication belge; elle se trouve dans les mêmes conditions avantageuses de succès et d'économie, et sa production annuelle, qui n'est pas au-dessous de 4,000,000 kilog., fournit en dehors des besoins du pays à une exportation considérable. Quant à la qualité des produits, les spécimens d'acide stéarique et de bougies, exposés par la COMPAGNIE ROYALE, prouvent que les meilleurs procédés sont en usage dans les fabriques hollandaises. — *Médaille.*

MANUFACTURE DE BOUGIES STÉARIQUES, A GOUDA. — A côté des bougies de sa fabrication, cette manufacture présente des échantillons des matières premières employées à leur composition, ainsi que les résidus de la distillation et de l'épuration; viennent ensuite des spécimens de saponification de matières grasses, des suifs, des huiles de palme, de l'acide stéarique, oléique et palmitique, des substances

I.

grasses pressées à froid et à chaud, des pains d'acide stéarique en bloc et cristallisé, et des mèches tressées pour bougies. — *Médaille.*

MM. DOBBELMAN FRÈRES, à Nimègue. — Leurs savons de toilette blancs et jaunes se distinguent par leur légèreté, la tendresse de leur coupe et la pureté de leur parfum ; quelques-uns sont fabriqués à froid. — *Médaille.*

ITALIE. — M. CAROBBI, à Florence. — Dans toute l'Italie on élève soigneusement les abeilles pour en obtenir du miel et de la cire ; malgré ce, la production en cire n'y est pas suffisante à la consommation, et l'on en importe des quantités considérables. Le nombre des usines où se travaille la cire dans le royaume est de près de 250 ; les plus en renom sont celles de Florence, de Bergame, de Brescia, de Bologne, de Savone, de Cuneo, de Turin, de Pontelagoscuro, près de Ferrare, etc.

L'usine de Florence, dirigée par M. Carobbi, est une des plus considérables, tant sous le rapport de l'importance de la production que sous celui de l'excellence des modes de fabrication. Elle a des presses hydrauliques, une machine à vapeur, et consomme annuellement 54,000 kil. de cire dont 33,000 lui viennent, les meilleures qualités de la Turquie, les moyennes de l'Espagne et du Portugal, les inférieures de l'Afrique.

Son exposition consistait en cierges, en bougies de cire, en mèches et en objets de fantaisie à mèches de cire, le tout d'une excellente fabrication. — *Médaille.*

Les HÉRITIERS SERVENTI, à Parme, pour des cires et des bougies de cire, ont également obtenu la *Médaille.*

MM. LANZA Frères, à Turin. — L'industrie stéarique a pris une grande importance dans ces dernières années en Italie, où l'on trouve à Venise, à Milan, à Turin, à Florence, à Livourne, à Calci près de Pise, etc., des fabriques assez considérables, fournissant chacune à peu près 200,000 kil. d'acide stéarique par an. La plupart produisent par elles-mêmes l'acide sulfurique qui leur est nécessaire, et ont des savonneries pour utiliser immédiatement les produits secondaires de leur fabrication. Les procédés les plus perfectionnés y sont en pratique, et les produits peuvent rivaliser avec ceux des autres pays.

MM. Lanza exposaient de beaux échantillons de stéarine et de bougies stéariques. — *Médaille.*

MM. SQUARCI, à Livourne. — Produits similaires. — *Médaille.*

M. GIRARDI, à Turin, présente une série des principales huiles extraites des graines indigènes :

Huile de noix comestible. — Le noyer forme des bois touffus dans les vallées des Alpes et des Apennins ; mais l'importance de son huile a diminué depuis la culture de la navette et du colza.

Huile de colza pour l'éclairage et le graissage des machines. — Le colza est d'introduction récente dans le nord de l'Italie.

Huile de noisettes et de pepins de raisin pour l'éclairage.

Huile d'amandes pour usages médicaux.

Huile de lin pour l'imprimerie, la peinture, les vernis d'ébénisterie et l'éclairage. — L'extraction de cette huile alimente aujourd'hui de grandes manufactures en Italie, et se fait au moyen de puissantes presses mécaniques.

Huile de ricin pour la pharmacie et pour les savonneries.

Enfin, huile de lentisque pour l'éclairage et même pour la cuisine. — Pour cet usage, on lui enlève son odeur naturelle désagréable en la chauffant avec de la mie de pain. — *Médaille.*

CHAMBRE DE COMMERCE DE MILAN. — La série des huiles italiennes qu'expose la Chambre de commerce de Milan complète celle que nous venons d'énumérer. On fabrique encore en Italie, notamment dans le Novarais et le Vicentin, de l'huile de pistache de terre, petite plante qui cache ses gousses sous terre, et, dans les terrains gras, donne plus de la moitié du poids de sa graine en huile, comparable à la meilleure huile d'olive ;

De l'huile de sésame, dont il existe des manufactures à Livourne et à Turin. — Le sésame est une petite plante annuelle qui se sème en mai et donne son produit en été. Elle se cultive principalement en Sicile, où les habitants emploient ses graines pour communiquer au pain une saveur piquante ; ils en font aussi des confitures. Mais les mauvaises récoltes d'olives de ces dernières années ont fait recourir à l'utilisation de cette plante oléagineuse, rivale de l'olivier par l'abondance et la qualité de l'huile qu'elle fournit ;

Des huiles de faînes de hêtre, de genévrier, de laurier, de graines de coton, etc., pour éclairage et pour divers usages économiques et industriels. — *Médaille.*

MM. NOBERASCO et ACQUARONE, a Savone. — La savonnerie est une industrie tout italienne ; elle tire en effet son nom de la ville de Savone, qui peut en être considérée comme le berceau. On compte depuis longtemps de nombreuses et importantes manufactures de savons en Italie ; les principales se trouvent dans la Lombardie, l'Émilie, la Toscane et la Sicile. On y fait des savons de toute espèce, pour dégraisser les laines, pour la soie, pour le blanchissage des dentelles, pour la toilette, etc. Les matières employées à leur fabrication sont l'huile d'olive, l'huile de coco, l'oléine provenant des préparations stéariques, le suif, les graisses et les résines.

Les savons italiens rivalisent avec ceux de France et d'Allemagne et donnent lieu à une exportation considérable ; les qualités qui servent à la soie et à la laine s'exportent en Suisse, en Hollande, en Angleterre et aux États-Unis.

Les savons exposés par MM. Noberasco et Acquarone présentaient le type originel du savon marbré bleu pâle à manteau blanc : c'étaient les seuls de ce caractère en dehors de ceux de France. Ils exposaient aussi un échantillon marbré rouge, mais sans manteau, également de très-bonne qualité. — *Médaille.*

M. CONTI, a Livourne. — La manufacture de M. Conti, une des plus importantes de la Péninsule, produit principalement les savons des espèces suivantes :

Savon blanc liquide d'huile d'olive, d'une pureté aussi complète que possible, parfaitement approprié aux besoins spéciaux de la teinture des soies, du coton rouge et du blanchissage des dentelles ;

Savon flottant d'huile d'olive, plus léger que l'eau, sur laquelle il a la propriété de surnager, de sorte que les blanchisseuses ne sont pas exposées à le perdre, lorsqu'elles travaillent au-dessus d'une eau profonde ;

Savon blanc de gras ou savon marin, composé de gras végétal, blanchissant dans l'eau de mer ;

Savon marbré rouge, de première et de seconde qualité, composé d'huile d'olive, très-bon pour dégraisser la laine, et d'une très-grande économie pour les usages domestiques. — *Médaille.*

PORTUGAL. — M. CASTRO SILVA. — La savonnerie portugaise était représentée par trois fabricants. Celui qui avait l'exploitation la plus considérable et présentait les meilleurs produits, c'est M. Castro Silva, dont les savons à l'huile d'olive, marbrés, blancs et jaunes, réunissent toutes les qualités d'une excellente préparation. — *Médaille.*

MM. KEMPES et Cie, a Lisbonne, utilisent d'autres ingrédients que l'huile d'olive pour la composition de leurs savons ordinaires et de toilette. — *Mention honorable.*

M. BURNAY. — Le Portugal abonde en plantes oléagineuses dont l'industrie extrait des huiles pour ses besoins divers, pour la cuisine et pour l'éclairage. M. Burnay en présentait douze qualités différentes, remarquables par leur pureté et leur limpidité. — *Médaille.*

M. le comte de SOBRAL, a Almeirim, province de Santarem. — Dans la classe précédente nous avons vu, à propos de la production du miel, que les cultivateurs portugais élèvent de grandes quantités d'abeilles ; il n'est donc pas surprenant que la cire soit un des produits les plus importants de l'agriculture au Portugal.

M. le comte de Sobral a exposé des cires blanchies, d'un poli, d'une blancheur et d'une transparence qui ne laissent rien à désirer. — *Médaille.*

M. HENRIQUES, a Polares, province de Coïmbre. — Cires blanches et jaunes. — *Mention honorable.*

L'ADMINISTRATION GÉNÉRALE DES FORÊTS DU ROYAUME, a Leiria, exposait une série aussi complète que possible et fort instructive des produits provenant de l'extraction de la résine du pin maritime, les outils des résiniers et deux troncs d'arbres sur lesquels était indiquée la manière dont se pratiquent les saignées; ces saignées présentent une disposition très-intelligente, dont les résiniers des landes de la Gascogne pourraient profiter : au-dessous de l'entaille faite dans l'écorce, on pratique une incision un peu plus profonde en forme de V, à l'extrémité inférieure de laquelle on fixe un pot pour recevoir la résine qui doit en découler. L'année suivante, on ravive cette incision, puis on en pratique une seconde un peu plus haut, de sorte que l'arbre porte alors une entaille et une double incision qui présentent l'aspect de deux V superposés et séparés par une forte coche; c'est le moyen de retirer de l'arbre tout ce qu'il peut donner de résine, sans cependant affamer le bois.

Les produits étaient divisés en deux catégories, savoir :

1° Produits bruts provenant de l'extraction par incision : gomme et huile de térébenthine ;

2° Produits dérivés de la gomme : térébenthine, colophane et brai sec.

Il n'est pas sans intérêt de faire connaître les prix de ces différents produits pris à l'usine tels qu'ils étaient indiqués sur la vitrine :

Térébenthine.	1 fr. 58 c.
Huile.	2 26
Essence	1 39
Colophane et brai sec.	» 33

A côté se trouvait la collection des outils dont se servent les résiniers pour la récolte de la résine : hachette, cognée, racloir, pelle, barasquette, petite pelle, poussée, palotte, échelle, esquarte. — *Médaille.*

PRUSSE. — M. WUNDER, a Liegnitz. — Ses savons unis et marbrés, à la fabrication desquels il emploie l'huile de coco et des graisses épurées, présentent tous les caractères d'une bonne fabrication. — *Médaille.*

MM. SCHINDLER et MÜTZEL, a Stettin. — Les savons de cette maison, du même genre que ceux de M. Wunder, sont bien supérieurs aux produits similaires des autres fabricants de la Prusse. Outre l'huile de coco, MM. Schindler et Mützel font entrer de l'huile de palme dans la composition de leurs savons, auxquels ils savent donner des formes variées et élégantes. — *Médaille.*

MM. JANSSEN, MICHELS et NEVEN, a Cologne. — La Prusse compte plusieurs fabriques de bougies stéariques assez importantes. La plupart appliquent la saponification calcaire en vases clos sous la pression de quelques atmosphères et à l'aide de trois centièmes de chaux ; la distillation y est peu pratiquée : et, comme l'huile de palme revient à un prix trop élevé en raison des frais de transport, on se borne à l'usage des suifs indigènes ou venant de la Russie. La consommation est toute locale, les produits sont donc spécialement appropriés aux besoins et aux habitudes du pays.

Les acides stéariques et les bougies exposés par la maison Janssen, Michels et Neven peuvent être rangés parmi les meilleurs produits de l'industrie stéarique en Prusse, de laquelle ils donnent une idée tout à fait avantageuse. — *Médaille.*

M. le Docteur MOTARD, a Berlin. — Cette exposition offrait un intérêt tout particulier en ce qu'elle permettait de suivre les travaux successifs de la fabrication des bougies et des chandelles, et que l'exposant est lui-même inventeur de divers procédés qui lui facilitent les moyens d'atteindre à la perfection.

L'usine du docteur Motard est une des plus considérables de la Prusse ; il en sort annuellement de 500,000 à 600,000 paquets de bougies, représentant une valeur de 700,000 fr. environ. Elle présentait des pains de stéarine obtenue par la combinaison de trois acides gras, stéarique, palmétique et oléidique;

des bougies de trois qualités, des chandelles de suif parfaitement épurées; des suifs traités par la chaux et par l'acide sulfurique, et des suifs distillés ; des huiles de palme, de l'acide oléique , de la glycérine, des acides gras obtenus par l'eau pure, et des savons à base de soude et de potasse sous forme de gelée. — *Médaille*.

La SOCIÉTÉ ANONYME DE LA THURINGE SAXONNE, a Halle, a pour but la fabrication des produits si variés que l'industrie, unie à la science, est parvenue dans ces derniers temps à retirer de la distillation de la houille, et notamment d'un des plus récents et des plus curieux de ces dérivés, la paraffine, qu'on utilise déjà de tant de manières. C'est surtout en bougies que la Société Thuringienne transforme les paraffines qu'elle extrait de ses goudrons distillés. — *Médaille*.

SOCIÉTÉ ANONYME DE WERSCHEN-WEISSENFELDS, a Weissenfelds. — Cette Société est également constituée pour l'exploitation de mines de houille ; non-seulement elle en vend les produits, mais aussi elle les travaille et en retire tous les dérivés connus aujourd'hui. Son exposition renferme de beaux spécimens de paraffine et de bougies diaphanes. — *Médaille*.

M. RUGE, a Wildschütz. — La fabrication de la paraffine s'est développée dans de grandes proportions en Prusse, où l'on trouve d'importantes usines qui y sont consacrées. Celle de M. Ruge est de ce nombre. Il exposait principalement des bougies. — *Médaille*.

M. OTTO, a Francfort-sur-l'Oder, réunit les deux industries de la fabrication des bougies et de celle des savons : il utilise les résidus de l'une pour les besoins de l'autre. Son exposition se compose, d'une part, de spécimens de paraffine extraite de la houille et de la tourbe, de bougies préparées avec cette matière ; de l'autre part, de savons, de suif, de résine, d'huile de coco, d'huile de palme, d'huile de colza et d'oléine. — *Médaille*.

RUSSIE.— MM. ALFTHAN et Cᵉ, en Finlande.— Un grand nombre de fabriques de bougies stéariques se sont élevées en Russie ; mais les entraves douanières, la consommation locale restreinte et le manque des connaissances théoriques et pratiques nécessaires n'ont pas permis à cette industrie naissante de réaliser les avantages qu'on en avait espérés. Néanmoins certains fabricants se maintiennent au niveau de leurs concurrents de l'Allemagne ; les produits exposés par M. Alfthan en sont la preuve. — *Médaille*.

M. SAPELKIN, au village de Vladimerovka, près de Moscou. — Dans la plupart des gouvernements, c'est encore la cirerie qui l'emporte sur les innovations qui ont pour objet de suppléer à la cire. Les bougies de cire sont en général préférées pour l'usage des classes aristocratiques et bourgeoises, les seules à peu près qui aient recours à un mode d'éclairage dispendieux. Les produits de M. Sapelkin, à en juger par les spécimens exposés, satisfont à toutes les exigences du luxe, de la propreté et de l'élégance. — *Médaille*.

SUÈDE. — M. MONTEN, a Stockholm. — La Suède doit l'introduction de l'industrie stéarique à l'illustre Berzelius, qui s'adressa, en France, à M. de Milly, afin d'obtenir les moyens pratiques de créer des fabriques de bougies stéariques, désir auquel notre compatriote fut trop heureux de satisfaire ; et depuis longtemps il existe dans les principales villes de Suède des usines, où l'on fabrique des bougies stéariques de fort bonne qualité en général, et qui se sont mises d'ailleurs à la hauteur de tous les perfectionnements qui ont été apportés successivement à cette branche d'industrie. Ainsi la saponification calcaire, primitivement en pratique, a été abandonnée pour les procédés plus économiques et plus efficaces de l'acidification sulfurique et de la distillation. C'est le suif provenant de la Suède et de la Russie, et l'huile de palme, exportée principalement d'Angleterre, qui entrent dans la composition des bougies.

M. Monten en présentait de deux sortes : l'une de luxe, composée de matières premières de choix, pressées fortement à chaud, à un degré de fusion plus élevé, et douée de propriétés supérieures ; l'autre, pour la consommation ordinaire, préparée avec des matières premières fraîches mélangées des résidus de la fabrication des jours précédents, pressées d'abord à froid, puis à chaud, et plus facilement fusibles ; néanmoins cette dernière espèce de bougies est, comme la première, de très-bonne qualité.

M. Monten a aussi établi la plus ancienne et plus considérable savonnerie qui existe encore aujourd'hui en Suède. Pour la préparation de ses savons doux ou verts, il utilise l'acide oléique provenant de la stéarine des bougies et emploie, en outre, des huiles de lin qu'il tire de la Suède et de l'Angleterre, des huiles de chanvre de Russie, et de la potasse de Suède, de Finlande et de l'Amérique du Nord. — *Médaille.*

Mlle RAMSTEDT, a Stockholm, déploie un véritable talent d'artiste dans le modelage en cire. Le buste de la reine Victoria et les fleurs qu'elle a exposés lui ont mérité la *Médaille.*

TURQUIE. — M. RINGA ALI. — Bougies et cire à modeler. — *Médaille.*

WURTEMBERG. — M. GRUNER, a Essling, a moulé en savon les bustes des principaux souverains, notamment celui de son roi et ceux de la reine Victoria et du prince Albert. Les savons qu'il présente sont en général bien préparés ; parmi les savons de toilette, nous devons en signaler particulièrement un, auquel il donne le nom de « savon médicinal » en raison des vertus qu'il lui attribue pour l'entretien et l'adoucissement de la peau. — *Médaille.*

SECTION II. — AUTRES MATIÈRES ANIMALES EMPLOYÉES DANS LES MANUFACTURES.

ROYAUME-UNI. — LA SOCIÉTÉ ROYALE D'AGRICULTURE D'ANGLETERRE , a Londres , avait réuni dans un espace assez restreint la collection complète des laines que produit la Grande-Bretagne. Les toisons qui frappaient tout d'abord l'attention étaient celles des deux seuls troupeaux mérinos qui existent dans l'est de l'Angleterre ; la laine en est plus moyenne que fine ; mais les animaux qui composent ces troupeaux, repoussant toute stabulation, ont surtout pour objet de fournir des béliers aux colonies anglaises.

Après ces mérinos, les laines les plus fines sont fournies par les races du Dorsetshire et des South-Downs ; elles ont perdu beaucoup en finesse depuis vingt ans, mais elles ont gagné en longueur et en abondance. Les plus grosses, et ce sont les plus nombreuses, proviennent des races Lincoln, Costwold, Leicester, et de celles des montagnes.

La laine a de tout temps joué un rôle important dans l'économie agricole et industrielle de la Grande-Bretagne ; le ballot de laine traditionnel, qui sert de siége au président de la Chambre des communes, indique d'une façon assez significative que la laine était dans l'origine considérée comme la vraie « mine d'or du pays, » comme on l'a dit en parlant des laines de l'Australie. La production indigène n'a pas tardé à être insuffisante pour répondre aux progrès de l'industrie manufacturière. Les premières importations de laines exotiques en Angleterre ont eu lieu en 1770 ; elles étaient de 1,829,772 livres en 1771 ; aujourd'hui elles dépassent 126,738,000 livres, provenant, en grande partie, des troupeaux mérinos fins des colonies britanniques. Londres tend à devenir le grand centre commercial du monde pour la laine. — *Médaille.*

MM. STEWART, ROWELL-STEWART et Cie, a Aberdeen et a Londres. — La fabrique de peignes que ces exposants possèdent à Aberdeen est peut-être la plus considérable qui existe en ce genre ; l'usine couvre une superficie de plus de deux arpents et occupe près de 1,100 ouvriers.

Vers l'année 1828, M. Lynn inventait une machine des plus ingénieuses, au moyen de laquelle on pouvait tailler deux peignes à la fois dans un seul morceau de corne ou d'écaille ; et deux ans plus tard MM. Stewart et Cie fondaient à Aberdeen leur fabrique, dans laquelle ils adoptaient la machine de M. Lynn en la faisant fonctionner par la vapeur, ce qui les mit à même d'accroître leur production dans des proportions inconcevables et avec une très-grande économie.

Les cornes employées à faire des peignes sont de deux sortes : celles de buffle et celles de bœuf. La corne de buffle sert à la fabrication de la plus grande partie des peignes à coiffer, et en général de tous les peignes d'un beau noir foncé. La meilleure qualité vient de l'Inde et surtout du Siam, où l'on en trouve de dimensions vraiment extraordinaires. La vitrine de MM. Stewart renfermait, entre autres échantillons, une de ces cornes mesurant 5 pieds de la base au sommet, 19 pouces environ à sa circonférence, et pesant 14 livres ; une corne d'un beau bœuf anglais ne pèse ordinairement qu'une livre à peu près. Une corne est coupée deux fois transversalement, et ensuite longitudinalement, si elle est de forte dimension. Les bouts ou extrémités sont envoyés à Sheffield pour faire des manches de couteaux et d'ombrelles.

On utilise également la corne des sabots ; on la fait bouillir pendant un certain temps pour en rendre la fibre molle ; puis on la coupe en deux morceaux, et on la travaille à l'aide d'emporte-pièce verticaux de formes variées et irrégulières.

L'écaille entre dans la fabrication des peignes de luxe, auxquels MM. Stewart savent donner une élégance de dispositions, de dessins et d'ornements toute particulière.

L'usine d'Aberdeen produit plus de 1,200 grosses de peignes de tout genre par semaine, ou environ 9,000,000 par an ; elle consomme annuellement près de 800,000 cornes de bœuf, 4,000,000 sabots, de l'écaille et du buffle dans des proportions équivalentes. Rien n'est perdu dans les ateliers ; les rognures de corne, en raison de leurs propriétés éminemment nitrogènes, sont converties en prussiate de potasse, dont la production s'élève à 350 tonnes par an.

Un peigne, avant d'être livré à l'acheteur, passe par onze opérations distinctes ; malgré cette complication de travail, il est peu d'articles auxquels les perfectionnements de l'industrie aient fait subir une baisse de prix aussi notable : ainsi les peignes les meilleur marché, qui se vendaient encore en Angleterre 4 fr. 50 environ la douzaine il y a vingt ans, peuvent s'acheter aujourd'hui à raison de 1 fr. 75 la grosse : diminution de prix de près de 1,600 p. 0/0 ! MM. Stewart ont contribué en grande partie à amener un résultat si avantageux pour le public, tout en améliorant les qualités des objets fabriqués. — *Médaille.*

M. MOORE W. S., a Londres. — Sa vitrine renfermait un assortiment complet de brosses à cheveux, à dents, à ongles, pour chapeaux et pour habits, à dessus et à manches d'ivoire, d'os et de bois ; des coupe-papier, et divers autres objets en ivoire ou en bois incrusté d'ivoire ; des brosses pour tous les usages de toilette, en bois de rose, en ébène et autres ; mais ce qui donnait une valeur spéciale à cette exposition, c'est qu'elle présentait, soit par des dessins, soit par des spécimens en nature, toutes les phases successives de la fabrication des différents objets que nous venons d'énumérer. — *Médaille.*

M. FENTUM, M., a Londres. — Objets de fantaisie en ivoire et en bois dur. — *Médaille.*

MM. JAQUES, J. et FILS, a Londres. — Billes de billard et jeux d'échecs en ivoire. On pourrait exiger plus de fini et de légèreté dans le travail. — *Médaille.*

MM. SMITH G. et Cie, a Londres, exposaient une belle collection de colles de poisson et de gélatines.

Les gélatines sont d'une pureté et d'une transparence remarquables, elles sont extraites de pieds de veau et sont excellentes, employées en potages, pour l'alimentation des personnes convalescentes. Elles sont découpées en anneaux plus ou moins fins, et leur couleur varie du jaune d'ambre au blanc pur.

Les colles dites de poisson proviennent de matières premières, de poissons de différentes espèces et de différents pays; elles sont appropriées à une grande variété d'usages et se recommandent par leur viscosité et leur limpidité. — *Médaille.*

GOUVERNEMENT COLONIAL DE VICTORIA, a Melbourne. — En 1835, quelques colons entreprenants, principalement de la Tasmanie, vinrent s'établir sur le territoire qui forme aujourd'hui la colonie de Victoria; ils avaient pour toutes ressources 1,600 moutons et 20 têtes de gros bétail. L'année suivante, la population ne dépassait pas 250 habitants, mais les troupeaux comptaient déjà 50,000 têtes; l'accroissement continua rapidement, et le nombre des moutons n'était pas moindre de 6,500,000 en 1861.

La plupart des bêtes à laine de la colonie de Victoria sont issues de béliers mérinos importés de la Saxe; et depuis quelques années l'introduction des mérinos pur sang des fermes impériales de Rambouillet a donné des résultats très-satisfaisants.

Les nombreux encouragements accordés en Australie aux éleveurs qui améliorent la qualité des laines de leurs troupeaux en entrant dans les vues de la consommation, ont naturellement amené de grands perfectionnements dans l'élevage des animaux, leur tonte et le lavage des laines.

Les laines australiennes sont en général d'une très-grande finesse; mais on pourrait leur reprocher un peu de sécheresse et de dureté.

La collection exposée par le Gouvernement colonial présente les principaux types qui se rencontrent dans la colonie. — *Médaille.*

La médaille a été également accordée pour la supériorité de leurs laines à

MM. JOHN BELL, A. BROWN, W. DEGRAVES, T. L. CURRIE, DENNIS Frères, G. BOW, W. SKENE, T. et S. LEARMOUTH, T. RUSSELL, J. RITCHIE, G. MC. LEWRVEN, etc., etc., de Victoria;

MM. CLIVE, HAMILTON et TRAIL, COX, DANGAR et Cie, RILEY et BLOOMFIELD, T. HAYES, etc., de la Nouvelle-Galles du Sud;

MM. HUNTER, MOORE, MORGAN, de la Nouvelle-Zélande;

MM. BIGGE, MARSH, HODGSON et WATTS, du Queensland:

MM. ANDERSON, BOWMAN Frères, J. MURRAY, de l'Australie méridionale;

MM. W. ARCHER, CLARK, KERMADE, NULT, P. T. SMITH, de la Tasmanie.

MM. G. et W. MORTON, a Natal (Afrique). — La progression croissante de la production de la laine dans les colonies du Cap de Bonne-Espérance est vraiment prodigieuse. En 1840 elle n'était que de 400,000 kilogrammes; dix ans plus tard, elle avait monté à 2,900,000; et, en 1861, elle s'élevait à 8,300,000. C'est la même qualité fine qu'en Australie. — *Médaille.*

M. LEDGER C., a Sidney (Nouvelle-Galles du Sud). — La laine n'est pas le produit exclusif de l'espèce ovine, on la trouve dans la fourrure de presque tous les animaux, sous les poils qui la recouvrent. L'Exposition de 1862 présentait en effet des laines d'alpagas, de vigognes, de chèvres, de chameaux et même de cochons; les premières sont, sans contredit, les plus importantes, à en juger par la vogue des étoffes rases qu'elles servent à fabriquer.

L'alpaga, animal indigène du Pérou, où il est employé comme bête de somme, fournit une laine d'une finesse, d'une légèreté et d'une souplesse supérieures à la toison du mérinos espagnol et au poil de la chèvre d'Angora. Son introduction dans la colonie anglaise de la Nouvelle-Galles est due à M. Ledger, qui en 1858 ne recula devant aucun obstacle, aucun sacrifice, pour embarquer un troupeau de ces précieux animaux, dont l'exportation était alors prohibée sous les peines les plus sévères par le gouvernement péruvien.

Après un voyage de huit mois et de 700 milles anglais à travers des montagnes dont la hauteur varie de 800 à 1,700 pieds au-dessus du niveau de la mer, sans cesse troublé par des combats avec les indigènes, avec les agents du gouvernement et avec des voleurs, par des accidents, des dangers, des maladies, et après une traversée maritime non moins agitée, M. LEDGER, des 900 alpagas qu'il avait réunis dans le principe, n'en débarqua à Sidney que 250, la plupart malades et épuisés. A force de soins, une centaine de ces animaux parvinrent à se rétablir, et formèrent peu à peu un magnifique troupeau, dont l'espèce ne tarda pas à s'améliorer d'une façon sensible. Les nouveau-nés sont devenus adultes plus vite qu'en Amérique et ont une toison plus souple et plus fine, quoique plus pesante. M. Ledger a calculé que dans vingt ans il possédera 20,000 alpagas, et que, cinquante ans plus tard, d'après les lois ordinaires de la multiplication, la Nouvelle-Galles du Sud en comptera neuf millions, dont la laine représentera une somme de sept millions de francs, en l'évaluant à quelques centimes seulement le kilogramme.

Le dévouement et l'intrépidité de l'homme résolu et désintéressé, qui a doté sa patrie adoptive d'une source si féconde de richesse et d'industrie, ne pouvait rester sans récompense ; le succès de l'entreprise a dépassé toutes les espérances, et la qualité des laines exposées ne laisse rien à désirer. — *Médaille.*

M. MOORE F., INDE, a envoyé une collection des vers qui produisent de la soie dans les Indes anglaises, et qui sont l'objet d'une éducation particulière ou vivent à l'état sauvage. Parmi ces derniers, le plus important est le *Saturnia mylitta*, avec la soie duquel les Indiens fabriquent les soieries dites *Tusser*, qui prouvent que, plus avancés que nous dans les procédés spéciaux de filature, de teinture et de tissage, ils savent tirer des produits fort avantageux d'une chenille, dont la soie est loin, il est vrai, d'égaler celle du *Bombyx* du mûrier.

L'exposition de M. MOORE présentait les vers dans toutes leurs transformations, depuis la graine ou l'œuf jusqu'à la chrysalide et au papillon ; les cocons et la soie à toutes les périodes du travail, et enfin des spécimens des tissus qu'on en fabrique. — *Médaille.*

Les COMMISSAIRES DE LA COLONIE DE NATAL (COLONIES ANGLAISES) avaient envoyé les plus remarquables spécimens d'ivoire. Des défenses de rhinocéros et d'éléphant, des cornes de différents animaux et une collection des diverses qualités d'ivoire ; des cannes d'ivoire de plus d'un mètre de haut, des manches de cravache et une grande variété d'autres objets de même nature indiquent qu'il y a dans ces parages pour cette sorte de commerce une source d'approvisionnement qui n'est pas près d'être épuisée. L'ivoire du Cap de Bonne-Espérance et de l'Est a une blancheur tantôt mate, tantôt jaunâtre. Il est moins dur que celui de Guinée.

Cette vitrine renfermait en outre d'excellentes éponges, pêchées sur les côtes de la colonie. — *Médaille.*

FRANCE. — M. GRAUX, DE MAUCHAMP (AISNE). — Les laines fines, et surtout de haute finesse, diminuent et semblent même disparaître des bergeries françaises ; les laines de moyenne finesse sont celles qui sont le mieux appropriées aux conditions culturales de notre pays ; mais nos toisons gagnent comme poids, comme nerf et comme longueur de mèche ce qu'elles perdent en finesse ; sous ce rapport elles priment toutes les autres.

Le mérinos de Mauchamp, à la laine soyeuse et brillante, a conservé sa réputation et est toujours sans concurrent pour les qualités particulières qui le distinguent. Le jury a applaudi aux efforts qui ont été faits pour multiplier cette race si éminemment française. — *Médaille.*

MM. BIGORGNE, CAMUS ET HUTIN, de la même région, exposent aussi des laines mérinos moyennes, longues, nerveuses et lustrées. — *Médaille.*

M. LE GÉNÉRAL GIROD DE L'AIN, A GEX. — Tout se tient dans une économie rurale ; les divers éléments qui la composent réagissent les uns sur les autres. Non-seulement la nature du terrain modifie celle de la laine ; mais les systèmes de culture en changent plus ou moins complétement les conditions naturelles. Les cultures riches sont les seules qui peuvent produire les plus lourdes toisons, la laine la plus fine, la plus égale, la plus longue, la plus nerveuse, parce qu'elles peuvent seules fournir les soins, les abris et l'alimentation nécessaire pour atteindre de pareils résultats. Les laines de M. le général GIROD DE L'AIN réunissent à un haut degré toutes les qualités que nous venons de signaler. — *Médaille.*

I.

La Brie, le Châtillonnais et le département de Seine-et-Oise présentaient pareillement des résultats très-remarquables quant à l'amélioration des races et des toisons.

Au commencement de ce siècle, à l'époque où se propageait en France la race mérinos, le rapport entre le prix de la viande et celui de la laine était dans la proportion de 1 à 5 ; aujourd'hui il est de 1 à 2, et tend chaque jour à s'accroître. Aussi l'importance relative de la viande de nos moutons devient de plus en plus grande, et le moment approche où les cultivateurs retireront autant de profit de l'engraissement que de la laine de leurs troupeaux. Il faut donc qu'ils les améliorent en développant la production de la viande : et cela n'est possible qu'en choisissant des animaux plus précoces et à carcasses plus amples, et en les nourrissant mieux ; la laine fine ne peut venir sur de gros mérinos fortement nourris ; elle se transforme bientôt en laine moyenne, la mèche s'allonge, le brin devient plus gros, mais en même temps plus brillant et plus nerveux. Ce sont là les principales qualités qui caractérisent les meilleurs troupeaux français et notamment ceux de MM. GARNOT (arrondissement de Melun), CUGNOT (Seine-et-Oise), CHANDONT DE ROMON-BRIAILLE, DE VERNON, GODIN et GUICHARD. — *Médaille.*

M. DUSEIGNEUR, a Lyon. — Lors de l'Exposition universelle de 1855, les vers à soie venaient d'être atteints d'une épizootie, qui avait envahi la plupart des pays séricicoles, la France, l'Italie, l'Espagne, etc. Depuis cette époque, la maladie a continué ses ravages, et notre production indigène, réduite au quart ou au cinquième de ce qu'elle était, ne peut plus suffire aux besoins de nos manufactures. Un grand nombre d'éducateurs et de savants ont tenté de combattre ce fléau qui ruine plusieurs de nos départements. Les uns, supposant que la cause du mal réside dans la feuille employée à l'alimentation, ont soufré les mûriers comme on fait pour la vigne, ou bien ils ont remplacé le mûrier greffé par le mûrier sauvage ; mais ils ne semblent pas être arrivés à des résultats concluants. Les autres, attribuant la maladie à l'affaiblissement de la race originelle par les vices de nos méthodes d'éducation, ont cherché le remède dans la régénération du ver à soie du mûrier. De ce nombre est M. Duseigneur, dont les efforts intelligents pour réussir dans cette voie et les judicieuses observations ont paru au Jury dignes de la plus sérieuse considération.

Selon M. Duseigneur, le ver à soie subit la conséquence immédiate de la domestication de tous les animaux, qui, par suite des soins pris pour leur conservation et leur propagation, deviennent plus sujets à succomber sous l'influence des intempéries, des privations, des fatigues, des épizooties. Ainsi du ver à soie, qui est devenu plus précoce, à qui l'on a fait filer une soie plus fine, mais qu'on a rendu plus délicat. Il importe donc de donner plus de vigueur à nos races, afin qu'elles résistent mieux à la maladie. L'exposition de M. Duseigneur présentait des vers, à l'éducation desquels avaient présidé ces excellentes idées ; et la belle et saine apparence des animaux, ainsi que les qualités supérieures de leurs soies, ne pouvait que leur donner gain de cause. — *Médaille.*

M. CHABOD Fils, a Lyon. — L'importation de graines provenant de pays non encore atteints par l'épizootie a trouvé le moyen le plus immédiatement efficace de remédier aux désastres occasionnés par le fléau. Des hommes dévoués sont allés dans des contrées lointaines et dangereuses recueillir la graine nécessaire à nos éducateurs ; malheureusement ils ne figuraient pas parmi les exposants, et leur zèle n'a pu recevoir la récompense qu'il méritait ; mais le Jury s'est appliqué à distinguer ceux des éducateurs exposants qui ont puisé à cette source pour en faire ressortir les avantages aux yeux de leurs confrères.

M. Chabod était dans ce cas ; il exposait des soies produites par des vers provenant de graines importées, notamment des régions transcaucasiennes ; ces soies, moins fines sans doute que celle qu'on obtenait avant l'invasion de la maladie, mais très-nerveuses et très-élastiques, ont une grande importance dans l'état critique où languit l'industrie séricicole. — *Médaille.*

M. le Docteur GUÉRIN-MENNEVILLE, a Paris. — Enfin on a tenté d'acclimater des séricaires autres que le ver à soie du mûrier ; ces tentatives ont déjà donné des résultats assez avantageux. La chenille dite Bombyx Cynthia, vivant sur l'ailante ou vernis du Japon (ce qui lui a fait donner le nom de « ver à soie de l'ailante »), semble vouloir réussir en France, où elle a été introduite aux environs de Paris par M. Guérin-Menneville en 1858 ; il a déjà été planté plus d'un million d'ailantes en vue de l'éducation du nouveau ver à soie.

L'ailante est un arbre des plus vivaces, qui pousse partout, même dans les terrains les plus ingrats. Le ver à soie qu'il nourrit est très-rustique ; il vit sur l'arbre en plein air, et ni la pluie ni le vent ne peuvent le détacher de la feuille qu'il dévore, et l'empêcher d'y filer son cocon ; l'ailantine, ou la matière textile qui compose le cocon, tient le milieu entre la soie et la laine ; c'est plutôt un succédané du coton, auquel elle est supérieure par la force et la beauté. — *Médaille*.

Madame la Comtesse DE CORNEILLAN, a Paris. — Une objection faite contre l'ailantine, c'est qu'elle donne des fils irréguliers et difficiles à filer ; mais cette objection n'a plus de valeur depuis la précieuse découverte de Madame de Corneillan, qui a trouvé le moyen de filer tous les cocons ouverts, aussi bien ceux du ver du mûrier entr'ouverts par le papillon qui s'en est échappé que ceux du ver de l'ailante, et de les filer en soie grége ou continue. Les soies d'ailantine exposées par Madame de Corneillan ne permettent plus de douter du succès de son invention. — *Médaille*.

La SOCIÉTÉ IMPÉRIALE D'ACCLIMATATION, a Paris, a poussé encore plus loin les essais d'introduction de nouveaux séricaires. Elle a exposé onze espèces différentes, papillons, chenilles et cocons :

1° Ver du mûrier du Japon ;	7° *Bombyx Atlas* des Indes ;
2° Ver du ricin des Indes ;	8° *Bombyx Selene* id.
3° Ver de l'ailante de Chine ;	9° *Bombyx aurota*, de l'Amérique du Sud ;
4° Ver du chêne de Chine ;	10° *Bombyx speculum* id.
5° Ver du chêne des Indes ;	11° *Bombyx cecropia*, de l'Amérique du Nord.
6° Ver du chêne du Japon ;	

Aux spécimens de ces diverses chenilles étaient joints des échantillons de soies gréges, des fils tordus et moulinés, obtenus des cocons de plusieurs d'entre elles. — *Médaille*.

LA VILLE DE DIEPPE. — Cette ville, renommée pour la fabrication de sa tabletterie, a le monopole presque exclusif en France des objets sculptés en ivoire. Sa municipalité avait organisé une exposition collective dont l'ensemble faisait parfaitement ressortir l'importance de l'industrie locale et le mérite des ouvriers. Les principaux produits exposés consistaient en des christs, des animaux, des fleurs, des sujets divers très-finement traités pour couvertures de livres d'église, des carnets pour coffrets, des montures d'éventail, etc. On peut dire que c'étaient là autant de petits chefs-d'œuvre, décelant une habileté véritablement hors ligne, jointe à beaucoup de goût et à une profonde connaissance du dessin.

Les exposants qui se sont fait le plus remarquer dans cette belle collection sont MM. Blard, Depoilly et Ouvrier, chacun des trois a reçu la *Médaille*.

Et MM. Chouland frères et Levasseur ont obtenu la *Mention honorable*.

M. POISSON, a Paris. — La tabletterie, la coutellerie et l'éventaillerie font un emploi considérable d'ivoire de diverses provenances. En 1860, la France a mis en œuvre 124,650 kilogrammes d'ivoire, représentant une valeur de 2,360,466 fr., et elle a exporté 2,465 kil. de ces objets travaillés représentant 225,000 fr. Dans ce genre d'industrie, la France occupe incontestablement le premier rang ; les objets en ivoire exécutés au tour ou sculptés s'y distinguent par un bon goût, une élégance, une délicatesse de formes et une légéreté qu'on ne rencontre nulle part ailleurs ; aussi servent-ils de modèles aux ouvriers étrangers.

La maison Poisson est renommée pour sa tabletterie d'ivoire, ses billes de billard, ses échiquiers, ses jeux, etc. Elle exporte 80 pour 100 de sa fabrication. — *Médaille*.

M. LEFORT, a Paris. — La nacre de perle est devenue d'un usage fréquent pour la coutellerie, la tabletterie, la marqueterie et l'ébénisterie. L'importation a été pour la France, en 1860, de 883,408 kilogrammes, dont 802,000 ont été mis en œuvre, représentant 1,523,389 fr.; la réexportation n'a été que de 53,368 kilog. d'une valeur de 133,420 fr.

M. Lefort se sert de la nacre pour fabriquer des manches de couteaux, des boutons, des fiches, des jetons de jeux, des couteaux de dessert, des couteaux à papier, des porte-monnaie, des couvertures de livres, etc.

Il excelle aussi dans la sculpture en ivoire des sujets spéciaux pour livres d'église et de prières, de croix, de chapelets et de mille petits objets de fantaisie. — *Médaille.*

M. HORCHOLLE, a Paris, exécute avec l'ivoire et la nacre les ouvrages les plus délicats, des montures d'éventails, des garnitures de livres, des manches de couteaux simples et ornementés, des bonbonnières, etc. Il grave sur l'ivoire des lettres, des mots, même des textes entiers, et des dessins qui ont la netteté et le fini de la gravure ordinaire. — *Médaille.*

MM. TRIEFUS et ETTLINGER, a Paris. — Tabletterie, maroquinerie, bijouterie d'ivoire et d'écaille. — *Médaille.*

M. FAUVELLE-DELEBARRE, a Paris. — La consommation de l'écaille en France n'est guère moins considérable que celle de l'ivoire. Sur 24,222 kilogrammes importés en 1861, 21,212 ont été ouvrés, représentant une valeur de 1,162,176 fr.; l'exportation a été de 1,075 kilog., représentant 75,250 fr. La majeure partie est employée à la fabrication des peignes, qui a pris un développement très-important. La maison Fauvelle-Delebarre exporte 50 pour 100 de ses produits, qui jouissent d'une vogue justement acquise. L'écaille n'est pas la seule matière dont elle se sert; elle travaille pareillement la corne de buffle et le caoutchouc durci, dont elle fait des peignes très-solides, d'une belle teinte noire brillante et de formes régulières et élégantes. — *Médaille.*

MM. CASSELLA et MASSUE, a Paris. — Peignes d'écaille et de corne. — *Médaille.*

MM. PINSON FRÈRES, a Paris, sont brevetés pour un procédé nouveau · l'aide duquel ils imitent à s'y méprendre l'écaille, la nacre et l'ivoire avec de la gélatine préparée et solidifiée. Ils avaient exposé un panneau qui sous ce rapport trompait tous les yeux. — *Médaille.*

MM. D'ENFERT Frères, a Paris. — La fabrication des colles fortes et des gélatines est une industrie toute française; aussi est-ce en France qu'il faut aller chercher des produits supérieurs en ce genre. Quoi qu'il en soit, le nombre des exposants français était fort restreint.

MM. d'Enfert frères ont présenté des colles claires dites façon de Hollande, des gélatines fines et épuisées pour apprêts, de toutes nuances et d'une transparence admirable. — *Médaille.*

MM. COIGNET Père et Fils et Cᵉ, et COIGNET Frères et Cᵉ, a Lyon et a Paris, ont exposé toute la série des produits extraits des os : gélatines, colles gélatines, colles fortes, noir animal, suif d'os, phosphore blanc, phosphore rouge ou amorphe, violet d'aniline, biphosphate de chaux, os incinérés à blanc pour cristaux et porcelaine.

L'industrie doit à cette maison, dont la fondation remonte à 1781, de nombreux et importants services, notamment l'invention de la gélatine connue sous le nom d'ostéocolle, l'introduction en France de la fabrication du phosphore amorphe, et une baisse sensible dans les prix de la plupart de ces utiles produits. Cette maison ne cesse d'avancer dans la voie du progrès économique et industriel. Elle possède deux manufactures à Lyon, et une à Saint-Denis près de Paris; elle exporte 55 p. 100 de sa production totale.— *Médaille.*

Les CAIDS d'Amer Gueballa, de Braschas et d'Ouled-Habid (Algérie). — La France ne tardera pas à tirer de ses colonies les laines de haute finesse dont la production, comme nous venons de le voir, a presque totalement disparu de chez elle. Le climat exerce une grande influence sur les toisons ; la laine fine, mauvais conducteur du calorique, a été donnée aux animaux pour les garantir aussi bien de la chaleur que du froid. Aussi la race mérinos, qui fournit les laines les plus fines, se retrouve-t-elle dans les troupeaux indigènes du sud de l'Algérie, où elle s'est conservée malgré les incroyables mélanges qu'on lui a fait subir. Les cultivateurs algériens ont encore de grands progrès à tenter pour atteindre à la perfection ; mais les produits qu'ils ont exposés montrent qu'ils sont en voie de les accomplir. — *Médaille.*

TROUPEAU DE LAGHOUAT, province d'Alger. — La formation de ce troupeau et de celui de l'Arba est due à Son Excellence le maréchal Randon, qui a rendu tant de services à notre colonie du nord de l'Afrique ; malheureusement, les mérinos français, dont il les avait composés, ont eu beaucoup à souffrir des rigueurs et des privations résultant d'un climat si différent du leur ; mais ce qui en reste et a pu s'acclimater constitue un élément précieux pour améliorer peu à peu les troupeaux mérinos indigènes et pour généraliser promptement la production des laines qui ont mérité les éloges du jury.— *Médaille.*

Parmi les propriétaires de troupeaux ayant introduit dans la colonie les meilleurs systèmes d'éducation pratiqués en France, tout en les modifiant suivant les différences de climat et de terrain ; qui donnent aux Arabes l'exemple d'une sélection intelligente, d'une alimentation régulière, des réserves de fourrages, des bonnes méthodes de tonte et de conditionnement des toisons ; et produisent déjà des laines considérablement améliorées, nous citerons la Sœur URSULE JACQUOT, et M. BARNOIN, de la province de Constantine ; MM. DUPRÉ DE SAINT-MAUR, COTERISAN et DANDRIEU, de la province d'Oran, tous ont reçu la *Médaille.*

M. AHMED BEL KADI, province de Constantine.— Les tribus nomades utilisent depuis longtemps la laine et le crin du chameau pour en façonner des étoffes dont ils se font des vêtements, et des cordes qui leur servent à une infinité d'usages. Cet article est entré récemment dans l'importation, et l'on est parvenu à en fabriquer en France des tissus d'un moelleux, d'une souplesse et d'une imperméabilité remarquables.

M. Ahmed Bel Kadi exposait des crins de chameau d'une grande finesse, d'une solidité à toute épreuve et ayant le moelleux et le lustre de la soie. — *Médaille.*

Les Révérends PÈRES MARISTES, à la Conception (Nouvelle-Calédonie). — La Nouvelle-Calédonie, située sous la même latitude que l'Australie, semble tout aussi bien partagée que cette colonie anglaise pour produire de bonnes laines fines. Aussi les principaux efforts des colons sont-ils aujourd'hui tournés vers l'élève des moutons, dont plusieurs troupeaux ont été importés de l'Australie ; ils ont déjà obtenu des résultats très-satisfaisants, au point qu'on assure que les laines de la Nouvelle-Calédonie font déjà prime sur le marché de Sidney.

Si un jour la France n'est plus tributaire de la Grande-Bretagne pour l'importation des laines superfines qui lui manquent, elle en sera redevable en grande partie à l'esprit entreprenant et persévérant de ses missionnaires, qui ont pris l'initiative de cette production dans notre nouvelle possession , où se trouvent des montagnes et des pâturages immenses, offrant les conditions les plus propices au développement des races ovines qu'ils y ont introduites. — *Médaille.*

M. HARDY, directeur du jardin d'acclimatation à Alger. — L'Algérie devait déjà à M. Hardy l'acclimatation des vers à soie sur son territoire ; elle lui devra encore de la reconnaissance pour l'introduction de la chenille de l'ailante. La colonie n'a pas été épargnée par la maladie, et il a fallu autant que possible combler le vide que ses ravages ont causé dans la production. Aujourd'hui l'ailante et son ver prospèrent dans toutes les provinces. — *Médaille.*

Cette récompense a été également accordée pour la beauté des soies grèges et en cocons qu'ils ont exposées, à MM. REVERCHON et VALADEAU, de la province d'Alger ; BOULLE, COSTÉRISAN, GOUREAU, de la province d'Oran ; BLANC, DE GOURGAS et REVEL-MOREAU, de la province de Constantine.

M. MICHÉLY, à la Guyane, exposait des cocons d'une grande richesse et résultant de plusieurs éducations successives faites dans la même année.

M. Michély élève les vers du mûrier sous des hangars à l'air libre ; il échelonne les éclosions de manière à obtenir une montée tous les dix à douze jours. Lorsque la première série est à la montée, la seconde fait sa quatrième mue, la troisième est arrivée à l'éclosion de la graine et la quatrième à la naissance des papillons. Le ver mange pendant dix-huit jours et fait ses quatre mues en douze jours.

Le cinquième âge est de six jours et la montée de deux jours. Le cocon se fait en 56 heures. Chaque papillon donne de 550 à 590 œufs. — *Médaille.*

M. COSTA, à Mers-el-Kébir, province d'Oran. — La pêche du corail est organisée depuis plusieurs siècles sur les côtes de l'Algérie, où d'anciens traités en assuraient le profit à la France, longtemps avant que la régence d'Alger fût devenue une terre française; les navires français pêchent en outre dans les eaux de Tunis; mais, malgré les efforts de l'administration pour franciser de plus en plus cette industrie, et quoique les bateaux français soient [affranchis de toute redevance, les pêcheurs italiens sont encore à peu près seuls en possession de la pêche du corail. Le nombre des bateaux corailleurs varie chaque année, mais en moyenne il atteint toujours le chiffre de 200. La récolte totale est tous les ans de 22,000 à 25,000 fr. en moyenne par bateau, soit d'environ 150 kilogrammes. La valeur du corail est extrêmement variable : en 1826, à l'époque où la mode l'avait abandonné, la douane ne l'estimait qu'à 2 fr. le kilogramme brut; en 1853, le prix d'estimation en était remonté à 25 fr. le kilogramme brut. Le chiffre de l'exportation égale à peu de chose près celui de la production, et les pays d'exportation sont les mêmes que ceux d'où viennent les bateaux corailleurs. Le corail y est taillé et monté; de là, il se charge à Livourne, à Gènes et à Naples pour Alexandrie, Constantinople, Alep, la Perse, l'Inde et la Chine.

Le seul corail brut exposé a été envoyé par trois exposants de l'Algérie. Le plus beau pêché, au cap Figalo, a valu à M. Costa la *Médaille.*

Les deux autres, provenant de la Calle, provinces de Constantine et d'Oran, ont paru également remarquables; mais MM. AQUILINA LINGI, de la province de Constantine, et MONEGA, d'Oran, n'ont reçu que la *Mention honorable.*

MM. ABRAHAM KANOUI et KADA KELOUCH, de la province d'Oran. — Le kermès est un insecte du même genre que la cochenille, vivant sur le chêne-vert qui croît dans le midi de l'Europe et en Afrique. Son usage est très-ancien, et, avant l'importation de la cochenille, on s'en servait pour produire des couleurs rouges, mais d'un éclat moins vif que celui des teintes fournies par la cochenille. Les Arabes de l'Algérie en récoltent d'assez grandes quantités. — *Médaille.*

MM. KNOBLAUCH et Cⁱᵉ, à la Nouvelle-Calédonie. — La pêche des huîtres perlières a pris dans ces derniers temps une assez grande importance dans la Nouvelle-Calédonie et dans les îles du protectorat. C'est surtout aux îles Pomatou et Gambier qu'elles sont recueillies par les Kamaks. La pêche se fait sous cloche à plongeur, et un homme en peut ramasser jusqu'à 50 kilogrammes par jour. Les huîtres perlières de la Nouvelle-Calédonie sont de petite dimension, mais très-estimées. Sur les côtes on trouve aussi en très-grande abondance des cloisons de nautile, qui sont très-recherchées pour leur nacre. L'exportation annuelle qu'on en fait en France et en Angleterre peut s'évaluer à 100 tonneaux environ, du prix de 600,000 fr.

Au commerce de la nacre se rattache celui des perles, qu'on évalue à 100,000 fr. par an; quelques-unes sont d'une beauté hors ligne, et l'on cite notamment celle de la reine des Gambiers, qui est du plus bel orient et de la grosseur d'un œuf de pigeon. Les grosses perles ont une valeur arbitraire; la grenaille se vend de 50 à 60 fr. le demi-kilogramme à Tahiti.

Les eaux de la Nouvelle-Calédonie abondent en tortues dont deux espèces surtout, la tortue caret et la tortue verte, fournissent de très-belles écailles; la première, la plus estimée, se vend sur place 15 fr. la livre anglaise, et la seconde 10 fr. seulement.

On pêche aussi sur les côtes des coraux remarquables par leur nuance rose et susceptibles d'un beau poli.

Les produits que nous venons d'énumérer composaient en partie l'exposition de MM. Knoblauch et Cⁱᵉ, à qui le Jury a accordé la *Médaille.*

M. FOURRÉ. — Le machoiran est un poisson qui se pêche dans les lacs de l'intérieur de la Guyane, où il sert à la nourriture des indigènes. Ses vessies natatoires forment, sous le nom d'ichthyocolle, un objet important d'exportation; elles sont employées en Angleterre et en Hollande à la clarification de la bière. Réduite sous l'action du rabot à de minces copeaux, la colle du machoiran se dissout complétement dans l'eau froide, et est, quant au rendement, dans la proportion de deux à trois à la colle d'esturgeon de Russie, sur laquelle son bon marché lui assure une grande supériorité ; elle ne coûte que 5 fr. le kilogr. C'est un produit utile à signaler à l'attention du commerce.

M. Fourré exposait, outre ses spécimens de colle de machoiran, des écailles de tortue caret, du prix de 25 fr. le kilogr. — *Mention honorable.*

M. le Vice-amiral CHARNER (Cochinchine). — L'industrie annamite est encore peu développée, et la production du riz donne seule lieu à un commerce assez considérable. Les navires qui viennent charger du riz emportent bien quelques autres produits naturels, mais plutôt à titre d'échantillons que comme objets de négoce. Tout porte à espérer cependant qu'avant peu, sous la direction de l'administration française, les productions de toute espèce de ce riche pays entreront pour une large part dans le mouvement commercial de l'extrême Orient et de la métropole. Les divers articles exposés par le vice-amiral Charner permettent de juger de leur valeur et de leur importance : on y remarquait de la graisse de buffle, pour usages industriels ; de la peau de raie pour polissage ; de la peau d'éléphant et de rhinocéros pour fabrication de colle forte ; des défenses d'éléphant, des cornes de daim, dures et tendres, pour le tour ; des cornes de buffle et de rhinocéros pour la tabletterie, et des plumes de paon pour parures et éventails. — *Mention honorable.*

CALIFOU-BEN-ALI, a Nossibé. — La France commence à tirer de ses colonies de belles écailles de tortues : c'est de Nossibé que l'exportation en est le plus considérable ; elle s'élève de 4,000 à 5,000 kilog. par an. La pêche des tortues a lieu de septembre en mars. La tortue donne douze feuilles pesant au maximum 2 kilogr. et demi. L'écaille de Nossibé est d'excellente qualité ; tandis que celles de la Guyane et du Gabon ne valent que 25 fr., et celle de la Nouvelle-Calédonie 30 fr., l'écaille de tortue caret de Nossibé vaut 50 fr. le kilog.

Califou-ben-Ali en avait envoyé de superbes échantillons. — *Médaille.*

M. Le capitaine de PINÉAN, au Gabon (Côte occidentale d'Afrique). — Le Sénégal ne fournit plus qu'un peu d'ivoire provenant de Dhioloff et du désert de Bounoune ; mais on en recueille encore d'assez grandes quantités au Gabon ; c'est dans le haut de la rivière Ocomo que l'on trouve les plus beaux spécimens, et c'est là qu'il faut aller pour commercer directement avec les chasseurs Pahouins. Les dents d'hippopotame sont également l'objet d'un commerce assez considérable dans nos colonies de la côte occidentale d'Afrique.

Les prix de l'ivoire varient, suivant la grosseur des morceaux, de 2 fr. 50 à 10 fr. le kilogramme, payables en argent ou en marchandises. Passé le poids de 25 kilog., les dents n'ont plus qu'une valeur arbitraire qui peut changer à l'infini.

L'ivoire du Sénégal est généralement blanc, quelquefois jaune, et a des fentes à l'intérieur. L'ivoire du Gabon, comme celui de Guinée, est plus estimé ; il est plus dur et blanchit en vieillissant, tandis que tous les autres jaunissent.

Le capitaine de Pinéan avait envoyé quatre défenses d'éléphants d'une grosseur extraordinaire et d'un ivoire de la meilleure qualité. — *Médaille.*

AUTRICHE. — M. KORIZMICS L. , a Pesth, président de la Commission de l'exposition hongroise, présentait une collection des laines provenant des principaux troupeaux de la Hongrie.

La production annuelle totale de l'empire d'Autriche en laines de mouton de toutes sortes est d'environ 700,000 quintaux ; la Hongrie seule produit la moitié de ce chiffre. La haute finesse est le caractère distinctif des laines autrichiennes, dont la plus grande partie sont l'objet d'exportations considérables ; les laines de la Hongrie, moins fines que celles de la Silésie et de la Moravie, sont travaillées dans le pays ; quant aux qualités moyennes, l'industrie a recours à l'étranger pour se les procurer. — *Médaille.*

M. le comte de LARISCH-MOENNICH, a Freistadt (Silésie). — Les troupeaux de cet exposant ne comptent pas moins de 30,000 moutons, descendant de mérinos choisis, il y a soixante-cinq ans, dans la bergerie impériale de Holitsch, et, en 1812, dans un troupeau de la Malmaison. La tonte d'une brebis produit de 1 3/4 à 3 1/4 livres de laine, et celle d'un bélier de 3 1/4 à 5 3/4; le quintal s'est vendu en moyenne 264 florins en 1861. — *Médaille.*

M. LE BARON DE MUNDY, A RATSCHITZ (MORAVIE), exposait des toisons provenant de son troupeau. Les brebis qui le composent ont été prises dans la Saxe en 1823, et les béliers parmi ceux du prince Lichnowsky, à Kuchelna et à Bourtin; depuis cette époque, ce troupeau a été conservé dans toute sa pureté. — *Médaille.*

M. LE COMTE DE THUN-HOHENSTEIN, A PÉRUE ET A TETSCHEN (BOHÊME). — Les laines provenant des troupeaux élevés sur ces deux domaines résument les qualités des laines de la Bohême, qui peuvent aujourd'hui rivaliser avec celles des autres provinces de l'empire; elles tendent néanmoins à se rapprocher des laines moyennes.

La bergerie de Pérue comprend 1,600 mérinos de race pure, remarquables tant par leur richesse en laine que par leur grandeur. Le poids de la laine bien lavée d'un bélier d'un à deux ans est de 6 à 8 livres; celui d'une brebis, de 4 à 5 livres. La tonte annuelle s'élève à environ 50 quintaux, vendus en 1861 205 florins le quintal.

Le troupeau de Kroeglitz, près de Tetschen, comptant actuellement 1,300 bêtes de grande taille et 350 agneaux, est également de la race mérinos. La tonte fournit par bête près de 2 livres et demie de laine, du prix de 200 florins le quintal. — *Médaille.*

M. LE COMTE WALLIS, A KOLESCHOWITZ (BOHÊME). — La race de mérinos de Gross-Herrlitz (Silésie autrichienne), dont se compose en grande partie le troupeau de 4,600 moutons élevé tout à fait à part à Koleschowitz, tire indirectement son origine de la bergerie fondée dans le courant du siècle dernier par le prince de Kaunitz à Jarmeritz, en Moravie, et dont la race provenait en ligne directe de mérinos espagnols. Ces bêtes se distinguent par la beauté de leur corps et par la qualité de leur laine, qui est à la fois fine et forte. Le poids moyen de la tonte est chez la brebis de 3 à 4 livres, et de 4 à 7 chez le bélier. La production totale est annuellement de 105 à 110 quintaux de laine pure et bien lavée. — *Médaille.*

M. WENZEL LANGE, A VIENNE. — Boutons de corne et de nacre. — *Médaille.*

LA SOCIÉTÉ SÉRICICOLE, AUSTRO-SILÉSIENNE, A TROPPAU. Fondée en 1859, cette société compte déjà plus de 1,300 membres; elle a de vastes plantations contenant plus de 500,000 mûriers. La soie qu'elle récolte provient de la race milanaise et est d'une longueur de fils et d'une finesse rares. Les spécimens exposés sont de l'année 1861. Ils consistent en cocons, en soie grége, en soie tramée, en organsin teint, et en damas tissé de cette soie. — *Médaille.*

BELGIQUE. — M. VERBESSEM, A GAND, présentait des gélatines de qualité supérieure, et des colles fortes fabriquées uniquement avec des rognures de cuir. — *Médaille.*

M. HANSSENS-HAP, A VILVORDE, a un procédé particulier pour préparer les soies de porc, de manière à les rendre propres à la confection d'articles de passementerie et de certains tissus. Il utilise avec un égal succès les crins et les poils de différents autres animaux, notamment pour fabriquer des galons de voiture, des étoffes à filtrer, etc. — *Médaille.*

BRÉSIL. — M. QUINTANILHA B., A RIO-JANEIRO, exposait des fleurs artificielles faites avec des ailes d'insectes et de papillons, des plumes d'oiseaux et des coquillages. Ce travail a dû nécessiter non-seulement une patience et des soins incroyables, mais encore du goût et des connaissances spéciales; car les fleurs sont remarquables par la précision des formes et des couleurs particulières à chacune, par l'élégance de l'agencement et par le fini de la main-d'œuvre. — *Médaille.*

CHINE. — M. HEWITT. — Les Chinois excellent dans la confection des petits objets en ivoire; nous n'osons pas nous servir du mot sculpture à propos de leurs travaux, qui nous semblent plutôt se rapprocher de la découpure et de la tabletterie; si l'on peut parfois contester le goût et la régularité, on ne saurait nier l'originalité de la composition et la perfection d'une main-d'œuvre ingénieuse et patiente. La plupart des objets exposés par M. HEWITT, notamment les figurines de dieux et de bonzes, rappellent une civilisation toute différente de la nôtre. Les jeux d'échecs, les boîtes, les coffrets, les carnets, et surtout deux vases et un panier sont d'une exécution extrêmement curieuse. Les ivoires employés sont de plusieurs nuances, et l'on a su tirer de cette variété un parti très-avantageux dans la composition des divers objets. — *Médaille*.

ESPAGNE. — M. VERA, R., A SORIA. — L'Espagne, qu'on peut regarder comme le berceau des meilleures races ovines importées dans toutes les parties du monde, ne paraît pas avoir fait, depuis les dernières expositions, de progrès sensibles dans la production de la laine comme qualité et comme quantité. Néanmoins les toisons exposées soutiennent dignement son antique réputation. — *Médaille*.

GRÈCE. — DEMOS DE VOEON, A NAPOLI. — La récolte des éponges se fait dans divers parages de la Méditerranée, de l'Adriatique et des mers qui baignent la Grèce ; mais c'est dans ces derniers endroits qu'on y apporte le plus de soin et que l'on ramasse les qualités supérieures. La municipalité de Voéon en présentait de remarquables par leur finesse, leur élasticité et leur douceur. — *Médaille*.

M. MARCOPOULOS, A CALAMAÉ. — La Grèce est une des contrées qui ont le moins souffert de l'épizootie, qui dans presque tout le reste de l'Europe a été si fatale à la sériciculture. Aussi la soie y a-t-elle conservé toutes ses qualités primitives, la finesse, la souplesse et le moelleux qui la font tant rechercher. — *Médaille*.

HOLLANDE. — MM. ROBETTE ET DRAIJER, A GOUDA. — Colles, gélatines et graisses pour tisserands et filateurs; phosphate de chaux, engrais animaux. — Bonne préparation. — *Médaille*.

M. NYMAN, A HERTOGENBOSCH. — Articles de brosserie, crins, poils, et notamment soies de porc ayant servi à leur fabrication. Qualité supérieure. — *Médaille*.

COMMISSAIRES COLONIAUX. — Le Mexique, qui depuis longtemps avait le monopole de la production de la cochenille, voit d'autres pays entrer en rivalité avec lui ; de ce nombre est la colonie hollandaise de Java, où la culture des nopals s'exécute aujourd'hui en grand, et dont les cochenilles sont de bonne qualité. Les COMMISSAIRES COLONIAUX exposaient une collection, bien triée et parfaitement classée, des diverses variétés récoltées dans l'île. — *Médaille*.

FRANCFORT-SUR-LE-MEIN. — M. BOEHLER présentait des garnitures de meubles en corne de cerf et en ivoire, ainsi que des objets de parure tels que des broches, des bracelets et des boucles d'oreilles. Plusieurs de ces objets sont modelés avec soin et régularité. — *Médaille*.

VILLES HANSÉATIQUES. — M. RAMPENDAHL, A HAMBOURG. — Les animaux sculptés sont une des spécialités des ivoiriers allemands; M. RAMPENDAHL en offrait de beaux spécimens, remarquables par de très-bons détails et par la patience du travail. Il y joignait de la tabletterie en corne de cerf, et des ouvrages en ambre, porte-cigares, colliers, bracelets, etc. — *Médaille*.

GRAND DUCHÉ DE HESSE. — Le DOCTEUR CHARLES MELLINGER, A MAYENCE. — La laque est une résine qui découle de certains figuiers qui croissent aux Indes. Elle recouvre des insectes analogues à la cochenille et dont la piqûre détermine l'exsudation séreuse des arbrisseaux sur lesquels ils vivent. On sépare les insectes de la résine au moyen des lessives alcalines et l'on obtient la gomme laque, qui fournit un vernis d'un très-beau lustre; enfin la liqueur alcaline colorée en rouge est précipitée par l'alun et donne une matière tinctoriale d'un carmin vif et brillant.

Les gommes laques, les vernis et les peintures à la laque, exposés par le docteur MELLINGER étaient d'une pureté et d'une préparation parfaites, ainsi que les cires à cacheter qui en avaient été colorées. — — *Médaille.*

ITALIE. — SOUS-COMITÉ DE MACERATA. — La production de la laine est devenue une richesse pour l'Italie, où l'on élève des mérinos importés d'Espagne et d'Allemagne, et des métis obtenus par le croisement des races indigènes et des races pures ; seulement la nécessité qu'il y a de faire émigrer les troupeaux des montagnes durant l'hiver pour les y faire remonter en été, est une condition peu favorable au perfectionnement des produits. Néanmoins, plusieurs propriétaires, notamment dans la Toscane et dans les Maremmes, possèdent de nombreux troupeaux, qui leur fournissent des laines remar-quables par leur finesse, leur longueur de fils, leur uniformité, leur homogénéité : ce sont les qualités qui distinguent celles qu'exposait le SOUS-COMITÉ DE MACERATA.

M. VETERE, à CERCHIARA, près de COSENZA. — Les laines napolitaines donnent lieu à une exportation annuelle s'élevant à 2,473,000 kilog. environ. Pour nettoyer les toisons, on fait passer les brebis dans l'eau avant la tonte. Ce sont des laines ainsi lavées que présente M. VETERE.

M. LE CHEVALIER BENTIVOGLIO, A MODÈNE, s'est surtout appliqué à améliorer les races du pays, en les croisant avec des mérinos de Saxe, et il a obtenu les résultats les plus avantageux ; il suffit, pour le constater, de comparer la toison de race commune avec celle de race améliorée, qu'il expose.

INSTITUT ROYAL SCIENTIFIQUE DE LA LOMBARDIE, A MILAN. — La production totale des cocons de vers à soie atteint en Italie, dans les années normales, la quantité de 50 à 60 millions de kilog. qui, aux prix des récoltes ordinaires, rapporterait la somme de 200 à 240 millions de francs ; elle se trans-forme dans les filatures en 4 à 5 millions de kilog. de soie grège d'une valeur de 240 à 300 millions de francs. Le climat du royaume de Naples est plus que tout autre favorable à la culture des mûriers et au développement des vers à soie ; aussi en élève-t-on dans presque toutes les provinces. La Lombardie est la contrée de l'Italie qui en possède le plus ; elle produit de 15 à 18 millions de cocons par an, environ le quart de toute la récolte de la Péninsule. Mais la production de la soie a été considérablement dimi-nuée, et, dans certaines contrées, réduite à rien dans ces dernières années par suite de l'épizootie qui sévit parmi les vers à soie. Pour remédier au mal autant que possible, on a eu recours à des semen-ces d'origine éloignée, de sorte qu'on a récolté des cocons de toute sorte, de toute forme et de toute qualité. Ce mélange, tout en dépréciant les produits, n'a pu parvenir à faire remonter la production aux chiffres des années régulières. C'est ce qui a encouragé certains propriétaires à essayer l'acclimata-tion de la chenille de l'ailante, dont les produits compensent leur infériorité par les frais assez faibles de leur production, et par l'utilisation de plantes et de terrains qui auparavant n'étaient d'aucun rapport. Ces essais, qui datent de deux ans au plus, ont eu les meilleurs résultats ; et même, dans certaines pro-vinces du Midi, le « Bombyx cynthia », qui n'exige d'ailleurs aucun soin spécial, peut fournir deux récoltes par an.

L'INSTITUT ROYAL DE LA LOMBARDIE présentait une collection de planches indiquant les diverses méta-morphoses du ver à soie, propre à faire juger de l'état de la sériciculture dans la Lombardie, contrée du royaume italien où elle est le plus avancée.

M. GADDUM, A TORRE-PELLICE, près de TURIN. — La production totale des cocons en Italie, est évaluée ordinairement de 50 à] 60 millions de kilog., d'une valeur de 200 à 240 millions de francs qui, dans les filatures sont transformés en 4 ou 5 millions de kilog. de soie grège d'une valeur de 240 à 300 millions. M. GADDUM est un des premiers producteurs de l'Italie.

Le PROFESSEUR GALANTI, A PÉROUSE, met un soin particulier à rapprocher autant que possible ses éducations des conditions naturelles, c'est-à-dire à les diviser, à les aérer, à ne les hâter ni par la chaleur de la magnanerie, ni par une trop forte alimentation ; aussi voit-il résister ses vers à soie, non pas com-plétement, il est vrai, mais dans une proportion notable, à l'influence du fléau qui détruit tout autour de lui, résultat d'autant plus important que l'habile éducateur opère sur une des races les plus délicates et les plus sensibles à la maladie.

MM. VEGNI et Fils, a Pérouse. — La fabrication de la colle et des gelées est assez perfectionnée en Italie; les manufactures les plus importantes en ce genre sont celles de la Toscane, de Turin, de Palerme, de Bologne et de Pérouse. C'est dans cette dernière ville qu'est située la fabrique de MM. Vegni, qui, à l'aide d'un procédé nouveau, retirent des os et des chairs de divers quadrupèdes une colle forte très-peu hygrométrique et par conséquent d'une grande ténacité.

M. MONTALTI, a Bologne, fabrique des colles de poisson, des colles communes et raffinées, et une colle spécialement appropriée à la fabrication des allumettes chimiques.

M. FINO, à Turin, est possesseur d'un procédé spécial pour préparer l'albumine de manière à la rendre propre à fixer les couleurs sur les étoffes; et compose un engrais pour les terres avec du sang et des os séchés.

Le SOUS-COMITÉ DE CAGLIARI expose des coraux pêchés sur les côtes de la Sardaigne. — Dans ces parages, ainsi que dans ceux de Naples et de Sicile, on pêche du corail de plusieurs qualités : rouge, rose et noir. Il s'en fait un grand commerce; les Napolitains le travaillent très-bien, et l'exportation monte annuellement à une valeur approximative de 600,000 fr.

Sœur Marianne CARRO, Cagliari. — Dans la Sicile et dans la Sardaigne, on fait des fleurs artificielles, des colliers et de jolis objets de parure, avec de petits coquillages. Le bouquet exposé par la sœur Carro dénote une grande adresse jointe à une patience exemplaire.

M. DESSI MAGNETTI, a Cagliari. — Le Byssus ou pinne-marine est un coquillage bivalve, duquel on extrait une sorte de poil ou de soie, que les Italiens tissent pour en tricoter des gants, des cravates, des bourses et même des châles; mais ce genre de travail, purement de fantaisie, est plus curieux, plus original, que pratiquement utile.

M. VERCIANI, a Lucques, fixe les couleurs sur l'ivoire au moyen de certaines combinaisons chimiques. Les spécimens qu'il exposait paraissaient offrir toutes les garanties pour l'éclat, la pureté et la solidité de la peinture.

PÉROU. — M. KENDALL, consul à Londres. — L'alpaga, la vigogne et le lama sont trois mammifères, indigènes au Pérou, où on les emploie comme bêtes de somme; ou bien on les laisse vivre à peu près à l'état sauvage dans les lieux les plus élevés des Cordillières. Ils ont la peau recouverte d'un poil textile qui tient le milieu entre la laine de mouton et le poil de chèvre. La laine de l'alpaga a surtout les qualités appropriées à la fabrication des étoffes rases; celles du lama et de la vigogne sont moins fines et conviennent mieux pour des tissus plus forts et plus grossiers. Malgré ces richesses toutes particulières, le Pérou ne néglige pas l'élève du mouton dont le type principal est la race mérinos espagnole, fournissant une laine fine et longue comme la plupart des brebis transportées de l'Europe dans les nouveaux mondes.

M. Kendall exposait des laines de ces différentes races de quadrupèdes, élevés dans les environs de Puno, de Junin et d'Arequipa, réunissant l'ensemble des qualités propres à chacune d'elles. — Médaille.

PORTUGAL. — INSTITUT AGRICOLE DE LISBONNE. — Ce que le savant directeur de cet établissement a fait pour les céréales, il l'a fait également pour les laines et pour les soies. Il a recueilli les diverses qualités et variétés produites dans les différentes provinces du royaume et dans les colonies, et il en a formé de curieuses collections coordonnées et classées méthodiquement et scientifiquement, et accompagnées de documents statistiques et topographiques qui mettaient à même de juger de la valeur respective du mode et du lieu de production de chaque objet exposé, ainsi que des progrès réalisés dans ces dernières années par l'élève du bétail et par la sériciculture au Portugal.

En ce qui concerne les laines, nous répèterons ici ce que nous avons dit à propos de l'Espagne, dont les meilleures races ovines dominent aujourd'hui dans le royaume limitrophe; il y a peu de progrès, d'innovations à signaler; néanmoins, la production de la laine a maintenu sa réputation et comme qualité et comme quantité. Le Portugal, ainsi que tous les autres pays producteurs des laines de haute finesse, subit les conséquences inévitables de la concurrence qu'est venue leur faire l'abondante et supérieure production australienne, et les exportations ont diminué dans une proportion assez sensible, depuis que les pays manufacturiers, notamment l'Angleterre et la France, ont trouvé plus avantageux de s'approvisionner au grand marché océanique des qualités qui commencent à disparaître presque complétement de leurs troupeaux et qui avaient été jusque-là le monopole presque exclusif de la péninsule Ibérique.

Quant à la production de la soie, le Portugal souffre du fléau qui a frappé presque mortellement la sériciculture dans la sud-ouest et le centre de l'Europe, et il n'a pu réaliser toutes les espérances que faisait concevoir précédemment une industrie placée dans un milieu tout à fait propice à son développement et à sa prospérité, sous un climat d'une chaleur constante et tempérée, où le murier croît en abondance et presque sans culture aucune. Mais si la quantité produite a été moindre, la qualité ne fait pas défaut, et les soies exposées ont paru brillantes, nerveuses, tenaces et bien colorées. — *Médaille.*

M. Joao Basilio DE MIRA, a Beja, pour ses cocons de soie blanche et jaune, a obtenu la *Médaille.*
Et M. Jacinto Jorge DA MOTTA, a Beja, la *Mention honorable.*

M. Thomas Cyrillo DE OLIVEIRA et FILS, a Lisbonne. — Le Portugal tire de l'ivoire en assez grande quantité de ses comptoirs de la côte de Guinée ; la majeure partie s'en exporte à l'étranger. Une petite portion est retenue dans la capitale, où elle sert à la fabrication d'objets usuels et d'art, tels que des peignes, des jeux d'échecs, des jetons, des dominos, des billes de billard, des christs et autres figurines de sainteté, des montures d'éventail, etc. La maison de Oliveira est la première pour ce genre d'industrie au Portugal, et ses ivoires tournés et sculptés portent un cachet de goût et d'élégance qui lui a valu sans conteste la *Médaille.*

PRUSSE. — Les tendances que nous avons signalées en France relativement à la modification subie par les laines dans leur nature et leurs qualités, se manifestent également en Prusse, où l'élève des moutons semble prendre la direction des laines de finesse moyenne, nerveuses et lustrées. Les éleveurs qui persévèrent dans l'ancienne méthode se soutiennent plutôt par la vente des béliers pour l'étranger que par les profits des toisons. Néanmoins, l'exposition prussienne présentait encore des laines très-fines provenant d'animaux de la race dite saxonne-électorale.

Les exposants qui ont été les plus remarqués pour leurs produits sont MM. A. GURADZE, de Tost, LEHMANN, de Nitsche, LUBBERT, de Sweybrodt, près de Breslau, Duc DE RATIBOR, de Schloss Rauden, VON RUDZINSKI-RUDNO, de Liptin, COMTE DE SAUERMA, de Ruppersdorf, et THAER, de Moeglin. — *Médaille.*

M. TOEPFER, a Stettin. — Les climats septentrionaux, pourvu qu'ils soient assez chauds en été, semblent aussi favorables non-seulement à l'acclimatation du vers à soie, mais encore à la production d'excellents cocons. Sous ce rapport, l'exposition de M. Toepffer était une des plus remarquables : elle présentait des soies provenant de différentes races, notamment de celles de Chine, du Japon, de Lyon, et même de l'espèce si délicate dite Sina. — *Médaille.*

RUSSIE. — FERME MODÈLE DE GOREEGORETSK. — Un des caractères les plus remarquables de l'espèce ovine, c'est son universalité : on la voit pâturer avec profit sous les latitudes glacées de la Russie, comme dans les déserts brûlants du Sahara. La laine fine, qui abrite le mieux les animaux du froid comme de la chaleur, est la spécialité des troupeaux russes, chez lesquels elle a acquis toute sa perfection ; nous en avons une nouvelle preuve dans les toisons envoyées de la Ferme de Goreegoretsk. — *Médaille.*

S. A. I. la grande-duchesse HÉLÈNE PAULOWNA. — La race mérinos est la souche des nombreux troupeaux que S. A. I. possède sur son domaine de Karlowka, gouvernement de Pulotva, et les toisons qui en proviennent prouvent qu'elle n'a nullement dégénéré. — *Médaille.*

M. Amédée PHILIBERT, a Atmonaï, Tauride. — La bergerie d'Atmonaï, située sur les bords de la mer d'Azof, se compose de 80,000 moutons, issus d'un troupeau de l'espèce « negretti » introduit en

1823 par M. Louis Philibert, fondateur de l'établissement. Les soins prodigués a ce troupeau ont eu pour résultat la production d'une race qui allie la richesse de la toison et le nerf de la laine « negretti » à la douceur, au moelleux des laines dites « électorales », ainsi qu'on pouvait s'en convaincre par les toisons exposées. Les quatre toisons de brebis pesaient 9 livres et demie, 11 et 12 liv. et demie; les deux toisons de béliers, de 21 à 26 liv.

Les moutons, gardés en plein air pendant presque toute l'année, sont endurcis aux grandes chaleurs de la Russie méridionale aussi bien qu'aux froids excessifs des steppes; ce qui, indépendamment des qualités de leur toison, les fait vivement rechercher pour leur nature robuste et vigoureuse. On vend tous les ans un grand nombre de brebis et de béliers pour la reproduction. — *Médaille.*

Les COSAQUES DE L'OURAL, A ORENBOURG, outre de grands et beaux troupeaux de moutons, élèvent un nombre considérable de chèvres dont les poils et le laitage sont pour eux une source de richesses. Mélangé ou non avec le poil et le crin de chameau, le poil de chèvre est employé par ces populations pastorales à tisser des étoffes rases, solides et pouvant remplacer les grosses laines ovines lustrées. Le gouvernement russe en fait faire des capuces pour ses soldats. Les spécimens exposés ont obtenu la *Médaille.*

L'ÉCOLE D'HORTICULTURE DE BESSARABIE, située dans une contrée épargnée par l'épizootie, a pu continuer sans entraves les éducations sérieuses des vers à soie qu'elle a entreprises depuis plusieurs années et envoyer à l'Exposition des cocons et des soies d'excellente qualité. — *Médaille.*

M. MAMONTOFF, A MOSCOU, expose une curieuse variété de crins, de poils et de soies provenant de divers animaux de la Russie et préparés à la mécanique. — *Médaille.*

M. DORONIN, A ARCHANGEL. — L'Amérique russe produit une espèce d'ivoire particulier, tirée des dents du morse ou cheval marin; on le tourne et le sculpte comme l'ivoire d'éléphant. C'est avec cette matière que M. Doronin a fabriqué les couteaux à papier, ornés de bas-reliefs, et les objets de fantaisie sculptés, qui composent son exposition. — *Médaille.*

ROYAUME DE SAXE. — M. VON SCHOENBERG, A ROTHSCHOENBERG. — Déjà en 1855, on avait constaté la décroissance des laines dites électorales qui avaient valu à la Saxe une si grande réputation. Ce changement a continué ses progrès; partout la richesse et le poids des toisons deviennent de plus en plus le point objectif du plus grand nombre des troupeaux; aussi voit-on figurer des laines d'une finesse ordinaire à côté des laines les plus fines dans l'exposition saxonne. — *Médaille.*

SUÈDE. — SOCIÉTÉ SÉRICICOLE SUÉDOISE, A STOCKHOLM. — Les premiers vers à soie ont été importés en Suède en 1737 par M. Triewald, membre de l'académie royale des sciences et ami intime du célèbre Linné. M. Triewald commença par nourrir ses vers avec les feuilles du mûrier noir; mais il fut engagé par Linné à y substituer le mûrier blanc, qui était de nature à mieux supporter le climat. En 1756, on comptait déjà plus de 150,000 mûriers blancs plantés dans la seule province de la Scanie; mais cette culture fut abandonnée par suite des révolutions qui agitèrent le pays, et elle ne fut reprise qu'en 1830, époque à laquelle s'est formée la SOCIÉTÉ SÉRICICOLE sous la protection de la princesse royale Joséphine. Grâce aux efforts de cette Société, plus de 160,000 mûriers blancs sont en pleine croissance, et l'ailante avec sa chenille séricaire ne tardera pas à être acclimaté en Suède. Chaque année, les mûriers sont ravalés près de terre à l'automne pour être préservés des rigueurs de l'hiver. Les cocons exposés par la Société ont été jugés dignes de la *Médaille.*

M. ROSSING, A GOTHENBOURG. — Les cocons et les soies présentés par cet exposant résolvent un problème des plus intéressants; ils proviennent de vers nourris en Suède exclusivement de feuilles de scorsonaire, sans qu'il leur ait été donné une seule feuille de mûrier dans tout le cours de leurs transformations successives. Le scorsonaire a ses feuilles mûres pour l'alimentation quatorze jours avant le mûrier et peut par conséquent le remplacer dans les endroits où le froid empêche la croissance de celui-ci; d'ailleurs on a reconnu qu'il était plus avantageux de nourrir les vers à soie avec les feuilles du premier tant qu'ils n'ont pas achevé leur seconde mue. Nous sommes surpris que le jury n'ait pas récompensé de si utiles expériences comme elles le méritent.

Le ver à soie n'a pas eu à souffrir en Suède de l'épizootie qui infeste le midi de l'Europe. Voici trois ans que M. Rossing envoie des graines suédoises en Italie, où il a été constaté qu'aucun des vers qui en sont nés n'a été atteint de la maladie.

M. SAHLSTROEN, a Joenkoeping, expose un produit nouveau et d'une grande utilité industrielle : de l'albumine faite avec du frai de poisson. Il y a quelques années, la Société industrielle de Mulhouse offrit un prix pour l'invention d'une matière propre à remplacer l'albumine préparée avec les œufs de poule, pour la première fabrication en grand de ce surrogat. Ce prix fut gagné en 1860 par M. Leuchs, de Nuremberg, de qui l'exposant a acheté le droit de pratiquer en Suède son procédé d'extraction de l'albumine du frai et des œufs de poisson. Cette albumine contient moins d'eau et est bien meilleur marché que l'albumine d'œufs de poules, puisqu'elle ne coûte que 2 fr. 95 c. la livre anglaise. Pour certains usages on sépare la partie grasse de l'albumine, qui perd dès lors toute son odeur de poisson. Du gras on fait de la graisse, et le résidu du frai, après l'extraction de l'albumine, sert à la fabrication de l'ammoniaque, du prussiate de potasse, etc. — *Médaille.*

SECTION III. — SUBSTANCES VÉGÉTALES EMPLOYÉES DANS LES MANUFACTURES.

ANGLETERRE. — La quantité de coton brut, employée en Europe en 1861, ne s'est pas élevée à moins de 85 millions de kilogr., dont les huit dixièmes provenaient des États méridionaux de l'Amérique du Nord. Par suite de la guerre civile, qui depuis deux ans désole ces contrées, cette source féconde d'un produit devenu si nécessaire s'est subitement tarie, et le danger de laisser dépendre d'un seul pays l'existence de tant de travailleurs est apparu avec toutes ses funestes conséquences. Songeant alors à réparer un malheur pour longtemps irréparable, on a repris la culture du cotonnier dans un grand nombre de contrées, où elle était jadis florissante, et l'on en a fait des essais jusque dans le midi de l'Europe. Si les résultats obtenus en si peu de temps n'ont pas encore une importance commerciale, ils sont des plus satisfaisants pour l'avenir.

UN ANONYME, a la Barbade (colonies anglaises), avait envoyé un échantillon de coton « gossypium vitifolium » (coton à feuilles de vigne) d'une très-belle soie, jugé supérieur à la qualité « fair Orleans » (coton de la Nouvelle-Orléans, première qualité), et estimé par une commission chargée de fixer des prix comparatifs à 7 fr. 82 le kilo. Malgré ce résultat encourageant, il est peu probable que la production du coton soit jamais abondante dans cette colonie; car pour cultiver le cotonnier, il faudrait diminuer la culture de la canne à sucre, qui constitue le revenu principal de l'île. — *Médaille.*

MM. Mc. EWING et SIMONS, aux Bermudes. — Le cotonnier végète vigoureusement aux Bermudes, il y dure de douze à vingt ans, atteint une hauteur de 8 à 10 pieds, produit abondamment tout le temps de son existence et donne deux récoltes par an. L'un des deux échantillons exposés provient d'un arbuste âgé de quinze ans et venu à l'état sauvage ; si le cotonnier était cultivé avec soin, on pourrait obtenir de riches récoltes, car il y a là une quantité de terres vagues à utiliser.

Les spécimens exposés ont été évalués de 4 fr. 14 à 3 fr. 05. — *Médaille.*

COMMISSION COLONIALE DE LA GUYANE ANGLAISE. — La culture du cotonnier n'est pas chose nouvelle dans cette colonie , en 1803, le chiffre de son exportation s'élevait à 46,000 balles; mais cette culture a complétement été abandonnée, et dans ces dernières années il n'a pas été exporté une seule balle. Cependant aujourd'hui on s'en occupe de nouveau, et l'on comptait en 1862 sur une récolte d'au-moins 100 balles. La valeur des 14 échantillons exposés a été estimée de 2 fr. 65 à 3 fr. 22. — *Médaille.*

La COMPAGNIE DES COTONS DE LA JAMAIQUE exposait 22 échantillons de coton, comprenant les variétés de la Nouvelle-Orléans, du Brésil, de l'Égypte et de la Georgie longue soie ou « sea island », tous de bonne qualité, d'une valeur de 2 fr. 26 à 10 fr. 94. La récolte actuelle ne s'élève pas au-dessus de 200 balles ; mais elle serait bien plus considérable, si la colonie possédait des travailleurs intelligents et actifs en nombre suffisant. — *Médaille.*

MM. Les Docteurs CRUGER et MITCHELL, ile de la Trinité. — Même obstacle à la production que pour la Jamaïque. Six échantillons « Sea Island » et « Middling American », de 2 fr. 76 à 8 fr. 28. — *Médaille.*

MM. AYRES et POTTER, a Natal. — Le cotonnier vient bien dans le midi de l'Afrique. En 1861, la colonie a envoyé en Angleterre environ 2,000 liv. de coton, longue et courte soie, résultant d'une série de petits essais de culture ; les six échantillons exposés proviennent de cet envoi ; ils sont tous d'excellente qualité et bien préparés, leur valeur varie de 2 fr. 88 à 8 fr. 28. Un de ces échantillons a été récolté et égrené par des Cafres ou indigènes de la contrée. — *Médaille.*

COMMISSION COLONIALE DE L'ILE DE CEYLAN. — La production du coton indigène est pure-ment nominale ; la culture du cotonnier a été abandonnée depuis longtemps, mais le gouvernement fait de grands efforts pour la remettre en faveur. La commission présentait trois échantillons, dont un seul pouvait rivaliser avec la qualité forte de la Nouvelle-Orléans ; les autres étaient d'une soie grosse et courte: la valeur en variait de 2 fr. 07 à 2 fr. 99.

Le coton de l'Inde avait jusque alors été regardé comme trop inférieur pour être employé ; mais le manque subit et continu de cette matière a opéré un grand changement ; on a fait des efforts pour arriver à le filer pur ou mélangé, dans des numéros plus élevés qu'on ne l'avait fait jusqu'ici et l'on y a réussi ; aussi sa culture s'est-elle augmentée et améliorée considérablement. Nous en avons eu la preuve par les 166 échantillons envoyés et par les qualités respectives qui les caractérisaient. Nous signalerons entre autres ceux présentés par les exposants dont les noms suivent et qui tous ont obtenu la *Médaille.*

Le GOUVERNEMENT DE L'INDE : coton indigène, de soie courte, mais généralement forte ; coton égyptien, excellente qualité ; l'un et l'autre très-propres.

Le GOUVERNEUR DE MYSORE. — Coton indigène gros, court, faible, d'une nuance rougeâtre ; coton de la Nouvelle-Orléans, blanc, soyeux, longueur moyenne ; coton égyptien bonne qualité, mais soie trop courte pour l'espèce.

Le GOUVERNEMENT LOCAL DU SCINDE. — Coton fort, gros, blanc, bien nettoyé.

M. BLECHYNDEN, a Hazarebaugh. — Très-beaux cotons égyptiens.

MM. FISCHER et Cie, a Salem et a Chingleput. — Cotons indigènes très-beaux de couleur.

M. BROWN, a Singapore. — Coton « sea island », soie plus longue que le Nouvelle-Orléans ; coton de Fernambouc fort, gros, très-propre, mais mal égrené.

MM. SMITH, FLEMING et Cie, a Bombay, a Madras, etc. — Coton indigène, bonne couleur, belle soie, régulier et fort, bien préparé ; coton de Comptah, soie bonne et forte.

MM. HALLIDAY et Cie, a Arracan. — Coton indigène, fibre forte, d'un beau blanc, mais très-courte ; coton égyptien, excellent coton pour l'usage, mais trop mûr et rougeâtre.

M. HUTCHINSON, a Penang. — Coton Wasihngton, un peu fort en couleur, soie belle et forte, supé-rieur de qualité au Nouvelle-Orléans.

Les évaluations des différentes qualités énumérées ci-dessus ont varié de 1 fr. 15 à 5 fr. 52 le kilog.; les longues soies ont été cotées de 2 fr. 07 à 5 fr. 52 ; les courtes soies de 1 fr. 38 à 3 fr. 45 ; les cotons colorés n'ont pas été estimés au-dessus de 1 fr. 15 le kil.

AUSTRALIE. — La culture du coton n'est là encore qu'à titre d'essai ; mais elle semble réunir toutes les conditions requises pour une extension rapide ; on affirme même que les planteurs du Queensland sont en mesure de faire des exportations. Les cotons australiens sont généralement de la variété Georgie longue soie, remarquables pour leur finesse et leur régularité aussi bien que ceux des États-Unis et parfaitement propres à la fabrication des filés de première qualité.

M. NOWLAN, DE LA NOUVELLE GALLES DU SUD, avait envoyé le plus magnifique échantillon de coton qui fût exposé ; c'était un « sea island » longue soie. Il est à remarquer que ce coton a été récolté à 50 milles (80 kilomètres) environ dans l'intérieur des terres ; et, si l'on considère cette grande distance de la mer, on peut se rendre compte des avantages que le climat et le sol de la Nouvelle-Galles du sud offrent à la culture du coton georgien. Il a été estimé 10 fr. 94 le kilogramme, maximum de l'évaluation. — *Médaille.*

Venaient ensuite les cotons de MM. VINDEN et HICKEY, évalués 9 fr. 66. — *Médaille.*

MM. COOMBES ET DALBY, DE LA NOUVELLE-ZÉLANDE, présentaient des cotons forts, bien propres, récoltés dans les îles de la mer du Sud, évalués 2 fr. 99. — *Médaille.*

M. KING, A AUCKLAND. — Coton d'Ovalan, îles Fiji, égal en qualité au « middling Orleans », évalué 2 fr. 99. — *Médaille.*

MM. CAIRNCROSS, HILL, RODE ET STEWART, DU QUEENSLAND. — Cotons « sea island », estimés de 9 fr. 66 à 8 fr. 05. — *Médaille.*

La SOCIÉTÉ LINIÈRE DE BELFAST (IRLANDE). — La rareté du coton et l'élévation de son prix ont donné une très-grande importance à la question de la production des autres plantes textiles ; parmi ces plantes, le lin occupe incontestablement le premier rang en raison de la force et de la longueur des fils qu'on en extrait.

Le prix du lin, comme matière première, est moins élevé que celui du coton ; les procédés de filature sont identiques quant à leurs principes fondamentaux pour l'un et l'autre ; cependant le fil de lin coûte bien plus cher que le fil de coton ; cela tient en grande partie à ce que les procédés du rouissage employés jusqu'à présent ne permettent pas de présenter la fibre de lin dans un état de pureté et de préparation égal à celui du coton.

La culture du lin est une de celles qui présentent le plus d'avantages ; elle exige beaucoup d'engrais, mais elle laisse la terre dans un parfait état de fertilité, surtout si l'on prend soin de conserver les tourteaux et de restituer aux champs les débris du teillage et du rouissage ; elle fournit en outre du travail dans les campagnes pour l'hiver.

L'industrie linière tenait une place considérable à l'exposition de 1862 ; la Belgique, la Russie et la France avaient envoyé les plus nombreux et les plus beaux échantillons ; venaient ensuite l'Italie, la Hollande, l'Espagne, la Prusse, l'Autriche et les colonies anglaises du Canada, des Indes et de la Tasmanie.

La SOCIÉTÉ LINIÈRE DE BELFAST a fait faire un pas considérable à la question du rouissage industriel par l'essai sur une grande échelle de l'eau chaude, de la vapeur, des alcalis et des actions mécaniques seules ; c'est en effet du perfectionnement du rouissage et des opérations qui ont pour but de mettre la filasse dans un état de pureté, d'élasticité et de régularité convenable et obtenu économiquement, que dépend la propagation du lin et de son usage. Cette société exposait une collection des lins récoltés dans l'Inde et notamment dans le Punjaub. — *Médaille.*

MM. BLAIKIE ET ALEXANDER, DU CANADA. — Lin bien préparé. — *Médaille.*

M. BLACKHOUSE, DE LA TASMANIE. — Lin en chaume. — *Médaille.*

COMITÉ DE LA VILLE DE LIVERPOOL. — La collection de produits naturels employés par l'industrie, réunie par les soins du Comité de la ville de Liverpool, était des plus complètes et des plus instructives ; elle comprenait, à peu d'exceptions près, toutes les matières premières que la marine anglaise apporte de toutes les parties du monde sur les marchés de la métropole, pour les réexporter ensuite quand les manufactures les ont transformées. Les types commerciaux ainsi exposés ont l'avantage de tenir le commerce anglais au courant des sortes supérieures de tous les éléments primitifs nécessaires au travail incessant de l'industrie. LE COMITÉ DE LIVERPOOL donne là un exemple utile, qu'on ne saurait trop engager à suivre les chambres de commerce des grands centres manufacturiers. — *Médaille.*

CANADA. — Sous le dôme oriental du palais de Kensington, s'élevait jusqu'au toit une énorme pyramide construite en bois, sous forme de poutres carrées, de bûches, de sections d'arbres et de planches ; c'était la collection forestière du Canada, la plus importante sans conteste en ce genre. Les planches avaient 12 pieds de long et 4 pouces d'épaisseur, avec l'écorce aux deux bords ; elles étaient au nombre de 100, comprenant des échantillons de chêne blanc, très-résistant et très-durable, aujourd'hui fort recherché en Angleterre pour la construction des rais de roues ; de frêne blanc, d'une élasticité remarquable ; de noyer, le plus fort, le plus compact, le plus élastique, le meilleur des bois du Canada; on en voyait un de 1 mètre 40 centimètres de diamètre, non compris l'écorce, et qui devait avoir vu s'écouler au moins 400 hivers ; d'érable, cet arbre si précieux pour la colonie, qui l'a choisi avec raison pour son emblème national ; sa séve produit un sucre délicieux et abondant ; son bois, excellent pour la charpente et l'ébénisterie, jouit de propriétés inestimables comme bois à brûler ; et ses cendres contiennent une grande quantité de potasse ; enfin de pin de Weymouth.

Venaient ensuite 200 spécimens de bois poli et de sections d'arbres, avec branches, feuilles et fleurs, appartenant à plus de 100 espèces, provenant toutes de ces fécondes forêts, d'où il s'exporte annuellement plus d'un million de mètres cubes de bois de construction et à peu près 16,000 stères de bois scié, d'une valeur de plus de 120 millions de francs.

A cette magnifique exposition ont pris part :

M. JAMES LAURIE, dont les 21 spécimens représentaient les bois du district de l'Ontario ;

M. VAN ALLAN, représentant par le même nombre de spécimens ceux du district de la Tamise ;

M. JAMES SKEAD, exposant 37 espèces de bois du district d'Ottawa ;

M. SAMUEL SHARP, avec 26 des districts de l'Ouest ;

M. HUGH M'KEE, qui en avait envoyé 98 variétés ;

M. TREMBISKI, et M. l'abbé PROVENCHÈRE.

Quelques-unes de ces belles collections, et notamment celles de M. l'abbé PROVENCHÈRE, étaient accompagnées de branches, de feuilles, d'écorces, de graines, de baies, etc. ; de notes explicatives, de renseignements scientifiques et pratiques, et d'étiquettes donnant les noms locaux et botaniques des arbres, leurs dimensions, leurs principales qualités, leurs usages, et leur prix à Québec ou dans les forêts. — Tous les exposants ci-dessus désignés ont obtenu la *Médaille.*

LA COMMISSION DE LA GUYANE ANGLAISE exposait une collection fort intéressante des bois de la colonie ; les échantillons, accompagnés de renseignements précis, étaient de dimensions suffisantes pour être justement appréciés; ils consistaient principalement en bois de construction et d'ébénisterie, appartenant pour la plupart aux genres palmier, cèdre et ébénier, et portant des noms indigènes plus ou moins bizarres. — *Médaille.*

M. J. BOYD, DE LA TASMANIE. — Les échantillons des bois de cette colonie sont surtout remarquables par leurs proportions colossales ; un espars formé de « l'eucalyptus viminalis » n'avait pas moins de 230 pieds de long. Le genre « eucalyptus, » très-varié et très-nombreux dans la Tasmanie, renferme des espèces utiles et précieuses, presque inconnues avant leur Exposition à Londres : « l'eucalyptus » gigantesque, qui atteint 100 mètres de hauteur et plus de 7 de diamètre, laisse écouler, quand on pratique des incisions dans son écorce, une gomme astringente connue sous le nom de « Kino ; » « l'eucalyptus globulus » a parfois plus de 105 mètres de haut et de 9 de diamètre à 1 mètre 20 centimètres au-dessus du sol ; son bois très-dur fournit des planches de plus de 60 mètres de long sans aucun défaut; une gomme blanche couvre l'écorce de l'arbre dans son jeune âge. — *Médaille.*

M. LE DOCTEUR MUELLER, A VICTORIA, présentait une magnifique collection, classée scientifiquement, des bois de cette partie du continent australien. L'arbre le plus remarquable en est sans contredit 'le « Livistonia australis, » superbe palmier-éventail, qui, sur le versant septentrional des Alpes australiennes, dresse sa tige élancée jusqu'à une hauteur de 30 mètres ; son bouton terminal fournit la « palme-chou, » dont les feuilles servent à fabriquer des chapeaux. Nous citerons aussi le bois « myall, » avec lequel on fait des pipes d'une grande dureté et d'un beau travail. — *Médaille.*

M. LUTWYCHE, de Queensland. — Parmi les arbres de cette colonie on distingue le pin de Moreton-Bay ; le Bunya-bunya, d'une hauteur de 60 mètres, remarquable par l'allure singulière de son feuillage et de son tronc et par ses fruits qui ont le goût de la noisette ; et le cèdre rouge, qui croît sur le bord des rivières. Les échantillons étaient accompagnés d'objets tournés avec ces diverses espèces de bois. — *Médaille.*

MM. HILL ET HANRAGAN, ET M. CHARLES MOORE, de la Nouvelle-Galles du Sud. — Les premiers exposaient une collection des bois indigènes des districts du sud de la colonie ; le second une collection des espèces croissant dans les districts du nord. Ces deux collections comptaient plus de 400 variétés, avec indication des noms scientifiques, de la valeur commerciale et des principaux usages. On y remarquait le bois « bâtard, » très-renommé pour sa force et sa durée ; le « Tristania nereifolia, » au tronc cylindrique très-élevé, au bois d'une contexture serrée et douée d'élasticité, excellent pour la construction des navires ; « l'Eucalyptus » à gomme blanche, un des bois les plus durables que l'on connaisse, très-bon pour faire les moyeux et les jantes des roues et pour tous les objets destinés à être enfouis. — *Médaille.*

M. le Professeur DE LA MOTTE. — Parmi les arbres utiles de la Nouvelle-Galles du Sud, il faut encore citer le « Pittosporum nodulatum, » propre à remplacer avec avantage le meilleur bois de buis pour la gravure sur bois. Le professeur de la Motte en présentait des échantillons tout préparés pour cet usage. — *Médaille.*

LE COMITÉ DE CEYLAN présentait quelques spécimens de bois, parmi lesquels il en est qui méritent d'être signalés. Ce sont des ébènes, connus dans le pays sous le nom de calamander ou « diospyros hirsuta, » dont les veines noirâtres sont excessivement remarquables ; et un autre désigné sous le nom de bois de satin, qui, malgré sa couleur jaunâtre, a en effet tous les reflets de ce tissu : c'est le « chloroxylon swietenia » des botanistes. — *Médaille.*

MM. MACINTOSH et Cⁱᵉ, à Londres et à Manchester. — Le caoutchouc, ou gomme élastique, est le produit de la solidification du suc laiteux qui découle d'arbres appartenant aux genres « ficus, siphonia et urceola, » et croissant au Brésil, dans la Colombie, à Java, à Singapore et en Afrique. A certaines saisons de l'année on pratique à ces arbres des trous ou des saignées dans lesquelles on introduit des moules en terre assez généralement en forme de bouteilles ; quand la matière suintante a acquis une épaisseur suffisante, on brise le moule et il ne reste plus que la bouteille creuse ; c'est ainsi qu'il est importé en Europe. Il y a peu d'années encore, le caoutchouc n'était guère employé que pour effacer le crayon sur le papier, d'où le nom que lui ont donné les Anglais de « India rubber » (frotteur ou effaceur indien) ; mais dans ces derniers temps il a donné naissance à une industrie d'une immense importance. En 1829, MM. Thomas Hancock et Charles Macintosh ont fondé les premières usines où se sont fabriqués les vêtements imperméables auxquels on prête habituellement le nom de l'un des inventeurs, et en 1842 le procédé de la vulcanisation ou de la combinaison avec le soufre a fait en quelque sorte du caoutchouc un produit industriel tout nouveau ; en effet, le caoutchouc vulcanisé ne se ramollit plus sous l'action de la chaleur, ne se durcit plus au froid, conserve son élasticité et n'est plus susceptible d'être attaqué sensiblement par les corps gras. Les usages du caoutchouc, tant souple que durci, sont devenus d'une diversité extraordinaire.

L'exposition de MM. Macintosh et Cⁱᵉ permet d'en juger dans une assez grande mesure. Elle présente d'abord des gommes à l'état primitif et des caoutchoucs à toutes les phases successives de la transformation et de la fabrication ; ensuite vient une série sans fin de produits des plus variés : fils élastiques, tissus pour toute sorte de vêtements imperméables à l'eau et à l'air ; lacets, bracelets, ceintures, bretelles, jarretières, etc. ; tuyaux de tous les diamètres pour gaz, eau et autres liquides ; ressorts devant agir par pression ou par traction, et destinés aux voitures, aux wagons, à toute sorte de machines; soupapes, pistons, garnitures de pompes; rondelles et tampons pour locomotives et wagons de chemins de fer; joints de toute nature; cuir artificiel pour cardes; rouleaux pour imprimeries; courroies, cordes extensibles ou rigides, instruments de chirurgie, bouts de sein, dentiers, draps pour lits de malades ou de blessés, matelas, coussins, orcillers, toute espèce d'autres objets pouvant être gonflés par l'air; baignoires, seaux, vases faciles à emporter; bottes, galoches et autres chaussures; gants, balles creuses ou pleines, ballons, poupées, jouets d'enfants, globes en mappemondes, caractères d'imprimerie pour aveugles, etc., etc. — *Médaille.*

MM. PERREAUX ET Cᶦᵉ, A Londres. — A la nomenclature ci-dessus, nous pouvons joindre les soupapes de pompe, dites à lèvres, inventées par M. Perreaux, notre compatriote établi à Londres. — *Médaille.*

MM. WARNE ET Cᶦᵉ, A Londres, exposaient du caoutchouc rouge vulcanisé avec du sulfure d'antimoine obtenu par précipitation, et du caoutchouc ferrugineux, nouveau produit combiné par eux. Ce sont des rondelles formées de caoutchouc et de limaille de fer, qu'ils emploient pour remplacer les jointures en cuir et en filasse garnie de minium et pour faire des soudures de fer contre fer ou de fonte contre fonte. — *Médaille.*

MM. SILVER ET Cᶦᵉ, A Londres. — En prolongeant la vulcanisation ou cuisson pendant un temps qui varie de 7 à 12 heures, par une température de 173 degrés centigrades et sous une pression de 4 à 5 atmosphères, on obtient une substance très-dure, susceptible d'être travaillée au tour et de recevoir le plus beau poli, à laquelle on a donné le nom « d'ébonite », parce qu'elle a l'aspect de l'ébène. On en fabrique une foule de menus objets, notamment des chaînes, des broches, des bracelets, des boutons, des bijoux de deuil, de petits vases tournés et sculptés, pour lesquels on employait autrefois le jais, la verroterie, la corne et l'ivoire, le bois dur, toutes matières sur lesquelles l'ébonite offre l'avantage que les articles qui en sont fabriqués ne se brisent pas en tombant. Les objets exposés par la maison Silver prouvent en outre que les détails les plus fins peuvent être conservés après le moulage de médaillons ou de toutes sortes de sculptures. — *Médaille.*

COMPAGNIE ÉCOSSAISE DES VULCANITES, A Edimbourg. — Si dans la pâte on incorpore des couleurs en poudre non susceptibles d'être attaquées pendant l'opération de la vulcanisation, le caoutchouc durci présente des nuances brillantes : c'est ce qu'on appelle la « vulcanite », destinée, comme « l'ébonite », dénomination réservée aux objets noirs, à remplacer les émaux, l'ivoire, la corne, la baleine, etc. La Compagnie Écossaise en fabrique des peignes, des manches de couteaux, des poignées de portes et de fenêtres, des paniers, des pipes, des chaînes sans soudures, des bijoux, des médaillons, des objets sculptés, moulés et tournés, d'une solidité et d'un poli supérieurs à ceux des matières employées ordinairement au même genre de fabrication. — *Médaille.*

MM. TAYLER, HARRY ET Cᶦᵉ, A Londres. — Le « kamptulicon » est une nouvelle combinaison du caoutchouc, que l'on mélange avec de la poussière de liége et de la bourre de coton. On en fait principalement des tapis de toutes formes ornés de dessins en relief ou de diverses couleurs; ils ont l'élasticité du caoutchouc vulcanisé, amortissent le bruit, et peuvent rester à l'humidité sans être accessibles à la pourriture ou à la vermine. La maison Tayler a approprié le « kamptulicon » à une infinité d'usages domestiques, en en faisant le véritable substitut des toiles cirées et des tapis ordinaires. — *Médaille.*

La COMPAGNIE DES CAOUTCHOUCS DU NORD DE LA GRANDE-BRETAGNE, A Edimbourg, se livre exclusivement à la fabrication en caoutchouc vulcanisé de chaussures et d'accessoires de machines. — *Médaille.*

COMPAGNIE DE LA GUTTA PERCHA, A Londres. — La « gutta percha » est le suc durci de « l'Isonandra gutta », arbre que l'on ne rencontre que dans l'archipel de la Malaisie. C'est une substance qui a beaucoup d'analogie avec le caoutchouc pour sa composition chimique et ses propriétés physiques; sa parfaite plasticité sous l'action de la chaleur, et sa facilité à recevoir les impressions les plus délicates la rendent très-précieuse dans bien des cas où l'on ne saurait employer le caoutchouc. Imperméable à l'eau, inattaquable par la plupart des acides et des alcalis, acquérant par l'étirage ou le laminage une très-forte résistance tout en conservant une grande élasticité, non-conductrice de la chaleur ni de l'électricité, la gutta percha a été surtout utilisée pour recouvrir et isoler les fils télégraphiques, surtout lorsqu'ils doivent passer sous le sol ou dans l'eau. La COMPAGNIE en avait exposé un d'un mille de longueur, parfaitement isolé et à peine plus gros que du coton à coudre ordinaire ; et à l'aide d'autres fils, elle indiquait la méthode de rejoindre ou de renouer le fil une fois qu'il est cassé. La variété des applications de la gutta percha n'est pas moindre que celles du caoutchouc ; outre qu'elle sert à la fabrication de presque tous les mêmes objets, on obtient, par l'évaporation de ses dissolutions des feuilles transparentes d'une grande légèreté et d'une extrême finesse ; la chirurgie en fait des cornets acoustiques, des stéthoscopes, des sondes, des attelles, et emploie la dissolution de la gutta percha pour le pansement des blessures. On ne saurait prévoir où s'arrêteront les usages de cette matière d'une importation relativement récente, en passant en revue la nombreuse et multiple collection d'objets exposés par la COMPAGNIE DE LA GUTTA PERCHA. — *Médaille.*

M. le DOCTEUR CATTELL, A LONDRES, présentait de beaux échantillons de gutta percha purifiée et décolorée. Le docteur CATTELL soumet à un dissolvant combiné par lui la matière brute, qui contient ordinairement un mélange considérable de terre, de pierre et de bois ; et après un filtrage minutieux, il obtient une solution, qui, en s'évaporant, laisse la gutta percha dans un état parfait de pureté et de blancheur. A côté d'échantillons ainsi nettoyés, se trouvaient les immondices qu'il en avait retirées. — *Médaille.*

M. PARKES, A LONDRES. — M. PARKES a présenté à l'Exposition de Londres un nouveau produit organique qu'il appelle « Parkesine » et qui a quelque rapport avec le caoutchouc et la gutta-percha. La Parksine sert à fabriquer des étuis de cartes, des manches de couteau, des plaques et des articles d'ornement de diverses espèces. Elle est de différentes couleurs, assez semblable à l'écaille de tortue sans en avoir la fragilité. Cette substance, qui n'est autre chose qu'un corps gras consolidé, est appelée à des usages infinis. — *Médaille.*

FRANCE. — M. DE FOURNÈS, A REMOULINS (Gard), a fait des essais de culture de coton Georgie longue soie avec des graines provenant de l'Algérie. — Son échantillon a été évalué à 8 fr. 28 cent.

M. GRELLET BALGUERIE, A LA GUADELOUPE. — Les Antilles peuvent être considérées comme la terre natale du coton longue soie. En 1493, Christophe Colomb en faisait la base des tributs imposés aux Caraïbes. Ceux de la Guadeloupe, de la Désirade, des Saintes et de Marie Galante jouirent pendant longtemps d'une grande vogue sur les marchés européens ; l'exportation s'en élevait à 1,400 balles en 1808 ; mais les guerres du premier empire, l'introduction des variétés grossières comme étant plus productives et l'envahissement progressif de la canne à sucre la firent rapidement décroître.

Cependant des émigrants de Bahama emportaient des semences de la Guadeloupe dans la Caroline du Sud, et donnaient naissance au fameux « sea island », qui a atteint une si grande valeur dans les Etats du Sud de l'Union américaine.

Depuis quelques années, le gouvernement français s'occupe de relever la production cotonnière de cette partie favorisée des Antilles, et un de ses agents, M. GRELLET BALGUERIE est déjà parvenu à régénérer l'espèce, appréciée aujourd'hui autant que les meilleurs Georgie longue soie. L'exposition de M. GRELLET BALGUERIE présente toutes les variétés que produisent la Guadeloupe et ses dépendances. Coton indigène, sauvage, non égrené ; coton indigène provenant de graines sauvages ; coton bleu, à graines noires ; coton bleu, dit reine des soies vertes des fileuses ; coton sorel rouge ; coton mousseline rouge et à gros grains ; coton purpurescent et à graines noires ; coton siam blanc couronné, isabelle, jaune rouge, et jaune (très-prisé pour confection de filets) ; coton pierre ; coton nouveau type, à graines noires. Les évaluations varient de 3 fr. 22 à 6 fr. 44 le kilog.

Le coton se récolte à la Guadeloupe de mars à juillet. L'exportation, en 1861, a été de 15,309 kilog. — *Médaille.*

M. PIC AÎNÉ, A LA DÉSIRADE, — Coton Georgie longue soie, extra fin, coté 6 fr. 67. — *Médaille.*

M. BONNEVILLE, a Marie-Galante. — Coton fin indigène, pour trames fines (la plante dure dix ans), estimé 5 fr. 52 ; — coton courte soie, non égrené ; coton Georgie longue soie, provenant de graines d'édisto. — *Mention honorable.*

M. Louis de THORÉ, à la Martinique. — La culture du coton n'a jamais été très-considérable dans cette colonie. A l'époque où elle était le plus en faveur, en 1779, elle ne couvrait que 2,726 hectares, et elle a bien diminué depuis. Ce n'est que dans quelques localités qu'on rencontre encore des plantations de coton.

Les échantillons exposés par M. de Thoré sont de l'espèce indigène du Lamentin ; ils ont été cotés de 3 fr. à 3 fr. 68 le kilog. — *Médaille.*

M. BÉLANGER avait envoyé d'autres variétés : coton rouge de Grèce ; — herbacé de l'Inde ; — quadrillé et Georgie courte soie ; estimés de 2 fr. 30 à 2 fr. 42.— *Médaille.*

LA DIRECTION DES PÉNITENCIERS a la Guyane. — La culture du cotonnier a été longtemps florissante à la Guyane ; mais le manque de bras, l'abaissement des prix du coton et les bénéfices plus avantageux obtenus d'autres produits du sol ont beaucoup diminué la production. Cependant l'industrie cotonnière commence à renaître sous l'impulsion de l'administration. Les échantillons exposés proviennent de ces tentatives ; ils consistent en coton courte soie, qualité plus longue que la même variété louisianaise, coté 4 fr. 60 ; un autre, plus courte soie que les Louisiane ordinaires ; coton indigène longue soie, évalué 5 fr. 06 ; et coton longue soie provenant de graines de *sea island*, estimé 3 fr. 57. — *Médaille.*

SÉNÉGAL et GABON (Administration locale du). — Le coton croît partout au Sénégal à l'état sauvage ; sa fécondité et la durée de son existence donnent lieu d'espérer qu'une culture soignée produirait les résultats les plus satisfaisants. Le coton du Sénégal est fin, nerveux, plus court que le courte soie des Etats-Unis d'Amérique, très-convenable pour la filature et propre à remplacer les sortes moyennes. Les indigènes l'utilisent pour leurs besoins personnels : filé à la main, tissé au petit métier en bandes étroites et souvent associé à la laine et à la soie, ils en font des étoffes qui servent dans le pays de monnaie d'échange.

Les efforts de l'administration se sont tournés vers la basse Sénégambie ; déjà des commandes importantes y ont été faites et l'importation d'un outillage complet, moulins, presses, etc. , permettra bientôt l'envoi du premier chargement récolté sur cette partie de la côte occidentale de l'Afrique.

Les échantillons étaient au nombre de 10, dont 4 envoyés par les comptoirs de la Côte-d'Or et du Gabon. — L'évaluation moyenne a été de 2 fr. 07 le kilog. — *Médaille.*

M. THIBAULT, a la Réunion. — Quoique le sol de cette île soit très-propre à la culture du coton, sa production n'a fait que baisser depuis 1815 ; mais il est plus que probable que, si la hausse des prix se maintient, l'industrie cotonnière persévérera dans les efforts qu'elle a tentés dernièrement. Les échantillons exposés sont de bonne qualité, équivalents aux Orléans extra-fins ; ils ont été estimés 2 fr. 85. — *Médaille.*

MAYOTTE et NOSSIBÉ (Commission locale de). — Le coton n'a donné lieu jusqu'à ce jour dans ces îles qu'à quelques essais peu sérieux ; toutefois les échantillons en provenant équivalent à la première qualité Louisiane et ont été évalués 2 fr. 85.— *Médaille.*

L'INDE FRANÇAISE (Commission locale de) a Pondichéry. — Les cotons de nos établissements dans l'Inde ne donnent pas lieu à un commerce d'exportation ; mais ils concourent à la prospérité de deux de nos principales industries, la filature et le tissage, à l'européenne et à l'indienne, des mousselines et des toiles dites Paliacates, Cambayes et Guinées. La commission avait envoyé des spécimens des cotons employés à cette fabrication : ce sont des cotons longue soie, arborescents, Nankin et des Antilles. — *Médaille.*

Les Révérends PÈRES MARISTES a la Conception, Nouvelle-Calédonie. — On trouve deux variétés de coton dans la Nouvelle-Calédonie : l'une provenant des Etats-Unis et dont la mission de la Conception possède déjà plus de 2,000 pieds ; l'autre à reflets bleuâtres, et paraissant être indigène. Les cotons exposés par les missionnaires sont d'une très-belle couleur, forts et bien nettoyés, ils ont été estimés 2 fr. 99. — *Médaille.*

TAHITI (COMMISSION LOCALE DE). — Le coton n'est l'objet d'aucune culture à Tahiti, où il croît pour ainsi dire comme la mauvaise herbe. Celui exposé était de bonne qualité, équivalent aux cotons ordinaires de la Nouvelle-Orléans; il a été coté à 2 fr. 65 le kilog. — *Médaille.*

L'Algérie avait envoyé à Londres environ 120 échantillons de coton, dont toutes les variétés imaginables ont été essayées sur son territoire. Ils sont pour la plupart de qualité supérieure et paraissent sans exception préparés avec beaucoup de soin. Grâce aux encouragements que le gouvernement accorde à ce genre de culture, la production a considérablement augmenté depuis dix ans; en 1851 elle n'était que de 4,303 kilogrammes, elle s'est élevée progressivement jusqu'à 159,652 en 1861; et l'on peut évaluer approximativement la récolte actuelle à 4,000 balles. Les frais de culture sont de 350 fr. par hectare, et le rapport d'environ 250 livres en *sea island* ou longue soie, et de presque le double en variété Nouvelle-Orléans.

La PROVINCE D'ORAN produit exclusivement du coton longue soie. Les plus beaux échantillons ont été envoyés par

MM. LESCURE ET GAUSSEN Fils, D'ORAN; FERRÉ ET VEUVE MERLIN, DE SAINT-DENIS DU SIG; GUYONNET, D'ASSI-BOU-NIF; ET ROYER, DE LA SÉNIA. — *Médaille.*

Dans la PROVINCE D'ALGER, la production a été de 7,542 kilog., dont 3,715 de coton courte soie et les exposants dont les noms suivent ont obtenu la *Médaille :*

MM. BEYER, DE MONTPENSIER; CORDIER ET MAISON, DE LA RASSAUTA; GAURAN, DE BIRKADEM; GOBY, DE BERBESSA; GRAVIER ET CAILLOT, DE BLIDAH; VALLIER ET GRIESSE-TRAUT, D'ALGER; HITIER, DE LA CHIFFA; JACOB, DE COLÉAH; KACZANOWSKI ET THIERRY, DE BOUFFARICK; MAZÈRE, DE DÉLY-IBRAHIM.

La PROVINCE DE CONSTANTINE a fourni en 1861, 6,652 kilog. de coton dont 5,534 courte soie. — M. DAVID SAUZEA DU CHERAKAT est le seul exposant de la province qui ait reçu la *Médaille.* —

MM. LÉONI ET COBLENZ, A VAUGENLIEU (OISE), ont exposé des échantillons de chanvre préparé par teillage mécanique sans rouissage. — Voici comment ils opèrent : Après l'arrachage, les tiges, liées en bottes, sont présentées à un hache-paille mû par la vapeur, qui en enlève les têtes. Ensuite on les met debout dans un séchoir à double parquet, traversé par un courant d'air chaud provenant d'un ventilateur et de ses cheminées d'appel. Après la dessiccation, le chanvre est monté par un moyen mécanique près d'une machine formée de huit paires de cylindres cannelés, qui écrasent et triturent les tiges; de là celles-ci sont soumises successivement à l'action de vingt-deux paires de petits cylindres auxquels est imprimé un mouvement très-rapide de va et vient et de deux grands tambours, qui les débarrassent entièrement de toute la chènevotte, divisent les fibres et les rendent bien parallèles. La filasse obtenue n'a pas besoin de peignage pour servir à la fabrication des grosses cordes. Le rendement est beaucoup plus complet que par les procédés ordinaires, et les produits, à en juger par les spécimens exposés, sont doués d'une très-grande résistance. — *Médaille.*

D'autres exposants qui avaient envoyé des chanvres reconnus supérieurs à ceux des autres pays pour la force et la qualité, et ne le cédant sous certains rapports qu'à ceux de Bologne et de Ferrare, ont reçu la *Médaille :* ce sont MM. HERVÉ-LISSILOUR du département des *Côtes-du-Nord;* L'INSTITUT NORMAL AGRICOLE DE BEAUVAIS, et la SOCIÉTÉ D'AGRICULTURE DE LA SARTHE.

M. BIVER, avait envoyé de remarquables échantillons de lin traité par les procédés de M. Lefébure. Son exposition comprenait du lin en chaume, du lin broyé et démêlé, du lin bouilli, rincé, séché et assoupli, du lin teillé, du lin peigné, des étoupes de ce lin, du lin filé de différentes finesses ; tous ces échantillons, indiquant les diverses phases de la préparation, ne laissent aucun doute sur l'efficacité des procédés mis en pratique. — *Médaille.*

Les lins envoyés du département du Nord par MM. FIÉVET DE MASNY, ET PORQUET-DOURIN DE BOURBOURG ; du département de l'Oise, par M. MANIEZ ; du département d'Ille-et-Vilaine, par

M. DUVAL; et des Côtes du Nord, par M. P. OLIVIER, étaient d'une finesse, d'une force, d'une égalité de couleur remarquables. Nos lins n'ont rien à redouter de la comparaison avec ceux de Belgique et de Russie; et si nous importons des lins étrangers, c'est que l'industrie nationale ne trouve pas parmi les lins indigènes toutes les sortes qui lui sont nécessaires. — *Médaille.*

MM. HARDY d'Alger, Henri COSTÉRISAN ET HÉRICART DE THURY, de la province d'Oran, avaient exposé des lins considérés comme réunissant toutes les qualités désirables. — *Médaille.*

Il y a tout lieu d'espérer qu'avant peu l'Algérie, où le lin a crû de tous temps à l'état sauvage, en fournira les graines que notre commerce demande à la Russie. Les essais faits récemment ont prouvé que les graines étrangères s'y acclimatent très-bien et que celle de Riga particulièrement y conserve toute sa vigueur.

M. FARNÈSE-FAVARQ, a Lille. — Les fils et les tissus faits avec les lins algériens, et présentés par M. Farnèse-Favarq, ne laissent aucun doute sur leur excellence. — *Médaille.*

M. JAVAL, LÉOPOLD, a Arès (Gironde), France. — Depuis longtemps, le sol de la vieille Europe, épuisé par l'imprévoyance de ses populations, ne produit plus en quantité suffisante le bois nécessaire à la consommation de ses habitants. Ceux-ci sont forcés d'aller demander aux pays lointains les riches produits de leurs terres vierges.

Cependant l'œuvre de destruction, le déboisement n'a jamais été interrompu, et si dans ces derniers temps, une partie du désastre a été atténuée, soit par un usage plus général de la houille, soit en complétant l'approvisionnement par l'importation, on n'a malheureusement pu remédier aux altérations météorologiques et physiques produites dans nos climats par suite de la disparition des surfaces boisées.

Les gouvernements et les hommes qui se sont préoccupés de l'avenir ont cherché, avec raison, un palliatif dans le reboisement, en l'appliquant surtout aux terrains en pente et aux sols inféconds qui se refusent à une culture rationnelle.

En France, deux contrées ont particulièrement attiré leur attention et provoqué de leur part de nombreux essais de culture : ce sont, les landes de la Gironde et celles de la Sologne. Mais leurs efforts combinés ont longtemps été infructueux, et ces pays déshérités semblaient condamnés à voir se perpétuer ce déplorable état de chose.

Il était donné à notre époque de résoudre ce difficile problème. Le reboisement des montagnes est aujourd'hui en voie d'exécution. En Sologne une main puissante s'est étendue sur cet infertile pays, et les résultats obtenus par l'Empereur Napoléon III dans ses propriétés de Lamotte-Beuvron et de la Grillière font espérer la régénération de cette contrée, qui par le fait des voies ferrées n'est plus qu'une banlieue de Paris.

Dans les landes de Gascogne, le succès si longtemps cherché a été réellement obtenu ; car le doute n'est plus possible en présence des produits de la terre d'Arès, présentés à l'Exposition universelle par M. Léopold Javal.

Voici au sujet de ce beau domaine quelques renseignements qui se trouvent consignés dans une brochure, publiée par M. Javal lui-même et qui accompagne son exposition :

La terre d'Arès est située sur la rive nord du bassin maritime d'Arcachon , qui communique directement avec l'Océan. Elle borde la plage sur une étendue de 8 kilomètres.

Elle est distante de Bordeaux de 60 kilomètres, dont 39 par le chemin de fer de Bordeaux à la station de Facture, et 21 par la route agricole de Facture à Arès.

Depuis 1847, cette terre appartient à M. Javal ; et sa contenance, successivement augmentée par des acquisitions, est aujourd'hui de 2,867 hectares.

L'exposition de M. Javal résume tous les produits qu'on peut retirer de la végétation ligneuse ; mais afin d'édifier complétement les visiteurs, il avait ajouté à cette collection quelques spécimens de la culture purement agricole.

C'était des foins naturels, des luzernes et des trèfles, qui couvrent sur la propriété une superficie de

80 hectares, sans préjudice des récoltes de froment, de seigle, d'avoine, de maïs, de millet, de sarrasin, de tabac, de betteraves, de navets, de pommes de terre, de topinambours, d'oignons, de potirons et de vins, qui occupent également un immense espace. Mais ce n'était que le complément de cette exposition, dont les produits ligneux occupaient particulièrement la première place. On y remarquait des spécimens de jeunes pins de 1, 2, 3, 4 et 5 ans, qui couvrent une superficie de 1940 hectares, des pins maritimes de 27 ans, gemmés depuis deux ans, et un pied énorme de la même essence âgé de 125 ans et gemmé depuis 96 ans.

Le gemmage, c'est-à-dire l'opération qui a pour but d'inciser l'arbre afin de faciliter l'écoulement de la résine qu'il contient, donne sur la terre d'Arès quatre espèces de produits, savoir : de la résine molle, du galipot, du barras et de la térébenthine vierge; substances dont l'industrie s'empare et qu'elle transforme selon les besoins en essence de térébentine brute et rectifiée, en colophane, en brai sec et gras, d'où résultent le goudron, l'huile pyrogénée, les graisses à base de résine et les chandelles de résine.

Du bois de ses pins maritimes. M. Javal fait des planches, des madriers, des poteaux télégraphiques, des traverses pour chemin de fer, des échalas, des piquets de clôture, des tuyaux pour conduites, des bardeaux, des carrelages d'écurie et de trottoirs, enfin des panneaux qui par le vernissage se transforment, lorsque le bois est injecté de sulfate de fer, en matériaux d'ébénisterie.

La terre d'Arès, ne fournit pas seulement du pin maritime ; on y trouve aussi du chêne noir, du chêne blanc, du chêne yeuse, des peupliers, des mûriers, des accacias, de la bourdaine, des fougères, des bruyères dont les racines sont transformées en pipes par les habitants, et une graminée (stepa juncea), connue sous le nom local de gourbet, avec laquelle on confectionne des chapeaux.

Sur le domaine on rencontre du minerai de fer.

M. Javal complétait sa belle exposition par des modèles de réservoirs destinés à retenir, aux marées montantes, les poissons qui y entrent. Ces réservoirs occupent sur la propriété une superficie de 19 hectares 90 ares.

Les spécimens des produits de la terre d'Arès, dont la beauté atteste la haute intelligence qui a présidé à l'amélioration et à la mise en rapport des terrains composant ce magnifique domaine, ont excité la convoitise de MM. les directeurs des musées d'Edimbourg et de Florence; ils les ont demandés à M. Javal, qui après la clôture du grand concours s'est empressé de les leur partager, ils forment donc aujourd'hui deux expositions permanentes en Angleterre et en Italie.

M. Javal a reçu la *Médaille*, et l'Empereur l'a nommé *Officier de la Légion d'honneur*.

M. LE DOCTEUR CHARLES ROBERT, a Paris. — La médecine et la chirurgie végétale sont d'invention récente. C'est à M. le docteur Charles Robert qu'en revient tout l'honneur.

Il continue ses recherches et ses expériences, et son exposition tendait à prouver l'efficacité de ses moyens curatifs.

Tout cela, fort ingénieusement présenté, intéresse les personnes qui s'occupent de l'entretien des parcs et des jardins; mais le forestier n'en peut tirer profit. — *Médaille*.

M. DE COURVAL, a Pinon (Aisne), est un autre médecin et chirurgien des bois, que les lauriers de M. le docteur Robert rendent jaloux.

Suivant lui, il faut supprimer rez-tronc par une section verticale bien unie et légèrement bombée vers le centre toute branche inutile, mal placée, morte, mourante, pendante ou cassée ou même formant avec le tronc un angle aigu vers le sol de plus de 45 degrés.

Il faut opérer de même par la suppression rez-tronc de tous chicots ou rabots dus à de vicieux élagages antérieurs que l'on pourra rencontrer, et recouvrir immédiatement la section verticale pratiquée dans le vif avec du coaltar. Le jury, pensant peut-être que les arbres bien venants se débarrassent tous seuls de leurs branches malades ou inutiles, n'a pas accordé de récompense.

LIÉGES BRUTS ET TRAVAILLÉS. — Sous cette dénomination huit exposants du midi de la France ont exposé une collection de liége brut et de liége travaillé d'un grand intérêt.

Parmi les produits bruts, nous citerons les belles écorces de M. Chappon, provenant du cercle de Djebel Halia (Afrique) et celles de MM. Delahbre et Jacob récoltées en Corse; et parmi les produits ouvrés, une belle plaque de liége enrichie d'ornementations découpées, présentée par M. Affayroux ; cette plaque d'un seul morceau n'a pas moins d'un mètre 40 de longueur sur 60 centimètres de largeur, elle est unie et sans porosités.

Dans le même groupe étaient les excellents bouchons de M. Baleton, du département de Lot-et-Garonne, exposés sous 12 modèles différents et variant de prix suivant leur finesse, de 3 à 40 francs le mille ; ils sont généralement de bonne qualité et la taille en est irréprochable. — Venait ensuite une collection de chapeaux et de casquettes de toutes formes, en liége fin, de M. Boudon; ces coiffures d'un nouveau genre, si elles ne sont pas appelées à un grand succès d'usage, prouvent que le liége qui a servi à les fabriquer est d'excellente qualité et d'une flexibilité remarquable.

M. WAASER, a Paris. — Les perfectionnements apportés dans l'emploi des scies a donné naissance à une industrie qui aujourd'hui offre aux architectes et aux horticulteurs décorateurs des ressources précieuses et variées : ce sont les bois découpés, dont de jour en jour l'usage se vulgarise davantage.

M. Waaser, à qui cette industrie doit en partie son développement, exposait un kiosque en bois découpés à la scie, fig. 1, et divers objets d'un travail semblable pour décoration intérieure et extérieure

Fig. 1. — Kiosque exposé par M. Waaser.

de chalets, de serres, de jardins, etc. Rien de plus délicieux et en même temps de plus économique que ces dentelles de bois, mises par des procédés bien connus à l'abri du feu et de la détérioration; aussi quel parti on en a tiré! Dans la construction des chalets, fig. 2, elles servent, à l'extérieur, à décorer les pignons, à les border et à orner les croisées ; on les emploie aussi pour les balustrades des balcons. Les petits pavillons qui surmontent les jalousies, les lames des jalousies, sont également faits avec des bois découpés, que l'on retrouve encore formant les lambrequins des marquises placées au-dessus des portes d'entrée. De gros bois, divisés par la scie avec la même facilité et la même grâce que les planches les plus minces, sont employés avec avantage pour l'établissement des consoles qui soutiennent et supportent les balcons.

A l'intérieur, les rampes d'escalier sont aussi en bois découpé, il en est de même des rosaces, des plafonds, des bordures; enfin les applications en sont sans nombre. Une petite église construite provisoirement en bois, rue de Rennes, à Paris, est un des plus délicieux spécimens de ce genre d'ornementation.

Pour les constructions improvisées, telles que salles de bal et de spectacle, on doit le préférer à tout.

Fig. 2. — Chalet construit par M. Wuaser.

Dans les parcs et les jardins l'emploi des bois découpés permet aux décorateurs de varier leurs compositions et de sortir de l'ancienne routine. Pavillons découpés, belvédères à jour , balustrades aériennes, revêtements de serres, volières, etc., ce sont autant de moyens simples et peu coûteux qu'ils mettent à leur disposition pour apporter dans leur œuvre de la variété, de l'élégance et surtout de la légèreté.

M. ERNEST LAMBERT, Algérie. — L'Exposition forestière de l'Algérie comprenait trois collections d'échantillons de bois fournis par le service forestier de chacune des trois provinces de la colonie, quelques échantillons envoyés par des particuliers, et une collection complète exposée par M. Lambert, inspecteur des forêts.

Les collections du service forestier, bien qu'incomplètes, sont préparées avec beaucoup plus de soin et d'intelligence qu'elles ne l'étaient à Paris en 1855 ; elles laissent cependant la science et l'industrie dans l'ignorance de ce qu'il leur importe le plus de connaître en cette matière, savoir : la physiologie végétale, et les conditions de culture, de production et d'exploitation de chaque essence.

Cette lacune est heureusement comblée par un agent de l'administration, M. Lambert, dont l'Exposition a donné une connaissance complète des ressources forestières de l'Algérie. Tout s'enchaîne et se complète dans son intéressante et belle exhibition ; un herbier fait connaître les essences ; des échantillons en font apprécier les qualités, et des charbons, la densité ; une étude forestière de l'Algérie, qui y est jointe, coordonne le tout, développe l'enseignement et achève, avec un traité sur l'exploitation des forêts de chêne-liège et des bois d'olivier, d'éclairer l'industrie sur l'état et l'importance des richesses forestières de l'Algérie et sur les éléments qu'elles offrent au commerce de la métropole, au mouvement maritime et aux spéculations privées.

C'est une bonne fortune pour nous que d'avoir à enregistrer de pareils travaux, mais nous les désirerions plus nombreux. — *Médaille.*

BELANGER, a Saint-Pierre (Martinique). — L'exposition de M. Bélanger se composait de trente et une espèces de bois de construction, d'ébénisterie, de charronnage et de teinture ; d'ortie de Chine, nouvellement introduite à la Martinique par l'exposant ; de trois espèces de coton, de trois gommes-résines, d'une belle collection de grains de ricin, de fécule d'arrow-root ; de café provenant du Jardin botanique de Saint-Pierre, dont il est le directeur ; de 124 espèces de plantes médicinales, au nombre desquelles la casse, dont l'exportation seule s'est élevée en 1861 au chiffre de 445,403 kilogrammes ; enfin de quelques graines de légumes, et de tabac en feuilles et sous forme de cigares. — *Médaille.*

M. THIBAULT, Ile de la Réunion. — L'ouverture des ports de Madagascar donne à l'exportation des produits ligneux de ces contrées une grande importance. M. Thibault présentait quelques bois pouvant fructueusement être employés par la carrosserie ; des écorces destinées à la tannerie et à la teinture ; puis quelques graines oléagineuses, quelques fécules, des cafés Leroy, Marron et Bourbon, cinquante-quatre espèces de plantes médicinales, des tabacs en feuilles et quelques graines alimentaires. — *Médaille.*

PRINCIPAUX TYPES DES MAMMIFÈRES ET DES OISEAUX NUISIBLES ET UTILES (France).— Cette collection a été préparée avec le concours du Muséum d'histoire naturelle de Paris ; elle est divisée en trois sections : l'une comprend les animaux particuliers en France à la région du froment ; l'autre, ceux particuliers à la région des vins d'exportation, et la troisième, ceux qu'on rencontre dans la région de la soie.

Région du froment. — Dans cette région les espèces utiles de mammifères sont au nombre de 5, et celles des oiseaux au nombre de 53.

Quant aux mammifères nuisibles, on en compte 15. Parmi les oiseaux la seule bribe huppée fait des dégâts.

Région du vin d'exportation. — Sept espèces de mammifères utiles vivent dans cette région, qui est également habitée par 52 espèces d'oiseaux utiles ; les mammifères nuisibles sont au nombre de 12 ; on en compte aussi 12 espèces d'oiseaux nuisibles.

Région de la soie. — Le desman des Pyrénées est le seul mammifère utile de cette région, et l'on compte 36 espèces d'oiseaux dont le butinage peut être utile aux récoltes.

Les mammifères nuisibles y sont au nombre de 4, et les oiseaux au nombre de 17.

Cette collection est intéressante par son ensemble, et par la préparation des individus qui en sont l'objet. — *Médaille.*

SOCIÉTÉ IMPÉRIALE D'ACCLIMATATION ET JARDIN D'ACCLIMATATION DU BOIS DE BOU-LOGNE, a Paris. — Le but de la Société d'acclimatation est de concourir : à l'introduction, à l'acclimatation et à la domestication des espèces d'animaux utiles ou d'ornement, au perfectionnement et à la multiplication des races nouvellement introduites, et à l'introduction ainsi qu'à la multiplication des végétaux utiles.

Fondée depuis 1854, cette Société, reconnue d'utilité publique, exposait une belle collection d'animaux et de végétaux acclimatés ou en voie d'acclimatation, et des produits industriels tirés des espèces animales et végétales acclimatées.

Dans le premier groupe on a réuni six espèces de mammifères, vingt-cinq espèces d'oiseaux et onze espèces de vers à soie, plus 10 espèces de végétaux de diverses provenances.

Le second groupe comprend des poils préparés et des tissus fabriqués avec les dépouilles des chèvres d'Angora, d'alpaca, de lama, de vigogne et de guanaco.

Enfin des soies grèges, des fils tordus et moulinés, obtenus des cocons du ver de l'aylanthe et d'autres espèces.

Les études de la Société d'acclimatation et ses expériences s'appliquent également à tous les animaux et à tous les végétaux utiles ou même d'ornement, à tous les produits naturels alimentaires, médicinaux ou industriels, dont l'acquisition peut contribuer à l'augmentation du bien-être de l'homme. — *Médaille.*

MM. AUBERT ET GÉRARD, a Paris, ont pris une large part au mouvement progressif de l'industrie du caoutchouc en France, qui doit à l'un d'eux, M. GÉRARD, plusieurs améliorations des plus utiles, notamment une machine à déchiqueter, une pour faire le fil rond, une autre pour laminer les feuilles de longueur indéfinie, un procédé de coloration de la vulcanite en rouge, et de nombreuses observations chimiques et pratiques. C'est cette maison qui fait les grands joints employés pour relier les diverses pièces des chaloupes canonnières à vapeur qui se démontent en seize tranches. Elle confectionne, en outre, annuellement, dix mille vêtements d'une solidité à toute épreuve, peu coûteux, insensibles aux variations atmosphériques et à l'action des divers agents qui altèrent le plus ordinairement le caoutchouc. Elle fabrique par jour de 80 à 100 kilogrammes de feuilles, de clapets, de rondelles, de tuyaux, de pièces moulées, etc., et environ 250 kilogrammes de fils vulcanisés d'une longueur moyenne de 14,000 à 15,000 mètres par kilogramme.

MM. Aubert et Gérard avaient exposé les produits, on ne peut plus variés, de cette laborieuse et habile fabrication. — *Médaille.*

MM. NOIROT ET Cie, a Paris, présentaient des tubes en caoutchouc vulcanisé, sans soudure et d'une longueur indéfinie, ainsi que la filière, de son invention, qui avait servi à les fabriquer. — *Médaille.*

MM. HUET ET Cie, a Rouen. — Tissus élastiques pour chaussures, bretelles, ceintures et jarretières. — Cette maison exporte 66 pour 100 de ses produits. — *Médaille.*

MM. BARBIER ET DAUBRÉE, a Clermont-Ferrand, — fabriquent en caoutchouc durci des feuilles, des tuyaux, des rondelles, des plateaux, des machines électriques et des rouleaux pour filatures. Leur usine, fondée en 1831, est une des plus anciennes de l'Europe. — *Médaille.*

MM. ROUSSEAU DE LAFARGE ET Cie, a Persan-Beaumont. — Cette maison, d'origine plus récente, puisqu'elle ne remonte qu'à 1853, exposait, parmi une grande variété d'objets en caoutchouc vulcanisé, des bagues de dimension énorme pour machines de chemin de fer, et des tuyaux pour la transmission des commandements sur les navires. — *Médaille.*

AUTRICHE. — M. WOLLNER, a Vienne. — La culture du chanvre est assez répandue dans les provinces de l'Est et du Midi de l'empire autrichien, et la Hongrie principalement fournit une matière brute excellente. La production annuelle peut être évaluée à un million de quintaux en moyenne.

M. Wollner est propriétaire d'un établissement où l'on passe le chanvre au séran. Les échantillons qu'il exposait en sortent et présentent une filasse parfaitement nettoyée et finement sérancée. — *Médaille.*

SOCIÉTÉ D'ÉCONOMIE RURALE POUR LE TYROL ET LE VORARLBERG, a Inspruck. — Les besoins toujours croissant des filatures de lin ont donné dans ces derniers temps une impulsion puissante au progrès de sa culture sous le double rapport de la qualité et de la quantité. En moyenne la production annuelle du lin s'élève à deux millions de quintaux ; ce qui ne suffit pas à la consommation de l'industrie autrichienne, et l'oblige à en tirer de l'étranger des quantités assez considérables.

Les lins exposés par la Société tyrolienne avaient été récoltés à Oetzhal et à Axam. — *Médaille.*

LE MINISTÈRE IMPÉRIAL ET ROYAL DES FINANCES, a Vienne. — Sous ce nom étaient présentés les envois à l Exposition de Londres des principales directions forestières de l'empire d'Autriche.

L'Autriche possède environ 18 millions d'hectares de forêts ; ses contrées les plus riches en bois sont les pays des Alpes, après lesquels viennent la Bucovine, la Croatie, l'Esclavonie et la Transylvanie. Les pins dominent dans les montagnes, le hêtre dans les pays bas des Carpathes et des Alpes ; dans quelques parties du nord-ouest de l'Empire, c'est le chêne ; dans le sud, c'est l'orme, le châtaignier, le noyer, et plus loin, l'olivier, le laurier et le figuier. L'Empire possède encore quatre lieues carrées de bois d'oliviers purs, et une autre partie de six lieues carrées de bois de lauriers mélangés à des châtaigniers.

On remarquait dans cette superbe exposition des pins sauvages pour la sculpture, des mélèzes employés à la construction des vaisseaux, des bois de pins et de sapins pour la fabrication des instruments, etc. — *Dix Médailles* ont été décernées aux différents directeurs forestiers de l'empire d'Autriche.

M. LE COMTE DE MUNCH-BELLINGHAUSEN, a Vienne, exposait un échantillon d'un pin noir que l'on ne rencontre que dans la basse Autriche et qui fournit en abondance une résine de qualité supérieure ; puis un autre d'un noisetier âgé de 280 ans environ ayant 4 pieds 6 pouces de diamètre : de pareils arbres âgés de 100 ans sont communs sur le domaine de Merkenstein. — *Médaille.*

M. BEISIEGEL, a Vienne, fabrique les articles en écume de mer. Il présentait un magnifique assortiment de pipes taillées dans l'écume de mer, remarquables par le bon goût des ornements et le fini de l'exécution. — *Médaille.*

MM. GOLDMANN de Vienne et HARTMANN de Vienne, pour des objets similaires, ont reçu la même récompense.

M. NOCKER, de Botzen-Tyrol, pour d'admirables bois découpés. — *Médaille.*

GRAND-DUCHÉ DE BADE. — M. A. ET F. SCHOCH, a Lichtenau. — Le duché de Bade est la contrée de l'Allemagne qui produit les chanvres de meilleure qualité. MM. Schoch en présentaient diverses espèces préparées pour la corderie, d'une propreté et d'une force irréprochables. — *Médaille.*

M. WAGNER, a Emmendingen. — Les échantillons exposés par M. Wagner étaient tout prêts pour la filature. — *Médaille.*

BELGIQUE. — M. VAN PELT, a Tamise, avait envoyé des chanvres bruts, rouis, peignés et en filasse ; la préparation en paraissait faite avec soin et complète. — *Médaille.*

ASSOCIATION AGRICOLE DE L'ARRONDISSEMENT D'YPRES. — Le lin est un des principaux produits agricoles de la Belgique, où l'agriculture est plus perfectionnée peut-être que partout ailleurs ; et les lins belges, qui n'ont de rivaux que ceux de la Russie et de la France, ont toujours droit, ainsi que l'ont prouvé les spécimens exposés, à leur antique renommée. Presque toutes les provinces avaient envoyé des échantillons de leurs produits. L'Association agricole d'Ypres présentait du lin non roui, du lin roui à l'eau stagnante, et du lin roui à l'eau courante dans la Lys, et teillé. — *Médaille.*

M. LEFÉBURE, a Bruxelles, est l'inventeur d'un nouveau procédé de rouissage et de teillage qui permet de traiter par jour la récolte de plusieurs hectares, sans perte et sans émanations fétides, et avec une grande économie. Le lin, broyé d'abord mécaniquement, est passé ensuite rapidement à une espèce de peigne grossier qui enlève les pailles, les plantes étrangères, les fourches du lin, et régularise le parallélisme des fibres ; puis il est déposé dans une cage, que l'on descend dans une cuve contenant une dissolution de carbonate de soude, mise en ébullition à l'air libre par un courant de vapeur ; lorsque après une cuite de six heures environ, on retire la cage de la cuve, les poignées de lin sont parfaitement nettes, faciles à séparer et préparées également dans toute la masse ; alors au moyen d'un rinçoir, formé d'un long cadre rectangulaire, auquel on imprime un mouvement de va-et-vient, le lin est débarrassé des matières gommeuses et autres, rendues solubles par les alcalis, ainsi que des pailles et des herbes restantes ; enfin il est séché à froid, et passé dans une broyeuse, qui lui enlève la roideur due au séchage. Le teillage peut être achevé par les machines en usage pour ce travail. Ce procédé a notamment l'avantage d'opérer une désagrégation complète, régulière et sûre, sans altérer la force des fibres, de conserver au lin sa nuance argentée ou légèrement dorée naturelle, et de faire rendre aux plantes la totalité des matières textiles ; la chènevotte, qui représente 70 pour 100 des lins bruts, est employée pour combustible ; les cendres qui en proviennent donnent 20 pour 100 de potasse.

Les fils forts, réguliers, brillants et nets, et les filasses, entièrement dépouillées de matières résineuses, que M. Lefébure avait exposés, justifient des succès de sa méthode, perfectionnée par l'expérience de plus de trois années de travail pratique. — *Médaille.*

Les lins des Flandres étaient représentés par les spécimens à tous les degrés de manipulation, teillés à la main et à la mécanique, envoyés par MM. DAVID, d'Anvers, DE BRUYN, de Termonde, MÉCHANT, de Hamme, et VERSCHEURE d'Ovghem, lesquels ont tous obtenu la *Médaille*.

BRÉSIL. — CHAMBRE MUNICIPALE DE DESTERRO, province de Sainte-Catherine. — La production du coton a augmenté au Brésil dans une progression surprenante, surtout depuis que l'importation des esclaves a cessé et que l'on a introduit les travailleurs chinois. Comprenant aujourd'hui que leur mauvaise préparation du coton avait été une des principales causes de la défaveur dans laquelle il était tombé, les cultivateurs brésiliens apportent plus de soins à la récolte et au nettoyage : aussi l'exportation est-elle allée continuellement en progressant dans ces dernières années : de 9,971,908 arrobas, en 1852, elle était montée à 1,008,680 en 1858 ; les prix ont haussé dans la même proportion, ils varient aujourd'hui de 2 fr. 76 à 5 fr. 40 le kilogramme pour la longue soie, qualité la plus généralement cultivée et provenant de semences fournies au gouvernement impérial par les États-Unis.

Après ceux qu'exposait la Chambre municipale de Desterro, les plus beaux échantillons appartenaient à MM. PEREIRA, RODRIGUES et de REZENDE. — *Médaille.*

M. STRAUSS avait envoyé des échantillons de caoutchouc à l'état naturel coloré artificiellement. — *Médaille.*

ESPAGNE. — COMICE AGRICOLE DE BURGOS. — L'Espagne est une contrée essentiellement linicole ; ce lin y croît presque partout ; cependant les provinces de l'Ouest sont les plus spécialement appropriées et adonnées à ce genre de culture. Quoique les nouveaux procédés de rouissage mécanique ou chimique n'y aient pas encore été adoptés, la préparation du lin s'y opère généralement dans de bonnes conditions ; les échantillons présentés par le Comice agricole de Burgos en sont la preuve. — *Médaille.*

M. MUNOZ, a Léon, avait envoyé une collection des diverses variétés de lin cultivées dans l'ancien royaume de Léon ; ce sont peut-être les meilleures que l'on rencontre dans toute l'Espagne ; quelques-unes sont des provenances de graines de Courlande. — *Médaille.*

M. le comte de RIPALDA, a Valence, représentait avantageusement l'industrie chanvrière de la péninsule Ibérique. — Ses chanvres bruts lui ont valu la *Médaille.*

ÉGYPTE. — S. H. le PACHA, a Alexandrie, avait envoyé un seul échantillon de coton. C'est la variété *upland* à courte soie, qui domine en Égypte, où la culture du coton couvre environ 350,000 *feddams* ou arpents de terre, et où elle pourrait facilement en couvrir plus de 3,000,000 ; mais cette production y a subi et y subit encore les mêmes vicissitudes que partout ailleurs ; aujourd'hui elle paraît reprendre une activité que, du reste, avait ralentie le bas prix obtenu sur les marchés par le coton égyptien à cause de son infériorité à l'égard de celui des États-Unis. La qualité s'est améliorée ; elle a été évaluée à 4 fr. 60 centimes. — *Médaille.*

GRÈCE. — DEMOS DE DRYMIAS, Dadi. — Le coton courte soie est indigène en Grèce ; 21,000 hectares, situés principalement dans les plaines de l'Attique, de la Béotie et de l'Argolide, sont en plein rapport ; chaque hectare produit annuellement environ 21,000 balles de 400 livres chacune. Les échantillons venus de Drymias étaient très-beaux de couleur, peu forts, d'une fibre irrégulière, très-propres et parfaitement préparés ; ils ont été évalués à 2 fr. 70 le kilogramme. — *Médaille.*

M. MERLIN, a Athènes. — Les variétés américaines « Nouvelle-Orléans » tendent à remplacer l'espèce indigène, qu'elles surpassent déjà pour la qualité et la valeur, car le coton courte soie de semence américaine, récolté près d'Athènes par M. Merlin, a été estimé 2 fr. 76. — *Médaille.*

HAITI. — Le GOUVERNEMENT exposait deux énormes balles, d'environ 4 quintaux chacune, d'un coton de qualité supérieure, évalué de 5 fr. 22 à 5 fr. 45. Les exportations ont été de 2,000,000 livres en 1862. Tout encourage la culture du coton à Haïti ; mais les travailleurs manquent, malgré les efforts du gouvernement pour en attirer. — *Médaille.*

HANOVRE.— MM. ALBERT COHEN, VAILLANT et Cie, a HARBOURG-SUR-L'ELBE.— Cette colossale manufacture de caoutchouc n'a guère que six à sept ans d'existence. Elle a été fondée, en 1856, sur un vaste terrain qui devait suffire à tous les services, par MM. Albert et Louis Cohen.

Elle se divise en deux fabriques, qui ont chacune leur spécialité distincte : dans l'une se font les chaussures, les étoffes calendrées et le cuir-gomme, et dans l'autre tous les articles d'un usage technique, comme les tampons de chemins de fer, les clapets, les plaques employées dans la marine, les courroies, les rondelles, les tuyaux, les cordes de l'industrie, les tapis caoutchoutés, les étoffes imperméables destinées à être converties en vêtements, les appareils de chirurgie, les objets de campement, les fils, les bracelets, les jarretières, les balles, les ballons, et enfin les jouets de toute espèce. Nulle part ailleurs on ne trouve une telle variété de productions, et nulle part ailleurs le travail ne s'opère sur une plus grande échelle. Environ 600 chevaux-vapeur distribuent la force motrice dans l'établissement.

On a calculé que depuis 1856 il s'est fait dans l'établissement de MM. ALBERT COHEN, VAILLANT et Cie environ 15 millions de paires de chaussures. Près d'un million de livres de gomme y sont annuellement mises en œuvre par une armée de 800 personnes; et pour que le travail de la fabrique et du magasinage s'effectue avec la plus faible perte de temps et le plus d'ordre possible, il existe un chemin de fer qui relie entre eux les divers ateliers.

C'est la fabrication des chaussures qui joue le premier rôle dans la manufacture des articles d'habillement. On en confectionne à peu près 10,000 paires par jour, de modèles et de formes très-variés, depuis les galoches et les souliers dits « en cuir végétal » jusqu'à l'élégante bottine de dame dans la confection de laquelle entrent le coton, la laine ou la soie, depuis la chaussure du marin jusqu'à la botte écuyère. Ces articles sont d'un prix extraordinaire bas qui a permis d'en répandre la consommation parmi les classes les plus pauvres, au grand avantage de l'hygiène publique. Leur qualité est irréprochable, et chaque jour la science chimique est appelée à améliorer encore les tissus qu'on y emploie. Quant aux vêtements établis à Harbourg, leur solidité et leur inaltérabilité est telle que leur réputation est faite aussi bien en Norvége qu'à Calcutta. Non-seulement la fabrique produit par jour une quantité fixe de ces vêtements qui peut s'élever de 150 à 300, mais elle a la fourniture du personnel actif de diverses compagnies de chemins de fer, et elle se charge d'imperméabiliser toutes les étoffes qu'on lui présente.

L'usine des produits techniques mérite plus encore d'attirer l'attention de l'industriel et de l'économiste. C'est là qu'à chaque instant il faut étudier et varier les formes, perfectionner les procédés, multiplier, inventer les applications. La manufacture d'Harbourg, par le puissant matériel dont elle dispose et les soins incessants qui y sont pris pour satisfaire et prévenir même toute demande, en est arrivée à défier toute concurrence sur quelque marché et sous quelque régime de douane que ce soit. Ses grandes pièces de marine et de chemin de fer, soumises au besoin à des pressions de 50,000 kilos, sont véritablement admirables.

Les articles « jouets » sont si goûtés, surtout en Angleterre, que cette fabrication, qui occupe cent ouvriers des deux sexes et qui produit 10,000 balles et ballons par jour, est en voie d'être triplée. Il faudrait un catalogue spécial pour énumérer les articles de mercerie et les objets et instruments de chirurgie dont nous sommes redevables à cette grande usine et qui, par leur variété, répondent à tous les besoins, comme ils sont, par leur bon marché, à la portée de toutes les bourses. Il est impossible de soupçonner le nombre de ces objets et de se faire une idée, sans les avoir vus, de la perfection avec laquelle ils sont traités tous.

Signalons encore les articles gonflés par l'air, comme les matelas, les coussins, les oreillers, les chaufferettes, et ceux en cuir végétal, comme les bâches, les couvertures de cheval, les cuirs maroquinés pour la sellerie, les seaux à incendie, les sacs, les gibecières, les outres, et enfin toute la collection des tapis de caoutchouc qui peuvent rendre de si grands services et dont on voit partout l'usage se répandre avec tant de rapidité pour les escaliers, les antichambres, les corridors, les bureaux des administrations publiques, les voitures des chemins de fer, les églises et jusque sous la tente des caravanes. Leur indestructibilité, leur facilité de lavage, l'avantage qu'ils ont d'étouffer le bruit et de n'être attaqués et habités par aucun insecte les a fait apprécier sur-le-champ comme ils devaient l'être. Ces tapis sont peut-être la création la plus heureuse de la manufacture d'Harbourg. Leur emploi se généralise également dans les chambres et sur les escaliers des navires et des paquebots.

Admirablement située sur un grand fleuve où pénètrent tous les navires du monde, cette manufacture incomparable vend chaque année pour plus de cinq millions de francs de ses produits.

Un espace considérable ayant été mis à la disposition de MM. Albert Cohen, Vaillant et comp., ils ont pu au grand complet présenter des échantillons de leurs innombrables produits, dont l'excellente fabrication leur a mérité la *Médaille*.

COMPAGNIE DES CAOUTCHOUCS VULCANISÉS DE HARBOURG. — Les établissements de cette Compagnie, situés dans le voisinage de ceux de la maison Albert Cohen, Vaillant et Cᵉ, sont également de premier ordre. On y fabrique spécialement les objets en caoutchouc vulcanisé, tels que peignes, manches de brosses, etc. Les spécimens exposés dénotent une excellente fabrication. — *Médaille*.

HOLLANDE. — M. GORTER, a Dokkum, était le seul représentant de l'industrie linière hollandaise ; les lins qu'il exposait, récoltés dans la Frise, sont de qualité supérieure et dénotent une préparation parfaite. — *Médaille*.

ITALIE. — LE SOUS-COMITÉ DE CAGLIARI, Sardaigne. — La culture du coton paraît avoir été introduite en Italie par les Sarrasins au neuvième siècle ; au onzième, il formait un des principaux produits de la Sicile et des contrées riveraines de la mer Adriatique et de la mer Ionienne ; même au siècle dernier cette culture s'étendait au nord jusqu'à Sienne et à Grosseto, en Toscane. Pendant le blocus continental l'Italie fournit du coton à presque toute l'Europe. Il se récoltait en grande partie aux environs de Naples, et était connu dans le commerce sous le nom de coton de Castellamare. Au rétablissement de la paix, le triste état économique de l'Italie ne lui permit plus de lutter avec les cotons à bas prix de l'Amérique et des Indes anglaises, et la culture en fut abandonnée à l'exception de quelques localités, où les paysans étaient accoutumés à filer le coton à la main pour en faire des bas, des courtes-pointes et des étoffes grossières à leur usage. Dans ces dernières années elle a repris un peu, grâce à la filature mécanique et aux encouragements fournis par le nouveau gouvernement pour améliorer le système d'irrigation dans les provinces méridionales.

La zone qui paraît convenir le mieux pour la culture du coton en Italie est très-étendue et embrasse, outre les îles de la Sicile et de la Sardaigne, la péninsule depuis l'extrémité méridionale jusqu'à la vallée du Tronto sur les bords de l'Adriatique, et sur la Méditerranée ; elle s'étend un peu plus loin que le 43ᵉ latitude nord. Les versants méridionaux et orientaux, qui ne dépasssent pas 150 mètres au-dessus du niveau de la mer, sont les plus propres à cette production, dont le rendement varie de 250 à 600 kilogrammes par hectare ; mais, en somme, même dans les provinces où il est le plus cultivé, le coton n'entre que pour un chiffre presque insignifiant dans les revenus du sol.

Il existe en Italie deux espèces de coton : le coton herbacé, d'une soie grisâtre et de qualité inférieure, cultivé sur les bords de la Méditerranée ; et le coton de Siam avec ses deux variétés, l'une à soie blanche, très-fine et luisante, c'est le coton de Castellamare, et l'autre donnant une soie d'un jaune brun. Le siam est la seule espèce qui ait bien réussi ; elle est annuelle, quoique l'on assure l'avoir vue vivace dans les Calabres.

On a essayé à diverses reprises dans les environs de Naples la culture du coton Fernambouc ; mais les hivers sont trop rigoureux. Des tentatives d'acclimater le coton arborescent à Lecce ont également échoué pour la même raison.

En somme, on pourrait, sans préjudicier aux autres récoltes, approprier en Italie plus de 800,000 hectares de terrain à cette culture et obtenir annuellement au moins 1 million de kilogrammes ou 550,000 balles de coton.

Le Sous-Comité de CAGLIARI exposait des cotons blancs de Siam, très bons, cotés 3 fr. le kilog ; et des cotons herbacés, supérieurs aux précédents, mais de moins belle couleur et cotés 2 fr. 75. — *Médaille.*

LA MUNICIPALITÉ DE BIANCAVILLA (Sicile) présentait du coton blanc de Siam ; l'échantillon, ayant été mal égrené et mal nettoyé, n'a été coté que 2 fr. 50 ; mieux préparé, il eût sans doute valu 3 fr. 50. — *Médaille.*

M. le Prince de BISCARI, a Catane. — Coton blanc de Siam, avec ses graines, très-bon et soyeux : égrené à l'Exposition par la machine de MM. Platt, il a donné une soie pareille à celle du bon coton de la Nouvelle-Orléans et a été coté 3 fr. 50 le kilogramme ; un autre échantillon, pareil au bon *upland*, a été estimé de 3 fr. 10 à 3 fr. 30. — *Médaille.*

MM. Les barons MAJORANA FRÈRES, a Catane. — Coton blanc de Siam, très-bon, estimé 3 fr. ; autre échantillon, de belle couleur, bien égrené, mais à soie peu résistante, coté 2 fr. 75 ; coton herbacé, bonne qualité, coté 3 fr. ; cotons nankin de Siam. — *Médaille.*

M. Le marquis UGO DELLE FAVARE, a Catane. — Coton blanc de Siam, très-bon et bien égrené, à soie forte, grosse et blanche, pareil à la qualité américaine *upland* moyen, de 3 fr. à 3 fr. 20 le kilogramme ; coton herbacé, mal récolté et mélangé de coton jaune ; bien récolté et tout blanc, il vaudrait 3 fr. — *Médaille.*

LA MUNICIPALITÉ DE PATERNO. — Coton blanc de Siam, de belle couleur, très-propre, mais à soie irrégulière et peu résistante, coté de 2 fr. 40 à 2 fr. 50 ; si les fibres étaient régulières, il vaudrait de 3 fr. 10 à 3 fr. 50. — Coton nankin. — *Mention honorable.*

M. FAVARA-VERDIRAME, a Trapani. — Coton blanc de Siam, bon et d'une belle couleur, mal égrené, coté de 2 fr. 06 à 2 fr. 30 ; bien égrené, il atteindrait 3 fr. ; coton nankin. — *Médaille.*

LE SOUS-COMITÉ DE GIRGENTI. — Coton blanc de Siam, à soie peu résistante, coté 2 fr. 30 le kilogramme ; même espèce, soie très-courte et grosse, 2 fr. 75 ; coton herbacé, de belle couleur, endommagé par l'égrenage, coté de 1 fr. 85 à 2 fr. 05 ; bien égrené, il vaudrait de 2 fr. 75 à 3 fr. — *Mention honorable.*

LE SOUS-COMITÉ DE NAPLES. — Coton blanc de Siam, première qualité, très-beau et de bonne couleur, mais mal égrené et irrégulier ; l'échantillon a été estimé 2 fr. 30 par kilogramme ; bien égrené, il vaudrait 3 fr. — Deuxième qualité, pareil au coton ordinaire américain, soie forte, mais grosse, mal préparé, estimé seulement 1 fr. 85. — Un troisième échantillon, de qualité supérieure, évalué de 3 fr. à 3 fr. 20. — *Médaille.*

MM. VONWILLER et Cᵉ, a Naples. — Beau coton blanc de Siam, bien préparé, de 2 fr. 75 à 3 fr. le kilogramme. — Collection d'échantillons de ce coton filé et d'autres échantillons de coton américain filé, pour servir de comparaison. — *Médaille.*

LE SOUS-COMITÉ DE BRINDES. — Coton blanc de Siam, première qualité, gâté à l'égrenage, coté 1 fr. 80 ; en bonne condition il vaudrait de 2 fr. 50 à 2 fr. 75. — *Mention honorable.*

LE SOUS-COMITÉ DE CATANZARO. — Coton blanc de Siam, bonne soie, mais pas assez blanche et irrégulière, détériorée par l'égrenage, coté 1 fr. 88 ; bien préparé, il vaudrait 2 fr. 75 ; coton herbacé, gros et de qualité inférieure ; mal égrené, de 2 fr. 05 à 2 fr. 30 le kilogramme ; bien égrené, il vaudrait 2 fr. 50. — *Mention honorable.*

M. CERTANI, a Bologne. — Les chanvres italiens sont supérieurs à ceux de presque tous les autres pays ; ils jouissent pour ainsi dire du monopole de la fabrication des cordages dans les principaux arsenaux de l'Europe ; il s'en exporte des quantités considérables en France, en Angleterre, en Suisse, en Allemagne, en Espagne, en Portugal, etc. La production annuelle du chanvre brut peut en Italie être évaluée à 40 millions de kilogrammes en moyenne. Les seules provinces de Bologne et de Ferrare en récoltent environ 20 millions, ou le tiers de la production de la France, et leur exportation s'élève à une valeur de 20 millions de francs. C'est de ces provinces que vient la graine de chanvre qui assure le mieux la réussite des cultures.

La blancheur, la finesse, la souplesse, l'éclat et la divisibilité de la fibre distinguent le chanvre bolonais, qui peut jusqu'à un certain point rivaliser avec le lin et le rendent propre au tissage ; tandis que le chanvre ferrarais, plus long et plus résistant, est mieux approprié pour la corderie.

M. CERTANI présentait des chanvres en tige récoltés sur la ferme de l'Empereur des Français dans le voisinage de Bologne ; ils avaient plus de 6 mètres de haut, et la filasse en était d'une blancheur admirable et d'une pureté parfaite. Il y avait joint des graines, du chanvre brut en balles et des chanvres rouis de la même localité.

M. CERTANI a fait une étude particulière de la culture du chanvre et des moyens de l'améliorer. On lui doit plusieurs machines ou instruments, construits dans ce but. Nous signalerons entre autres sa charrue à renfoncer. Le renfoncement ou *ravaglio* est une espèce de labour pratiqué dans le Bolonais à la bêche ordinaire ; on y substitue aujourd'hui les charrues perfectionnées de MM. CERTANI ET BERTELLI. — *Médaille.*

M. Louis BOTTER, A BOLOGNE, avait eu l'ingénieuse idée de rassembler tout ce qui concourt à la culture et à l'industrie du chanvre ; il offrait en effet une collection des plus instructives des terres, des engrais propres à ce genre de culture, toutes les variétés de produits, tous les instruments employés dans les diverses opérations agricoles et industrielles auxquelles le chanvre est soumis, et un tableau descriptif plein de renseignements utiles et précis, formant une représentation en quelque sorte vivante, une monographie complète de la plante depuis le labour et l'assainissement du sol jusqu'au rouissage, et à la fabrication des cordages et des tissus, en passant par les procédés de récolte, de séchage, d'emballage, etc., etc. — *Médaille.*

CHAMBRE ROYALE DE COMMERCE DE FERRARE. — Le chanvre dans le Ferrarais s'élève à une hauteur prodigieuse ; la CHAMBRE DE COMMERCE en exposait qui dépassait 5 à 6 mètres. Ce chanvre est supérieur à tout autre pour les toiles à voiles et pour les cordages des navires. — *Médaille.*

M. QUADRI, A NAPLES, possède le seul établissement en Italie, dont les machines puissent extraire le fil du chanvre vert, c'est-à-dire non roui. Son procédé a beaucoup d'analogie avec celui de MM. Léoni et Coblenz. Chaque machine se compose de 16 à 42 cylindres, selon la largeur des cannelures, qui sont en grand nombre. Le chanvre passe d'abord sous les cylindres à larges cannelures, puis sous les cylindres à cannelures plus étroites. Les chanvres ainsi traités sont très-avantageux pour la fabrication des cordages, car ils absorbent plus aisément le goudron ; en outre, par le moyen de préparation employé, le rendement est plus considérable. Chaque machine peut donner 700 kilogrammes de fibre en 12 heures.

M. QUADRI exposait des chanvres bruts travaillés à sec, c'est-à-dire sans rouissage ni préparation, peignés et lavés, pour cordages. — Ces échantillons donnaient pleinement gain de cause aux innovations qu'il a introduites dans une région où la routine et les préjugés des paysans opposent encore de graves obstacles au progrès et au perfectionnement de l'agriculture et de l'industrie. — *Médaille.*

M. MACCAFERRI, A BOLOGNE, a le brevet d'une machine pour assouplir le chanvre, au moyen de laquelle il parvient à dépouiller la plante du dernier reste de matière incrustante et rendant la fibre roide et âpre au toucher. Cette machine se compose d'un tronc de cône cannelé, fixé par son sommet au centre d'une pile en pierre, dans laquelle il tourne en roulant sur lui-même et en écrasant une couche de chanvre brut placée dessous. L'efficacité en est pleinement démontrée par les échantillons exposés. — *Mention honorable.*

LA SOCIÉTÉ AGRICOLE DE BOLOGNE présentait le modèle en relief d'un champ chanvrier, des spécimens des terres bonnes à la culture du chanvre, les engrais propres à les améliorer, tout un matériel de drainage et divers instruments agricoles et industriels en usage et d'invention nouvelle.

Elle s'était aussi proposé de faire connaître les insectes qui attaquent le chanvre et les moyens de combattre leurs ravages ; dans ce but, elle exposait des plantes endommagées notamment par le *Botys sileacealis* et les *altiches* ou puces du chanvre, et d'autres chez lesquelles on avait remédié autant que possible à la déformation causée par ces insectes. — *Mention honorable.*

M. le COMTE AVENTI, A FERRARE. — Ses chanvres, obtenus dans des fonds marécageux récemment desséchés, se distinguent par la couleur, la longueur et la résistance de leur fibre. — *Mention honorable.*

M. PASOLINI, A IMOLA, pour chanvre peigné en écheveaux. — *Médaille.*

M. BONORA, A FERRARE, chanvre brut en ballots. — *Médaille.*

M. BIAVATI, A CREVALCORE, chanvre en herbe. — *Médaille.*

M. CAVALIERI, A FERRARE ; chanvre broyé. — *Mention honorable.*

LE SOUS-COMITÉ DE CAGLIARI exposait des lins de l'île de Sardaigne, tiges, écorces, graines, fils et toiles. — *Médaille.*

LE SOUS-COMITÉ DE CAGLIARI. — La culture du lin est très-ancienne en Italie. La production du lin brut peut être évaluée approximativement à 21 millions de kilogrammes par an. Les qualités les plus estimées proviennent de Crème en Lombardie et de Catanzaro dans la Calabre ultérieure. Le rouissage se fait dans les eaux courantes et marécageuses, ou dans des fosses artificielles. Les essais de l'application des procédés mécaniques n'a pas encore donné de résultats satisfaisants. D'ailleurs, la production et les méthodes de culture diffèrent beaucoup selon les provinces. Il y a même des endroits, notamment dans la Pouille, les Calabres et presque toute la Sicile, où l'on cultive le lin pour la graine seulement ; l'eau manquant pour le rouissage, on sacrifie la tige qu'on brûle dans les fours. — *Mention honorable.*

MM. FROEHLICH ET Cᵉ, A CASTELLAMARE. — La garance est la plante tinctoriale la plus importante de l'Italie ; elle est cultivée en grand dans la Toscane, l'Ombrie et les provinces du Midi, et l'on en exporte des quantités considérables. Des provinces napolitaines seules, on en enlève pour plus de 5,150,000 fr. par an. MM. FROEHLICH avaient envoyé de très-beaux échantillons de garance, de garancine, de poudre de garance saturée d'acide sulfurique concentré. — *Médaille.*

M. HENRI BELLELLA, A CAPACCIO. — C'est dans la plaine de Capaccio, aux environs de Salerne, que se récolte la meilleure garance ; les spécimens de 30 mois, de 18 mois et de 7 mois, présentés par M. HENRI BELLELLA justifient cette renommée. — *Médaille.*

M. CHERICI, A SAINT-SÉPULCRE, PRÈS D'AREZZO. — En Italie les teinturiers tirent la couleur bleue du pastel, plante qui croît à l'état sauvage dans plusieurs endroits, et principalement dans la vallée du Tibre, où un hectare de terrain pourrait rapporter en moyenne plus de deux mille pains de pastel au prix de 56 francs le mille, si la culture en était développée comme elle le devrait. On emploie aussi le pastel pour le mélanger à l'indigo et donner à ce pigment du corps et de la durée. M. CHERICI exposait du pastel en fraises, et des étoffes teintes avec la même plante. Sa vitrine renfermait, en outre, des spécimens d'une espèce de champignon dite *linga di faggio* qui sert en Italie à faire de l'amadou. — *Médaille.*

SOUS-COMITÉ D'ASCOLI. — La gaude ou réséda des teinturiers est une plante qui fournit une assez belle couleur jaune; elle est particulièrement cultivée dans les provinces napolitaines et dans l'île de Capri. On en fait usage pour teindre les étoffes et les laines. — *Mention honorable.*

M. AUGIAS, A TEMPIO (SARDAIGNE). — Parmi les substances tinctoriales que produit l'Italie, il faut encore mentionner l'orseille, qu'on obtient de plusieurs espèces de lichens qui croissent particulièrement dans l'île de Sardaigne : on en fait usage pour colorer les soies en violet. M. AUGIAS en exposait trois qualités différentes. — *Mention honorable.*

M. le PROFESSEUR ARNAUDON, A TURIN, avait envoyé une collection des matières tinctoriales en usage en Italie, dans laquelle nous avons remarqué le safran, qui se cultive dans les maremmes de la Toscane et dans le Midi, et le safran bâtard ou carthame, récolté en assez grande quantité, surtout dans les Romagnes.

A cette collection en était jointe une des substances généralement employées pour le tannage des peaux, consistant principalement en écorces d'arbres (grenadier, chêne liége, etc.,) en galles et en glands de chêne, en feuilles de lentisque, de myrte, etc. — *Médaille.*

M. GIUDICI, a GIRGENTI. — Dans quelques contrées de l'ancien royaume de Naples, dans la Sardaigne, et surtout dans la Sicile il se fait un grand commerce de sumac, petit arbrisseau qui y croît spontanément en abondance. De ses feuilles on obtient par la mouture une poudre fine, jaunâtre, très-riche en tannin. L'exportation en est considérable, particulièrement pour les Etats-Unis d'Amérique, qui en font une grande consommation. Les échantillons présentés par M. GIUDICI étaient parfaitement moulus et de première qualité. — *Médaille.*

M. le CHEVALIER MAFFEI, a VOLTERRE, PRÈS DE PISE. — On utilise également les baies du genévrier pour le tannage, M. MAFFEI en exposait de préparées à cet effet. — *Médaille.*

M. le CHEVALIER ANZI, a BORMIO (SONDRIO) avait réuni dans un herbier les lichens employés en Italie pour la teinture et principalement ceux de la Valteline. Cette collection était remarquable pour sa valeur scientifique, pour le nombre des espèces qu'elle contenait, et pour les soins qui avaient présidé à sa formation. — *Médaille.*

LA SOCIÉTÉ CRYPTOGAMIQUE ITALIENNE DE GÈNES. — Nous en dirons autant de l'herbier de cette société, qui renfermait plusieurs espèces rares et nouvelles de cryptogames indigènes en Italie, et fournissait de curieux renseignements sur l'utilité dont ces plantes sont ou pourraient être dans les arts et les manufactures, et sur les dommages que quelques-unes d'entre elles causent à l'agriculture. — *Médaille.*

LA SOCIÉTÉ D'AGRICULTURE DE PESARO offrait en quelque sorte le modèle des collections xylologiques. Chaque espèce de bois était représentée, dans la série qu'elle exposait, par trois échantillons, triés et préparés avec un grand soin, de manière à faire voir le bois sous trois sections différentes ; le classement était aussi au-dessus de tout éloge. — *Médaille.*

Le PROFESSEUR CALANDRINI, a FLORENCE. — Sa collection des bois de la Toscane, admirablement classée et déterminée, ne contenait pas moins de 187 échantillons, correspondant à autant d'espèces indigènes ou acclimatées dans cette partie de l'Italie. — *Médaille.*

ADMINISTRATION DES FORÊTS DU SONDRIO. — A cette collection, composée de 32 échantillons des bois de la Valteline, était jointe une table donnant les renseignements les plus intéressants sur les particularités de la croissance, sur la valeur ou le prix marchand et sur les usages de chaque essence. — *Médaille.*

M. le COMTE BELTRAMI, a CAGLIARI. — Le chêne-liége est très-abondant dans les provinces méridionales de l'Italie et dans les îles; la meilleure qualité provient de la Toscane et de la Sardaigne. Malheureusement, dans beaucoup d'endroits, les propriétaires négligeant de le faire enlever tous les six à sept ans, le liége, resté trop longtemps sur l'arbre, devient trop gros et moisit.

On ne saurait reprocher une pareille négligence à M. BELTRAMI; le liége qu'il exposait, récolté sur ses propriétés, était de premier choix et attirait l'attention sur la curieuse collection des bois de la Sardaigne, dont il faisait partie. — *Médaille.*

M. PICCHI, a LIVOURNE. — Gênes et Livourne fabriquent des quantités considérables de bouchons de liége ; ceux exposés par M. PICCHI provenaient des manufactures de la dernière de ces deux villes, et se recommandaient par la bonne qualité de la matière première et le fini du travail. — *Mention honorable.*

MADAME IDA CRIPPA, a FLORENCE. — Le pin parasol est communément cultivé en Toscane pour ses amandes, qu'on mange et dont on fait de l'huile ; c'est un arbre superbe, fournissant des cônes de 15 à 16 centimètres de haut et de 7 à 8 de large. MADAME CRIPPA exposait des graines et des amandes de cette espèce de pin, ainsi que des échantillons d'huile de pignon. — *Médaille.*

Les collections xylologiques exposées par MM. CHERICI de SAN-SEPOLCRO (MARCHES), le CHEVALIER MAFFÉI, de VOLTERRE (PISAN), les SOUS-COMITÉS DE NAPLES et de RAVENNE et le COMICE AGRICOLE DE REGGIO (EMILIE), honorées de la *Médaille* et celles des SOUS-COMITÉS D'AVELLINA et de CAMPOBASSO et de MM. le

CHEVALIER SEMMOLA de NAPLES, et MARATTI de BÉNÉVENT, qui ont obtenu une *Mention honorable*, représentaient les bois, les arbres, les arbustes et les arbrisseaux de leurs provinces respectives : on y remarquait le chêne, le hêtre, le pin, le sapin, le mélèze, le cyprès, le buis, le châtaignier, le noyer, l'alaterne, le caroubier, l'olivier, l'oranger.

M. PICCALUGA, A CAGLIARI, s'était spécialement attaché à réunir les essences exotiques acclimatées dans l'île de Sardaigne. — *Mention honorable.*

COMITÉ DE MODÈNE. — Dans la collection des plantes de la province présentée par le COMITÉ DE MODÈNE, on remarquait le Chrysopogon gryllus, plante qui croit à l'état sauvage sur le bord des champs et des fossés, et avec la racine de laquelle on fait des brosses et des balais ; et des échantillons de l'espèce de saule que l'on emploie à la fabrication des chapeaux connus sous le nom de chapeaux de copeaux. — *Médaille.*

M. BENZI, A CARPI (MODÈNE), exposait des tresses de paille ou copeaux de saule tout préparés pour la confection des chapeaux.

Le bois de saule est coupé en bandes longitudinales de 1 à 4 millimètres au moyen d'une machine, ou à la main avec un couteau ; ces bandes sont tressées avec les doigts, puis blanchies, gaufrées, cylindrées et tissées. — *Médaille.*

M. TEDESCHI, A REGGIO (EMILIE). — C'est surtout dans cette ville qu'a pris de l'importance la fabrication des brosses communes avec la racine du chrysopogon gryllus. M. TEDESCHI en avait envoyé de très-belles et très-solides, ainsi que des échantillons de la matière première employée pour les faire. — *Médaille.*

M. RENUCCI, A FLORENCE. — Les chapeaux de paille d'Italie jouissent d'une renommée justement méritée. La paille qui sert à leur fabrication provient d'une variété de blé d'été, cultivée expressément en Toscane dans un sol maigre, aride et pierreux, afin que les tiges en soient le plus grêles possible. Pour les récolter on déracine la plante tout entière, qu'on dessèche ensuite et blanchit à la rosée. Après avoir trié les différentes grosseurs, on blanchit le dernier nœud seulement au soufre, et la paille ainsi préparée est livrée aux femmes et aux hommes qui la tressent à la main. La paille de blé sert en outre à une foule d'autres petits ouvrages, tels que porte-cigares, cordons, garnitures pour femmes, etc. On la combine avec la chenille, le crin, les fils d'aloès. On utilise de même la paille du seigle, qui a moins de solidité, mais plus de finesse et un plus grand nombre de tours dans une largeur donnée. L'industrie des chapeaux de paille est une source de richesse pour l'Italie. Les produits exposés par M. RENUCCI réunissaient toutes les qualités que nous venons de signaler. — *Médaille.*

SOCIÉTÉ D'AGRICULTURE DE REGGIO (EMILIE). — De l'enveloppe des épis de maïs on obtient un fil assez fort pour se tisser facilement ; un échantillon de ce tissage avait été envoyé par la SOCIÉTÉ D'AGRICULTURE DE REGGIO. — *Médaille.*

M. BACCINI, A FLORENCE. — En Toscane on se sert des épis et des tiges du sorgho dit à balais pour faire des balais et même des brosses à nettoyer les tapis. Les spécimens présentés par M. BACCINI ont été l'objet d'une *Mention honorable.*

M. SINISCALCO, A BARONISSI, près de SALERNE, exposait des chardons à foulon, qui ne sont autres que des épis de dipsacus fullonum. et des amadous préparés et non préparés. — *Mention honorable.*

MM. NARDI ET FILS, A FLORENCE, pour leurs tresses de paille, de jonc et d'osier très-délicatement faites pour servir d'enveloppes à des bouteilles, des flacons, des gourdes, etc. — *Médaille.*

MM. MENCACCI ET Cᵉ, A LUCQUES. — Produits similaires. — *Mention honorable.*

PÉROU. — DON ELIAS, A NASCA. — La production du coton est sans doute fort ancienne au Pérou ; car l'exposition péruvienne présentait l'échantillon de coton le plus vieux qu'il y ait au monde, selon toute probabilité, sous la forme d'une grosse toison pesant environ 40 livres, qu'on affirme avoir été trouvée parmi les ruines d'une antique cité existant avant l'invasion du pays par les Espagnols ; ce coton est d'une soie très-belle et très-forte, et la toison exposée montre que les anciens habitants du Pérou savaient non-seulement récolter de bon coton, mais aussi le travailler.

La culture du cotonnier reprend faveur au Pérou; les cotons récoltés varient pour les qualités du Nouvelle-Orléans moyen au bon Fernambouc et pour les prix de 5 fr. à 5 fr. 52; ils s'exportent en Angleterre et en France. — *Médaille.*

PORTUGAL. — Les cotons provenant des colonies portugaises doivent être assimilés pour la plupart à ceux de l'Inde; leur préparation laisse à désirer; mais généralement très-bons pour l'usage s'ils étaient préparés avec plus de soin, ceux de l'île Saint-Thomas, de Mozambique et d'Angola seraient de qualité supérieure et pourraient rivaliser avec les courte-soie d'Amérique.

La quantité exportée actuellement des iles du cap Vert, d'Angola et de Mozambique est d'environ 300 balles.

On a fait aussi des essais de culture du cotonnier aux environs de Lisbonne et dans la province de Faro; mais on n'a encore obtenu que des cotons à brin très-court, et d'une teinte jaunâtre.

Les échantillons envoyés du Cap Vert, de très-belle qualité et d'une blancheur irréprochable, évalués de 2 fr. 88 à 5 fr. 10 le kilogramme, ont valu à MM. P.-A. DE OLIVEIRA et RODRIGO DE LA NOGUEIRA la *Médaille;*

Et ceux des iles du Prince et Saint-Thomas, forte et courte soie, cotés 2 fr. 88, exposés par MM. M.-J. DACOSTA PEDREIRA et J. VELLOSO DE CARVALHO, ont obtenu la *Mention honorable.*

M. F. RODRIGUES BATALHA, a LISBONNE, exposait des cotons de Timor, d'Angola, et de Mozambique; les premiers d'un brin court, gros et faible; les deux autres, de belle qualité, soyeux, blancs et forts, presque pareils au *sea island*; mais leur mauvaise préparation a probablement empêché qu'il ne leur fût accordé une récompense; bien nettoyés, ils eussent pu atteindre la valeur de 5 fr. 52 le kilogramme.

COMMISSION CENTRALE PORTUGAISE, a AVEIRO. — Le lin croît en assez grande abondance dans différentes parties du Portugal; mais, comme dans le midi de l'Italie, on le récolte plutôt pour la graine que pour la tige; aussi l'exposition portugaise offrait-elle plus d'échantillons de graines, que de lin roui, teillé et préparé pour la filature; néanmoins elle contenait également plusieurs échantillons de ce dernier genre bien travaillés, et quelques-uns provenant de semence de Riga, dont l'acclimatation a parfaitement réussi. La collection des produits agricoles présentée par la COMMISSION CENTRALE comprenait de beaux lins en graines et en tiges. — *Médaille.*

COMMISSION CENTRALE PORTUGAISE, a AVEIRO. — Les forêts du royaume de Portugal renferment un nombre considérable d'essences différentes d'arbres; mais en général l'exploitation régulière n'en est pas encore organisée. Il y a tout lieu d'espérer que le prochain achèvement du réseau des chemins de fer permettra de mettre ces richesses à profit. Après le pin, dont on tire, comme nous l'avons dit plus haut, de grandes quantités de résines, etc., etc., le liége est l'arbre le plus important de la faune portugaise, notamment dans l'Alentejo, où il présente de grandes ressources à l'industrie et à l'exportation. C'est avec les liéges du Portugal que se fabriquent les meilleurs bouchons. Dans certaines contrées, on fait aussi avec le liége des casquettes et autres articles de vêtement, ainsi que des objets de fantaisie sculptés au couteau ou à l'emporte-pièce. — La COMMISSION CENTRALE présentait des spécimens de ces différents modes de travailler le liége. — *Médaille.*

MM. BIETTER FALCAO ET Cᵉ, a LISBONNE. — Les superbes planches de liége brut qu'exposait cette maison, les unes râpées et les autres encore revêtues de leur croûte, justifiaient d'une production supérieure. — *Médaille.*

M. DOMINGOS GARIEN, a TARO. — Son exposition ne renfermait pas moins de seize variétés différentes de liége. — *Mention honorable.*

M. RUFINO JOSÉ DE ALMÉIDA, a LISBONNE. — La fabrication des paillassons et des nattes a acquis une certaine supériorité au Portugal; les principales matières employées sont le jonc, les fibres du palmier et de la noix de coco, et diverses autres substances végétales importées des colonies d'Afrique. M. RUFINO en exposait un bel assortiment. — *Mention honorable.*

M. F. J. FERREIRA, A LISBONNE, offrait cinq nattes de différents modèles et de différentes espèces, remarquables par la variété du travail, la finesse du tressage et l'agencement symétrique des joncs, dont les couleurs naturelles ou artificielles formaient des dessins élégants et des aspects agréables à l'œil. — *Médaille.*

M. J. CAETANO, A LISBONNE. — L'écusson des armes du Portugal sculpté en relief sur du bois de sandal par M. CAETANO révélait un véritable talent d'artiste et une main sûre et habile. — *Médaille.*

M. VASCONCELLOS, A PORTO. — Unir le bon marché à la solidité et à l'élégance, tel est le problème qu'a résolu M. VASCONCELLOS en utilisant les rameaux du saule à la fabrication des cure-dents, qu'il livre à 90 centimes le mille. — *Médaille.*

M. LE DOCTEUR WELWITCH, à ANGOLA. — Le Portugal tire du cap Vert et d'Angola des orseilles qui jouissent d'une préférence marquée dans le commerce. Le cap Vert fournit les variétés « roccella phycopsis et parmelia perlata. » A Angola, on récolte l'orseille d'arbre ou « roccella fusiformis, » qui est plus recherchée que les autres. C'est de cette dernière espèce dont M. le DOCTEUR WELWITCH avait envoyé de beaux spécimens. — *Médaille.*

PRUSSE. — M. VON PANNWITZ, A BURGSDORF. — Lin d'une grande finesse et bien préparé. — *Médaille.*

MM. WILLMANN ET FILS, A PATSCHKEY, près de BRESLAU. — Lin traité par les procédés belges et à l'eau chaude. — *Médaille.*

RUSSIE. — LE DÉPARTEMENT DE L'AGRICULTURE, A SAINT-PÉTERSBOURG. — Ses échantillons de lin, provenant des environs de Poodosh et de Vladimir, ont soutenu la grande renommée des lins russes. — *Médaille.*

COMMISSION LOCALE DE RIGA. — La graine de lin de RIGA est regardée comme la meilleure; il s'en exporte dans presque toutes les contrées linicoles, où elle réussit assez généralement; le lin qu'elle produit est la plus belle qualité qu'on puisse obtenir. La COMMISSION DE RIGA en présentait de superbes échantillons. — *Médaille.*

M. LE BARON DE VOLKERSAM, A PAPENHOF, COURLANDE, exposait de ces mêmes lins, rouis à la rosée, d'une souplesse remarquable. — *Médaille.*

COLONIES COSAQUES, A ORENBOURG. — La graine de Riga a fait merveille jusque dans les steppes de l'Oural; les lins qu'on y récolte, à en juger par les échantillons exposés, sont d'une très-belle qualité. — *Médaille.*

M. ONANOF, près de KOOTAÏS. — Quoiqu'on ne puisse la considérer encore qu'à l'état d'essai, la culture du cotonnier donne déjà des résultats satisfaisants dans la Russie méridionale. L'exposition des cotons russes consistait en cinq échantillons, provenant de semence égyptienne. Le premier, endommagé par l'égrenage, d'une soie très-courte, mais très-propre et d'une belle couleur, a été évalué de 1 fr. 85 à 2 fr. le kilogramme; le second, de 2 fr. 45 à 2 fr. 65; le troisième, récolté dans le voisinage de Kootaïs, brin court, gros, mais blanc, de 1 fr. 63 à 1 fr. 85; les deux derniers, venant de la Circassie, de 2 fr. à 2 fr. 65. — *Médaille.*

MM. NEMILOF, A OREL, POOZANOF, A SCHGROF, gouvernement de KOURSK, et PROKHOROF, A BELEF, gouvernement de TOULA, avaient envoyé des lins des diverses parties de la Russie, bien nettoyés et préparés. — *Médaille.*

TURQUIE. — LES GOUVERNEURS DE CAVALA, DE DRAMA, DE LATAKIÉ ET D'ADEN — présentaient 40 échantillons de coton, remarquables par la régularité des brins, leur finesse, leur force et leur propreté, mais ayant en général trop peu de longueur, et endommagés par l'égrenage. Les évaluations ont varié de 2 fr. 36 à 2 fr. 76. On espère que sous l'influence de ces prix, la Turquie pourra en fournir de 100,000 à 150,000 balles par an. L'espèce égyptienne a été généralement cultivée jusqu'à présent ; mais on tend à la remplacer par les variétés américaines. — *Médaille.*

URUGUAY. — Départements de SALTO et de SAN JOSE. — Les deux échantillons exposés ne proviennent que d'essais ; ils sont de l'espèce brésilienne, forts et bien préparés; estimés 5 fr. 06 le kilogramme, — *Médaille.*

VENEZUELA. — MM. STOLTERFOHT ET Cie, de Liverpool, ont exposé du coton récolté à Maracaïbo, variété *sea island*, longue soie, évalué 6 fr. 67. *Médaille.*

MM. RUETI, ROHL ET Cie. — Coton à soie moyenne, estimé 2 fr. 99. —*Médaille.*

SECTION IV. — PARFUMERIE.

ROYAUME-UNI. — MM. BAILEY ET Ce, A Londres. — On appelle *bouquet* un type d'odeur composé par le mélange de diverses huiles volatiles aromatiques. La maison Bailey en exposait un nouveau, connu sous le nom de « *essence bouquet*, » d'un parfum extrême. — *Médaille.*

MM. ATKINSON J. et E., A Londres. — Leur spécialité est la préparation des poudres de toilette et des poudres pour sachets, dont leur vitrine contenait vingt-quatre variétés de natures et d'aromes différents. — *Médaille.*

M. CLEAVER F. S., A Londres, est l'inventeur d'un savon au miel, parfumé d'huile essentielle de citronelle de Ceylan. — *Médaille.*

MM. LOW, ROBERT, FILS ET HAYDON, A Londres. — Leur savon brun de Windsor, d'un arome délicieux, jouit d'une vogue universelle. — *Médaille.*

MM. LEWIS J., A Londres. — Parfums extraits à froid, savons de toilette à l'iode, pommade de moelle de bœuf. — *Médaille.*

MM. PEARS, A. et F., A Londres, inventeurs d'un savon transparent, purifié de toute matière alcaline superflue. Ce savon est d'un parfum agréable et se conserve très-longtemps; leur vitrine en renfermait des échantillons fabriqués depuis trente-cinq ans et qui n'avaient rien perdu de leur qualité. — *Médaille.*

MM. PIESSE ET LUBIN, A Londres. — La parfumerie est redevable à cette maison de plusieurs nouvelles essences de fleurs concentrées, et de l'ingénieuse combinaison des bijoux et des bagues parfumés. La pièce principale de son exposition consistait en une élégante fontaine à parfum, sous forme d'une statuette de quatre pieds de haut exécutée en terre cuite par Blushfield, sur les dessins de M. S. Piesse, et représentant Christiana, fille de Linnée, arrosant des fleurs ; un filet d'eau ou de parfum coule perpétuellement de l'arrosoir qu'elle tient à la main. — *Médaille.*

M. RIMMEL E., A Londres, fabrique en général tout ce qui concerne la parfumerie anglaise et française, car à Londres il est parfumeur français et à Paris parfumeur anglais ; ce sont surtout ses vinaigres de toilette et ses vaporisateurs ou désinfecteurs aromatiques qui lui ont acquis sa réputation. Sa vitrine renfermait une superbe fontaine d'où coulait sans interruption une eau de violette distillée de l'odeur la plus douce et la plus rafraîchissante. M. Rimmel était membre du Jury et par suite *hors de concours.*

FRANCE. — M. L. T. PIVER, A Paris. — La parfumerie est une industrie éminemment parisienne dont l'importance augmente de jour en jour et qui aujourd'hui n'entre pas pour moins de cinquante millions de francs dans la production nationale.

Paris compte plusieurs maisons de parfumerie de premier ordre dont une des plus anciennes est la maison Piver. Fondée en 1774 sous l'enseigne de « la Reine des Fleurs » dont elle a fait sa marque de fabrique, cette maison a toujours conservé sa même raison commerciale L. T. Piver, et est restée la propriété exclusive de la même famille. Constamment mue par l'esprit de progrès, tout en conservant les bonnes recettes, elle s'est laissée guider par la science et s'est toujours empressée d'adopter les meilleures méthodes de fabrication qu'elle lui montrait. C'est ainsi que, la première, elle a introduit les machines et les moyens mécaniques dans la fabrication des savons dont elle s'est toujours occupée d'une façon toute particulière. Les savons au suc de laitue et ceux dits « savons des familles » ont été composés par la maison Piver ; les spécimens qu'en renfermait sa vitrine, étaient fort remarquables.

La savonnerie de M. Piver, située à la Villette, près Paris, est devenue une fabrique modèle. Une puissante machine à vapeur donne le mouvement et la vie à toute l'usine. De nouvelles machines à broyer, des étuves à double courant d'air pour sécher rapidement et plus complétement les savons, des machines pour les modeler et les estamper y ont été installées. Dans cette usine les huiles végétales sont saponifiées à la vapeur, puis parfumées à froid, sans aucune perte des senteurs qui les imprègnent.

Les anciens alambics ont été remplacés par des appareils de distillation et d'extraction perfectionnés.

Pour la préparation des parfums et des cosmétiques, on a substitué à la vieille méthode de lixiviation par macération, l'épuisement par déplacement. A cet effet, un appareil pneumatique, de l'invention de M. Piver, opère presque instantanément.

En homme soucieux de suivre le progrès, il s'est empressé d'appliquer la belle découverte de M. Millon pour l'extraction des parfums végétaux.

L'enfleurage a été aussi l'objet de ses scrupuleuses recherches; dans cette opération, il a fait merveille; en établissant des courants d'air dans des châssis à jour où sont déposées séparément des couches de fleurs et des substances grasses ; il s'empare avec la plus grande facilité des odeurs les plus fugaces, dont il parfume ses pommades, ses pâtes, ses crèmes et autres produits analogues.

On doit encore à M. Piver un procédé de désinfection et de décoloration applicable aux huiles végétales.

Sa maison, dont les affaires s'élèvent annuellement à la somme de deux millions, a aussi la spécialité de la fabrication du lait d'iris, cosmétique nouveau qui demande chaque année l'emploi de douze à quinze mille kilogrammes de ces précieux rhizomes.

Nous avons remarqué, à Londres, dans Regent street la belle succursale de l'établissement de M. Piver, en Angleterre. Elle est tenue avec l'élégance et le luxe de ses cinq maisons de détail à Paris. — Médaille.

MM. PINAUD et MEYER, a Paris. — Bien que l'espace mis dans le palais de Kensington à la disposition des maisons françaises de parfumerie fût des plus restreints, l'Exposition de Londres a consacré une fois de plus la supériorité de la France, ce pays de l'élégance et des délicatesses corporelles sur toutes les autres nations, dans la fabrication des parfums, des pommades, des savons de toilette et de tous les objets qui constituent la parfumerie fine.

MM. Pinaud et Meyer sont de ceux de nos parfumeurs dont le jury a reconnu l'excellence des produits. Leur maison, fondée depuis une cinquantaine d'années par M. Ed. Pinaud a, dès le principe, été par lui placée au premier rang. Elle s'y est toujours maintenue ainsi que l'attestent les hautes récompenses dont elle a été honorée à toutes les expositions où elle s'est présentée. Une des principales causes du succès de cette maison, c'est qu'elle s'est toujours attachée à chercher l'application pratique des enseignements de la science, et que pour ce, elle s'est adjoint des collaborateurs d'un savoir assez sûr pour guider la fabrication de leurs produits si multiples, vers cette perfection sans laquelle le goût et l'hygiène les repoussent avec tant de raison.

La spécialité de la maison Pinaud et Meyer semble être les préparations à l'extrait de violette.

I.

48

Elle obtient ce suave et doux parfum à l'aide de procédés particuliers qui lui permettent de l'appliquer aux cosmétiques en lui conservant toute sa fraicheur. L'emploi d'une odeur aussi délicate que celle de la violette, et particulièrement de la violette de Parme, pour parfumer les pommades exigeait en effet une étude toute particulière; mais les produits exposés ont démontré à quel degré de perfection avaient à cet égard, su atteindre MM. Pinaud et Meyer.

On remarquait également dans leur vitrine des savons de toilette fabriqués avec soin. C'est par ses savons de toilette que M. Ed. Pinaud s'est fait son ancienne réputation. Ses successeurs ont apporté dans leur fabrication de nouveaux perfectionnements qui en ont augmenté la finesse et la qualité.

Les cosmétiques mous et liquides employés pour la chevelure sont préparés, dans cette maison, de manière à joindre à l'élégance et au bon goût les propriétés hygiéniques que réclame la santé du cuir chevelu. Il en est de même pour les compositions employées aux soins de la toilette, dont beaucoup, sous les apparences les plus agréables, cachent des qualités parfois énergiques et qui pour ne pas être dangereuses, réclament une grande probité et une grande prudence de la part du fabricant, MM. Pinaud et Meyer se sont attachés à la préparation de ces sortes de produits et ils ont composé une série d'articles ayant chacun une propriété, en en éloignant tout ce qui peut contenir un principe nuisible.

Les divers extraits pour le mouchoir, exposés par cette maison, méritent également des éloges; mais le préféré d'entre eux a été l'extrait de violettes de Parme, c'est le parfum le plus élégant du monde.

Des spécimens de flacons, de vases, de boîtes, d'enveloppes, etc., démontraient aussi sous quelles formes gracieuses sont présentés aux consommateurs les différents produits de cette maison.

Le chiffre des affaires de MM. Pinaud et Meyer est considérable. Leur usine, située à la Villette, est intelligemment outillée et desservie par une machine à vapeur. Leurs ouvriers sont au nombre de cent. Ils exportent 60 % de leurs produits. — *Médaille.*

MM. GIRAUD FRÈRES, a Paris et a Grasse. — La fabrication des essences pour la parfumerie est une industrie toute spéciale. Elle est en France presque entièrement concentrée dans la ville de Grasse (Alpes Maritimes), dont les distilleries jouissent de temps immémorial et à bon droit d'une grande réputation.

Fondée en 1857 seulement, la maison Giraud frères se présentait à Londres pour la première fois à un concours universel. Elle exposait des essences pour la parfumerie, des extraits, des huiles parfumées et des huiles d'olives comestibles.

Les traditions adoptées par MM. Giraud frères sont des meilleures, leur fabrication est des plus soignées, aussi leurs produits, qui, aux Expositions de Besançon, de Metz et de Nantes, leur avaient déjà mérité des récompenses, leur ont-ils valu d'être placés par le Jury international, qui a qualifié leurs huiles essentielles « d'excellente qualité, » au même rang que les plus anciens fabricants de produits similaires de la ville de Grasse. — *Médaille.*

MM. CLAYE V. L., COUDRAY P. E., GUERLAIN, a Paris, pour leur excellente parfumerie et MM. MERO J. D. ET ISNARD MAUBERT, a Grasse, ARDISSON ET VARALDI, a Cannes, pour leurs huiles essentielles, ont chacun reçu la *Médaille.*

M. BOUTRON FAGUER, a Paris. — Cette ancienne et toujours honorable maison, à la tête de laquelle est aujourd'hui M. Boutron, ancien pharmacien et chimiste distingué, présentait toutes les compositions employées à la toilette, telles que eaux odoriférantes, vinaigres, pâtes, pommades, savons dulcifiés, crèmes, etc.

Comme nouveauté, et en outre d'une collection charmante de sachets odorants, nous signalerons de délicieux bouquets artificiels de violettes et de roses-pompons exhalant à s'y méprendre le parfum des fleurs qu'ils représentent. — *Mention honorable.*

BRÉSIL. — M. T. PECKOLT, présentait une collection d'articles de parfumerie dont le Jury a constaté l'excellente qualité. — *Médaille.*

FRANCFORT-SUR-LE-MEIN. — M. RIEGER W. exposait des savons de toilette, unis, marbrés de toutes couleurs, transparents. Pour fabriquer cette dernière qualité, M. RIEGER emploie des savons blancs, qu'il dissout dans l'alcool ; il fait sécher le résidu de cette solution, passée au filtre ; puis il le mélange d'essences et le moule à l'aide d'une presse à levier. Les savons de M. RIEGER, dépourvus d'alcali autant qu'il est possible, et moussant promptement, sont d'un usage avantageux et salutaire. — *Médaille.*

ITALIE. — MADAME ROSE GARDNER ET Cⁱᵉ, A PALERME. — La Sicile est renommée pour ses oranges, dont elle produit principalement l'espèce dite *mandarine.* Les essences qu'on extrait de cette qualité supérieure ne pouvaient manquer d'être remarquées ; celles exposées par la maison GARDNER ont été jugées dignes de la *Médaille.*

LE SOUS-COMITÉ DE MESSINE. — Essences de citron et d'orange. — *Mention honorable.*

M. MELISSARI F. X., A REGGIO (CALABRE). — Cette ville a pour ainsi dire le monopole de la préparation de l'essence de Bergamotte. M. MELISSARI en avait envoyé de qualité excellente, ainsi que des essences d'orange et de citron. — *Médaille.*

M. GULLÉ J., A REGGIO, extrait l'essence de bergamotte soit par l'ancien procédé dit « de l'éponge, » soit par des moyens mécaniques ; il présentait des spécimens des produits de ces deux modes de fabrication. — *Mention honorable.*

M. LOFARO B., A REGGIO, outre de l'essence de bergamotte, exposait des essences de limon, de cédrat et d'orange amère. — *Mention honorable.*

M. FURCHI L., A FERRARE. — Savons de toilette surfins, à l'huile d'olive et à l'huile de palme et de bonne préparation. — *Médaille.*

M. BORTOLOTTI P., A BOLOGNE, prépare depuis 1827 l'eau de Felsina, rouge et blanche, d'un parfum agréable. Cette eau jouit de propriétés toniques très-efficaces pour l'entretien de la peau et des gencives, dans les hystérismes et les faiblesses passagères, les suites de bains, etc. — *Mention honorable.*

PRUSSE. — MM. J. MARIE FARINA, A COLOGNE. — A Londres, on ne comptait pas moins de dix exposants d'eau de Cologne, dont six portent le nom de JEAN-MARIE FARINA.

Quel est le véritable Jean-Marie Farina ? Quel est celui qui a le monopole de la fabrication de l'eau de Cologne ? La question est très-difficile à résoudre, car toutes les notices publiées à ce sujet tiennent le même langage, se résumant ainsi :

JEAN-MARIE FARINA, né à Santa Maria Maggiori, dans le val de Vigezza, en Italie, vint à Cologne en 1709. — A cette époque, il inventa l'eau de Cologne. — En 1726, il fit venir son frère Jean-Baptiste, puis son neveu Jean-Marie, lequel eut un fils du même nom, qui engendra un troisième Jean-Marie, le père de Jean-Marie Farina actuel.

Malheureusement trente-trois habitants de Cologne du nom de Jean-Marie Farina débitent la même histoire, mais, comme le nom ne fait rien à la marchandise, celle des FARINA a reçu, *quatre Médailles et deux Mentions honorables.*

SUÈDE. — M. F. PAULI, A JONKOPING. — Cette maison, fondée en 1840, est aujourd'hui la première fabrique de parfumerie de la Suède. Elle exporte ses produits de qualité parfaite en Norvége et en Finlande. — *Médaille.*

M. HYLIN ET Cⁱᵉ, A STOCKHOLM, pour des produits sanitaires. — *Médaille.*

TURQUIE. — RIZA EFFENDI, A CONSTANTINOPLE. — On trouvait également dans l'exposition de la Turquie, qui renfermait tant de choses remarquables, de l'excellente parfumerie exposée par RIZA EFFENDI. — *Médaille.*

RÉCOMPENSES

DÉCERNÉES PAR LE JURY INTERNATIONAL DANS LA QUATRIÈME CLASSE

Exposants membres du jury et hors de concours :

MM. FAUNTLEROY, Robt, Londres (Royaume-Uni).
    J. JOWITT Leeds.
    PIESSE, Step., Londres (Royaume-Uni).
    E RIMMEL, Londres (Royaume-Uni).

MM. WILLIAMS, W. W., Londres (Royaume-Uni).
    WILSON, G. F., Londres (Royaume-Uni).
    R. CZILCHERT, Presbourg (Autriche).

SECTION A.

HUILES, GRAISSES, CIRES ET LEURS PRODUITS

MÉDAILLES

Royaume-Uni. Barclay et fils. Londres.
Cook (E. C.) et C°. Londres.
Cowan et fils. Barnes.
Field (J. C. et J.). Londres.
Gossage (W.) et fils. Warrington.
Knevett et Austin. Londres.
Knight (J.) et fils. Londres.
Lambert (E. B.). Tunbridge.
Langton, Bicknell et fils. Londres.
Mackean (W.). Londres.
Ogleby (C.) et C°. Londres.
Pierson (J.). Londres.
Rose (W. A.). Londres.
Rowe (T. B.) et C°. Londres.
Mme Symons. Londres.
Taylor (W.) et C°. Leith.
Mme Trewolla (R). Halesowes.
Tucker (F.) et C°. Londres.
Compagnie des savonniers de l'ouest de l'Angleterre. Plymouth.
Mme Braithwaite. Il° de la Barbade.
Duggin (J. B.). Guyane.
Appum, Chas. Guyane.
Mme Black (W.). Nouvelle-Ecosse.
Marshall et Deuchar. Colonie du Queensland.
Slaughter. Id.
Quelsch frères. Colonie de Victoria.
Autriche. — Burkhart. Osterberg.
Doblinger (F.). Vienne.
Fischer (F.). Vienne.
Gärtner (J. F.) jeune. Rannersdorf.
Hartl (G.) et fils. Vienne.
Himmelbauer (A.) et C°. Stockerau.
Rösner (H.). Olbersdorf.
Seiller (A.) et C°. Görz.
Sarg (F. A.). Liesing.
Compagnie des savonniers. Vienne.
Belgique. — Bissé (E.) et C°. Cureghem-lez-Bruxelles.
Vve De Curte. Gentbrugge-lez-Gand.
De Roubaix-Jenar et C°. Cureghem-lez-Bruxelles.
De Roubaix-Oedenkoven et C°. Borgerhout-lez-Anvers.
Vve Descressonnières et fils. Molenbeek-Saint-Jean.
Eeckelaers (L.). Saint-Josse-ten-Nood.

Germon-Didiet (A.). Bruxelles.
Van Den Put (V.). Bruxelles.
Brésil. — Lagos (M. F.).
Compagnie des bougies stéariques. Rio-Janeiro.
Danemark. — Drieshaus. Altona.
Holmblad (L. F.). Copenhague.
Espagne. — Delgado (V.). Zalamea-la-Real.
Garret, Saenz et C°. Malaga.
Gimenez frères. Mora.
Compagnie de la Rosalia.
Lizarbe (P.) et C°. Berlanga.
Perla (F.). Madrid.
Sotello, Joaquin. Malaga.
Veuve Guerrero et fils. Mora.
Suède. — Monten (L). Stockholm.
Mlle Ramstedt (H.). Stockholm.
Turquie. — Ringa, Ali.
États-Unis. — Pease (S. F.). Buffalo.
Tilghmann.
Côte occidentale d'Afrique. — Pillastre.
Afrique occidentale. — Commission libérienne.
États-Romains. — Muti Papazzuri. Rome.
France. — Arnavon (H.). Marseille.
Cogniet (C.), Maréchal et C°. Paris.
Cusinberche fils. Paris.
Deiss (E.). Paris.
Delacretaz et Clouet. Paris.
Dethan (A.). Paris.
Faulquier-Cadet et C°. Montpellier.
Fournier (F.). Marseille.
Gaillard frères et C°. Paris.
Gonnelle (C.). Marseille.
Gontard (A.) et C°. Paris.
Leroy (C.) et Durand. Gentilly.
Milliau jeune. Marseille.
Montaland (C.) et C°. Lyon.
Morisot (C. T.). Vincennes.
Pasquier, de Ribaucourt et C°. Paris.
Petit frères et C°. Paris.
Rocca frères et neveux. Marseille.
Roulet (C. H.) et Chaponnière. Marseille.
Roux (C.) fils. Marseille.

Serbat (L.). Saint-Sauive.
Teston (J.). Nyons.
Garnault. Nouvelle-Calédonie.
GRAND-DUCHÉ DE HESSE. — Glöckner (G.). Darmstadt.
GRÈCE. Evangelis (C.). Athènes.
Theologos (N.). Au Pirée.
ILES IONIENNES. — Alexachi (P.). Corfou.
ITALIE. Carobbi (G.). Florence.
Conti E. frères. Livourne.
Danielli et Filippi. Buti.
Girardi Martin. Turin.
Lanza frères. Turin.
Chambre de Commerce de Milan.
Noberasco et Acquarene. Savone.
Serventi (Héritiers de). Parme.
Squarci (E.). Livourne.
HOLLANDE. — Alberdingk et fils. Amsterdam.
Dobbelman frères. Nimègue.
Fabrique royale de bougies. Amsterdam.

Fabrique de bougies stéariques. Gonda.
Verkade (E. G.). Laandam.
PORTUGAL. — Burnay.
Castro Sibra fils.
Sobral (Comte de). Almeirim.
PRUSSE. — Herz (S.). Berlin.
Janssen, Michels et Neven. Cologne.
Motard (Dr). Berlin.
Otto (J. A. T.). Francfort-sur-l'Oder.
Ruge. Wildschütz.
Société anonyme de Thuringe saxonne. Halle.
Schindler et Mützel. Stettin.
Société anonyme de Werschen-Wessenfelds. Wessenfelds.
Wunder (L.). Liegnitz.
ROSSIE. — Alßhan et Cᵉ.
Pitancier (G.).
Sapelkin (V. A.). Vladimerovka.
WURTEMBERG. — Gruner (F.). Essling.

SECTION B.

AUTRES SUBSTANCES ANIMALES EMPLOYÉES DANS LES MANUFACTURES

MÉDAILLES

ROYAUME-UNI. — Cantor et Cᵉ. Londres.
Darney (J.) et fils.
Fauntleroy (R.) et fils. Londres.
Fentum (M.). Londres.
Heinrich (J.). Londres.
Jaques (J.) et fils. Londres.
Jewesbury (H. W.) et Cᵉ. Londres.
Moore (W. S.). Londres.
Prockter and Bevington. Londres.
Puckridge (F.). Londres.
Stewart, Royell-Stewart et Cᵉ. Aberdeen et Londres.
Société royale d'Agriculture. Londres.
Garrol. Irlande.
Heygate, Sir (F.). Irlande.
Cairns, John. Ecosse.
Finlay, Alexander (M. P.). Ecosse.
Hope, Geo. Ecosse.
Hunter, Jas (W.). Ecosse.
Tweeddale (Marquis de). Ecosse.
Harris (l'Hon. G. D., M. C. P.). Iles de Bahama.
Harris, Samuel. Ile d'Eva. — Iles des Amis.
Moore. Inde.
Morton (W. et G.). Natal.
Commission coloniale. Natal.
Clive, Hamilton et Trail. Nouvelle-Galles du Sud.
Cox (E. K.). Id.
Cox (N. H. et A. B.). Id.
Cox (E. K.). Id.
Dangar et Cᵉ. Id.
Donaldson (G. A.). Id.
Hayes, Thomas. Id.
Ledger, Chas. Id.
Lad et Ramsay. Id.
Marlay. Edward. Id.
Riley et Blomfield. Id.
Verner, Bart, Sir (W.). Id.
Hunter (Mr.). Nouvelle-Zélande.
Moore (Mr. G.). Id.
Morgan (Rev. G.). Id.
Morgan (Revd. J.). Id.
Bigge (Messrs.). Queensland.
Hodgson et Watts. Id.
Marsh (H., M. P.). Id.
Anderson (A.). Australie méridionale.
Bowman frères. Id.

Gouvernement colonial. Id.
Murray (J.). Id.
Archer (Wm.). Tasmanie.
Clark (G. C.). Id.
Kermode (R. J.). Id.
Nutt (R. W.). Id.
Smith (P. T.). Id.
Bell, John. Victoria.
Bow (G.). Id.
Brown (G. A.). Id.
Carngham. Id.
Currie (T. L.). Id.
Degraves, William. Id.
Dennis frères. Id.
Elder et fils. Id.
Gill (G.). Id.
Gouvernement colonial. Id.
Gray (Chories). Id.
Learmonth (T. et S.). Id.
Macmeikan et Cᵉ. Id.
Mc Lewrven. Id.
Oddy (H.) Id.
Parker (J.). Id.
Plains. Id.
Ritchie, John. Id.
Robertson (A. S.). Id.
Rout (J. W.). Id.
Russell (Th.). Id.
Simson, Robert. Id.
Skene (W.). Id.
Commissaires (T. B.). Id.
Willis et Swainston. Id.
AUTRICHE. — Andrassy (Comte George). Hongrie.
Bartenstein (Baron J.). Hennersdorf.
Batthyany (Prince Ph.). Hongrie.
Caroly (Comte L.). Hongrie.
Egan (J. E.). Bernstein.
Falkenhain (Comte T.). Kiowitz.
Festitis (Comte George). Hongrie.
Hunyady (Comte Joseph). Hongrie.
Lange-Wenzel. Vienne.
Lärisch-Mönnich (Comte J.). Freistadt.
Mundy (Baron de). Ratschitz.
Schwarzenberg (Prince J. A.). Vienne.
Société séricicole austro-silésienne. Troppan.

Thun-Hohenstein (Comte F.). Perm et Kröglitz, Bohême.
Thurn et Taxis (Prince H.). Luncin, Bohême.
Waldstein (Comte John). Hongrie.
Wallis (Comte F.). Koleschowitz.
Zichy (Comte G. C. et A.). Hongrie.
Zichy (Comte Edmond). Hongrie.
BELGIQUE. — Hanssens-Hap. Vilvorde.
Verbessem (C.). Gand.
BRÉSIL. — Quintanilha (B.).
CHINE. — Hewitt.
DANEMARK. — Schwartz et fils. Copenhague.
ESPAGNE. — Buxaren et Masoliver. Barcelone.
Gomez, Salazar, Ignacio. Almeria
Vera (R.). Soria.
ETATS-UNIS. — Wilkins et C°. New-York.
FRANCE. — Bigorgne. Département de l'Aisne.
Blard (A.). Dieppe.
Camus. Département de l'Aisne.
Cassella. Paris.
Chabod fils. Lyon.
Chandon de Romont Briaille. Champagne.
Coignet frères. Paris et Lyon.
Corncillan (Comtesse de). Paris.
Cugnot. Département de Seine-et-Oise.
Depoilly. Dieppe.
Duseigneur. Lyon.
D'Enfert frères. Paris.
De Vernon. Champagne.
Fauvelle-Delebarre. Paris.
Garnot. Département de Seine-e.-Marne.
Girod, de l'Ain. Gex.
Godin aîné. Champagne.
Graux de Mauchamp. Département de l'Aisne.
Guérin-Méneville. Paris.
Guichard. Champagne.
Horcholle (A.). Paris.
Hutin. Département de l'Aisne.
Lefort (V. M.). Paris.
Lepeuple. Lille.
Massue. Paris.
Ouvrier. Dieppe.
Pinson frères. Paris.
Poisson. Paris.
Serre. Id.
Société d'acclimation. Paris.
Triefus et Ettlinger. Paris.
Supérieur des Pères Maristes Nouvelle-Calédonie.
Knoblauch et C°. Nouvelle-Calédonie.
De Pinéan. Capitzine. Le Gabon.
Michély. Guyane.
Ahmed Ben Kadi. Province de Constantine. Algérie.
Barnoin. Province de Constantine. Id.
Blanc. Province de Constantine. Id.
Boulle. Province d'Oran. Id.
Costérisan. Province d'Oran. Id.
Costa. Province d'Oran. Id.
Dandrieu. Province d'Oran. Id.

De Gourgas. Province de Constantine. Id.
Dupré de Saint-Maur. Province d'Oran. Id.
Troupeau de Laghouat. Province d'Alger. Id.
Goureau. Province d'Oran. Id.
Hardy, directeur du jardin d'acclimatation. Alger. Id.
Kada-Kelouch. Province d'Oran. Id.
Kanoui (A.). Province d'Oran Id.
Revel-Moreau. Province de Constantine. Id.
Reverchon. Province d'Alger. Id.
Sœur Ursule, supérieure du couvent de Bône.
Sœur Ursule Jacquot. Province de Constantine. Id.
Kadi d'Amer Gueballa. Algérie.
Kadi de Braschas. Id.
Kadi d'Ouled Habid. Id.
Valadeau. Province d'Alger. Algérie.
FRANCFORT. — Böhler (F.). Francfort.
GRÈCE. — Demos of Voeon. Neapolis.
Marcopoulos (Th.). Calamae.
HAMBOURG. — Rampendahl (H. F. C.). Hambourg.
GRAND-DUCHÉ DE HESSE. — Heyl (C.). Worms.
Mellenger (C.). Mayence.
ILES IONIENNES. — Commié de Cérigo.
HOLLANDE. — Nyman (H.). Hertogenbosch.
Commissaires coloniaux. Java.
Robette et Draijer. Gouda.
PÉROU. — Kendall (H.), consul péruvien à Londres.
PORTUGAL. — De Mira (J. B.). Béja.
D'Oliveira (T. C.). et fils. Lisbonne.
Institut agricole du Gouvernement. Lisbonne.
PRUSSE. — Göbel (J.). Siegen.
Guradze (A.). Tost.
Lehmann (R.). Nitsche.
Lübbert (E.). Zweibrodt.
Nanny (A). Kœnigsberg.
Ratibor (Duc de). Schloss Rauden.
Rudzinski (C. Von). Liptin.
Sauerma (E.). Ruppersdorf.
Thaer (Dr. A. P.). Berlin.
Toepfer (G.). Stettin.
Zecher (A.). Mühlhausen.
RUSSIE. — Ecole d'horticulture de la Bessarabie.
Döring. Livonie.
Doronin (J.). Archangel.
Eristoff (M.). District d'Ossetia. Caucase.
S. A. I. la grande-duchesse Hélène. Saint-Pétersbourg.
Mamontoff. Moscou.
Ferme modèle de Goreegoretsk.
Cosaques de l'Oural. Orembourg.
Philibert (A.). Atmanac. Tauride.
Trithen (O.).
SAXE. — Schönberg (A. Von). Rothschönberg.
SUÈDE. — L. G. Von Celsing. Eskilstuna.
Sahlström (C. G.). Jönköping.
Société séricicole de Stockolm.
URUGUAY. — Exposition collective.
Mallman et C°. Soriano.

SECTION C.

SUBSTANCES VÉGÉTALES EMPLOYÉES DANS LES MANUFACTURES

MÉDAILLES

ROYAUME-UNI. — Compagnie des fibres d'agave. Newlay.
Aldred (T.). Londres.
Anderson, Rodk. Dunkeld.
Baylis (W. H.). Londres.
Bazin (G.). Londres.
Beloe (W. L.). Coldstream.
Bernard (J.). Londres.
Bryer (W.). Southampton.

Castell (Dr.). Londres.
Chevalier, Bowness et fils, Londres.
Coles (W. F.). Londres.
Collyer (Dr). Londres.
Cressey (J. T.).
Duffield (J.). Londres.
Farlow (C.). Londres.
Fauntleroy (R.) et fils. Londres.

Gowland et C°. Londres.
Compagnie de la gutta-percha. Londres.
Hawe (J.). Londres.
Howard (J.). Luton, Beds.
Jones et C°. Londres.
Kendall (T. H.). Warwick.
Comité de Liverpool (Mr. Chas. Spence). Liverpool.
Macintosh (C.) et C°. Londres et Manchester.
Mackay (A.). Édinbourg.
Mason (G.). Yately, Hants.
Meyers (B.). Londres.
Compagnie des caoutchoucs du nord. Edimbourg.
Parkes (A.). Birmingham.
Perreaux et C°. Londres.
Perry (W.). Londres.
Robertson (A.). Londres.
Rogers (G. A.). Londres.
Compagnie écossaise des Vulcanites. Edimbourg.
Silver (S. W.) et C°. Londres.
Smith (W. et A.). Mauchline et Birmingham.
Spill (G.) et C°. Londres et Bristol.
Tayler, Harry et C°. Londres.
Taylor (B.). Londres.
Treloar (T.). Londres.
Tudsbury (R. J.). Otterton, Notts.
Walker et Stembridge. Londres.
Wallis (T. W.). Louth, Lincolnshire.
Warne (W.). et C°. Londres.
Wright (Joseph). Kelso.
Commission locale. Iles de Bahama.
Mme Hollis. Bermude.
Mme Ewing, Jas. Id.
Pindar, Col. Id.
Simons (Mr.). Id.
Thurstan (Rev. H.). Id.
Stamp Edward. Colombie Anglaise.
Un indigène. — Nom inconnu. Guyane Anglaise.
Appun. Id.
Comité correspondant de la Société royale d'agriculture. Id.
Mme Forema. Guyane anglaise.
Hamilton, Debora. Id.
Horne (Sir Wm.). Id.
Levis Harry (indigène). Id.
Mme Clintock (W. C.). Id.
Plummer et Mme Clintock. Id.
Samuel Christina. Id.
Commissaires coloniaux. Id.
Washington, Rose. Id.
Blaikie et Alexander. Canada.
Bridge, Andrew. Canada.
Eddy (E. B.). Ottawa, Canada.
Ingersoll, C. Lewis. Canada.
Laurie, James. Canada.
Mc Kee, Hugh. Canada.
Moore (T.). Canada.
Nelson et Wood. Canada.
Poter et C°. Duncan. Canada.
Provenchère l'Abbé. Canada.
Sharp, Samuel. Canada.
Skead, James. Canada.
Van Allan (D. R.). Canada.
Trembiski (A. L.). Canada.
Ghislin (T. G.). Cap de Bonne-Espérance.
Comité colonial. Ile de Ceylan.
Mendis, Adrian. Ile de Ceylan. Modliar.
Mme Templer. Ile de Ceylan, province de l'ouest.
Thwaites (G. H. U.). Ile de Ceylan, province du centre.
Imray (Dr.). Ile de la Dominique.
Gouvernement haïtien. Port-au-Prince.
Ahmuty et C°. Calcutta.
Blechynden (C. E. Esq.). Hazarebaugh.
Compagnie des lins Indiens. Belfast, Irlande.

Birdwood (Dr. G.). Bombay.
Bivar, Major. Assam.
Gouvernement de Bombay.
Brandis (J.). Birman.
Brown (G. H., Esq.). Singapore.
Comité local du Birman.
Comité local de Calcutta.
Coelho (V. P.). South Canara.
Le Rao de Kutch.
Le Rajah Deouarian Singh. Benarès.
De Wind (A.). Indoustan.
Fischer et C°. Salem.
Gouvernement de Calcutta.
Halliday, Fox et C°. Londres.
Hearn, Belgaum.
Hunter (Dr. A.). Madras.
Hutchinson (Alex., Esq.). Province Melleslay, Penang.
Jamsetjee Heerjee (Parsee).
Jardine et C°. Indoustan.
Jung Bahadoor (Sir). Népaul.
Gouvernement local de Lahore.
Comité de Lucknow.
Gouvernement de Madras.
Maitland (Col.). Madras.
Martin (W. C.). Cossia Hille.
M'Iver (K.). Kousannie.
Mc Pherson (Dr.). Madras
Gouvernement de Mysore.
Mylne, Sahabad, Arrat.
Neubronner (T.). Malacca.
Osborne. Gorruckpore.
Ramasheshia, Vellore.
Riddell (Dr.). Londres.
Gouvernement local du Scinde.
Shortt (Dr.), Chingleput.
Comité local de Singapore (Mangas). Singapore.
Smith, Fleming et C°. Londres.
Steel (H.), Hooghly.
Surintendant des Prisons à Shahpore.
Taylor (Rev. G.). Piplee, Cuttack.
Tompson (Dr. R. F.), Malda.
Tickle, Capitaine. Mysore.
Rajah de Tranjam.
Gouvernement local d'Umritsur.
Wagentrieber (W. G.), Assam.
Dr Forbes Watson. Bombay.
Zanzibar (S. A. le Sultan de). Afrique orientale.
Comité local de Sainte-Maure.
Vassilachi (E.). Corfou.
Compagnie cotonnière de la Jamaïque.
Mowatt (W.). Ile de la Jamaïque.
Mme Nash. Ile de la Jamaïque.
Orgill, Herbert. Id.
Société royale des arts. Jamaïque.
Astwood (W. G.). Id.
Berry (W.). Id.
Bowerbank (L. Q. Dr.). Id.
Campbell (Dr. Ch.). Id.
Carey (W. O.). Id.
Cooper (Cap. R. N.). Id.
Mais (Edw.). Id.
Paine (W.). Id.
Société industrielle. Hanover, Jamaïque.
Wilson (Nathaniel). Jamaïque.
Meli (Guiseppe). Malte.
Catania (Antonio). Malte.
Duncan (J.). Ile Maurice.
Gouvernement de l'île Maurice.
Mme Morris (J.). Ile Maurice.
Ayres. Natal.
Gouvernement de Natal.
Comité local, Dr Manu (F. R. S.). Natal.

Mc Corkindale. Natal.
Mc Ken (M. J.). Natal.
Potter. Natal.
Mlle Jardine (E.). Nouveau-Brunswick.
Munro (Dr.). Id.
Potter (E.). Id.
Mme Stevens (D. B.) Id.
Bawden (Thomas). Nouvelle-Galles du Sud.
Calvert et Castle. Id.
Mme Clay. Id.
De la Motte (Professeur). Id.
Mlle English (Kate). Id.
Ferris (J. H.). Id.
Garrard (Mr.). Id.
Hickey, Edwin. Id.
Hill (E. S.). Id.
Leycester (A. A.). Id.
Macarthur (J. et W.). Id.
Mac Arthur (Sr W.). Id.
Hill et Hauraghan. Id.
Moore (Charles). Id.
Murray (Archibald). Id.
Nowland (J. B.). Id.
Rudder (E. W.). Id.
Asile de Randwick. Id.
Vinden (G.).
Baigent aîné. Nelson, Nouvelle-Zélande.
Blearzard (R.). Auckland. Id.
Blick frères. Nelson. Id.
Clifford (Sir Charles). Id.
Combes, Daldy et Burtt. Auckland. Id.
Commissaires d'Auckland. Id.
Elliott (Charles). Nelson. Id.
Ellis. Wellington. Id.
Horn (Dr.). Auckland. Id.
King (W). Auckland. Id.
Lloyd, Neil. Auckland. Id.
Scierie de Manakan, Auckland. Id.
Matthews (W.). Auckland. Id.
Nattras, Luke. Nelson. Id.
Probert (J.). Auckland. Id.
Purchas (Rev. A.) et Ninnes (J.). Auckland. Id.
Ring (C.). Auckland. Id.
Scott (A.). Auckland. Id.
Taylor (Rev. R.). Auckland. Id.
Volckner (Rev. C.). Auckland. Id.
White (W.). Auckland. Id.
Woodward (Jonas). Nouvelle-Zélande.
Mlle Begg (E.). Nouvelle-Ecosse.
Mlle Hodges. Id.
Mlle Lawson. Id.
Pryor. Id.
Comité local de l'île du Prince-Edouard.
Cairncross (W.). Queensland.
Hill (W.). Id.
Mme Hodgson. Id.
Hope, Hon (H. L.). Id.
Lutwyche (M. le juge). Id.
Mlle Marsh. Id.
Mme Marsh. Id.
Bade. Id.
Stewart (H.). Id.
Thozet. Id.
Hales (F. G.). Australie méridionale.
Philips (J. A.). Id.
Gouvernement de l'île de Sainte-Hélène.
Abbott jeune. Tasmanie.
Allport, Morton. Tasmanie.
Backhouse (R.). Tasmanie.
Body, James. Tasmanie.
Collins, mademoiselle. Tasmanie.
Les commissaires. Tasmanie.

Cowburn (W.). Tasmanie.
Gunn (R. C.). Tasmanie.
Meredith, madame (C.). Tasmanie.
Powell (W.). Tasmanie.
Wedge. hon. (J. C.). Tasmanie.
Boyd (J.). Tasmanie.
Crowther (W. L.). Id.
Cruger (Dr.). Ile de la Trinité.
Mitchell (Dr.) Id.
Société des Arts. Id.
Comité exécutif. Ile de Vancouver.
Alcock et Cª. Victoria.
Arnold (H. C.). Id.
Champ (W.). Id.
Levy frères. Id.
Commissaires locaux. Id.
Mueller (Dr.). Id.
Perry (John). Id.
Scheckel (T.). Id.
Skeats et Swinbourne. Id.
Smith frères. Id.
Mme Wilkie. Id.
Williams (W.). Id.
Carr (J. G. C.). Australie occidentale.
Carson (J.), Perth. Id.
Comité central de Perth. Id.
Clifton (G.). Freemantle. Id.
Clifton (W. P.). Leschenault. Id.
Joyce (W.) Perth. Id.
Padbury (W.). Perth. Id.
Ranford (B. B.). Perth. Id.
Département royal du génie. Freemantle Id.
Whitfield (G. T.). Toodyay. Id.
AUTRICHE.— Administration du domaine de Wsetin. Moravie.
Afh, Frederick. Vienne.
Althann (Comte Michel C.) Swoischitz. Bohême.
Batthyany (Comte Gustave). Hongrie et Croatie.
Bauer (Mathias). Warasdin. Croatie.
Beisiegel (Philippe). Vienne.
Biach, Emanuel et Cª. Theresienfeld. Basse Autriche.
Biondek (Michel). Baden. Basse-Autriche.
Birnbaum (A. M.). Tœplitz. Bohême.
Birnbaum (Jacques). Pesth.
Société de marquetterie de Bistritz. Transylvanie.
Dapsy (W.). Rima-Szombach. Hongrie.
Estherhazyi (Comte Nicolas). Hongrie.
Fischer (Joseph). Vienne.
Friedrich (J.). Vienne.
Freistadter et Cª. Hongrie.
Gartner (J. F.) jeune. Rannersdorf, près de Vienne.
Goldmann (Maurice). Vienne.
Griensteidl (Félix). Vienne.
Halbauer (J. G.). Hongrie.
Hannig (M. L.). Debreczin. Hongrie.
Hartmann (Louis). Vienne.
Hoschek (André). Vienne.
Hoyos-Sprinzenstein (Ernest comte de). Basse-Autriche.
Ministère Impérial royal des finances. Vienne.
Jaburek (François). Vienne.
Janko (Vincent de). Pesth.
Kindl (Josh). Hongrie.
Kochmeister (Frederik). Hongrie.
Kouff (François). Près de Modling.
Krebs (Antoine). Vienne.
Krespach (Antoine). Vienne.
Kumpf (Pie). Schluckenau. Bohême.
Mayerhauser (E.). Vienne.
Mittak (Jean). Presbourg.
Münch-Bellinghausen (Comte de). Vienne.
Nachtmann (Jacques). Hermagor. Carinthie.
Nawratil et Lasitzka. Vienne.
Nocker (Pierre). Botzen. Tyrol.

Oberleitner (J.). Hall. Tyrol.
Oettl (J. N.). Peschwitz. Bohême.
Podany (F.). Vienne.
Pollak (Bernard J.). Vienne.
Prandau (Gustave Baron de Hilleprand). Valpo. Esclavonie.
Purger (J. B.). Groden. Tyrol.
Haras militaires de Radauz. Bukovine.
Rattich Jean et fils. Bohmish-Krumau. Bohême.
Reif (Jean). Tuschwarda. Bohême.
Rotsch (François). Gratz.
Rothenstein (Philippe). Vienne.
Schaumbourg-Lippe (Prince de). Verocze. Esclavonie.
Stabile (Antoine). Gorice.
Stenzel (C.). Vienne.
Strobentz frères. Pesth.
Société agricole du Tyrol et du Vorarlberg. Inspruck.
Société Impériale Royale des chemins de fer de l'Etat. Vienne.
Theyer (Francis). Vienne.
Trebitsch (Arnold). Vienne.
Varady (Gabriel). Hongrie.
Victoris (Antoine). Hongrie.
Vittorelli (Pierre). Borgo di val Sugana.
Wollner (Adolphe). Vienne.
Zay (Comte). Hongrie.
Zeidler et Menzel. Schonau. Bohême.
BAVIÈRE. — Herbig, Carl. Kaisers Lautern.
Sperl (H.).
Zinn, Samuel et Cᵉ. Redwitz.
BELGIQUE. — Van Ackere (J. C.). Courtrai.
David (C.). Anvers.
De Bruyn (J.). Termonde.
De Mey (Fred.).
Dewyndt et Cᵉ. Anvers.
De Saint-Hubert et frères Warnant-Moulins.
Van Leene (B.). Dickebusch.
Lefébure (J.). Bruxelles.
Mechant (H.). Hamme.
Peers (Baron E.). Oostcamp.
Vercruysse-Bracq (F.). Deerlyck.
Verschere (J.). Oyghem.
Association agricole de l'arrondissement d'Ypres.
BRÉSIL. — Barbacena (Vicomte). Rio-Janeiro.
Barcellos (A. P. S.). Pernambouc.
Gouvernement Brésilien. Rio-Janeiro.
De Faro (J. P. D. et J. D.). Rio-Janeiro.
Dias da Cruz (Baron).
Chambre municipale de Desterro.
Muniz (H. F.).
Peckholt (Th.). Rio-Janeiro.
Pereira (M. N. B.).
Rodrigues (C. J. A.). Rio-Janeiro.
Rezende (L. R. de S.). Alagôas.
Spangenberg (Carlos).
CHINE. — Swinhoe (R.), à Tai-wan-Foo. Formose.
COCHINCHINE. — Charner (Vice-amiral).
COSTA-RICA (AMÉRIQUE CENTRALE). — Gouvernement.
DANEMARK. — Andersen, Orlow. Frederiksborg.
Christensen et Kjeldsen. Copenhague.
Freese (H. C.). Kiel.
Hammer et Sorensen (V.). Copenhague.
Radbruch (H.). Kiel.
Ruinning et Kroll. Preetz.
Schœnfeldt (A.). Heiligenhafen.
Schwartz et fils. Copenhague.
Skifbogger (Georges). Elsirup.
Compagnie des mines du Groenland méridional.
ÉGYPTE. — Le pacha d'Egypte. Alexandrie.
FRANCE. — Alexandre (P. F. V.). Paris.
Aubert (A.) et Gérard. Paris.
Biver. Paris.
Bondier-Donninger et Ulbrich. Paris.
Chambrelent. Bordeaux.

Duval. Département d'Ile-et-Vilaine.
Duvellerov (P.). Paris.
Fauvelle-Delebarre. Paris.
Fievet. Masny (Nord).
Hervé-Lissilour. Département des Côtes-du-Nord.
Hochapfel frères. Strasbourg.
Huet et Cᵉ. Rouen.
Institut de Beauvais.
Itier (J.). Département des Bouches-du-Rhône.
Javal. Arès (Gironde).
Jeantet-David. Saint-Claude.
Knecht (E.). Paris.
Latry aîné et Cᵉ. Paris.
Leeni et Coblenz. Paris.
Maniez (M.) Département de l'Oise.
Mercier (C. V.). Paris.
Noirot et Cᵉ. Paris.
Olivier (Pierre). Département des Côtes-du-Nord.
Porquet-Dourin. Bourbourg (Nord).
Robert (Dr. E.). Bellevue (Seine-et-Oise).
Rousseau, de Lafarge et Cᵉ. Persan-Beaumont (Seine-et-Oise).
Société d'Agriculture de la Sarthe, au Mans.
Vilmorin, Andrieux et Cᵉ. Paris.
Wirth frères. Paris.
Becker et Otto. Algérie.
Beyer. Province d'Alger.
Blancho frères. Province d'Oran.
Pron-Gaillard, fils. Marseille.
Cordier et Maison. Province d'Alger.
Costérisan (Henri). Province d'Oran.
Du Pré de Saint-Maur. Id.
Duthoit. Algérie.
Farnèse-Javarq. Lille.
Ferrand, Emile et Cᵉ. Id.
Ferré (Jean-Baptiste). Province d'Oran.
Gauran. Province d'Alger.
Gaussens fils. Id.
Goby. Province d'Alger.
Gravier et Caillot. Id.
Griesse-Traat. Id.
Guyonnet (Jean-Marie). Province d'Oran.
Hardy. Alger.
Hitier (François). Province d'Alger.
Héricart de Thury. Province d'Oran.
Hœring. Province de Constantine.
Jacob. Province d'Alger.
Kaczanowski et Thierry. Id.
Kada Kelouch. Province d'Oran.
Kanoui (Abraham). Id.
Lafond de Candaval. Province d'Alger.
Lambert. Province de Constantine.
Lescure (Jules). Province d'Oran.
Lichtlin. Province de Constantine.
Moha (David Salomon). Province d'Alger.
Matère. Id.
Madame veuve Merlin. Province d'Oran.
Phœnix (Jean-Baptiste). Id.
Pons. Id.
Portes fils. Province d'Alger.
Reverchon. Province d'Alger.
David Souiza. Province de Constantine.
Schweitzer. Province d'Oran.
Seliman-Ben-Salah. Province de Constantine.
Service des Forêts de la province d'Alger.
Société l'Union agricole d'Afrique. Oran.
Valier (Joseph). Province d'Alger.
Docteur Warnier. Id.
Charrière, colonel. Guyane.
Cléobie (Emilien). Id.
De la Marguerite. Id.
De Baduel. Id.
Riollet jeune. Id.

I

Direction des pénitenciers. Id.
Balguerie. Guadeloupe.
Lalanne. La Désirade.
Ledentin Chas. Guadeloupe.
Commission locale. Id.
Perriollet. Id.
Pic aîné. La Désirade.
Lepine (Jules). Inde française.
Perrotet. Id.
Ranaganarittiar. Id.
Belanger (C.). Saint-Pierre. Martinique.
De Thoré (Louis). Au Lamentin. Id.
Commission locale. Mayotte et Nossibé.
Pannetrat. Nouvelle-Calédonie.
Paucher. Id.
Vieillard (Rév. père mariste). Id.
Chazallon (R. de.) Ile de la Réunion.
De Rosemont (Patu). Id.
Delisle (Jean–Baptiste-Hubert). Id.
Thibault (A.). Id.
Commission locale. Sainte-Marie de Madagascar.
Commission locale. Tahiti.
Marie (M. E. M.). Id.
Correz. Côte occidentale d'Afrique.
Commission locale du Gabon.
Commission locale du Sénégal.
Mazurier. Gabon.
Touchard. Id.
GRAND-DUCHÉ DE BADE. — Schoch (A. et F.). Lichtenau.
Wagner (L.). Emmendingen.
GRAND DUCHÉ DE HESSE. — Administration des forêts.
Kaltenhauser et C°. Schotten.
Mielcke (C.). Worms.
GRAND-DUCHÉ D'OLDENBOURG.— Luerssen (B.). Delmenhorst.
GRÈCE. — Agathangelos. Athènes.
Ecole d'agriculture de Tyrinthe.
Commission centrale. Athènes.
Demos d'Egine
Demos de Vryseon. Anavryte.
Demos de Phellias. Torani.
Demos de Vouprasion.
Gregoriadis. Athènes.
Merlin. Athènes.
Papageorgion (C.). Athènes.
Petrites (A. N.). Egine.
Praoudakes. Athènes.
Remboutzikas (A.). Basse-Achaïe.
HANOVRE. Behrens, C. Alfeld. Kaierde-am-Hils.
Cohen, Vaillant et C°. Harbourg.
Compagnie des caoutchoucs vulcanisés. Id.
VILLES HANSÉATIQUES. Ahrens, Herming. Hambourg.
Lampe (C.). Brême.
Meyer frères. Hambourg.
Meyer (H. C.) jeune. Hambourg.
Rampendahl, (H. F. C.). Hambourg.
Werner (P. O. E.). Hambourg.
Zipperling, Kessler et C°. Hambourg.
HAÏTI. Bertrand.
Gouvernement Haïtien. Port-au-Prince.
HOLLANDE. Diemont (J. J.) et fils. Amersfoort.
Gorter (H. S.). Dokkum.
Van der Hilzt.
Hubers (F. W.). Deventer.
Commission hollandaise. La Haye.
Gouvernement de Padong.
Weber (L.). Colonies hollandaises.
ITALIE. Administration des forêts du Sondrio.
Annibal Certani. Bologne.
Anzi, Don Martino. Bornico.
Arnaudon, Professeur Jacq. Turin.
Bellella, chevalier Enrico. Capaccio.
Beltrami, chevalier Pietro. Cagliari.

Benzi, Tito, Carpi.
Municipalité de Biancavilla.
Biavati, Pietro. Crevalcore.
Biscari (Prince de). Catane. Sicile.
Bonora, Albino. Ferrare.
Botter, professeur. Bologne.
Sous-Comité de Cagliari.
Calandrini, professeur Filippo. Florence.
Cherici, Niccolo Saint-Sépulcre.
Crippa, Ida (madame). Florence.
Facchini frères. Bologne.
Chambre Royale du Commerce de Ferrare.
Favara Verdirame. Trapani.
Frölich et C°. Castellamare.
Frullini, Luigi. Florence.
Giudice, Gaspare. Girgenti.
Giusti, professeur (P.). Sienne.
Grandville, Michele. Sorrente.
Société Cryptogamique italienne. Gênes.
Lancetti (F.). Pérouse.
Maffei, chevalier Niccolo. Volterre.
Sous-Comité de Modène.
Sous-Comité de Naples.
Barons Majorana frères. Catane, Sicile.
Nardi (R.) et fils. Montelupo.
Pasolini, Giuseppe. Imola.
Pasquini (G.). Florence.
Académie d'Agriculture de Pesaro.
Quadri, Enrico. Naples.
Sous-Comité de Ravenne.
Commission Royale italienne. Turin.
Tedeschi, (L. J.). Reggio, Emilie.
Comice agricole de Reggio (Emilie).
Renucci, Virgilio. Florence.
Ugo delle Favare. Marquis Giuseppe. Catane, Sicile.
Vonwiller (D.) et C°. Naples.
LIBERIA. Commission locale.
MADAGASCAR. Ellis, Rev. Mr.
NORVÉGE. Christie (W.). Bergen.
Fladmoe (T.). Christiania.
Iversen (I.). Sandefjord.
Klute (I.). Christiania.
Kühne (V.). Christiania.
Larsen (G.). Lillehammer.
Schübeler, Dr. Christiania.
Wedel-Jarlsberg, baron (H.). Christiana.
PÉROU. Elias, Don (D.). Nasca.
PORTUGAL. Caetano (J.). Lisbonne.
Decombes et C°. Lisbonne.
Nogueira, R. de Sa. Iles du cap Vert.
Batalha (F. R.). Lisbonne.
Bessone (T. M.). Mozambique.
Biester, Falcao et C°. Lisbonne.
Blanco (D. G.). Taro.
Commission centrale portugaise. Aveiro.
Sa Couto, Joaquim. Aveiro.
Direction des possessions d'Outremer.
Vasconcellos (F. A. de). Lisbonne.
Wellvitsch, Dr. (F. N.). Angola.
Nurana, Xelka.
Olivieira (P. A. de). Iles du Cap Vert.
Ferreira (T. J.). Lisbonne.
PRUSSE. Comice agricole d'Adenau-sur-Moselle.
Kilian, Gabriel. Bonn.
Lüttwitz, (Baron de). Simmenau (Oppeln).
Pannwitz (W. de) Bürgsdorf (Silésie).
Perlbach (H. L.). Danzig.
Topfer et C°, Gustavus Ad. Stettin.
Westphal. Carl. Aug. Stolp, Poméranie.
Wiedemann (D. P.). Berlin.
Willmann (A.) et fils. Patschkey (Silésie).
RUSSIE. Abhazof, Prince (D.) Kardansky, Circ. Signah

Abrosimof.
Administration des colonies Cosaques de l'Oural. Orenbourg.
Département de l'Agriculture. Saint-Pétersbourg.
Babarykin (J.) Kholm, gouvernement de Pskof.
Bek-Hadjinof (J.). Shemakha.
Chayill et fils. Revel.
Corn:.º (D.).
Flerovsky (D.). Irkoutsk (Sibérie).
Gent et Cº. Iskof.
Glaser (T.). Tiflis.
Hadji-Djavat-Beek-Ali-Ogloo, Koolas, gouvernement de Bakoo.
Irtel (J.) von. Tiflis.
Ivanof (D.).
Koozmin (J.) Boody, gouvernement de Mohilef.
Kriegsmann (A.). Riga.
Malokroshechnoy (J.). Riga.
Mashadlée-Hadji-Ali-Ogloo Koola, gouvernement de Bakoo.
Institut agricole de Mustiala, Tavasthus. Finlande.
Nemilof (A. M.). Orel.
Onanof. Environs de Kootaïs.
Compagnie des bois de Petchora. Saint-Pétersbourg.
Poozanof (M. A.) Schigrof, gouvernement de Koursk.
Prokhorof (A.) Brief, gouvernement de Toula.
Commission locale de Riga.
Cⁱᵉ Russo-Américaine des caoutchoucs. Saint-Pétersbourg.
Salzman (J.). Varsovie.
Seidlitz (N.) Nookhas, gouvernement de Tiflis.
Vassillchikof, prince (A.) Vybit, gouvernement de Novgorod.
Volkersam, Baron (G.) de Fapenhof. Courlande.
Saxe. Merz Oskar, jeune. Dresde.
Reichel (H. H.). Dippoldiswalde.
Voeckler, Th. et Cº. Meissen.
Woellfert (C.). Dresde.
Espagne. Don Pelayo de Campo.
Comice agricole de Burgos.
Lacave (J. P.). Séville.
Corps des ingénieurs forestiers. Madrid.
Munoz, Don Francisco. Léon.
Ripalda (Ccomté de). Valence.
Le gouverneur de Leyte. Iles Philippines.
Conseil de ville de Carthagène.
Don Luis Cortes (J.) Govind.
Castels et Serra. Barcelone.
Don Manuel Leon Garcia. Cortejana.
Sa Majesté la Reine d'Espagne.
Suède. Dalin (P.). Stockholm.

Gyllenkrok, baron (T.). Oby.
Hamilton, comte (H.). Mariedal.
Isberg (S.) Motala. Ostrogothie.
Landmark (A.).
Lindgren (P. A.). Söderköping.
Magnusson (N. P.) Grankullas. Ile d'Oeland.
Rydbeck (J. O.).
Suisse. Egli (J.). Lucerne.
Michel, Kasper et Cº. Brienz.
Von Gruningen (J. G.) Saanen, canton de Berne.
Weingart (J.) Amerzwyl, canton de Berne.
Wirth (E.) frères. Brienz.
Turquie. Abou Ali.
Gouverneur d'Aden.
Ali Aga.
Baba, Emin.
Bedross.
Gouverneur de Balikessar.
Gouverneur de Brousse.
Gouverneur de Cavala.
Gouverneur de Konieh.
Gouverneur de Damas.
Gouverneur de Drama.
Halini Aga.
Haji, Ahmet.
Gouverneur de Haskioy.
Khosref, Bemberek Djee.
Kishlajickly Oglou.
Gouverneur de Kutaïeh.
Gouverneur de Latakieh.
Memed Reshid.
Gouverneur du Mont Khanich.
Mustapha Oglou Ali.
Riza Ali.
Rustein, Usta.
Sidney (H.). Maltas.
Gouverneur de Chivas.
États-Unis d'Amérique. — Blanchard et Brown Dayton. Ohio.
Compagnie de Glencove. New-York.
Uruguay. Département de Salto.
Département de San José.
Venezuela. Meyer (J.).
Pedro Castrillo (exposé par F. L. Davis).
Rueté, Rohl et Cº.
Stollerfoht et Cº. Liverpool.
Wurtemberg. Kölle, Thomas, Ulm.

SECTION D.

PARFUMERIE

MÉDAILLES

Royaume Uni. Atkinson (J. E.). Londres.
Bayley et Cº. Londres.
Benhow et fils. Londres.
Cleaver (F. S.). Londres.
Ewen (J.). Londres.
Holland (W.). Londres.
Lewis (J.). Londres.
Low (R.) et Cº. Londres.
Pears (A. et F.). Londres.
Yardley et Statham. Londres.
Chetumbara Pillay, Madras. Inde anglaise.
Kaong, Lall Dey.
Rajah de Jeypoore.
Scott (G.), Pénang.
Norrie (J. S.). Nouvelle-Galle du Sud.
Bosisto (J.). Victoria.
Belgique. Des Cressonnières vᵉ et fils. Molenbeek-St-Jean.
Eeckelaers (L.). Saint-Josse-ten-Noode.
Brésil. Peckolt (T.). Rio-Janeiro.

France. Ardisson et Varaldi. Cannes (Alpes-Maritimes).
Claye (V. L.). Paris.
Coudray (P. E.). Paris.
Giraud frères. Paris.
Guerlain (P. F. P.). Paris.
Hugues aîné. Grasse.
Isnard-Maubert. Grasse.
Méro (J. D.). Grasse.
Pinaud et Meyer. Paris.
Piver (A.). Paris.
Rancé et Lautier fils. Grasse.
Simonnet. Province d'Alger.
Thiel et Cᶜ. Province d'Oran.
Espagne. Ruvillart (P.). Valence.
États-Unis de l'Amérique du Nord. Hotchkiss. New-York.
Francfort-sur-le-Mein. Rieger (W.). Francfort.
Italie. Gardner, Rose et Cº. Palerme.
Melissari. Reggio (Calabre).
Turchi (L.) Ferrare.

PORTUGAL. Castro. Lisbonne.
PRUSSE. Farina (J. M.). Cologne.
SAXE. Sachsse (E.) et Cᵉ. Leipsig.
SUÈDE. Hylin et Cᵉ. Stockholm.
Pauli (F.). Jönköping.

TURQUIE. Faik Pacha.
Martin (M. Kl.).
Riza Effendi.
WURTEMBERG. Franken (J. H.). Stuttgart.

Ici s'achève la première partie de notre livre. L'Exposition de 1862 a mis en lumière, pour la première fois, toutes les richesses naturelles que la terre et les eaux fournissent à l'homme. Rien de semblable n'avait été préparé en 1851, et en 1855 seulement, à l'Exposition de Paris, on avait tracé l'ébauche de ce splendide tableau, où se réunissent et se confondent d'innombrables produits pour émerveiller nos yeux et susciter dans notre esprit tant de réflexions sérieuses.

Nous avons étudié avec un profond étonnement cette région si neuve et si instructive des Expositions universelles qui se trouve comprise dans les quatre Classes dont nous venons de rendre compte, et nous avons fait de notre mieux pour que le compte rendu fût digne du sujet.

Il faut s'attendre à moins de surprises dans ce qui nous reste à dire sur l'Exposition de Londres. Ce n'est pas en quelque sept ou huit ans que l'industrie, que la science se transforment, et nous avons déjà décrit, dans notre Album de 1855, la plus grande partie des nobles et utiles ouvrages que nous avons une fois de plus admirés dans le palais de Kensington. Nous ne pouvons pas revenir sans inconvénient sur des appréciations déjà complètes, et emprunter à un livre qui est dans tant de mains des pages qu'on saura bien y retrouver. La deuxième et dernière partie de l'Album de l'Exposition de Londres de 1862, ne sera donc plus que sur les œuvres vraiment nouvelles, et nous n'enregistrerons que les progrès ignorés encore en 1855.

La nature même de nos observations et de nos études nous indique que c'est par grandes masses que nous jugerons le mieux l'ensemble du restant des objets exposés à Londres, et pour que notre coup d'œil ait en effet plus d'ampleur, nous adopterons pour leur analyse la division en deux sections admise par la Commission royale, tout en continuant d'examiner par classe les principaux objets qu'il nous importe de signaler.

Nous trouverons dans cette manière de procéder le grand avantage de n'égarer nos lecteurs dans aucune étude superflue, et de compléter notre Album de 1855, comme l'Exposition de Londres a complété celle de Paris.

PARIS. — IMPRIMERIE SIMON RAÇON ET COMP., RUE D'ERFURTH, 1.

www.ingramcontent.com/pod-product-compliance
Lightning Source LLC
Chambersburg PA
CBHW072009270326
41928CB00009B/1593